Niels Bohr

Ulrich Röseberg

Niels Bohr

Leben und Werk eines Atomphysikers 1885–1962

3. Auflage

Mit 74 Abbildungen und einem Frontispiz

Spektrum Akademischer Verlag Heidelberg · Berlin · New York

Prof. Dr. Ulrich Röseberg

Spreeufer 1
D-1020 Berlin

Frontispiz:

Niels Bohr bei seinem Vortrag auf der UNO-Konferenz zur friedlichen Nutzung der Atomenergie am 10.8.1955 in Genf

Die Deutsche Bibliothek – CIP-Einheitsaufnahme

Röseberg, Ulrich:
Niels Bohr: Leben und Werk eines Atomphysikers; 1885 – 1962/Ulrich Röseberg. – 3. Aufl. – Berlin; Heidelberg; New York: Spektrum, Akad. Verl., 1992
ISBN 3-86025-017-5

Lektorat: Dr. Peter Ackermann
Produktion: Susanne Tochtermann

Gesamtherstellung: Druckerei und Verlag Bitsch GmbH, Birkenau

Gedruckt auf umweltfreundlichem Papier

Meiner Mutter in tiefer Dankbarkeit gewidmet

Inhalt

Vorwort

Gaben, wer hätte sie nicht? Talente – Spielzeug für Kinder,
Erst der Ernst macht den Mann, erst der Fleiß das Genie.

Theodor Fontane, Unter ein Bildnis Adolph Menzels

Die meisten seiner Porträts zeigen Niels Bohr feinsinnig lächelnd. Ist er über das Mikrofon gebeugt, dessen er sich bedient, um viele Menschen und damit letztlich die Menschheit mit Gedanken von existentieller Tragweite vertraut zu machen, so scheint sein tiefer Humor vom großen Ernst der vorgetragenen humanistischen Botschaft verdrängt zu werden. Auch dieses Bild aber zeugt von menschlicher Wärme, Güte und der für Bohr charakteristischen Offenheit.

Alle, die Niels Bohr näher kannten, und viele, die ihn nur kurzzeitig erlebt haben, berichten übereinstimmend von der starken Anziehungskraft, die von dieser faszinierenden Persönlichkeit ausgegangen ist. Im Gegensatz dazu scheinen manche der Abhandlungen des weltberühmten Physikers auf den ersten Blick weniger anziehend. Die kompliziert strukturierten Sätze lassen sich zumeist nicht ohne erhebliche Mühen des mitdenkenden Lesers erschließen; verschiedentlich wird man das Gefühl nicht los, hinter den Bohrschen Ausführungen verberge sich noch etwas, das auch beim mehrmaligen Lesen eines Textes nicht klar zu erfassen ist. Dieser Mann, der im Dialog so unglaublich anregend sein konnte und zeit seines Lebens um größtmögliche Präzision und Klarheit bei der Formulierung seiner Gedanken gerungen hat, erscheint manchem unserer Zeitgenossen in seinen schriftlichen Äußerungen immer noch als dunkel, verschiedentlich sogar als mystisch.

Alle Bohr-Biographien zehren nach wie vor von der Fülle und Authentizität der 1964 erstmals dänisch publizierten Materialien, die programmatisch in dem Titel zusammengefaßt sind „Niels Bohr. Sein Leben und Werk aus der Sicht seiner Freunde und Kollegen“. Darüber hinaus gibt es in Dänemark, der UdSSR, den USA und in anderen Ländern Erinnerungsbände, die zu beachten sind. Alle für diese Biographie ausgewerteten Schriften über Bohr sind im Literaturverzeichnis angeführt; auf sie wird im Text nur noch im Zusammenhang mit direkten Zitaten hingewiesen.

Während meiner Studienaufenthalte am Niels-Bohr-Institut (Kopenhagen) hatte ich Gelegenheit, das Material des Niels-Bohr-Archives zu sichten und Einblick in die noch laufenden Arbeiten zur Herausgabe der „Niels Bohr Collected Works“ zu erhalten. Besonderen Dank schulde ich A. Bohr, J. Kalckar, H. Levi, M. Pihl, E. Rüdinger,

F. Aaserud und S. Rozental (alle Niels-Bohr-Institut) für die großzügige Unterstützung bei der Materialbereitstellung und für mündliche Informationen. Die Mitarbeiter des Niels-Bohr-Institutes wünschen aber ausdrücklich hervorzuheben, daß der Verfasser überall dort die alleinige Verantwortung trägt, wo er Niels Bohr Gesichtspunkte und Bestrebungen zuschreibt, die nicht durch authentische Dokumente belegt sind.

Ich danke J. V. Sačkov (Institut für Philosophie, Moskau) für die Unterstützung meiner Recherchen in Wissenschaftseinrichtungen der UdSSR sowie S. R. Weart (Niels Bohr Library, New York) und J. Stachel (Albert-Einstein-Archiv, Boston) für die Hilfe bei der Materialbeschaffung in den USA.

Die Einsicht in die umfangreichen Archivmaterialien hat das in der Literatur vorhandene Bohr-Bild nicht grundsätzlich revidiert. Sie ermöglicht es aber, viele Details eines wahrhaft aufregenden Lebensweges plastischer und authentischer nachzuzeichnen. Dem dient auch der dieser Biographie beigefügte Anhang. Neben einer Dokumentenauswahl (Briefe, die den Lebensweg Bohrs zu charakterisieren vermögen) und einer auf Vollzähligkeit abzielenden Bibliographie der Bohrschen Arbeiten gehören dazu die Liste einer Auswahl von Schülern und langjährigen Mitarbeitern Bohrs sowie die Aufstellung aller im Niels-Bohr-Archiv nachweisbaren Vorschläge Niels Bohrs an das schwedische Nobelpreiskomitee. Durch diese zusätzlich zur Biographie gegebenen Informationen hat der Leser Gelegenheit, sein Bild über die von Niels Bohr begründete Kopenhagener Schule abzurunden. Die Briefe des Dokumentenanhangs, aus denen das Werden des „Kopenhagener Geistes" in objektivierter Weise ersichtlich ist, sind in zeitlicher Reihenfolge angeordnet und so zur Ergänzung des Textes leicht auffindbar.

Mein Dank gilt allen Persönlichkeiten und Einrichtungen, die mir erlaubt haben, unveröffentlichte Schriftstücke in der vorliegenden Form zu benutzen. Ich danke C. Grote, M. Buhr, H. Hörz und P. Franz für die Unterstützung dieser Arbeit, die am Zentralinstitut für Philosophie der Akademie der Wissenschaften der DDR in der kritischen, fordernden und fördernden Atmosphäre des Bereiches Philosphische Fragen der Wissenschaftsentwicklung geschrieben worden ist. Für Hinweise zum Text bin ich A. Bohr, K. Buttker, H. Hörz, J. Kalckar, M.-L. Körner, Th. Naumann, I. Nørlund, J. Reinert, D. Röseberg, E. Rüdinger, R. Trautmann und K.-F. Wessel zu Dank verpflichtet.

Berlin, Dezember 1984 *Ulrich Röseberg*

Vorwort zur dritten Auflage

Erwartungsgemäß erschienen seit 1985, dem Jahr des 100. Geburtstages von Niels Bohr, mehr Abhandlungen über Leben und Werk dieses Mannes als in den Jahren davor. Die internationale Bohr-Forschung erlebte nicht zuletzt dank dieses Jubiläums einen kräftigen Auftrieb.

Ich freue mich, meine 1985 gleichzeitig im Akademie-Verlag Berlin und der Wissenschaftlichen Verlagsanstalt mbH Stuttgart erstmals veröffentlichte Bohr-Biographie hier in einer erweiterten und überarbeiteten dritten Auflage vorlegen zu können. Das Buch ist unter Bedingungen entstanden, die der Produktion solcher Werke nicht unbedingt freundlich gesonnen waren; seine Aufnahme in Ost und West gehörte zu den beglückendsten Erfahrungen meines bisherigen Wissenschaftlerlebens.

Indem ich versucht habe, den Textteil so zu gestalten, daß ihn auch Leser mit geringen physikalischen Vorkenntnissen über weite Strecken verstehen können, war es mir möglich, einen relativ breiten Leserkreis zu erreichen. Der Spezialist fand darüber hinaus in einem umfangreichen Anhang Informationen, die zumeist schwer zugänglich waren. Diese Grundstruktur des Buches meinte ich bei der Überarbeitung unbedingt erhalten zu sollen. Sie bot mir den Rahmen, neues Material (Dokumente, Faksimiles, Fotos und Literaturhinweise) einzubringen.

Um den Zusammenhang meines Textes mit den nachfolgend abgedruckten Dokumenten zu verdeutlichen und dem Leser die Orientierung zu erleichtern, habe ich entsprechende Hinweise eingefügt. Die in eckige Klammern gesetzten Zahlen, beispielsweise [36], sind Empfehlungen, an dieser Stelle das Dokument mit der entsprechenden Nummer im Anhang zu lesen. Das dürfte in der Regel zur Vertiefung des soeben Gelesenen beitragen, wird aber im weiteren nicht vorausgesetzt. Es ist ebensogut möglich, den Dokumentenanhang unabhängig von meinem Text hintereinander zu lesen; er stellt dann gewissermaßen einen anderen biographischen Durchgang anhand von authentischem Material dar. Das allein macht schon deutlich, daß natürlich auch er ein vom Autor organisierter Entwurf ist.

Nach gründlicher inhaltlicher Durchsicht der Biographie habe ich mich entschlossen, in den ursprünglichen Text nur sehr verhalten einzugreifen. Obgleich ich seit Abschluß der Arbeiten am Manuskript zur ersten Auflage vielfältige Veranlassungen hatte, über mein bisheriges Welt- und Geschichtsbild nachzudenken, habe ich kaum Gründe gesehen, mein Bohr-Bild in wesentlichen Punkten zu revidieren. Trotzdem kann natürlich die inzwischen gewonnene differenziertere Sicht auf die Komplexität des historischen Geschehens im 20. Jahrhundert für eine Wissenschaftlerbiographie wie die vorliegende nicht folgenlos bleiben.

Während ich bis weit in das 9. Kapitel hinein mit kleineren Ergänzungen, Druckfehlerberichtigungen und stilistischen Korrekturen ausgekommen bin, mußten von da an einige Passagen neu geschrieben werden. Dabei handelt es sich bis auf wenige Ausnahmen um Schilderungen von historischen Situationen, in denen Bohr agierte. Diese Korrekturen lassen dann natürlich auch manche der Bohrschen Handlungsintentionen in einem veränderten Licht erscheinen.

Positionen zu hinterfragen, die man einst für gesichert hielt, ist wohl für niemanden ganz einfach; für Wissenschaftler schon gar nicht. Um sie schließlich nach kritischer Prüfung wirklich zu revidieren, müssen gute Gründe vorliegen. Für ein an der Dialektik geschultes Denken sehe ich dazu allerdings in der Wissenschaft generell keine Alternative und schon gar nicht, wenn es um die Rekonstruktion des Schaffens eines Denkers wie Niels Bohr geht. Hier wird das Weiterfragen zur ständigen Aufgabe, der Abbruch des Weiterfragens im gedruckten Text unweigerlich zum Risiko.

Damit ist zugleich auch eine der wichtigsten Ursachen benannt, warum ich die angekündigte Monographie „Contraria sunt complementa. Niels Bohr und die Philosophie“ bislang nicht habe abschließen können. Ich arbeite jetzt wieder intensiv daran und hoffe, das reichhaltige Material alsbald in eine Form gießen zu können, die wie schon diese Biographie ihre Leser finden wird.

Spektrum Akademischer Verlag hat mir mit seiner vorzüglichen Technik Gestaltungsmöglichkeiten eröffnet, die ich bei Darstellungen wie der vorliegenden nicht mehr missen möchte. Ich danke Frau Katharina Neuser-von Oettingen, Herrn Prof. Dr. Gert Wangermann, meinem Lektor, Herrn Dr. Peter Ackermann, und dem Verlag. Neben den bereits im unverändert abgedruckten Vorwort zur ersten Auflage genannten Personen schulde ich R. S. Cohen, P. K. Feyerabend, Ge Ge, E. Hiebert, H. Klenner, J. Mittelstraß, O. Nathan, D. Howard, H. Poser, M. Redhead, H.-J. Sandkühler und C.F. v. Weizsäcker Dank für ihr förderndes Interesse an meinen Bemühungen, Leben und Werk Niels Bohrs in angemessener Weise zu würdigen. A. Pais hat mir in Kopenhagen Einblick in seine Bohr-Studien gewährt.

Bei der Durchsicht des Textes zur vorliegenden Auflage waren Hinweise von Lesern und Rezensenten eine unschätzbare Hilfe. D. Röseberg, R. Trautmann und G. Zielas haben sich der Mühe unterzogen, den gesamten Text kritisch durchzusehen, und mir zahlreiche Verbesserungen vorgeschlagen. Ihnen gilt mein besonderer Dank ebenso wie F. Aaserud, H. Levi, K. v. Meyenn und H. Rechenberg für die Unterstützung bei der Beschaffung von Material. F. Aaserud und H. Levi schulde ich darüber hinaus Dank für die kritische Durchsicht einiger meiner Übersetzungen.

Mitarbeiter des Forschungsbereichs Wissenschaftsphilosophie des zum Jahresende aufgelösten Zentralinstituts für Philosophie, mit denen ich teilweise schon seit nahezu zwei Jahrzehnten zusammenarbeite, waren mir geschätzte Gesprächspartner im Ringen um neue Standortbestimmungen. Die Verantwortung für das vorliegende Resultat aber liegt natürlich bei mir allein.

Die in Berlin begonnenen Arbeiten konnten in der anregenden Atmoshpäre des Center for Philosophy of Science der University of Pittsburgh abgeschlossen werden, das meine weiteren Studien für ein Jahr unterstützen wird.

Pittsburgh, 3. Oktober 1991 *Ulrich Röseberg*

Dänemark, jenes freundliche, von der Nord- und der Ostsee umspülte kleine Land im Norden Europas, verfügt über reichhaltige eigenständige kulturelle und wissenschaftliche Traditionen, die seine Einwohner ebenso mit Stolz erfüllen, wie sie sich einer tief in der Geschichte ihres Landes verwurzelten liberalen Denkungsart rühmen. Über Jahrhunderte hinweg lag dieses Land im politischen, ökonomischen, militärischen, aber auch im kulturellen Spannungsfeld zwischen Großbritannien, Frankreich und Deutschland. Dies hat einerseits seine nicht immer konfliktfreien Bindungen an die anderen skandinavischen Länder gestärkt, wohl aber andererseits auch dazu beigetragen, es vielfach in die Rolle des Mittlers zwischen den weitaus mächtigeren Rivalen geraten zu lassen.

Niels Bohr war Däne und verstand sich als solcher. Sein wissenschaftlicher Beitrag zur Entwicklung der Atomphysik und zum Verständnis der sich aus der Quantenmechanik ergebenden erkenntnistheoretischen Konsequenzen, sein politisches Engagement, mittels Wissenschaftsentwicklung die friedliche Zusammenarbeit aller Staaten und Völker zu fördern, und sein von tiefem Humanismus geprägter Einsatz, den wissenschaftlich-technischen Fortschritt ausschließlich dem Wohle der Menschen dienstbar zu machen, weisen weit über einen Staat oder eine Nation hinaus. Sie sind im wahrsten Sinne des Wortes Bausteine zur Weltkultur. Als Weltbürger dänischer Herkunft setzte Niels Henrik David Bohr eine Traditionslinie des progressiven Bürgertums seines Landes fort. Was für die Geschichte Dänemarks insgesamt als typisch gelten kann, ist auch für seinen eigenen Lebensweg und den jener Familie charakteristisch, in die er am 7. Oktober 1885 hineingeboren wurde.

1. Familie und Kindheit

Die Geschichte der Bohrs ist die einer traditionsreichen dänischen bürgerlichen Familie. Niels Bohrs Vater, Christian Bohr (1855–1911), war der Sohn des Gymnasialdirektors der Insel Bornholm H.G.C. Bohr und dessen Frau A.L.C. Rimestad. In beiden Familien gab es neben Vorfahren dänischer Herkunft auch Deutsche.

Ellen Adler (1860–1930), die Mutter Niels Bohrs, war die Tochter des einflußreichen Bankiers und langjährigen Parlamentsabgeordneten der Nationalliberalen Partei D.B. Adler und dessen aus England stammender Frau J. Raphael. Christian Bohr heiratete Ellen Adler 1891. Ihnen wurden drei Kinder geboren: Jenny (1883), Niels (1885) und Harald (1887).

Im Hause der Bohrs ergänzte sich in einer geistig anregenden Atmosphäre die Wahrung dänischer Traditionen harmonisch mit der Pflege englischer und deutscher Kultur. Christian Bohr liebte Goethe und vermochte lange Passagen aus dem „Faust" zu rezitieren. Gleich vielen seiner Landsleute war er davon überzeugt, daß einem Dänen die Aufgabe zufalle, das Wertvollste deutscher und englischer Kultur zu vereinen. Als Bewunderer Englands verehrte er insbesondere Shakespeare, Dickens und nicht zuletzt den englischen Fußball. Er war es, der durch die Gründung des „Akademisk Boldklub" an der Kopenhagener Universität mit dazu beigetragen hat, diese Sportart in Dänemark heimisch zu machen. Nimmt es Wunder, daß seine beiden Söhne begeisterte Fußballer wurden?

Christian Bohr stritt entsprechend seiner liberalen Denkungsart besonders heftig für die Erhaltung und die Erweiterung bürgerlicher Freiheiten, als Konservative, geschart um den von 1875 bis 1894 regierenden Ministerpräsidenten Jakob Estrup, den Parlamentarismus des Königreichs Dänemark zunehmend auszuhöhlen versuchten.

Zu den politischen Maximen Christian Bohrs gehörte die Forderung nach Gleichberechtigung der Frau. Deshalb auch leitete er zwei Klassen, in denen Frauen für das Universitätsstudium vorbereitet wurden. In einer dieser Klassen hatte er seine Gattin kennengelernt.

Ellen Bohr wird von allen, die sie erlebt haben, als eine Frau von breiter humanistischer Bildung, großer Güte und Warmherzigkeit geschildert. Das ursprünglich geplante Studium hat sie nicht aufgenommen. Sie widmete sich ganz dem Familienleben und insbesondere ihren Kindern.

Jenny bedurfte der mütterlichen Fürsorge in besonderer Weise. Sie wird als kontaktscheu geschildert, war auf Grund eines psychischen Leidens später zeitweise arbeitsunfähig und ist 1933, nur wenige Jahre nach dem Tode der Mutter, gestorben. Der vor dem Hintergrund der stürmischen Entwicklung der beiden Söhne besonders tragische Lebensweg Jennys ist von ihren Angehörigen mit stiller, aber intensiver Anteilnahme verfolgt worden. Außerhalb der Familie jedoch weiß man von ihr nur sehr wenig.

Sofern es um Persönliches geht, ist dies für die Bohr-Familie insgesamt charakteristisch: Während es relativ leicht gelingt, die für die wissenschaftliche Entwicklung und das gesellschaftliche Wirken von Niels und Harald Bohr wichtigen Daten bis in viele Details zurückzuverfolgen und mit authentischem Material zu belegen, ist man bei allem, was den Familienmitgliedern als „privat" gilt, auf relativ spärliche Berichte angewiesen. Niels Bohr selbst hat Freunden und Mitarbeitern sehr gern Anekdoten aus seiner Kinderzeit erzählt, ein Teil von ihnen ist inzwischen in die Erinnerungsliteratur eingeflossen. Die Quellenlage bleibt aber weiterhin, besonders für die frühen Jahre seiner intellektuellen Entwicklung, spärlich. Dies um so mehr, als zu berücksichtigen ist, daß Bohr wiederholt festgestellt hat, eine wahrhaft gute Geschichte müsse sich nicht so sehr um die mehr oder minder zufälligen Details der Wirklichkeit kümmern.

Eine dieser „wahrhaft guten" Geschichten ist jener in der biographischen Literatur mehrfach anzutreffende Bericht über eine Straßenbahnfahrt Ellen Bohrs mit ihren beiden Söhnen. Dabei muß sie ihnen wieder einmal etwas so Interessantes und Fesselndes erzählt haben, daß die beiden – tief in Gedanken versunken und mit offenem Mund lauschend – bei einem Beobachter dieser Szene den Eindruck von Geistesgestörtheit hinterließen. Er soll jedenfalls voller Anteilnahme ausgerufen haben: „Die arme Frau!"

Die Anekdoten aus der Kinderzeit der beiden Männer lassen erkennen, daß und wie sie unter der liebevollen Obhut von Eltern, Freunden und Bekannten angeregt wurden, ein breites Spektrum von Interesse zu entfalten und sich dabei jeweils voll und ganz auf eine Sache zu konzentrieren. Vom Vater beispielsweise ist bekannt, daß er seine eigene Leidenschaft, das Malen, den Jungen vermittelte und ihnen frühzeitig die aktive Auseinandersetzung mit Kunstwerken ermöglichte. Zu einer Zeit, in der für viele Kinder Gemäldegalerien eher Stätten größter Langeweile sind als „Tempel der Kunst“, hat er sie in einer sorgsam durchdachten und sehr behutsamen Weise mit großer Regelmäßigkeit schon in Museen geführt. Wenn er sonntags mit ihnen gemeinsam eine der reichhaltigen Sammlungen in Kopenhagen besuchte, dann kannten alle vorher das Ziel sehr genau; ein ganz bestimmtes Gemälde – und nur dieses – mußte es sein. Da das aber in der Regel nicht so einfach zu finden war, irrte der Vater mit den Kindern nicht selten scheinbar ziemlich hilflos durch die vielfältigen Ausstellungsräume. Hatte er das entsprechende Bild endlich gefunden, dann konnten sie sich in Ruhe darüber austauschen. In den Gesprächen während des Suchens, angeregt durch vieles, was auf dem Weg so ganz „nebenbei“ bemerkt wurde, hatte sich dazu reichlich Stoff angestaut. Waren diese Gespräche schließlich abgeschlossen, dann mußte in dem Labyrinth von Fluren und Ausstellungsräumen der Ausgang gefunden werden. Auch dies erwies sich meistens als nicht ganz einfach. Niemals aber hatten die so durch ein Museum geleiteten Kinder den Eindruck, das ganze Verfahren könne vielleicht nur ein Trick des Vaters sein, um Kunst schmackhafter zu machen. Zu Hause angekommen, versuchten sie das gemeinsam Gesehene zeichnerisch umzusetzen. Die eigene produktive Auseinandersetzung mit der Kunst gehörte für die Bohr-Kinder von früh an zu den Bedingungen ihres Genusses.

Der Entwicklung der Genußfähigkeit sind individuell unterschiedliche Grenzen gesetzt. Während Harald als Kind Geige spielte, hat Niels in seinem Elternhaus Musik zwar schätzen und lieben gelernt, aber kein allzu tiefes Einfühlungsvermögen dafür gezeigt. Um so stärker hat ihn die schöngeistige Literatur in ihren Bann gezogen. Man kann nur vermuten, wie er die für ihn charakteristische Beziehung zur Literatur entwickelte. Auch gab es kein vorher festgelegtes Programm. Die Werke der Weltliteratur gehörten in seinem Elternhaus zum Alltag. Für die Bohrs konnte kein Zweifel daran bestehen, daß viele der dänischen Autoren die Weltliteratur bereichert haben. Sicher wäre es interessant und aufschlußreich, mehr über die Lektüre der Bohr-Kinder zu erfahren. Hier scheint aber dem Biographen – mindestens augenblicklich – eine Grenze gesetzt, die er besser nicht durch Spekulation auszufüllen trachten sollte. Bekannt ist lediglich, daß Niels als Schuljunge gleich vielen seiner Altersgefährten Indianerbücher verschlungen hat, hingebungsvoll und feinfühlig Lyrik zu rezitieren wußte und schon sehr früh mit den später so vielgeliebten isländischen Sagen vertraut gewesen sein muß. Durch seine Sensibilität für die Lyrik und seine zeitig ausgeprägte Neigung, den Dingen auf den Grund zu gehen, dürfte er manchmal wie ein weltabgewandter Träumer gewirkt haben. Jedenfalls wurde er oft zur Zielscheibe von Hänseleien seines wortgewandteren jüngeren Bruders.

Obgleich Niels wohl auch hin und wieder unter Haralds Späßen litt, verletzten diese niemals sein Selbstwertgefühl. Er liebte den aktiveren und unternehmungslustigeren Bruder abgöttisch und war als der Ältere stets darauf bedacht, Freud und Leid mit dem Jüngeren zu teilen. Mit ebensolcher Intensität wie Niels den Erzählungen der Erwachsenen lauschen oder sich später selbst in die Literatur vertiefen konnte, vermochte er sich auch dem ausgelassenen Spiel oder sportlicher Betätigung mit dem Bruder und mit seinen Freunden hinzugeben. Er war schon sehr früh ein ausgezeichneter Skiläufer, sah jedoch weder beim Skilauf noch in anderen Sportarten seinen Ehrgeiz darin, besser als andere zu sein. Für ihn war die Freude an der körperlichen Betätigung im Sport weitaus bedeutsamer als der Wettkampf, der letztlich immer Sieger und Besiegte kennt.

Niels Bohr hat die Motivation zu hohen und höchsten Leistungen niemals aus dem Bestreben bezogen, irgendwo der Beste zu sein. Womit er sich beschäftigte, dafür hat er sich mit Energie engagiert. Die Wurzeln seines später so bewunderten physischen und psychischen Stehvermögens lassen sich bis in die Kinderzeit zurückverfolgen.

Das Familienleben der Bohrs kreiste vor allem um die Hochschulkarriere Christian Bohrs. Dieser hatte sich bereits während seines Medizinstudiums besonders lebhaft für Physiologie interessiert. Nach der Promotion (1880) widmete er sich, ohne je als Arzt praktiziert zu haben, ganz der naturwissenschaftlichen Forschung. Aus diesem Grunde weilte er 1881 und 1883 zu längeren Arbeitsaufenthalten im Labor des berühmten Leipziger Physiologen Carl Ludwig. 1886 schließlich wurde Christian Bohr Inhaber des Lehrstuhls für Physiologie an der Kopenhagener Universität. Mit seinem dortigen Wirken begründete er eine wissenschaftliche Schule, in der die physiko-chemischen Grundlagen physiologischer Funktionen experimentell untersucht wurden. Diese Ausrichtung der wissenschaftlichen Arbeiten ist nicht zuletzt im Zusammenhang mit dem gegen Ende des 19. Jahrhunderts wieder aufflammenden Streit zwischen Vitalisten und Mechanizisten zu sehen.

Niels Bohr hat später zu Recht hervorgehoben, daß der von den Neovitalisten so stark betonte Gedanke der Zweckmäßigkeit physiologischer Funktionen „nicht so sehr Zurückgreifen auf primitive Vorstellungen von einer in den Organismen wirksamen Lebenskraft“ bedeutet habe „als vielmehr die Hervorhebung der Unzulänglichkeit physikalischer Gesichtspunkte bei der Beschreibung des Lebens“[1]. Dem mechanistischen Denken, das sich daran berauschen konnte, mit physikalischen Methoden in die Feinheiten der Strukturen von Lebewesen vorzustoßen, war es nicht gelungen, die Zweckmäßigkeit der in den Lebewesen ablaufenden Funktionen aufzuklären. Daraus hatten die Gegner dieses Vorgehens geschlossen, in der Biologie als der „Wissenschaft vom Lebendigen" müsse eben die als „Wissenschaft vom Toten" verstandene Physik zwangsläufig versagen.

Christian Bohr lehnte zwar die extremen Positionen der Mechanizisten auf das entschiedenste ab, hatte aber auch für die überspitzte Kritik der Neovitalisten nichts übrig, die dabei waren, das Kind mit dem Bade auszuschütten. Die für ihn und seine wissenschaftliche Schule charakteristische Denkhaltung bestand darin, die Zweckmäßigkeit physiologischer Funktionen als *heuristisches Prinzip* anzunehmen und zu fordern, „daß man Schritt für Schritt im einzelnen nachweist, auf welchem Wege der Zweck erreicht wird"[2].

Dies war die Haltung, die auch Niels Bohr seit seiner frühesten Jugend als die natürlichste erscheinen mußte. Für seinen Vater war damit ein höchst aussichtsreiches Forschungsprogramm bezeichnet. Christian Bohr hat dazu sehr konkrete Beiträge geleistet, insbesondere zur Physiologie des Menschen. Er war aber weit mehr als nur ein erfolgreich forschender experimenteller Physiologe. Der Fachgelehrte blieb an den der weltanschaulichen Auseinandersetzung unterliegenden fundamentalen theoretischen Fragestellungen seines Arbeitsgebietes zutiefst interessiert. Immer wieder hat er zu diesen Problemen Stellung genommen und war bis an sein Lebensende bemüht, die eigene Position im Austausch mit Wissenschaftlern anderer Disziplinen weiter zu klären und zu vertiefen. Dazu pflegte er insbesondere Kontakte zu Physikern und Chemikern, zu Philosophen und Psychologen.

Vermutlich seit etwa 1895 traf sich Christian Bohr regelmäßig im Anschluß an die Sitzungen in der Königlich-Dänischen Akademie der Wissenschaften und der Literatur mit dem Philosophen Harald Høffding (1843 – 1931) und dem Physiker Christian Christiansen (1843 – 1917), anfangs in einem Café, später bei einem der Herren im Hause. Dem Trio schloß sich bald auch der berühmte Philologe Vilhelm Thomsen (1842 – 1927) an. Wenn diese Männer im Hause der Bohrs tagten (etwa einmal alle zwei Monate), dann hatten Niels und Harald oftmals Gelegenheit, ihren Gesprächen zuzuhören. Der Kreis der von den vier Gelehrten behandelten Themen reichte von Problemen, die sich direkt im Anschluß an die vorangegangenen Akademievorträge ergaben, bis zu den erregenden philosophischen Fragen nach dem Sinn des menschlichen Daseins und den ethischen Normen sittlichen Handelns.

Die beiden aufgeschlossenen Jungen der Bohrs scheinen diesen Gesprächen höchst interessiert gelauscht zu haben und werden dabei manches aufgenommen haben, was ihrer ohnehin regen Phantasie reichlich Stoff zum Nachdenken bot. Soweit sie nicht schon unmittelbar durch den Vater darauf vorbereitet waren, werden sie hier einen Eindruck erhalten haben, mit welchem Ernst und zugleich mit welchem intellektuellen Genuß fachwissenschaftliche und weltanschauliche Fragen im Dialog zwischen Vertretern unterschiedlicher Wissenschaftsdisziplinen behandelt werden können.

Im Leben der Bohrs spielte Religion so gut wie keine Rolle. Sie hatten ihre Eheschließung nicht kirchlich vollzogen. Erst unter dem Eindruck des beginnenden psychischen Leidens der Tochter und der eigenen gesundheitlichen Beschwerden kam die Mutter zu dem Entschluß, Niels und Harald noch als Halbwüchsige taufen zu lassen. Dies schien ihr vor allem für den Fall notwendig, daß sie einmal – auf sich allein gestellt – fremder Hilfe bedürftig sein könnten. In einer Gesellschaft, in der das Maß der Gewährung von notwendigen Hilfeleistungen durchaus von der Zugehörigkeit zu einer großen Glaubensgemeinschaft abhängen konnte, hätte der Umgang mit der Religion, wie ihn der Vater pflegte, vielleicht einmal gefährlich werden können. Von ihm jedenfalls haben die Jungen kaum ein belehrendes Wort über Religion gehört, obgleich er solches Denken auch zu tolerieren wußte.

Wissenserwerb und Erkenntnisfortschritt waren in der Werteskala Christan Bohrs nach dessen eigenen Angaben ganz oben angesiedelt. Größtmögliche Unabhängigkeit der Denkungsart galt ihm als erstrebenswertes Ziel. Deshalb wohl mied er die Mitgliedschaft in einer Partei und stand der Kirche als institutionalisierter Glaubensgemeinschaft fern. Sein Tempel war die Wissenschaft, in der er den Garanten für vorurteilsfreies Denken wähnte. Als Niels im Alter von etwa 15 oder 16 Jahren für eine längere Zeit mit religiösen Gedanken befaßt war, soll sein Vater dies zwar sehr wohl bemerkt, aber keinerlei Versuche unternommen haben, ihn davon mit rationalen Argumenten abzubringen. Am Ende dieser Entwicklungsphase, die etwa ein Jahr währte, muß dann der Sohn dem Vater erklärt haben, daß er gar nicht mehr verstehen könne, was ihn eigentlich so sehr an der Religion angezogen habe. Auf die Erklärung, dies alles würde von Stund an für ihn nichts mehr bedeuten, soll Christian Bohr nur vielsagend gelächelt haben. Er wußte, sein Sohn hatte im Ringen mit sich selbst einen Weg gefunden, den er nicht wieder verlassen würde. Das war die Art und Weise, wie der berühmte Gelehrte seine Kinder zu selbständig denkenden Menschen erzogen hat.

Sein Haus galt in Kopenhagen als hochgeschätzter Treffpunkt einer ständig wachsenden Zahl dänischer Intellektueller. Häufig wurden hier auch ausländische Gäste willkommen geheißen. Ellen Bohr war ihnen allen eine liebreizende und sehr aufmerksame Gastgeberin. Niemals aber litten die Kinder darunter, daß ihr Vater mit großem persönlichen Engagement als Wissenschaftler arbeitete. Jenny, Niels und Harald erlebten eine höchst unbeschwerte Kindheit und genossen die Vorzüge, die das Leben im Schoße einer Familie bot, in der finanzielle Sorgen weitgehend unbekannt blieben.

Anfangs wohnten die Bohrs in dem luxuriösen Stadthaus der Adlers (Ved Stranden 14) gegenüber dem ehrwürdigen Schloß Christiansborg (Sitz der dänischen Regierung) direkt im Zentrum Kopenhagens. Nachdem Christian Bohr Professor geworden war, übersiedelten sie in die nahe am Schloß Amalienborg (der Winterresidenz des dänischen Königs) gelegene „Chirurgische Akademie" (Bredgade 62). Es entsprach den damaligen akademischen Gepflogenheiten, daß Lehrstuhlinhaber in unmittelbarer Nähe ihrer Wirkungsstätte residierten. Indem die Bohrs von nun an direkt neben dem gut ausgestatteten Laboratorium des Vaters wohnten, bot sich schon für die Kinder reichlich Gelegenheit, eine Vorstellung davon zu bekommen, welcher Aufwand zu betreiben ist, um der Natur wirklich auf die Schliche zu kommen.

Niels und Harald, die seit frühester Kindheit Unzertrennlichen, lernten auf vielen Streifzügen mit dem Vater ihr Kopenhagen kennen und lieben. Fasziniert waren sie von den gelegentlichen sonntäglichen Bootsfahrten in den Kanälen Christianshavns und dem Blick, der sich von der über eine schöne Außentreppe zu erreichenden Aussichtsplattform der Erlöserkirche bot. Das Wunderwerk der riesigen Turmuhr fesselte ihre Aufmerksamkeit ebenso wie die aus weiter Ferne ankommenden oder in fremde Länder auslaufenden Schiffe. Der professionelle Naturwissenschaftler lehrte seine beiden Söhne frühzeitig, die Natur aufmerksam zu beobachten und die dem Auge nicht ohne weiteres zugänglichen inneren Zusammenhänge verstehend zu erschließen. Er eröffnete ihnen aber zugleich auch die Welt jener gefühlsmäßigen Bewunderung für Naturerscheinungen, wie sie etwa bei Spinoza oder Goethe zu finden ist.

Den Sommer verbrachten die Bohrs gewöhnlich in dem nördlich von Kopenhagen gelegenen Landhaus der Adlers in Nærumgaard. Hier regierte nach dem Tode des Großvaters die Großmutter. Jenny Adler kannte weder Drohungen noch Bestrafungen, trotzdem erreichte sie bei den Kindern, was sie für nötig hielt. Wenn die Jungen nicht auf einem ausgedehnten Streifzug waren, dann lauschten sie ihren hinreißenden

Erzählungen. Sehr oft kam Hanna Adler (1859 – 1946), die ältere, unverheiratete Schwester der Mutter nach Nærumgaard. In ihr fanden die Kinder einen verständnisvollen, ihre Phantasie immer wieder anregenden Partner. Mit dem Abstand des weltberühmten und auch in der Kindererziehung erfahrenen Wissenschaftlers hat Niels Bohr in einer 1959 erschienenen Festschrift, die seiner Tante, der Pädagogin Hanna Adler, zum 100. Geburtstag gewidmet wurde, deren großen erzieherischen Einfluß auf Harald und ihn selbst geschildert. Dabei hat er vor allem ihre liebevolle Anteilnahme an der Entwicklung von Kindern und ihre besondere Fähigkeit hervorgehoben, Wichtiges heiter zu sagen, die Kinder zu belehren, ohne die Freude ihres Spieles durch übertriebenen Ernst zu unterbrechen. Obgleich er in diesem Zusammenhang ihre physikalische Ausbildung unerwähnt gelassen hat (sie war eine der ersten Frauen, die in Dänemark den Magistertitel in der Physik erworben hatten), ist es gut möglich, daß durch sie seine Wahl des Studienfaches mit beeinflußt worden ist. Sie gehört jedenfalls zu denen, die neben dem Vater den Kindern frühzeitig den Zugang zu Wissenschaft und Kunst ermöglicht haben. Dabei spielte der gemeinsame Besuch naturgeschichtlicher und ethnologischer Ausstellungen und der Kunstmuseen eine große Rolle.

Bei aller Unbeschwertheit der Kinderjahre konnten natürlich auch für Niels mancherlei Enttäuschungen nicht ausbleiben. Ein ernstes Problem ergab sich für den 7jährigen beispielsweise, als er die Schule besuchte und den kleinen Bruder zu Hause zurücklassen mußte. Als er dann während des Unterrichts in Holzbearbeitung an der Gammelholm-Schule ein Puppentheater baute und sich gar herausstellte, daß er es nicht zu Hause fertigstellen durfte, um Harald damit zu erfreuen, litt er ganz besonders. – Es ist auch nicht anzunehmen, daß der Junge, der nach Aussagen seiner Freunde viel zu gutmütig war, um in einem aufflammenden Streit scharf zu erwidern, immer sehr glücklich vom gemeinsamen Spiel mit anderen Kindern nach Hause gekommen ist. Wenn dieser eher sanftmütige Schüler trotzdem bald den Ton in seiner Klasse angab, dann spricht das für die frühe Ausstrahlungskraft einer starken Persönlichkeit. Die in dieser Zeit geschlossenen Freundschaften haben in einigen Fällen ein Leben lang gehalten.

Zu einem der besten Freunde aus jenen Tagen wurde Ole Chievitz (1883 – 1946). Schwerlich lassen sich größere charakterliche Gegensätze im Verhalten zweier Freunde vorstellen, als dies bei Niels und Ole der Fall war. Während Niels, sehr nachdenklich veranlagt, seine Handlungen und Überlegungen stets sorgfältig erwog, reagierte Ole zumeist spontan und impulsiv. Die Freundschaft der Jungen, die in den letzten Schuljahren Banknachbarn waren, hatte ihr Gegenstück in der Freundschaft ihrer Väter. Oles Vater war Anatom und, ebenso wie der Vater von Niels, Professor an der Kopenhagener Universität.

Trotz schneller Auffassungsgabe und disziplinierten Verhaltens wird Niels Bohr seinen Lehrern nicht nur Freude bereitet haben. Insbesondere beim Schreiben von Aufsätzen vermochte er deren Erwartungen so manches Mal ganz und gar nicht zu erfüllen. Da er nicht einsah, warum ein Aufsatz als Resultat eines Denkprozesses wohlproportioniert und klar gegliedert in Einleitung, Hauptteil und Schlußteil präsentiert werden mußte, pflegte er diese Norm des öfteren zu durchbrechen. – Als er später unter dem unverkennbaren Einfluß des Vaters seinen Interessen an naturwissenschaftlichen Fragestellungen dadurch nachging, daß er Literatur las, die weit über den Schulstoff in diesen Fächern hinausreichte, scheint er auch manchen seiner Lehrer in Verlegenheit versetzt zu haben. Wenn davon nichts in seinen kargen schriftlichen Äußerungen über sich selbst zu finden ist, dann wohl vor allem deshalb, weil es ihm absolut fern lag, in einer Überlegenheit anderen gegenüber besondere Freude zu empfinden. Wie wichtig aber diese geistigen Herausforderungen für seine eigene intellektuelle Entwicklung gewesen sein mögen, kann eine von ihm mehrfach wiederholte Bemerkung erhellen, mit der er später Klagen zurückzuweisen pflegte, dieser oder jener Lehrer seiner Kinder sei vielleicht nicht gut genug: Für Kinder kann es kaum einen größeren Eindruck geben, als wenn sie plötzlich merken, daß der Lehrer einen Gegenstand nicht versteht! Er jedenfalls ist an den Fehlern seiner Lehrer gewachsen, ohne dabei die Achtung vor ihnen zu verlieren.

In den Briefen aus seiner Studentenzeit stoßen wir mehrfach auf Bemerkungen über seine „besondere Begabung“, die Fehler anderer zu finden. Da er zugleich wußte, wie schwer es ihm selbst fiel, die eigenen Fehler aufzuspüren (in langwierigen Rechnungen nahm er dazu nicht selten die Hilfe seines Bruders oder seiner Freunde in Anspruch), leitete er jedoch daraus niemals das Recht ab, auf die Schwächen anderer herabzublicken.

Schon aus seiner Schulzeit ist bekannt, daß er ein außerordentlich schneller Denker war. Nicht selten sollen seine Überlegungen der Fixierung der Denkresultate im gesprochenen Wort oder in den geschriebenen mathematischen Formeln vorausgeeilt sein.

Der experimentell arbeitende Vater wußte von der Bedeutung, die manueller Geschicklichkeit nicht nur in der wissenschaftlichen Arbeit zukam. Er regte die Kinder frühzeitig zum Lesen theoretischer Abhandlungen an und schuf ihnen zugleich auch die Voraussetzungen zur

Ausbildung ihrer handwerklichen Fähigkeiten. Es wurde eine Werkbank angeschafft, die Jungen wurden im Gebrauch von Werkzeugen zur Holzbearbeitung unterwiesen, und schließlich wurde ihre Ausrüstung durch eine Drehbank ergänzt. Nachdem er Niels und Harald eingewiesen hatte, überließ er es ihnen, ihre Pläne selbständig umzusetzen.

Als Niels, von beiden der handwerklich Begabtere, einmal inmitten eines in seine Einzelteile zerlegten Fahrrades saß und niemand sich vorstellen konnte, wie er daraus je wieder ein funktionstüchtiges Ganzes zusammensetzen würde, war es der Vater, der feststellte, der Junge wüßte schon, was er tue. Mit seinen Freunden allein gelassen, bewies Niels dann auch tatsächlich den zweifelnden Familienmitgliedern, wie recht der Vater hatte. Bald übernahm er es, andere Reparaturen im Haushalt auszuführen und schreckte selbst vor Uhren nicht zurück. Später, als er längst ein weltberühmter theoretischer Physiker war, hat er die Aufstellung kompliziertester neuer experimenteller Einrichtungen in seinem Institut mit lebhaftem Interesse bis in die kleinsten Details verfolgt. Seine eigenen Söhne wurden, ebenso wie er dereinst von seinem Vater, von ihm in allen handwerklichen Arbeiten unterwiesen. Schließlich profitierten noch die Enkel von seinem, für einen Theoretiker außergewöhnlichen Geschick in manuell-praktischer Tätigkeit. Ein Spielzeug, das Niels Bohr repariert hat, soll so leicht nicht wieder kaputt gegangen sein.

2. Jahre der Ausbildung

Bereits in seiner Schulzeit hatte sich bei Niels eine besondere Begabung für die naturwissenschaftlichen Fächer gezeigt, während sich Harald immer mehr zur Mathematik hingezogen fühlte. Im Herbst des Jahres 1903 begann der Ältere sein Studium an der Kopenhagener Universität, ein Jahr später folgte ihm sein um anderthalb Jahre jüngerer Bruder. Erst von diesem Zeitpunkt an hat auch Niels seine Studentenmütze getragen. Damit hatte er sehr zur Verwunderung der anderen Studienanfänger gewartet, bis auch Harald das Recht erwarb, sich mit diesem äußeren Zeichen studentischer Würde zu schmücken. Daß sie beide von nun an verschiedene Wege einschlugen, hat ihrem Zusammengehörigkeitsgefühl keinen Abbruch getan.

Während Harald ein Mathematikstudium absolvierte, belegte Niels im Hauptfach Physik (ein damals in Kopenhagen nicht sehr gefragtes Studienfach), in den Nebenfächern Mathematik, Astronomie und Chemie. Wie alle Studienanfänger hörte er bei Harald Høffding den Einführungskurs in Philosophie. Christian Christiansen, den er wie Høffding schon recht gut aus dem Elternhaus kannte, lenkte von Anfang an seine Physikausbildung. Bereits im 1. Studienjahr besuchte Niels Bohr die als sehr anspruchsvoll geltende Mathematikvorlesung des Astronomieprofessors T. N. Thiele. Während die Mehrzahl der Studenten die komplizierte Denkweise dieses Gelehrten nicht besonders schätzte, fühlte sich Niels dadurch wohl eher herausgefordert als abgestoßen. Es muß durchaus seinen Erwartungen an ein Universitätsstudium entsprochen haben, daß hier nicht danach getrachtet wurde, die Dinge möglichst einfach auszudrücken. Bohr war von Anfang an gewillt, Thieles verwickelten Gedankenkombinationen zu folgen. Daß er dabei auch manche Überraschung erleben konnte, mag die folgende Anekdote beleuchten.

Es wird erzählt, der alte und schon nahezu erblindete Thiele habe sich in einer seiner Vorlesungen bei einer bewußt kompliziert gestalteten Rechnung einmal so hoffnungslos verheddert, daß ihm schließlich trotz langer Bemühungen nichts anderes übrig blieb, als seine Studenten mit der Bemerkung zu entlassen, man müsse auch auf diesem Wege ein vernünftiges Ergebnis erhalten; sie sollten diese Rechnung allein zu

Ende bringen. Nachdem sich Niels Bohr, sein Bruder Harald und einer ihrer Freunde sehr lange ergebnislos geplagt hatten, machten sie schließlich die Aufzeichnungen von einem früheren Kursus Thieles ausfindig und suchten erwartungsvoll jene Stelle, die die erhoffte Aufklärung bringen sollte. Dort fanden sie aber weiter nichts als den Hinweis, Thiele habe diese Rechnung nicht ausführen können und die Hörer aufgefordert, es selbst zu tun.

Niels Bohr hat während seines sechsjährigen Universitätsstudiums vermutlich nicht allzu viele Vorlesungen besucht. Sein Weg, in die Wissenschaft einzudringen, bestand vor allem darin, unter Anleitung weitgehend selbständig an ausgewählten Problemen zu arbeiten. Dabei war er im Unterschied zu seinem Bruder weniger darauf bedacht, das Studium möglichst schnell abzuschließen, als vielmehr, an den ihn interessierenden Punkten sehr tief in den Stoff einzudringen.

Der Vater hat Niels schon früh für den „Besonderen" gehalten, wogegen auch Harald niemals protestiert haben soll. Christian Bohr pflegte die wissenschaftliche Zukunft des Sohnes mit seiner eigenen Wissenschaftlerlaufbahn durch den Vergleich zu charakterisieren, daß er selbst Silber, Niels aber Gold sei. Schließlich prophezeite er: „Die Leute werden ihm zuhören; sie werden zu Niels kommen und werden ihm zuhören."[1]

Es ist gut möglich, daß sich Harald Høffding und Christian Christiansen, die sich auch zu dieser Zeit weiterhin mit Christian Bohr und Vilhelm Thomsen regelmäßig trafen, argwöhnisch beobachtet haben, wer von ihnen wohl den hochbegabten Bohr-Sohn mehr anzuziehen vermochte.

Christiansen war seit 1886 Lehrstuhlinhaber für Physik; bekannt geworden ist er vor allem durch seine Arbeit zur anomalen Dispersion (1870) und durch einige Untersuchungen zur Strahlungstheorie, zur Gasdiffusion sowie zur Elektrizität. Als Niels Bohr an die Universität kam, war Christiansen mit experimentellen Arbeiten zur Kapillarität beschäftigt und beobachtete mit Interesse die bedeutsamen Entwicklungen in der Elektronentheorie.

Er hat die Physikentwicklung stets in ihrer ganzen Breite verfolgt. Wurde auf einem Gebiet eine wichtige Entdeckung gemacht, so versuchte er sich in dieses Gebiet einzuarbeiten und die entsprechenden Experimente zu wiederholen, um sich selbst ein Urteil zu bilden. In seiner Lehrtätigkeit konzentrierte er sich auf eine Einführungsvorlesung in die Experimentalphysik und eine Vorlesung über theoretische Physik. Die erstere war für Mediziner und Hörer der Polytechnischen Lehranstalt bestimmt, in deren Gebäude sich damals auch das Physikalische Institut der Kopenhagener Universität befand. Die entsprechenden Experimente hat er meist selbst ausgeführt. Dafür wurden von ihm spezielle Geräte entworfen und gebaut.

Aus den für die wenigen Physikstudenten der Kopenhagener Universität gehaltenen Vorlesungen zur theoretischen Physik ist ein Lehrbuch hervorgegangen, das 1894 auch in deutscher Übersetzung erschien und 1921 seine 4., in Absprache mit dem Autor durch J. Müller verbesserte Auflage erfuhr. Dieses unter dem Titel „Elemente der theoretischen Physik" erschienene Lehrbuch eignete sich vor allem als Einführung in das Gebiet. Es ist unter dem Einfluß von Kirchhoff, Bunsen, Helmholtz, Faraday und Maxwell geschrieben.

Christiansens Vorlesungen zur theoretischen Physik wurden meist in Form seminaristischer Übungen abgehalten. Ob Niels Bohr seinerzeit daran teilnahm, ist nicht bekannt. Vieles spricht dafür, daß er sich auch diesen Stoff eher im Selbststudium angeeignet hat. Eine der ersten selbständig zu bewältigenden Aufgaben, die ihm Christiansen gab, war ein Literaturbericht über radioaktive Zerfallsprozesse. Damit beschäftigte sich damals zwar noch keiner der Kopenhagener Physiker; sie konnten aber nach der Verleihung des Physik-Nobelpreises für das Jahr 1903 an die Franzosen H. A. Becquerel sowie das Ehepaar Pierre und Marie Curie an diesem neuentdeckten physikalischen Phänomen nicht länger vorbeigehen. Was also lag da für einen Mann wie Christiansen näher, als durch einen talentierten Studenten eine Übersicht über dieses Gebiet erarbeiten und im Seminar vortragen zu lassen?

Nachdem Wilhelm Conrad Röntgen 1895 jene geheimnisvollen, später nach ihm benannten Strahlen entdeckt hatte, mit denen man undurchdringliche Körper „durchleuchten" konnte, fand Henri Becquerel 1896 bei der Untersuchung fluoreszierenden Uranerzes Strahlen, die nicht künstlich erzeugt, sondern die offensichtlich von bestimmten in der Natur vorkommenden Elementen abgegeben wurden. Auf der Suche nach der Quelle dieser rätselhaften, von Uranverbindungen ausgehenden Strahlung fanden die Curies die bis dahin unbekannten Elemente Polonium und Radium und wiesen deren Radioaktivität mit den von ihnen entwickelten leistungsfähigen Analysemethoden nach. Als Niels Bohr mit seinem Literaturbericht beschäftigt war, hatte der in England lebende und aus Neuseeland stammende, frisch promovierte Ernest Rutherford bereits festgestellt (1897), daß die „Uranstrahlung" aus zwei verschiedenen Strahlensorten besteht, der leichter absorbierbaren Alphastrahlung und der stärker durchdringenden Betastrahlung. Damals wußte noch niemand etwas über die Ursachen dieser Strahlung; es wurde nach weiteren radioaktiven Stoffen gefahndet. Klar schien lediglich, daß die neu entdeckte Strahlung genauso wenig in das bis dahin gültige physikalische Weltbild paßte wie die kurz zuvor entdeckte Röntgenstrahlung, die inzwischen als besonders kurzwellige elektromagnetische Strahlung erkannt war.

Für Niels Bohr blieb es vorerst bei diesem Literaturbericht über Radioaktivität. Wenngleich er sich daran anschließend unter der Leitung Christiansens zunächst wieder Gebieten zugewandt hat, bei deren Bearbeitung man sich auf die bisher bestens bewährten Prinzipien der Physik stützen konnte, hatte er aber wohl mit der Ausarbeitung seines ersten umfangreichen Referates das Gefühl bekommen, daß die von seinem Physiklehrer vorgetragene Wissenschaft an einigen Stellen weniger tief begründet war, als dieser – gleich vielen anderen seiner Generation – vermutete.

Christiansen ließ Niels Bohr um die Jahreswende 1904/1905 Rechnungen ausführen, die er für einen 1905 in den „Annalen der Physik" veröffentlichten Artikel über den Zusammenhang der elektrischen Eigenschaften des Quecksilbers mit dessen Oberflächenspannung benötigte. Die Zeitschrift, in die die ersten eigenständigen Arbeitsergebnisse des 20jährigen Physikstudenten eingingen, ist dieselbe, in der im gleichen Jahrgang drei später berühmt gewordene Artikel des damals völlig unbekannten Angestellten am Berner Patentamt Albert Einstein publiziert wurden. Daß man dessen wegweisenden Überlegungen zur speziellen Relativitätstheorie und zur quantentheoretischen Erklärung des photoelektrischen Effektes in Kopenhagen zunächst keinerlei Aufmerksamkeit schenkte, ist nicht weiter verwunderlich; sie lagen zu weit abseits der physikalischen Interessen Christiansens und haben schließlich auch anderswo relativ lange auf ihre Anerkennung warten müssen. So ist es als ein glücklicher Zufall zu werten, daß Bohrs erste wissenschaftliche Zuarbeit für eine Publikation mindestens äußerlich derart in die Nähe der von ihm später so bewunderten Leistung Einsteins geriet. Die erste Bekanntschaft Bohrs mit Einsteinschen Arbeiten dürfte über die molekularkinetischen Untersuchungen der Brownschen Zitterbewegungen geschlossen worden sein. Erst danach (aber noch während des Studiums) hat er dann auch Einsteins wegweisende Anwendung der Planckschen Quantenhypothese kennengelernt. Wann er sich die Grundgedanken der „Elektrodynamik bewegter Körper" angeeignet hat, ist unklar.

Christiansen hat sich zeit seines Lebens ausschließlich mit Gegenständen der klassischen Physik beschäftigt. Als Physiklehrer konnte er daher seinen Studenten am Beginn des 20. Jahrhunderts sicher nicht den Eindruck vermitteln, daß diese Wissenschaft mitten in revolutionären Umwälzungsprozessen stand. Wenn er trotzdem maßgeblich daran beteiligt war, einen ihrer zukünftigen Revolutionäre mit einem soliden wissenschaftlichen Fundament auszurüsten, belegt das einmal mehr den organischen Zusammenhang der inzwischen als „klassisch" qualifizierten Physik mit der „modernen Physik".

Auch von Bohrs Philosophielehrer Høffding wird man schwerlich sagen können, daß er seinen Studenten das Gefühl vermittelt habe, mitten in revolutionären wissenschaftlichen Umbrüchen zu stehen.

Høffding, seit 1883 Lehrstuhlinhaber, war ein Philosoph, der sein Fach an der Universität in der ganzen Breite vertrat. Er hat sich gründlich mit der Geschichte der Philosophie beschäftigt, Psychologie, Ethik und Erkenntnistheorie gelehrt und ist im Alter immer wieder auf die Religionsphilosophie, den Ausgangspunkt seiner intellektuellen Entwicklung zurückgekommen. Von ihm hörten die Studenten eine kenntnisreiche Darstellung wichtiger philosophischer Systeme der Vergangenheit und der Gegenwart, die nicht vordergründig mit dem Anspruch auftrat, die Meinung anderer vom Standpunkt des eigenen philosophischen Denkens aus zu werten.

Høffding war vor allem unter dem Einfluß Kierkegaards Philosoph geworden, hatte sich aber mehr und mehr von dessen existentialistischer Philosophie befreit. Im schroffen Gegensatz zu Kierkegaard hat sich Høffding für die Entwicklung der Wissenschaften, insbesondere der Naturwissenschaften und der sich gerade emanzipierenden Psychologie, interessiert.

Mit den für einen Philosophen höchst unkonventionellen Brückenschlägen zu anderen Wissenschaften hat Høffding einige seiner Hörer angeregt, die in den Vorlesungen und Übungen behandelten Probleme im kleineren Kreis weiterzudiskutieren.

Etwa um 1905 ist es an der Kopenhagener Universität zur Gründung eines auf zwölf Mitglieder begrenzten philosophischen Zirkels gekommen, der folgerichtig „Ekliptika" genannt wurde. Als Niels und Harald Bohr angesprochen wurden, ob sie nicht Lust hätten, in zwangloser Form in einem der bei den Studenten damals so beliebten Cafés mit Gleichgesinnten mehrmals monatlich zu philosophischen Disputen zusammenzukommen, haben sie wohl begeistert zugesagt. Aus den leider nur spärlich vorliegenden Berichten der Teilnehmer an den Gesprächen, die manchmal bis in die Morgenstunden dauerten, geht hervor, daß die beiden Bohr-Brüder mit ihrem scheinbar koordinierten Denken in diesem Kreis sehr anregend gewirkt haben. Über den Inhalt der Gespräche lassen sich nur Vermutungen anstellen. Sie wurden zumeist durch den Vortrag eines Teilnehmers eingeleitet und werden dann wohl oft auch in vorher nicht ohne weiteres absteckbare Gefilde vorgestoßen sein. Tiefschürfender Ernst und humorvolle Lockerheit sind dabei dicht beieinander zu vermuten. Dafür spricht nicht nur die Umgebung, in der sich diese Studenten auszutauschen pflegten, sondern auch der Stil der kreativ streitenden Partner.

Sie waren alle an Problemen der Erkenntnistheorie, Moral und Ethik außerordentlich interessiert. Niels Bohr trug sich zeitweilig sogar mit dem Gedanken, ein erkenntnistheoretisches Buch zu schreiben. Davon ist er dann allerdings unter dem Eindruck der Fülle experimenteller und theoretischer Fragestellungen in der naturwissenschaftlichen Forschung schnell wieder abgekommen.

Der zukünftige Theoretiker hat an der Kopenhagener Universität eine recht umfangreiche experimentelle Ausbildung genossen. So wie damals an vielen anderen Universitäten auch, wurden die theoretischen Erkenntisse hier im engen Zusammenhang mit dem Experiment vermittelt. Lehrstühle für theoretische bzw. mathematische Physik gab es zu dieser Zeit nur an wenigen europäischen Hochschulen; in Kopenhagen waren die experimentelle und die theoretische Physik sogar noch in Personalunion vereinigt. Zwar wird Niels Bohr auch während seines Studiums große Geschicklichkeit im Umgang mit wissenschaftlichen Geräten bescheinigt, doch ist er dabei wohl oft bis an die Grenzen der Leistungsfähigkeit einer Apparatur gegangen; so heißt es, daß im anorganischen Praktikum des Chemikers Niels Bjerrum (1879 – 1958) niemand so viel Glas zerbrochen habe wie er. Wenn in diesem Labor etwas explodierte, dann soll Bjerrum zuerst an den ältesten Sohn seines Kollegen von der Physiologie gedacht haben.

Während Niels Bohr seine Lehrer und Mitschüler am Gammelholm-Gymnasium als guten, in vielen Fächern recht begabten, aber keineswegs als überragenden Schüler einschätzten, gibt es aus seinen Studentenjahren schon frühzeitige Hinweise darauf, daß er ein genialer Naturwissenschaftler zu werden versprach. Die wohl frühesten authentischen Äußerungen stammen von einer Studentin (Helga Lund), die ihn in den Vorlesungen Professor Thieles über Wahrscheinlichkeitsrechnung kennengelernt hatte. Nachdem sie mehrfach staunend miterleben mußte, wie dieser junge Mann mit dem Professor wissenschaftliche Probleme zu diskutieren pflegte, fürchtete sie bereits, ihr Examen bei Thiele nicht bestehen zu können. Als sie schließlich erkannt hatte, daß Niels Bohr nicht nur das für einen Physikstudenten unbedingt zu fordernde Niveau an mathematischer Bildung und mathematischen Problemverständnis besaß, sondern weit über dem Durchschnitt lag, berichtete sie im Dezember 1904 einem Verwandten: „Apropos Genie. Es ist wundervoll, ein Genie zu kennen; ich kenne eines und bin jeden Tag mit ihm zusammen. Sein Name ist Niels Bohr, und ich habe Dir schon früher von ihm geschrieben. Er erweist sich mehr und mehr als außergewöhnlich. Zugleich aber ist er der freundlichste und bescheidenste Mensch, den Du Dir vorstellen kannst. Er hat einen Bruder, der jetzt auch zur Universität geht und der ebenso glänzend ist; er studiert Mathematik. Die beiden sind unzertrennlich. Ich habe noch niemals zwei Menschen gekannt, die so eng zusammen waren. Sie sind noch sehr jung, 17 und 19; ich spreche mit Ausnahme dieser beiden kaum mit anderen Studenten, sie sind so nett."[2]

Mit Helga Lunds Bemerkungen liegt wohl mehr als lediglich der Ausdruck schwärmerischer Bewunderung einer jungen Frau vor. Ähnlich, wenngleich nicht so euphorisch, haben sich später auch einige der Mitglieder des „Ekliptika"-Kreises geäußert. – Niels und Harald Bohr konnten bald schon Proben ihres wissenschaftlichen Leistungsvermögens ablegen. Die erste Gelegenheit dazu bot sich Niels bei einer von der Königlich-Dänischen Akademie der Wissenschaften und der Literatur im Februar 1905 ausgeschriebenen Preisaufgabe.

Ausgehend von einer 1879 durch Lord Rayleigh aufgestellten Theorie war die Oberflächenspannung von Flüssigkeiten zu bestimmen. Die erhaltenen Resultate galt es mit den Daten andersartiger experimenteller Bestimmungen dieser Größe zu vergleichen. Die Arbeiten der Bewerber für die Goldmedaille der Akademie mußten bis zum 30. Oktober 1906 anonym eingereicht werden. Bislang hatten sich derartigen Preisaufgaben zumeist ausgebildete Nachwuchswissenschaftler gestellt; 1905 befand sich unter den Bewerbern auch der 19jährige Student Niels Bohr. Er konnte sich dieser Aufgabe annehmen, weil er die Gewißheit hatte, dazu das Laboratorium seines Vaters nutzen zu dürfen. Doch war es keineswegs der Ehrgeiz des Physiologieprofessors, der Niels veranlaßte, sich einer so aufwendigen Aufgabenstellung zu widmen, zumal sie für den weiteren Studiengang kaum größere Bedeutung hatte. Vielmehr war zu erwarten, daß sie viel Zeit in Anspruch nehmen würde, und sie verhieß bestenfalls den Ruhm einer in Dänemark wissenschaftlich recht angesehenen Goldmedaille.

Einmal entschlossen, an *diesem* Wettbewerb teilzunehmen und nicht auf eine spätere Gelegenheit nach Abschluß des Studiums zu warten, stürzte sich Niels Bohr mit der ihm eigenen ungeheuren Energie und Konzentrationsfähigkeit auf die neue Aufgabe. Sein Vorgehen unterschied sich durchaus von dem, das man von einem Studenten in den ersten Semestern erwarten konnte. Reichlich forsch unterzog er die Rayleighsche Theorie einer recht kritischen Beleuchtung, und, siehe da, dieser war sie keineswegs in jeder Hinsicht gewachsen. Damit hatte natürlich das Preiskomitee mit seiner durch Christiansen initiierten Aufgabenstellung nicht gerechnet.

Nachdem der junge Bohr ein zwar aufwendiges, aber dafür um so erfolgversprechenderes Verfahren ersonnen hatte, um einen über Stunden konstanten Flüssigkeitsstrahl zu erzeugen, ging er unverzüglich an die praktische Umsetzung dieser Idee. Nach der vorausgesetzten Theorie mußte der Wert der Oberflächenspannung einer Flüssigkeit über die Messung der Wellenlängen der sich an der Oberfläche solcher Flüssigkeitsstrahlen bildenden Wellen bestimmbar sein. Nachdem Bohr die für diese Experimente erforderlichen langen Glasrohre mit gleichförmigen elliptischem Querschnitt in mühevoller Kleinarbeit angefertigt und eine entsprechende Apparatur aufgebaut hatte, ergaben schon erste Kontrollmessungen, daß die Rayleighsche Theorie verbessert werden mußte. Folgerichtig überlegte Bohr, welche Faktoren darin bislang unberücksichtigt gelassen worden waren. Es gelang ihm dann tatsächlich, die anerkannte Theorie dadurch zu verbessern, daß er im Unterschied zu Rayleigh die Viskosität von Flüssigkeiten in Rechnung stellte und bei den sich ausbreitenden Oberflächenwellen auch große Amplituden zuließ. Für die entsprechenden Überlegungen und Berechnungen aber war inzwischen so viel Zeit verstrichen, daß er fürchten mußte, die Arbeit sei nicht mehr bis zum gesetzten Termin fertigzustellen. Der um die Tücken solcher Projekte wissende Vater zwang in dieser Situation seinen Sohn mit sanfter Gewalt, nach Abschluß der Meßreihen für Wasser auf die Messung der Oberflächenspannung bei anderen Flüssigkeiten zu verzichten und die Ergebnisse umgehend in eine Form zu bringen, in der sie guten Gewissens dem Preiskomitee der ehrwürdigen Akademie vorgelegt werden konnten. Dazu wurde Niels nach Nærumgaard, dem Sommerhaus der Adlers, geschickt.

Dieses Vorgehen hatte Erfolg. Die Preisschrift konnte, nachdem die ganze Familie noch in der letzten Nacht vor Ablauf der gesetzten Frist Hand angelegt hatte, zumindest rechtzeitig eingereicht werden. Da sie aber der Aufgabenstellung nicht voll gerecht wurde, mußte ihr Autor durchaus darauf gefaßt sein, daß das Preiskomitee möglicherweise die Originalität seiner Gedankenführung nicht in dem gewünschten Maße honorieren könnte.

Die folgenden Wochen bangen Wartens waren für Niels Bohr jedoch keine Strecke des Müßiggangs. Vielmehr fällt genau in diese Zeit seine Hilfe bei der Überarbeitung von Høffdings Logiklehrbuch. Høffding erinnerte sich bei der Vorbereitung der 5. Auflage dieses Buches der kritischen Bemerkungen des Studenten Bohr und bat ihn nun darum, die neuen Formulierungen durchzusehen. Von dieser Arbeit zeugen heute leider nur noch Høffdings Antwortbriefe; Bohrs Schreiben sind verlorengegangen.

Der erste seiner erhalten gebliebenen wissenschaftlichen Briefe stammt vom 2. 1. 1907. Darin macht er den 30 Jahre älteren F. Johannsen, den damaligen Direktor der Kopenhagener Telefongesellschaft, darauf aufmerksam, daß die in seiner Publikation von 1897 angestellten Überlegungen für die Gleichgewichtsbedingungen mechanischer Systeme keineswegs so universell seien, wie dort vorausgesetzt worden war. Im Verlauf des sich anschließenden Briefwechsels hat Johannsen versucht, seinen Beweis zu rechtfertigen. In einem Antwortschreiben heißt es dazu dann bei Bohr, „daß der auf dem Energieerhaltungssatz basierende Beweis falsch sein muß“[3] – eine Feststellung, die Johannsen wohl eher von der Richtigkeit seines eigenen Vorgehens als von der Berechtigung der Bohrschen Kritik überzeugt haben dürfte, obgleich die angeführten konkreten Beispiele eigentlich gegen Johannsens Konzeption sprachen.

Abgesehen vom konkreten Gegenstand der damaligen Auseinandersetzung belegt dieser frühe Brief vor allem, wie unkonventionell der junge Bohr zu dieser Zeit schon an die Physik heranging. Der für alle gestandenen Physiker unantastbare Energieerhaltungssatz schien jedenfalls für ihn keineswegs eine nicht weiter zu hinterfragende Selbstverständlichkeit. Diesen Gedanken finden wir bei ihm später noch zweimal wieder. Daß sich der Energieerhaltungssatz trotz mehrfacher Angriffe Bohrs schließlich immer wieder bewährt hat, gehört inzwischen auch zu den Argumenten, die gegen andere Versuche anzuführen sind, diesen Satz einzuschränken oder gar aufzuheben.

Der Briefwechsel zwischen Bohr und Johannsen endete am 27. 2. 1907 mit Johannsens Gratulation zu Niels Bohrs Gewinn der Goldmedaille. Die freudige Nachricht hatte den Preisträger schon früher erreicht. Høffding, offensichtlich in der Annahme, der Vater werde es ohnehin erzählen, hatte ihm bereits am Abend des Tages gratuliert, an dem die beiden Physiker C. Christiansen und P. K. Prytz[4] ihren Vorschlag zur Preisverleihung in der Akademie begründeten. In deren Schreiben vom 25. 1. 1907 ist erwähnt, daß der Akademie zwei sehr unterschiedliche Arbeiten eingereicht wurden. – Die andere stammte von P. O. Pedersen, einem 32jährigen Elektroingenieur, der ab 1912 als Professor und von 1922 bis zu seinem Tode im Jahre 1941 als Präsident der Polytechnischen Lehranstalt in Kopenhagen tätig war.

Das Preiskomitee hatte in seiner Begründung zwar vermerkt, daß der mit „$\beta\gamma\delta$“ zeichnende Autor (Niels Bohr) lediglich *eine* Flüssigkeit untersucht habe, aber zugleich die hohe experimentelle und theoretische Meisterschaft hervorgehoben, die er bei der Bewältigung der Aufgabenstellung an den Tag gelegt hat. Da die andere Arbeit den Forderungen der gestellten Preisaufgabe voll entsprach, wurden 1907 beide eingereichten Arbeiten mit je einer Goldmedaille gewürdigt. Während Pedersens theoretisch weniger anspruchsvolle Arbeit mit den umfangreichen, in einem recht einfachen experimentellen Verfahren gewonnenen Daten schon 1907 in Englisch publiziert wurde, war es naheliegend zu versuchen, auch die Bohrsche Arbeit in einer international angesehenen physikalischen Zeitschrift zu veröffentlichen. Durch Vermittlung des Vaters konnten dafür schließlich die in London erscheinenden „Philosophical Transactions of the Royal Society" gewonnen werden. Damit war der Triumph über den ersten wissenschaftlichen Erfolg für Niels Bohr vollkommen.

Die Fertigstellung dieser Publikation aber war für ihn beileibe keine bloße Fleißarbeit. Er wäre nicht Niels Bohr gewesen, wenn er jetzt nicht versucht hätte, alle inzwischen erkannten Mängel auszumerzen. Deshalb auch konnte es sich gar nicht um eine einfache Übersetzung aus dem Dänischen ins Englische handeln. Diese mußte mit einer inhaltlichen Überarbeitung und zahlreichen Verbesserungen einhergehen, zugleich wurden zusätzliche Messungen ausgeführt. Nachdem der Artikel schließlich in der Sitzung der Royal Society in London am 2. Januar 1909 behandelt worden war, kam es wegen eines Vorschlages von Lamb zu einem Briefwechsel, in dem Niels Bohr den berühmten Sekretär dieser Akademie J. Larmor auch darauf aufmerksam machte, daß er gar nicht Professor, sondern noch Student an der Kopenhagener Universität sei. In der Mitte des Jahres 1909 erschien dann endlich die schon so heiß ersehnte wissenschaftliche Abhandlung. Es ist dies die einzige Veröffentlichung geblieben, in der Niels Bohr über eigene umfangreiche experimentelle Arbeiten berichtete.

Bereits in dieser studentischen Arbeit aber zeichnen sich die wesentlichsten Züge seines späteren physikalischen Vorgehens ziemlich klar ab. Als erstes hat er das vorliegende experimentelle Material mit den bis dahin entwickelten theoretischen Vorstellungen verglichen. Ausgehend von den sich aus der Theorie ergebenden Möglichkeiten, wurde dann die Methode des weiteren experimentellen Vorgehens festgelegt. Dabei ist immer wieder auf Bekanntes zurückgegriffen worden. Wo erforderlich, wurde die Frage nach der Möglichkeit der Verbesserung vorhandener oder der Entwicklung neuer Methoden gestellt. Später – als Bohr schon nicht mehr selbst experimentiert hat – nahm er stets sehr aufmerksam die Ergebnisse der einschlägigen Experimente anderer zur Kenntnis. Immer war es eine sehr breite Erfahrungsbasis, die ihn zu neuen theoretischen Überlegungen geführt hat.

1910 erschien in den Sitzungsberichten der Heidelberger Akademie der Wissenschaften ein Artikel von P. Lenard, in dem sich dieser auch auf die Resultate von Niels Bohr bezog. Das veranlaßte Bohr, der damals bereits an seiner Dissertation über die Elektronentheorie der Metalle arbeitete, die Frage der Oberflächenspannung beim Wasser nochmals aufzugreifen und der Royal Society einen zweiten Artikel zu diesem Gegenstand einzureichen. Dies war die letzte Arbeit, die er auf dem Gebiet der Flüssigkeitstheorie verfaßte. Was er dabei gelernt hatte, sollte ihm sehr viel später allerdings im Zusammenhang mit dem Tröpfchenmodell des Atomkerns noch zugute kommen. – Das Bohrsche Verfahren zur Bestimmung der Oberflächenspannung von Wasser ist bis heute eine der besten dynamischen Methoden zur Messung dieser Größe geblieben.

Harald Bohr reifte in jenen Jahren sehr schnell zu einem international anerkannten Mathematiker heran. Hatte der anderthalb Jahre Jüngere das Studium nur ein Jahr nach dem Bruder begonnen, so überflügelte er ihn zeitlich mit dem Ablegen der Examen sogar noch. Der Vater schickte ihn unmittelbar nach der Magisterprüfung im Frühjahr 1909 nach Göttingen, dem damaligen Zentrum der Mathematik. Als Harald 1910 seine glanzvolle Doktordissertation über Dirichletsche Folgen an der Kopenhagener Universität verteidigte, erlebten die Mathematiker eine für ihre Disziplin ungewöhnliche Anteilnahme der Öffentlichkeit. Dafür gab es einen sehr einfachen Grund. Mit Harald Bohr errang einer der populärsten dänischen Fußballspieler dieser Zeit den Doktortitel. Er hatte in der Nationalelf Dänemarks 1908 bei den Olympischen Spielen in London maßgeblich zum Gewinn der Silbermedaille beigetragen.

Niels Bohr stand zu diesem Zeitpunkt noch auf vielen Gebieten im Schatten des jüngeren Bruders. Im Fußball hatte er es zwar immerhin auch schon bis zum Ersatztorhüter seines Clubs gebracht, war aber bei entscheidenden Spielen nie eingesetzt worden. Als Harald bereits die Magisterprüfung abgelegt hatte und zu seinem ersten Forschungsaufenthalt nach Göttingen aufgebrochen war, bereitete sich Niels noch auf dieses Examen vor. Dazu hatte ihn der Vater, der ihn sehr genau kannte, wie schon bei der Fertigstellung der Preisaufgabe in die ländliche Einsamkeit geschickt. Zwar mußte niemand fürchten, daß Niels den großstädtischen Verführungen erliegen könne, trotzdem barg auch für diesen, dem feuchtfröhlichen Studentenleben abholden, jungen Mann Kopenhagen vielerlei Gefahren. Die größte lag zweifelsohne in den allzu leicht erreichbaren Bibliotheken; sie hätte angesichts der Niels eigenen Tiefgründigkeit bei der Aufarbeitung der wissenschaftlichen Literatur möglicherweise die Anmeldung zum Examen noch unnötig verzögert.

Da das großzügige Landhaus der Adlers nach dem Tode der Großmutter nicht mehr zur Verfügung stand – es war entsprechend dem Willen seiner Besitzer der Stadt Kopenhagen für ein Kinderheim zur Verfügung gestellt worden[5] –, mußte ein anderer geeigneter Platz gefunden werden. Der bei Christian Bohr arbeitende Assistent H. Møllgaard schlug sein väterliches Pfarrhaus in Vissenbjerg auf der Insel Fünen vor. In die Einsamkeit dieser Insel, die Hans Christian Andersen gern als Szene seiner Märchen benutzt hatte, nahm Niels Bohr nur die allerwichtigsten Werke mit, darunter auch ein Manuskript für Christiansens Lehrbuch. Die Verständigung mit dem Bruder mußte nun für längere Zeit schriftlich erfolgen. Die dadurch entstandene Korrespondenz hat den großen Vorzug, dem Wissenschaftshistoriker authentisches Material des folgenden Entwicklungsabschnittes zu liefern.

In den ersten Briefen, die Harald damals von Niels bekam, ist unter anderem auch von dem starken Eindruck die Rede, den die Lektüre von Kierkegaards „Stadien auf dem Lebensweg" hinterlassen hat. Vor allem aber geht es immer wieder um die konkrete Vorbereitung der bevorstehenden Prüfungen, um die dazu durchgearbeitete Literatur, und schließlich erfolgt die freudige Nachricht von der schon erwähnten ersten wissenschaftlichen Publikation.

Jeder, der damals in Kopenhagen seine Magisterprüfung ablegte, hatte dazu innerhalb einer festgesetzten Frist eine Examensarbeit anzufertigen, die besonderen fachlichen Interessen Rechnung tragen sollte. Bohr vertiefte sich in die Lorentzsche Elektronentheorie. Christiansen hatte ihm unter Berücksichtigung seines speziellen Interesses für das damals stark in Fluß befindliche Gebiet der Physik die Aufgabe gestellt, eine Übersicht über die Versuche zur Anwendung der Elektronentheorie bei der Erklärung der physikalischen Eigenschaften der Metalle zu erarbeiten. Diese bewältigte der zukünftige Magister in einer Form, mit der er selbst nicht ganz zufrieden war: „Ich hoffe aber, daß die Prüfer es durchgehen lassen; ich habe ein paar kleinere Punkte herausgefunden, die nirgendwo sonst behandelt werden. Zwar sind diese Dinge zumeist negativer Natur (Du weißt, ich habe die schlechte Gewohnheit zu glauben, ich könne die von anderen gemachten Fehler finden). Auf der mehr positiven Seite glaube ich einen Hinweis für eine Begründung des Dir vielleicht weniger bekannten Faktes gegeben zu haben, daß Metalllegierungen eine geringere elektrische Leitfähigkeit besitzen als die der reinen Metalle, aus denen sie bestehen."[6]

Zu den „kleineren Punkten negativer Natur“ gehörte Bohrs Erkenntnis, daß die klassische statistische Physik nicht in der Lage ist, die magnetischen Eigenschaften von Metallen zu erklären. In manchen physikhistorischen Untersuchungen findet sich der Hinweis, das sei erstmals 1919 in der Dissertation von J. H. Leeuwen nachgewiesen worden. Während diese Arbeit 1921 veröffentlicht wurde, erschien Bohrs Magisterarbeit erst 1972 im 1. Band der „Niels Bohr, Collected Works“.

Entsprechend dem damaligen Forschungsstand und den spezifischen Interessen Christiansens wurde mit der Magisterarbeit von Niels Bohr an einem wichtigen Punkt der Physikentwicklung getestet, wie weit sich die klassischen Theorien und Methoden für die Erklärung bekannter Materialeigenschaften noch eigneten. Nachdem J. J. Thomson an der Universität Cambridge entdeckt hatte, daß Kathodenstrahlen sowohl in elektrischen als auch in magnetischen Feldern abgelenkt werden, und daran die Annahme geknüpft hatte, diese Strahlen müßten aus Teilchen bestehen, gelang es ihm 1897, das Verhältnis von elektrischer Ladung und Masse dieser „Korpuskeln“ zu bestimmen. Daraus war zu erkennen, daß deren Masse sehr viel geringer ist als die des leichtesten Atoms. Mithin mußten also Atome aus Teilchen bestehen, die sehr viel kleiner sind als sie selbst. Zu einem Zeitpunkt, als über die Struktur des Atoms nur spekuliert werden konnte, setzten in mehreren physikalischen Laboratorien der Welt intensive Untersuchungen der Eigenschaften dieser bis dahin experimentell unbekannten, aber theoretisch schon vermuteten Teilchen ein.

Man begann darüber nachzudenken, welche Konsequenzen sich aus der Existenz der inzwischen als „Elektronen“ bezeichneten Objekte für die bisherigen Vorstellungen über die Materiestruktur ergaben. Es entstanden Teiltheorien für verschiedene Materialien. Rieke, Drude, J. J. Thomson und H. A. Lorentz versuchten die Eigenschaften der Metalle ausgehend von der Annahme zu erklären, daß es in ihrem Inneren kleine elektrisch geladene Teilchen gibt. Dabei konnten zwar schon interessante Einsichten bezüglich der großen elektrischen Leitfähigkeit und anderer Charakteristika gewonnen werden, viele Voraussagen dieser theoretischen Ansätze aber stimmten mit den experimentellen Daten noch nicht überein. Die alles entscheidende Frage auf diesem und den anderen Anwendungsgebieten war die nach den Grundprinzipien der Elektronentheorie. Eine der nächstliegenden Annahmen bestand darin, eine solche Theorie nach dem Vorbild der kinetischen Gastheorie aufzubauen. Da mit den Elektronen in allen materiellen Systemen große Gesamtheiten vorlagen, mußte erwartet werden, daß die in der zweiten Hälfte des 19. Jahrhunderts entwickelte Theorie für Teilchengesamtheiten anwendbar bliebe. Diese Theorie setzte keine spezifischen Annahmen über die Teilcheneigenschaften voraus, so daß man nun beruhigt fragen konnte: Warum eigentlich sollen die bewährten Gesetze der kinetischen Gastheorie nicht mehr gelten, wenn man es mit geladenen Teilchen zu tun hat?

Niels Bohr gehört zur Schar jener Theoretiker, die die Schwächen eines solchen Ansatzes zutage förderten. Zum Zeitpunkt seiner Magisterarbeit kam er noch nicht auf die Idee, daß der Schlüssel zur Lösung der sich dabei einstellenden Schwierigkeiten mit einer Entdeckung gegeben war, die nur drei Jahre nach dem experimentellen Nachweis der Elektronen gemacht wurde. Das im Jahre 1900 hypothetisch eingeführte Plancksche Wirkungsquantum war auch 1909 noch eine esoterische physikalische Größe, die vor allem mit der Strahlungstheorie zu tun hatte. Zwar hatten damals Einstein und später auch Debye, Born und Karman versucht, diese Hypothese zur Erklärung der Paradoxa in der Theorie der spezifischen Wärme zu benutzen, in Kopenhagen aber beschäftigte sich niemand mit derartig spekulativen Versuchen einiger weniger Theoretiker.

Niels Bohr befaßte sich vor allem mit der Elektronentheorie der Metalle von H. A. Lorentz und dessen Vorläufern, und da war alles noch ganz klassisch. Seine Auseinandersetzung mit der Lorentzschen Theorie, für die er sich zunächst begeisterte, begann er zugleich mit einer kritischen Distanz zum Theorieverständnis seines Lehrers Christiansen.[7] In seiner Magisterarbeit kam er, nachdem er eine Reihe von Fehlern in verschiedenen theoretischen Ansätzen aufgedeckt hatte, letztlich auch zu dem Schluß, daß selbst „in dem von Lorentz entworfenen Bild, mindestens vom formalen Standpunkt, einige schwache Stellen enthalten sind".[8]

Diese fünfzigseitige Prüfungsarbeit wurde in der Handschrift der Mutter eingereicht. Niels, der immer schon Probleme mit der Koordination von Denken und Schreiben hatte, fand damals, sehr zum Leidwesen des besorgten Vaters, in ihr eine hilfreiche Sekretärin. Indem sie sich bereitwillig seinem Diktat stellte, half sie ihm – wie der gestrenge Vater meinte – auf Dauer nicht, sondern schadete ihm eher dadurch, daß sie zusah, wie eine seiner Schwächen allmählich zu einer Tugend hochstilisiert wurde. Christian Bohr war fest davon überzeugt, Niels müsse unbedingt lernen, so zu arbeiten wie andere Wissenschaftler auch. Nach seiner Vorstellung hatte eine wissenschaftliche Abhandlung dadurch Gestalt anzunehmen, daß ihr Verfasser die immer wieder zu präzisierenden Gedanken selbst zu Papier bringt und ihnen dabei schließlich eine Form gibt, in der sie von einer Schreibkraft nur noch sauber abgeschrieben werden müssen. Das aber war ganz und gar nicht nach dem Geschmack von Niels Bohr. Sehr viel später äußerte seine Frau, daß er so kaum hätte arbeiten können. Er hat sich tatsächlich nahezu während seines ganzen Lebens zur schriftlichen Fixierung seiner Denkresultate zumeist der Hilfe anderer bedient. Anfangs haben dies sein Bruder und vor allem seine Mutter bzw. seine Frau übernommen, später waren es Sekretärinnen und schließlich hochgebildete Assistenten, die selber schon an der vordersten Front der physikalischen Forschungsarbeit standen oder auf dem Wege dorthin waren. Niemand wäre heute so kühn zu behaupten, dieser den Vater einst sehr beunruhigende Arbeitsstil habe der Produktivität des wissenschaftlichen Schaffens von Niels Bohr irgendwelchen Schaden zugefügt. Das später von ihm perfektionierte Dialogverfahren mit seinen Mitarbeitern gehörte nachgerade zu den besonderen Bedingungen seiner Kreativität. In diesem Punkte also hat sich der wohlmeinende Vater gründlich geirrt. Glücklicherweise beugte sich der junge Bohr damals seinem methodischen Diktat nicht.

Unmittelbar nach bestandener Magisterprüfung widmete sich Niels Bohr seiner Promotion. Als Dissertationsthema bot sich hierfür „Die Elektronentheorie der Metalle" geradezu von selbst an. Nachdem Bohr in seiner Prüfungsarbeit die Schwächen der existierenden theoretischen Ansätze analysiert hatte, schien es auch Christiansen nur natürlich, daß der junge Mann nun versuchen sollte, über allgemeinere Annahmen eine bessere, vielleicht sogar *die* Elektronentheorie der Metalle zu schaffen. Die Furcht vor großen Namen hatte Niels spätestens bei seiner Arbeit an der Preisaufgabe verloren. Warum sollte er nun nicht auch eine der Lorentzschen überlegene Theorie entwickeln können?

Wiederum zog sich Niels Bohr für längere Zeit in die Einsamkeit des Pfarrhauses Vissenbjerg auf der Insel Fünen zurück, arbeitete sehr angespannt in Kopenhagen und verbrachte schließlich im Frühsommer des Jahres 1910 mit dem Vater eine Woche Urlaub auf der Insel Rügen. Zu diesem Zeitpunkt weilte Harald noch in Göttingen, hatte aber die Berufung zum Dozenten nach Kopenhagen schon in der Tasche. In den Briefen jener Monate gibt es ein mehrfaches Auf- und Absteigen des Stimmungsbarometers. Niels Bohr versuchte sich an einer Theorie, die weniger einschränkende Annahmen für die Wechselwirkung zwischen Atomen und Elektronen machte, indem sie die Wechselwirkungen zwischen den Elektronen und die Beweglichkeit der Metallatome in Betracht zog.

Das war wirklich neu und aufregend. Einerseits ist in seinen Briefen von interessanten Resultaten die Rede, andererseits von quälender Fehlersuche bei den ermüdenden Rechnungen. Immer wieder erinnert sich Niels dabei dankbar der Hilfeleistungen, die ihm sowohl der Bruder als auch mancher seiner Freunde (Poul Nørlund, Edgar Rubin) gewährt haben. Wie schon die Magisterarbeit hat er auch das weit umfangreichere Manuskript zur „Elektronentheorie der Metalle“ der Mutter diktiert. Eingereicht wurde diese Arbeit aber gedruckt und gebunden.

Als Niels Bohr schließlich im Mai 1911 seine Dissertationsschrift mit Bravour verteidigen konnte, kam sein Physiklehrer und Opponent Christiansen zu dem Schluß, daß es wohl in Dänemark keinen Physiker gebe, der genügend von der neuen Theorie verstehe, um ihre Leistungsfähigkeit vollständig beurteilen zu können. Daß die Theorie besser als die Lorentzsche war, schien auf der Hand zu liegen, ging sie doch von weit allgemeineren Annahmen aus. Daß die Zeit noch nicht reif war, um *die* Elektronentheorie der Metalle zu entwickeln, konnte damals niemand wissen.

Christian Bohr blieb es versagt, die Lobeshymnen der beiden Opponenten (Christiansen und Heegaard) über die Arbeit des Sohnes sowie die Berichterstattung der Presse über die glanzvolle Verteidigung in einer für damalige Kopenhagener Verhältnisse unglaublich kurzen Zeit von nur anderthalb Stunden zu hören. Er hatte zwar die Fertigstellung dieser Arbeit noch erlebt [1], war aber wenige Wochen vor ihrer Verteidigung im Alter von 55 Jahren für alle überraschend einem Herzinfarkt erlegen. Niels, der schon zu diesem Zeitpunkt sehr genau wußte, wie viel er der überwiegend behutsamen und einfühlsamen Lenkung durch den Vater zu verdanken hatte, widmete ihm jene Arbeit, mit der er den Dr. phil. an der Kopenhagener Universität erwarb.

Die in dänischer Sprache gedruckte Dissertation wurde an einige Spezialisten im In- und Ausland verschickt und im allgemeinen als sehr nützlich beurteilt, weil „eine ähnlich umfassende, kritische Arbeit noch nicht existiert“[9]. Um aber tiefer in die Feinheiten der vorgeschlagenen Theorie einzudringen, mußte man die Bohrsche Dissertationsschrift wirklich gründlich lesen. Dies war jedoch den meisten ausländischen Physikern wegen der damit verbundenen Sprachprobleme nicht möglich. Einer der wenigen, die solche Probleme nicht hatten, war der damals an der Universität Uppsala lehrende schwedische Professor C. W. Oseen, den Bohr bald persönlich kennenlernte. Oseen brachte seine große Freude zum Ausdruck, daß eine derart solide Arbeit auf dem Gebiet der mathematischen Physik in einem der skandinavischen Länder geleistet worden war. Er hatte lange schon den Eindruck, daß auf dem von Bohr behandelten Gebiet der Theorie endlich einmal eine kritische Bestandsaufnahme notwendig sei. Ebenfalls recht positiv äußerte sich der schwedische Physiker D. Enskog in einer Publikation. Besonders wird sich Bohr gefreut haben, von seinem Lehrer und späteren Freund Niels Bjerrum Glückwünsche aus Berlin zu erhalten. [2] Bjerrum, der damals bei Nernst arbeitete und mit Planck und Rubens ständig zusammentraf, stellte in seinem Brief zugleich eine der entscheidenden Fragen, nämlich die, ob es richtig sei anzunehmen, daß die Elektronen sich tatsächlich im thermischen Gleichgewicht mit den Metallatomen befänden. Eine solche Annahme führte angesichts der niedrigen spezifischen Wärme der Metalle zu Problemen: „Aber es bleibt zu hoffen, daß die Zukunft diese Schwierigkeit bald aufklärt.“[10]

Mit seiner Dissertationsschrift war Niels Bohr also bis in jene Problemkreise vorgestoßen, die in den damals führenden physikalischen Forschungszentren die Gemüter erhitzten. Nun war es unabdingbar, die in Dänemark erworbenen wissenschaftlichen Kenntnisse und Fertigkeiten im Ausland weiter zu vertiefen. Dafür hatte der Vater noch die Weichen gestellt. Nachdem Niels und Harald Bohr im Sommer 1911 gemeinsam an einem Kongreß der skandinavischen Mathematiker teilgenommen hatten, auf dem Harald schon mit einem Fachvortrag hervortrat, konnte Niels im September dieses Jahres mit einem Stipendium der Stiftung Carlsberg für ein Jahr nach England aufbrechen. Hoffnungsfroh begab er sich zunächst nach Cambridge, wo neben den Theoretikern J. Larmor und J. H. Jeans vor allem der Entdecker des Elektrons J. J. Thomson (1856 – 1940) wirkte, der an den Resultaten des jungen Dänen sehr interessiert sein mußte. Um die Diskussionen in England zu erleichtern und zugleich in der Erwartung, die Dissertationsschrift dort vielleicht sogar publizieren zu können, wurde sie vorher zu Hause noch in mühevoller Kleinarbeit nahezu vollständig übersetzt.

Als Niels Bohr Dänemark verließ, nahm er nicht nur von seiner Mutter, seinen Geschwistern und Freunden Abschied, sondern auch von einem bildhübschen und klugen Mädchen, zu dem er sich in Liebe hingezogen fühlte. Es war die Schwester der ihm aus dem „Ekliptika“-Kreis bekannten Nørlunds. Die um fünf Jahre jüngere Margrethe Nørlund hatte er vermutlich 1909 kennen und auf gemeinsamen Ausflügen in die Umgebung Kopenhagens schätzen gelernt. In den Briefen des Jahres 1910 an Harald ist bereits von ihr die Rede; inzwischen hatten sich beide verlobt. Das kommende Jahr wurde für sie persönlich zu einer Zeit des Wartens. Davon legen zahlreiche Briefe ein beredtes Zeugnis ab.

Abb. 1 Geburtshaus von Niels Bohr – das im Familienbesitz der Adlers befindliche König-Georgs-Palais gegenüber von Schloß Christiansborg

Abb. 2 Ellen Bohr (geb. Adler) mit ihren Kindern Jenny, Harald und Niels (v.l.n.r.)

Abb. 3 Christian Bohr – Professor für Physiologie der Kopenhagener Universität

Abb. 4 Vater und Sohn

1 *2*

3 *4*

Abb. 5 P. S. Krøyer, Sitzung der Königlich-Dänischen Akademie (Ausschnitt), 1897.
1 – Christian Bohr, 2 – J. H. Chievitz, 3 – H. Høffding, 4 – Ch. Christiansen

Abb. 6 Die Chirurgische Akademie in der Bredgade – Wirkungsstätte des Vaters und Wohnsitz der Familie Bohr

Abb. 7 Christian und Ellen Bohr in ihrer Wohnung (Bredgade 62)

Abb. 8 Christian Christiansen (1843 – 1917)

Abb. 9 Harald Høffding (1843 – 1931)

Abb. 10 Harald und Niels Bohr 1907

Abb. 11 Harald Bohr, Poul Norlund, Edgar Rubin, Niels Bohr, Niels Erik Norlund (v.l.n.r.) ca. 1910

3. Episode Cambridge

Cambridge war und ist ein Ort von nahezu magischer Anziehungskraft für jeden, der in der Physikgeschichte auch nur einigermaßen bewandert ist. Hier hatte Isaac Newton fast drei Jahrzehnte gewirkt und in seinen 1686 abgeschlossenen „Philosophiae Naturalis Principia Mathematica“ der Mechanik jene Form gegeben, die über mehr als zwei Jahrhunderte bis zur Entwicklung der Einsteinschen Relativitätstheorie als der festgefügte Wunderbau in den Grundlagen der Physik, ja der wissenschaftlichen Naturerklärung überhaupt, galt. Ein anderer, nämlich James Clerk Maxwell, hatte an diesem Ort seine fundamentalen Arbeiten zur Entwicklung der Elektrodynamik mit dem 1873 erschienenen „Treatise on Electricity and Magnetism“ gekrönt. Daß damit einerseits das Weltbild der klassischen Physik abgerundet und andererseits das mechanistische Weltbild erstmals in seinen physikalischen Grundfesten erschüttert worden war, konnte zu dem Zeitpunkt, als der Schöpfer dieser Theorie die Reihe berühmter Cavendish-Professoren eröffnete, noch niemand wissen. Ihm folgte der legendäre Lord Rayleigh im Amt. 1897 hatte hier in Cambridge Joseph John Thomson, der als 28jähriger Rayleighs Nachfolger wurde, das Elektron entdeckt. Dafür ist er 1906 mit dem Nobelpreis für Physik geehrt worden.

Als Niels Bohr im Herbst 1911 nach Cambridge kam, war der damals 55jährige Thomson seit fast drei Jahrzehnten Leiter des Cavendish Laboratory und Lehrstuhlinhaber des Trinity College. Er stand im Zenit seiner wissenschaftlichen Laufbahn. Mit diesem Manne wollte der inzwischen bald 26jährige frischgebackene Doktor aus Kopenhagen über Fehler und Schwächen in dessen legendärer Elektronentheorie sprechen und das ausgerechnet an jenem Ort, dessen bloße Namensnennung den jungen Mann damals noch in gewisse Erregung versetzte. Später hat Bohr seine erste Begegnung mit Thomson oft als Beispiel benutzt, um humorvoll zu demonstrieren, wie man den wissenschaftlichen Kontakt zu berühmten Ausländern besser nicht aufnehmen sollte.

Der auch damals in dieser Situation keineswegs impulsiv handelnde Niels Bohr muß kurz nach seiner Ankunft in Cambridge, ermuntert durch die Liebenswürdigkeit, mit der ihm Thomson entgegengekommen war, und in der Erkenntnis, daß das eigene Schulenglisch wohl für eine allzu diffizile Unterredung doch nicht ausreichen würde, ziemlich unvermittelt auf sein Ziel losgeschossen sein. Ihm ging es darum, ein Urteil über die Ergebnisse seiner Dissertation zu hören und den verehrten Professor dafür zu gewinnen, sich für deren baldmögliche Publikation in einer angesehenen englischen Fachzeitschrift zu verwenden. Wie aber sollte er einen so vielbeschäftigten Gelehrten wie Thomson besser und schneller bewegen, sich für diese Arbeit zu interessieren, als ihn sofort auf einige jener Punkte zu verweisen, an denen er meinte, entscheidend über das hinausgekommen zu sein, was der Ältere schon vor Jahren vorgelegt hatte? Daraus konnten, bei Lichte besehen, weder Wichtigtuerei noch kleinliche Kritikasterei sprechen; vielmehr entsprach es dem völlig normalen Verlauf erkenntnisorientierter Forschung, daß Pionierarbeiten als verbesserungswürdig und verbesserungsfähig gelten mußten. Zu prüfen war also für Thomson lediglich, ob die Bohrschen Überlegungen tatsächlich als Erkenntnisfortschritte Bestand haben konnten oder aber von nicht zu rechtfertigenden Voraussetzungen ausgingen.

So einfach konnte jedoch nur denken, wer darüber vergaß, daß Wissenschaft immer von Menschen gemacht wird, deren Handlungen sich keineswegs zwangsläufig irgendwelchen Normen über den idealen Wissenschaftsbetrieb unterordnen.

Ohne Kenntnis der Persönlichkeit eines Wissenschaftlers und ohne Berücksichtigung der Umstände, unter denen man einem Gelehrten begegnet, ist manch böse Überraschung zu erleben. Mitunter führen enttäuschte Erwartungen sogar dazu, an der vorher bewunderten Leistung unberechtigterweise zu zweifeln.

Nachdem Niels Bohr in den Briefen der ersten Tage seines Cambridge-Aufenthaltes nach Kopenhagen voller Begeisterung über die Eindrücke von der überragenden Persönlichkeit J. J. Thomsons geschrieben hatte, merkte er sehr bald, daß die freundliche Aufnahme durch diesen Mann in ihm Hoffnungen geweckt hatte, die sich nicht erfüllen konnten. Thomson war damals mit seinem Atommodell beschäftigt; die Kritik eines jungen dänischen Nachwuchswissenschaftlers an einigen wichtigen Punkten der im Grundsatz längst anerkannten Elektronentheorie interessierte den berühmten englischen Gelehrten im Prinzip überhaupt nicht mehr. Bohr mußte immer wieder verwundert feststellen, wie sinnlos es war, Argumente zu den Details dieser Theorie vortragen zu wollen, die Thomson selbst längst hinter sich gelassen hatte. Er verstand sehr bald: das Desinteresse des Gelehrten an der empfohlenen Dissertation konnte keineswegs nur daran liegen, daß ihr Autor sich noch nicht frei genug in Englisch auszudrücken vermochte.

Thomsons Gleichgültigkeit hatte offensichtlich tiefere Wurzeln in der Verlagerung eigener wissenschaftlicher Interessen. Hinzu kam ein Umstand, den zu erkennen jeden Betroffenen schmerzlich berühren mußte: Der berühmte Thomson ging mit den Manuskripten junger Mitarbeiter reichlich saumselig um.

Als Bohr sah, wie seine in mühevoller Arbeit schließlich schlecht und recht ins Englische übersetzte Dissertationsschrift inmitten eines Stapels anderer Papiere auf dem Schreibtisch des Professors ungelesen liegenblieb, ahnte er, daß auch die Thomsonschen Versicherungen, sich um deren Publikation zu kümmern, nicht allzu ernst zu nehmen waren. Das mußte deprimierend sein, führte aber Bohr nicht dazu, den Professor zu verurteilen. Vielmehr beschrieb er Thomson weiterhin als ausgezeichneten, unglaublich geistreichen und anregenden, stets freundlichen Mann. „Aber er ist mit so vielen Dingen so unheimlich beschäftigt und so in seine eigene Arbeit vertieft, daß es außerordentlich schwer ist, mit ihm ins Gespräch zu kommen. Er hat noch keine Zeit gehabt, meine Arbeit zu lesen, und ich weiß nicht, ob er meine Kritik akzeptieren wird."[1]

Die Aussicht, diesem Manne zwar täglich nahe zu sein, ohne dabei allerdings allzu viel direkt von ihm zu profitieren, konnte natürlich einen Niels Bohr nicht länger befriedigen. Da er auch mit einem anderen der großen Cambridger Physiker (J. H. Jeans) damals noch nicht zum echten wissenschaftlichen Dialog kam und zudem in der von Thomson erhaltenen experimentellen Aufgabenstellung immer weniger Sinn erblickte, klangen in seiner regelmäßigen Berichterstattung nach Kopenhagen nun zunehmend Sorgen über den wissenschaftlichen Ertrag der so freudig angetretenen England-Reise an. Er war zwar nach wie vor nicht im Zweifel, daß dieser Studienaufenthalt trotzdem insgesamt von Nutzen sein würde, fragte sich jedoch mittlerweile, ob wohl Cambridge wirklich der richtige Ort sei. Hinzu kam, daß ihm die steife Atmosphäre des Trinity College von Anfang an nicht behagte und er immer wieder Schwierigkeiten mit den Bedingungen experimentellen Arbeitens im Cavendish Laboratory hatte. Zu groß waren dort die für einen Ausländer oftmals schier unüberwindlichen Hindernisse, um die einfachsten praktischen Dinge zu regeln. Zwar war er durch Kenner dieses Laboratoriums schon in Kopenhagen gewarnt worden; die schmerzliche Erfahrung nun aber selbst zu machen, zwang ihn, darüber nachzudenken, ob er nicht besser doch seinen theoretischen Interessen in stärkerem Maße nachgehen sollte. Dazu jedoch brauchte er vor allem den intensiven wissenschaftlichen Gedankenaustausch.

An Belehrungen in Vorlesungen und Vorträgen herrschte für ihn in Cambridge kein Mangel. Vor allem Thomsons Experimentalvorlesung über die Struktur der Materie sowie Jeans' und Larmors Vorlesungen zur Theorie der Elektrizität sollen exzellent gewesen sein. Larmor hat er später mit Thiele verglichen: Ihre Art war es nicht, sich einfach auszudrücken; aber gerade das reizte zum Mitdenken! Angesichts der Fülle des interessanten Vorlesungsstoffes und zugleich der eigenen Mißerfolge bei den Versuchen, die Dissertation zu publizieren, findet sich in den Briefen aus Cambridge schließlich sogar einmal ein Satz, den man bei Bohr später wohl kaum je wieder antreffen sollte: „Ich bin so klein und inkompetent."[2]

Woran er damals zunehmend litt, war die Tatsache, daß er auch in England kaum jemanden finden konnte, der sich wirklich für seine bisherige wissenschaftliche Arbeit interessierte. Hatte eine dänische Tageszeitung nach der Verteidigung seiner Dissertation noch geschrieben, daß der Inhalt dieser Arbeit und die von Bohr aufgeworfenen Fragen so neu und ungewöhnlich seien, daß niemand der Anwesenden das Rüstzeug besessen hätte, sie anzuzweifeln, so gewann er nun den Eindruck, hier in Cambridge wollten die Leute, die offensichtlich das nötige Rüstzeug hatten, faktisch von diesen Gedanken nichts wissen. Daran hat wohl auch der am 13. 11. 1911 im Cavendish Laboratory gehaltene Vortrag nichts Wesentliches geändert. Zwar brachte der Besuch bei MacLaren in Birmingham und die sich anschließende Korrespondenz noch manche Lichtblicke, Bohr mußte sich aber in dieser Situation ernsthaft fragen, ob der weitere Ausbau der Elektronentheorie der Metalle noch der richtige Weg war, um tiefer in die theoretische Physik einzudringen.

Zum Leben eines Studenten in Cambridge gehörte der Sport; Bohr trat dem Fußballklub bei. Er mußte unbedingt eine Reihe von Höflichkeitsbesuchen abstatten und hatte immer wieder mit Einladungen zum Tee oder zum Diner zu rechnen. Das amüsierte den jungen Dänen, der seine Englischkenntnisse lieber beim Lesen von Dickens „David Copperfield" vervollkommnete als durch Konversation mit den Damen der Gesellschaft. Trotzdem lernte er auch das.

Auf einem Essen, das alljährlich in Erinnerung an die Thomsonsche Entdeckung des Jahres 1897 gegeben wurde, war 1911 Ernest Rutherford (1871 – 1937) der berühmteste Gast. Der aus Neuseeland stammende Farmerssohn hatte als erster Ausländer von 1895 bis 1898 bei Thomson als Doktorand gearbeitet und in dieser Zeit entdeckt, daß die radioaktive Strahlung aus zwei Komponenten besteht. Seine Erfahrungen mit Thomson waren ganz andere als jene, die inzwischen Bohr gesammelt hatte. Als Rutherford im Cavendish Laboratory arbeitete, verfolgte Thomson noch mit größter Aufmerksamkeit die Arbeiten der jüngeren Leute. Viele von ihnen sind später sehr gern zu dem jährlichen Treffen nach Cambridge gekommen, weil es sie an jene Stätte zurückführte, an der sie die entscheidenden Impulse ihrer wissenschaftlichen Ausbildung erfahren hatten. „J. J." – wie Thomson von ihnen genannt wurde – war für sie zu einer Vaterfigur geworden. Als Niels Bohr erlebte, wie Rutherford und Thomson, sich an den Händen haltend und auf Stühlen stehend, studentische Lieder sangen, wußte er noch nicht, daß beide inzwischen zu wissenschaftlichen Konkurrenten geworden waren.

Rutherford hatte 1908 den Nobelpreis für Chemie erhalten. Ihm war es gelungen, das bis dahin rätselhafte Phänomen der Radioaktivität als einen Umwandlungsprozeß der chemischen Elemente zu deuten. Er, der seit 1907 als Lehrstuhlleiter in Manchester wirkte (vorher Montreal), hatte inzwischen ein Atommodell entwickelt, von dem die Cambridger Physiker nichts hielten. Bei ihnen galt das Thomsonsche Atommodell, nach dem das Atom einem Kuchen mit Rosinen glich. In einer den ganzen Raum eines Atoms ausfüllenden positiv geladenen Kugel sollten danach die negativ geladenene Elektronen, vergleichbar den Rosinen, eingeschlossen sein. Dieses Bild aber stimmte ganz und gar nicht mit den Resultaten der Experimente überein, die in Manchester ausgeführt wurden. Dort analysierte Rutherford mit seinem damaligen Assistenten Hans Geiger seit Jahren vor allem den Durchgang von Alphastrahlen durch verschiedene Materialien. Dabei hatte er 1909 die Überzeugung gewonnen, daß das Atom ein Zentrum besitzt. Seit Anfang 1911 wußte er, „wie ein Atom aussieht". Die Analyse aller verfügbaren experimentellen Erfahrungen hatte ihn zu der Überlegung geführt, daß jedes Atom einen positiv geladenen Kern besitzen müsse, der, gemessen am Atomradius, sehr klein war und in großer Entfernung von den Elektronen umflogen wird. Die unterschiedlichen Ladungen des Atoms waren also räumlich getrennt, zwischen ihnen gab es riesige leere Räume, die die Strahlen ungehindert durchfliegen konnten. Sie wurden lediglich durch den Kern abgelenkt und konnten, wenn sie diesen direkt trafen, sogar zurückgeworfen werden. In Übereinstimmung mit den theoretischen Erwartungen nahm die Anzahl der gestreuten Alphateilchen mit der Zunahme des Streuungswinkels auch tatsächlich ab. Weil direkte Treffer eines Kerns extrem unwahrscheinlich sein mußten, konnten natürlich nur äußerst selten zurückprallende Teilchen registriert werden. So unwahrscheinlich derartige Erkenntnisse auch anmuteten – da sie von Ernest Marsden in Übereinstimmung mit diesem

Modell tatsächlich beobachtet worden waren, galten auch sie als ein Beleg für den Realitätsbezug des Rutherfordschen Modells.

So überzeugend das Planetenmodell des Atoms die experimentellen Daten erklärte, so unbefriedigend war es jedoch theoretisch begründet. Weil nach der Elektrodynamik jedes beschleunigt bewegte geladene Teilchen elektromagnetische Strahlung abgeben muß, wäre zu erwarten gewesen, daß die den Kern umkreisenden Elektronen strahlen, also Energie verlieren. Das hätte so lange erfolgen müssen, bis sie schließlich in den Kern stürzen würden. Kaum eine andere Eigenschaft der Atome aber schien so gesichert wie deren Stabilität. Da in allen Versuchen mit Alpha- und Betastrahlen die chemischen und physikalischen Eigenschaften der bestrahlten Stoffe keinerlei Änderung aufwiesen, mußte davon ausgegangen werden, daß ihre Atome nach dem Durchgang dieser Strahlen absolut ungestört waren. Während klar war, daß die Bahnen der Planeten des Sonnensystems von bestimmten Anfangsbedingungen abhängen und im Prinzip durch andere kosmische Objekte gestört werden können, deutete die Gleichheit der Atome einer Sorte unter allen Bedingungen darauf hin, daß die Elektronenbahnen weder von irgendwelchen Anfangsbedingungen abhängen, noch durch spätere mechanische Einflüsse gestört werden können. Dieses Problems war sich Rutherford von Anfang an bewußt. Deshalb auch enthielt die im Mai 1911 erschienene Darstellung des experimentell gut belegten Modells gleich einleitend den ausdrücklichen Hinweis, daß die Frage nach der Stabilität des vorgeschlagenen Atommodells noch nicht zu behandeln sei.

Obgleich Bohr später meinte, vom Rutherfordschen Atommodell schon in Cambridge Kenntnis erhalten zu haben, spricht vieles dafür, daß er es dort noch nicht kannte. Rutherford selbst hat weder bei der erwähnten Feier zu Ehren Thomsons, noch bei der 1. Solvay-Konferenz in Brüssel über das Planetenmodell des Atoms gesprochen. Was Bohr an diesem Mann in gelockerter Atmosphäre 1911 so tief beeindruckte, waren in erster Linie der Charme und die Ausstrahlungskraft seiner Persönlichkeit. Rutherford konnte herzerfrischend über die zum besten gegebenen Anekdoten lachen und sprach mit Begeisterung über die Erfolge anderer. Bohr erinnerte sich viel später, mit welcher inneren Anteilnahme und Erregung Rutherford damals über die soeben erhaltenen ersten Aufnahmen der Spuren von Alphateilchen in der von Wilson konstruierten Nebelkammer gesprochen hat. – Als junger unbekannter Physiker hatte es Bohr aber nicht gewagt, sich dem berühmten Gast vorzustellen. Jemand anders als er selbst konnte in Cambridge ohnehin nicht auf den Gedanken verfallen, sie miteinander bekannt zu machen.

Trotzdem kam es schon wenige Wochen später zu der erhofften ersten persönlichen Begegnung mit Rutherford. Als Bohr nach Manchester fuhr, um einen guten Bekannten seines Vaters, L. Smith, zu besuchen, stellte er erfreut fest, daß dieser mit Rutherford befreundet war und Bohr gern bei ihm einführte. Einmal mehr half der Ruf des Vaters.

Rutherford soll Niels Bohr im November des Jahres 1911 auch von der kurz vorher abgehaltenen 1. Solvay-Konferenz erzählt haben. Da das Thema dieser Konferenz „Strahlungstheorie und Quant" lautete und auf dieser Konferenz weder Rutherford selbst noch ein anderer der in Brüssel anwesenden Physiker das Planetenmodell des Atoms angesprochen hatten, scheint es gut möglich, daß in dieser ersten Begegnung zwischen Rutherford und Bohr auch die durch das Plancksche Quantenpostulat aufgeworfenen Grundlagenprobleme der Physik zur Sprache gekommen sind, ohne dabei schon das theoretisch so unvollkommen begründete neue Atommodell zu erwähnen. Aus dem Briefwechsel Rutherfords dieser Tage ist bekannt, daß er sich damals sehr über die Theoretiker des Kontinents empört hat, die sich nach seiner Meinung ungenügend um das physikalische Verständnis der Grundlagen der Planckschen Theorie bemühten. Sollte er, was er am 20. 12. 1911 als Eindruck von Brüssel an W. L. Bragg geschrieben hat,[3] nicht auch in ähnlicher Form schon gegenüber Bohr zum Ausdruck gebracht haben?

Rutherford schien die Art und Weise, wie in England Physik getrieben wurde, jener überlegen zu sein, die er bei einigen der in Brüssel anwesenden Physiker erlebt hatte. Damit spielte er wohl vor allem auf seine Vorsicht bei der theoretischen Verallgemeinerung experimenteller Fakten an. Vieles deutet darauf hin, daß er einer sich an konstruktiven theoretischen Gedankengängen orientierenden „Physik der Prinzipien" eine behutsam die experimentellen Fakten verallgemeinernde „Physik der Modelle" vorzog. Theoretische Konsistenz zählte dabei weit weniger als die Einheitlichkeit physikalischer Anschaulichkeit. Diesbezüglich muß er sich im Gespräch mit Bohr sehr optimistisch über die zukünftigen Möglichkeiten der Physikentwicklung geäußert haben. Inwieweit Rutherford dazu beigetragen hat, bei seinem Gast damals das Problembewußtsein über die durch die Plancksche Quantenhypothese aufgeworfenen physikalischen Grundlagenfragen zu fördern, läßt sich heute nicht mehr eindeutig feststellen. Sicher ist, daß Bohr schon während des Studiums auf die Arbeiten Plancks und Einsteins zum Strahlungsproblem aufmerksam geworden war.

Seit jenem ersten Gespräch in Manchester hatte Niels Bohr den Wunsch, einmal in Rutherfords Labor zu arbeiten. Er muß auf Rutherford einen günstigen Eindruck gemacht haben. Als er Manchester wieder verließ, durfte er berechtigte Hoffnungen hegen, daß sein Wunsch in Erfüllung gehen würde. Bestimmt wurde der Plan, von Cambridge nach Manchester überzusiedeln, auch während Haralds Besuch in der Weihnachtszeit 1911 nochmals besprochen. Am 18. Januar 1912 jedenfalls wandte sich Niels Bohr schriftlich mit der Bitte an Rutherford, bei ihm arbeiten zu dürfen.

Solche Pläne konnte damals in Cambridge kaum jemand verstehen. Obgleich das Cavendish Laboratory des Jahres 1911 nicht mehr mit dem des Jahres 1897 vergleichbar war und aus dem sich ursprünglich für jede neue Idee begeisternden Thomson inzwischen ein Lehrstuhlinhaber geworden war, der die Meinung vertrat, im Prinzip alles zu wissen und zu können, was jungen Leuten Schwierigkeiten macht, ging man doch von hier nicht leichtfertig nach Manchester. Mehr noch, dieser junge, unerfahrene dänische Physiker schien sogar beglückt, als von Rutherford der ersehnte Bescheid kam, er könne während des Frühjahrsemesters gern bei ihm arbeiten, wenn Thomson damit einverstanden sei.

Rutherford, der um die Empfindlichkeiten Thomsons wußte, vermied alles, was dieser als Abwerbung von Mitarbeitern empfinden konnte. Für Niels Bohr, der in der heiklen Situation viel diplomatisches Fingerspitzengefühl entwickelt hat, begannen spätestens mit seinem Wechsel nach Manchester die entscheidenden Monate seines Weges zu einem Physiker von Weltgeltung. Vieles, was er sich bis dahin erarbeitet hatte, war die Voraussetzung für den nun folgenden Höhenflug. Zwar läßt sich bis heute die Diskontinuität des inhaltlich wohl bedeutsamsten Sprunges seiner wissenschaftlichen Laufbahn nicht exakt datieren, es besteht aber kein Zweifel daran, daß dieser nur vor dem Hintergrund der Kontinuität des bisher betrachteten Reifeprozesses verständlich ist.

4. Entscheidende Monate

Mitte März des Jahres 1912 kam Niels Bohr nach Manchester. Aus einem entsprechenden Laborbuch geht hervor, daß er hier vom 16. März bis zum 3. Mai ein Praktikum absolviert hat, in dem er verschiedene radioaktive Materialien kennenlernte und Experimente zur Absorption von Alpha- und Betastrahlen an dünnen Aluminiumfolien ausführte. In Rutherfords Laboratorium war es damals generell üblich, daß Gäste auf diese Weise erst einmal mit den entsprechenden Arbeitsmethoden vertraut gemacht wurden. Insofern scheint es auch völlig unproblematisch gewesen zu sein, daß Bohr ausgerechnet zu einem Zeitpunkt nach Manchester kam, als Rutherford gerade für längere Zeit in Urlaub fuhr. Geiger, Marsden und Makower konnten den Neuankömmling ohne weiteres auch in Abwesenheit des „Papstes“ in die von ihnen glänzend beherrschten Geheimnisse der Experimentierkunst einführen. Während der regelmäßigen nachmittäglichen Teestunden hörte Niels Bohr von ihnen viel über das Rutherfordsche Planetenmodell des Atoms. Die Gemüter aller Mitarbeiter waren damals mit diesem experimentell gut fundierten, aber theoretisch nach wie vor unbefriedigenden Modell beschäftigt. Bald jedoch merkte Bohr, daß es auch hier gar nicht so viele Physiker gab, mit denen er wirklich über die ihn beschäftigenden theoretischen Fragen reden konnte.

Hevesy, ein gebürtiger Ungar, gehörte zu den wenigen Ausnahmen. Er war von Haber aus Karlsruhe zu Rutherford gekommen, um die den Chemikern damals unbekannten physikalischen Analysemethoden kennenzulernen. Rutherford hatte ihm eine Aufgabe übertragen, die einen Chemiker verlangte. Hevesy sollte von dem aus Pechblende in größeren Mengen gewonnenen Bleichchlorid die darin enthaltene Beimengung des wertvollen radioaktiven Radium D isolieren. Dies aber gelang trotz aller Anstrengung nicht. Obgleich Blei und Radium D verschiedene Atomgewichte (207 und 210) haben, war es nicht möglich, sie in irgendwelchen ihrer chemischen Eigenschaften zu unterscheiden. Während die Unterschiede im Atomgewicht besagten, daß diese Stoffe an *verschiedenen* Plätzen des Mendeleevschen Periodensystems der Elemente stehen mußten, deutete die Gleichheit ihrer chemischen Eigenschaften darauf hin, daß sie gemeinsam *einen* Platz in diesem System einzunehmen hatten. Da dies damals beileibe nicht der einzige Fall derartiger Ungereimtheiten war, entstand mittlerweile die generelle Frage, ob in dem bis dahin so glänzend bewährten Periodensystem der Elemente nicht doch ein grundsätzlicher Mangel stecke.

Als Hevesy seine intensiven Diskussionen mit Bohr über das Rutherfordsche Atommodell begann, wußte er zwar auf die grundsätzliche Frage nach dem möglichen Defekt des Periodensystems keine Antwort, hatte aber eine glänzende Idee, wie vielleicht aus der Not bei der Lösung des von Rutherford gestellten Problems eine praktische Tugend zu machen sei. Wenn beide Stoffe chemisch nicht zu unterscheiden waren, so mußten sie also an allen chemischen Reaktionen gemeinsam beteiligt sein. Da aber Radium D physikalisch nachweisbare Strahlen aussendet, konnten diese dazu dienen, auch die nichtstrahlenden Bleiatome zu verfolgen. Das damit begründete Verfahren radioaktiver Markierung (Tracermethode) erwies sich später in vielen Anwendungsbereichen als ein wirksames Mittel zur Analyse von Prozessen, die direkter Beobachtung kaum oder überhaupt nicht zugänglich sind. 1912 in Manchester aber war der Chemiker Hevesy vor allem in Sorge, wie weit man dem Periodensystem der Elemente noch trauen konnte. Selbst Rutherford hatte auf diese Frage keine Antwort gewußt. Um so verblüffter mußte er daher sein, als Bohr, der damals gerade erst in die Geheimnisse der Atomphysik eindrang, eine recht einleuchtend klingende Antwort vorschlug.

Obwohl der theoretisch interessierte Physiker vorher noch nicht besonders darüber nachgedacht hatte, daß es mehr radioaktive Substanzen gibt als Plätze dafür im Periodensystem, und ihn das zunächst ebenso verwunderte wie jene Chemiker, die vergeblich versucht hatten, die entsprechenden Substanzen zu isolieren, schien ihm dieser paradoxe Umstand jedoch vom Standpunkt des Rutherfordschen Atommodells durchaus einleuchtend. Wenn nämlich die Atomgewichte zweier Stoffe ungleich waren, so mußte daraus geschlossen werden, daß auch deren Atomkerne unterschiedlich schwer sind. Rutherford hatte vorausgesetzt, daß nahezu alle Masse eines Atoms im Kern konzentriert sei, die Elektronen eine gegenüber dem Kern vernachlässigbare Masse besitzen. Sind nun aber die chemischen Eigenschaften von Stoffen unterschiedlicher Kernmasse gleich, dann kann dies nur bedeuten, daß die chemischen Eigenschaften nicht von der Kernmasse abhängen. Wovon aber sollen sie dann abhängen? War es daher nicht naheliegend, anzunehmen, daß die Elektronenkonfiguration eines Atoms seine chemischen Eigenschaften bestimmt? Wenn dies der Fall ist, dann müssen also alle chemisch gleichen Stoffe eine identische Elektronenkonfiguration besitzen, insbesondere muß die Elektronenzahl gleich sein. Da aber alle Atome elektrisch neutral sind, folgt daraus, daß die chemisch ununterscheidbaren Elemente die gleiche Kern*ladungs*zahl besitzen.

Bei einer solchen Vorstellung lag es nahe, die Atome im Periodensystem der Elemente nicht, wie damals üblich, nach ihrem Atomgewicht anzuordnen, sondern nach der Kernladungszahl. Da dies immer eine ganze Zahl sein muß, konnten die Elemente einfach durchnumeriert werden. Die 1 entsprach dann dem leichtesten Element, dem Wasserstoff von dessen Kern bekannt war, daß er einfach positiv geladen ist. Die 2 entsprach dem Helium, dessen Kern zweifach positiv geladen ist. Sollte sich dies nicht fortsetzen bis zum schwersten in der Natur vorkommenden Element, dem Uran, dem man somit die Ordnungszahl 92 zusprechen mußte?

Bislang war unbekannt, woher die Strahlung radioaktiver Elemente kam; man hatte sie als eine aus dem Atom stammende Strahlung angesehen, ohne diese Vorstellung räumlich weiter zu präzisieren. Nach der von Bohr entwickelten Vorstellung war anzunehmen, daß sie aus dem Kern stammt. Hevesy und Bohr begannen in Abwesenheit von Rutherford über die innere Struktur der Kerne zu spekulieren, ohne daß es dafür schon entsprechende direkte experimentelle Hinweise gab. So etwas widersprach methodisch ganz und gar dem Stil, mit dem die Physiker in Manchester bisher an die Entwicklung theoretischer Vorstellungen gegangen waren. Rutherfords Atommodell hatte sich in Verallgemeinerung einer Fülle experimenteller Daten ergeben und entsprach durchaus dem in der englischen Wissenschaftsphilosophie seit Bacon und Newton favorisierten induktiven Vorgehen. Bohr versuchte nun aus einem Modell, das theoretisch nicht hinreichend abgesichert war, Schlüsse abzuleiten, die bereits auf den ersten Blick als höchst spekulativ erscheinen mußten. So nimmt es nicht wunder, daß dies bei den langjährigen Mitarbeitern Rutherfords zunächst auf Unverständnis stieß.

Damals wußte man bereits, daß die Alphastrahlen Heliumkerne (2 positive Ladungen) darstellen. Im Resultat eines Alphazerfalls mußte also das entsprechende Element um zwei Plätze im Periodensystem nach vorn rücken. Da die Betastrahlen als Elektronenstrahlen erkannt waren, bedeutete dies, daß ein Betastrahler um einen Platz im Periodensystem nach hinten rückt. Wie jedoch sollten aus dem positiv geladenen Kern negativ geladene Elektronen kommen?

Hevesy sah sofort, daß das von Bohr vermutete Verschiebungsgesetz für die radioaktiven Zerfallsreihen den bislang bekannten Tatsachen entsprach, empfand aber die Frage nach dem Ursprung der Betastrahlen als ein beunruhigendes Argument gegen die Bohrschen Vorstellungen. Rutherford war vor allem verblüfft, mit welcher Unbefangenheit Bohr

Argumente entwickelt hatte, die das von ihm vorgeschlagene Atommodell mindestens in einigen Punkten stützen konnten. Auf Hevesys besorgte Frage, woher wohl die Elektronen der Betastrahlen kamen, soll er schlicht und einfach erwidert haben: „Fragen Sie Bohr!“[1] Diesem aber empfahl er dringend, das vorhandene *Modell* nicht überzustrapazieren, insbesondere daraus keine Schlüsse abzuleiten, für die es noch nicht genügend experimentelles Material gab. Er, der sich weit mehr für die Ideen seiner jungen Mitarbeiter interessierte als etwa J. J. Thomson und im allgemeinen drängte, neue Resultate umgehend zu publizieren, forderte Bohr in diesem Fall nicht auf, einen Artikel zu schreiben.

Inzwischen häufte sich das experimentelle Beweismaterial, das Bohrs Überlegungen zur Kernladungszahl als *dem* Ordungsparameter des periodischen Systems der Elemente, zur Unterscheidung der später von Soddy als „Isotope“ bezeichneten Substanzen und zum Verschiebungsgesetz für die radioaktiven Zerfallsreihen erhärtete. Entsprechende Arbeiten wurden von G. de Hevesy und A. S. Russel in Manchester, von F. Soddy in Glasgow und von K. Fajans in Karlsruhe ausgeführt. Fajans meinte sogar, das Rutherfordsche Atommodell mit dem Verschiebungsgesetz für die radioaktiven Zerfallsreihen widerlegt zu haben. Bohr wußte es besser; schließlich hatte er – von diesem Modell ausgehend – das Isotopenkonzept und das Verschiebungsgesetz konzipiert. Daß diese Entdeckung später Soddy zugeschrieben wurde, der sie in Unkenntnis der Bohrschen Spekulationen gemacht und auf der Grundlage eines umfangreichen Datenmaterials publiziert hat, war für Niels Bohr niemals ein Anlaß zur Klage. Er hat zwar betont, daß derartige Überlegungen Soddys eigentlich nichts Neues darstellten, ohne damit jedoch die Verleihung des Nobelpreises für Chemie an Soddy (1922) kritisieren zu wollen. Dessen Verdienste um die Erforschung der Radioaktivität sind über jeden Zweifel erhaben.

Bohr hat Rutherford auch in späteren Jahren niemals ob der allzu großen Vorsicht bei der Beurteilung seiner eigenen ersten kernphysikalischen Spekulationen gerügt. Ihm war klar, daß er damals in Manchester nur relativ vage und außerordentlich kühne Vermutungen zu äußern vermochte. Nachdem er später selbst größere Sicherheit gewonnen hatte, ist er den Rutherfordschen Vorbehalten gegen allzu verwegene theoretische Folgerungen aus dem Planetenmodell des Atoms dann ganz anders entgegengetreten. Niels Bohr wußte außerdem sehr genau, daß ein solcher Höhenflug seines eigenen physikalischen Schaffens, wie er in den wenigen Wochen bei Rutherford eingeleitet worden war, keine Veranlassung bieten sollte, mit Bitterkeit dieser einen für seinen wissenschaftlichen Ruhm verlorengegangenen Idee nachzutrauern. Dessen ungeachtet war es wohl gerade diese Erfahrung aus seinen jungen Jahren, die dem später an der Spitze einer weltberühmten Schule hochtalentierter Physiker stehenden Gelehrten immer wieder einfallen mußte, wenn es darum ging, ungewöhnliche und unerwartete neue Ideen anderer zu beurteilen. Daß jedoch auch er keineswegs davon verschont blieb, verheißungsvolle Ansätze nicht rechtzeitig erkannt zu haben, belegt einmal mehr: In der Wissenschaft gibt es kein Verfahren, das mit Sicherheit erlaubt, die tragfähigen Gedanken bereits in ihrer Geburtsstunde von jenen zu scheiden, die in die Irre führen. Selbst der erfahrenste Wissenschaftler ist nicht davor gefeit, entwicklungsfähige Gedanken zu verkennen bzw. vielleicht sogar zu behindern.

Im Jahr 1912 konnte von allgemeinen Überlegungen dieser Art bei Bohr noch nicht die Rede sein. Er war vollauf mit den faszinierenden Problemen des Rutherfordschen Atommodells beschäftigt und wußte sehr wohl, daß er noch weit davon entfernt war, die entscheidenden Schwierigkeiten dieses Modells aus dem Wege räumen zu können. Obgleich er auch in Manchester nur wenige fand, die seine Bemühungen um theoretische Vertiefung der bisher erarbeiteten Modellvorstellungen voll und ganz akzeptierten, fühlte er sich in der Atmosphäre der Rutherford-Gruppe vermutlich wohler als in Cambridge. Vom Gefühl der eigenen Unvollkommenheit war nicht mehr die Rede; es tauchte lediglich hin und wieder die Frage auf, ob die Zeit reichen würde, alles das zu realisieren, was er sich vorgenommen hatte. Nachdem er zunächst ernsthaft den Vorschlag der Cambridge Philosophical Society erwogen hatte, seine Dissertation radikal zu kürzen, um sie doch noch in England zu publizieren, traten gegen Ende seines Aufenthaltes in Manchester Ereignisse ein, die ihn daran bald nicht mehr denken ließen.

Ende Mai schrieb Niels Bohr seinem Bruder Harald, daß er dabei sei, eine „richtige Arbeit im Labor" zu machen. Rutherford hatte ihm eine experimentelle Aufgabe zur Bestimmung des Bremsvermögens von Alphastrahlen in verschiedenen Materialien gegeben. Eine solche Aufgabe entsprach genau dem, womit sich die Physiker in Manchester seit langem beschäftigten. Gleichzeitig mit dieser Mitteilung schrieb Niels aber auch, daß er mehr denn je dazu neige, seine Elektronentheorie in voller Länge zu publizieren, weil er eine experimentell überprüfbare Idee habe, die die ganze Sache in einem anderen Lichte erscheinen lassen könne. Damit wollte er sich im folgenden Jahr in Kopenhagen befassen. Er kam aber weder 1913 dazu, wieder eine eigene experimentelle Forschungsarbeit zu leisten, noch zu irgendeinem späteren Zeitpunkt. In Manchester vollzog sich ein Entwicklungsprozeß, der ihn schließlich endgültig zum *theoretischen* Physiker werden ließ.

Zwar hatte er, wie auch all seine früheren Arbeiten ausweisen, schon immer ein ausgeprägtes Interesse für die Theorie, doch hegte er bis dahin trotz zeitweiliger Konzentration auf diese Seite der Physikentwicklung niemals die Absicht, irgendwann einmal auf eigene experimentelle Arbeiten gänzlich zu verzichten. Der äußere Anlaß für den schwerwiegenden Schritt mag auf den ersten Blick seltsam anmuten. Bohr mußte, um weiter experimentieren zu können, auf das damals nicht einfach zu beschaffende Radium warten. Er beschäftigte sich in dieser Zeit, angeregt durch einen Artikel von C. G. Darwin, dem Enkelsohn von Charles Darwin, intensiv mit Problemen des theoretischen Verständnisses der Bremsung und Absorption von Alphastrahlen. Hatte er bislang bei analogen Wechselwirkungsproblemen keine konkreten Vorstellungen über die Atomstruktur benutzt bzw. in Cambridge das Thomsonsche Atommodell favorisiert, so ging er nun explizit vom Rutherfordschen Atommodell aus.

Das hatte zwar auch Darwin getan, war dabei aber offenkundig auf Grund vereinfachter Annahmen zu Schlüssen gekommen, die mit der Realität nicht übereinstimmen konnten. Es galt für Bohr wieder einmal, eine bessere Theorie zu finden. Am 12. Juni 1912 konnte Niels Bohr seinem Bruder schon mitteilen, daß er selbst eine „kleine Theorie" entworfen habe, die zudem einiges Licht auf die Frage nach der Struktur des Atoms werfe. In diesem Brief berichtet er Harald außerdem über Rutherfords Arbeiten in einer Weise, die vermuten läßt, daß ihm erst in den vorangegangenen Wochen klar geworden war, welche Bedeutung diesem Atommodell zukommt. Stellt man jetzt in Rechnung, welch dramatische theoretische Fragen mit dem experimentell offensichtlich hinreichend abgesicherten neuen Modell aufgeworfen waren, dann erscheint es sehr viel weniger merkwürdig, daß das zufällige Warten auf ein für weiteres Experimentieren benötigtes Material und ein theoretisch unbefriedigender Artikel zu einer Entscheidung führten, die das wissenschaftliche Lebenswerk Bohrs von da an auf Beiträge zur Theorienentwicklung der Physik orientiert hat.

Sicher war dies 1912 keine bewußt vollzogene und schon gar keine als endgültig angesehene Entscheidung. Der Schritt, den Bohr damals unter dem Einfluß eines der bedeutendsten Experimentalphysiker unseres Jahrhunderts getan hat, markiert aber den Beginn eines Weges, der ihn immer tiefer in die theoretische Physik führte. Auf diesem Weg mangelte es Niels Bohr später an Zeit und Gelegenheit, selbst auch noch experimentell zu arbeiten. Sein Weg *in* die theoretische Physik macht zugleich deutlich, warum er schließlich ein anderes Theorieverständnis verteidigte als Physiker, die sich, wie etwa Einstein, sehr viel früher und prinzipieller entschieden haben, maßgeblich als Theoretiker zu arbeiten.

Bohrs Arbeit zur Bremsung geladener Teilchen beim Stoffdurchgang konnte zwar nicht so schnell zur Publikationsreife gebracht werden, wie er das ursprünglich gehofft hatte; sie führte ihn aber, nun auf einer gänzlich anderen experimentellen und theoretischen Basis, zu seinen ursprünglichen Überlegungen über die Struktur des Atoms zurück. In dem im August 1912 fertiggestellten, aber erst im Januar 1913 im „Philosophical Magazine" veröffentlichten Artikel (für die Publikation wurden noch einige experimentelle Daten Rutherfords abgewartet) kam Bohr zu der Feststellung, daß die von ihm vorgeschlagene Theorie auf eine bemerkenswerte Analogie zur bekannten elektromagnetischen Dispersionstheorie des Lichts verweise. Es gab also Ähnlichkeiten im Verhalten von *Teilchen*, den durch die Atome abgebremsten, bzw. absorbierten, eingestrahlten geladenen Teilchen, und *Wellen*, den Lichtwellen in dispergierenden Medien. Bis zu der späteren Erkenntnis, daß das Teilchen- und das Wellenkonzept in der Mikrophysik nur zwei verschiedene Seiten ein und derselben Sache sind, war es jedoch noch ein weiter Weg.

1912 ging es nicht um das Verständnis der Teilchen selbst, sondern um die Gesetzmäßigkeiten beim Durchgang geladener Teilchen durch einen Stoff, dessen Struktureigenschaften als Konsequenz des Rutherfordschen Atommodells verstanden werden sollten. Bohr konnte nachweisen, daß die *Anzahl* der in der Elektronenhülle von Atomen vorhandenen Elektronen vor allem das Bremsvermögen dieser Atome für die eingestrahlten geladenen Teilchen bestimmt, während das Absorptionsvermögen Informationen über die Frequenzen der Elektronen liefert. Die Übereinstimmung der gemessenen Werte für die leichtesten Elemente war verblüffend gut. Spätere quantentheoretische Beziehungen haben den Bohrschen Formeln lediglich noch Korrekturglieder hinzugefügt.

Aus der neuen Theorie ergab sich in völliger Übereinstimmung mit dem Rutherfordschen Atommodell, daß beim Wasserstoffatom der Kern von einem, beim Heliumatom von zwei äußeren Elektronen umkreist wird. Mit den Bohrschen Untersuchungen war nun ein Weg angegeben, auf dem verläßliche Informationen über die Zahl der Elektronen außerhalb des Atomkerns erreichbar schienen. Die bis dahin erfolgten theoretischen Analysen der Bremsung und Absorption von geladenen Teilchen beim Stoffdurchgang hatten dazu noch nicht ausgereicht. Da Bohr die Unterschiede des chemischen Verhaltens verschiedener Elemente vor allem über die Unterschiede der Elektronenkonfigurationen ihrer

Atome erklären wollte, mußte ihm dieses Resultat hochwillkommen sein. Er blieb dabei aber nicht stehen, sondern ging – das vorliegende experimentelle Material kühn extrapolierend – gleichzeitig daran, seine bisherigen Gedanken über den Aufbau von Atomen zusammenzufassen und erste Überlegungen auf der Grundlage des Rutherfordschen Atommodells zum Aufbau von Molekülen anzustellen.

Die erwähnte erste Mitteilung von Niels an Harald, daß er sich mit theoretischen Fragen der Absorption beschäftigt, enthält bereits den Hinweis, ihm sei bezüglich der Struktur des Atoms „ein Licht aufgegangen". Noch bestimmter drückt er sich in seinem Brief vom 19. 6. 1912 [3] aus, ohne allerdings Einzelheiten zu nennen. Allein die Tatsache, daß er vermutlich etwas gefunden habe, sollte Harald keinem weitererzählen. Derartiges aber konnte dieser, jeder Sensationshascherei abholde, junge Mann nur schreiben, wenn er begründet annehmen mußte, daß er nunmehr wirklich im Begriff war, etwas zu entdecken, mehr zu leisten als in allen seinen vorangegangenen, keineswegs erfolglosen Untersuchungen.

Wie den spärlichen Mitteilungen über die letzten Tage seines Aufenthaltes in Manchester zu entnehmen ist, befand er sich damals in einem Schaffensrausch, der wohl unter dem Druck der bevorstehenden Abreise noch verstärkt wurde. Es war die Rede davon, daß er nunmehr Tag und Nacht arbeite. Seit längerem ging Niels Bohr ohnehin lediglich nur noch zu den Teegesprächen ins Labor; ansonsten saß er in seinem Zimmer und rechnete. Er wollte unbedingt den Artikel zur Bremsung geladener Teilchen fertigstellen und seine Gedanken zur Struktur von Atomen in eine Form bringen, in der sie Rutherford zur Prüfung übergeben werden konnten. Über das Resultat dieser Arbeiten kann man sich anhand des im Juni/Juli 1912 entstandenen „Rutherford-Memorandums" relativ umfassend informieren.[2]

Darin wird die Frage nach der Stabilität des Atoms, die Rutherford bislang als verfrüht angesehen hatte, an den Ausgangspunkt der Überlegungen zum Planetenmodell des Atoms gestellt. Bohr geht unter Rückgriff auf eine schon von Thomson benutzte Idee davon aus, daß die Elektronen im Atom ringförmig angeordnet sind. Er führt einfache energetische Betrachtungen an, um die These zu stützen, daß derartige Ringe nur dann stabil sein können, wenn sie aus einer begrenzten Anzahl sich bewegender Elektronen bestehen. Damals argumentierte er, daß sieben Elektronen für jeden Ring die Stabilitätsgrenze darstellen. Wenn ein solcher Ring besetzt sei, müßten die anderen Elektronen zwangsläufig auf weiter vom Kern entfernten Ringen angeordnet sein. Auf jedem Ring könnten sich nur so viele Elektronen bewegen, wie es die Stabilität dieser dynamischen Konfiguration zuläßt. Jede statische Konfiguration sei von vornherein instabil.

Bei Rutherford hatte es wegen des Mangels an relevanten Daten noch keinerlei Festlegungen darüber gegeben, wie sich die in großer Entfernung um den Kern kreisenden Elektronen zueinander verhalten. Er war vor allem an den Konsequenzen der experimentell hinreichend gesicherten Existenz eines Atomkerns interessiert; über die Elektronenbahnen wußte er noch nichts Näheres auszusagen. Bohr vermochte aus seinem Stabilitätsargument für Elektronenringe nun einen Hinweis auf die von 1 bis 7 unterscheidbare chemische Valenz der Elemente zu gewinnen. Damit stützte er seine Auffassung, daß die chemischen Eigenschaften der Atome durch die Kernladungszahl und die Elektronenkonfiguration bestimmt seien. Jetzt konnte dies sogar noch präzisiert werden, indem er feststellte, daß im wesentlichen wohl der äußere Elektronenring für die chemischen Eigenschaften der Elemente verantwortlich sei. Bohrs entscheidende physikalische Hypothese lautete, daß für jeden stabilen Ring eine bestimmte Beziehung zwischen der kinetischen Energie eines Elektrons auf einem solchen Ring und seiner Umlaufzeit gelten müsse. Diese Hypothese versuchte er gar nicht erst mechanisch zu begründen, weil – wie er betonte – ihm eine solche Begründung von vornherein hoffnungslos erschien. Da Bohr in diesem Zusammenhang direkt auf die Notwendigkeit verwies, daß eine derartige Hypothese alle experimentellen Tatsachen erklären müsse, welche die von Planck und Einstein vorgeschlagene Strahlungstheorie zu stützen schienen, wird deutlich, was mit seiner späteren Feststellung gemeint sein könnte, er sei in Manchester davon überzeugt gewesen, der Elektronenaufbau des Atoms müsse vom Planckschen Wirkungsquantum beherrscht werden.[3]

Im Atom sind nicht alle geometrisch möglichen Bahnen erlaubt, sondern nur solche, die bestimmten Bedingungen genügen. In dem erhalten gebliebenen Manuskriptteil von 1912 gibt es zwar keine explizit quantentheoretische Stabilitätsbedingung für die Elektronenbahnen des Atoms; eine als „spezielle Hypothese" gekennzeichnete Beziehung zur Berechnung der kinetischen Energie der Elektronen scheint aber anzudeuten, daß Bohrs Denken schon damals in diese Richtung ging.[4]

Interessant ist, daß Bohr von Anfang an eine physikalische Begründung des Periodensystems der chemischen Elemente anstrebte. Nachdem er in der Diskussion mit Hevesy die Kernladungszahl als den entscheidenden Ordnungsparameter des Periodensystems erkannt, das Isotopenkonzept entwickelt und das Verschiebungsgesetz radioaktiver Zerfallsreihen vorweggenommen hatte, wandte er sich im Sommer 1912 auch der Frage der chemischen Bindungen an einfachen Molekülen zu. In diesen Überlegungen tauchte erstmals das Plancksche Wirkungsquantum *h* explizit auf und zwar im Zusammenhang mit der Berechnung jener Temperatur, bei der sich alle chemischen Bindungen lösen müssen. Daß sich dafür ein viel zu großer Wert ergab, konnte angesichts der Vorläufigkeit der noch recht vagen Vorstellungen nicht als ein ernster Einwand betrachtet werden.

Man kann sich vorstellen, mit welchen Erwartungen Niels Bohr am 22. Juli 1912, zwei Tage vor seiner Abreise aus Manchester, zu Rutherford ging, um über den Inhalt seines Entwurfs zu sprechen. Hatte er auf den wenigen Seiten den Schlüssel für eine zukünftige Theorie gefunden, oder würde Rutherford das ganze als eine allzu wagemutige Spekulation abtun? War es in der Eile gelungen, die Grundgedanken klar genug auszudrücken, sofern hier überhaupt schon von Klarheit die Rede sein konnte?

Rutherford selbst war in Zeitnot. Er schrieb damals an seinem berühmt gewordenen Buch „Radioactive Substances and Their Radiations“. Als Bohr ihn besuchte, traf er ebenfalls Reisevorbereitungen; die 250-Jahr-Feier der Royal Society stand bevor. Für Niels Bohr aber fand er Zeit. Er soll zu einigen seiner Mitarbeiter einmal gesagt haben: „Dieser junge Däne ist der intelligenteste Bursche, den ich je getroffen habe.“[5]

Rutherford, der ohnehin ein sehr aufmerksamer Zuhörer war, scheint dem Bohrschen Vortrag an diesem Tag besonders lange schweigend gefolgt zu sein. Schließlich unterbrach er ihn mit dem Rat, nichts zu überstürzen und sich zunächst einmal des einfachsten Atoms anzunehmen. Erst wenn für das Wasserstoffatom wirklich verständlich wäre, woher die unglaubliche Stabilität dieser einfachen Konfiguration kommt, gab es Hoffnung, die komplizierteren Atome und schließlich auch die Stabilitätsbedingungen für Moleküle zu verstehen. Er meinte, daß wohl kaum ein anderer Physiker mit solcher Intensität über die komplizierteste Frage des Planetenmodells nachdachte wie dieser hartnäckige Niels Bohr, der ihn erst kurz zuvor dadurch überrascht hatte, mit welcher Leichtigkeit er sich in der überaus paradox erscheinenden Situation der Chemie radioaktiver Stoffe zu orientieren vermochte. Rutherford muß damals erkannt haben, daß sich ein durchschlagender Erfolg bei der theoretischen Fundierung des von ihm entwickelten Modells nur einstellen konnte, wenn die Stabilitätsproblematik mit großer Besonnenheit und vor allem sehr systematisch angegangen wurde. Ohne zu drängen riet er Bohr diesmal, die theoretischen Überlegungen zielstrebig zur Publikationsreife zu führen. Zugleich sah Rutherford, daß es weitaus einfacher sein dürfte, den schon zur Hälfte vorliegenden Artikel zur Bremsung von Alphastrahlen fertigzustellen. So schied man denn mit der Verabredung, daß der junge Mann kurze Zeit später auf der Hochzeitsreise nach Manchester zurückkehren würde, um die Arbeit hier zu beenden.

Am 1. August 1912 begann für Niels Bohr und seine ihm an diesem Tage angetraute Frau Margrethe eine 50 Jahre währende Zweisamkeit, die trotz allergrößter physischer und psychischer Anspannung, mit der der Gelehrte Wissenschaft betrieb, und trotz mancher Schicksalsschläge, die beide gemeinsam durchleben mußten, wahrhaft glücklich zu nennen ist. Margrethe Bohr wußte, daß ihr Leben mit Niels Bohr auf gar keinen Fall träge Behaglichkeit versprach. Sie hatte ihren Mann kurz nach dessen Magisterexamen kennengelernt, konnte miterleben, mit welcher Besessenheit er seine Dissertation anfertigte, und entnahm den Briefen aus England, daß das einmal Erreichte für ihn niemals zum Ruhepunkt werden würde. So konnte sie denn auch nicht überrascht sein, daß Niels selbst auf die Hochzeitsreise ein unvollendetes Manuskript mitnahm. – In Cambridge und vor allem in Manchester erlebte sie, mit welcher Achtung man ihrem damals 27jährigen Mann begegnete.

Sir Ernest Rutherford war alles andere als ein trockener Wissenschaftler. In Gegenwart von Margrethe Bohr mochte es gar so scheinen, als interessierte er sich nur beiläufig für die neuen Ideen ihres Mannes. – Man erzählt sich, daß Rutherford trotz seiner Verehrung für Marie Curie der Begegnung mit ihr ausgewichen sei, wo immer dies möglich war. Er soll bei aller Begeisterung für die Physik nicht verstanden haben, wie ein Mensch über nichts anderes als über dieses Fach reden konnte. – Niels Bohr aber war ganz nach seinem Schlag. Er war Fußballer. Mit ihm konnte man über Literatur sprechen. Es gab kaum einen Gesprächsstoff, dem dieser Bursche nicht interessante Seiten abzugewinnen vermochte. Daß er außerdem ein glänzender Physiker war, machte ihn bei all seinen übrigen Vorzügen für Rutherford natürlich besonders anziehend – und nun kam der junge Mann mit einer Frau nach Manchester, die nicht nur sehr schön, sondern überdies auch hochintelligent war. Wie sollte da Sir Ernest nicht entzückt sein?! Da auch seine Frau die Bohrs sofort in ihr Herz schloß, begann in diesen Tagen eine Freundschaft zwischen beiden Familien, wie sie sich inniger zwischen Vertretern zweier Generationen kaum vorstellen läßt.

Niels Bohr vollendete in England innerhalb einer Woche das Manuskript zu seinem von Rutherford hochgeschätzten Artikel. Dabei bewährte sich erstmals die Hilfe von Margrethe, die für die nächsten Jahre seine wichtigste Mitarbeiterin wurde. Sie schrieb, was er diktierte, glättete die im Englischen manchmal etwas unbeholfenen Ausdrücke und scheint seinem Denken förmlich Flügel verliehen zu haben. Anders ist es kaum zu erklären, daß innerhalb so kurzer Zeit aus einem halbfertigen Manuskript ein druckreifer Artikel entstand.

Das junge Paar setzte die Hochzeitsreise fort; aus der belebten Industriestadt Manchester begab es sich in die stille Romantik Schottlands und kehrte im September nach Kopenhagen zurück. Hier erwartete Niels Bohr an der Universität eine Assistentenstelle bei dem soeben berufenen Professor M. Knudsen. Die mit dessen Berufung freiwerdende Dozentenstelle ist damals ersatzlos gestrichen worden. Bohr war daher gezwungen, eine Arbeit aufzunehmen, die ganz und gar nicht zu seinen wissenschaftlich ehrgeizigen Plänen paßte, schnellstmöglich die Gedanken des „Rutherford-Memorandums" auszuarbeiten. Wollte er sich selber aber als Hochschullehrer profilieren, so blieb ihm nur die Möglichkeit, zusätzlich zu den Verpflichtungen eines Assistenten als Privatdozent eine Lehrveranstaltung abzuhalten. Dazu entschloß er sich ohne Zögern. Er wählte jedoch keineswegs ein Gebiet, auf dem er mit geringem Aufwand von seinen eigenen Forschungsarbeiten hätte zehren können. Sein erster, mit großem Vorbereitungsaufwand verbundener Vorlesungszyklus galt den mechanischen Grundlagen der Thermodynamik.

Dem überall um theoretische Tiefe ringenden Niels Bohr war offensichtlich daran gelegen, an jener bis heute aktuellen Problematik mikrophysikalischer Begründung der makrophysikalischen Thermodynamik die Beziehungen zweier Theorien so weit aufzuklären, wie das damals möglich schien. Ob ihn bei der Wahl dieses Themas auch die Frage nach den in seiner Dissertation erstmals aufgetauchten Grenzen für die Anwendbarkeit der bisherigen Mechanik beschäftigt hat, läßt sich heute nicht mehr feststellen. Der Hinweis aus dem „Rutherford-Memorandum", daß die angenommene Auswahlregel für die Elektronenringe des Atoms vermutlich *mechanisch nicht begründbar* sei, und die wenige Wochen später erfolgende Anmeldung von Vorlesungen über die *mechanischen Grundlagen* der Thermodynamik lassen vermuten, daß das Bohrsche Denken zu diesem Zeitpunkt um die Fragen gekreist ist: Was eigentlich heißt mechanisch begründen? Wie weit reicht die Mechanik?

Diese Fragen nun wiederum lagen durchaus im Rahmen jener Probleme, mit denen sich Knudsen bei seinen experimentellen Arbeiten mit Gasen extrem niedriger Drucke beschäftigte. Der theoretische Hintergrund solcher Untersuchungen war mit der im letzten Drittel des 19. Jahrhunderts geschaffenen kinetischen Gastheorie gegeben. Knudsen, der als einziger dänischer Physiker zur 1. Solvay-Konferenz nach Brüssel eingeladen worden war, hatte dort über diese Arbeiten vorgetragen. Inwiefern Bohr danach mit ihm auch über die damalige Situation in der Quantentheorie gesprochen hat, ist nicht bekannt. Es scheint aber so, daß er nach seinem Aufenthalt bei Rutherford von Knudsen kaum noch wissenschaftlich profitieren konnte und, bei aller Begeisterung für jedes gut gemachte physikalische Experiment, seiner Assistentenverpflichtung nicht mit allzu großem Enthusiasmus nachgekommen ist. Er litt zunehmend darunter, daß ihn Routinearbeit daran hinderte, mit voller Kraft die eigenen Ideen über den Aufbau der Atome und Moleküle auszuarbeiten.

Rutherford versuchte, ihn zu beruhigen. Es habe keine besondere Eile mit der geplanten Publikation über die Atomstruktur; „denn es erscheint mir unwahrscheinlich, daß irgend jemand auf diesem Gebiet arbeitet“[6]. Das aber stellte sich alsbald für Niels Bohr völlig anders dar. Nachdem er eine Reihe von Artikeln des in Cambridge wirkenden H. W. Nicholson gelesen hatte, an denen dieser schon längere Zeit gearbeitet haben mußte, wußte er mit Sicherheit, daß er keineswegs der einzige war, der die vorliegenden Modellvorstellungen vom Atom auch theoretisch ernst nahm. Darüber hätte er vielleicht sogar noch erfreut sein können; durch die Resultate von Nicholson aber wurde plötzlich alles in Frage gestellt, was er sich selbst zurechtgelegt hatte.

Während Bohr bisher davon ausgegangen war, daß die erstaunliche *Stabilität* der Atome durch das Rutherfordsche Atommodell irgendwie zu erklären sein mußte, hatte Nicholson Nagoakas Ringmodell sowie die Plancksche Strahlungshypothese benutzt und die sich aus seinen Rechnungen ergebende *Instabilität* aller Atome in der Sonnenkorona in keiner Weise als beunruhigend empfunden. Für Bohr stellte sich damit die Frage, was ihn eigentlich hoffen lassen konnte, jemals die Stabilität der Elektronenkonfiguration von Atomen im Rahmen eines mechanischen Modells zu verstehen. Er sah zwar sehr schnell, daß die Nicholson interessierenden physikalischen Bedingungen extrem andere waren als die, mit denen man es im irdischen Labor zu tun hatte. Bevor er aber in einem P. S. auf der Weihnachtskarte an Harald schreiben konnte, daß er Nicholsons Theorie nicht länger für unvereinbar mit der eigenen halte, scheint er einige schlaflose Nächte verbracht zu haben.

In der Retrospektive erschien es ihm sehr viel später reichlich unverständlich, daß ihn damals diese Arbeiten derart beunruhigt hatten. Festzuhalten jedoch ist, daß Nicholson in seinen 1912 erschienenen Artikeln eine Idee benutzt hat, die sich in Bohrs „Rutherford-Memorandum“ von 1912 in dieser Klarheit noch nicht findet.

Nicholson ging davon aus, daß sich der Drehimpuls der Elektronen im Atom nur um das ganzzahlige Vielfache des Planckschen Wirkungsquantums ändern kann. War dies der für Bohr entscheidende Anstoß, seiner Vorstellung, daß die Elektronenkonfiguration des Atoms vom Planckschen Wirkungsquant beherrscht wird, auch eine mathematische Form geben zu können? Wir wissen es nicht.[7] In der wegweisenden Arbeit zum Aufbau der Atome und Moleküle von 1913 hat Niels Bohr Nicholsons Arbeiten recht wohlwollend zitiert (nur dadurch sind sie erst größeren Kreisen bekannt geworden). Wie auch immer die Entstehungsgeschichte des Gedankens von der Quantelung der Elektronenbahnen im Atom gedeutet werden mag; historisch wirksam geworden ist er in der Form, die Bohr ihm gegeben hat.[8]

Über die näheren Umstände des Entstehens der zweiten für die Präzisierung der Bohrschen Überlegungen zum Atom- und Molekülbau wegweisenden Idee weiß man besser Bescheid. Hierzu liegen Erinnerungen Bohrs vor, die recht überzeugend folgende Rekonstruktion erlauben: Irgendwann Anfang Februar 1913[9] muß Niels Bohr dem um ein Jahr jüngeren dänischen Physiker H. M. Hansen von jenen Überlegungen zum Rutherfordschen Atommodell, die ihn schon seit Monaten beschäftigten, erzählt haben. Da der inzwischen als Assistent an der Polytechnischen Lehranstalt arbeitende Hansen erst kurz zuvor von einem anderthalbjährigen Forschungsaufenthalt aus Göttingen zurückgekehrt war, wo er bei W. Voigt umfangreiche Spezialkenntnisse in der Spektroskopie erworben hatte, beschäftigte ihn sofort die Frage, ob dieses Modell wohl die bislang physikalisch noch unverstandenen, verblüffend einfachen empirischen Regeln der Spektroskopie zu erklären vermöge. Weil Bohr zu diesem Zeitpunkt noch davon überzeugt war, daß die verwirrende Vielfalt der für jedes Element charakteristischen Linien durch ein so einfaches Modell wie das Rutherfordsche unmöglich zu erklären sei, hatte er sich selbst mit Spektroskopie nicht gründlich beschäftigt. So kam es, daß ihn Hansen erst auf die Einfachheit der Balmer-Serie für das Wasserstoffspektrum aufmerksam gemacht hat.

Balmer hatte 1884 gefunden, daß sich eine Serie von Linien des Wasserstoffspektrums als Differenz zweier Terme ergibt, wobei der erste eine Konstante darstellt und der zweite eine Größe ist, die sich mit $1/n^2$ (n ganzzahlig) ändert. Als Niels Bohr dies sah, muß ihm nahezu momentan klargeworden sein, wonach er so lange vergeblich gesucht hatte. Jetzt nahm er sich die Literatur vor, in der die in mühevoller Kleinarbeit aus der Fülle spektroskopischer Daten verallgemeinerten Regeln abgehandelt wurden. Von nun an schien alles sehr viel einfacher, als er zunächst erwarten konnte.

Im „Rutherford-Memorandum“ hatte Niels Bohr die Strahlungsvorgänge noch bewußt unberücksichtigt gelassen, aber natürlich war ihm damals schon klar, daß die Linienspektren Charakteristika der Atome sind. Wenngleich die Spektroskopie in Manchester nicht im Blickpunkt des Interesses stand, bediente man sich selbstverständlich auch in Rutherfords Gruppe derartiger Analysemethoden. Solange Bohr aber vor allem daran gedacht hatte, das Rutherfordsche Atommodell zu nutzen, um die spezifischen physikalischen und vor allem chemischen Eigenschaften der Elemente als Konsequenzen ihrer Struktur zu verstehen, gehörten die in der Spektroskopie erarbeiteten Daten zur Fülle jener Stoffeigenschaften, die weit weniger bedeutsam erschienen als etwa die Valenz eines Elementes, d.h. seine Fähigkeit, mit anderen Elementen chemische Verbindungen einzugehen. Ob ein Element ein Edelgas oder ein metallischer Leiter war, schien über dieses physikalisch und chemisch weit mehr auszusagen als die verwirrende Zahl seiner Spektrallinien.

Das änderte sich für Niels Bohr jedoch in dem Augenblick, als er darauf aufmerksam wurde, daß *jede* einzelne dieser vorher nicht entschlüsselten Spektrallinien in einer sehr allgemeinen Beziehung (Rydberg-Ritzsches Kombinationsprinzip) erfaßt werden kann, in die die Differenz zweier Terme eingeht. Die Balmer-Serie und die anderen bekannten Serien des Wasserstoffs sind nur spezielle Fälle einer viel allgemeineren gesetzmäßigen Beziehung, die eine universelle Konstante (Rydberg-Konstante) enthält. Die beiden Terme hängen nur von ganzen Zahlen ab.

Der in der wissenschaftshistorischen Literatur anzutreffende Hinweis, daß Bohr diese Beziehung schon als Student gekannt haben muß, ist sicher zutreffend, trotzdem aber nichtssagend. Entscheidend für den Anfang Februar 1913 erfolgten Schritt der quantentheoretischen Begründung des Rutherfordschen Atommodells war die Kombination dieses Gesetzes mit der schon im „Rutherford-Memorandum“ enthaltenen Hypothese von der mechanisch nicht begründbaren Auswahl der Elektronenbahnen.

Nachdem Bohr das Bildungsgesetz für die Balmer-Serie gesehen hatte, legte er sich die Frage vor, ob nicht die darin enthaltene Differenz zweier Terme der Differenz der Energieniveaus zweier verschiedener Elektronenringe entspricht und in Übereinstimmung mit der Planckschen Strahlungstheorie dem Produkt des Planckschen Wirkungsquantums und der beobachtbaren Strahlungsfrequenz gleichzusetzen sei. Wenn das akzeptiert wurde, war die Annahme naheliegend, daß jeder dieser Terme des Kombinationsprinzips mit dem durch das Wirkungsquantum geteilten Energieniveau eines Elektronenringes identisch ist und der Strahlungsvorgang einen mechanisch nicht beschreibbaren „Sprung" eines Elektrons von dem energetisch höheren Niveau in das entsprechend niedrigere Niveau darstellt, der von der Abgabe einer homogenen Strahlung mit der Energie $h\nu$ begleitet wird. Die Versuche, das Wasserstoffspektrum auf diese Weise zu bestimmen, hatten durchschlagenden Erfolg. Die Spektren der anderen Elemente konnten, wie sich bald zeigte, ebenso bestimmt werden. Da Bohr jetzt selbst die Rydberg-Konstante in bester Übereinstimmung mit den experimentell gefundenen Werten zu berechnen vermochte, mußte dieses Verfahren mehr als nur theoretische Spekulation sein. Die genannte Hypothese ließ nun auch auf recht natürliche Weise deutlich werden, warum das Plancksche Wirkungsquantum nicht nur die Elektronenkonfiguration des Atoms, sondern auch die von den Atomen abgegebene Strahlung bestimmt. Dazu genügte es, die Plancksche Hypothese zu benutzen und zu betonen, daß der Strahlungsvorgang der bekannten Elektrodynamik nicht gehorche.

Da für den Übergang des strahlenden Elektrons von einem Energieniveau zu einem anderen weder die bekannte Mechanik noch die bekannte Elektrodynamik gelten konnten, ergab sich die Frage, was wohl im Rahmen einer solchen „Theorie" an deren Stelle treten könne. Mußte diese Frage sofort entschieden werden? Konnte sie nicht vorläufig noch umgangen werden, um zunächst die Konsequenzen des neuen Zuganges auf ihre Tragfähigkeit zu überprüfen und darauf zu hoffen, daß man sich ihr später zuwenden könne? Dies ist der Weg, den Bohr eingeschlagen hat. Wir wissen heute, daß auf diesem Wege schließlich die *Quantenmechanik* und die *Quantenelektrodynamik* gefunden worden sind.[10] Das konnte 1913 jedoch niemand ahnen. Die methodische Rechtfertigung eines solchen Schrittes stand also auf schwachen Füßen. War aber Rutherford nicht ähnlich vorgegangen, als er, wohlwissend, daß die Frage der Stabilität der Elektronenbahnen noch nicht zu beantworten sei, auf spekulative Antworten verzichtet hatte?

Jetzt also bot sich Bohr eine vielversprechende Möglichkeit, das von Rutherford ungelöste Problem zu bewältigen; dafür mußte er allerdings eine Reihe neuer schwerwiegender theoretischer Probleme in Kauf nehmen. Das Plancksche Wirkungsquantum schien ein unabdingbares Element der Atomtheorie zu sein; auf die Einsteinsche Lichtquantenhypothese jedoch konnte er noch gut verzichten. Genau das tat Bohr, getreu dem methodischen Prinzip, nur so viele Annahmen in ein theoretisches Konzept einzuführen, als zur Erklärung der Tatsachen unabdingbar waren.

Nachdem einmal ein solcher theoretischer Zugang zu den bislang schier unlösbaren Problemen gefunden war, hielt sich Bohr wie einst Rutherford bei der Formulierung seines Atommodells nicht länger mit der zunächst ohnehin ausweglos erscheinenden weiteren Begründung der theoretischen Voraussetzungen derartigen Vorgehens auf. Vielmehr begann er in einem – im einzelnen hier nicht zu verfolgenden – Prozeß angestrengtester wissenschaftlicher Arbeit, auf der Basis des dabei weiter präzisierten theoretischen Konzepts eine Fülle von Problemen zu bearbeiten. Binnen sechs Wochen (!) entstand die erste einer Serie von drei Abhandlungen, die eine neue Etappe in der Entwicklung der Atomphysik einleitete. Während dieser Zeit hat Niels Bohr nicht einen einzigen Brief geschrieben. Der Historiker ist versucht, jene Zeit des Entstehens vom Bohrs wegweisender Arbeit „Über die Konstitution der Atome und Moleküle“ mit der Zeit zu vergleichen, in der Einstein die spezielle Relativitätstheorie ausgearbeitet hat.

In beiden Fällen ist innerhalb nur weniger Wochen eine Abhandlung entstanden, die die Physikentwicklung des 20. Jahrhunderts ganz entscheidend geprägt hat. Beide Leistungen sind das Resultat konzentriertester wissenschaftlicher Arbeit an der Grenze des psychischen und physischen Leistungsvermögens. Daß es sich trotzdem nicht um rational unverständliche Geniestreiche gehandelt hat, wird deutlich, wenn dabei die intellektuellen Vorbereitungen zu diesen wissenschaftlichen Durchbrüchen in Rechnung gestellt werden. Während Einstein sich vor allem auf die Entwicklung eines physikalischen Prinzips konzentrierte, das von vornherein die Funktion hatte, die theoretischen Fundamente der in Bewegung geratenen Physik zu vertiefen, sah sich Bohr in sehr viel stärkerem Maße von einer Fülle experimenteller Fakten zu einer theoretischen Synthese gezwungen, deren hervorstechendstes Merkmal nicht in der Konsistenz der Grundannahmen, sondern in der Entwicklungsfähigkeit des entsprechenden Konstrukts lag. Theoretiker ist also nicht gleich Theoretiker. Diese Feststellung gilt auch und vor allem für die Individualität beider Arbeitsstile und der ihnen zugrunde liegenden Denkhaltungen.

Einstein und Bohr haben während der Fertigstellung ihrer wegweisenden Arbeiten kurzzeitig die Kommunikation mit anderen Wissenschaftlern unterbrochen, selbst die mit ihrer unmittelbaren Umgebung wurde dabei auf ein Mindestmaß reduziert. Bei Einstein bedeutete dies sogar, daß ihn seine Frau kaum noch ansprechen konnte. Bohr hingegen hat auch diese Arbeit im Dialog mit seiner Frau fertiggestellt, wobei natürlich keine der physikalischen Ideen von ihr kommen konnte, wohl aber manche der Formulierungen.

Einstein hat später als wesentlichste methodische Prinzipien des Entwurfs neuer physikalischer Theorien *innere Konsistenz* und *äußere Bewährung* benannt. Bohr war, analysiert man seine Arbeit unter diesem Gesichtspunkt, 1913 offensichtlich bereit, innere Konsistenz als ein der äußeren Bewährung nachgeordnetes Problem zu betrachten. Vor dem Hintergrund seiner eigenen Erfahrungen ging es zunächst und vor allem um eine Theorie, die den Tatsachen gerecht wurde. Daß er dabei keineswegs empiristisch vorgegangen ist, wird deutlich, wenn man berücksichtigt, wie er experimentelle Befunde vom Standpunkt der neuen theoretischen Vorstellungen uminterpretierte und die neuen Interpretationen dann sofort wieder dem experimentellen Test unterwarf.[11] Aber auch für Bohr war klar, daß der Wahrheitsgehalt seiner Theorie nicht in einem Wurf überprüft werden konnte, sondern einen – möglicherweise langen – *Prozeß* der Bewährung erforderte. In diesem Prozeß hoffte er schließlich zu größerer innerer Konsistenz zu kommen, als dies am Ausgangspunkt der neuen Theorie möglich war.

Einstein forderte ein Höchstmaß innerer Konsistenz von jeder vorgeschlagenen physikalischen Theorie. Das wohl ist auch der entscheidende Grund, warum er nicht daran dachte, derart inkonsistent erscheinende Gedanken theoretisch wirklich auszuarbeiten. Was Bohr 1913 ernst zu nehmen bereit war, muß Einstein verworfen haben, noch ehe er es der äußeren Bewährung überhaupt aussetzen konnte. [8]

5. Modelltheorie und Forschungsprogramm

Die mit Rutherford Wort für Wort abgestimmte Bohrsche Arbeit „Über die Konstitution von Atomen und Molekülen“ erschien im „Philosophical Magazine“ des Jahrganges 1913 in drei Teilen (Juli, September, November). Sie wird zumeist kurz als „Trilogie“ bezeichnet. Mit dieser Abhandlung stellte sich Bohr das Ziel, die Schwierigkeiten des Rutherfordschen Atommodells zu überwinden.

Die von Bohr dazu eingeführten physikalischen Annahmen werden im ersten Teil der Publikation zur Behandlung des Bindungsmechanismus eines Elektrons durch einen positiv geladenen Kern herangezogen. Darin wird gezeigt, wie sich das Linienspektrum des Wasserstoffs ergibt und wie die linearen Abmessungen von Atomen, ihre Ionisationspotentiale und die Rydberg-Konstante bestimmt werden können. Im zweiten Teil werden die neuen Annahmen zur Beschreibung von Atomen mit mehreren Elektronen angewandt. Damit hat das Periodensystem der chemischen Elemente eine erste physikalische Fundierung gefunden. Außerdem erörtert Bohr die charakteristischen Röntgenstrahlen und die physikalischen Grundlagen radioaktiver Zerfallsprozesse. Der dritte Teil schließlich ist, ausgehend von den neuen Überlegungen zum Rutherfordschen Atommodell, Systemen mit mehreren Kernen gewidmet, enthält also vor allem Überlegungen zur Theorie der chemischen Bindungen.

Aus dem Briefwechsel Bohrs mit Rutherford und späteren Erinnerungen geht hervor, daß der Mann, dessen Atommodell mit dieser Arbeit eine quantentheoretische Begründung erhalten hatte, keineswegs augenblicklich zum Anhänger der revolutionären Bohrschen Vorstellungen geworden ist. [6] Der Bohr des Jahres 1913 war allerdings nicht mehr der des Jahres 1912. [5] Er hatte im Verlauf weniger Monate eine Arbeit vollbracht, in welcher aus dem Rutherfordschen Atommodell das Bohr-Rutherfordsche Atommodell geworden war. Das mit dieser wissenschaftlichen Leistung gewachsene Selbstvertrauen trübte jedoch die Freundschaft Bohrs mit seinem Lehrer in keiner Weise. Während der junge Mann noch ein Jahr zuvor nicht daran gedacht hatte, seine atom- und kernphysikalischen Spekulationen ohne den ausdrücklichen Wunsch Rutherfords zu publizieren, war er nunmehr nur noch dort zu Änderungen am Manuskript bereit, wo der wissenschaftliche Mentor eindeutig überzeugende Argumente vorzubringen wußte. „Ich hätte nie gedacht, daß Sie so eigensinning sein können“, soll Rutherford am Schluß der im April 1913 über mehrere Abende geführten Besprechungen von Teil I dieser Arbeit zu Bohr gesagt haben.[1]

Niels Bohr konnte zu diesem Zeitpunkt von seinem theoretischen Ansatz gar nicht restlos überzeugt sein. Kurzentschlossen war er damals für einige Tage nach Manchester gekommen, um im Dialog mit dem weitaus erfahreneren Rutherford wenigstens die schwerwiegendsten eigenen Zweifel zu beschwichtigen. Vor allem aber wollte und mußte er verhindern, daß Rutherford sich mit seiner nachdrücklichen Empfehlung durchsetzte, das Manuskript drastisch zu kürzen. Wenn schon derart kühne Annahmen eingeführt werden sollten, wie sie Niels Bohr inzwischen unabdingbar schienen, dann konnte dies nicht in einer Form geschehen, aus der ein Leser der Abhandlung den Eindruck gewinnen mußte, ihr bislang völlig unbekannter Autor wolle die Fachwelt damit zum Narren halten. Lapidare Kürze war angesichts des inhaltlichen Anspruchs wirklich nicht angezeigt.

Der die wesentlichen Hypothesen enthaltende erste Teil der Arbeit hat ihrem Autor die meisten Sorgen bereitet. Erst nachdem ihm klar geworden war, wie dieser Teil auszusehen hatte, erschienen ihm auch die früheren Überlegungen des „Rutherford-Memorandums“ hinreichend solide fundiert. Trotzdem bestand für Niels Bohr natürlich kein Zweifel daran, daß es sich bei seinen theoretischen Vorstellungen zum Modell des Aufbaus der Atome und Moleküle noch keineswegs um eine fertige Theorie handelte, sondern vielmehr um ein Programm, mit dem man hoffentlich bald zu einer solchen Theorie kommen konnte. Um auf diesem Wege Verbündete zu finden, mußte er sich schon der Mühe unterziehen, möglichst deutlich darzulegen, was in der konkreten Situation dafür sprach, die innere Konsistenz des gewählten Ansatzes zugunsten der äußeren Bewährung zurückzustellen. Das verlangte besondere Sorgfalt bei der Einführung und Begründung der Voraussetzungen des Modells. Glücklicherweise hat Bohr Anfang April des Jahres 1913 Rutherford zu überzeugen vermocht, keine Kürzungen vorzunehmen, die das Verständnis dieses Teils der Arbeit erschwert hätten.

Nachdem der erste Teil der wegweisenden Arbeit fertiggestellt war, bereiteten die folgenden beiden Teile dem Autor weitaus weniger Schwierigkeiten. In ausgearbeiteter Form legte er dar, was schon im „Rutherford-Memorandum“ im Keim vorhanden war. Auf die Publikation eines ursprünglich noch geplanten vierten Teiles verzichtete Bohr, weil die darin zu behandelnden Fragen (Magnetismus) damals noch zu kompliziert schienen. Aber auch das im November 1913 vorliegende Gesamtprodukt war keinesfalls eine wissenschaftliche Abhandlung, die es dem Fachmann besonders einfach machte, sich ein Urteil über die Sache zu bilden. Im Gegensatz zu manchen der verbalen Feststellungen dieser Arbeit folgt nämlich keineswegs alles, was da behauptet wird, tatsächlich auch aus den angegebenen Voraussetzungen. Neben echten Deduktionen enthält die Trilogie zugleich Aussagen, die sich hartnäckig jeder Begründung entziehen. Einige der Schwächen des ersten Ansatzes sind mittels genialer physikalischer Intuition mindestens teilweise gemildert worden. Gleich anderen Pionierarbeiten ist auch Bohrs berühmte Trilogie darüber hinaus keineswegs frei von Irrtümern.

Hier kann es nicht darum gehen, jene wissenschaftliche Arbeit analytisch zu sezieren, die unbestritten die größte Leistung Bohrs für die Physikentwicklung des 20. Jahrhunderts darstellt.

Im folgenden kommt es vielmehr darauf an, die wesentlichsten Gedanken daraus festzuhalten und nachzuvollziehen, wie aus Annahmen und Teilerkenntnissen allmählich forschungsprogrammatische Konsequenzen erwachsen sind, die sukzessive eingelöst wurden und damit das ursprüngliche Modell zu einem Durchgangsstadium der Physikentwicklung haben werden lassen, welches heute in erster Linie nur noch wissenschafts*historisches* Interesse verdient. Alle stärker am Detail interessierten Leser müssen auf die umfangreiche Spezialliteratur verwiesen werden.

Der Kerngedanke der Trilogie ist darin zu sehen, daß man zur Lösung der Stabiltätsproblematik des Rutherfordschen Atommodells der Planckschen Quantenhypothese bedarf, die Atomphysik also notwendigerweise auf quantentheoretischer Grundlage entwickelt werden muß. Da sich trotz vielfacher Versuche die 1900 von Planck in die Theorie der Wärmestrahlung eingeführte Hypothese bis 1913 im Rahmen traditioneller physikalischer Vorstellungen jeglicher Begründung entzogen hatte und kaum Hoffnung bestand, daß die zukünftige Physikentwicklung daran etwas zu ändern vermöchte, lief Bohrs Überlegung zunächst lediglich darauf hinaus, das für das Rutherfordsche Atommodell aufgetauchte theoretische Problem zu verlagern. Damit jedoch bot sich zugleich die Möglichkeit, bislang völlig unakzeptable Vorstellungen experimentell und theoretisch zu testen. Es war zu hoffen, später einmal aus der Entwicklung des Modells der Atome und Moleküle vielleicht auch die Quantenhypothese tiefer zu verstehen; fürs erste aber war lediglich klar, daß die Anwendung dieses Konzeptes in der Atomphysik *neue* Annahmen verlangte. [4]

Für Bohr stand fest, daß die einzuführenden Annahmen keineswegs das Produkt hemmungsloser Spekulation sein durften. In seinem am 20. Dezember 1913 vor der Dänischen Physikalischen Gesellschaft gehaltenen Vortrag formulierte er dieses methodologische Problem in voller Klarheit: „Wir stehen hier fast ohne Hilfsmittel und müssen bei Einführung neuer Annahmen nur dafür Sorge tragen, nicht in Gegensatz zur Erfahrung zu kommen. Inwieweit dieses an allen Punkten vermieden werden kann, muß die Zeit lehren; der sicherste Weg aber ist natürlich, so wenige Annahmen wie überhaupt nur möglich zu machen.“[2]

Die entsprechenden Annahmen mußten, sollten sie akzeptiert werden, mindestens durch den Erfolg gerechtfertigt sein. Um sie jedoch zu einem Zeitpunkt überhaupt diskutabel erscheinen zu lassen, zu dem das theoretische Modell noch nicht genügend ausgearbeitet und deshalb auch praktisch kaum überprüfbar war, kam es vor allem auf die explizite Formulierung der Annahmen selbst und ihres Begründungszusammenhanges an.

Nachdem Bohr in seiner Trilogie die Ausweglosigkeit des Versuchs geschildert hatte, allein mit der Newtonschen Mechanik und der Maxwellschen Elektrodynamik das experimentell wohlbegründete Rutherfordsche Atommodell zu behandeln, führte er folgende zwei Grundannahmen seines theoretischen Vorgehens an:

„1. Daß das dynamische Gleichgewicht der Systeme in den stationären Zuständen mit Hilfe der gewöhnlichen Mechanik behandelt werden kann, während der Übergang der Systeme zwischen verschieden(en) stationären Zuständen nicht auf dieser Grundlage behandelt werden kann.

2. Daß der letztere Vorgang begleitet ist von der Emission einer *homogenen* Strahlung, für die die Beziehung zwischen der Frequenz und der emittierten Energiemenge die durch *Plancks* Theorie gegebene ist.“[3]

Diese Annahmen wurden durch kommentierende Bemerkungen gemildert. – Aus einfachen energetischen Betrachtungen hatte sich ergeben, *daß* im Atom stationäre Zustände existieren mußten, also keineswegs beliebige Energieniveaus, sondern eben nur bestimmte möglich waren. Die erste Annahme schien sich Bohr dann von „selbst darzubieten. Denn man weiß, daß die gewöhnliche Mechanik keine absolute Gültigkeit haben kann, sondern nur bei Berechnungen gewisser mittlerer Werte der Bewegung der Elektronen gilt. Andererseits brauchen wir bei den Berechnungen des dynamischen Gleichgewichts in einem stationären Zustand, bei dem es keine relative Verschiebung der Teilchen gibt, nicht zu unterscheiden zwischen den tatsächlichen Bewegungen und ihren mittleren Werten"[4]. Damit war bereits klargelegt, was Bohr auch später niemals aufgegeben hat, jedoch viele andere unter dem Eindruck des Erfolgs seines Modells zeitweise vergessen haben: Die Newtonsche Mechanik reicht für die inneratomare Dynamik nicht aus, sie vermag bestenfalls den Weg zu einer der Mikrophysik besser angepaßten Mechanik zu weisen.

Was sich Bohr von „selbst darzubieten" schien, war sicher für manche seiner Zeitgenossen keineswegs so offensichtlich. Die Behauptung von der Evidenz der Annahme über Grenzen der Anwendbarkeit der bekannten Mechanik entsprang seinen früheren Überlegungen zur Elektronentheorie der Metalle und zur Begründungsproblematik der Thermodynamik. Sie läßt sich jedoch erst mit den Mitteln der nichtrelativistischen Quantenmechanik voll rechtfertigen. In der Form, wie Bohr selbst bald seine erste Annahme handhabte, nämlich als rein formale Rechenregel, war sie in diesem Zustand der Theorie durchaus zu akzeptieren. Für ihren Autor konnte „natürlich nicht die Rede... von einer mechanischen Grundlage der in dieser Arbeit angegebenen Berechnungen" sein.[5] Wie aber sollte für jemanden, der noch gänzlich den Weltbildvorstellungen des mechanischen Materialismus verhaftet blieb, wirklich verständlich sein, warum angesichts der direkten Anwendung der Mechanik keine Rede von der mechanischen Grundlage der entsprechenden theoretischen Vorstellungen sein konnte?

Einfacher war es, den Gedankengängen Bohrs hinsichtlich der zweiten Annahme zu folgen. Unmißverständlich wurde nämlich betont: Die Strahlungshypothese „befindet sich in offenbarem Gegensatz zu den gewöhnlichen Auffassungen der Elektrodynamik, scheint aber notwendig, um experimentelle Tatsachen zu erklären"[6]. Für die pragmatische Begründung der Anwendbarkeit dieser im Widerspruch zur Elektrodynamik stehenden Annahme sprach, daß sich die Plancksche Hypothese inzwischen selbst schon in zahlreichen Bereichen außerhalb der Strahlungstheorie bewährt hatte (von Bohr genannt: spezifische Wärme, photoelektrischer Effekt, Röntgenstrahlen). Warum sollte sie dann nicht auch für die Erklärung von Strahlungsvorgängen im atomaren Bereich gelten?

Den beiden genannten Grundannahmen war eine weitere hinzuzufügen, nämlich eine solche, aus der hervorgeht, was stationäre Zustände sind. Bohr konnte zeigen, daß die von ihm ursprünglich benutzten energetischen Betrachtungen zur Bestimmung stationärer Zustände darauf hinausliefen, den Drehimpuls kreisförmiger Bahnen zu quanteln. Stationäre Kreisbahnen zeichneten sich vor allen anderen geometrisch möglichen Konfigurationen dadurch aus, daß für sie die Drehimpulse ganze Vielfache des Planckschen Wirkungsquantums sind.

Mit diesen Annahmen wurden die Konturen einer theoretischen Beschreibung für ein *einheitliches* physikalisches Modell sichtbar, welche allerdings an innerer Inkonsistenz wohl kaum noch übertroffen werden konnte. Sie enthielt zwei Quantenhypothesen, die weder mit der Mechanik noch mit der Elektrodynamik verträglich waren. Die eine der beiden gab an, *welche* der geometrisch möglichen Kreisbahnen im Atom tatsächlich physikalisch erlaubt sind. Sie wurde später durch Sommerfeld in einer allgemeineren Beziehung präzisiert, blieb aber auch in dieser Form eine Quantenauswahlregel für stationäre Bahnen. Aus der Newtonschen Mechanik konnte man keinen Hinweis darauf gewinnen, daß nur *bestimmte* Bahnen für die um den Kern kreisenden Elektronen möglich sind. Das andere der beiden Quantenpostulate war die im Widerspruch zur Maxwellschen Elektrodynamik eingeführte Plancksche Strahlungshypothese.

Neben den beiden mit den unterstellten Theorien unverträglichen Hypothesen enthielt der Bohrsche theoretische Ansatz zwei schwer zu akzeptierende Festlegungen über die Gültigkeit der benutzten Theorien selbst.

Einerseits sollten nämlich die Newtonsche Mechanik und die Maxwellsche Elektrodynamik weiterhin *gelten* (die Mechanik für die stationären Zustände des Atoms, die Elektrodynamik für die Ausbreitung der vom Atom emittierten bzw. von ihm absorbierten Strahlung); andererseits jedoch sollten diese Theorien *nicht gelten* (die Elektrodynamik nicht für die stationären Zustände, die Mechanik und die Elektrodynamik nicht für die Übergänge zwischen den stationären Zuständen). Damit war implizit das später an anderen Stellen explizierte Forschungsprogramm skizziert. Bohr wollte mittels eines theoretischen Konstrukts, das angab, unter welchen Bedingungen die Mechanik und die Elektrodynamik weiterhin gelten, und zusätzlichen, für diese Theorien fremden Quantenhypothesen schließlich eine den atomaren und subatomaren Phänomenen *adäquate* Mechanik bzw. Elektrodynamik entwickeln.

Auch der Weg, auf dem dies geschehen sollte, wurde schon in der Trilogie skizziert. Von der Newtonschen Mechanik und der Maxwellschen Elektrodynamik auszugehen, um zu einer die entsprechende Theorie verallgemeinernden Quantenmechanik und einer Quantenelektrodynamik zu kommen, setzte den Gedanken des korrespondenzmäßigen Anschlusses der zu findenden neuen an die bewährte alte Theorie voraus. Methodisch hatte Einstein sich bei der Entwicklung der speziell-relativistischen Mechanik von einem analogen Gedanken leiten lassen. Bohr formulierte später ein allgemeines erkenntnistheoretisch-methodologisches Prinzip, bekanntgeworden als *Korrespondenzprinzip,* und gab ihm für den ihn interessierenden Spezialfall der Theorienentwicklung eine spezifische Form. Die Richtung, in der der korrespondenzmäßige Anschluß der Quantentheorie an die klassische Theorie gesucht wurde, war bereits 1913 durch den Hinweis angedeutet, daß das *diskrete* Linienspektrum in ein *kontinuierliches* Bandenspektrum übergeht.

Die Bohrsche Arbeit von 1913 beschränkte sich jedoch nicht auf die grundsätzlichen Fragen physikalischer Theorienentwicklung. Sie enthielt zugleich eine Fülle konkreter Folgerungen des vorgeschlagenen Modellansatzes, die direkter Überprüfung zugänglich waren. Zu den für den Erfolg dieses Modells wichtigsten gehörten die Berechnung der Rydberg-Konstante und die Voraussage von Linien des Heliumspektrums, welche vorher fälschlicherweise dem Wasserstoff zugeordnet worden waren. Unabhängig davon, ob man Bohrs hochgespannte Erwartungen an die physikalische Theorienentwicklung teilte oder ihnen skeptisch gegenüberstand, konnten mit dem von ihm entwickelten Modell mindestens bis zur Vorlage einer theoretisch konsistenten Alternativvorstellung bei vielen Detailproblemen weitere Erkenntnisfortschritte angestrebt werden. Die entsprechenden Möglichkeiten des Modells waren in zahlreichen einzelnen Anregungen bereits in der Trilogie klar umrissen. Darüber hinaus gab es Probleme, mit denen Bohr 1913 zwar noch nicht zu Rande gekommen war, von denen aber nicht angenommen werden sollte, daß sie sich dem Zugriff mittels des vorgeschlagenen Ansatzes auf Dauer entziehen würden.

Die Tragfähigkeit des damals vorgeschlagenen theoretischen Ansatzes heute zu würdigen, stellt angesichts des Wissens um die tatsächliche Wirkung der Trilogie und der ihr folgenden Forschungsprozesse kein besonders schwieriges Problem dar. Die Bewertung dieses Ansatzes zum Zeitpunkt seiner Veröffentlichung aber wurde durch eine Reihe von Umständen erschwert.[7]

Ein so radikales Programm wie das von Bohr vorgeschlagene hätte zweifelsohne größere Chancen gehabt, wenn es von einem der damals führenden Theoretiker entwickelt worden wäre. Konnte man auf diesem komplizierten Gebiet der physikalischen Grundlagenforschung einem noch nicht einmal dreißigjährigen Außenseiter wirklich zutrauen, den entscheidenden Durchbruch zu erzielen? Zwar hatte mit Rutherford eine unbestreitbare Autorität die Publikation empfohlen; war diese Empfehlung aber nicht in erster Linie der Tatsache geschuldet, daß

Bohrs Arbeit eine Fülle von Argumenten enthielt, die zugunsten des Rutherfordschen und gegen das Thomsonsche Atommodell sprachen? Konnten die Bohrschen Vorschläge wirklich dahingehend gedeutet werden, daß es *notwendig* war, das Planetenmodell des Atoms weiter auszubauen? War der dafür zu zahlende Preis mit den schier unerträglichen Inkonsistenzen im Rahmen eines einheitlichen theoretischen Ansatzes nicht zu hoch? Woraus sollte man die Überzeugung schöpfen, daß die vagen Hoffnungen auf größere theoretische Konsistenz sich tatsächlich einlösen lassen würden? Wäre es nicht ebenso gut möglich gewesen, nach gänzlich anderen Modellen suchen zu müssen? Einerseits sprach Bohr von elliptischen Bahnen der Elektronen, und andererseits berechnete er Kreisbahnen. Wie, wenn die mechanischen Analogiebetrachtungen selbst irreführend waren?

Die sich aus Bohrs atomphysikalischen Modellvorstellungen des Jahres 1913 ergebenden Fragen und Probleme ließen sich fortsetzen. Wie aus dem Briefwechsel jener Zeit hervorgeht, haben sie – natürlich in unterschiedlicher Wichtung – den Autor des neuen theoretischen Ansatzes teilweise selbst beschäftigt. Vor allem aber war Niels Bohr nach Veröffentlichung seiner Gedanken natürlich interessiert zu hören, wie sein kühner Vorstoß ins Neuland in den führenden Forschungszentren der Physik aufgenommen wurde. Besonderes Gewicht hatten in dieser Hinsicht die eindeutigen Stellungnahmen von Sommerfeld und Einstein, der sich gegenüber Hevesy geäußert hat.

In der Äußerung Sommerfelds vom 4. 9. 1913 [7] wurde die hohe Genauigkeit des theoretisch ermittelten Wertes für die Rydberg-Konstante hervorgehoben. Am selben Tage, als Sommerfeld dies schrieb, ging bei der „Nature“ der Bericht von E. J. Evans ein. Darin wurde festgestellt, daß die Pickering-Fowler-Linien in Übereinstimmung mit Bohrs theoretischem Ansatz tatsächlich dem Helium und nicht, wie ursprünglich von den Experimentatoren behauptet worden war, dem Wasserstoff zuzusprechen seien. Von diesem zweiten Triumph des Bohrschen Atommodells zeigte sich Einstein im Gespräch mit Hevesy am 23. 9. 1913 besonders beeindruckt. [8] Er schloß aus dem Ergebnis von Evans, daß die Strahlungsfrequenz des Lichts überhaupt nicht von der mechanischen Umlauffrequenz der Elektronen abhänge. Bohr hatte ursprünglich eine solche Hypothese aufgestellt, sie aber alsbald wieder fallen gelassen. Das Strahlungsproblem ist *kein mechanisches,* sondern ein quantentheoretisches Problem.

Schon kurz vor dem denkwürdigen Gespräch Hevesys mit Einstein war es zu einer ersten öffentlichen Diskussion des Bohrschen Ansatzes gekommen. Als J. H. Jeans Anfang September 1913 in Birmingham auf der Tagung der British Association for the Advancement of Science über die Plancksche Strahlungstheorie referiert hatte, war er dabei auch auf Bohrs Erklärung der Spektralgesetze eingegangen und hatte sie als geistreichen und überzeugenden Versuch bewertet. Die dabei unterstellten Annahmen seien zwar bislang durch nichts anderes als durch ihren Erfolg gerechtfertigt, der aber hätte sich wohl kaum einstellen können, wenn sie völlig unberechtigt wären. Obgleich Bohrs Vorstellungen damals noch auf viele Schwierigkeiten stießen, schienen sie auch in der Darstellung von Jeans als perspektivreich. Bohr konnte mit diesem Referat seiner Auffassungen und dem Verlauf der anschließenden Diskussion außerordentlich zufrieden sein. Er hatte reichlich Gelegenheit, seinen Standpunkt zu vertreten und zu verteidigen. Aus der entsprechenden Berichterstattung war herauszulesen, daß die kontroversen Diskussionen zum Bohrschen Theorienansatz als ein wichtiges – wenn nicht gar das wichtigste – Ereignis einer Tagung galten, die zu besuchen er selbst sich erst im letzten Augenblick hatte entschließen können.

In Birmingham erwies sich Hevesy, der viel Anteil an der Entwicklung der Bohrschen Gedanken genommen hatte, für den auf derartigen Tagungen Unerfahrenen als außerordentlich hilfreich. Neben den Physikern aus Manchester waren alle Cambridger Autoritäten und eine stattliche Anzahl berühmter ausländischer Gäste anwesend, unter ihnen S. Arrhenius, M. Curie, H. A. Lorentz, E. Pringsheim und R. W. Wood.

H. A. Lorentz stellte die Frage nach den mechanischen Grundlagen des Bohrschen Atommodells. Dem Bericht in der „Nature“ ist zu entnehmen, daß Bohr daraufhin geantwortet habe, die Theorie sei diesbezüglich noch *nicht vollständig*, wenn man aber die Quantentheorie akzeptiere, seien Annahmen der Art, wie er sie gemacht habe, *notwendig*. J. J. Thomson griff Bohrs kurze Stellungnahme relativ scharf und, wie sich bald zeigen sollte, unberechtigt an. Das von Bohr für möglich gehaltene superschwere Isotop des Wasserstoffs (ein Element mit einem dreifach schwereren Kern, aber denselben chemischen Eigenschaften wie Wasserstoff) existiert tatsächlich – es wird „Tritium“ genannt und hat später in der Kernphysik eine bedeutsame Rolle gespielt.

Über die kritischen Fragen zum Bohrschen Atommodell konnte sich damals niemand wundern. Um so erfreuter mußte folglich Bohr darüber sein, daß offenkundig eine ganze Anzahl der in Birmingham anwesenden Physiker den Eindruck gewonnen hatte, sein Ansatz erfasse etwas Reales. Bohr ahnte, daß der tatsächliche revolutionäre Durchbruch noch bevorstand, vermutlich jedoch nur über den von ihm eingeschlagenen Weg zu erzielen sein würde. Natürlich interessierte ihn die Frage nach den potentiellen Bündnispartnern auf diesem Wege brennend.

Von Harald aus Göttingen hörte er [9], daß die Mathematiker – mit Ausnahme Hilberts – und die Mehrzahl der Physiker seinen Modellvorschlag ziemlich reserviert aufgenommen hatten. Für sie waren Bohrs physikalische Hypothesen zu verwegen und phantastisch. C. Runge soll sogar darüber geklagt haben, daß dieser hochintelligente Bursche den Verstand verloren habe; sein Modell sei vollständig verrückt, Runge bedauerte, daß nunmehr die Literatur zur Spektroskopie für immer mit derartig fürchterlichen Dingen verschmutzt wäre. Bohrs Gegenwehr beschränkte sich auf die Feststellung, dies sei der Ausdruck eines überholten Standpunktes. Zu denen, die seinen Standpunkt damals ablehnten, soll auch M. v. Laue gehört haben. Er hatte 1912 mit seinen Untersuchungen zur Diffraktion von Röntgenstrahlen an Kristallen dazu beigetragen, den *Wellen*charakter dieser Strahlen experimentell nachzuweisen, und war, obgleich W. Bragg auch deren *Teilchen*charakter nachgewiesen hatte, nicht bereit, die Gültigkeit der Elektrodynamik in der von Bohr vorgeschlagenen Weise einzuschränken. Dies soll er während eines dem Bohrschen Theorienansatz gewidmeten Kolloquiums an der Eidgenössischen Technischen Hochschule Zürich ausgeführt haben.

Weit mehr Verständnis kam für Niels Bohr aus dem fernen Osten. Nagaoka, der 1904 auf ähnliche Instabilitätsprobleme gestoßen war, wie sie für das Rutherfordsche Atommodell vorlagen, betonte die Ähnlichkeit seines Elektronenringmodells mit dem von Bohr betrachteten. – A. E. Haas, der als erster 1910 versucht hatte, das Plancksche Wirkungsquantum einzuführen, schrieb, kurz nachdem er nach Leipzig übersiedelt war: „Ich habe Ihre so hochbedeutenden Abhandlungen sehr eifrig studiert und werde auch noch im Monate Januar in der Leipziger physikalischen Gesellschaft ein Referat über Ihre Arbeiten erstatten, die natürlich auch dort dem größten Interesse begegnen.“[8]

Bohr selber ruhte nach Veröffentlichung seiner Trilogie nicht, über die theoretischen und methodischen Voraussetzungen seines Ansatzes weiter nachzudenken, Formulierungen und Begründungen zu finden, die über diese Publikation hinausgingen. Sein bereits erwähnter Vortrag vor der Dänischen Physikalischen Gesellschaft am 20. Dezember 1913 ist einer von vielen möglichen Belegen. Dieser Vortrag machte deutlich, daß die methodische Voraussetzung der Bohrschen Modellvorstellungen für die Atome des gesamten Periodensystems und die von ihnen eingegangenen chemischen Bindungen nicht zuletzt in der Analyse des *einfachsten* Modells lag, nämlich des Wasserstoffs.

Zwar begegnete man dem Bohrschen Vortrag in Kopenhagen damals durchaus mit Interesse. Diese Stadt war aber noch nicht der Ort, wo Bohr darauf hoffen konnte, im echten Streitgespräch die Tiefen der erkannten und anderer möglicherweise erst noch zu erkennenden Widersprüche des Modells wirklich allseits auszuloten. Nachdem der neue theoretische Ansatz einmal entworfen war, brauchte er mehr denn je den konstruktiven Meinungsstreit, vor allem aber Mitarbeiter, um die Vielfalt der neuen Gedanken weiter zu verfolgen. Mit der Zahl der experimentellen Entdeckungen in der Atomphysik wuchs die Zahl der Probleme, an denen das Leistungsvermögen und die Grenzen des theoretischen Ansatzes zu testen waren. Neben Theoretikern, die komplizierte Rechnungen im Rahmen von physikalischen Modellvorstellungen auszuführen vermochten, von denen niemand wissen konnte, wie weit sie wirklich tragen würden, waren auch die Experimentatoren gefragt. Der weitere Ausbau des vorhandenen theoretischen Ansatzes bedurfte subtiler Kenntnisse experimenteller Details. Die aber konnte der Theoretiker nicht nur aus der wissenschaftlichen Literatur beziehen. Hier war der unmittelbare Austausch erforderlich, die Möglichkeit, auch zunächst scheinbar unwichtige Details jederzeit im Gespräch zu erfahren. Kein noch so intensiver Briefwechsel vermag den unmittelbaren Kontakt zwischen Theoretikern und Experimentatoren in einer Forschungssituation zu ersetzen, in der tagtäglich mit interessanten neuen Wendungen zu rechnen ist.

Bohr stand weiterhin im intensiven Kontakt mit der Rutherford-Gruppe in Manchester. Anfang Dezember 1913 informierte ihn I. Langmuir über neue experimentelle Werte für die Dissoziationswärme beim Wasserstoff. Mit diesen bald auch in der „Nature“ publizierten Ergebnissen wurde wiederum eine Schwierigkeit der Bohrschen Theorie beseitigt. Die vorher bekannten Werte dieser Größe waren in einer für Bohr beunruhigenden Weise von den theoretisch ermittelten abgewichen; Langmuirs experimentell bestimmte Werte entsprachen den von Bohr berechneten nunmehr durchaus zufriedenstellend. Noch erfreulicher erwies sich H. G. J. Moseleys Brief vom 16. 11. 1913. Er hatte bei der Untersuchung der charakteristischen Röntgenstrahlen nachweisen können, daß – wie von Bohr behauptet – tatsächlich die *Kernladungszahl* als entscheidender Ordnungsparameter des periodischen Systems der Elemente anzusehen ist.

Dieser junge hochtalentierte englische Physiker war mit Bohr davon überzeugt, daß zum Verständnis der Struktur eines Atoms drei Konstanten (Wirkungsquantum h, Elektronenmasse m und Elementarladung e) völlig ausreichend seien. Von Bohr selbst hatte er im Juli 1913 gehört, warum die Kernladungszahl und nicht das Atomgewicht den Platz eines Elements im Mendeleevschen Periodensystem bestimmen soll. Daraufhin hatte er beschlosen, diese Behauptung mit der ihm bestens vertrauten Röntgenspektroskopie zu überprüfen. Da die Röntgenstrahlen die energiereichsten der charakteristischen Linien im Spektrum eines jeden Elementes liefern, war anzunehmen, daß sie entstehen, wenn ein Elektron auf die tiefste, dem Kern am nächsten kommende Bahn fällt. Deshalb konnte erwartet werden, daß der Vergleich der charakteristischen Röntgenspektren benachbarter Elemente Aufschlüsse über die Regelmäßigkeiten des strukturellen Aufbaus der verschiedenen Kerne zu liefern vermag. Der Vergleich entsprechender Aufnahmen der Röntgenspektren verschiedener Metalle übertraf alle Erwartungen. Für jedes im Periodensystem folgende Element verschob sich die kräftigste Linie des Spektrums Schritt für Schritt in Richtung auf die höheren Energien; in der entsprechenden mathematischen Beziehung für die Strahlungsfrequenzen erhöhte sich eine bestimmte Größe mit jedem Schritt exakt um eins – die Kernladungszahl!

Zwischen dem Element, dem die 1 (Wasserstoff), und jenem, dem die 92 zugeordnet wurde (Uran), gab es für jede Zahl bekannte Elemente – ausgenommen die Zahlen 42, 43, 72 und 75. Diese Elemente, so sollte man annehmen, mußten in der Natur ebenfalls vorkommen, waren aber bislang noch nicht gefunden worden. Das bestätigte sich später vollauf. Moseleys Entdeckung stellt einen der schönsten Triumphe der von Bohr präzisierten Vorstellungen zum Rutherfordschen Atommodell dar. Kein Wunder, daß Bohr diese von ihm direkt angeregte Forschungsarbeit des nur um drei Jahre jüngeren Physikers besonders hoch schätzte.

Moseleys Interpretation des schönen Ergebnisses führte aber zugleich zu einer ernsten Kontroverse über die Bohrschen Arbeiten. F. A. Lindemann und J. W. Nicholson suchten in Briefen an die „Nature" nachzuweisen, daß Moseley zwar das Rutherfordsche Atommodell und die Behauptung über den Zusammenhang zwischen der Kernladungszahl eines Elementes und seinem Platz im Periodensystem bestätigte (letztere war früher und unabhängig von Bohr auch schon von van den Broek aufgestellt worden), aber definitiv gegen Bohr spräche. Lindemann wollte den Atomradius als vierte *unabhängige* Konstante in die Theorie einführen, während Bohr ja gerade gezeigt hatte, daß sich aus h, m und e eine Länge bestimmen läßt, die von der Größenordnung des Atomradius ist. Nicholsons Argumente reichten bis zur Ablehnung der

Bohrschen Valenztheorie. Auf sie im einzelnen einzugehen, würde in allzu viele technische Details führen. Aus einem unveröffentlichten Manuskript Bohrs (August 1915) geht hervor, daß der Tenor einer geplanten ausführlichen Erwiderung zu Nicholson auf den Hinweis hinauslaufen sollte, die Quantentheorie trage noch in vielen Details vorläufige Züge, man dürfe sie daher nicht überstrapazieren. Auf Fragen Moseleys, die 1913 einfach noch nicht zu beantworten waren, hatte Bohr schon am 21. 11. mit der pragmatischen Haltung erwidert: „Gegenwärtig habe ich aufgehört, über das Atom zu spekulieren. Ich spüre, daß es erforderlich ist, weitere experimentelle Ergebnisse abzuwarten."[9] Das Bohrsche Atommodell war keine Prinzipientheorie der Atomphysik, sondern eine Modelltheorie mit forschungsprogrammatischer Orientierung. Sein weiterer Ausbau bedurfte immer wieder der experimentellen Fingerzeige.

Eine der nächsten experimentellen Herausforderungen bestand für den Bohrschen Ansatz darin, die Aufspaltung der Spektrallinien in Magnetfeldern und in elektrischen Feldern zu untersuchen. Die Aufspaltung dieser Linien in Magnetfeldern war seit 1896 bekannt (Zeeman-Effekt). Mit der Entdeckung der Aufspaltung in elektrischen Feldern (Stark-Effekt, 1913) war die Frage gestellt, ob die Bohrsche Theorie ausreichen würde, diese Phänomene von einem *einheitlichen* Standpunkt aus zu verstehen. Rutherford sah darin vor allem eine Aufgabe für Bohr selbst. Bohr empfand die unmißverständliche Aufforderung als „Rutherfords Herausforderung".

Jedoch beließ er es nicht bei den für sich genommen schon hinreichend komplizierten Problemen, sondern versuchte gleichzeitig, die seit längerem bekannte Feinstruktur der Wasserstofflinien aufzuklären. Zwar konnte Bohr im März 1914 im „Philosophical Magazine" einen Artikel „Über den Effekt elektrischer und magnetischer Felder auf Spektrallinien" veröffentlichen; mit den erzielten Ergebnissen aber war er selber nicht sehr zufrieden. Die Feinstruktur der Wasserstofflinien blieb rätselhaft; die Erklärung des Stark-Effektes verlangte vermutlich eine weitere Quantenzahl; der Zeeman-Effekt barg noch größere Probleme als der Stark-Effekt. Es deutete sich an, daß erhebliche Anstrengungen erforderlich seien, um mit den aufgetauchten Problemen fertigzuwerden. Sie schienen mit dem vorliegenden Theorieansatz durchaus lösbar zu sein, verlangten aber offensichtlich konzentrierteste Arbeit. Dazu jedoch bedurfte es anderer äußerer Voraussetzungen.

Um seine Arbeitsbedingungen in Kopenhagen zu verbessern, hatte sich Bohr schon seit Beginn des Jahres 1913 bemüht, in der Universität die Gründung eines Lehrstuhls für theoretische Physik zu erwirken.

Zwar wurde die 1912 gestrichene Dozentenstelle für Physik schließlich wieder eingerichtet, das dazugehörige Labor aber Professor Knudsen zugesprochen. So war Bohr 1914 auch als Dozent nach wie vor in erster Linie damit beschäftigt, Medizinstudenten Physik zu lehren. Das erschien allein deshalb deprimierend, weil die meisten von ihnen kein sonderliches Interesse an diesem Fach zeigten. Noch weitaus schlimmer aber erwies sich, daß Bohr damit faktisch keinerlei Möglichkeiten besaß, Hilfskräfte zu gewinnen, die sein Forschungsprogramm hätten vorantreiben können. Hilfesuchend wandte er sich an Rutherford, um über dessen Gutachten die Mathematisch-naturwissenschaftliche Fakultät der Kopenhagener Universität baldmöglichst zu bewegen, für ihn eine seiner wissenschaftlichen Befähigung gemäße Stelle zu schaffen. Daran lag jedoch Knudsen wohl nicht allzu viel; er akzeptierte die Quantentheorie des Atoms nicht. Wenige Wochen nach Rutherfords Empfehlungsschreiben folgte das für Bohr in dieser Situation lukrative Angebot, die in Manchester frei werdende Dozentenstelle für ein Jahr anzunehmen. Während eines Besuches bei Rutherford vereinbarte Bohr, diese Stelle am 1. September 1914 anzutreten. Bevor er aber erneut – diesmal mit seiner Frau – für längere Zeit nach England aufbrach, wollte er mit Harald eine Fußwanderung durch die Alpen unternehmen.

Diese Sommerreise führte ihn dem Kriegsausbruch entgegen. Die Möglichkeit eines solchen Ereignisses war für ihn damals nahezu ausgeschlossen. Er vermochte sich nicht vorzustellen, daß zivilisierte Menschen im 20. Jahrhundert noch imstande sein konnten, bis an die Zähne bewaffnet übereinander herzufallen. Daß es schwerwiegende politische Probleme gab und daß die einander feindlich gegenüberstehenden Blöcke ein bis dahin in der Geschichte der Menschheit nicht gekanntes Wettrüsten betrieben hatten, konnte auch in Dänemark kaum jemandem verborgen geblieben sein. Bohr waren die Bemühungen seines Staates um Neutralität als Gebot der Vernunft erschienen. Eben diese Vernunft mußte es nunmehr auch zuwege bringen, politische Fragen weltweit friedlich zu lösen. Dazu, so schien es, konnte es angesichts der militärischen Macht auf beiden Seiten der sich wortreich befehdenden Blöcke gar keine vernünftige Alternative geben. Sollte nicht allein schon das vorhandene Rüstungspotential der Garant für den dauerhaften Frieden sein?

So etwa muß Niels Bohr gedacht haben, als er die geplante Erholungsreise wie vorgesehen antrat. Zunächst begab er sich erstmals nach Göttingen, wo ihn Harald erwartete. Die Göttinger Physiker und Mathematiker haben ihn um einen Seminarvortrag über seine atomphysikalischen Modellvorstellungen gebeten. Die vorliegenden Informationen über die sich an seinen ersten Göttinger Vortrag anschließenden Diskussionen sind widersprüchlich. Niels Bohr selber wertete sie später als einen Triumph seiner Ideen. Es gibt jedoch Hinweise darauf, daß dies wohl eine Übertreibung darstellt, die in erster Linie späteren Erfahrungen geschuldet gewesen sein dürfte. – C. Runge hatte seine Einschätzung nicht geändert. Für ihn war die Vorstellung von Quanten„sprüngen" unerträglich. Aber auch M. Born und P. Debye scheinen damals ernsthafte Zweifel daran geäußert zu haben, daß der von Bohr eingeschlagene Weg für die Atomphysik wirklich so fruchtbar werden könne, wie er selbst das erwartete. Zwar hat sich Niels – Haralds Rückendeckung dabei immer sicher – in Göttingen wehrhaft verteidigt, daß er allerdings alle wesentlichen Zweifel ausräumen konnte, ist nicht anzunehmen. Sicher aber hat sein engagiertes Eintreten das Nachdenken der Göttinger Physiker und Mathematiker über das von ihm vorgeschlagene Atommodell und das entsprechende Forschungsprogramm sehr befördert.

Eine andere Situation traf Bohr hingegen in München bei Sommerfeld an. Hier trug er in einem Seminar vor, das sich bereits konstruktiv mit dem neuen Theorienansatz beschäftigte. Sommerfeld war in den ersten Jahren neben Rutherford zweifelsohne Bohrs engster wissenschaftlicher Verbündeter.

Am 1. August 1914 trat ein, was viele damals für unvorstellbar gehalten hatten. Mit der Kriegserklärung Deutschlands an Rußland begann der Erste Weltkrieg. Niels und Harald brachen ihre Bergtour ab und kamen noch rechtzeitig mit einem der letzten Züge aus dem kriegführenden Deutschland heraus. Der Kriegsausbruch verringerte auch im neutralen Dänemark die Chancen für die angestrebte Professur und verzögerte den geplanten England-Besuch. Im Oktober schließlich begaben sich Niels und Margrethe Bohr auf die damals selbst für Zivilisten gefährliche Seereise nach England. Bohrs zweiter Aufenthalt auf der Insel dauerte länger als ursprünglich veranschlagt. Mit Einverständnis der Kopenhagener Universität blieb er bis zum Sommer 1916.

In dieser Zeit wuchs der inzwischen international bekannte dänische Gelehrte innerhalb der Rutherford-Gruppe zu einer Persönlichkeit heran, die selber schulenbildend zu wirken vermochte. Die beiden Jahre in Manchester waren für ihn ausgefüllt mit intensivster Lehr- und Forschungstätigkeit. Als Bürger eines neutralen Staates hatte er weder aktiven Kriegsdienst zu leisten, noch wurde er zu kriegswichtigen Projekten herangezogen, wie sie damals viele seiner englischen Kollegen zu bearbeiten hatten. Ihm oblag es – und darauf legte Rutherford allergrößten Wert –, in diesen furchtbaren Zeiten mit dafür Sorge zu tragen, daß Wissenschaft als Kulturleistung Bestand haben konnte. Niemand vermochte zu ahnen, daß mit den ausschließlich auf Erkenntnisgewinn betriebenen Forschungen zur Atomphysik schon damals die Voraussetzungen zur Entwicklung von Destruktivkräften geschaffen wurden, denen gegenüber sich das Waffenarsenal der im Ersten Weltkrieg kämpfenden Armeen dann harmlos ausnehmen sollte.

Der Krieg hatte vielfältige Auswirkungen auf das Rutherfordsche Laboratorium. Bis zum Januar 1915 mußte man um den „Papst" selbst besorgt sein. Er war gleich vielen anderen Gelehrten kurz vor Kriegsausbruch zu einer Tagung der englischen Naturforscherversammlung nach Australien aufgebrochen. Auf dem Rückweg hatte er in Neuseeland, den USA und Kanada Station gemacht. Wegen des deutschen U-Boot-Krieges mußten seine Mitarbeiter ernsthaft um sein Leben bangen. Als er schließlich glücklich wieder in Manchester angekommen war, oblag es ihm unter anderem, Geräte zur Ortung feindlicher U-Boote zu entwickeln. Seine Zeit für atomphysikalische Forschungen wurde knapper; ein Teil seines Mitarbeiterstabes ging zum aktiven Militärdienst, manche direkt an die Front, andere zur Verwendung im Hinterland. Bald trafen auch in Manchester Hiobsbotschaften ein.

Am 10. August 1915 fiel der damals 27jährige Moseley, der trotz seines jugendlichen Alters und nur einiger weniger Publikationen bereits zu den international bekannten Autoritäten in der Atomphysik gehörte. Rutherford sprach von einer „nationalen Tragödie". Auch von der anderen Seite der Front kamen auf Umwegen Nachrichten, die schmerzten. So berichtete Geiger vom Tode einer Reihe ehemaliger Rutherford-Schüler. Immer wieder gab es Anlaß zu tiefer Niedergeschlagenheit; ein Ende des wahnwitzigen Völkermordens war im zermürbenden Stellungskrieg nicht abzusehen. In jede Freude über einen wissenschaftlichen Erfolg mischte sich sofort auch die Frage nach Sinn und Ursachen solch barbarischen Gemetzels. Zumeist gelang es Rutherford, selbst in schier ausweglosen Situationen Hoffnung und Optimismus auszustrahlen.

Bohr erinnerte sich am Ende des Krieges in großer Dankbarkeit an die ermunternden Gespräche mit dem nimmermüden väterlichen Freund. Er rechnete es sich zur Ehre an, ständiger Gast bei dem einmal monatlich in Rutherfords Haus abgehaltenen Abendessen gewesen zu sein. Dort trafen sich schon seit Jahren der Philosoph Alexander, der Historiker Tout, der Anthropologe Elliot Smith und der Chemiker Chaim Weizmann, später der erste Präsident Israels. Niels Bohr war nicht mehr der relativ zurückhaltende und manchmal schüchtern wirkende junge Besucher des Jahres 1912. Während seines Aufenthalts 1915/16 wurde er als hochgeachteter Kollege akzeptiert, der zum Gelingen dieser Abende wahrlich beizutragen wußte.

So wie es der stark dezimierten Rutherford-Gruppe gelang, die Forschungsarbeiten zur Atomphysik voranzutreiben, vermochten auch andere Gruppen trotz der Kriegsbelastungen Resultate zu erzielen, die von fundamentaler Bedeutung waren. Die berühmten Stoßexperimente von Franck und Hertz (1914 veröffentlicht) wurden von Bohr sofort als Bestätigung der Existenz diskreter Energieniveaus aufgefaßt. Da Franck und Hertz sie aber anders interpretiert hatten, mußten mittels subtiler Experimente die Quellen des vermutlichen Mißverständnisses bloßgelegt werden. Dieser wichtigen Aufgabe wollte sich Bohr mit Hilfe der fähigsten Mitarbeiter Rutherfords selber stellen. Die dazu benötigte experimentelle Apparatur brannte allerdings ab und konnte während des Krieges nicht ersetzt werden. Bohr mußte also einmal mehr mit einer Überzeugung leben, deren experimentelle Bestätigung noch ausstand. Die erfolgte in diesem Falle 1917 in den USA.

Im April des Jahres 1916 sollte – wiederum im „Philosophical Magazine" – ein Aufsatz erscheinen, in dem Bohr die bisher geleistete Arbeit an seinem Atommodell zu einer Synthese bringen wollte. Als er schon mit den Korrekturbogen seiner Abhandlung zur „Anwendung der Quantentheorie auf periodische Systeme" beschäftigt war, erreichte ihn – „gerade noch rechtzeitig" – eine umfangreiche Sendung Sommerfelds mit Sonderdrucken von dessen neuesten Abhandlungen. Diese Arbeiten enthielten so fundamentale Ergebnisse, daß nunmehr für Bohr keine Rede mehr davon sein konnte, mit seinem druckreifen Artikel den Stand der Quantentheorie des Atoms zu erfassen.

Um die stationären Zustände einfacher periodischer Bewegungen wie etwa eines Elektrons im Wasserstoffatom festzulegen, hatte es genügt, *eine* Quantenzahl einzuführen. Daß die den Übergängen zwischen verschiedenen stationären Zuständen entsprechenden Spektrallinien beim Wasserstoff sich bei genauerer Messung in mehrere, dicht nebeneinander liegende Linien auflösten, blieb aber auf der Grundlage der Bohrschen Annahmen aus dem Jahr 1913 unverständlich. Sommerfeld hatte nun die relativistische Massenveränderung des Elektrons auf einer elliptischen Bahn um den Kern berücksichtigt und gezeigt, daß ein solches Elektron in Wirklichkeit eine aus der Mechanik bekannte *Zentralbewegung* ausführt, d.h. die ursprüngliche Ellipse wird leicht deformiert und vollzieht eine langsame gleichmäßige Drehbewegung im Raum. Die Überlagerung einer solchen räumlichen Drehbewegung zu der periodischen Bewegung auf einer geringfügig von einer Ellipse abweichenden Bahn läßt sich als zweifach periodische Bewegung darstellen und verlangt in quantentheoretischer Betrachtung die Einführung einer *zweiten* Quantenzahl. In Verallgemeinerung der ursprünglichen Bohrschen Quantisierungsbedingung hat Sommerfeld eine sehr viel allgemeinere, auch auf mehrfach periodische Bewegungen anwendbare Quantisierungsbedingung eingeführt. Damit war der Weg frei, die bestens ausgearbeiteten Methoden der analytischen Mechanik auf immer kompliziertere Elektronenbewegungen anzuwenden, wozu dann auch weitere Quantenzahlen eingeführt werden mußten. Dabei wurde es zwar immer komplizierter, sich die entsprechenden mechanischen Analoga vorzustellen, was allerdings im Rahmen der ursprünglichen Bohrschen Intentionen keineswegs als Mangel zu gelten hatte.

1915 war es Sommerfeld gelungen, mittels Berücksichtigung relativistischer Effekte die Feinstruktur der Wasserstofflinien in guter Übereinstimmung mit den gemessenen Werten zu bestimmen. Das von ihm entwickelte Verfahren aber wies schon damals weit über diese eine erfolgreiche Anwendung hinaus. Aus dem Bohrschen Atommodell war – und das hat Bohr selbst sehr klar erkannt – damit die Bohr-Sommerfeldsche Atomtheorie geworden. Daß es sich auch dabei allerdings nur um eine *vorläufige* Theorie handeln konnte, wurde von Bohr sehr viel konsequenter betont als von Sommerfeld, den die sich zunehmend einstellenden Erfolge alsbald dazu verleiteten, darin schon den Rahmen einer endgültigen Theorie zu sehen.

Ein anderer als Bohr hätte angesichts eines fertigen wissenschaftlichen Übersichtsartikels diese Wendung vielleicht bedauert oder mindestens solange ignoriert, bis der eigene Artikel publiziert war. Angesichts des komplizierten Weges, auf dem Sommerfelds Brief aus dem kriegführenden Deutschland über das neutrale Dänemark in das gegen Deutschland kämpfende England gelangt war, hätte es dafür sogar eine hinreichend glaubhafte Entschuldigung gegeben. Allein ein solcher Gedanke war für den stets um ein Höchstmaß an wissenschaftlicher Redlichkeit bemühten Niels Bohr völlig unmöglich. Er begrüßte Sommerfelds Arbeiten freudig und zog ohne jedes Zögern seinen Artikel im letzten Augenblick zurück. Als ein Dokument, das den Stand der Überlegungen am Ende seines Aufenthaltes in Manchester wiederzugeben vermochte, ließ er ihn einer 1921 in deutscher Sprache veröffentlichten Aufsatzsammlung beifügen. Im Geleitwort erklärte er, daß der ursprüngliche Versuch der Umarbeitung dieser Abhandlung „indessen bald zu einer völligen Durchbrechung des Rahmens derselben" geführt habe und durch das Erscheinen einer Vielzahl weiterer Arbeiten „das Anwendungsgebiet der Theorie immer größer wurde".[10]

Angesichts der Fülle eigenständiger Beiträge, die Niels Bohr in den folgenden Jahren zur Entwicklung der Atomphysik erbracht hat, ist es angezeigt, seinen Lebensweg nunmehr mit einem zunehmend gröberen zeitlichen Raster zu verfolgen. Das erlaubt, die Größe seines Werkes zu ermessen. Dabei wird es an den entscheidenden, von Bohr mitgeprägten Wendepunkten der Wissenschaftsentwicklung erforderlich sein, wieder stärker in die Details zu gehen. Mit diesem nun folgenden Wechsel in der zeitlichen Auflösung soll schließlich ein abgerundetes Bild des Gelehrten entstehen, für den „erst der Fleiß das Genie" gemacht hat.

Abb. 12 Joseph John Thomson (1856–1940)

Abb. 13 Sir Ernest Rutherford

Abb. 14 Hans Geiger und Ernest Rutherford im Laboratorium in Manchester

Abb. 15 Margrethe Nørlund und Niels Bohr als Verlobte

Abb. 16 Margrethe und Niels 1912 in Cambridge

Abb. 17 Arnold Sommerfeld und Niels Bohr im Herbst 1919

6. Institutsdirektor und Direktor der Atomtheorie

Als Niels Bohr im Sommer des Kriegsjahres 1916 nach Dänemark zurückkehrte, hatte die Universität seiner Heimatstadt einen neuen Professor gewonnen. Nach längerem Zögern war dem Ansinnen des in England offensichtlich hochgeschätzten jungen Mannes entsprochen worden, ihm eine Professur für theoretische Physik einzurichten. Der greise Christiansen verlieh seiner ungetrübten Freude über diesen Sieg seines zweifelsohne begabtesten Schülers noch in einem Schreiben nach Manchester Ausdruck. [10] Für ihn war mit einer derartigen Entscheidung die Hoffnung verbunden, Niels Bohr in Dänemark halten zu können. Für einen Wissenschaftler vom Range Bohrs mußte die Verlockung der führenden Wissenschaftszentren des Auslands hingegen groß bleiben.

In Dänemark gab es damals neben H. M. Hansen keinen anderen Forscher, der der Atomphysik seine Aufmerksamkeit schenkte. Niels Bohr hatte in England gerade erst wieder erlebt, was es bedeutete, in der anregenden Atmosphäre mit Gleichgesinnten an der vordersten Front des physikalischen Erkenntniszuwachses zu forschen. Als er sich 1916 dennoch entschloß, dem Ruf der heimatlichen Universität zu folgen, war er gewillt, ein am Rutherfordschen Vorbild orientiertes Zentrum in Kopenhagen zu begründen. Er ahnte aber zweifelsohne, wie schwer dies sein würde. Wäre es für ihn nicht um ein vieles einfacher gewesen, eines der alsbald zahlreichen Angebote ausländischer Forschungseinrichtungen anzunehmen und in Dänemark lediglich noch den Urlaub zu verbringen?

Man kann nicht sagen, daß Niels Bohr derartige Entscheidungen sonderlich leicht gefallen sind, schon gar nicht hat er sie automatisch getroffen; und doch standen sie eigentlich von vornherein fest: Er war Däne und als solcher fest entschlossen, dafür Sorge zu tragen, daß die kulturellen und wissenschaftlichen Traditionen seines geliebten Heimatlandes bewahrt und gepflegt wurden. Das aber bedeutete, sie nicht zum Gegenstand nostalgischer Besinnung auf Vergangenes werden zu lassen, sondern entsprechend den eigenen Kräften neue Ideen einzubringen. Warum also sollte der Ort, an dem die Gedanken zu einem theoretischen Ansatz und einem ihm entsprechenden Forschungsprogramm gereift waren, nicht zu jenem Zentrum werden, an dem auch engagiert versucht wurde, dieses Programm zu realisieren? Konnte nicht Dänemark nach dem Kriege eine ganz besondere Rolle bei der Wiederaufnahme und Entwicklung der internationalen wissenschaftlichen Kontakte spielen? Es gab damals in Europa nicht viele Staaten, die auf Grund ihrer Neutralitätspolitik derart günstige Voraussetzungen für die Nachkriegsentwicklung boten.

Wie hoch Bohr den Stellenwert solcher wissenschaftsstrategischen Überlegungen 1916 wirklich veranschlagte, läßt sich nicht mehr exakt feststellen. Natürlich war auch damals schon eine der entscheidenden Voraussetzungen für die internationale Wirksamkeit einer Forschungseinrichtung ihre wissenschaftliche Leistungsfähigkeit. Leuchten konnten immer schon nur jene, die selber strahlen. Es besteht keinerlei Zweifel, daß Bohr bereits mit der Annahme der Professur in Kopenhagen daran gedacht hat, jede sich bietende Chance zu nutzen, über seine Heimat hinauszuwirken.

Er hat sich weder damals noch später je darüber beklagt, daß Dänemark nicht imstande war, ihm ähnlich lukrative Angebote zu unterbreiten, wie sie alsbald aus Manchester und zu Beginn der zwanziger Jahre aus Cambridge, Göttingen, Berlin und anderen Universitätsstädten des Auslandes eintrafen. Seine Entscheidung für Kopenhagen hat er niemals als ein persönliches Opfer dargestellt; sie war immer Ausdruck tiefer Verbundenheit mit seinem Heimatland und seiner Heimatstadt. Er fühlte sich schon 1916 verpflichtet, in Kopenhagen zu geben, was in seinen Kräften stand. Mit den Jahren wuchs der Grad dieser Verpflichtung noch. Indem sich viele seiner Landsleute dafür engagierten, Bohrs Arbeitsbedingungen zu verbessern, wollte und konnte er die damit in ihn gesetzten Hoffnungen nicht enttäuschen.

Der Ausgangspunkt seines Weges zur Begründung eines weltweit geachteten Forschungsinstitutes war allerdings alles andere als verheißungsvoll. Dem frischgebackenen Professor für theoretische Physik der Kopenhagener Universität stand 1916 ein kleines Zimmer unmittelbar neben der Bibliothek der Polytechnischen Lehranstalt zur Verfügung. Niels Bohr mußte keinerlei Rücksichten auf irgendwelche Traditionen seines Lehrstuhles nehmen, der war schließlich erst für ihn eingerichtet worden und sollte folglich noch profiliert werden. Die dänischen Physiker hatten die Ausbildung an der Kopenhagener Universität in der theoretischen Physik als mangelhaft erkannt und wußten, daß jener Mann, der diesen Mangel beheben sollte, auf einem Gebiet forschte, welches keineswegs als unproblematisch anzusehen war. Auf schnellen Zustrom von Studenten oder gar die großzügige materielle

Unterstützung seiner Arbeiten durfte Bohr unter diesen Umständen nicht hoffen.

Noch bevor das Herbstsemester 1916/17 begann, meldete sich ein holländischer Student der Mathematik und Physik, der den Wunsch hatte, Niels und Harald Bohr persönlich kennenzulernen. Alsbald stellte sich heraus, daß der junge Mann, Hendrik Anthony Kramers – ein Schüler von Lorentz und Ehrenfest –, mittellos war und sich um eine Assistentenstelle in einem neutralen Land bewarb. Zwar konnte Niels Bohr nichts dringender gebrauchen als einen guten Assistenten; er war aber keineswegs sofort davon überzeugt, daß dies gerade Kramers sein solle. Später gestand Bohr, dieser habe ihn mit seinen exzellenten mathematischen Kenntnissen zunächst eher abgeschreckt. Den Ausschlag für Kramers' Anstellung hat daher wohl Haralds Bemerkung gegeben, Physik könne man schließlich lernen.

Damals schon träumten Niels und Harald Bohr davon, einmal Seite an Seite zu arbeiten. Jeder von ihnen wollte mit seinen speziellen Begabungen ein entsprechendes Institut begründen und beide Institute sollten nach Möglichkeit räumlich so dicht beieinander liegen, daß die Brüder jederzeit miteinander sprechen konnten. Bis dahin aber war es noch ein weiter Weg. Warum also sollte der erste Assistent des Physikers nicht ein mathematisch besonders begabter Physikstudent sein?

Für die Physikgeschichte ist es reichlich uninteressant, wie es damals Niels Bohr gelang, ein Assistentengehalt aufzutreiben. Weitaus bedeutungsvoller hingegen ist, daß er mit Kramers einen Assistenten verpflichten konnte, der über ein Jahrzehnt in dieser Position eine Arbeit geleistet hat, die als „Hilfsarbeit" zu bezeichnen in höchstem Grade ungerechtfertigt wäre. Als er 1916 zu Bohr kam, war er der erste Schüler des jungen Professors. Bald schon vermochte Kramers selbständig Aufgaben in einem Gebiet zu lösen, von dem er bei seinem „Amtsantritt" kaum Vorstellungen hatte. Als er 1926 Kopenhagen verließ, ging er als Wissenschaftler, den auf einen Lehrstuhl für theoretische Physik zu berufen damals vielen Universitäten zur Ehre hätte gereichen können. Für Kopenhagen und für Niels Bohr wurde dieser Weggang von Kramers zu einem schweren Verlust. Daß und wie Bohr einen solchen Verlust kompensieren konnte, ist ein Kapitel aus der Blütezeit jenes Institutes, von dem er 1916 nur träumen konnte.

Niels Bohr hat seine Vorlesungen an der Kopenhagener Universität mit wenigen Zuhörern begonnen. Anfangs las er für sechs bis acht Studenten der höheren Semester über traditonelle Themen der theoretischen Physik, trug bald jedoch auch über die moderne Atomphysik vor. Zwar stieg damit die Zahl seiner Hörer, keineswegs aber im selben Umfang die Zahl seiner Studenten. An den Umgangsformen des jungen, von seinem Spezialgebiet begeisterten Professors konnte die Zurückhaltung der dänischen Studenten nicht liegen. Zwar trug auch Bohr elegante Anzüge – vielleicht übertrafen seine englischen Maßanzüge die der Professorenkollegen sogar noch an Eleganz –, er war aber alles andere als ein würdevoller, unnahbarer Ordinarius, wie er damals noch vielfach in Kopenhagen angetroffen wurde. Bohr suchte den direkten Kontakt zu interessierten Studenten. Wer etwas nicht verstand, durfte ihn selbst in Seminarvorträgen unterbrechen, eine Sitte, die später insbesondere von den deutschen Besuchern immer wieder mit Bewunderung vermerkt werden sollte.

Niels Bohr hat in den ersten Jahren seiner Kopenhagener Lehrtätigkeit darunter gelitten, daß es ihm nicht einfach war, echte Mitstreiter zu gewinnen. Die interessierten Kollegen der benachbarten Fakultäten, vor allem Physiker, Chemiker und Mathematiker, besuchten allmählich auch in größerer Zahl seine anregenden, zumeist in seminaristischer Form gehaltenen Vorlesungen und nahmen dankbar an der Diskussion der aufregend neuen Gedanken über die Geheimnisse der Mikrowelt teil. Sie wurden damit aber noch nicht zu wirklichen Partnern Bohrs, mit denen er den Vorstoß ins Neuland tatsächlich hätte beschleunigen können.

Um so wichtiger war für ihn deshalb das wache Interesse seines außerordentlich talentierten Assistenten. Kramers wurde schon sehr bald zu einem Mitarbeiter, welcher manch komplizierte mathematische Berechnung weitaus besser und schneller auszuführen vermochte als Bohr selbst. Daß die Fragen eines Neulings der weiteren Klärung der eigenen theoretischen Vorstellungen nur hilfreich sein konnten, ist angesichts des wesentlich vom Dialog lebenden Arbeitsstils Bohrs nahezu selbstverständlich. Kramers aber war für ihn 1916 auch noch aus einem anderen Grunde eine unersetzliche Hilfe.

Bislang hatte Niels Bohr viele seiner Arbeiten gemeinsam mit seiner Frau Margrethe erledigen können. Das jedoch ging nun nicht mehr. Sie erwartete ein Kind. Nachdem dann den Bohrs am 25. November 1916 ein kräftiger und gesunder Junge geboren worden war, der zum Andenken an den Großvater Christian Alfred genannt wurde, mußte sich zwangsläufig auch das ganze Familienleben verändern. Von nun an war Niels Bohr viel stärker auf die Hilfe seiner Assistenten und Sekretärinnen angewiesen. Zwar hat Margrethe Bohr weiterhin an allen Unternehmungen ihres Mannes regen Anteil genommen, aber natürlich nicht mehr wie vordem als Assistentin und Sekretärin in einer Person. Dies verbot sich bereits mit einem Kind, war jedoch bei der in den nächsten Jahren größer werdenden Familie ganz und gar ausgeschlossen. Schließlich sorgten fünf aufgeweckte Jungen (1918 Hans, 1920 Erik, 1922 Aage, 1924 Ernest) für reichlich Abwechslung in der glücklichen Familie Bohr.

Niels und Margrethe Bohr haben ihren Kindern eine ebenso unbeschwerte Kindheit ermöglicht, wie sie selbst sie dereinst in ihren Elternhäusern erlebt hatten. Daß Niels Bohr mit Leidenschaft und Engagement Wissenschaftler war, hat kaum je zur Vernachlässigung seiner Familie geführt. In dem Maße, wie die Schar seiner Mitarbeiter und Besucher aus dem In- und Ausland größer wurde, wuchs auch die Zahl der erwachsenen Spielkameraden seiner Kinder. Während Margrethe sich ganz der Familie widmete und maßgeblich Anteil daran hatte, daß ihr gastfreundliches Haus zu einer Stätte der Begegnung wurde, welche der Christian Bohrs vergleichbar war, konnte sich ihr Mann voll und ganz auf seine Arbeit konzentrieren. Die zwar knapp bemessene, aber regelmäßig mit den Kindern verbrachte Freizeit gestaltete er so intensiv, daß diese niemals das Gefühl hatten, der Vater kümmere sich viel zu wenig um ihre Belange. So wie Niels Bohr zu arbeiten verstand, wußte er zu leben. Alle, die ihn im Kreise seiner Familie kennengelernt haben, berichten übereinstimmend, daß er auch hier mit dem größten Erfolg nach Harmonie strebte. Was ihn als Wissenschaftler auszeichnete, charakterisierte ihn auch als Privatmann. Bis ins hohe Alter hinein blieb ihm diese harmonische Familienatmosphäre ein nicht versiegender Kraftquell. Seine Familie partizipierte zugleich an seinen Erfolgen. Als der erste Sohn der Bohrs geboren wurde, gehörte der Vater bereits zur Spitze der dänischen Wissenschaft und genoß schon in vielen Forschungszentren des Auslandes einen hervorragenden Ruf.

Die Dänische Physikalische Gesellschaft hatte den 31jährigen Bohr zu ihrem Vorsitzenden (1916 – 1919) gewählt; seit 1917 war er Mitglied der Königlich-Dänischen Akademie der Wissenschaften und Literatur. Zielstrebig ging er an die Verwirklichung des ihn längere Zeit beschäftigenden Planes zur Gründung eines eigenen Institutes. Zwar litt auch das neutrale Dänemark unter den Wirren des Krieges, doch waren hier wie kaum anderswo in Europa relativ günstige Bedingungen für die wissenschaftliche Arbeit gegeben. Warum sollte ausgerechnet ein Mann mit seinen wissenschaftlichen Fähigkeiten weiterhin unter räumlich so beschränkten Voraussetzungen arbeiten, wie er das mit seinem Assistenten in dem kleinen Zimmer der Polytechnischen Lehranstalt tun mußte? Als sich damals abzeichnete, daß mit der zunehmenden Industrialisierung Dänemarks auch dieser Einrichtung immer neue Aufgaben zuwuchsen, galt es ernsthaft zu prüfen, ob die noch auf Ørsted (1777 – 1851) zurückgehenden Gastrechte für die Physiker der Unversität auf Dauer Bestand haben konnten.

Diese Situation nutzte Niels Bohr. Mit einem Schreiben vom 18. April 1917 schlug er der Mathematisch-Naturwissenschaftlichen Fakultät seiner Universität vor, ein Institut für theoretische Physik in Kopenhagen zu begründen. Ein solches Institut sollte die weitere Entwicklung dieses Gebietes in Dänemark fördern und selbst zu einer Stätte der Lehre und der Forschung werden. Seine Bezeichnung „Institut für theoretische Physik“ folgte vor allem den Traditionen einiger deutscher Forschungsinstitute; sie wortwörtlich zu verstehen, hieße die konkrete Situation zu verkennen, in der Bohr seinen Vorschlag machte.

Er wies in seinem Schreiben darauf hin, daß seit der Jahrhundertwende eine Vielzahl großartiger Entdeckungen die Entwicklung der Atomphysik mit Nachdruck auf die Tagesordnung gesetzt habe. Dazu sei es erforderlich, viele komplizierte Berechnungen anzustellen; zugleich aber gewinne die Frage der experimentellen Überprüfung wegen der großen theoretischen Unsicherheiten auf diesem Gebiet besondere Bedeutung. Bohr schrieb: „Während man früher anscheinend aus gutem Grund davon ausgehen konnte, daß wir mit der sogenannten klassischen Mechanik und Elektrodynamik über eine unbestreitbar sichere Basis für unsere naturwissenschaftlichen Konzeptionen verfügen und man folglich die mathematischen Berechnungen physikalischer Probleme zu einem Großteil ohne direkten Vergleich mit dem Experiment auszuführen vermochte, hat sich diese Situation gegenwärtig grundsätzlich geändert. In dem Augenblick, als man mit den erwähnten Entdeckungen einen tieferen Einblick in die innere Materiestruktur bekam, hat sich nämlich gezeigt, daß die ursprüngliche theoretische Basis in fundamentaler Beziehung komplett versagt. Die theoretische Physik verfolgt daher gegenwärtig einen Weg, der völlig anders ist als jener, auf den man noch bis vor kurzem gesetzt hat, aus den Informationen über die innere Struktur der Materie auf die allgemeinen Gesetze zu schließen, welche die Basis zur Erklärung der verschiedenen Phänomene darstellen sollen. Dementsprechend muß die gegenwärtige Arbeit in vielem vorläufigen Charakter tragen. Bei der weiteren Ausarbeitung der entsprechenden Theorien ist man immer wieder gezwungen, die eine oder andere ihrer Konsequenzen experimentell zu überprüfen, bevor man imstande ist, eine Wahl zwischen den sich bietenden verschiedenen Möglichkeiten zu treffen, und das verlangt notwendigerweise, daß der Forscher ständig die Gelegenheit hat, in direktem Zusammenhang mit der theoretischen Forschung stehende wissenschaftliche Experimente vorzuschlagen und auszuführen.“ [1]

Unter direktem Hinweis auf intensive Arbeiten in einer Reihe ausländischer Universitäten wurde für Dänemark die Notwendigkeit zur Errichtung eines entsprechenden Institutes begründet. Niels Bohr schilderte die dafür erforderlichen Maßnahmen und legte zugleich einen vorläufigen Kostenanschlag für den Bau eines geeigneten Gebäudes, die Anschaffung und Pflege der entsprechenden Geräte, Apparaturen und Modelle sowie für den zu erwartenden Jahresetat einer solchen Einrichtung vor. Selbst der Gedanke späterer Institutserweiterungsbauten wurde schon angedeutet.

Der Tradition folgend hat Bohr vorgeschlagen, daß mit dem Institutsneubau zugleich eine Wohnung für den zukünftigen Direktor zu errichten sei. Dafür sprachen auch inhaltliche Erwägungen. Es mußte von großem Vorteil für eine so kleine wissenschaftliche Einrichtung sein, wenn ihr Leiter im Prinzip Tag und Nacht verfügbar war.

Zwar wurde Bohrs Vorschlag zur Gründung eines Institutes für theoretische Physik von der Fakultät wohlwollend aufgenommen, bis zu seiner praktischen Verwirklichung aber gab es noch zahlreiche Schwierigkeiten zu überwinden. Als außerordentlich hilfreich erwies sich die Initiative seines Schulfreundes Aage Berlème, der in einer privaten Spendenaktion eine nicht unerhebliche Geldsumme aufbrachte. Zu diesem Zwecke hatte der inzwischen vermögende Kaufmann ein Komitee begründet, dem neben dem Philosphen H. Høffding mit H. Plum auch ein einflußreicher Unternehmer angehörte. Dieses Komitee wies die dänische Öffentlichkeit außer auf die politischen Dimensionen (Verantwortung der neutralen Staaten für die Erneuerung internationaler wissenschaftlicher Kontakte) und die wissenschaftlichen Aspekte vor allem auf die zunehmende volkswirtschaftliche Bedeutung solcher Einrichtungen wie des neu zu gründenden Kopenhagener Atomforschungszentrums hin. Es wurde betont, daß die Lücke zwischen den mathematisch-naturwissenschaftlichen Forschungen, den technischen Innovationen und der Industrie im Interesse der wirtschaftlichen Entwicklung unbedingt schnell zu schließen sei. Dies sollte sich als weitblickend erweisen.

Mit der erfolgreichen privaten Spendenaktion setzte das Berlème-Komitee auch das dänische Bildungsministerium unter Druck, denn die ab Dezember 1917 verfügbaren Mittel waren daran gebunden, daß der andere Teil der erforderlichen Summe vom Staat aufgebracht würde. Am 1. November 1918 schließlich erteilte das Bildungsministerium die Genehmigung zum Baubeginn. Mit Martin Borch konnte ein im Bau von Universitätsgebäuden erfahrener Architekt verpflichtet und von der Stadt Kopenhagen ein nahezu ideales Bauland erworben werden.

Obgleich die Bauarbeiten ziemlich zügig aufgenommen wurden, gab es eine Reihe von nicht vorhergesehenen Verzögerungen. Steigende Preise für die Baumaterialien, inflationäre Geldentwertung und die damals in Dänemark geführten Arbeitskämpfe zur Einführung der 8-Stunden-Arbeitszeit mußten sich zwangsläufig auswirken. Die Sorgfalt, mit der Niels Bohr jede einzelne Bauzeichnung begutachtete, war sicher zum Nutzen des Unternehmens, hat aber dessen Fortgang bestimmt nicht beschleunigt. Bohrs zahlreiche Vorschläge zielten darauf ab, die funktionale Zweckmäßigkeit des Gebäudes und seine ästhetisch anspruchsvolle Gestaltung möglichst auch in den Details zur Synthese zu bringen. Deshalb war der zukünftige Institutsdirektor für den Architekten kein besonders bequemer Partner; darum aber konnte es sich bei der Verwirklichung seiner ehrgeizigen Pläne auch gar nicht handeln.

Unter Berücksichtigung all dieser Umstände ist es kaum verwunderlich, daß die offizielle Einweihung des Institutes mehrfach verschoben und die ursprünglich veranschlagte Bausumme um ein beträchtliches überzogen wurde. Besonders dramatisch waren die Schwierigkeiten bei der Anschaffung der technisch anspruchsvollen Laboratoriumsausrüstungen. Die meisten Geräte waren auf der Grundlage englischer Vorkriegspreiskataloge bestellt worden. Wenn hier die Carlsberg-Stiftung nicht eingesprungen wäre, um die mit der Abwertung der dänischen Krone verbundenen erheblichen Mehrbelastungen abzufangen, dann hätte das schöne neue Institut wohl reichlich lange auf die technischen Voraussetzungen warten müssen, die für die geplanten experimentellen Untersuchungen nun einmal unumgänglich waren. Während Rutherford sehr früh schon die Pläne zur Institutsgründung in Kopenhagen unterstützt hatte, war 1919 ein Gutachten Sommerfelds für den Fortgang des Unternehmens außerordentlich hilfreich. Das im März 1921 schließlich offiziell eingeweihte „Universitetets Institut for Teoretisk Fysik“ ist von seinen dänischen Begründern und deren ausländischen Freunden von Anfang an als ein Zentrum internationaler wissenschaftlicher Begegnung verstanden worden.

Bohr selber hat unglaublich viel Energie für den Bau und die seinerzeit modernsten Erfordernissen entsprechende technische Einrichtung dieses Institutes aufgebracht. Das alles mußte sich natürlich auf den Fortgang seiner wissenschaftlichen Arbeiten auswirken, zumal die Zahl der auf dem Gebiet der Atomphysik erscheinenden Veröffentlichungen sprunghaft zunahm und mit den bereits erwähnten Ergebnissen Sommerfelds sowie mit Arbeiten von Ehrenfest und Einstein in diesen Jahren wesentliche Fortschritte erzielt werden konnten. Trotzdem ruhte auch Niels Bohr keinen Augenblick.

Er hatte sich schon in Manchester mit dem Gedanken getragen, seinen Theorieansatz weiter auszubauen, um die Linienspektren aller Elemente von einem einheitlichen Standpunkt aus zu erklären. Ihm ging es nach den großartigen Erfolgen bei der Erklärung der einfachsten Serien des Wasserstoffatoms vor allem um Erkenntnisfortschritte für die komplizierteren Elemente. Dazu bot die Theorie von 1913 das Programm, die bisherigen Ergebnisse für die Elemente mit höheren Ordnungszahlen vermochten jedoch noch nicht zu befriedigen. Das Ziel der weiteren Untersuchungen blieb eine in allen Details ausgearbeitete physikalische Theorie des periodischen Systems der chemischen Elemente. – Nachdem Sommerfeld 1915/16 durch Einbeziehung weiterer Quantenzahlen und die Berücksichtigung relativistischer Effekte die Feinstruktur der Wasserstoffterme aufgeklärt hatte und das von ihm benutzte Verfahren auch für die anderen Elemente erfolgversprechend aussah, ging Bohr erneut zielstrebig an die Verwirklichung seines ehrgeizigen Programms.

Kramers begann die eigenen Forschungsarbeiten in Kopenhagen mit komplizierten Berechnungen beim Wasserstoff. Folgerichtig wurde er danach von Bohr beauftragt, die entsprechenden Berechnungen für das nächste Element, das Helium, auszuführen. Damals konnte niemand ahnen, daß die Bohr-Sommerfeldsche Theorie bereits für dieses Element nicht mehr aureichen würde. Kramers und Bohr beschäftigten sich sehr intensiv, aber letztlich erfolglos mit dem Dreikörperproblem (Helium hat zwei Elektronen und einen zweifach positiv geladenen Kern). Das entsprechende Manuskript nahm an Umfang zu, Bohr kündigte mehrfach die Veröffentlichung der Berechnungen zum Helium an, dazu aber kam es nicht. Etwa ab 1923 verdichteten sich die Anzeichen, nachdem sich auch andere an diesem Problem versucht hatten, daß schon das Helium im Rahmen des bisherigen theoretischen Ansatzes nicht mehr zu behandeln sei.

Ungeachtet dieser Schwierigkeiten aber kam Niels Bohr mit seinen allgemeinen Überlegungen zur Quantentheorie der Linienspektren voran. Nachdem Einstein 1916 eine Quantentheorie der Strahlung vorgeschlagen hatte, zeichneten sich Möglichkeiten zur Behandlung der bislang im Rahmen der Bohr-Sommerfeldschen Atomtheorie ausgesparten Fragen nach der Polarisation und der Intensität der Spektrallinien ab. Damit wurden neue Wege zum Verständnis des Einflusses elektrischer und magnetischer Felder auf die Strahlung eröffnet. Der Schlüssel zu all diesen Problemen lag in der expliziten Formulierung des Bohrschen *Korrespondenzprinzips*.

Schon 1913 hatte Niels Bohr bei der Bestimmung der Rydberg-Konstante den Gedanken benutzt, daß die von der Quantentheorie vorausgesagten Strahlungsfrequenzen für langsame Schwingungen mit denen der klassischen Elektrodynamik übereinstimmen; später sprach er davon, daß die Quantentheorie „als natürliche Umbildung der Grundbegriffe der klassischen Elektrodynamik aufgefaßt werden kann“[2]. Der Weg zur expliziten Formulierung des *physikalischen* Korrespondenzprinzips führte 1917 über den Versuch, „die Analogie zwischen Quantentheorie und gewöhnlicher Strahlungstheorie möglichst weitgehend durchzuführen“[3]. Einstein hatte in seiner Quantentheorie der Strahlung Wahrscheinlichkeiten für die spontanen Übergänge zwischen zwei stationären Zuständen eingeführt; Bohr kam über die genannte Analogiebetrachtung für langsame Schwingungen zu Annahmen über den Zusammenhang der quantentheoretischen Wahrscheinlichkeiten mit entsprechenden Größen der klassischen Strahlungstheorie. Dabei benutzte er zugleich das später als „Ehrenfestsche Adiabatenhypothese“ bezeichnete Prinzip der „mechanischen Transformierbarkeit“. Mit diesem 1914 eingeführten Prinzip wurde es möglich, die Schwierigkeiten zu umgehen, die sich für die Strahlungstheorie ergaben, weil der Übergang zwischen zwei stationären Zuständen nicht mechanisch deutbar war, im übrigen aber die klassische Mechanik beibehalten werden sollte.

Es würde zu weit führen, die mathematischen Details bei der Handhabung des Korrespondenzargumentes im einzelnen zu verfolgen. Hier muß der interessierte Leser ein weiteres Mal auf die entsprechenden physikalischen Abhandlungen verwiesen werden.

Bohr wollte seinen neuerlichen Versuch, „die verschiedenen Anwendungen unter einheitlichem Gesichtspunkt zu diskutieren und besonders die zugrunde liegenden Annahmen in ihren Beziehungen zur gewöhnlichen Mechanik und Elektrodynamik zu betrachten“[4], in einer auf vier Teile berechneten Grundsatzarbeit „Über die Quantentheorie der Linienspektren“ vorlegen. Die Einleitung dazu ist mit „November 1917“ signiert; Teil I dieser Arbeit, die dem Andenken seines am 28. 11. 1917 verstorbenen Physiklehrers C. Christiansen gewidmet wurde, erschien im Frühjahr 1918, Teil II zur Jahreswende 1918/19, Teil III erst im November 1922, und Teil IV konnte überhaupt nicht mehr in der geplanten Form zur Publikation fertiggestellt werden. – Die für den letzten Teil vorgesehenen Überlegungen gingen in die zwischen 1921 und 1923 veröffentlichten Arbeiten zum „Aufbauprinzip“ des periodischen Systems der Elemente ein, manchmal auch als „Niels Bohrs zweite Atomtheorie“ bezeichnet.[5]

Während Bohrs fundamentale Arbeit von 1913 im Prinzip innerhalb weniger Monate zu einem geschlossenen Ganzen formiert worden war, benötigte ihr Autor nun für ein Unternehmen ähnlichen Anspruchs mehrere Jahre. Die Situation in der Atomphysik ausgangs des Ersten Weltkrieges konnte man längst nicht mehr mit der am Vorabend dieses Krieges vergleichen. Inzwischen gingen nahezu wöchentlich neue wissenschaftliche Beiträge in Kopenhagen ein, die unbedingt für eine solche grundsätzliche Übersichtsarbeit berücksichtigt werden mußten. Vor allem aber handelte es sich nicht mehr darum, ein Forschungsprogramm zu begründen. Jetzt galt es, ein in wesentlichen Punkten existierendes Forschungsprogramm allseitig auf seine Leistungsfähigkeit zu hinterfragen, dort wo erforderlich zu präzisieren und die auf seiner Grundlage bereits erzielten Resultate in einen systematischen Zusammenhang zu bringen.[6]

Ein Blick in Bohrs Korrespondenz mit den englischen Physikern, vor allem mit Rutherford, zeigt, welchen gigantischen Anstrengungen der 1916 berufene Professor sich in den ersten Jahren seines Wirkens in Kopenhagen unterzogen hat. Zugleich wird aus dieser Korrespondenz ersichtlich, wie groß für ihn immer wieder die Verlockung gewesen sein muß, endgültig nach England zu gehen. Während sich Niels Bohr weiter um das theoretische Verständnis der Elektronenkonfiguration von Atomen und Molekülen bemühte, war Rutherford bereits dabei, „eine neue Epoche in der Naturwissenschaft“[7] einzuleiten. Im Brief vom 9. 12. 1917 spricht er beispielsweise von fundamentalen Ergebnissen, die er in Manchester glaubte erhalten zu haben. Diese Mitteilung verband Rutherford mit einem für Bohr unmißverständlichen Wunsch: „Ich wollte, Sie wären hier, damit wir die Sache durchsprechen könnten. Ich bin dabei, die leichteren Atome, die durch α-Teilchen in Bewegung gesetzt werden, nachzuweisen und zu zählen, und ich glaube, die Ergebnisse werfen einiges Licht auf Art und Verteilung der Kräfte in der Nähe des Kerns.“[8]

Das schon versprach höchste Spannung, jedoch noch keine wissenschaftliche Sensation. Die aber barg der nächste Satz dieses Briefes: „Ich versuche mit dieser Methode, auch das Atom aufzubrechen. In einem Fall sehen die Resultate vielversprechend aus.“[9] Mitten im Krieg ging jener Mann, bei dem Bohr erkannt hatte, daß die natürliche Radioaktivität auf den spontanen Zerfall von Atomkernen zurückzuführen ist, nunmehr sogar daran, Atomkerne künstlich zu zertrümmern. Wenn das wirklich möglich sein sollte, dann also war der uralte Traum aller Alchemisten, Elemente ineinander umzuwandeln, gar nicht so unrealistisch. Mittels *physikalischer* Verfahren könnte man dann tatsächlich *chemische* Elemente aus anderen gewinnen. Wer wollte da als Physiker vom Range eines Niels Bohr abseits stehen? Um so mehr, als Rutherford seinen Wunsch mehrfach wiederholte, Bohr möge doch bei ihm arbeiten, und schließlich auch noch ein sehr verlockendes Angebot unterbreitete: „Sie wissen, wie entzückt ich wäre, wenn Sie wieder bei uns arbeiten würden. Ich glaube, wir beide könnten versuchen, einen Aufschwung der Physik herbeizuführen. Überlegen Sie sich das.“[10]

Das hat Rutherford sechs Tage nach Kriegsende in einem Brief geschrieben, der voller Erleichterung und Freude über den endlich erkämpften Frieden war. Nunmehr konnte man sich wieder ausschließlich der wissenschaftlichen Forschung widmen, die sich zudem gerade in einem Stadium befand, welches zu den allerschönsten Hoffnungen berechtigte. Wie sollte 1918 jemand ahnen, daß ausgerechnet jene sich damals abzeichnende großartige Entdeckung ein weiterer bedeutsamer Schritt auf dem Wege zur Erkundung wissenschaftlicher Möglichkeiten für die Entwicklung verheerender Destruktivkräfte werden würde? Nach den einmal überstandenen Schrecken des furchtbaren Weltbrandes wollten viele ohnehin glauben, daß allein dieses Beispiel genüge, die Menschheit für alle Zeiten zu warnen: Nie wieder Krieg! So jedenfalls dachten Niels Bohr und gleich ihm all jene, die die zum Kriege treibenden Kräfte in militaristischen Kreisen suchten, ohne deren sozialökonomische Basis näher in Betracht zu ziehen. [11]

Niels Bohr, der wie alle humanistisch gesinnten Intellektuellen den Krieg zutiefst verabscheute, scheint auf seinem Wege aus einer materiell gesicherten Professorenfamilie bis zur eigenen Professur kaum ernsthaft mit den sozialen Problemen seiner Zeit konfrontiert gewesen zu sein. Irgendwann gegen Ende des Ersten Weltkriegs soll er erstmals mit Nachdruck auf die Probleme sozialer Gerechtigkeit aufmerksam geworden sein; er hat sie dann aber für längere Zeit wieder aus dem Auge verloren. Wenn er in den folgenden Jahren versuchte, im Einzelfall Not zu lindern, dann geschah das immer aus persönlicher Betroffenheit; direkten Bitten um Hilfe konnte er kaum widerstehen.

Unmittelbar nach dem Krieg machte Niels Bohr die persönliche Bekanntschaft mit Paul Ehrenfest, einem nur um fünf Jahre älteren, in Holland lebenden österreichischen Physiker. Dieser hatte, von 1907 bis 1912 in Petersburg lehrend, viel dazu beigetragen, unter den russischen Kollegen das Interesse an der theoretischen Physik zu wecken. Mit seiner Frau Tatjana nahm er später regen Anteil an den mit der Oktoberrevolution in Rußland eingeleiteten gesellschaftlichen Veränderungen; insbesondere trug er dazu bei, in Westeuropa Vorurteile gegenüber der Wissenschaftsentwicklung in Sowjetrußland abzubauen.

Bohr war im April 1919 erstmals nach Leiden eingeladen. Mit diesem Besuch wurde seine Freundschaft zu den Ehrenfests begründet, die weit über die gemeinsamen physikalischen Interessen hinausreichte. Der sensible Ehrenfest schrieb dem so sympathischen und intelligenten jungen dänischen Professor nach dessen Abreise voll wehmütiger Erinnerung: „Sie gingen weg, die Musik war verklungen. Vielleicht war bei Ihnen die Stimmung eine andere geworden beim Übergang. Ich musste noch erst wieder einmal *Sie* hören – Sie sehen: Schamgefühl."[11] Ehrenfest bemerkte damals in seinen immer häufiger werdenden Selbstbeobachtungen: „Ein Mensch, der *älter* ist als ich, muss schon enorm begabt sein, damit seine Urteile eine ebenso suggestive Kraft auf mich ausüben als die eines *jüngeren*. – Anders ausgedrückt: ich fühle, dass sich gegenwärtig die Welt *viel* schneller verändert als das einzelne Individuum."[12] Das aber war für Ehrenfest, den eine innige Freundschaft mit dem nur um ein Jahr älteren Einstein verband, keineswegs problemlos: „Überall bereitet sich eine unheimlich intensive Reaction *gegen den Rationalismus* vor."[13]

Die Begegnung mit Niels Bohr muß den depressiv veranlagten Ehrenfest außerordentlich erfrischt haben. Voller Begeisterung jedenfalls erzählte er auch Einstein davon, der ihm im November 1919 antwortete: „Ich studiere mit großer Freude die Lorentz'schen Vorlesungen. Danach werde ich mich in Bohr vertiefen, zu dem Du mir ein grosses und warmes Interesse eingeblasen hast. Du hast mir gezeigt, dass da ein tiefschauender Mensch dahinter steht, in dem grosse Zusammenhänge lebendig werden."[14]

Viele Physiker haben damals Bohrs Art, Physik zu treiben, für Mystik gehalten. Daran waren auch manche dunkel und unverständlich klingenden Bemerkungen aus seinem Munde schuld. Ehrenfest und Einstein gehören zu jenen, die schon früh erkannten, daß, falls der Bohrsche Weg Mystik sein sollte, es sich dabei um eine recht fruchtbare Mystik handeln mußte.

Als das Reisen nach dem Kriege wieder möglich war, begab sich Niels Bohr unverzüglich zu Rutherford nach England. Im Frühsommer des Jahres 1919 erfuhr er dabei weitere Einzelheiten über den Fortgang der Arbeiten zur künstlichen Kernumwandlung. Die kurz vorher erfolgte erste Veröffentlichung Rutherfords hatte unter den Spezialisten für Atomphysik eine ähnliche Wirkung wie die etwa gleichzeitig bekanntgegebene Mitteilung über die Bestätigung einer Konsequenz der Einsteinschen allgemeinen Relativitätstheorie (Beobachtung der vorausgesagten Lichtstrahlablenkung bei der Sonnenfinsternis vom 29. 5. 1919) in der breiten wissenschaftlichen Öffentlichkeit.

In Manchester gab es für Bohr damals noch eine weitere aufregende Neuigkeit; Sir Ernest Rutherford sollte die Nachfolge J. J. Thomsons im Cavendish Laboratory zu Cambridge antreten. Das bedeutete praktisch, daß auf Bohr die Leitung von Rutherfords Laboratorium in Manchester wartete. Aber auch dieses verlockende Angebot konnte er nicht annehmen. – Wenige Wochen nach seiner Rückkehr aus England hatte er die große Freude, Arnold Sommerfeld in Kopenhagen zu begrüßen[15] – ein Besuch, dem Signalwirkung für die Wiederaufnahme der offiziellen Auslandskontakte deutscher Wissenschaftler zukam. [12], [13] Nicht zuletzt diesem Ziele diente auch Bohrs erste Reise nach Berlin, wo er auf Einladung der Deutschen Physikalischen Gesellschaft am 27. 4. 1920 einen Vortrag „Über die Serienspektren der Elemente" hielt. Die Einladung war deshalb besonders wertvoll, weil sie die erste persönliche Begegnung mit jenen Theoretikern brachte, ohne deren Arbeit Bohrs Theorie von 1913 ebenso undenkbar gewesen wäre wie ohne die experimentellen Ergebnisse Rutherfords. Max Planck hatte im Dankschreiben für Bohrs Glückwünsche anläßlich seiner Ehrung mit dem Nobelpreis des Jahres 1919 hervorgehoben, wie viel er jenen Männern verdanke, die seine Ideen aufgegriffen und entwickelt haben. [14] Nunmehr bestand für Bohr die Gelegenheit, gleichzeitig Planck und Einstein kennenzulernen.

An den aufwendigen Vorbereitungen zu diesem Vortrag war vermutlich auch Oskar Klein beteiligt. Der aus Stockholm stammende Physikstudent hatte die Bekanntschaft mit Kramers gemacht und war 1918 nach Kopenhagen gekommen. Er gehörte mit Bohrs fremdsprachenkundiger Sekretärin Betty Schulz, dem hochqualifizierten dänischen Mechaniker Holger Olsen und H. A. Kramers zum Kern des sich damals in Kopenhagen formierenden Institutes für theoretische Physik. Im März 1920 waren noch der Ungar George de Hevesy, den Bohr aus dem Rutherford-Laboratorium bestens kannte, und im Herbst dieses Jahres der Norweger Svein Rosseland zu ihnen gestoßen.

Als Bohr die Einladung nach Berlin annahm, trafen bereits die ersten wissenschaftlichen Geräte für das neue Institut ein, waren nahezu täglich vielfältige praktische Dinge zu regeln. Last not least erwartete seine Frau ihr drittes Kind! Wenn sich Niels Bohr trotzdem entschloß, nach Berlin zu reisen, dann bedarf eine solche Entscheidung eigentlich kaum noch eines weiteren Kommentars. Die Stadt, in der Max Planck, Albert Einstein und Walther Nernst wirkten, mußte auf jeden Physiker eine nahezu magische Anziehungskraft ausüben. Hier im Berliner Mittwochs-Kolloquium vortragen zu dürfen war eine Gelegenheit, die auch Bohr nicht leichtfertig ausschlagen konnte.

Die Atmosphäre allerdings unterschied sich von der, die er gerade im Begriffe war, in Kopenhagen zu begründen. In Berlin gaben die Berühmtheiten den Ton an, andere mußten sich zurückhalten, auch wenn sie durchaus schon Gewichtiges beizutragen hatten. Niels Bohr zählte zweifelsohne schon zur Spitze der Weltwissenschaft und wurde respektvoll begrüßt; die Diskussion bestritten daher völlig folgerichtig vor allem die berühmten Berliner Professoren. Die Wissenschaftler, die damals noch in der zweiten Reihe standen und teilweise älter als Bohr waren – unter ihnen James Franck, Gustav Hertz und Lise Meitner –, hatten angesichts der überragenden Stellung ihrer weitaus prominenteren Kollegen kaum eine reelle Chance, einen solchen Gast während offizieller Veranstaltungen in eine intensivere Diskussion zu verwickeln. Da aber viele von ihnen nach Bohrs Vortrag den Eindruck hatten, nicht gut genug zu verstehen, worum es ihm mittlerweile in der Atomphysik ging, und den dringenden Wunsch hegten, von einem so anregenden Mann mehr zu lernen, verfielen sie auf die damals kühne Idee, ihn zu einem Privatissimum einzuladen und gleichzeitig alle Berliner Berühmtheiten davon auszuschließen.

Lise Meitner wurde mit dem delikaten Auftrag betraut, den großen Bohr „loszueisen". Haber durfte für dieses Treffen zwar seine Villa zur Verfügung stellen, sollte aber selber auch ausgeschlossen bleiben. Dies akzeptierte er lediglich unter der Bedingung, anschließend alle Anwesenden gemeinsam mit weiteren Gästen zum Essen einzuladen. Dagegen war – nicht zuletzt angesichts der katastrophalen Lebensmittelknappheit im Nachkriegs-Berlin – kaum etwas einzuwenden. So hatten die Berliner „Nachwuchs"-Wissenschaftler das Vergnügen eines ausführlichen Disputs mit dem dänischen Gast und alle zusammen die Freude eines wahren Festmahls. Das nur wenige Stunden währende Treffen Niels Bohrs mit seinen Kollegen ist einigen Teilnehmern derart in Erinnerung geblieben, daß sie sich von Stund an als seine „Schüler" betrachteten. Einer von ihnen, J. Franck, erhielt bald eine Einladung nach Kopenhagen. Bohr war sehr daran gelegen, seinen Rat für die Einrichtung der Experimentalphysik im neuen Institut zu erhalten.

Beeindruckt von der Wissenschaftlerpersönlichkeit Niels Bohrs zeigten sich aber auch die höchst anspruchsvollen Berliner „Prominenten". Albert Einstein hat den Gast aus Kopenhagen auf einem langen Fußmarsch von Habers Villa zu seiner Dahlemer Wohnung näher kennengelernt. [17] Dabei haben wohl beide gemeinsam auch die ersten Schritte zu einem dann über Jahrzehnte fortgeführten Dialog zurückgelegt, der schließlich in der Erörterung der prinzipiellen erkenntnistheoretischen Fragen der Physikentwicklung unseres Jahrhunderts gipfelte.

Zwar gibt es keine authentischen Zeitdokumente über den Inhalt dieses Gesprächs, wohl aber folgende spätere, instruktive Erinnerung Bohrs: „Die Diskussionen, auf die ich in Gedanken oft zurückgekommen bin, fügten zu meiner großen Bewunderung für *Einstein* einen tiefen Eindruck von seiner vorurteilsfreien Haltung. Seine Vorliebe für malerische Ausdrücke wie 'Gespensterfelder, die die Photonen leiten' zeugte gewiß nicht von einer Neigung zum Mystizismus, sie verriet vielmehr einen tiefwurzelnden Humor hinter seinen scharfsinnigen Bemerkungen. Und doch blieb ein gewisser Unterschied in der Einstellung und dem Ausblick bestehen; denn mit seiner Meisterschaft der Koordinierung anscheinend sich widersprechender Erfahrungen, ohne auf Kontinuität und Kausalität zu verzichten, war *Einstein* vielleicht weniger geneigt, diese Ideale aufzugeben als jemand, dem ein solcher Verzicht als die einzige Möglichkeit erschien, das vielfältige Material aus dem Bereiche der atomaren Phänomene, das sich bei der Erforschung dieses neuen Wissensgebietes von Tag zu Tag anhäufte, zu koordinieren.“[16]

Aus Briefen Einsteins geht hervor, wie auch er seinerseits von Bohr beeindruckt war. So heißt es beispielsweise im Brief an Sommerfeld: „Neulich war Bohr bei mir, dessen Atomkonstruktion wieder entscheidende Fortschritte gemacht hat. Seine Intuition ist sehr zu bewundern.“[17] Wenige Tage später schrieb Einstein: „Auf Bohrs neue Atom-Ideen bin ich gespannt. Er ist ein Mensch von seltenem intellektuellen und persönlichem Zauber.“[18] Das alles schloß jedoch nicht aus, daß Einstein und Bohr recht unterschiedliche Erwartungen an die weitere Theorienentwicklung hegten. [16]

Einstein suchte eine „nadelförmige“ Elektrodynamik, weil er von der Existenz seiner Lichtquanten überzeugt war. Die Diskontinuitäten der Quantentheorie aber wollte er durch eine Überbestimmung von Differentialgleichungen letztlich irgendwie auf Kontinuitäten zurückführen. Bohr ging davon aus, daß die Diskontinuitäten der Quantentheorie etwas Prinzipielles seien, hielt jedoch die Einführung von Lichtquanten keineswegs für unabdingbar. Er war vielmehr davon überzeugt, daß die Elektrodynamik notwendigerweise als Kontinuumstheorie Bestand haben müßte. Während Einstein die von ihm selbst in die Strahlungstheorie eingeführten Wahrscheinlichkeitsbetrachtungen lediglich als Provisorien ansah, schien Bohr schon damals geneigt, darin etwas Fundamentaleres zu sehen. Da er unter Kausalität stets die eindeutige Zuordnung einer Ursache zu *einer* Wirkung verstand, waren für ihn wahrscheinlichkeitstheoretisch zu erfassende Zusammenhänge mit der Durchbrechung des Kausalitätsideals gleichzusetzen. In Wirklichkeit aber attackierte er damit lediglich das Kausalitätsverständnis des mechanischen Materialismus.

Es ist anzunehmen, daß der 1920 zwischen Einstein und Bohr eingeleitete Dialog in viel stärkerem Maße die *Fragen* nach der Berechtigung der jeweils anderen Erwartungshaltung gestellt hat, als daß dabei schon verhärtete Positionen aufeinander prallten. Zu vieles galt in den theoretischen Grundlagen der Atomphysik noch als völlig offen.

Bohrs kurzer Aufenthalt in Berlin [15] war, wie er das selbst später ausdrückte, mit ununterbrochenen Diskussionen über die Situation in den Grundlagen der Physik ausgefüllt. Leider hatte er damals keine Möglichkeit, die anregenden Diskussionen auszudehnen. Die Erwartung eines freudigen Ereignisses und die Sorgen mit dem Institutsneubau duldeten keinerlei Aufschub seiner Rückkehr. Als im September Rutherford nach Kopenhagen kam – einer längerfristigen Planung entsprechend sollte dies eigentlich der Zeitpunkt der Einweihungsfeierlichkeiten sein –, konnte weder die Rede davon sein, daß er in Bohrs neuer Wohnung untergebracht werden würde, noch war an die Eröffnung des von ihm so tatkräftig unterstützten Institutes zu denken. So blieb es denn bei anregenden Vorträgen, Diskussionen und der Verleihung eines Ehrendoktortitels der Kopenhagener Universität an den frischgebackenen Cavendish-Professor.

Allmählich konnten die Laboreinrichtungen installiert werden [18]: die Verantwortung dafür trugen H. M. Hansen und dessen Schüler J. C. Jacobsen. – Hansen, der 1923 neben Bohr und Knudsen der dritte Kopenhagener Physikprofessor wurde, oblag es (bis zu seiner Berufung als Leiter des biophysikalischen Laboratoriums im 1928 gegründeten Physiologischen Institut), während der ausgedehnten Auslandsreisen Bohrs dessen Amtsgeschäfte zu führen.

Im Januar 1921 schließlich konnten Bohr und Kramers mit ihren Büchern und Manuskripten von der Polytechnischen Lehranstalt endgültig in die Büroräume des neuen Institutsgebäudes umziehen. Am Abend des ersten Arbeitstages im neuen Haus kam Aage Berlème, die neuen Hausherren mit Brot und Salz zu begrüßen. Man feierte das Ereignis mit einer Flasche Wein. Zu den ersten Amtshandlungen Bohrs an der neuen Wirkungsstätte gehörte das Diktat des Briefes vom 18. 1. an E. Rutherford, in dem er nicht nur der Freude über die neuen Arbeitsbedingungen Ausdruck verlieh, sondern auch die vielversprechende Mitteilung machte: „Kürzlich habe ich ein theoretisches Argument entwickelt, das – wie ich denke – mit ziemlich großer Genauigkeit erlaubt, die Details für die Elektronenkonfiguration und -bewegung in den Atomen aller Elemente vom Wasserstoff bis zum Uran anzugeben.

Die Theorie impliziert eine detaillierte Erklärung des periodischen Gesetzes der chemischen Elemente und scheint auch eine Möglichkeit für eine detaillierte Interpretation der charakteristischen magnetischen Eigenschaften der Elemente zu eröffnen.“ [19] Was für ein verheißungsvoller Auftakt für die Forschungsarbeiten im neuen Haus!

Von nun an stand auf den meisten der Briefe, die Niels Bohr an Physiker in aller Welt schrieb, die Institutsadresse „Blegdamsvej 15“. Die dänische Post aber hatte alsbald auch keinerlei Mühe mit der Beförderung jener Schreiben, die einfach an „Niels Bohr, Dänemark“ adressiert waren.

Bei der technischen Ausrüstung des Institutes half in den ersten Monaten James Franck, der inzwischen als Direktor des Physikalischen Institutes nach Göttingen berufen worden war. Er baute in Kopenhagen eben jene Apparatur nach, mit der er gemeinsam mit Gustav Hertz 1914 seine legendären Elektronenstoßversuche ausgeführt hatte. Sie wurde zu einem Anziehungspunkt des Interesses bei der Institutsbesichtigung durch die Presse und die dänische Öffentlichkeit am Vorabend der offiziellen Einweihungsfeierlichkeiten.

Am Nachmittag des 3. März 1921 war es dann so weit. Vor mehr als einhundert geladenen Gästen fand im großen Hörsaal des Instituts, der kaum alle zu fassen vermochte, ein offizieller Festakt statt. In Anwesenheit des damaligen dänischen Ministerpräsidenten N. Neergaard und weiterer Offizieller wurde die neue Forschungs- und Lehreinrichtung durch den Rektor der Kopenhagener Universität O. Jespersen feierlich übergeben.

Niels Bohr hielt im Anschluß an eine kurze Begrüßungsrede des Bildungsministers J. Appel die Festansprache. Er erklärte, was er unter theoretischer Physik verstehe und warum ein Institut wie das einzuweihende für Dänemark unabdingbar geworden war. Nachdem er allen gedankt hatte, die den Bau dieser Einrichtung unterstützt und gefördert hatten, betonte er, daß das neue Institut ein Zentrum der wissenschaftlichen Forschung *und* der Lehre sein müsse. Wissenschaft – so hob er hervor – entwickelt sich niemals, indem aalglatte, wohlgeebnete Wege beschritten werden, niemand vermag bindende Zukunftsaussichten zu eröffnen, oftmals bedarf es für den wissenschaftlichen Fortschritt der Einführung radikal neuer Ideen: „Es ist daher von größter Wichtigkeit, sich nicht von den Kenntnissen und Fähigkeiten einer kleinen, festumrissenen Gruppe von Wissenschaftlern abhängig zu machen; die ständige Verpflichtung, immer wieder junge Menschen in die Resultate und Methoden der Wissenschaft einzuführen, trägt in höchstem Grade dazu bei, kontinuierlich Diskussionsfragen von neuen Gesichtspunkten aus aufzuwerfen; und nicht zuletzt werden durch die Beiträge der jungen Leute selbst immer wieder neues Blut und neue Ideen in die Arbeit eingeführt."[20]

Anderswo hätte man solche Worte vielleicht bestenfalls als effektvollen Schluß einer Festtagsrede ansehen können, in diesem Kopenhagener Institut aber umrissen sie ein Handlungsprogramm, an das sich alle Beteiligten in den folgenden Jahrzehnten bedingungslos gebunden fühlten. In Niels Bohrs Institut gab es vom ersten Tag an einen relativ konstanten und mit der Erweiterung des Institutes allmählich größer werdenden Mitarbeiterstab hochqualifizierter Fachleute auf ihren Spezialgebieten. Darüber hinaus war Bohr beständig bestrebt, im Rahmen der jeweils verfügbaren finanziellen Mittel immer wieder junge Wissenschaftler möglichst schnell an die vorderste Front des physikalischen Erkenntnisfortschrittes zu führen. Dabei konnten sich bald die ehemaligen Lehrer an Leistungen ihrer Schüler freuen, zu denen sie selber nicht oder nicht mehr fähig waren.

Solange Niels Bohr an der Spitze dieses Institutes stand, galt er bei allen Mitarbeitern als ein vorbehaltlos akzeptierter Initiator vieler neuer Entwicklungen. Auf Gebieten, wo andere dank ihrer Spezialkenntnisse initiativ wurden, hat er viele entwicklungsträchtige Programme gefördert. Eine Schule wie die von ihm in Kopenhagen begründete und weit über diese Stadt hinaus wirkende sucht in der Physikentwicklung des 20. Jahrhunderts ihresgleichen.

Mit der Einweihung seines Institutes im Jahre 1921 wurde Niels Bohr nicht nur der Direktor einer neuen Einrichtung, sondern, wie Sommerfeld das in seinem Brief vom 25. 4. ausdrückte, auch der unumstrittene „Direktor der Atomtheorie". Dies sollte er bis in die vierziger Jahre hinein bleiben. 1921 aber, nachdem er in einer ungeheuren Kraftanstrengung sowohl wissenschaftliche Durchbrüche erzielt als auch, allen Schwierigkeiten zum Trotz, ein die Weltspitze der atomphysikalischen Forschung und Lehre maßgeblich bestimmendes Institut begründet hatte, waren seine Energiereserven restlos aufgezehrt. Schweren Herzens mußte er am 23. März 1921 *fünf* Briefe und ein Telegramm – alle nahezu gleichlautenden Inhalts – diktieren; Absagen ergingen an die Royal Society, die Londoner Universität, nach Cambridge, an die Englische Physikalische Gesellschaft und sogar an das Vorbereitungskomitee der 3. Solvay-Konferenz, der ersten nach dem Kriege, der ersten, zu der Bohr eingeladen war und die zudem sein Thema „Atom und Elektronen" auf die Tagesordnung gesetzt hatte.[21] Überall hieß es: Tut mir leid, es geht beim besten Willen nicht!

Mit *einer* Absage allerdings wartete Bohr noch einige Wochen; schließlich aber mußte er Mitte April auch die Göttinger Physiker auf das Jahr 1922 vertrösten. Daraufhin kam der gutgemeinte Sommerfeldsche Ratschlag: „Glauben Sie nur nicht, dass Ihre jetzige Arbeitspause etwas Ernstliches oder Besonderes ist. Ich finde es nur natürlich, dass sie für Ihre neuesten Entdeckungen, die gewiss eine ungeheure Gedanken-Concentration erforderten, den Tribut der Menschlichkeit zahlen müssen...Das Wissenschaftliche sollten Sie sich für die nächsten Wochen ganz vom Halse halten. Auch die Institutssorgen! Ich fürchte nur überhaupt, dass Sie mit Ihrer Doppelstellung als Institutsdirektor und Direktor der Atomtheorie zu viel übernommen haben."[22] [19]

Abb. 18 Niels Bohr 1920 mit Berliner Wissenschaftlern vor der Villa Haber („das bonzenfreie Kolloquium“)
Otto Stern, Wilhelm Lentz, James Franck, Rudolf Ladenburg, Paul Knipping, Niels Bohr, E. Wagner, Otto von Bayer, Otto Hahn, George Hevesy, Lise Meitner, Wilhelm Westphal, Hans Geiger, Gustav Hertz, Peter Pringsheim (v.l.n.r.)

Abb. 19 Institut für theoretische Physik der Universität Kopenhagen – 1920 erbaut

Abb. 20 Im Gespräch mit J. Franck und H. M. Hansen 1921

7. Viele Dunkelheiten – gute Hoffnungen

Trotz des gutgemeinten Sommerfeldschen Ratschlages blieb es auch in den kommenden Jahren für Niels Bohr bei der „Doppelstellung als Institutsdirektor und Direktor der Atomtheorie." Mit dem in seiner Arbeit „Über die Quantentheorie der Linienspektren" eingeführten Korrespondenzprinzip hatte er ein wirksames Mittel in der Hand, noch tiefer in die Strukturgesetzmäßigkeiten des Atombaus einzudringen. Bereits in seinem Vortrag vom 20. Dezember 1920 vor der Dänischen Physikalischen Gesellschaft konnte er die Konturen zum Aufbauprinzip des periodischen Systems der Elemente entwerfen. Der entsprechende Brief an die „Nature" vom 14. 2. 1921 bedeutete für Sommerfeld „offenbar den grössten Fortschritt im Atombau seit 1913"[1]. Sommerfeld beteuerte wenig später sogar, daß er von der Richtigkeit des Bohrschen Weges „durchdrungen" sei, war „aber ketzerisch genug zu denken, dass das eines Tages noch auf einem anderen weniger formalen, einheitlicheren Weg möglich sein wird. Allerdings erst dann, wenn man die kontinuierliche Elektrodynamik durch eine nadelförmige ersetzt haben wird"[2]. Er sah im Bohrschen Korrespondenzprinzip vor allem die *formale* Analogie zwischen Quantentheorie und klassischer Elektrodynamik. Ihm schwebte ebenso wie Einstein eine diskontinuierliche Elektrodynamik vor, während Bohr weiterhin betonte, daß eine solche Theorie nie imstande sein könnte, die Interferenzerscheinungen zu erklären.

Niels Bohr hat das Korrespondenzprinzip ursprünglich tatsächlich als formales Analogieprinzip eingeführt, handhabte es jedoch immer mehr als heuristisches Prinzip auf dem Wege zu einem konsistenteren Theorieansatz. [20] Nachdem er die Krise des Jahres 1921 überwunden hatte, machten seine Überlegungen zum Atombau schnell Fortschritte. Schon am 16. September 1921 hieß es: „Manches hat sich sogar viel einfacher gestaltet, als ich zu hoffen gewagt habe."[3]

Am 18. 10. 1921 trug Bohr seine präzisierten Gedanken zum „Aufbauprinzip" des periodischen Systems der Elemente in Kopenhagen vor. Dabei antwortete er wie schon 1913 wiederum auf die Frage, wie „durch sukzessive Einfangung und Bindung der einzelnen Elektronen in dem den Kern umgebenden Kraftfeld" ein Atom gebildet werden kann.[4] Das Korrespondenzprinzip wurde nunmehr konsequent als Auswahlprinzip benutzt: „Wir werden nämlich dazu geführt, unter den denkbaren Prozessen, die man nach den Postulaten der Quantentheorie innerhalb des Atoms erwarten könnte, diejenigen auszuschließen, deren Auftreten mit der Forderung der Korrespondenz nicht vereinbar sind.“ [5] Stabilitätsbetrachtungen hatten schon 1913 nahegelegt, beim sukzessiven Aufbau der immer komplexeren Elektronenkonfiguration der Elemente mit höheren Ordnungszahlen die Elektronen in Gruppen (damals „Ringe“) anzuordnen und nach Abschluß einer Gruppe die weiteren Elektronen in einer nächsten Gruppe anzusiedeln. Nunmehr ging Bohr daran, auch die Wechselwirkung der Elektronen untereinander zu berücksichtigen.

Im Resultat ergab sich eine Anordnung der chemischen Elemente in 7 Perioden. Dabei bestanden die 1. Periode aus 2 Elementen (H, He), die 2. und 3. Periode aus je 8 Elementen (2. von Li bis Ne, 3. von Na bis Ar), die 4. und 5. aus je 18 Elementen (4. von K bis Kr, 5. von Rb bis Xe), die 6. und 7. aus je 32 Elementen, wobei die 6. von Cs bis Rn reichte und die 7. mit dem Element 92 U abbrach, im Prinzip aber bis zum Element 118 gehen sollte. Damit waren die Periodenzahlen 2, 8, 8, 18, 18, 32, 32, die sich früher bereits aus dem Vergleich der chemischen und physikalischen Eigenschaften der Elemente ergeben hatten, nunmehr auf spezifische Elektronenkonfigurationen zurückgeführt. In der Möglichkeit, die phänomenologisch bekannten Zahlen mathematisch nachzukonstruieren, sah Sommerfeld „die Erfüllung der kühnsten Hoffnungen der Atomphysik“ [6].

Zwar betonte Niels Bohr, daß es noch nicht möglich sei, die von ihm erzielten Ergebnisse „in allen Einzelheiten als das eindeutige Resultat einer Anwendung des Korrespondenzprinzips“ zu betrachten, stellte aber zugleich fest: „andererseits scheint es, daß schon die Tendenz unserer Betrachtungen die empirischen Daten in ein Licht stellt, das kaum eine wesentliche andere Interpretation der Eigenschaften der Stoffe auf Grund der Postulate der Quantentheorie erlaubt.“ [7]

Mit der Formulierung des Ausschließungsprinzips durch Pauli wurde das Bohrsche Aufbauprinzip des periodischen Systems der chemischen Elemente schließlich bestätigt. Das aber geschah erst gegen Ende des Jahres 1924. Bis dahin war die Bohrsche Theorie vor allem durch ihren Erfolg gerechtfertigt. Wiederum handelte es sich um eine Synthese von exakter Anwendung physikalischer Prinzipien und physikalischer Intuition, inzwischen jedoch auf einer weitaus fortgeschritteneren Stufe als beim ersten theoretischen Entwurf 1913. Da sowohl die Bildung eines Atoms als auch dessen Reorganisation nach einer vorangegangenen Störung (Röntgenstrahlen) mit denselben Verfahren erfolgreich zu behandeln waren, durfte Bohr ziemlich sicher sein, daß er sich auf dem richtigen Wege befand. Er forderte, die konkreten Einzelheiten weiter auszuarbeiten und sich zugleich um die tiefere Begründung der allgemeinen Prinzipien zu bemühen. Denn nach wie vor lag noch keine vollständige, in sich konsistente Theorie vor. Deshalb hob Bohr im kommentierenden Vorwort zur deutschen Ausgabe seiner „Drei Aufsätze..." hervor: „Bis jetzt schienen... die wohlbekannten 'Rätsel' der Quantentheorie bei jedem Fortschritte auf dem Gebiet des Atombaus in ein immer schärferes Licht zu treten." Genau dieser Sachverhalt verlieh dem Studium der Atomphysik einen ganz „besonderen Reiz"[8].

Im Februar des Jahres 1922 kam eine Postkarte von Walter Gerlach aus Frankfurt/M. mit zwei darauf aufgeklebten Photos zum experimentellen Nachweis der auf der Grundlage der Bohrschen Theorie berechneten Richtungsquantelung im Magnetfeld. O. Stern und W. Gerlach war mit diesem Experiment ein direkter Beweis für die Berechtigung der neuen theoretischen Vorstellungen Bohrs gelungen.

Auch Einstein begrüßte den mit dem Korrespondenzprinzip erreichten theoretischen Fortschritt. So findet sich beispielsweise in einem seiner Briefe aus jenen Tagen an P. Ehrenfest die Bemerkung: „Ich lese gegenwärtig einen gewissen Vortrag von Bohr, aus dem seine Gedankenwelt wunderbar klar wird. Es ist ein wahrhaft genialer Mensch, ein Glück, dass es so was überhaupt gibt. Ich habe alles Vertrauen zu seinen Gedankengängen. Das Korrespondenzprinzip und die Art, wie er es anwendet, müssen überzeugen."[9] Für Einstein stand fest: „Trotzdem noch nicht ein Jahrzehnt seit Bohrs erster Entdeckung vergangen ist, beherrscht heute schon das von ihm ersonnene und in seinen Hauptzügen großenteils von ihm ausgebaute Gedankensystem die Atomphysik und die Chemie in solchem Maße, daß alle früheren Deutungsversuche dem Fachmann aus einer längst entschwundenen Zeit zu stammen scheinen. Die Theorie der Röntgenspektra, der sichtbaren Spektra, des periodischen Systems der Elemente ruhen in erster Linie auf Bohrs Gedanken."[10]

Nachdem Bohr im November 1921 mit der höchsten Auszeichnung der Royal Society, der Hugh-Medaille, geehrt worden war, hielt er im März 1922 auf Einladung Rutherfords den bereits für das Vorjahr geplanten Vortragszyklus in Cambridge mit triumphalem Erfolg. England war inzwischen längst zu seiner zweiten Heimat geworden. Hier hatte sein wissenschaftlicher Höhenflug begonnen, hierher ist er immer wieder gern zurückgekehrt.

Im Frühsommer des Jahres 1922 gab Niels Bohr in Göttingen seinen berühmt gewordenen Vorlesungszyklus über die Theorie der Atomstruktur. Zu diesem Zeitpunkt hatte er nicht nur die Krise des vergangenen Jahres restlos überwunden, sondern wußte die deutschen Physiker auch mit einer Vielfalt neuer Resultate und kritischer Stellungnahmen zum damaligen Stand der Atomtheorie zu verblüffen. Wenn bis dahin für manchen vielleicht noch die Frage offen geblieben war, wer wohl international der führende Kopf auf dem Gebiet der theoretischen Atomphysik sei, dann wurde eine solche Frage während der „Bohr-Festspiele" in Göttingen definitiv beantwortet.

Sommerfeld hatte mit seiner 1919 erstmals veröffentlichten Monographie „Atombau und Spektrallinien" ein, wie die überarbeiteten Neuauflagen 1921 und 1922 beweisen, ausbaufähiges Standardwerk der Atomphysik geschaffen und zahlreiche eigenständige Beiträge zur Entwicklung des Gebietes erbracht. Der für die Entwicklung der Göttinger Theoretikerschule verdienstvolle Max Born war 1922 noch dabei, sich in die Probleme der Bohr-Sommerfeldschen Atomtheorie voll einzuarbeiten. Albert Einstein hatte nach seinen bedeutsamen Beiträgen zur Quantentheorie der Strahlung (1916) auf diesem Gebiet nichts Vergleichbares mehr hervorgebracht. Auch die fundamentalen Beiträge von Paul Ehrenfest lagen schon länger zurück (1914). 1922 gab es in der ganzen Welt keinen Physiker, der mit derart virtuoser Meisterschaft und zugleich mit solch berechtigter kritischer Distanz über die Resultate und Methoden der Atomtheorie vortragen konnte, wie dies Niels Bohr in Göttingen getan hat. Kein Wunder, daß dem 36jährigen, stets freundlich lächelnden, höchst sympathischen dänischen Gelehrten die Herzen der Zuhörer auch dann zuflogen, wenn sie sich nicht in allen Details mit ihm einverstanden zu erklären vermochten.

Werner Heisenberg, damals 20jährig, erinnerte sich später des überwältigenden Eindrucks dieser Bohrschen Vorlesungen: „Der Hörsaal war überfüllt. Der dänische Physiker, der schon seiner Statur nach als Skandinavier zu erkennen war, stand mit leicht geneigtem Kopf freundlich und fast etwas verlegen lächelnd auf dem Podium... Bohr sprach ziemlich leise, mit weichem dänischem Akzent, und wenn er die einzelnen Annahmen seiner Theorie erklärte, so setzte er die Worte behutsam, sehr viel vorsichtiger, als wir es sonst von Sommerfeld gewohnt waren, und fast hinter jedem der sorgfältig formulierten Sätze wurden lange Gedankenreihen sichtbar, von denen nur der Anfang ausgesprochen wurde und deren Ende sich im Halbdunkel einer für mich sehr erregenden philosophischen Haltung verlor... was gesagt wurde, klang in Bohrs Mund anders als bei Sommerfeld. Es war ganz unmittelbar zu spüren, daß Bohr seine Resultate nicht durch Berechnungen und Beweise, sondern durch Einfühlen und Erraten gewonnen hatte und daß es ihm jetzt schwerfiel, sie vor der hohen Schule der Mathematik in Göttingen zu verteidigen."[11]

Dieses „Einfühlen und Erraten" in Heisenbergs Schilderung der Bohrschen Art, Physik zu treiben, darf jedoch nicht mißverstanden werden. Eine solche Charakterisierung ist berechtigt, wenn das Vorgehen Bohrs mit dem Einsteins, Borns und Sommerfelds verglichen wird, und erst recht natürlich, wenn man die damals durch Hilbert, Courant und F. Klein in Göttingen repräsentierte mathematische Hochkultur bedenkt. Bohr selbst wußte besser als alle anderen, „wie unabgeschlossen und unsicher alles noch ist"[12]. Er soll Heisenberg damals auf dessen Fragen, wie man unter solchen Umständen hoffen könne, Erkenntnisfortschritte zu erzielen, geantwortet haben: „Wir müssen erwarten, daß die Paradoxien der Quantentheorie, die unverständlichen Züge, die mit der Stabilität der Materie zusammenhängen, mit jeder neuen Erfahrung in ein immer schärferes Licht treten. Wenn dies geschieht, so kann man hoffen, daß sich im Laufe der Zeit neue Begriffe bilden, mit denen wir auch diese unanschaulichen Vorgänge im Atom irgendwie ergreifen können. Aber davon sind wir noch weit entfernt."[13]

Niels Bohr hatte von Anfang an den scharfen Bruch der Quantentheorie mit der klassischen Elektrodynamik betont und wiederholte das auch 1922 in Göttingen: „Wir haben bisher zur Beschreibung der Naturerscheinungen nur die Begriffe, die durch die klassische Theorie ausgebildet sind, wie die Begriffe des Elektrons und der elektrischen und magnetischen Kräfte zur Verfügung, nehmen aber zugleich an, dass das Bild der klassischen Theorie nicht stichhaltig ist. Es fragt sich nun, ob es überhaupt möglich ist, die Begriffe der klassischen Theorie widerspruchslos mit der Quantentheorie zu vereinigen. Wir sind nicht in der Lage, diese Frage zu entscheiden, hoffen aber, dass die Gedanken beider Theorien eine gewisse Realität besitzen."[14] Diesen Bruch zwischen der Maxwellschen Elektrodynamik und der Quantentheorie mußte Bohr so stark hervorheben, weil er im Unterschied zu Einstein und Sommerfeld davon ausging, daß die Kontinuitätsauffassung der Elektrodynamik unbedingt erhalten werden sollte.

Den Bruch zwischen der Newtonschen Mechanik und der Quantentheorie betonte er deshalb nicht besonders, weil er sich der Newtonschen Mechanik ohnehin nur als formaler Rechenregel bediente. Er hatte daher relativ wenig Schwierigkeiten, als die zur Veranschaulichung der durch Berücksichtigung weiterer Quantenzahlen immer komplizierter werdenden Elektronenkonfigurationen schließlich auch „Bahnen" verlangten, die in jene dem Kern nächstgelegene „eintauchten", ja sogar durch die Kernregion selbst hindurchführten. Alle stärker als

Bohr dem mechanistischen Denken verhafteten Physiker mußten angesichts solch unglaublicher Konstrukte zu Zweifeln an der Berechtigung des ursprünglichen Theorienansatzes kommen. Bohr hingegen fühlte sich dadurch ein weiteres Mal in seiner Überzeugung bestärkt, daß in der Mikrophysik an der Mechanik grundsätzliche Änderungen vorzunehmen sind und der Weg zur neuen Mechanik genau über den von ihm vorgeschlagenen theoretisch inkonsistenten Ansatz führt.

W. Pauli hatte in seiner 1922 veröffentlichten Dissertation in Verallgemeinerung des Bohrschen Korrespondenzprinzips ein „mechanisches Korrespondenzprinzip" formuliert. Bald zeigte sich, daß dies jene Stelle des vorläufigen Bohrschen Theoriegebäudes war, wo der nächste – diesmal entscheidende – Brückenschlag zu einer *konsistenten* Quantentheorie möglich wurde. Während der „Bohr-Festspiele" im Sommer 1922 aber war daran noch nicht zu denken. Heisenberg, dem schließlich 1925 der Durchbruch in wirkliches Neuland gelang, studierte damals im 4. Semester Physik. Rückblickend sprach er davon, daß seine eigentliche wissenschaftliche Entwicklung erst mit jenem Spaziergang begonnen habe, zu dem ihn Bohr im Anschluß an seinen kritischen Einwand in Göttingen eingeladen hatte.

Bohr hegte damals den Wunsch, Heisenberg näher kennenzulernen; er stellte ihm zu einem späteren Zeitpunkt eine Einladung nach Kopenhagen in Aussicht. Für das Herbstsemester 1922/23 aber lud er erst einmal den 22jährigen Wolfgang Pauli ein, der ihm in Göttingen viele Fragen stellte und mit einer Reihe von Publikationen schon sehr nachhaltig auf sich aufmerksam gemacht hatte.

Heisenberg und Pauli waren Sommerfeld-Schüler. Sie hatten sich bereits vor ihrer Begegnung mit Bohr sehr intensiv und kritisch mit der Situation in der Atomtheorie beschäftigt. Für sie konnte es damals keine ehrenvollere Einladung geben als die zu Niels Bohr, der so ganz ihrer forschen und kritischen Art entsprach, Grundlagenfragen der Theorie anzugehen.

Für alle, die Bohr 1922 in Göttingen kennenlernten, wurden diese heißen Frühsommertage zu einem unvergeßlichen Erlebnis. Er selber war allerbester Stimmung [21], wozu neben der Physik sicher auch die telegraphische Nachricht von der Geburt seines Sohnes Aage beigetragen haben mag.

Der wissenschaftlichen Anerkennung Niels Bohrs durch die Physikerkollegen folgte mit der Verleihung des Nobelpreises für Physik des Jahres 1922 eine weitere Steigerung. War diese hochverdiente Ehrung für sich genommen schon ein Triumph sondergleichen, so gewann sie dadurch noch zusätzlich an Wert, daß gleichzeitig Albert Einstein der

Nobelpreis für Physik des Jahres 1921 zugesprochen wurde. Damit wurden auch für die Öffentlichkeit erstmals die Namen jener beiden Physiker in einem Atemzug genannt, die der Theorienentwicklung der Physik in unserem Jahrhundert einen unverwechselbaren Stempel aufgedrückt haben. Köstlich sind ihre damaligen gegenseitigen Gratulationen! [22], [23]

Während Albert Einstein mit der speziellen und der allgemeinen Relativitätstheorie ein theoretisches Gebäude errichtet hat, das nur dem Newtons vergleichbar scheint, erbrachte Niels Bohr unter Rückgriff auf Rutherfordsche Gedanken einen fundamentalen Beitrag zur Ausgestaltung der Planckschen Quantentheorie. – In seiner Danksagung für die hohe Auszeichnung hob Bohr hervor, daß in seiner Arbeit von 1913 zwei große Trends der Physikentwicklung, nämlich die experimentellen Forschungsarbeiten zur Struktur der Materie der Engländer Rutherford und Thomson sowie die theoretischen Untersuchungen fundamentaler Naturgesetze der deutschen Physiker Planck und Einstein, zu einer Synthese geführt worden seien, die ebenso wie die nachfolgenden Forschungsarbeiten ein weiteres Mal die Bedeutung internationaler wissenschaftlicher Zusammenarbeit demonstriere.

In Dänemark wurde die Nachricht, daß erstmals der Physikpreis einem Landsmann zugesprochen worden war, freudig begrüßt. Mit dieser hohen Auszeichnung ging bereits zum fünften Male ein Nobelpreis an einen Dänen! Wahrhaft ein Grund besonderen Stolzes für ein Vier-Millionen-Volk! [24 – 27]

Bei der Preisverleihung kam es für Bohr und Einstein nicht zum Wiedersehen; Einstein befand sich damals auf einer Weltreise. Bohr hatte in dem am 11. Dezember 1922 in Stockholm zu haltenden Festvortrag eine ganz besonders schöne Bestätigung seiner theoretischen Vorstellungen vom Bau der Atome zu berichten. Entsprechend der von ihm vorausgesagten chemischen Eigenschaften des bis dahin experimentell noch nicht nachgewiesenen Elements mit der Ordnungszahl 72 war es gerade in diesen Tagen G. de Hevesy und D. Coster gelungen, dieses Element zu identifizieren und festzustellen, daß alle Meldungen über die Entdeckung des Elementes 72 mit andersartigen Eigenschaften falsch sein mußten. Bohr wurde davon in Kenntnis gesetzt, als er schon in Stockholm weilte. Die Kopenhagener Physiker hatten mit ihrer Entdeckung das Recht erwirkt, dieses Element zu benennen. Heute trägt es den Namen „Hafnium“, der an die alte lateinische Bezeichnung für Kopenhagen erinnert. Hevesy und Coster haben gerade zur rechten Zeit einen Sieg für die Bohrsche Theorie errungen.[15]

Dagegen nahm sich das kleine Mißgeschick, das Bohr mit seinem Nobelvortrag ereilte, als vergleichsweise bedeutungslos aus. Er mußte diesen Vortrag ohne sein wie immer gründlichst vorbereitetes Manuskript beginnen. Der zerstreute Professor hatte es am Morgen des aufregenden Tages in seinem Hotelzimmer liegengelassen und dies erst so spät bemerkt, daß es beim besten Willen nicht mehr rechtzeitig herbeigeschafft werden konnte. O. Klein berichtete später, daß auf diese Weise die Zuhörer in den Genuß kamen, einen „echten" Bohr zu erleben. Sie wurden Zeuge seines dialogischen Denk- und Argumentationsstiles. Der in der Blüte seiner Jahre stehende Niels Bohr soll in Stockholm einen seiner brillantesten öffentlichen Vorträge gehalten haben. Die Bearbeitung des auch schon vorher wohldurchdachten und vielfach umgeschriebenen Manuskriptes für die Drucklegung hat ihn und seine Assistenten nochmals sehr viel Kraft gekostet. Im Resultat entstand zwar eine allseits abgerundete Darstellung der Bohrschen Gedanken, die wohl aber weniger Feinheiten seiner spezifischen Art zu denken erkennen läßt als der mündliche Vortrag. Trotzdem gehört diese Publikation zur Pflichtlektüre für alle, die wissen wollen, wie es Ende des Jahres 1922 um die physikalischen Grundlagen des Periodensystems der chemischen Elemente stand.

Nach der Verleihung des Nobelpreises folgte für Niels Bohr, den die englischen und deutschen Physiker damals schon ausgezeichnet kannten, eine erste Begegnung mit Physikern auf dem amerikanischen Kontinent. Auf Einladung einer Reihe großer Universitäten hielt er im Herbst 1923 vieldiskutierte Vorträge in Kanada und den USA, wo sich zwar die experimentelle Physik seit Jahrzehnten schon auf einem hohen Niveau befand, die theoretische Physik aber im allgemeinen noch weit hinter dem damaligen Entwicklungsstand der führenden europäischen Forschungszentren lag.

In Chicago wurde Bohr in die Auseinandersetzungen um die richtige Interpretation der von A. H. Compton entdeckten Ablenkung von Röntgenstrahlen an Elektronen verwickelt. Diese Entdeckung brach radikal mit der bisherigen Vorstellung von der Wellennatur elektromagnetischer Strahlung. Heute ist es nur noch schwer vorstellbar, warum dies damals nicht sofort als eindeutiger Beweis für die Richtigkeit der Einsteinschen Lichtquantenhypothese interpretiert worden ist. Wie aber hätte man mittels Teilchentheorie die Interferenzerscheinungen erklären können? Diese Frage hatte Bohr ja schon an Einstein gerichtet und darauf keine befriedigende Antwort erhalten. Er schloß sich deshalb jenen an, die versuchten, eine wellentheoretische Erklärung für den Compton-Effekt zu liefern. Später allerdings gehörte dieser Effekt zu den

Argumenten, die ihn schließlich davon überzeugten, daß das Licht nicht nur als Welle zu verstehen ist, sondern auch Teilchencharakter besitzt. Zu einem wesentlichen Schritt auf diesem Wege wurde de Broglies 1923 formulierte Hypothese, daß jedem Teilchen zugleich Welleneigenschaften zuzuschreiben sind. Das jedoch war in den frühen Diskussionen um den Compton-Effekt nicht bekannt und wäre wohl damals als ebenso spekulativ verworfen worden wie die Einsteinsche Lichtquantenhypothese.

Bohrs erster USA-Aufenthalt hat mit dazu beigetragen, das Interesse der amerikanischen Physiker an der theoretischen Physik, insbesondere der Atomphysik, weiter zu fördern. Die Zahl der aus diesem Lande nach Dänemark kommenden Physiker nahm sprunghaft zu; Kopenhagen wurde nun allmählich zum „Mekka der Atomphysiker".[16]

Was Bohr einst bei Rutherford persönlich erlebt hatte, bestimmte auch in seinem Kopenhagener Institut das Klima des Hauses. Die wachsende Schar der ausländischen Gäste dieser von Anfang an weltoffenen Forschungseinrichtung bildete zusammen mit den ständigen Mitarbeitern eine verschworene Gemeinschaft, deren vordringlichstes Ziel darin bestand, immer tiefer in die Geheimnisse der Mikrowelt vorzustoßen. Dazu waren die Entwicklung der experimentellen Forschungsmethoden ebenso erforderlich wie der weitere Ausbau der physikalischen Theorie und der entsprechenden mathematischen Methoden. Alles, was diesem Ziele dienen konnte, wurde genutzt. Am Institut wurden leistungsfähige experimentelle Einrichtungen geschaffen und ständig vervollkommnet. Wo die eigene Kraft nicht ausreichte, suchte Bohr in aller Welt nach Verbündeten.

Als 1924 ein erster Erweiterungsbau des Institutes erforderlich wurde, beteiligte sich der Rockefeller International Education Board an den Kosten. Von dieser Stiftung wurden auch in größerem Umfang Stipendien vergeben. Hatten bis dahin der dänische Staat und dänische Stiftungen wie die Carlsberg- und die Rask-Ørsted-Stiftung allein die Arbeitsfähigkeit der Forschungs- und Lehreinrichtung von internationaler Bedeutung gewährleistet, verbesserte nun das seit Mitte der zwanziger Jahre anwachsende Interesse der USA die Finanzlage des Institutes. Niels Bohr nahm die seinem Institut aus dem Ausland gewährten Unterstützungen nicht nur in Krisenzeiten dankend an. Da in Kopenhagen erkenntnisorientierte Forschung betrieben wurde, geriet ein Mann seiner internationalen wissenschaftlichen Reputation kaum ernsthaft in Gefahr, sich die Forschungsprogramme von ausländischen Geldgebern diktieren zu lassen. Trotzdem blieb ihm natürlich von Anfang an bewußt, daß sich aus den spezifischen Finanzierungsbedingungen auch praktische Konsequenzen ergeben mußten. Nicht für jeden, den er gern in seinem Institut gesehen hätte, konnte er ein entsprechendes Stipendium erwirken. Ein von ihm unterschriebener, wohlbegründeter Antrag aber wurde nicht leichtfertig abgelehnt. Die Erfahrungen des Instituts für theoretische Physik und anderer derartiger wissenschaftlicher Einrichtungen besagen, daß treffsichere Einschätzungen des Leistungsvermögens der Nachwuchskräfte zu den wesentlichsten Voraussetzungen der Entwicklungsfähigkeit einer wissenschaftlichen Schule gehören.

Die von Bohr begründete Schule hat es schon in den ersten Jahren ihres Bestehens vermocht, über den engen Kreis der wissenschaftlichen Spezialisten hinauszuwirken. Insbesondere H. A. Kramers trug mit zahlreichen Aktivitäten dazu bei, das seit der Institutsgründung vorhandene öffentliche Interesse in Dänemark wachzuhalten und zu fördern. Dabei spielte das von ihm gemeinsam mit H. Holst 1922 veröffentlichte, auch den Nichtspezialisten verständliche Buch „Das Atom und die Bohrsche Theorie seines Baues“ eine nicht zu unterschätzende Rolle. Daß die darin zu findende Anschaulichkeit bei der Vermittlung des damaligen Wissensstandes durch den stürmischen Erkenntnisfortschritt sehr schnell aufgegeben werden mußte, sollte heute nicht dazu verleiten, die Wirkung dieses in viele Sprachen übersetzten Sachbuches in seiner Zeit zu vernachlässigen.

Beim Ausbau des Institutes Mitte der zwanziger Jahre bewährte sich Bohr ein weiteres Mal als Wissenschaftsorganisator ersten Ranges. Immer wieder gelang es ihm, führende ausländische Experten für die Einrichtung neuer Laboratorien zu gewinnen. Beim weiteren Vorstoß in die Geheimnisse des Mikrokosmos wurden die Forschungen zunehmend aufwendiger, kamen völlig neue, vorher ungeahnte Aufgabenstellungen ins Blickfeld der Experimentatoren und der Theoretiker. Stets vermochte sich Bohr sehr schnell den dafür notwendigen Überblick zu verschaffen und im engen Kontakt mit den jeweiligen Spezialisten die erforderlichen nächsten Schritte festzulegen. Er hat eine wahrhaft diplomatische Meisterschaft darin entwickelt, den Mitarbeitern seines Institutes optimale Arbeitsbedingungen zu sichern. Niemals jedoch handelte es sich dabei um einen eng verstandenen Institutsegoismus – das Kopenhagener Institut war und blieb darauf ausgerichtet, den mit den jeweils verfügbaren personellen und materiell-technischen Voraussetzungen größtmöglichen Erkenntnisfortschritt zu erzielen.

Niels Bohr hat nicht nur die Arbeit der Theoretiker mit seinen Ideen und helfenden Kritiken beflügelt, sondern auch im ständigen Kontakt mit den Experimentatoren der experimentellen Forschungsarbeit vielfach neue und fruchtbare Aufgabenstellungen zugewiesen. Während

Rutherford inzwischen das Cavendish Laboratory in Cambridge zur führenden experimentellen Forschungseinrichtung Englands profiliert hatte, blieb es dort nach wie vor bei der traditionellen, relativ strengen Trennung zwischen den an der mathematischen Fakultät angesiedelten theoretischen Physikern und den Experimentalphysikern. Bohr, der zu beiden Gruppen in Cambridge besonders engen wissenschaftlichen Kontakt hielt [17], war es unter Berücksichtigung der Tradition deutscher physikalischer Forschungseinrichtungen in Kopenhagen gelungen, eine Synthese von theoretischer Physik und Experimentalphysik zu schaffen, die bald weltweite Vorbildwirkung erlangte.

So wie Bohr in Rutherfords Gruppe gelernt hatte, daß kreative wissenschaftliche Ideen nicht nur intensive geistige Arbeit, Konzentration und Stehvermögen, sondern auch eine Atmosphäre erfordern, in der man in lockerer Form diskutieren konnte, erfuhren nun die Gäste des weltberühmten dänischen Gelehrten, daß Physik weit mehr als nur trockener Ernst sein kann. Die in Kopenhagen anzutreffende überwiegend humorvolle Stimmung ergab sich jedoch nicht im Resultat organisierter Geselligkeit. Sie stellte sich ein, weil in dieser Gruppe jeder sich so geben durfte, wie er war. Bohr hatte es kaum nötig, reglementierend einzugreifen. Die Mitarbeiter, die zu ihm kamen, verfolgten allesamt recht ehrgeizige Ziele. Wer hier auf Dauer nur Nehmender sein wollte, konnte sich nicht wohlfühlen. Alle spielerischen Neckereien untereinander hatten stets die Achtung vor dem Leistungsvermögen des anderen zur Voraussetzung. Wurden im wissenschaftlichen Meinungsstreit auch manchmal die Grenzen des persönlich Tolerierbaren erreicht bzw. überschritten, so wußte man sich kurze Zeit später bei gemeinsamen Späßen meist wieder zu treffen. Passierte es trotzdem einmal, daß Mitarbeiter untereinander auf unüberwindlich scheinende Gegensätze stießen, so fand Bohr früher oder später garantiert einen Weg zur Vermittlung.

Die konzentrierte Arbeit an physikalischen Problemen sowie der intensive und höchst effektive Gedankenaustausch wurden immer wieder durch Gespräche unterbrochen, deren Spektrum von politischen Ereignissen über Kultur und Kunst bis zu Problemen des täglichen Lebens reichte, eingeschlossen große und kleinere Probleme jedes einzelnen. Manche dieser Diskussionen wurden auch in Bohrs Landhaus, etwa 50 Kilometer nördlich von Kopenhagen, verlegt.

In Tisvilde hatte Niels Bohr 1924 das in Strandnähe idyllisch im Wald gelegene „Lynghuset“ (Heidehaus) erworben. Es handelte sich dabei um ein solide gebautes, strohgedecktes dänisches Landhaus, in dem eine Familie mit fünf Kindern sehr bequem wohnen und auch noch ohne weiteres Gäste aufnehmen konnte. Wenn die Familie Bohr sich dorthin begab, wurden oftmals auch einige der ausländischen Gäste eingeladen. Hier in der Abgeschiedenheit fanden sie Ruhe, sich zu erholen oder aber intensiv und völlig ungestört zu arbeiten. Bohr hatte noch ein abseits im Walde gelegenes, ebenfalls strohgedecktes Häuschen bauen lassen, das er den „Pavillon“ zu nennen pflegte. Hierhin zog er sich häufig mit einem Assistenten zurück; hier sind viele seiner Publikationen und Vorträge entstanden. Auch die intensivste Arbeit konnte aber je nach Belieben durch das ausgelassene Spiel mit den Kindern, einen Strandausflug oder einen Waldspaziergang unterbrochen werden. Zudem bot das nach allen Seiten offene Grundstück hinreichend Möglichkeiten zur körperlichen Betätigung. Der Baumbestand wollte gepflegt sein. Dabei war genau zu überlegen, wie man genügend Licht, aber auch ausreichend Schatten bekam. Das Fällen bzw. Beschneiden eines Baumes wurde jeweils zu einem sorgfältig durchdachten Unternehmen, an dem Niels Bohr ebenso viel Spaß fand wie seine Kinder. Am liebsten legte er selbst überall mit Hand an.

In der Nachbarschaft von „Lynghuset“ befanden sich damals nur wenige Grundstücke; sie gehörten Familien, mit denen sich die Bohrs bald anfreundeten. Der Maler William Scharff erteilte den Kindern Unterricht. Abends saß man zusammen und genoß das Leben im Wald. Wenn in solcher romantischen Gegend die Märchenfiguren H. C. Andersens oder die Gestalten aus den geliebten isländischen Sagen zum Leben erweckt wurden, hatte das seinen ganz besonderen Reiz. Dies erfuhren auch viele ausländische Gäste des Institutes für theoretische Physik.

Wer in den zwanziger Jahren in der maßgeblich von Bohr geprägten Kopenhagener Atmosphäre praktisch erfahren und erlebt hatte, wie hier die wissenschaftliche Zusammenarbeit ungeachtet verschiedener politischer, weltanschaulicher und religiöser Überzeugungen, unbesehen unterschiedlicher Staatszugehörigkeit, Nationalität und Rasse einem einzigen gemeinsamen Ziel verpflichtet war, der konnte leicht zu der Auffassung gelangen, daß alles von den Wissenschaftlerpersönlichkeiten abhängt und die gesellschaftlichen Verhältnisse, unter denen Wissenschaftler agieren, von untergeordneter Bedeutung sind. Unter der Voraussetzung, daß die Forschungsarbeit materiell und finanziell hinreichend abgesichert werden konnte und ein Mißbrauch von Forschungsresultaten ausgeschlossen blieb, durften sich die Kopenhagener Physiker in dieser Zeit voll und ganz auf die geistigen Voraussetzungen des weiteren stürmischen Erkenntniszuwachses konzentrieren. Das damals praktizierte Wissenschaftsverständnis wurde für Niels Bohr und viele seiner Mitarbeiter zu einem Wissenschaftsideal, welches es unter allen Umständen zu wahren galt. Die tatsächliche Suggestivkraft des auf freimütigem Gedankenaustausch beruhenden Ideals so verstandener „Weltwissenschaft“ voll zu ermessen, vermag man heute nur, wenn dabei zugleich die in diesen Jahren erzielten wissenschaftlichen Höhenflüge in Rechnung gestellt werden.

Etwa ab 1923 setzten auf der Grundlage der Bohr-Sommerfeldschen Atomtheorie jene Entwicklungen ein, die von 1925 bis 1927 in die Formulierung der nichtrelativistischen Quantenmechanik mündeten, welche ohne jeden Zweifel eine der bedeutungsvollsten wissenschaftlichen Revolutionen unseres Jahrhunderts darstellt. Viele der entscheidenden Leistungen auf diesem Wege wurden nicht in Kopenhagen erbracht; nicht alles, was Bohr mit seinen Mitarbeitern beizusteuern vermochte, hatte Bestand. Die Gesamtentwicklung der Atomphysik zu dieser Zeit aber läßt sich ohne das Wirken der Bohrschen Schule nicht verstehen.[18] In seiner „Rutherford-Gedenkvorlesung 1958“ hat Niels Bohr zu diesem als „'heroisches' Zeitalter der Quantenphysik“ bezeichneten Lebensabschnitt zusammenfassend formuliert: „Für jeden, der diese Entwicklung verfolgte, war es ein unvergeßliches Erlebnis, Zeuge davon zu sein, wie durch die Kombination verschiedener Angriffsrichtungen mit der Einführung geeigneter mathematischer Methoden eine neue Anschauung über die Zusammenfassung physikalischer Erfahrungen entstand. Viele Hindernisse mußten überwunden werden, ehe man zum Ziel kam, und immer wieder wurden von einigen der jüngsten unter uns entscheidende Fortschritte erzielt.“[19]

Der von Bohr in diesem Kontext gebrauchte Ausdruck „Zusammenfassung physikalischer Erfahrungen“ entspricht zwar der von ihm bis dahin vertretenen Auffassung von der Funktion einer physikalischen Theorie; er ist aber insofern mißverständlich, als er nahezulegen scheint, daß ein gerader Weg von der Vielfalt verschiedener experimenteller und beobachtungsmäßig gesammelter Erfahrungen zu der letztlich richtigen Theorie führte. Genau das aber vereinfacht sowohl den Weg, auf dem schließlich die Quantenmechanik formuliert wurde, als auch die Rolle, welche die Quantenmechanik in der nachfolgenden Physikentwicklung gespielt hat, in unzulässiger Weise. Gerade die zwischen 1925 und 1927 ausgearbeitete nichtrelativistische Quantenmechanik verweist mit Nachdruck darauf, daß *jede* physikalische Theorie mehr ist als lediglich eine bloße „Zusammenfassung physikalischer Erfahrungen“. Daß es methodische Unterschiede zwischen der Bohrschen *Modell*theorie von 1913 und den schließlich aus ihr gewonnenen *Prinzipien*theorien (Quantenmechanik und Quantenelektrodynamik) gibt, zeigt sich am Beispiel der Diskussionen um die Interpretation der Quantenmechanik.

Bohr hat im Vorfeld der Entwicklung der nichtrelativistischen Quantenmechanik eine Idee des damals in Kopenhagen weilenden Forschungsstudenten J. C. Slater modifiziert, um eine Quantentheorie der Strahlung zu entwickeln, in der die *Wellen*natur der Strahlung deutlich hervortritt. Slater war ursprünglich davon ausgegangen, die Gegensätze zwischen Wellen- und Teilchentheorie des Lichtes zu versöhnen, konnte aber dem Druck von Bohr und Kramers nicht widerstehen. Schließlich kamen die Einsteinschen Lichtquanten in der 1924 zu dritt veröffentlichten Arbeit gar nicht mehr vor. Da sich Bohr schon längere Zeit mit dem Gedanken getragen hatte, den Energieerhaltungssatz in der Mikrophysik aufzugeben, schreckte er nun nicht zurück, als es erforderlich wurde, diesen Satz als ein Gesetz zu verstehen, welches zwar für statistische Gesamtheiten Bestand hat, nicht aber für den Einzelfall. Die von Bohr, Kramers und Slater vorgeschlagene neue Strahlungstheorie hat verständlicherweise die Gemüter der Physiker erhitzt – Bohr selber scheint sie weniger ernst genommen zu haben als manche seiner Anhänger. [29], [30] Mit den Versuchen von Bothe und Geiger sowie Compton und Simon wurde schon 1925 definitiv klargelegt, daß der Energieerhaltungssatz auch für Einzelereignisse voll gültig ist. Damit schied der von Bohr probierte Weg als ungangbar aus [31]; dessen ungeachtet, wurden aber auch auf diesem Wege von Kramers eine Reihe weiterführender Resultate (Dispersionstheorie) geliefert, an die andere Theoretiker tatsächlich angeknüpft haben.

Niels Bohr begann zu ahnen, daß die von ihm 1913 eingeführte Verbindung von Ideen der klassischen Physik mit den damit unvereinbaren der Quantentheorie nunmehr an die Grenze ihres Leistungsvermögens geraten war. In vielen seiner Briefe reflektierte er die tiefe Krise, in der sich die bisherige Theorie und die ihr zugrunde liegende Modellvorstellung befanden. E. Rutherford antwortete auf eins der Schreiben Bohrs: „Ihr Brief klingt alarmierend. Sie dürfen aber nicht erwarten, das ganze Problem der modernen Physik in ein paar Jahren zu lösen. Deshalb sollte man froh darüber sein, daß noch viel zu tun bleibt.“[20]

In Ignoranz des heuristischen Wertes seines eigenen theoretischen Ansatzes von 1913 sprach Niels Bohr nunmehr mit sichtlicher Freude wiederholt von dem der Theorie des Atombaus zugrunde liegenden „Schwindel“. Im Dezember 1924 hatte er Pauli gegenüber die neue Kopenhagener Strahlungstheorie noch verteidigt: „Vielleicht sollte ich auch ein schlechtes Gewissen im Hinblick auf die Strahlungsprobleme haben; aber wenn es auch von einem logischen Standpunkt aus vielleicht ein Verbrechen ist, muß ich gestehen, daß ich nichtsdestoweniger davon überzeugt bin, daß der Schwindel des Vermischens der klassischen Theorie und der Quantentheorie sich noch auf viele Weisen beim Aufspüren der Geheimnisse der Natur als fruchtbar erweisen wird."[21] Schon wenige Tage später aber heißt es: „Ich habe ein Gefühl, daß wir an einem entscheidenden Wendepunkt stehen, jetzt da der Umfang des ganzen Schwindels so erschöpfend charakterisiert wurde."[22]

Die Fülle der ungelösten Probleme war erdrückend. Die Kopenhagener Physiker erwarteten vor allem eine revolutionäre Wendung in der Elektrodynamik, sie hatten sich aber natürlich in gewissem Umfang auch darauf vorbereitet, daß eine solche Wendung zuerst in der Mechanik erfolgen konnte. In seiner im März 1925 (also vor Bekanntwerden des Resultates von Bothe und Geiger) der „Zeitschrift für Physik" eingereichten Arbeit „Über die Wirkung von Atomen bei Stößen" findet sich eine mit „Juli 1925" datierte „Nachschrift", in der Bohr erstmals darauf hinweist, daß es *nach* dem Versuch von Bothe und Geiger nicht mehr darum gehen könne, zwischen zwei Theorien zur Lichtfortpflanzung im leeren Raum (Korpuskel- oder Wellentheorie) zu unterscheiden: „Vielmehr handelt es sich um das Problem, in welchem Umfang die raumzeitlichen Bilder, mittels deren die Beschreibung der Naturerscheinungen bis jetzt versucht worden ist, bei atomaren Prozessen anwendbar sind."[23]

Da sowohl die Wellentheorie als auch die Korpuskulartheorie des Lichtes gültig zu sein schienen, hatte man sich darauf einzustellen, „daß die zu erstrebende Verallgemeinerung der klassischen elektrodynamischen Theorie eine durchgreifende Revolution der Begriffe fordere, auf denen die Naturbeschreibung bis jetzt beruht hat"[24].

Die Göttinger Physiker erwarteten vor allem eine neue Mechanik; M. Born hatte schon seit längerem von der zu suchenden „Quantenmechanik" gesprochen. Den vielversprechenden Ansatz aber fand nicht er, sondern W. Heisenberg, einer seiner damaligen Assistenten. Dieser hatte sich nach einem vorangegangenen Kurzbesuch vom September 1924 bis April 1925 in Kopenhagen aufgehalten und war danach – gleichsam um Atem zu schöpfen – für längere Zeit in Urlaub gegangen. Während eines Helgoland-Aufenthaltes im Frühsommer 1925, der von starkem Heufieber erzwungen war, kam ihm eine vielversprechende Idee, wie man versuchen konnte, die Größen der klassischen Mechanik quantenmechanisch „umzudeuten". Zunächst handelte es sich dabei allerdings lediglich um die Einführung rein formaler Symbole; noch dazu mußte er vorerst sogar darauf verzichten, reale Systeme wie etwa das Wasserstoff- oder das Heliumatom zu berechnen. Das wurde erst später möglich.

Nach der Heisenbergschen Arbeit „Über quantentheoretische Umdeutung kinematischer und mechanischer Beziehungen" vom Juli 1925 schienen sich die Ereignisse förmlich zu überstürzen. [32], [33] In wenigen Monaten entstand durch Arbeiten von Born, Heisenberg und Jordan die Matrizenmechanik. Dirac entwickelte – angeregt durch Heisenberg – einen eigenen Zugang zur Quantenmechanik.

Etwa gleichzeitig führten G. E. Uhlenbeck und S. A. Goudsmit mit dem Spin des Elektrons eine Größe in die Physik ein, die eine Vielzahl der bis dahin gar nicht oder nur unbefriedigend gelösten Probleme bewältigen half. Bei dieser relativistisch zu rechtfertigenden Größe handelte es sich um eine vorher nicht bzw. nur künstlich berücksichtigte Zustandscharakteristik des Elektrons, sein magnetisches Moment, für das nur schwer ein mechanisches Analogon anzugeben war (Eigendrehung des punktförmigen Teilchens). Zwar hatte R. Kronig eine derartige Idee schon früher geäußert, sie aber vor allem unter dem Eindruck kritischer Einwände von Pauli nicht publiziert. Bohr klagte, als es zu spät war: „Ich bedaure sehr, daß Sie mir nichts von Ihren Ideen erzählt haben."[25]

Unabhängig von den Göttinger Physikern und von Dirac in Cambridge kam E. Schrödinger in Zürich Anfang 1926 zu einer anderen Darstellung der Quantenmechanik, die er „Wellenmechanik" nannte. Er hatte sich auf de Broglies Arbeiten gestützt. Plötzlich sahen sich die Physiker um Bohr in die Lage versetzt, entscheiden zu müssen, welche der revolutionären Neuerungen die *richtige* ist. Hatte Bohr 1913 seine Arbeiten mit der Überzeugung begonnen, daß letztlich eine neue Mechanik und eine neue Elektrodynamik für die Atomphysik erforderlich sind, lagen nunmehr gleich mehrere, auf den ersten Blick sehr verschieden erscheinende Varianten der *Quantenmechanik* vor. Um sich in dieser Forschungssituation zu orientieren, bedurfte Bohr dringend der Hilfe von Mitarbeitern, die die mathematisch komplizierten Theorieansätze bis in die letzten Details zu analysieren vermochten. – Ausgerechnet zu diesem Zeitpunkt erhielt Kramers einen Ruf nach Utrecht. Bohr versuchte, Heisenberg für die frei werdende Stelle zu gewinnen. [34] Verständlicherweise wollte Born diesen Mann, von dem Bohr geschrieben hat, daß er ebenso kongenial wie talentiert sei,[26] nicht verlieren. Zugleich aber war Born daran interessiert, die seit langem bestehenden guten wissenschaftlichen Beziehungen zwischen beiden Gruppen [28] zu fördern; überdies sah er, was für eine Chance dieses Angebot für Heisenberg bedeutete. Heisenberg nahm an und wurde der Nachfolger von Kramers. Damit gewann Bohr jenen Mitarbeiter, der am besten imstande schien, ihm den Weg zur Lösung eines seiner großen Probleme, nämlich dem der für die Mikrophysik adäquaten Mechanik, zu weisen. Aus einem Schüler war ein erfolgreicher Mitarbeiter geworden. [36]

In Kopenhagen und in Göttingen wußten die Theoretiker, daß sie im Begriffe standen, die lang gehegten Hoffnungen auf eine konsistente, leistungsfähige Quantentheorie endlich einzulösen. Mit großer Intensität gingen Bohr und Born nunmehr daran, das physikalische Verständnis der neuen mathematischen Formalismen zu fördern. [35]

Max Born formulierte seine bis heute gültige Interpretation der Schrödingerschen Wellenfunktion, derzufolge diese als quantentheoretische Zustandsbeschreibung keine direkt meßbare physikalische Größe ist, sondern über eine einfache mathematische Operation lediglich auf Wahrscheinlichkeiten führt, in Beobachtungen und Experimenten physikalische Größen innerhalb eines bestimmten Intervalls zu messen. Das hatte es bis dahin in der Physik noch nicht gegeben. Der mathematische Wahrscheinlichkeitsbegriff konnte auf gar keinen Fall mehr ausschließlich als Grad subjektiver Unkenntnis gedeutet werden.

In Kopenhagen kam es zu nicht enden wollenden Diskussionen zwischen Niels Bohr und allen, die etwas von den neuen theoretischen Entwicklungen verstanden. Dabei spielten die Debatten mit Schrödinger eine große Rolle. Von entscheidender Bedeutung aber wurden die Diskussionen zwischen Bohr, Heisenberg und Pauli, woran letzterer vor allem als Briefpartner beteiligt war.[27] Allmählich verschwanden viele Dunkelheiten der zunächst rein formalen Theorien; aus guten Hoffnungen wurde schließlich 1927 ein Bild von der Quantenmechanik, das Bohr als Erfüllung seiner über ein Jahrzehnt gehegten Träume ansehen konnte. Dabei handelte es sich keineswegs um das komplikationslose Einbringen einer erwartet guten Ernte. Vielmehr erforderte dieser Schritt gewaltige intellektuelle Anstrengungen. Die Quantenmechanik wurde zum Ausgangspunkt bis heute anhaltender erkenntnistheoretischer Kontroversen.

Abb. 21. „Bohr – Festspiele“ 1922 in Göttingen
Carl W. Oseen, Niels Bohr, James Franck, Oskar Klein (v.l.n.r.), Max Born (sitzend)

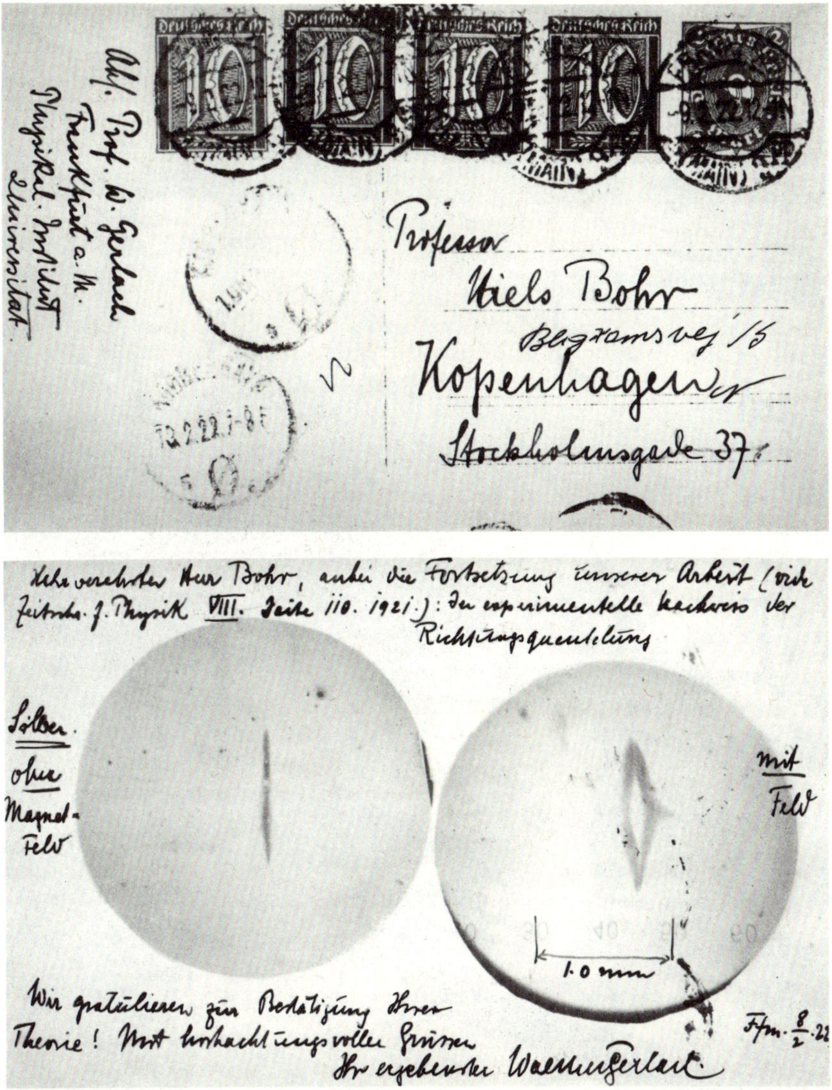

Abs. Prof. W. Gerlach
Frankfurt a. M.
Physikal. Institut
Universität

Professor
Niels Bohr
Blegdamsvej 15
Kopenhagen
~~Stockholmsgade 37~~

Sehr verehrter Herr Bohr, anbei die Fortsetzung unserer Arbeit (vide Zeitschr. f. Physik VIII. Seite 110. 1921): der experimentelle Nachweis der Richtungsquantelung

Silber ohne Magnetfeld

mit Feld

1.0 mm

Wir gratulieren zur Bestätigung Ihrer Theorie! Mit hochachtungsvollen Grüssen
Ihr ergebenster Walther Gerlach

Ffm. 8/2.22

Abb. 22 Die Nachricht von einer wichtigen Bestätigung der Bohrschen Theorie

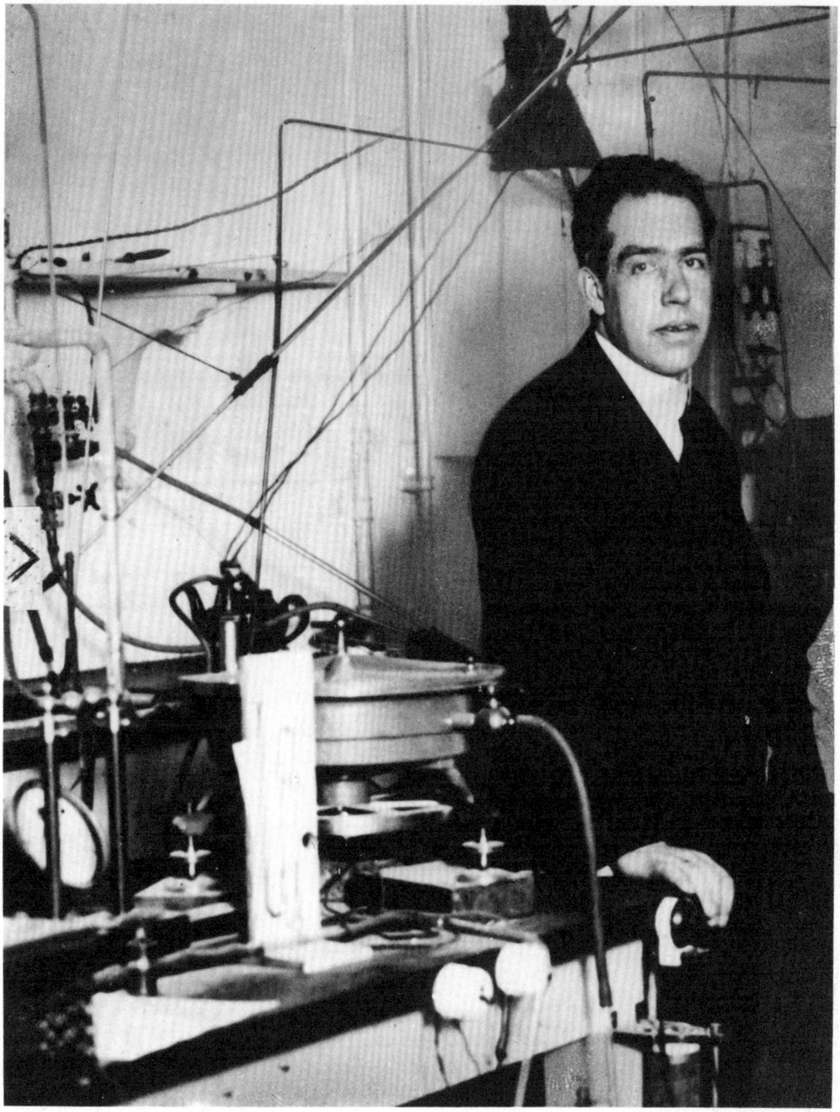

Abb. 23 Niels Bohr im Laboratorium seines Institutes

Abb. 24 Niels Bohr mit seinen Söhnen Aage, Erik, Christian, Hans, Ernest (v.l.n.r.) 1927 in Tisvilde

Abb. 25 Der abseits von „Lynghuset" im Walde gelegene „Pavillon" – Stätte ungestörter Arbeit für Niels Bohr und seine engsten Mitarbeiter

Abb. 26 Vor dem Sommerhaus „Lynghuset“ in Tisvilde

8. Aus einer dunklen Wolke philosophischen Rauchgewölks – die Bohrsche Komplementaritätsauffassung

Schon zu Beginn der zwanziger Jahre war von Niels Bohr immer wieder die Forderung nach philosophischer Tiefe bei der Entwicklung der Physik zu hören; vieles, was er physikalisch mehr erahnt als abgeleitet hatte, scheint engstens mit seinem „philosophischen Standpunkt" verquickt. Der aber kann vermutlich nicht besser zum Ausdruck gebracht werden als in dem von Bohr selbst so häufig zitierten Schlußvers aus Schillers „Sprüchen des Konfuzius":

„Nur die Fülle führt zur Klarheit,
Und im Abgrund wohnt die Wahrheit."

Der Mann, der sich philosophisch tiefen Dichtern und Schriftstellern ein Leben lang verpflichtet fühlte, stand bereits zu einem Zeitpunkt, als er sich wissenschaftlich noch ausschließlich mit physikalischen Problemen beschäftigte, in dem Ruf eines philosophierenden Physikers.

Als Theoretiker hat sich Niels Bohr niemals mit irgendwelchen formalen mathematischen Beziehungen zufrieden gegeben. Stets drang er darauf, die Rechenergebnisse *physikalisch* zu verstehen. Im Unterschied zu manch anderem mit dem Bohr-Sommerfeldschen Atommodell arbeitenden Physiker war für ihn physikalisches Verständnis längst nicht mehr an mechanische Anschaulichkeit gebunden. Da Bohr davon ausging, daß der 1913 vorgeschlagene und später vervollkommnete Ansatz *so* auf Dauer nicht bestehen konnte, suchte er Ideen, die schließlich eine konsistente physikalische Theorie zu begründen vermochten. Bohrs „philosophischer Standpunkt" war also nicht so sehr an eine bestimmte schulphilosophische Auffassung gebunden, er stellte zunächst vielmehr einen Ausdruck seines Wissens um den tatsächlichen Zustand der Fundierung atom*physikalischer* Theorie dar.

Das von ihm und seiner Schule verfolgte physikalische Forschungsprogramm mit der charakteristischen Mischung von Ideen der klassischen Physik und den damit unvereinbaren der Quantentheorie warf eine Reihe schwerwiegender erkenntnistheoretisch-methodologischer Fragestellungen auf. Es ging dabei um die Rolle des Modells in der physikalischen Forschung und die an ein solches zu knüpfenden Forderungen nach Anschaulichkeit. Inwieweit war es berechtigt, sich von den, der direkten Beobachtung nicht zugänglichen, inneratomaren Prozessen mechanisch anschauliche Vorstellungen zu machen? Deuteten nicht die höchst komplizierten Berechnungen mehrfach periodischer und aperiodischer Bewegungen an, daß es vielleicht sinnvoller wäre, in der Mechanik nur noch formale Rechenregeln zu sehen? Dazu tendierten neben Bohr vor allem Pauli und Heisenberg. Nahm man aber einmal an, daß es wirklich erforderlich sei, auf raumzeitliche Beschreibung inneratomarer Prozesse gänzlich zu verzichten, so mußte man auch fragen, was eigentlich eine Theorie wie die Bohr-Sommerfeldsche dann überhaupt noch beschreibt. Was konnte „theoretisch erklären" bedeuten, wenn von der Theorie lediglich verlangt wurde, daß sie alle physikalischen Beobachtungsergebnisse miteinander verknüpft? Wie sollte man zu einer befriedigenden Theorie kommen? Wenn klar zu sein schien, daß die bislang bewährten Theorien im Bereich der Atomphysik über ernsthafte Mängel verfügen, war nicht ohne weiteres einsichtig, daß der Weg über den korrespondenzmäßigen Anschluß der richtige sein würde. [58] Selbst wenn dies akzeptiert wurde, bliebe die Frage, wie aus einer solchen erkenntnistheoretischen Überzeugung ein für die physikalische Forschung heuristisch wirksames Prinzip zu gewinnen sei.

Mit diesen erkenntnistheoretisch-methodologischen Fragen waren zugleich auch schwerwiegende weltanschauliche Probleme aufgeworfen. Es galt zu fragen, ob es tatsächlich berechtigt sei, für einen physikalischen Objektbereich das Raum-Zeit-Konzept aufzugeben, und falls ja, was dann dort an seine Stelle treten sollte. Was konnte „existieren" physikalisch noch bedeuten, wenn man zugleich hinzusetzte „aber nicht in Raum und Zeit"? Wenn den wahrscheinlichkeitstheoretischen Überlegungen in der Strahlungstheorie und bei der Beschreibung spontaner Zerfallsprozesse eine so überragende Rolle beizumessen, ja sogar das Energieerhaltungsgesetz nach dem Vorbild des 2. Hauptsatzes der Thermodynamik als statistisches Gesetz zu verstehen war, wie konnte dann noch dem Kausalitätsprinzip Rechnung getragen werden, demzufolge für jede bestimmte Wirkung eine bestimmte Ursache gegeben sein muß? Durfte der Zufall in einer als befriedigend anzusehenden physikalischen Theorie tatsächlich ein nicht zu eliminierender Faktor sein?

Über all diese Fragen ist zu Beginn der zwanziger Jahre in Kopenhagen und den anderen Zentren atomphysikalischer Forschung sehr intensiv diskutiert worden (davon zeugen manche der damals ausgetauschten Briefe); sie spielten aber in der wissenschaftlichen Literatur nur eine untergeordnete Rolle. Überlegungen dieser Art befanden sich ersichtlicherweise im Vorfeld der physikalischen Arbeiten und mußten nicht notwendigerweise darin aufgenommen werden.

Die Situation änderte sich allerdings dramatisch mit der Herausbildung der Quantenmechanik. In den prinzipiellen Stellungnahmen zu den in das physikalische Theoriengebäude hineingetragenen revolutionären Veränderungen konnte auf explizite philosophisch-weltanschauliche Positionen kaum noch verzichtet werden. Es zeigte sich nun auch, daß schon die im Vorfeld geführten Diskussionen viele der wesentlichen Fragen aufgeworfen hatten. Mit der nichtrelativistischen Quantenmechanik aber war eine *physikalische* Theorie vorhanden, von der ausgehend man auch *philosophisch* bestimmter werden konnte.

M. Planck sprach damals davon, daß die Physik „in eine Sturm- und Drangperiode eingetreten ist, die wohl die interessanteste von allen bisherigen zu werden verspricht“[1]. Er spürte ebenso wie Bohr und viele andere an dieser Entwicklung beteiligten Physiker, daß nicht allein die Physik, sondern auch die Philosophie betroffen war. Für Planck stand fest: Diese Periode „wird uns nicht nur zur weiteren Entdeckung neuer Naturvorgänge, sondern sicherlich auch zu ganz neuen Einsichten in die Geheimnisse der Erkenntnistheorie führen. Vielleicht erwarten uns auf dem letzteren Gebiet noch manche Überraschungen und es könnte sich wohl ereignen, daß dabei gewisse ältere, jetzt in Vergessenheit geratene Anschauungen wieder aufleben und eine neue Bedeutung zu gewinnen anfangen. Deshalb dürfte ein aufmerksames Studium der Anschauungen und Ideen unserer großen Philosophen auch in dieser Richtung sehr förderlich wirken können.“[2]

So wie von Planck erwartet, brachte die Quantenmechanik tatsächlich manche Überraschung. Die Physiker, die sich mit den erkenntnistheoretischen und weltanschaulichen Folgerungen aus der Quantenmechanik am intensivsten befaßten, haben sich darauf aber nicht durch das Studium der großen Philosophen vorbereitet. Für sie entstanden die weitreichenden Fragestellungen aus der Beschäftigung mit der physikalischen Theorie selbst. Zwar verlangte die stürmische Physikentwicklung auch nach philosophischer Reflexion; sie ließ ihnen zunächst aber kaum Zeit, sich mit den philosophischen Gedankengebäuden der Vergangenheit gründlich zu befassen. Der Positivismus suggerierte ihnen zudem, daß die Wissenschaftsentwicklung schließlich dazu führe, diesen Denkeinsatz immer weiter zu entwerten. Vielen produktiven Physikern erschien es deshalb zweifelhaft, bei der Aufarbeitung revolutionärer physikalischer Erkenntnisse auf philosophische Überlegungen aus einer Zeit zurückzugreifen, in der die neuen Probleme noch gar nicht bekannt waren.

Niels Bohr wurde vor allem in der Auseinandersetzung mit der Quantenmechanik zum Philosophen, ohne daraus jemals die Verpflichtung abzuleiten, sich mit dieser altehrwürdigen Disziplin näher zu beschäftigen. Ausgehend von seinen eigenen wissenschaftlichen Erfahrungen und fußend auf den philosophischen Überzeugungen, die er sich im wesentlichen während seiner Studentenzeit angeeignet hatte, reagierte er seit 1925 auf das physikalisch Neue in einer Weise, die sowohl viele seiner Physikerkollegen als auch manchen Philosophen provoziert hat.

Während die naturwissenschaftliche Leistung des Physikers Niels Bohr bis auf wenige, hier nicht weiter zu besprechende Ausnahmen[3] mehr oder minder einheitlich bewertet wurde und wird, schlagen die Wogen der Auseinandersetzungen bis heute außerordentlich hoch, wenn es um die kritische Würdigung der philosophischen Leistung Bohrs geht. Im Rahmen einer Biographie wie der vorliegenden ist es nicht möglich, den vielschichtigen Gründen dieser anhaltenden Kontroversen auf die Spur zu kommen oder gar die entsprechenden Diskussionen selbst bis in ihre einzelnen Verästelungen zu verfolgen.[4] Hier geht es vor allem darum, die unter schwerem Ringen schließlich erreichte Position zu charakterisieren und den Zwang nachzuempfinden, unter dem Bohr dazu kam, sich mit erkenntnistheoretischen Schlußfolgerungen aus der Physik zeitweise ebenso intensiv zu beschäftigen wie mit den physikalischen Problemstellungen selbst.

Dazu ist es erforderlich, sich in die Situation hineinzuversetzen, in der der mathematische Formalismus der seit mehr als einem Jahrzehnt gesuchten Theorie schließlich vorlag, mehr noch, in der gleich einige scheinbar miteinander konkurrierende Formalismen entwickelt und zur Lösung einer Reihe komplizierter physikalischer Probleme bereits benutzt wurden, ohne daß dabei allerdings nennenswerte Fortschritte beim *physikalischen* Verständnis der mathematischen Formalismen erzielt worden wären. Auch die Quantenmechanik ist zunächst wieder mit physikalischer Intuition erraten und erst später wirklich verstanden worden. M. Born klagte gegen Ende des Jahres 1925 zu recht: „Vorläufig sind allerdings unsere mathematischen Formeln meist noch klüger als wir; die Formeln entstehen ganz von selbst, die Interpretation aber ist oft schwierig.“[5] Das blieb auch für die nächsten Monate ein generelles Charakteristikum der Situation.

Zwar mühten sich die meisten Theoretiker, die sich mit der Quantenmechanik beschäftigten, um deren besseres Verständnis, nirgends geschah das damals aber wohl so intensiv wie in Kopenhagen. Hier war es vor allem Niels Bohr, der nicht lockerlassen wollte. Daß von diesem so produktiven Gelehrten zwischen 1925 und 1928 kein physikalischer Originalbeitrag publiziert wurde, ist lediglich ein äußeres Zeichen dafür, wie sehr er um die Klärung der Grundlagen gerungen hat.

Bohr wußte spätestens seit dem Herbst 1925, daß die Zeit der Rechnungen auf der Grundlage seines vorläufigen Theorieansatzes von 1913 endgültig vorbei war, er bedauerte das aber in keiner Weise. Ihm schien die mit der Heisenbergschen „Umdeutung" einsetzende Entwicklung vielversprechend und höchst befriedigend zu sein. Während Einstein mit ironischer Distanz schrieb: „Heisenberg hat ein großes Quantenei gelegt. In Göttingen glauben sie daran (ich nicht)"[6], reagierte Bohr euphorisch: „Ich bin voller Begeisterung darüber und überhaupt über die Aussichten für die weitere Entwicklung."[7]

Niels Bohr konzentrierte damals seine Kräfte, um im Dialog mit den jüngeren Mitarbeitern und den führenden Quantentheoretikern des Auslandes schnellstmöglich beim Verständnis der neuen Theorie und ihrer physikalischen Grundlagen voranzukommen. Dabei hatte er durch die ausgerechnet in dieser Phase der Wissenschaftsentwicklung erfolgenden Baumaßnahmen zur Erweiterung des Institutes viele zusätzliche praktische Sorgen. Sie allein hätten bei manch anderem völlig ausgereicht, um die geringe Anzahl von Publikationen in diesem Zeitraum zu erklären. Bohrs Zurückhaltung aber hatte wirklich tiefere Gründe.

Obgleich er seit langem mit Überlegungen gerungen hat, wie hoch eigentlich der Preis für den erwarteten Durchbruch zu einer konsistenten quantentheoretischen Begründung der Atomphysik sein würde, war es jetzt, als dies allmählich aus der sich formierenden Theorie ablesbar wurde, für ihn keineswegs einfach, das Fazit seiner Überlegungen zu ziehen. Ja selbst als ihm bereits die prinzipiellen Fragen weitestgehend geklärt schienen, mühte er sich noch lange Zeit um die adäquaten Formulierungen. In diesem geistigen Ringen entfernte er sich ziemlich weit von der Mehrzahl der Physiker, so daß er schließlich von ihnen kaum noch verstanden wurde. Da er sich dieses Umstandes noch in Grenzen bewußt blieb, kann man sich leicht vorstellen, welch intellektuell aufregende Zeit Bohr zwischen 1925 und 1928 durchlebt hat, die – würde man allein nach seiner Publikationsliste urteilen – nicht zu den wissenschaftlich produktivsten zu zählen wäre.

Zu einer ersten dramatischen Zuspitzung führten die Diskussionen mit Schrödinger im Oktober 1926. Während Bohr seit dem Sommer 1925 seine Vorbehalte gegen Einsteins Lichtquantenhypothese aufgegeben hatte und sich bemühte, die *Dualität* des Lichtes auch begrifflich zu fassen, war Schrödinger mit dem Erfolg seiner Wellentheorie inzwischen geneigt, *alle* physikalischen Objekte auf Wellen zu reduzieren.

Den innerhalb des wellentheoretischen Formalismus eingeführten Größen sprach er im Sinne der klassischen Physik unmittelbare Bedeutung in der objektiven Realität zu; sie sollten mehr sein als lediglich mathematische Symbole. Er glaubte, daß das Quadrat der Wellenfunktion die Dichte der elektrischen Ladung angebe. Elektronen müssen aber auch als nahezu punktförmig lokalisierte Ladungsträger unterstellt werden, eine Annahme, die in krassem Widerspruch zu den sich aus dem Schrödinger-Formalismus ergebenden zerfließenden Wellenpaketen stand. Mit dieser Interpretation war also so etwas wie die Stabilität von Teilchen überhaupt nicht zu verstehen. Deshalb lehnte Bohr Schrödingers Interpretation wortreich ab, während Schrödinger das Bohrsche Theorieverständnis hart attackierte. Wie konnte man in einer *physikalischen* Theorie das *Symbolische* der eingeführten neuen Größen nur derart betonen? Ging es nicht wie in jeder physikalischen Theorie schließlich um physikalische *Realitäten*? Real aber waren für die Kopenhagener Physiker auch die Teilcheneigenschaften von Elektronen und die Quantensprünge – Heisenberg hielt diese sogar für die quantentheoretisch entscheidenden Realitäten.

Bohr, der Schrödinger nach Kopenhagen eingeladen hatte, um in den Grundsatzfragen weiterzukommen, war unerbittlich. [37] Als der ermüdete Gast sich unpäßlich fühlte, setzte er die Diskussion eben am Krankenbett fort, konnte aber keine Einigung erzielen. Schrödinger wollte sich nicht damit anfreunden, bei inneratomaren Vorgängen gänzlich auf Raum-Zeit-Bilder zu verzichten. Zeigten alle bislang vorgeschlagenen Bilder Mängel, dann mußte eben ein besseres gefunden werden: „Wenn es doch bei dieser verdammten Quantenspringerei bleiben soll, so bedaure ich, mich überhaupt jemals mit der Quantentheorie abgegeben zu haben.“ [8]

Obgleich Bohrs Überzeugung von der Notwendigkeit des Verzichts auf ein *anschauliches* Verständnis der mikrophysikalischen Vorgänge Schrödinger zumindest verunsichert hat, blieb es schließlich bei seiner Ablehnung der „Quantenspringerei“. Paulis Wort vom „Züricher Lokalaberglauben“ machte bei den Bohr-Schülern die Runde, konnte Schrödinger allerdings nicht davon abhalten, später mehrmals mit neuen Vorschlägen zur Elimination der nur mittels wahrscheinlichkeitstheoretischer Überlegungen faßbaren „Sprünge“ außerhalb von Raum und Zeit aufzuwarten – immer *ohne* Erfolg.

Die Bornsche Interpretation der Wellenfunktion scheint zum Zeitpunkt der Auseinandersetzung mit Schrödinger in Kopenhagen noch unbekannt gewesen zu sein. Als Bohr davon Kenntnis erlangte, sah er darin keinen nennenswerten Fortschritt. Ihm schien seit längerem klar, daß Wahrscheinlichkeiten in der Quantenmechanik von wesentlich prinzipiellerer Bedeutung sein mußten als in der statistischen Mechanik. Deshalb erwähnte Bohr Borns Beitrag selten.

Da Heisenberg 1926 ganz entschieden davon überzeugt war, daß die symbolische Matrizenmechanik die für die Quantentheorie charakteristischen Diskontinuitäten in den Mittelpunkt stellt, während die physikalische Wellenmechanik mit ihrer Betonung der Kontinuität eigentlich etwas der Quantentheorie völlig Fremdes hervorhob, ist der von Bohr seit 1927 mit aller Klarheit vertretene Standpunkt des prinzipiellen *Welle-Teilchen-Dualismus* das Resultat eines intellektuellen Zweifrontenkrieges. Daß Bohr dabei auch immer wieder die Position Einsteins zu bedenken hatte, liegt auf der Hand. Seine unmittelbaren Dialogpartner aber waren vor allem Heisenberg und Klein.

Im Anschluß an Schrödingers Besuch wiederholte sich im Kopenhagener Institut nahezu täglich dasselbe Schauspiel. Der Professor ging mit seinen engsten Mitarbeitern daran, eine Vielzahl von Gedankenexperimenten quantentheoretisch zu beschreiben. Dabei vertieften sie sich sehr oft derart in die Feinheiten der Konsequenzen des neuen Formalismus, daß Bohr und Heisenberg auch am Abend kein Ende finden konnten. So saßen beide zumeist nachts noch stundenlang in Heisenbergs Zimmer und versuchten, die neue Sprache physikalisch zu verstehen. Immer wieder aber stellten sie fest, daß eigentlich nicht einmal mehr klar war, was auf diesem Gebiet der Physik ein solches Wort wie „verstehen" wirklich noch bedeutete. Ein nicht unwesentlicher Gesichtspunkt mußte bislang in der Quantenmechanik übersehen worden sein, aber welcher? In diese Suche wurde auch Pauli eingeschaltet; seine Briefe machten in Kopenhagen die Runde.

Während Heisenberg, fasziniert von der Schönheit des mathematischen Formalismus, nach technischen Argumenten suchte, schien Bohr stets noch einen Schritt weitergehen zu wollen. Vor allem jedoch zeigte er kein Verständnis, wenn mit der Ablehnung der Schrödingerschen Interpretation der Wellenfunktion zugleich auch die Wellenmechanik in Bausch und Bogen verworfen, das Kind gewissermaßen mit dem Bade ausgeschüttet wurde. Bohr sah keinen Sinn darin, dieser Theorie abzusprechen, eine konsistente Quantentheorie zu sein. Heisenbergs Überzeugung, daß allein die Matrizenmechanik das Wesen der Quantentheorie zum Ausdruck bringe, schien ihm höchst verdächtig. Es konnte nicht um die Entscheidung zwischen Diskontinuität (Teilchen, Quantensprünge außerhalb von Raum, Zeit und Kausalität) und Kontinuität (Wellen, die sich in Raum und Zeit gemäß der klassischen Kausalität ausbreiten) gehen.

Heisenberg, der gehofft hatte, Dirac müßte in diesen Auseinandersetzungen auf seiner Seite stehen, sah sich enttäuscht. Der englische Theoretiker, er war kurz nach Schrödingers Abreise für ein Semester nach Kopenhagen gekommen, beteiligte sich kaum an den Diskussionen um die heiß umstrittenen Grundsatzfragen. Inwiefern Materiewellen als physikalisch real gesehen werden sollten, blieb nach seiner Überzeugung eine jener metaphysischen Fragen, die die Physiker getrost anderen überlassen konnten. Er war es gewöhnt, allein arbeitend einen physikalisch handhabbaren mathematischen Formalismus zu entwerfen, daraus Schlüsse abzuleiten und zu rechnen.

Trotz seiner Zurückhaltung in den erhitzten Diskussionen fühlte sich Dirac in Bohrs Umgebung außerordentlich wohl. Ihn faszinierte die Persönlichkeit dieses Mannes, seine Ausstrahlungskraft und Interessenvielfalt. Bohr seinerseits mochte den schweigsamen jungen Mann ganz besonders. Dirac hatte der Quantenmechanik eine mathematische Gestalt verliehen, die an Harmonie und Schönheit nichts zu wünschen übrig ließ. In ihm hatte er nun einen geduldigen Zuhörer für seine nicht enden wollenden Monologe auf ausgedehnten Spaziergängen. Das war die Form, in der Bohr Entspannung von den anstrengenden, aber immer wieder gesuchten Diskussionen mit Heisenberg fand. Dirac, der beim besten Willen nicht einsehen wollte, warum man sich wegen *verbaler* Beschreibungen physikalischer Situationen erhitzen konnte, versuchte in seinen „Gesprächen" mit Bohr kaum kritische Einwände. Zwar brauchte Bohr normalerweise den Meinungsstreit; in den anstrengenden Wochen seines Ringens um die der Mikrophysik adäquate Sprache aber scheint das Selbstbewußtsein Heisenbergs sein Denken allmählich auch behindert zu haben. Jedenfalls wurde die Freundschaft dieser beiden Männer erstmals auf eine harte Belastungsprobe gestellt.

Ziemlich überstürzt reiste Niels Bohr Ende Februar des Jahres 1927 aus Kopenhagen ab und begab sich zu einem Skiurlaub nach Norwegen. In der Einsamkeit der norwegischen Berge muß er endgültig zu dem Standpunkt gefunden haben, daß es keine Möglichkeit gibt, zwischen dem Teilchenaspekt der quantentheoretisch zu beschreibenden Wechselwirkung von Strahlung und Stoff sowie dem Wellenaspekt der elektrodynamisch zu beschreibenden Ausbreitung dieser Strahlung eindeutig zu entscheiden. Er erkannte, daß die prinzipiell nicht zu versöhnenden Eigenschaften ein und desselben physikalischen Objektes nicht nur einander widersprechen, sondern sich zugleich auch wechselseitig ergänzen. Als kurze Zeit nach seiner Rückkehr experimentelle Ergebnisse von C. J. Davisson und L. H. Germer sowie G. P. Thomson bekannt wurden, die eindeutig dafür sprachen, daß die von de Broglie hypothetisch eingeführten Welleneigenschaften der Teilchen physikalisch real existieren, stand für Bohr endgültig und unumstößlich fest, daß der *Welle-Teilchen-Dualismus* von prinzipieller Natur ist. Damit aber waren die bislang diskutierten erkenntnistheoretischen und weltanschaulichen Probleme keineswegs gelöst. Im Gegenteil: die Diskussionen spitzten sich ein weiteres Mal dramatisch zu.

Heisenberg hatte nämlich in Bohrs Abwesenheit, vom Formalismus der Quantenmechanik ausgehend, eine mathematische Beziehung gefunden, aus der folgte, daß bestimmte, in der klassischen Physik gleichzeitig meßbare Größenpaare für die Objekte der neuen Theorie nur noch mit genau angebbaren Unbestimmtheiten gleichzeitig gemessen werden können. Das Produkt der entsprechenden Unbestimmtheiten erwies sich immer von der Größenordnung des Planckschen Wirkungsquantums. Je genauer eine von beiden Größen bestimmt wird, um so unbestimmter muß die andere sein, und zwar stets so, daß das Produkt der Unbestimmtheiten den Wert für h ergibt. Im Grenzfall bedeutet das: Falls eine Größe (etwa der Ort eines Teilchens) exakt bestimmt ist, muß die entsprechende andere Größe (in diesem Fall der Impuls) absolut unbestimmt bleiben. Da Heisenberg, berauscht von der Faszination seiner im Gedankenexperiment nachvollziehbaren und mathematisch aus der Theorie herleitbaren Beziehung, nicht einsehen konnte, warum Bohr in dieser Situation darauf drang, bei der Wahl der Worte für die Beschreibung dieses völlig überraschenden Sachverhaltes erst recht besonders vorsichtig zu sein, kam es in Kopenhagen wiederum zu reichlich erhitzten Debatten.

Davon zeugen auch die erhalten gebliebenen Briefe jener Tage. In einem von Heisenberg an Pauli geschriebenen heißt es schließlich bedauernd: „Wie Sie wissen, hielt ich die Dirac-Jordan-Theorie für besser als die Wellenmechanik (auch in diskontinuierlich-korrespondenzmäss[iger] Form), weil die Dirac-J[ordan] Th[eorie] unanschaulicher und allgemeiner ist und die Diskontinuitäten etwas leichter zu formulieren gestattet. So bin ich in einen Kampf für die Matrizen und gegen die Wellen gekommen; im Eifer dieses Kampfs hab' ich Bohrs Einwände gegen meine Arbeit oft zu scharf kritisiert und, ohne es zu wissen und zu wollen, ihn persönlich dadurch verletzt. Wenn ich jetzt über diese Diskussionen damals nachdenke, kann ich sehr gut verstehen, daß Bohr darüber ungehalten war. In diese persönlichen Gegensätze, die durch meine Schuld enstanden waren, ist dann Klein hereingekommen…“[9]

Bohr der sich seit längerem mit dem Gedanken getragen hatte, eine kleine Arbeit „über den begrifflichen Aufbau der Quantentheorie“[10] zu schreiben, war zu diesem Zeitpunkt zwar optimistisch, vermochte den

Gedanken, die er vom Skiurlaub aus Norwegen mitgebracht hatte, aber noch immer nicht die für eine Veröffentlichung adäquate Gestalt zu verleihen.

Daß Heisenberg etwas Fundamentales gefunden hatte, daran bestand für ihn kein Zweifel. Im April 1927 schickte er Heisenbergs Artikel an Einstein, nicht zuletzt wohl auch deshalb, weil damit ein bedeutsames Ergebnis in die mindestens seit 1920 geführten Diskussionen über die Natur des Lichtes eingebracht wurde. Für Bohr stand jetzt fest, daß weder seine eigene ursprüngliche Auffassung (Wellentheorie) noch Einsteins Position (Teilchentheorie) Bestand haben konnte. Um die Natur des Lichtes physikalisch wirklich zu verstehen, war es erforderlich, die Auffassungen der klassischen Physik mit den quantentheoretischen Überlegungen zu einer theoretischen Synthese zu bringen. Nur eine solche Synthese erlaubte es, widerspruchsfrei über die physikalischen Erfahrungen zu sprechen.

Diesen Gedanken nunmehr programmatisch auszuformulieren, ohne sich in neue Widersprüche zu verwickeln, bereitete Bohr aber noch zahlreiche Schwierigkeiten. Er trug sich mit verschiedenen Artikelprojekten, entschloß sich schließlich jedoch dazu, alle Kraft auf die Vorbereitung eines Grundsatzreferates für den vom 11. bis zum 20. September 1927 in Como (Italien) stattfindenden Physikerkongreß anläßlich des 100. Todestages von A. Volta zu konzentrieren. Daß die italienische Regierung unter Mussolini dieses Ereignis nutzen wollte, um die internationale Reputation des ersten faschistischen Regimes der Welt aufzubessern, haben die meisten Physiker damals ignoriert. Mit Ausnahme von Einstein und Ehrenfest hatten die führenden Wissenschaftler dieser Disziplin ihr Kommen zugesagt. Bohr war viel zu sehr mit den begrifflichen Problemen der Quantentheorie beschäftigt, als daß er ebenso ernsthaft wie Einstein hätte darüber nachdenken können, welchen politischen Zielen gerade dieser Kongreß dienen sollte.

Je näher der Vortrag in Como rückte, um so komplizierter wurde für ihn und seine Mitarbeiter die Situation. Er selbst verbrachte einen heißen Arbeitssommer in Tisvilde. Sein damaliger Assistent O. Klein konnte später manches Lied von den Strapazen der Vorbereitung gerade dieses Vortrages singen. Wenn er sich am Morgen eines neuen Arbeitstages erwartungsvoll einstellte, weil er das Gefühl hatte, sie seien schließlich am Vortag ein schönes Stück weitergekommen, begann regelmäßig alles wieder von vorn. Bohr hielt es meist nicht einmal für erforderlich, die Ausarbeitung des vergangenen Tages noch einmal durchzugehen. Immer wieder setzten das Diktat und die sich darum rankenden Diskussionen gewissermaßen am Punkt Null ein. In einem

Manuskript vom 10. Juli schließlich taucht erstmals ein Wort auf, das später all die vorangegangenen Schwierigkeiten auf den Begriff brachte und zu einem nahezu magischen Schlüsselwort innerhalb der Bohrschen philosophischen Stellungnahmen zur Wissenschaftsentwicklung wurde. Dabei handelte es sich um ein Wort, das in der Wissenschaftssprache mehrerer Disziplinen durchaus schon geläufig war: „Komplementarität". Zwar knüpfte Bohr an die Bedeutung an, die dem entsprechenden Begriff in anderen Disziplinen schon zukam; aber er entwickelte mit seiner Komplementaritätsauffassung sehr bald eine philosophische Position, der nicht voll gerecht zu werden ist, wenn dabei lediglich auf zwei verschiedene, einander jedoch gleichzeitig ergänzende Seiten ein und derselben Sache verwiesen wird.

Der Ursprung des Bohrschen Komplementaritätsargumentes lag sicher in der Erkenntnis von der Unausweichlichkeit des Welle-Teilchen-Dualismus. Insofern ist verständlich, wenn Heisenberg davon gesprochen hat, daß Bohr die Komplementaritätsauffassung von seinem Skiausflug aus Norwegen mitgebracht habe. Dort war Bohr, wie bereits erwähnt, zu der Überzeugung gekommen, daß die Wellen- und die Teilcheneigenschaften des Lichtes nicht nur Gegensätze bilden, sondern sich zugleich auch notwendigerweise beim physikalischen Verständnis des *einheitlichen* Phänomens Licht ergänzen, also zueinander im traditionellen Sinne komplementär sind. Aber bereits im Frühsommer des Jahres 1927 wurde Komplementarität von Bohr theoretisch sehr viel prinzipieller gefaßt. Im Zusammenhang mit dem Hinweis auf die Dualität von Welleneigenschaften (Superpositionsprinzip) und Korpuskeleigenschaften (Energie- und Impulserhaltungssatz) lautet die erste nachweisliche Erwähnung dieses Wortes: „Komplementäre Seiten der Erfahrung, die sich nicht in einem Raum-Zeitbild vereinen lassen, das auf den klassischen Theorien beruht"[11].

Damit deutete sich schon an, daß der Komplementaritätsbegriff von Bohr eingeführt wurde, um einen Zusammenhang zwischen der neuen konsistenten Quantentheorie und jenen klassischen Vorstellungen herzustellen, ohne die man gar nicht zur Quantenmechanik gekommen wäre. Während viele andere inzwischen nahezu ausschließlich damit beschäftigt waren, den neuen theoretischen Formalismus auf seine Konsequenzen zu befragen, ging Bohr davon aus, daß sein für die Mechanik nunmehr erfolgreich realisiertes Forschungsprogramm nicht nur als jene methodische Krücke anzusehen war, die einfach weggeworfen werden konnte, nachdem sie ans Ziel geführt hatte. Die spezifische Weise, in der die quantentheoretischen Diskontinuitäten in die Physik eingebracht wurden, mußte nach Bohrs Überzeugung auch Folgen für die konsistente Theorie selbst haben. Die Unteilbarkeit (Bohr sprach damals in Anlehnung an die ursprüngliche Bedeutung des aus dem Lateinischen stammenden Begriffes von „Individualität") quantentheoretisch elementarer Größen war von ebenso prinzipieller Bedeutung wie die aus dem wellentheoretischen Superpositionsprinzip bekannten Ganzheitseigenschaften entsprechender Objekte. Deshalb sah Bohr das Wesen der Quantentheorie darin, daß „die scheinbar widersprüchlichen Forderungen nach Superposition und Individualität nicht konträre, sondern komplementäre Seiten der Natur sind"[12]. Daraus zog er die *erkenntnistheoretische* Schlußfolgerung, daß die Beobachtungsbedingungen einer Größe und die Definitionsmöglichkeiten ihrer komplementären Größe in der Quantentheorie in einem Zusammenhang stehen, der in der klassischen Physik völlig unbekannt war. Wird in der klassischen Mechanik der Ort eines Teilchens scharf gemessen, dann hat das keinerlei Konsequenzen für die Möglichkeit zur Definition seines Impulses. Die Kenntnis des Impulses ist dort lediglich eine Frage der entsprechenden Messung. Die Quantenmechanik aber verbietet *nach* erfolgter exakter Orts*messung* in Übereinstimmung mit der Heisenbergschen Unbestimmtheitsrelation die *Definition* einer entsprechenden Impulsgröße. Wird umgekehrt der Impuls scharf gemessen, dann ist wiederum in Übereinstimmung mit der Heisenbergschen Unbestimmtheitsrelation die Definition einer entsprechenden Ortsgröße untersagt.

Heisenberg hatte davon gesprochen, daß Ort bzw. Impuls erst durch die Messung *entstehen*; Bohr analysierte, inwiefern die materiell-gegenständlichen Eingriffe in die mikrophysikalischen Prozesse mittels klassisch-physikalisch beschreibbarer makroskopischer Meßgeräte auf die theoretischen Voraussetzungen zur begrifflichen Fixierung mikrophysikalischer Objekteigenschaften einwirken. Das teilte er Heisenberg umgehend mit: „Im Laufe des Sommers habe ich ziemlich viel über die allgemeinen physikalischen Probleme nachgedacht und glaube, daß es mir in einem gewissen Grade gelungen ist, meine Gedanken zu klären. Da ich etwas müde war, ist es mir doch noch nicht gelungen, eine Abhandlung fertigzustellen, aber ich hoffe, in meinem Vortrag in Como – mit dessen Ausarbeitung ich gerade beschäftigt bin – eine einigermaßen klare Darstellung meiner Ansicht über die Grundlagen der Quantentheorie geben zu können. Dies sind ja im Wesentlichen dieselben Dinge, über die wir so oft gesprochen haben; aber ich finde ständig neue Belehrung, indem ich betone, wie gerade die Unbeobachtbarkeit oder richtiger Undefinierbarkeit der Phasen die Möglichkeit gibt, die Forderung nach der Individualität der einzelnen Prozesse mit dem Superpositionsprinzip zu vereinen. Auch die enge Verbindung zwischen Raum und Zeit im Sinne der Relativitätstheorie erscheint unter diesem Gesichtspunkt sehr lehrreich."[13] Die wahrscheinlichkeitstheoretische Interpretation der Schrödingerschen Wellenfunktion ergab sich für Bohr zwangsläufig, da jede Beobachtung oder Messung mikrophysikalischer „Ereignisse" eine Transformation des mikrophysikalischen „Geschehens" in die makrophysikalischen Dimensionen voraussetzt.

Was Bohr damals im Begriff war sich selbst klarzumachen, vermochte er weder in Como noch auf der kurze Zeit später in Brüssel stattfindenden 5. Solvay-Konferenz[14] anderen Physikern wirklich überzeugend zu vermitteln. Sein erklärtes Anliegen, die scheinbar widersprüchlichen Auffassungen verschiedener Gelehrter über die Komplementaritätsargumente miteinander zu versöhnen, ist ihm weder damals noch später gelungen.

Einer der ganz wenigen, die sich in Como spontan bereit zeigten, den von Bohr vorgezeichneten Bahnen des physikalischen und philosophischen Denkens zu folgen, war Wolfgang Pauli. Er half seinem verehrten Lehrer bei der endgültigen Formulierung des für die Publikation gründlich zu überarbeitenden Vortragsmanuskripts. Immerhin verging aber nochmals ein halbes Jahr bis zum Erscheinen erster Texte mit einer relativ ausführlichen Erläuterung des inzwischen von Bohr eingenommenen Standpunktes. Dabei handelte es sich um zwei stark voneinander abweichende Fassungen in den Kongreßberichten der Volta-Feier und in der „Nature" bzw. den „Naturwissenschaften" (April 1928).

Bei der Ausarbeitung der entsprechenden Texte haben auch die auf der 5. Solvay-Konferenz zwischen Bohr und Einstein geführten Diskussionen eine große Rolle gespielt. P. Ehrenfest, der gerade diesem Dialog besonders erwartungsfroh entgegengesehen hatte, lieferte eine an Plastizität wohl kaum zu überbietende Schilderung der aufregenden Tage in Brüssel: „Bruessel – Solvay war fein! Lorentz, Planck, Einstein, Bohr, Heisenberg, Kramers, Pauli, Dirac, Fowler, Brillouin, Bragg, Compton, Langmuir, Schroedinger, de Broglie, Curie, Wilson, Richardson, Knudsen, Debye und ich. Alle ganz ueberragend *Bohr.* Erst ganz und gar nicht begriffen... dann Stueck fuer Stueck alle ueberwindend.

Natuerlich wieder arg Bohrische Beschwoerungsterminologie. Unmoeglich durch andere Resummierbar (Armer Lorentz als Dolmetscher zwischen den einander absolut nicht begreifenden Englaendern und Franzosen. Bohr resummierend. Und Bohr mit Hoeflicher Verzweiflung reagieren) (Jede Nacht um 1 Uhr kam Bohr zu mir noch aufs Zimmer, um bis Drei mir nur noch *Ein einziges Wort* zu sagen.) Herrlich war es fuer mich, den Zweigespraechen zwischen Bohr und Einstein beizuwohnen. Schachspielartig. Einstein immer neue Beispiele. Gewissermassen Perpetum mobile zweiter Art um die *Ungenauigkeitsrelation* zu durchbrechen: Bohr stets aus einer dunklen Wolke von Philosophischen Rauchgewoelkes die Werkzeuge heraussuchend um Beispiel nach Beispiel zu zerbrechen. Einstein wie die Teuferln in der Box: Jeden Morgen wieder frisch herausspringend. Oh, das war koestlich."[15]

Ehrenfest stand vorbehaltlos auf der Seite Bohrs und kritisierte Einstein, daß er sich nun so verhalte wie die Gegner der Relativitätstheorie ihm gegenüber. Einstein selber aber schrieb in unmittelbarer Reaktion auf die in Brüssel gemachten Erfahrungen: „Zu der 'Quantenmechanik' denke ich, daß sie bezüglich der ponderablen Materie etwa ebenso viel Wahrheit enthält, wie die Theorie des Lichts ohne Quanten. Es dürfte eine richtige Theorie statistischer Gesetze, aber eine unzureichende Auffassung der einzelnen Elementarprozesse sein."[16] Nach Erscheinen des Bohrschen Grundsatzartikels zur Komplementaritätsauffassung stellte er gar fest: „Die Heisenberg-Bohrsche Beruhigungsphilosophie – oder Religion? – ist so fein ausgeheckt, daß sie dem Gläubigen einstweilen ein sanftes Ruhekissen liefert, von dem er nicht so leicht sich aufscheuchen läßt. Also lasse man ihn liegen."[17]

Obgleich Einstein und manch anderer hinreichend ausgewiesene Physiker immer wieder versucht haben, eine über die Quantenmechanik hinausgehende Theorie der einzelnen Elementarprozesse zu finden, hat sich bis heute die von Bohr, Heisenberg, Pauli, Born und anderen Quantentheoretikern seit 1927 vertretene Auffassung hinlänglich bewährt: Die Quantenmechanik ist eine vollständige Theorie; die zu ihrer Interpretation erforderlichen wahrscheinlichkeitstheoretischen Überlegungen sind prinzipieller Natur. Daraus ergibt sich die Notwendigkeit, die von Bohr aus der Quantenmechanik seit 1927 gewonnenen erkenntnistheoretischen Schlußfolgerungen ernsthaft zu prüfen.

Der quantenmechanische Formalismus bedeutet zunächst und vor allem eine Absage an die bis dahin üblichen quasiklassischen *Modellvorstellungen*. Die konsistente Theorie rechnet im Unterschied zu ihrer inkonsistenten Vorläuferin nicht mehr mit mechanischen Bahnen der Elektronen in stationären Zuständen: ihre Objekte sind weder klassische Teilchen noch klassische Wellen. Die im Bohr-Sommerfeldschen Atommodell *vorausgesetzten* stationären Zustände ergeben sich aus der Theorie selbst; sie bedürfen keiner speziellen Annahmen in Gestalt entsprechender Quantisierungsbedingnungen. Letztere erweisen sich damit als eine direkte Folge der neuen Theorie.

Die Quantenmechanik wird für physikalische *Objekte* formuliert, die zwar auch noch durch eine Reihe von *Eigenschaften* charakterisiert sind, welche von denen klassischer Objekte *nicht* unterschieden werden können (Ladung, Masse); zu diesen aus der klassischen Physik bekannten Eigenschaften kommen in der neuen Theorie aber Eigenschaften hinzu, welche durch Größen repräsentiert werden, die so in der Physik bis dahin unbekannt waren. Dazu gehören sowohl der erst relativistisch zu rechtfertigende Spin als auch eine Reihe spezifisch quantenmechanischer Größen. Einige von den letzteren ergeben sich durch eine solche quantenmechanische „Umdeutung" von klassisch-mechanischen Größen, daß für diese die mathematischen Beziehungen bekannter Theorien aufrechterhalten werden können.

Trotz des Verzichts auf klassisch-physikalische Anschaulichkeit für die *Symbole* des neuen mathematisch-theoretischen Formalismus bedurfte es jedoch großer Anstrengungen, um schließlich zu erkennen, daß für *jede* mathematische Darstellung der Quantenmechanik Größen gebraucht werden, die sich *prinzipiell* direkter physikalischer Beobachtung entziehen. Insbesondere die Göttinger Physiker waren ursprünglich davon ausgegangen, in die neue Mechanik nur noch direkt beobachtbare Beziehungen aufzunehmen; auch Schrödinger sah in der von ihm eingeführten Wellenfunktion eine unmittelbar beobachtbare Größe.

Die Quantenmechanik muß im Unterschied zur klassischen Mechanik den mathematischen *Darstellungs-* und den physikalischen *Beobachtungsraum* als aufeinander prinzipiell nicht zu reduzierende Mannigfaltigkeiten verschiedenartiger Dimensionen ansehen. Der mathematische Formalismus operiert im unendlichdimensionalen Hilbert-Raum, während jede physikalische Messung im vierdimensionalen Raumzeitkontinuum stattfindet. Eine Messung bzw. Beobachtung setzt stets die Existenz klassisch physikalisch zu beschreibender Geräte voraus. Dabei werden nicht mikrophysikalische Ereignisse an sich, sondern die makrophysikalischen Folgen mikrophysikalischen Geschehens registriert. Die mit den *Heisenbergschen Unbestimmtheitsrelationen* und dem *Bohrschen Komplementaritätsargument* aufgeworfenen erkenntnistheoretischen Fragen sind ebenso wie die *Bornsche wahrscheinlichkeitstheoretische Interpretation* der Schrödingerschen Wellenfunktion Folgen des Umstandes, daß Darstellungs- und Beobachtungsraum nicht länger zusammenfallen.

Bohrs *Komplementaritätsauffassung* läuft darauf hinaus, die logische *Widerspruchsfreiheit* der physikalischen Theorie durch Abwägen der *Beobachtungs-* und *Definitionsmöglichkeiten* für entsprechende Größenpaare herzustellen. Was komplementäre Eigenschaften sind, folgt in der Quantenmechanik aus der Theorie selbst. Sie werden durch die Heisenbergschen Unbestimmtheitsrelationen angegeben, die ihrerseits eine Folge der Nichtvertauschbarkeit der entsprechenden quantenmechanischen Symbole darstellen. Das Bohrsche *Komplementaritätsargument* besagt schließlich, daß die *Beobachtungsbedingungen* für eine Größe in Übereinstimmung mit der Heisenbergschen Unbestimmtheitsrelation die *Definitionsmöglichkeit* für die komplementäre Größe einschränken.

Der materiell-gegenständliche Eingriff in das mikrophysikalische Geschehen mittels makrophysikalischer Meßgeräte bleibt also theoretisch nicht folgenlos. Er legt fest, bis zu welchen Grenzen die aus der klassischen Physik bekannten theoretischen Idealisierungen jeweils gültig bleiben. Das Bohrsche Komplementaritätsargument erklärt damit, inwiefern es möglich war, die neue konsistente Theorie ohne prinzipielle Aufgabe der Begriffsbildungen der klassischen Physik zu entwickeln. Es stellt einen gewichtigen Versuch zur schrittweisen Klärung der für die Quantenmechanik charakteristischen Begriffsbildungen dar. Historisch ist es eine Konsequenz aus der Tatsache, daß die neue Theorie aus einem Forschungsprogramm hervorgegangen ist, dem die klassische Physik und das damit unvereinbare Quantenpostulat zugrunde lagen, die Quantenmechanik also im Bohrschen Sinne eine über das Korrespondenzprinzip gewonnene Verallgemeinerung der klassischen Mechanik darstellt.

Alle Versuche, sich von den Begriffen der klassischen Mechanik bei der Interpretation der Quantenmechanik völlig zu „befreien" und eine für die Mikroobjekte adäquate neuartige physikalische Begriffsbildung einzuführen, sind bislang gescheitert. Das hatte Bohr von Anfang an erwartet. Er wurde nicht müde, darauf hinzuweisen, daß es zum Komplementaritätsargument im Bereich der Atomphysik keine vernünftige Alternative gibt. – Um diesen Gedanken noch überzeugender zu machen, hat er ihn immer wieder anhand von Erfahrungen in anderen Wissenschaften und Beispielen aus dem täglichen Leben erläutert. Ihn gemahnte die Quantenmechanik an die altbekannte Tatsache, daß der Mensch auf der Bühne des Lebens zugleich Darsteller und Zuschauer ist. Jede Selbstbeobachtung schränkt das Maß der eigenen Aktivitäten ein, und umgekehrt wird der Grad kritischer Selbstbeobachtung durch den Grad äußerer Aktivitäten reduziert. Diesem Zirkel kann sich niemand entziehen. Den entsprechenden Widerspruch aber kann man besser beherrschen lernen, wenn man sich dieses Problems bewußt wird.

Der Wert des Bohrschen Komplementaritätsarguments besteht in eben diesem Sinne darin, daß es dem Physiker bewußt macht: Über

Elektronen und andere Mikroobjekte kann er nicht mehr so sprechen wie über Häuser und Bäume. Obgleich auch die Mikroobjekte *real existieren* (ein Gesichtspunkt, den Bohr lange Zeit nicht genügend betont hat), muß jede Erkenntnis über diesen Objektbereich im Prinzip auch die Umstände berücksichtigen, unter denen sie gewonnen wurde. M. Plancks [40] und A. Einsteins Hoffnungen, daß die Naturgesetze um so deutlicher hervortreten, je größer die Distanz ist, aus der wir ihr Wirken beobachten, scheinen damit für die Mikrophysik ein schöner Traum zu bleiben.

Bohr selber hat seine Komplementaritätsauffassung zugleich als heuristische Orientierung für die Forschungsarbeit in Gebieten außerhalb der Atomphysik verstanden. Aus der mit dem Komplementaritätsargument verknüpften erkenntnistheoretischen Position hat er ebenso weitreichende wie umstrittene weltanschauliche Schlüsse gezogen. Diese sachkundig zu diskutieren, verlangt sehr viel mehr, als sie mit dem Epitaph eines philosophischen Ismus zu versehen. Worauf es in unserem Zusammenhang vor allem ankommt, ist zu verstehen, daß mit der Komplementaritätsauffassung keine willkürliche philosophische Apriorikonstruktion in die Physik eingeführt wird, sondern sie einen Versuch darstellt, erkenntnistheoretische Schlüsse aus jenem Theorieentwicklungsprozeß zu ziehen, für den die Widersprüche der Entwicklung zumindest teilweise im Resultat dieses Prozesses selbst aufgehoben sind.[18]

Mit der Formulierung des Komplementaritätsarguments fand ein Entwicklungsabschnitt der Atomphysik seinen Abschluß, der in allen Phasen maßgeblich von Niels Bohr geprägt worden ist. Durch die simultane Benutzung der klassischen Theorien und der Quantentheorie im Rahmen *eines* theoretischen Ansatzes war 1913 jenes Problem formuliert worden, aus dem die nachfolgende Entwicklung bis zur Herausbildung der Quantenmechanik und der Quantenelektrodynamik ihre dialektische Spannung bezog. Da Niels Bohr diesen heuristisch bedeutsamen methodischen Schritt sicher nicht unter Rückgriff auf die philosophische Theorie der Dialektik getan hat, ist es gerechtfertigt, ihn als Ausdruck eines spontan-dialektischen Denkstils zu rekonstruieren.

Bohr hat das Korrespondenzprinzip eingeführt, um aus der ursprünglichen dialektischen Spannung seines ersten Theorieansatzes ein methodisch praktikables Instrumentarium auf dem Wege zu einer konsistenten Quantentheorie zu formieren. Als 1924/25 all diese Versuche in eine schwere Krise des Bohr-Sommerfeldschen Theorieansatzes mündeten, hat er humorvoll vom „Schwindel“ der der Theorie des Atombaus zugrunde liegenden Annahmen gesprochen. Nachdem die entsprechenden Probleme mindestens für die Mechanik in der Quantenmechanik ihre Lösung gefunden hatten und Bohr eine Interpretation der neuen und diesmal konsistenten Theorie zu geben vermochte, aus der klar ersichtlich war, wie Mechanik und Quantenmechanik sich aufeinander beziehen, hat er sich nie wieder mit solcher Distanz über die tastenden Versuche im Rahmen seines ursprünglichen Forschungsprogrammes geäußert wie an der Jahreswende 1924/25. Erst nach der expliziten Einführung des Komplementaritätsarguments konnte man erkennen, wie fruchtbar eigentlich die Bohrsche Intuition des Jahres 1913 wirklich war. Dieser Sachverhalt wird auch nicht dadurch relativiert, daß sich Bohr bis an sein Lebensende mühte, den neugewonnenen Standpunkt theoretisch präziser zu formulieren. Bedenkt man allerdings die Intensität, mit der Bohr um seine Komplementaritätsauffassung gerungen hat, dann wird deutlich, warum ihm jeder verdächtig erscheinen mußte, der von sich behauptete, über die Quantenmechanik nachdenken zu können, ohne dabei Schwindelgefühle zu bekommen. In die bis heute nicht abgeschlossenen Diskussionen ihrer Grundsatzfragen fließt immer wieder etwas ein, das mindestens ebenso schwer faßbar ist wie die nach wie vor umstrittene Komplementaritätsauffassung. Die einen (Bohrs Anhänger) sprechen vom „Kopenhagener Geist", die anderen (Bohrs Gegner) nennen es „Kopenhagener Orthodoxie".

Es ist hier nicht der Ort, im Detail auf die Schwierigkeiten einzugehen, die Bohrs philosophische Gedanken spätestens seit 1927 Physikern und Philosophen mehrerer Generationen bereitet haben.

Selbst einem Mann wie P. Ehrenfest, der Bohrs Standpunkt euphorisch gegen Einsteins Angriffe verteidigt hatte, fiel es schwer, jenem sich nach 1927 ausbreitenden Stil physikalischer Theorieentwicklung zu folgen [38], [39], den Bohr mit seinen erkenntnistheoretischen Reflexionen mindestens teilweise gestützt hat.

Werden nämlich erst einmal die Auseinandersetzungen mit dem naiven Realismusverständnis der klassischen Physik akzeptiert, dann ist auch die eigenständige Entwicklung mathematischer Formalismen der Physik gerechtfertigt. Bohr aber blieb ein Theoretiker, der darüber niemals die Frage nach der physikalischen Bedeutung neuer Formalismen vergessen hat. Die an das Komplementaritätsargument anknüpfenden Debatten führten ihn schließlich so tief in eine spontan-materialistisch argumentierenden Physikern unverständliche Philosophie hinein [40], daß auch viele seiner Bewunderer nicht mehr zu folgen vermochten. Selbst den ersten Ausführungen zum Komplementaritätsargument in der „Nature" war eine für diese Zeitschrift höchst ungewöhnliche redaktionelle Erklärung vorangestellt, die in dem Satz gipfelt: „es ist ernsthaft zu hoffen, daß dies nicht ihr (der Schöpfer der Quantenmechanik – U. R.) letztes Wort in dieser Sache ist und daß sie noch Erfolg haben mögen, das Quantenpostulat in anschaulicher Form auszudrücken."[19]

W. Pauli hat die Aussage dieser Erklärung in die ihm eigene sprachliche Form „übersetzt": „Wir englischen Physiker wären schrecklich froh, wenn die im folgenden Artikel vertretenen Ansichten sich in Zukunft als unzutreffend erweisen würden. Da aber Herr Bohr ein netter Mensch ist, wäre eine solche Freude nicht liebenswürdig, und da er ein berühmter Physiker ist und öfter Recht als Unrecht hat, bleibt uns nur eine geringe Chance für die Erfüllung unserer Hoffnungen." Und Pauli hat das entsprechend kommentiert: „Jedenfalls habe *ich* dieses aus dem Nature-Kommentar herausgelesen, und ich dachte mir: 'Sancta simplicitas!'"[20]

Dieses „Sancta simplicitas!" hat Pauli im Zusammenhang mit den Diskussionen um die Bohrsche Komplementaritätsauffassung noch öfter erschallen lassen. Es traf schließlich sogar Einstein. So belastend die Einstein-Bohr-Debatte für die beiden nach Harmonie strebenden Kontrahenten auch gewesen sein mag, sie hat nie dazu geführt, den Respekt vor dem anderen ernsthaft infrage zu stellen. Einer der Höhepunkte in dieser Auseinandersetzung fiel in das Jahr 1935; nahezu gleichzeitig mit einem physikalischen Generalangriff auf die Bohrschen Positionen zur Quantentheorie veröffentlichte Einstein damals seine von tiefer menschlicher Zuneigung zeugende Grußbotschaft zu Bohrs 50. Geburtstag. [49] Bohr seinerseits würdigte 1949 Einsteins 70. Geburtstag mit einer ausführlichen Schilderung des Inhalts der Diskussionen erkenntnistheoretischer Probleme der Atomphysik, die er über nahezu drei Jahrzehnte mit dem Jubilar geführt hatte. Die 1949 ausgetauschten Schreiben enthielten humorvolle Anspielungen auf den Kern ihrer Kontroverse, die Rolle des Zufalls in der naturgesetzlichen Beschreibung physikalischer Sachverhalte. [73], [74]

Als außerordentlich wohltuend hat Bohr schließlich Einsteins Beileidsschreiben zum Ableben seines Bruders Harald im Jahre 1951 empfunden. [75] Es spricht für die Größe der Persönlichkeiten von Einstein und Bohr, daß und wie sie sich trotz anhaltender wissenschaftlicher Gegnerschaft in einer Reihe wichtiger Fragen der Physikentwicklung ihre ursprünglichen menschlichen Sympathien ungebrochen zu bewahren wußten. Wenn Bohr über Einsteins Tod hinaus mehrfach auf die Kernpunkte ihres wissenschaftlichen Meinungsstreits zurückgekommen ist, so zeugt auch dies von der Faszination, mit der die beiden so grundverschiedenen, aber gleichermaßen großen Physiker intellektuell gerungen haben.

Mit den ersten Diskussionen um die erkenntnistheoretischen und weltanschaulichen Fragen der Quantenmechanik zeichneten sich gegen Ende der zwanziger Jahre zugleich auch die prinzipiellen Konturen dieser Theorien in aller Deutlichkeit ab.

Inzwischen vermochten Klein, Gordon und Dirac schon Gleichungen für die relativistische Mechanik anzugeben. Vor allem mit Diracs relativistisch invarianter Gleichung für das Elektron ergaben sich neue Probleme. Einerseits konnte Dirac zeigen, daß mit dem mathematischen Formalismus ein neuer Freiheitsgrad eingeführt wurde, der in allen Eigenschaften mit dem des Elektronenspins identisch war. Andererseits enthielt dieser Formalismus aber eine Größe, die schwerwiegende Interpretationsprobleme aufwarf (negative Energie, positiv geladene Elektronen). Niels Bohr sprach damals davon, daß es erforderlich sei, „bei der sinngemäßen Anpassung der Relativitätsforderung an das Quantenpostulat auf einen noch weiter gehenden Verzicht auf Anschaulichkeit im gewöhnlichen Sinne gefaßt" zu sein, als dies bereits bei der nichtrelativistischen Quantenmechanik der Fall war.[21]

Das Interesse der Theoretiker wandte sich nunmehr der Vielfalt von Anwendungsproblemen der nichtrelativistischen Quantenmechanik und den relativistischen Verallgemeinerungen der neuen Theorie zu. Nachdem das mit dem Bohrschen Forschungsprogramm von 1913 formulierte Problem der Suche einer im Bereich der Atomphysik adäquaten Mechanik mit der Quantenmechanik als gelöst gelten mußte, wurden die Kräfte der führenden Theoretiker zunehmend auf die Suche einer im Bereich der Atomphysik adäquaten Elektrodynamik konzentriert. Im Ringen um die konsistente Quantenelektrodynamik erarbeiteten sie mathematische Methoden, die auch für andere Quantenfeldtheorien Bedeutung erlangten. Der anfängliche Optimismus, nach dem Erfolg mit der Mechanik nun auch das Problem der Elektrodynamik schnell zu lösen, erwies sich jedoch als außerordentlich trügerisch. Durch Arbeiten von S. Tomonaga, J. Schwinger, R. P. Feynman und F. Dyson konnte die konsistente Quantenelektrodynamik erst gegen Ende der vierziger Jahre zu einem relativen Abschluß gebracht werden. Sie stellt heute eine der experimentell am besten überprüften Theorien der Physik dar.

Zwar hat Niels Bohr an der hier nur grob skizzierten Entwicklung der Quantentheorie nach 1927 auch noch seinen Anteil gehabt. Seine Leistungen in dem mathematisch zunehmend komplizierter werdenden Gebiet der Theorienentwicklung bestanden aber immer mehr in der Synthese des neu erworbenen physikalischen Wissens, der Diskussion erkenntnistheoretischer Probleme im Zusammenhang mit der physikalischen Interpretation des mathematischen Formalismus und nicht zuletzt darin, anregender Dialogpartner für viele Theoretiker jener Generation zu sein, die nunmehr daran ging, ein Gebäude auszubauen, für dessen Grundsteinlegung er in hohem Maße mitverantwortlich zeichnete.

Insbesondere bei den in der Folgezeit immer wieder aufgegriffenen erkenntnistheoretischen Problemen der Quantenmechanik mußte sich Bohr des Vorwurfs der Wiederholung erwehren. Er tat dies verschiedentlich, indem er folgende Anekdote erzählte: Der Sophist, der lange von Athen weg war, trifft bei seiner Rückkehr Sokrates auf dem Markt und fragt ihn: „Stehst du noch immer hier, dasselbe über dieselben Dinge sagend?“ Daraufhin entgegnet ihm der weise Sokrates: „Ja; aber du bist, wie ich annehme, so geistreich, daß du niemals dasselbe über dieselben Dinge sagst.“

Für Bohr stand fest, daß man über die erkenntnistheoretischen Schlüsse der Quantenmechanik gar nicht reden könne, ohne daß einem schwindlig wird. Zwar hat sich jenes philosophische Rauchgewölk, aus dem 1927 der Gedanke der Komplementarität geboren wurde, allmählich aufgelöst. Dabei blieb es aber bei jener Geisteshaltung, mit der Bohr 1913 den Weg gewiesen hatte, der schließlich zur Aufklärung einer Reihe von Paradoxien geführt hat. Er unterschied Trivialitäten von tiefen Wahrheiten mit der Feststellung, daß für erstere das Gegenteil der entsprechenden Behauptung eine Absurdität sei, während für tiefe Wahrheiten das Gegenteil einer akzeptablen Behauptung wiederum auf eine vernünftige These führt. Damit hatte man es beim ursprünglichen Bohrschen Atommodell zu tun. Auf einer wesentlich höheren Stufe des Erkenntnisfortschrittes trafen die Physiker dies später wieder an, als sie über die Resultate der Quantenmechanik und der Quantenelektrodynamik sprachen. Deshalb ist es nicht verwunderlich, wenn Edgar Rubin auf Bohrs begeisterte Erzählungen, was er alles erkenntnistheoretisch aus der Quantenmechanik gelernt habe, schlicht mit der Feststellung reagierte: „Aber Niels, das hast du doch früher schon immer gesagt.“[22]

C. F. v. Weizsäcker lernte Bohr im Januar 1932 in Kopenhagen kennen und geriet augenblicklich in den Bann dieses philosophischen Denkers. Anderthalb Jahre später war er Gast des Kopenhagener Institutes, wo er schon bald die Diskussion über einen seiner Artikelentwürfe mit Bohr suchte: „Er kam verspätet, sah unendlich müde aus, zog die Arbeit heraus und sagte ‘Oh, sehr sehr... das ist ja eine sehr schöne Arbeit geworden... ja, nun ist alles klar... Ich hoffe, daß Sie sie bald veröffentlichen...‘ Ich dachte: ‘Der arme Mann! Er hat sicher gar keine Zeit gehabt, die Arbeit zu lesen‘. Er fuhr fort: ’Nur um zu lernen: Was bedeutet eigentlich die Formel auf Seite 17?‘ Ich erklärte es. Er: ‘Ja, das verstehe ich. Dann muß aber doch die Fußnote auf Seite 14 folgendes bedeuten.‘ Ich: ’Ja, das habe ich gemeint.‘ ’Aber dann…‘ und so ging es weiter, er hatte alles gelesen. Eine Stunde verfloß, er wurde immer frischer, und ich kam einmal in eine Schwierigkeit der Erklärung. Nach zwei Stunden war er strahlend frisch, ganz bei der Sache, in vollem, naivem Eifer, und ich spürte meine Müdigkeit und daß ich in die Enge getrieben wurde. In der dritten Stunde aber sagte er triumphierend und zugleich ohne jeden bösen Willen: ’Nun verstehe ich! Nun verstehe ich die Pointe. Die Pointe ist, daß alles ganz genau umgekehrt ist als Sie gesagt haben. Das ist die Pointe!‘ Und, mit gebührender Einschränkung des ’alles‘, war es wohl so. Wenn man solche Erfahrungen mit seinem Lehrer ein paarmal gemacht hat, hat man etwas gelernt, was anders nicht zu lernen ist.“[23]

Abb. 27 Institutsdirektor auf Reisen

Abb. 28 Niels Bohr und Albert Einstein

Abb. 29 Niels Bohr und Wolfgang Pauli 1929 in Kopenhagen

9. Vorstoß in neue Dimensionen

Nachdem auf der Grundlage des Bohrschen Atommodells von 1913 zwei methodisch relativ sauber zu trennende Forschungsgebiete der Atomphysik entstanden waren, hatten sich viele Theoretiker und Experimentatoren darauf konzentriert, die Gesetze des Atomaufbaus zu erkunden. Das verlangte, die Kernladungszahl der einzelnen Elemente in Rechnung zu stellen und sich ansonsten ausschließlich mit den jeweiligen Elektronenkonfigurationen zu beschäftigen. Dabei konnten die Probleme der Struktur und Dynamik des Atomkerns zunächst unberücksichtigt bleiben. Gleichzeitig aber beschäftigte sich schon eine Reihe von Physikern und Chemikern, vor allem Experimentatoren, intensiv mit den Problemen des Atomkerns. Seit Rutherford 1919 die erste künstliche Kernumwandlung gelungen war, hatte auch dieses Forschungsgebiet einen großen Auftrieb bekommen.

Gegen Ende der zwanziger Jahre galten viele grundsätzliche Fragen der Atomphysik im Prinzip als abgeklärt, schienen mindestens ihre Lösungswege durch die neue Theorie vorgezeichnet. In der Festkörperphysik, der Molekülphysik, bei der Theorie der chemischen Bindung und in anderen Bereichen ging es immer wieder um mathematische Probleme bei der Anwendung der Quantenmechanik bzw. der sich in Umrissen abzeichnenden Quantenstatistik. Die quantentheoretisch noch ungeklärten Probleme der Wechselwirkung von Strahlung und Stoff erforderten zwar die Entwicklung einer konsistenten Quantenelektrodynamik; die aber – so meinten viele Quantentheoretiker – sollte in Fortführung jener Überlegungen, welche zur Quantenmechanik geführt hatten, relativ schnell auszuarbeiten sein.

Während Niels Bohr sich bis in die Mitte der dreißiger Jahre weiterhin intensiv mit den Grundlagenfragen der Quantenmechanik beschäftigte, konzentrierten viele der fähigsten Experimentatoren und Theoretiker bereits gegen Ende der zwanziger Jahre ihre ganze Aufmerksamkeit auf die Entwicklung der Kernphysik. Die prinzipiellen Fragen der physikalischen Grundlagenforschung schienen nun vor allem mit den Problemen des Aufbaus und der Eigenschaften von Atomkernen verquickt zu sein. Den Experimentatoren erschlossen sich alsbald durch neuartige Untersuchungsmethoden ungeahnte Möglichkeiten; für die Theoretiker wurde es reizvoll, die sich häufenden experimentellen Befunde vom Standpunkt der neugewonnenen theoretischen Prinzipien zu analysieren. Sie warfen die Frage nach der Möglichkeit einer Theorie des Atomkerns auf. In der Kernphysik entstand eine analoge Forschungssituation wie am Vorabend des Bohrschen Atommodells.

Einen ersten spektakulären Erfolg konnten im Sommer 1928 voneinander unabhängig Gurney, Condon (Berkeley) und Gamow (damals Göttingen) mit der quantenmechanischen Erklärung des Alphazerfalls radioaktiver Kerne erzielen. Dabei zeigte sich eine weitere, in der klassischen Physik völlig unbekannte Eigenschaft quantenmechanisch zu beschreibender Objekte. Ein klassisches Teilchen kann einen Potentialwall nur überwinden, wenn seine kinetische Energie größer ist als diese Barriere. Quantenmechanisch zu beschreibende Objekte aber vermögen jeden Potentialwall mit einer genau zu bestimmenden Wahrscheinlichkeit zu „durchtunneln" (Hund 1927). Die Alphateilchen eines radioaktiven Kernes sind in der Lage, das Kraftfeld eines Kernes zu verlassen, obgleich ihre Energie *geringer* ist als die der Kernbindungskräfte. Die Wahrscheinlichkeit solcher Prozesse bestimmt die Halbwertszeit der entsprechenden radioaktiven Elemente.

Niels Bohr hörte diese erstaunlichen Dinge erstmals von dem damals zu einem Kurzbesuch in Kopenhagen weilenden sowjetischen Physiker G. Gamow. Begeistert lud er den hochtalentierten jungen Mann als einen der ersten Vertreter der sich profilierenden sowjetischen Theoretikerschule zu einem längeren Forschungsaufenthalt ein. Wenig später lernte Bohr mit L. Landau einen weiteren jungen sowjetischen Physiker kennen und schätzen. Der 1930 Zweiundzwanzigjährige hatte nach seinem Physikstudium in Leningrad und trotz eigener schon sehr beachtlicher wissenschaftlicher Publikationen während seines ersten Besuchs in Kopenhagen das Gefühl, die große Sturm- und Drangperiode der Physik um einige Jahre verpaßt zu haben. Er fürchtete, alles wesentliche sei bereits von Heisenberg, Pauli, Dirac und den anderen Dreißigjährigen geleistet worden, während für ihn selbst und die folgende Generation in der Quantentheorie nur noch vergleichsweise unwesentliche Probleme zu lösen blieben. Kopenhagen war genau der richtige Ort, um derartige Gedanken im kreativen Streit schnell wieder zu vergessen; Landau und Gamow brachten dafür einen erfrischend kritischen Geist mit. Ihre Späße trugen wohl ebenso wie ihre wissenschaftlichen Leistungen dazu bei, dem schon damals sprichwörtlichen „Kopenhagener Geist" neue Nahrung zu liefern.

In dem aus Deutschland stammenden R. Peierls fand Landau einen Partner, mit dem gemeinsam er bald all jene Theoretiker in helle Aufregung versetzte, die an einen schnellen Sieg bei der Quantenelektrodynamik glaubten. Die von Landau und Peierls versuchte relativistische Verallgemeinerung der Heisenbergschen Unbestimmtheitsrelationen beunruhigte auch Bohr stark; sie zog die Meßbarkeit elektromagnetischer Feldgrößen prinzipiell in Zweifel. Diese Herausforderung führte schließlich dazu, daß Bohr sich intensiv des Problems annahm und 1933 in einer Gemeinschaftspublikation mit L. Rosenfeld eine befriedigende und zugleich beruhigende Antwort fand. Später ist Bohr auf die grundsätzlichen Fragen der Meßbarkeit physikalischer Größen einer Feldtheorie mehrfach zurückgekommen. Sie lagen auf jener Linie seines physikalischen Denkens, die ihn immer tiefer in die erkenntnistheoretischen Probleme der Physik führte. Zu Beginn der dreißiger Jahre zog ihn allerdings die sich stürmisch entwickelnde Kernphysik stärker in ihren Bann.

So unzweifelhaft seit Rutherfords Streuversuchen mit Alphateilchen die Existenz von Atomkernen feststand, so rätselhaft war deren Struktur geblieben. Daran hatten weder die Erfolge der Atomphysiker etwas geändert, noch waren die Kernphysiker mit den in den ersten beiden Jahrzehnten verfügbaren Methoden in dieser Frage wesentlich vorangekommen. Heute weiß man, daß die Struktur des Kernes und seiner Bestandteile nur „ertastet" werden kann, wenn dafür „Geschosse" benutzt werden, die eine weitaus höhere Energie als die in den natürlichen Zerfallsprozessen frei werdenden Teilchen besitzen. Damals aber schien das keineswegs überzeugend. Die großartigen Erfolge der Radiochemie waren mit Geräten erzielt worden, die auf jedem normalen Laboratoriumstisch Platz fanden. Im Umgang mit radioaktiven Präparaten kosteten die Substanzen selbst meist sehr viel mehr als die zu ihrer experimentellen Untersuchung erforderlichen technischen Einrichtungen. Selbst der weitblickende Rutherford wollte lange Zeit nicht einsehen, warum er aufwendige Hochspannungseinrichtungen in physikalischen Laboratorien anschaffen sollte, nur um die auf die Atomkerne abzufeuernden geladenen Teilchen zu beschleunigen. War mit den von ihm, Madame Curie u. a. seit langem benutzten Methoden dem Kern nicht auch weiterhin beizukommen? Sollten tatsächlich so teure Geräte erworben werden, wenn man hoffen durfte, mit den vorhandenen noch lange auszukommen?

Es dauerte einige Zeit, ehe ihn sein Mitarbeiter J. Cockcroft überreden konnte, in Cambridge ein Hochspannungslaboratorium einzurichten. Nachdem sich Rutherford letztlich 1928 doch dazu hatte entschließen können, kamen nach den ersten ergebnislosen Versuchen neue Zweifel an der Richtigkeit des eingeschlagenen Weges auf. Erst 1932 konnten mittels dieser neuen Technik wirklich Erfolge erzielt werden.

Als in Cambridge noch an der Vervollkommnung der neuen experimentellen Anlage gearbeitet wurde, tauchte in den USA bereits eine andere wegweisende Idee zur Teilchenbeschleunigung auf. Damals überlegten E. O. Lawrence und M. S. Livingstone in Berkeley, daß Teilchen nicht nur über einen einzigen Stoß in einem linearen Hochspannungsfeld zu beschleunigen seien. Auf einer Kreisbahn umlaufende geladene Teilchen können durch entsprechend zu schaltende elektrische Felder viele beschleunigende Stöße erhalten; damit aber sind sehr viel größere Energien erreichbar als durch einen einmaligen Stoß. Mit dem Bau des ersten Zyklotrons in Kalifornien begann eine neue Ära der physikalischen Expermentiertechnik. Die Grundprinzipien zur Teilchenbeschleunigung wurden verfeinert, die Geräte bekamen bald derartige geometrische Abmessungen, daß sie nur noch in speziell errichteten Gebäuden unterzubringen waren.

Heute werden riesige Werkhallen benötigt, um entsprechende Experimente aufzubauen; die größten Beschleuniger haben einen Durchmesser von mehreren Kilometern und sind von hochleistungsfähigen Magneten umgeben. Zur Stabilisierung der Teilchenbahnen wird komplizierteste Rechentechnik benötigt; man braucht eine hochentwickelte Vakuumtechnik und vieles andere mehr. Am Ausgangspunkt dieser Entwicklung aber stand bereits die Frage, ob der zu erwartende physikalische Erkenntnisfortschritt den hohen technischen Aufwand tatsächlich rechtfertigt. Zu Beginn der dreißiger Jahre entschieden sich die experimentell arbeitenden Kernphysiker der führenden Laboratorien, diesen Weg einzuschlagen. Es zeigte sich bald, daß damit ein ganz entscheidender Schritt getan war, um beim Sturm auf den Atomkern voranzukommen.

Niels Bohr vermochte diesen Entwicklungstrend frühzeitig richtig einzuschätzen. Sobald die finanzielle Situation seines Institutes dies erlaubte, sorgte er dafür, daß die entsprechenden Geräte auch in Kopenhagen installiert wurden (Hochspannungslaboratorium 1935, Zyklotron 1937). Es waren aber nicht allein die sich mit dieser atemberaubenden Entwicklung der Experimentalphysik ergebenden neuen Möglichkeiten der kernphysikalischen Forschung, die Bohr bewogen, sich mit dem Kern zu beschäftigen. Ihn faszinierten am Anfang vor allem die mit dem Betazerfall aufgeworfenen fundamentalen *theoretischen* Fragen. Die jedoch existierten bereits unabhängig von den neuen, aufwendigen experimentellen Forschungsmethoden.

Bis zum Beginn der dreißiger Jahre ging man im allgemeinen noch davon aus, daß die beim Betazerfall beobachtbaren Elektronen (merkwürdigerweise schienen sie über ein kontinuierliches Spektrum zu verfügen, während die Energiedifferenz des Kerns für jeden Zerfall konstant blieb) aus dem Kern selbst stammen mußten. Eine solche Annahme barg zwar zahlreiche theoretische Probleme; trotzdem wurde der Kern zumeist als ein aus Protonen und Elektronen bestehendes, physikalisch noch unverstandenes Gebilde aufgefaßt.

Seit längerem gab es schon Spekulationen über die Existenz elektrisch neutraler Kernbausteine (vor allem von Rutherford 1920), aber keinerlei experimentelle Hinweise zugunsten einer solchen Hypothese. In der Natur schien es nur elektrisch geladene Teilchen zu geben; neutrale waren niemals beobachtet worden, und niemand vermochte sich zunächst vorzustellen, wie derartige Teilchen – falls sie existieren – je nachgewiesen werden könnten. Nachdem der Mechanismus des Alphazerfalls physikalisch aufgeklärt werden konnte und zu jener interessanten Einsicht in die Geheimnisse quantenmechanischer Gesetzmäßigkeiten geführt hatte, versprachen sich die Physiker aus der Analyse des Betazerfalls nun vor allem Aufschlüsse über die Bestandteile und die Struktur der Atomkerne.

Die experimentell relativ gut untersuchte Erscheinung aber entzog sich hartnäckig jeglicher theoretischen Erklärung. Niels Bohr trug sich 1929 mit dem Gedanken, eine Notiz in der „Nature" zu publizieren, in der er vor allem aus dem völlig unverständlichen kontinuierlichen Spektrum der Elektronen auf die Notwendigkeit fundamentaler neuer Ideen schließen wollte. Er war ein weiteres Mal bereit, den Energieerhaltungssatz aufzugeben und dies auch mit dem bislang unverstandenen Strahlungsmechanismus der Sterne in Verbindung zu bringen.

Pauli reagierte daraufhin mit unverhohlenem Entsetzen. Er gelangte zu der Überzeugung, daß selbst sekundäre Prozesse (Gammastrahlung) das kontinuierliche Spektrum der Elektronen nicht zu erklären vermochten; am Energieerhaltungssatz wollte er jedoch unter gar keinen Umständen rütteln lassen. Schließlich empfahl er Bohr, derartige Spekulationen nicht zu publizieren und die Sterne ruhig strahlen zu lassen. Diesem Rat folgte Bohr nur halbherzig. Bei verschiedenen Gelegenheiten sprach er, zwar vorsichtig aber unüberhörbar, davon, daß die Physiker beim Übergang vom Atom zum Kern wohl noch manche Überraschung erwarte und es gut möglich sei, schließlich sogar den Energieerhaltungssatz aufgeben zu müssen (Faraday-Vortrag 1930, Solvay-Konferenzen 1930 und 1933 u. ä.). Pauli schlug 1930, wenige Monate nach seinem Briefwechsel mit Bohr, vor, zur Rettung des Energieerhaltungssatzes ein elektrisch neutrales Teilchen mit verschwindender Ruhemasse einzuführen. Eine solche Hypothese aber war so ganz und gar nicht nach dem Geschmack Bohrs. Er war eher bereit, theoretische Prinzipien unter dem Eindruck experimenteller Fakten aufzugeben oder zu modifizieren, als die Hypothese von der Existenz eines bislang nirgends beobachteten Teilchens einzuführen, nur um ein theoretisches Prinzip zu retten. Aus diesem Grunde war auch schon Diracs Versuch, die Schwierigkeiten seiner relativistischen Elektronengleichung zu umgehen, indem er einfach die Annahme von der Existenz bis dahin unbeobachteter positiv geladener Elektronen eingeführt hatte, keineswegs auf Bohrs Gegenliebe gestoßen. In beiden Fällen aber mußte sich *Bohr* revidieren.

Während die positiv geladenen Elektronen, „Positronen" genannt, relativ schnell direkt nachgewiesen werden konnten, erforderte der direkte Nachweis der von Pauli angenommenen Teilchen, später „Neutrinos" genannt, einen weitaus größeren experimentellen Aufwand, als ihn die Physiker in den dreißiger Jahren betreiben konnten. Paulis Hypothese wurde jedoch bald indirekt durch Fermis Theorie des Betazerfalls derart überzeugend untermauert, daß Bohr sich 1936 schließlich veranlaßt sah, eindeutig zu erklären: Der Energieerhaltungssatz gilt auch in der Kernphysik.

Dieser Einschätzung ging eine stürmische Entwicklung des neuen physikalischen Gebietes voraus, das auf den seit 1929 nahezu jährlich durchgeführten kleinen Konferenzen des Kopenhagener Institutes für theoretische Physik das besondere Interesse aller Teilnehmer gefunden hatte. Die erste Konferenz wurde einberufen, nachdem sich eine Reihe ehemaliger Mitarbeiter voneinander unabhängig etwa gleichzeitig zu Kurzbesuchen in Kopenhagen angesagt hatte. Das brachte Bohr auf die Idee, mit den ihm über verschiedene Fonds zur Verfügung stehenden Mitteln derartige Jahrestreffen zur guten Tradition werden zu lassen.

Diese Konferenzen zeichneten sich dadurch aus, daß es kein von vornherein festgelegtes Programm gab, jeder berichtete über Arbeiten, die ihm besonders verheißungsvoll erschienen. Neben den direkt eingeladenen ausländischen Spezialisten, die entweder früher schon in Kopenhagen gearbeitet oder sich durch besonders interessante Arbeiten empfohlen hatten, bekamen alle wissenschaftlichen Mitarbeiter und zeitweiligen Gäste des Institutes Gelegenheit, die neuesten Forschungsergebnisse zu diskutieren.

Die Berichte über derartige Arbeitsberatungen heben übereinstimmend die ungezwungene Art hervor, mit der dabei international hochangesehene Wissenschaftler und völlig unbekannte, zumeist hochtalentierte junge Leute miteinander umgingen. In Kopenhagen war es keineswegs skandalös, wenn ein Mann wie Landau sich nach seinem Vortrag auf dem Tisch ausstreckte und die Diskussion mit dem sich über ihn beugenden Bohr im Liegen weiterführte. Jeder Vortragende mußte hier gewärtig sein, immer wieder unterbrochen zu werden. Das aber stellte weder eine Mißachtung der Person des Vortragenden noch des Inhalts seines Vortrages dar, sondern galt vielmehr meist als Zeichen allergrößten Interesses.

Wenn Niels Bohr ein neuartiger Gedankengang sehr stark fesselte, dann versuchte er sich in der Regel im Dialog mit dem Vortragenden bis zu den weitreichenden Konsequenzen der als tragfähig angesehenen Idee vorzuarbeiten. Schlimm war es, wenn er jemandem am Schluß eines Vortrages nichts anderes zu sagen hatte als: „Sehr interessant, wirklich sehr interessant." Manchem Uneingeweihten mag dies geschmeichelt haben. Jeder, der Bohr besser kannte, wußte eine solche Bemerkung als das zu verstehen, was sie in Wirklichkeit bedeutete – die vernichtendste Kritik, die man aus seinem Munde öffentlich hören konnte. Ihm lag es nicht, scharf zu erwidern; er mochte aber auch jene, die das so brillant wie etwa Paul Ehrenfest oder Wolfgang Pauli beherrschten.

Der Diskussionsstil dieser kritischen Geister verlieh den Kopenhagener Konferenzen eine ganz besondere Note. Waren sie beide anwesend (Ehrenfest schied 1933 durch Selbstmord aus dem Leben), dann durfte man sicher sein, daß es nicht allein bei Bohrs berühmten Versuchen zur Harmonisierung widerstreitender Positionen bleiben konnte. Ehrenfest und Pauli aber blieben keineswegs die einzigen, die in Kopenhagen eine scharfe Klinge zu fechten vermochten. [51–53] In dieser Schule akzeptierte jeder, daß beim Vorstoß in wissenschaftliches Neuland keiner davor gefeit sein kann, Gedanken zu entwickeln, die schließlich der Kritik nicht standzuhalten vermögen. Auch die Haltung zu den eigenen Fehlern wurde maßgeblich von Bohr bestimmt. Sobald er durch die besseren Argumente anderer (Experimentatoren oder Theoretiker!) einsehen mußte, daß er sich geirrt hatte, zögerte er nicht einen Augenblick, dies auch in aller Deutlichkeit auszusprechen. Dabei hörten seine Mitarbeiter in der Regel keine nachträglichen Rechtfertigungsversuche; Bohr wußte in solchen Fällen immer wieder durch die Freude zu verblüffen, die entsprechenden Dinge nunmehr besser zu verstehen.

Diese wissenschaftsethische Haltung hat natürlich auch das Klima der von Bohr einberufenen Arbeitsberatungen maßgeblich mitgeprägt. Die allein dem wissenschaftlichen Fortschritt verpflichtete internationale Wissenschaftlergemeinschaft fühlte sich in Kopenhagen stets wie eine große Familie. [42–44] Dabei verstand es sich hier von selbst, daß Wissenschaft von Menschen betrieben wird, die über ihre fachlichen Probleme hinaus vieles andere bewegt. Die jährlichen Arbeitsberatungen wurden immer wieder zu einer willkommenen Gelegenheit, sich ausführlich über die persönlichen Belange der einzelnen zu unterhalten. Die meisten der mit dem Kopenhagener Institut aufs engste verbundenen Gäste nahmen Anteil an wichtigen Ereignissen in der Privatsphäre der Bohrs.

So erlebten die Teilnehmer der Konferenz von 1932 beispielsweise, wie die Familie Bohr vom Ehrenwohnsitz auf dem Gelände der Carlsberg-Brauerei Besitz ergriff. J. C. Jacobsen (1811–1887), einer der zu großem Reichtum gelangten Begründer dieses Unternehmens, hatte verfügt, daß sein luxuriöses Wohnhaus samt den wunderschönen Parkanlagen dem jeweils berühmtesten dänischen Gelehrten auf Lebenszeit zugesprochen werden solle. Als erster war mit Harald Høffding, ein Mann aus dem Freundeskreis von Christian Bohr, in diesen Genuß gekommen. Niels Bohr, der Høffding in seinen letzten Lebensjahren des öfteren in Carlsberg besucht hatte, wurde 1931 nach dessen Ableben die Ehre zuteil, das Haus zu übernehmen. Er tat dies von Anfang an in dem Bewußtsein, daß das Haus damit auch der um ihn gescharten internationalen Physikergemeinschaft gehöre. Die Gäste seines Instituts waren häufig zugleich Gäste seines Ehrenwohnsitzes. Von nun an sollte Carlsberg bis zum Tode Bohrs kaum noch aus dem gesellschaftlichen und wissenschaftlichen Leben des Instituts wegzudenken sein. Zwar hatte sich damit der äußere Rahmen für viele Diskussionen geändert, nicht aber die von Niels Bohr und seiner Gattin geschaffene Atmosphäre.

Einer der späteren Besucher, O. R. Frisch, erinnert sich der unvergeßlichen Abende in diesem gastfreundlichen Haus: „Beim Nachtessen präsidierte seine Frau Margrethe mit unauffälliger Tüchtigkeit sowie unfehlbarem Charme und Freundlichkeit. Nach dem Essen saßen wir um Bohr herum, einige auf dem Boden zu seinen Füßen; während er seine Pfeife stopfte, waren wir alle gespannt zu hören, was er sagen würde.

Er hatte eine sanfte Stimme mit dänischem Akzent, und wir waren nicht immer sicher, ob er englisch oder deutsch sprach; er beherrschte beide Sprachen gleich gut und wechselte oft von der einen zur anderen. Ich hatte den Eindruck, daß hier Sokrates wieder zum Leben erwacht war und uns auf sanfte Weise Herausforderungen zuspielte, jedes Argument auf eine höhere Ebene hob und Weisheit aus uns herauszog, von deren Besitz wir gar nichts wußten und die wir natürlich auch nicht besaßen. Unser Gesprächsthema reichte von der Religion zur Genetik, von der Politik bis zur modernen Kunst. Ich will nicht sagen, daß Bohr immer recht hatte, doch er regte einen immer zum Denken an und war niemals trivial. Wie oft radelte ich durch die Straßen Kopenhagens nach Hause, trunken vom Geist des platonischen Dialogs." [1]

Wenn Frisch als eines der häufigen Gesprächsthemen Bohrs die Genetik genannt hat, dann gab es dafür einen besonderen Grund. Bereits in den Diskussionen mit seinem Vater Christian Bohr war Niels Bohr auf den Vitalismus-Mechanizismus-Streit in der Biologie aufmerksam geworden. Nachdem er mit seiner Komplementaritätsauffassung wichtige erkenntnistheoretische Schlußfolgerungen aus der Quantenmechanik gezogen hatte, gelangte er zu der Überzeugung, daß Komplementarität auch ein Schlüssel zur konstruktiven Klärung der Rolle von physikalischen und chemischen Methoden in der biologischen Forschung sein könne. Deshalb hat er die Gelegenheit gern wahrgenommen, in einem Vortrag auf der Eröffnungssitzung eines 1932 in Kopenhagen veranstalteten Kongresses für Lichttherapie dazu Stellung zu nehmen und die bei dieser und anderen Gelegenheiten geäußerten Gedanken 1937 auf dem Galvani gewidmeten Kongreß von Physikern und Biologen in Bologna zu präzisieren. Wenngleich Bohrs Botschaft oft mißverstanden wurde, hat sie zweifelsohne dazu beigetragen, Physiker anzuregen, sich mit biochemischen und biophysikalischen Fragestellungen zu beschäftigen. Einer der Begründer der modernen Genetik, Max Delbrück, ist nachweislich unter dem starken Eindruck von Bohrs Vortrag „Licht und Leben" (1932) zur Mikrobiologie gekommen. Viele andere Physiker wurden direkt oder indirekt von Bohr angeregt, über die Grundlagenprobleme der Biologie und die Möglichkeiten des Physikers in der biologischen Forschung nachzudenken. Dabei war es dann letztlich unbedeutend, ob sie Bohrs Vorstellung teilten, daß sich Physik und Biologie bei der Erforschung des einheitlichen Phänomens Leben zueinander komplementär verhalten, oder einfach konstruktiv die Frage stellten, wie weit wohl die Methoden der Physik in der Biologie tragen.

Über diese intellektuelle Anregung hinaus hat Niels Bohr die sich seit Mitte der dreißiger Jahre besonders intensiv entwickelnden physikalischen und physikalisch-chemischen Untersuchungen lebender Systeme aber noch auf eine weitaus direktere Weise gefördert. [2] Am Kopenhagener Institut für theoretische Physik gab es über viele Jahre eine außerordentlich erfolgreich arbeitende experimentelle Gruppe, die sich unter Leitung von G. de Hevesy vor allem der Perfektionierung und breiten Anwendung der Tracermethode in der Biologie zugewandt hatte. Daß die dabei gewonnenen Erfahrungen im Umgang mit radioaktiven Stoffen schließlich auch der kernphysikalischen Forschung zugute kamen, zeigt einmal mehr, welch verschlungene Wege innerhalb der erkenntnisorientierten Forschung sinnvoll sein können.

Bei aller Vielseitigkeit der wissenschaftlichen Interessenlage der Kopenhagener Physiker bildete in den dreißiger Jahren die Kernphysik ihr zentrales Arbeitsgebiet.

International brachte diesbezüglich das Jahr 1932 mehrere, mit Fug und Recht sensationell zu nennende Höhepunkte. Verschiedentlich wird sogar vom „Wunderjahr" gesprochen, das mit seinen kernphysikalischen Entdeckungen in einem eigenwilligen Kontrast zu den unheilvollen politischen Ereignissen steht, die im Anschluß an die 1933 erfolgte Machtergreifung Hitlers in Deutschland ihren beunruhigenden Verlauf nahmen. Die historische Parallelität der entsprechenden wissenschaftlichen und politischen Vorgänge stellt gewissermaßen den Prolog zu einer Entwicklung dar, die gegen Ende des Jahrzehnts eine besonders dramatische Zuspitzung erfuhr.

Am 17. 2. 1932 schickte J. Chadwick eine Mitteilung an die „Nature", in der er den experimentellen Nachweis für die Existenz eines elektrisch neutralen Kernbestandteils mit einer Masse bekanntgab, die der des Protons gleichzukommen schien. Er hatte seit längerem nach dem schon von Rutherford vermuteten Neutron gesucht und fand es im Anschluß an Arbeiten von W. Bothe und H. Becker bzw. I. Curie und ihres Gatten F. Joliot. Im Unterschied zu den deutschen und den französischen Forschern war Chadwick darauf „vorbereitet", diese Entdeckung zu machen. Er fand, was er auf Grund theoretischer Überlegungen erwartet hatte. Wer die entsprechenden Experimente ohne derartige Erwartungen ausführte, war geneigt, sie traditioneller zu interpretieren und das bislang unbekannte Teilchen nicht zu bemerken.

Die Entdeckung des Neutrons hatte weitreichende Konsequenzen. Ein Kern besteht annähernd aus der gleichen Anzahl von Protonen und Neutronen; die Massendifferenzen der Isotope ergeben sich durch Unterschiede in der Zahl der Neutronen. Die Hypothese, Protonen und Neutronen als Kernbausteine und alle Eigenschaften des Kerns als Konsequenz der entsprechenden Wechselwirkungen zwischen diesen Teilchen aufzufassen, wurde unabhängig voneinander von W. Heisenberg und D. Ivanenko entwickelt. Wie Heisenberg, Condon, Wigner u. a. zeigen konnten, lassen sich beide Teilchen als zwei Quantenzustände ein und desselben Teilchens (Nukleon) auffassen. Sie sind durch eine bis dahin unbekannte Quantenzahl ausgezeichnet, der man wegen ihrer Analogie mit dem Spin des Elektrons die Bezeichnung „Isospin" gab. Für die Wechselwirkung von Nukleonen ist eine spezifische Kraft verantwortlich, die im Unterschied zur elektromagnetischen Wechselwirkung und zur Gravitation nur in einem sehr kleinen Raumgebiet (von der Größenordnung des Kerns, also 10^{-13} cm), aber sehr viel stärker als die beiden bis dahin bekannten Kräfte wirkt. Sie wird als „starke Wechselwirkungskraft" bezeichnet. Ihre Entdeckung führte tief in physikalisches Neuland. Sie blieb nicht lange die einzige neue Qualität, mit der es die Kernphysiker zu tun hatten.

Ausgehend von der Paulischen Neutrinohypothese formulierte E. Fermi Ende 1933 seine in Übereinstimmung mit der Quantenmechanik stehende Theorie des Betazerfalls. Dazu mußte er eine weitere, bis dahin unbekannte physikalische Wechselwirkung einführen, die als „schwache Wechselwirkung" bezeichnet wird. Auch ihre Reichweite ist auf Entfernungen von der Größenordnung des Kerns beschränkt. Diese Wechselwirkung ist aber sehr viel schwächer als die starke und die elektromagnetische.

Innerhalb weniger Monate sahen sich also die Physiker, die ausgehend von der Quantenmechanik, deren relativistischer Verallgemeinerung und den ersten Ansätzen zu Quantenfeldtheorien zum Sturm auf die Welt der Atomkerne geblasen hatten, gezwungen, zwei neue physikalische Wechselwirkungstypen einzuführen. Seitdem steht fest, daß es in der Natur mindestens vier verschiedene physikalische Wechselwirkungen gibt. Bis heute sind die Physiker damit beschäftigt, deren spezifische Gesetze und den Zusammenhang zwischen ihnen aufzuklären. 1932/33 wurden die ersten tastenden Schritte in dieser Richtung unternommen; gleichzeitig bemühten sich Einstein und andere Theoretiker, die in der Quantentheorie nur einen Notbehelf sahen, weiterhin vergeblich, *alle* physikalischen Wechselwirkungen auf gravitative und elektromagnetische zu reduzieren, bzw. die eine sogar aus der anderen zu erklären.

Die Kopenhagener Physiker waren von den neuen Aussichten zur Weiterentwicklung der Quantentheorie begeistert. Zugleich blickten sie mit zunehmendem Unverständnis auf die Einsteinschen Bemühungen um eine einheitliche Feldtheorie. Aus der Sicht Bohrs und der ihm folgenden Theoretiker war es noch viel zu früh, ernsthaft an eine abschließende Prinzipientheorie zu denken. Zunächst und vor allem galt es, für den nunmehr zugänglich werdenden neuen Erfahrungsbereich, analog dem Vorgehen in der Atomphysik, die theoretischen Überlegungen den Erfahrungen anzupassen.

Dabei war 1932 auch für die Entwicklung der experimentellen *Methoden* ein recht bedeutsames Jahr. Wenige Tage nach Chadwicks Mitteilung über die Entdeckung des Neutrons erschien in der amerikanischen Zeitschrift „Physical Review" ein Artikel, in dem E. O. Lawrence und M. S. Livingston das Grundkonzept des Zyklotrons vorstellten. Etwa gleichzeitig wurde durch H. Urey die Entdeckung des Deuteriums bekanntgegeben, jenem aus einem Proton und einem Neutron bestehenden Isotop des Wasserstoffs. Dieses Isotop erlangte für die Kernphysik eine analoge Bedeutung wie das gewöhnliche Wasserstoffatom für die Atomphysik; beide sind Zweikörpersysteme und deshalb besonders gut geeignet, die entsprechenden theoretischen Überlegungen für den jeweils in der Natur einfachsten realisierten Fall zu testen. Darüber hinaus ließ sich das Deuterium als „Geschoß" bei Beschleunigungsexperimenten verwenden und fand später noch vielfache andere Anwendungen.

Die spektakulärste experimentelle Entdeckung des Jahres 1932 war jedoch für die Theoretiker ein Fund, der bei der Untersuchung kosmischer Höhenstrahlung gemacht wurde. Mit diesem Phänomen beschäftigten sich einige Physiker, seitdem Wilson die erste Nebelkammer gebaut hatte. Da immer wieder beobachtet worden war, daß in diesen Kammern auch in Abwesenheit äußerer Quellen Teilchenspuren nachweisbar sind, konnte es sich nur um „kosmische" Strahlen handeln. Bei Beobachtungen auf hohen Bergen und auf Ballonflügen lernte man es allmählich, die sekundären, durch die Erdatmosphäre verursachten Prozesse von den primären, durch die aus dem Kosmos auf die Erde einfallenden Strahlen verursachten Prozesse zu unterscheiden.

In vielen Laboratorien der Welt gab es eine Fülle von belichteten Platten mit Teilchenspuren; niemand aber hatte bis dahin bemerkt, was C. D. Anderson im August 1932 auffiel. Ein durch eine Bleiplatte hindurchgehendes Teilchen wurde im Magnetfeld in einer Weise abgelenkt, daß daraus eindeutig auf eine positive elektrische Ladung und eine Masse von der Größenordnung des Elektrons geschlossen werden mußte. Anderson, der zu diesem Zeitpunkt Diracs relativistische Theorie des Elektrons und die daraus folgende Annahme von der Existenz eines positiv geladenen „Elektrons" noch nicht kannte, wurde darauf aufmerksam gemacht, daß er mit dieser Entdeckung Diracs Theorie in bemerkenswerter Weise bestätigt habe. Seine Mitteilung über die Entdeckung des Positrons in der „Nature" enthielt bereits den Hinweis auf Diracs Theorie. Daraufhin stellten andere Phsiker (unter ihnen I. Curie und F. Joliot) fest, daß sie ein solches Teilchen auch schon fotografiert, aber eben „nicht gesehen" hatten. Das Ehepaar Curie hatte das entsprechende Ereignis als ein auf eine radioaktive Strahlungsquelle zufliegendes Elektron gedeutet; nunmehr stand fest, daß es sich dabei vielmehr um ein aus der Strahlungsquelle wegfliegendes Positron handeln mußte.

Vorher hatten sie sich zwar schon gefragt, woher wohl dieses Elektron kommen solle, aber die Möglichkeit zur Interpretation der entsprechenden Spur als positiv geladenes „Elektron“ nicht bedacht. So blieb ihnen vorerst eine ganz große Entdeckung versagt. Das mußte um so bitterer sein, als sie bereits bei der Entdeckung des Neutrons kurz *vor* dem entscheidenden Schritt gestanden hatten.

Nachdem Anderson als Entdecker des Positrons gefeiert und diese Entdeckung als triumphaler Erfolg der Diracschen Elektronentheorie gewertet wurde, gelang es mehreren Forschern, auch die von dieser Theorie vorausgesagten Paarbildungsprozesse (Elektronen und Positronen aus Gammastrahlung) sowie entsprechende Annihilationsprozesse (Zerstrahlung von Elektronen und Positronen) nachzuweisen. Die 7. Solvay-Konferenz zog im Oktober 1933 eine erste Zwischenbilanz über den Erkenntnisstand der Kernphysik. Zu den quälendsten Problemen gehörte dabei nach wie vor die Frage nach der Theorie des Betazerfalls, die kurz nach dieser Konferenz durch Fermis überzeugenden Versuch eine vorläufige Lösung fand.

Den Kernphysikern aber blieb nur wenig Zeit, sich mit dieser Theorie anzufreunden, da überraschte die Fachwelt eine aufsehenerregende Meldung aus Paris. Das Ehepaar Curie hatte Anfang 1934 mittels Alphabeschuß von Aluminium ein radioaktives Isotop des Phosphors gewonnen; damit war erstmals Radioaktivität *künstlich* erzeugt worden. Von nun an waren die Physiker und alle anderen Wissenschaftler, die sich radioaktiver Präparate bedienten, nicht mehr allein auf die in der Natur vorhandenen Strahlungsquellen angewiesen; sie konnten radioaktive Substanzen mit gewünschten chemischen Eigenschaften unter Laborbedingungen und später sogar industriell *herstellen*. Diesmal war den Curies ein ganz großer Wurf gelungen. Die schwerkranke Marie Curie hat es noch miterlebt, wie ihre Tochter gemeinsam mit ihrem Ehemann die Tür zum verheißungsvollen Neuland aufstieß; die einst so bescheiden begonnene Strahlungsforschung war einen bedeutsamen Schritt vorangekommen. [46], [47]

Diese Meldung aus Paris entfachte fieberhafte Aktivitäten in anderen kernphysikalischen Forschungszentren. Noch einmal war es in der Kernphysik gelungen, mit relativ einfachen experimentellen Mitteln einen entscheidenden Schritt voranzukommen. Rutherford hatte also gar nicht so unrecht, wenn er sich nur zögernd zur Einführung neuer aufwendiger technischer Hilfsmittel entschließen konnte. Die Möglichkeiten der traditionellen experimentellen Methoden schienen in der Tat noch längst nicht ausgeschöpft. Trotzdem stellte sich bald schon auch die Zweckmäßigkeit der Teilchenbeschleuniger heraus. Es gibt in derartigen Umbruchsituationen keinen risikofreien Königsweg; gut beraten waren damals jene kernphysikalischen Forschungszentren, die beide Wege verfolgten.

Enrico Fermi benutzte bei seinen Versuchen zum Beschuß verschiedener Kerne erstmals Neutronen. Damit wurde die Wahrscheinlichkeit des Zusammenpralls mit einem Kern gegenüber den positiv geladenen Alphateilchen, deren sich die Curies bedient hatten, drastisch erhöht. Da die Neutronen von den Kernen elektrisch nicht abgelenkt werden können, müssen sie irgendwann mit einem Kern des Targets zusammenprallen. Innerhalb kürzester Zeit konnte auf diese Weise eine Vielzahl radioaktiver Substanzen erzeugt werden; das von den Curies in Aussicht gestellte Neuland wurde sehr schnell urbar gemacht; Fermis Laboratorium in Rom wurde zu einem der international führenden Forschungszentren.

In Kopenhagen konnten die vor allem von Hevesy und seinen Mitarbeitern betriebenen Versuche, mit der Indikatormethode biologische und chemische Prozesse zu untersuchen, forciert werden. Inzwischen standen für die meisten chemischen Elemente entsprechende radioaktive Präparate zur Verfügung. 1935 ermöglichte eine großangelegte Spendenaktion den Ankauf von 0,6 Gramm des teuren Radiums. Damit stand auch im Kopenhagener Institut für theoretische Physik eine kostbare Neutronenquelle zur Erzeugung radioaktiver Präparate bereit. Dies war das schönste Geschenk, das Vertreter der dänischen Öffentlichkeit Niels Bohr zum 50. Geburtstag bereiteten.

Fermis geniale Idee, Kerne mit Neutronen zu beschießen, hatte aber nicht nur für die angewandte kernphysikalische Forschung fundamentale Bedeutung. Sie markierte einen der entscheidenden Schritte auf dem Weg zu der zunächst noch scheinbar fernab jeglicher praktischen Verwertungsmöglichkeit liegenden Spaltung schwerer Kerne. Fermi hatte an so etwas überhaupt nicht gedacht, als er begann, das schwerste in der Natur vorkommende Element, Uran, mit Neutronen zu bombardieren. Ihm ging es darum, *Trans*urane zu erzeugen, also Elemente herzustellen, die zwar naturgesetzlich möglich, aber von der Natur nirgends realisiert sind. Wie weit versuchten damit nun die Physiker, über das ursprüngliche Vorhaben der Alchemisten hinauszugehen? Jene hatten noch „bescheiden" davon geträumt, Bekanntes künstlich zu erzeugen. Die Kernphysiker aber schickten sich nunmehr an, Elemente herzustellen, die niemals zuvor jemand praktisch beobachten konnte.

Fermi und seine Mitarbeiter sorgten spätestens ab 1934 dafür, daß jede physikalische Neuigkeit, die aus Rom kam, in Kopenhagen mit allergrößter Aufmerksamkeit verfolgt wurde. Dies war insofern erschwert, als Fermi mit der bis dahin relativ unbekannten italienischen Zeitschrift „La Ricerca Scientifica" ein Abkommen getroffen hatte, alle seine Ergebnisse darin zu veröffentlichen. Das sicherte ihm die schnellstmögliche Publikation und der Zeitschrift viele neue Abonnements, erforderte aber einen der italienischen Sprache mächtigen Leser bzw. Übersetzer. O. R. Frisch bzw. G. Placek oblag es, alle interessierten Mitarbeiter Bohrs und diesen selbst regelmäßig und umgehend über Fermis Arbeiten zu informieren. Viele der Experimente sind daraufhin in Kopenhagen wiederholt worden, mit seltenen Erden konnten zunächst nur Mitarbeiter Hevesys experimentieren. Die durch Neutronenbeschuß gewonnenen Kerne wurden gründlich mit den aus der Atomphysik bekannten Verfahren analysiert; das experimentelle Datenmaterial häufte sich. Zwar nahm Niels Bohr an all diesen Detailuntersuchungen Anteil; er versuchte jedoch nicht ein zweites Mal, die anfallende Datenflut eines ganzen Forschungszweiges zu einer einheitlichen Theorie zu synthetisieren. Was beim Atom einem einzelnen noch unter Anspannung aller Kräfte möglich war, schien für den Kern lange Zeit eine hoffnungslose Aufgabe. Deshalb richtete Bohr seinen Blick zunehmend auf die wesentlichsten Punkte kernphysikalischer Experimente.

Ein derartiger Punkt war mit der zunächst unverständlich erscheinenden Tatsache gegeben, daß nicht die energiereichen schnellen Neutronen, sondern vielmehr die langsamen Neutronen beim Beschuß von Kernen die größte Wirkung erzielten. Während eines Kolloquiums, auf dem 1935 über Bethes Berechnungen der Wahrscheinlichkeit des Neutroneneinfangs eines Kerns berichtet wurde, soll, folgt man den Erinnerungen von Augenzeugen, Bohr zu einer Idee gekommen sein, die von entscheidender Bedeutung für die weitere Entwicklung der Theorie des Atomkerns wurde. Daß der plötzliche Durchbruch beim besseren Verständnis des Problems durch viele vorangegangene quälende Grübeleien vorbereitet worden ist, steht außer Zweifel. Wir wollen uns aber mit dieser Seite der Sache hier nicht weiter beschäftigen, sondern lediglich auf das Wesen des neuen Gedankens eingehen.

Danach hat man sich den Kern nicht als einfache Summe miteinander wechselwirkender, relativ isolierter Kernbausteine vorzustellen. Vielmehr ist zu berücksichtigen, daß es sich um eine Ganzheit handelt, die sich in ihren Eigenschaften wesentlich von den Eigenschaften der Summe aller Teilchen unterscheidet. Das war vorher schon bei dem relativistisch recht einfach zu erklärenden, seit langem bekannten Massendefekt deutlich geworden. Die Kernmasse ist in jedem Falle geringer als die Massensumme aller Kernbausteine; die jeweilige Differenz stellt nach Einsteins berühmter Formel $E = mc^2$ die entsprechende Kernbindungsenergie dar. Die aber nimmt nicht in linearer Abhängigkeit mit der Teilchenzahl zu, sondern in einer sehr viel komplizierteren Weise.

Aus der empirisch relativ leicht aufzunehmenden Kurve ist zu schließen, daß sowohl bei der Synthese der leichtesten Kerne zu schwereren als auch bei der Spaltung der schwersten Atomkerne riesige Energiemengen freigesetzt werden müssen, wobei die entsprechenden Syntheseprozesse energetisch noch weitaus günstiger sind. Niemand aber wußte Mitte der dreißiger Jahre, welche Energien aufgewandt werden müssen, um solche Prozesse in Gang zu setzen. Es wäre gut möglich gewesen, daß die Gesamtenergiebilanz ausgeglichen ist und die entsprechenden Prozesse deshalb prinzipiell *nicht* zur Freisetzung von Kernenergie zu nutzen sind. Das ist der Grund, warum nicht schon zu diesem Zeitpunkt die Frage nach den Möglichkeiten der Freisetzung der Kernenergie die Gemüter erhitzte, sondern die nach der Natur der Kernbindungskräfte. Die Zeit war gegen 1935 noch nicht reif, an eine Nutzung der in den Kernen schlummernden Energien zu denken; damals ging es um das theoretische Verständnis des Kerns selbst.

In diesem Zusammenhang entwickelte Niels Bohr seine wegweisende Idee, derzufolge bei der Betrachtung des Kerns als eines ganzheitlichen Objektes nicht bei statistischen Strukturvorstellungen stehenzubleiben, sondern die Dynamik kollektiver Phänomene in Rechnung zu stellen ist.

Nachdem sich Bohr mit verschiedenen quasimechanischen Kernmodellen beschäftigt hatte, fand er schließlich während des erwähnten Kolloquiums den Ausgangspunkt eines neuartigen Modells. Er sprach später vom Modell des „Compound-“ oder „Zwischenkernes“. Entsprechend diesem Modell sinkt die Energie eines in einen Kern eindringenden Neutrons durch Wechselwirkung mit den Kernbausteinen sehr schnell ab, sie wird an die Nukleonen weitergegeben, der Kern erwärmt sich. Es muß eine für die Kernprozesse relativ lange Zeit vergehen, bis eines seiner Neutronen zufällig eine so große Energie erhält, daß es den Kern verlassen kann. Wird nun während dieser Zeitspanne ein Gammaquant vom Kern abgestrahlt, so verliert dieser dabei so viel Energie, daß kein Neutron mehr die zum Verlassen des Kerns notwendige Energie aufbringt. Für einen solchen Neutroneneinfang aber benötigt der Kern eine für die Mikrodimensionen relativ große Zeitspanne, in der der Zwischenkern gemäß der Heisenbergschen Unbestimmtheitsrelation scharf definierte Energiezustände besitzt. Dieses Modell führte also unmittelbar zu der Überlegung, daß auch der Kern über scharf definierte Energiezustände verfügen kann, eine der wohl erstaunlichsten Analogien zum Atom.

Das aber war keineswegs der einzige Fall, in dem die Kernphysiker in ihren Modelltheorien auf Bewährtes aus der Atomphysik zurückgreifen konnten. So wie einst die Mischung von klassischer Physik und Quantenpostulat den Weg zur konsistenten Atomtheorie eröffnet hatte, halfen nunmehr die Ideen der Quantenmechanik bei der Suche nach einer konsistenten Kerntheorie, die letztlich eine Theorie der starken, der elektromagnetischen und der schwachen Wechselwirkung sein muß. So wie einst die Atomphysiker in gewissen Grenzen phänomenologisch vorgehen konnten, vermochten dies nun auch die Kernphysiker. Dabei spielte die ungeheure Erfahrung, die Niels Bohr seit 1913 gesammelt hatte, mindestens als heuristische Orientierung noch lange Zeit eine große Rolle. Die Theorie des Compoundkerns ist eines der augenfälligsten Beispiele für die originellen Ideen, die er seit etwa 1935 in die Kernphysik eingebracht hat. Trotzdem aber läßt sich seine Rolle bei der Entwicklung der Kernphysik nicht mehr mit jener vergleichen, die er für die Entwicklung der Atomphysik gespielt hatte. In noch größerem Maße als die Atomphysik wurde die Kernphysik zu einem physikalischen Forschungsgebiet, das der kollektiven Erfahrung einer Vielzahl von Experimentatoren und Theoretikern bedurfte, wobei natürlich auch hier die entscheidenden Impulse immer wieder von einzelnen Forschern ausgingen.

Mit der zunehmenden Komplexität der physikalischen Forschung wuchs zwangsläufig auch die Notwendigkeit zum Ausbau der wissenschaftlichen Kooperationsbeziehungen mit den Nachbardisziplinen der Physik und der internationalen wissenschaftlichen Kooperation. Ganz besonderen Wert legte Bohr früher schon auf die enge Zusammenarbeit mit den Mathematikern. Dabei hatte er, der mathematisch manch anderem theoretischen Physiker unseres Jahrhunderts unterlegen war, es in dieser Beziehung insofern besonders einfach, als ihm mit seinem Bruder Harald ein Mathematiker von internationalem Format mit Rat und Tat zur Seite stand. Die bis in die Kindheitstage zurückverfolgbaren engen Bindungen der Brüder haben manchen Sturm überdauert. 1934 kam für sie beide die Erfüllung eines großen, seit langem gehegten Traumes.

In diesem Jahr konnte Harald Bohr als Direktor des mathematischen Instituts der Kopenhagener Universität ein neues, direkt neben dem Institut für theoretische Physik erbautes und mit diesem verbundenes Gebäude beziehen. Das gegenüber dem ehemaligen Wohnhaus der Familie Niels Bohr gelegene Bauwerk fügte sich mit den anderen Gebäuden zu einem architektonisch harmonischen, in sich vielfach verschlungenen Ensemble, das gleichsam sinnbildhaft den Zusammenhang von Physik und Mathematik verkörperte. Für Niels und Harald Bohr wuchs jedoch mit der Einweihung des neuen Gebäudes weit mehr zusammen als nur der institutionelle Rahmen zweier Wissenschaftsdisziplinen. Von nun an war es ihnen auf die einfachste Weise möglich, sich bei allen bedeutsamen Fragen reichlich unkompliziert abzustimmen. Häufig hörten die Mitarbeiter von Niels Bohr, wenn eine Entscheidung zu fällen war: „Das muß ich rasch erst einmal mit Harald besprechen."

Das Jahr 1934 brachte für die Familie Bohr aber auch einen tragischen Schicksalsschlag. Wie so oft in den vergangenen Jahren begab sich Niels Bohr in diesem Sommer mit seinen Freunden N. Bjerrum, O. Chievitz und H. Hendriksen auf eine große Segeltour. Sie hatten 1926 gemeinsam die Yacht „Chita" erworben und seitdem viele Stunden der Entspannung auf dem Wasser gefunden. Diesmal nahmen sie Bohrs ältesten Sohn Christian mit, der gerade mit Bravour das Gymnasium abgeschlossen hatte und sich auf den Beginn seines Studiums freute. Es war nicht das erste Mal, daß Christian, ein trotz seiner noch nicht ganz 18 Jahre schon recht erfahrener Segler, mit in See stach. Bei stürmischem Wetter geschah am 2. Juli 1934 das Furchtbare.

Christian ist vermutlich durch das umschlagende Segel oder eine sich am Schiffskörper brechende Welle von Bord gerissen worden. Als der Vater Sekundenbruchteile später das Unglück bemerkte, hatten die brodelnden Fluten den Sohn schon in die Tiefe gezerrt. Bohrs erste, aber in dieser Situation sinnlose Reaktion, nachzuspringen, um zu helfen, wo schon nicht mehr zu helfen war, konnten die Freunde mit Mühe vereiteln. Alle Suche nach Christian blieb ergebnislos, Margrethe und Niels Bohr erlebten die schwersten Stunden ihres bisherigen Lebens: die Trauer um einen ihrer Söhne.

Es brauchte lange, bis Niels Bohr wieder der war, den die Kopenhagener Physiker kannten. [47], [48] Sicher hat dieses Ereignis mit dazu beigetragen, daß er erst 1935 jene wissenschaftliche Leistung erbrachte, die ihn auch in der Kernphysik ganz nach vorn führte. Bis zu diesem Jahr, in dem in Kopenhagen mit der üblichen Ausgelassenheit Bohrs 50. Geburtstag begangen wurde, waren alle entscheidenden Ergebnisse auf dem nach der Atomphysik erschlossenen neuen Gebiet von anderen gekommen. Niels Bohr aber hatte bis dahin keine Gelegenheit ungenutzt verstreichen lassen, die ausschließlich dem Erkenntnisfortschritt dienende internationale Zusammenarbeit auszubauen.

Die Zahl der ausländischen Besucher des Kopenhagener Institutes wuchs nach einer vorübergehenden Flaute während der weltweiten Rezession am Beginn der dreißiger Jahre zur Mitte dieses Jahrzehnts sogar noch erheblich über das in den zwanziger Jahren erreichte Niveau an.

Der seit 1933 ständig zunehmende Besucherstrom hatte allerdings auch Ursachen, die höchst unerfreulich waren. Mit der bald nach der Machtübernahme der Nationalsozialisten in Deutschland praktizierten Rassengesetzgebung wurden zahlreiche jüdische Wissenschaftler außer Landes getrieben. Hinzu kam eine Reihe politischer Emigranten.

Niels Bohr, dessen Toleranz viele seiner Schüler und Mitarbeiter tagtäglich erlebten, hatte schon lange vor 1933 mit Argwohn und Sorge die unheilvollen politischen Entwicklungen in Deutschland verfolgt. Als aber am 30. 1. 1933 Reichspräsident Hindenburg Adolf Hitler zum Reichskanzler ernannte und frenetische Anhänger der Nazipartei in ersten Triumphzügen ahnen ließen, daß dies erst der Anfang des unwürdigsten Kapitels deutscher Geschichte sei, gehörte Bohr sicher nicht zu jenen, die bereits mit Klarheit die ganze Gefährlichkeit dieser Entwicklung einzuschätzen vermochten. Viel zu tief war er noch gleich vielen seiner Landsleute davon überzeugt, daß ein Volk mit kulturellen Traditionen wie das deutsche nicht in wenigen Jahren dazu gebracht werden könne, die von nazistischen Ideologen entworfenen Leitlinien politischen Handelns hinzunehmen und schließlich die Welt ein zweites Mal in Brand zu stecken. Zudem war Bohr erfüllt von dem Gedanken, daß wissenschaftliche Kontakte, wie sie im Institut für theoretische Physik in Kopenhagen gepflegt wurden, erfolgreich dazu beizutragen vermögen, die Spannungen in der Welt zu vermindern, das Verständnis zwischen den Völkern und Staaten zu verbessern. Seine Beziehungen zu Deutschen waren weniger die eines Angehörigen des Königreichs Dänemark zu Angehörigen eines anderen Staates mit einer bestimmten politischen Ordnung, sondern vielmehr die eines „Weltbürgers“ zu anderen Bürgern.

Jeder, der genügend Talent, Ausdauer und die Bereitschaft mitbrachte, zur Lösung der wissenschaftlichen Fragen beizutragen, die die Kopenhagener Physiker um Bohr interessierten, war entsprechend dem Fassungsvermögen des relativ kleinen Institutes willkommen. Gefragt wurde nicht, warum sich jemand mit Atom- und Kernphysik beschäftigte. Gefragt wurde vielmehr, ob er hinreichend motiviert sei, im Rahmen der eigenen Möglichkeiten einen Beitrag zur Weltwissenschaft zu leisten.

Die Normen des wissenschaftlichen Verhaltens im Institut wurden maßgeblich von dem Mann vorgegeben, dessen Kompetenz und Autorität niemand bezweifelte. Niels Bohr lebte allen vor, was wissenschaftliche Gemeinschaftsarbeit ist. Kein Wunder also, daß die in dem von ihm aufgebauten und geleiteten Institut gültigen Vorstellungen von der weltweiten Wissenschaftlergemeinschaft auch das Denken vieler seiner

Mitarbeiter prägten. Als mit der nazistischen Rassengesetzgebung 1933 jüdische Bürger in Deutschland aus dem Staatsdienst entlassen wurden, war der Gedanke von der Weltwissenschaft einer sehr harten Belastungsprobe ausgesetzt. Wenn es nicht gelang, die dem Humanismus hohnsprechenden Rassengesetze selbst zu Fall zu bringen, dann mußte wenigstens dafür Sorge getragen werden, daß die Opfer dieser Gesetzgebung in anderen Ländern leben und entsprechend ihrer Befähigung arbeiten konnten.

Niels Bohr schaltete sich und viele Mitarbeiter seines Institutes unverzüglich in die internationalen Hilfsaktionen für die jüdischen Emigranten aus Deutschland ein. Im Mittelpunkt seines Denkens und Handelns stand die praktische Hilfe für die Betroffenen.

In den ersten Wochen, als noch Unklarheit darüber geherrscht hatte, wie weit die neuen Machthaber in Deutschland wirklich gehen würden, worin die tatsächlichen Ziele der neuen deutschen Regierung bestanden und inwiefern sie von radikalisierten Eiferern unter den eigenen Anhängern zur weiteren Eskalation gedrängt würde, begab sich Niels Bohr nach Deutschland. Er wollte sich an verschiedenen Universitäten selbst ein Bild machen.

Viele der damals in Kopenhagen einlaufenden Schreckensmeldungen und nahezu alle Dokumente, aus denen die eingeleiteten Hilfsmaßnahmen ersichtlich waren, wurden später in höchster Gefahr vernichtet. In einem der wenigen erhaltengebliebenen Briefe liest man bei F. Bloch, der sich damals in Zürich befand und noch eine Anstellung bei Heisenberg in Leipzig hatte, wie er zu der Überzeugung kam, daß sein ursprünglicher Plan, nach Deutschland zurückzukehren, „durch irgend eine Verfügung betreffend jüdischer Dozenten an deutschen Hochschulen von seiten der Regierung schon in den nächsten Wochen illusorisch gemacht werden könnte“[3]. Wie viele solcher erschütternder Briefe mögen damals und erst recht in den folgenden Monaten in Kopenhagen eingegangen sein? Wie vielen mag es Trost gewesen sein, daß es Männer wie Albert Einstein gab, der der Berliner Akademie den Fehdehandschuh vor die Füße geworfen hatte, noch bevor diese den würdelosen Schritt seines Ausschlusses einleiten konnte. Niels Bohr unterstützte viele der Verfolgten direkt oder indirekt.

F. Bloch erinnert sich in dem zitierten Brief in tiefer Dankbarkeit der vorangegangenen Begegnung mit Bohr und dessen Sohn Christian in München. O. R. Frisch, der 1933 Deutschland wegen seiner jüdischen Abstammung verlassen mußte und mit einem Stipendium bei Blackett in der Ungewißheit arbeitete, was er nach Ablauf der Gewährungsfrist dieser Unterstützung anfangen sollte, schrieb damals nach einem Besuch Bohrs in England seiner Mutter: „Du mußt Dir meinetwegen keine Sorgen mehr machen: Gott der Allmächtige hat mich am Jackenknopf gehalten und freundlich mit mir gesprochen.“[4]

Nicht mit allen konnte Bohr persönlich sprechen; helfen konnte nur das koordinierte Vorgehen vieler. In Kopenhagen gründeten Niels und Harald Bohr, Aage Friis (Professor für Geschichte), Albert V. Jørgensen (Anwalt am Obersten Gericht, ein Jugendfreund von N. Bohr), Thorvald Madsen (Direktor des Seruminstitutes) und andere ein von Freunden und Bekannten in vielen Ländern der Erde unterstütztes Hilfskomitee für emigrierte Intellektuelle. Als sich Niels Bohr 1933 nach den USA begab (mit Zwischenstation England, wo er unter anderem Frisch nach Kopenhagen eingeladen hat), befand sich in seinem Reisegepäck eine umfangreiche Liste mit Namen von Wissenschaftlern, denen er Stellen zu verschaffen hoffte. Vielen der Emigranten wurde das kleine Kopenhagener Institut für theoretische Physik zum ersten Anlaufpunkt; es konnte aber natürlich nicht alle beherbergen, die gern bei Bohr gearbeitet hätten.

Zu denen, die längere Zeit am Institut blieben, gehörten J. Franck (bis 1935), O. R. Frisch (bis 1939) und G. de Hevesy (bis 1943), Wissenschaftler, die mit dafür sorgten, daß die Experimentalphysik dieses Institutes in den dreißiger Jahren eine großartige Blütezeit erlebte. Einer von ihnen, O. R. Frisch, erbrachte hier auch als Theoretiker eine Leistung, die ihn bis in die Regionen eines Nobelpreises trug, den er schließlich durch dramatische Umstände aber knapp verfehlte.

Den Ausgangspunkt dazu bildete ein Besuch bei seiner Tante Lise Meitner Weihnachten 1938 in Schweden. Die verdienstvolle, seit langem mit den Kopenhagener Physikern besonders eng verbundene Mitarbeiterin Otto Hahns war durch den „Anschluß“ Österreichs, ihrer Heimat, über Nacht deutsche Staatsbürgerin geworden und somit unter die nazistische Rassengesetzgebung gefallen. Zu einem Zeitpunkt, als es schon schwer war, Deutschland zu verlassen, gelang ihr die Flucht. Kopenhagen wurde zur ersten Station ihres Exils. In Stockholm schließlich erhielt sie eine mehr als bescheidene Anstellung. Freunde luden sie ein, das Weihnachtsfest in einem kleinen Ort in der Nähe von Göteborg zu verbringen. O. R. Frisch, ihr Neffe, der bisher Weihnachten stets nach Berlin gekommen war, besuchte sie nunmehr in Schweden.

In diesen Tagen erhielt Lise Meitner von Otto Hahn einen Brief mit einer höchst merkwürdigen wissenschaftlichen Nachricht. O. Hahn und F. Straßmann hatten die noch vor kurzem mit der nun brieflich informierten Mitarbeiterin ausgeführten Uranexperimente nach deren Flucht allein fortgeführt und waren dabei auf einen Umstand gestoßen, der

Fermis Auffassung über die Produktion von Transuranen auf das heftigste erschütterte. Bei der Analyse des mit Neutronen beschossenen Urans hatten die Curies in Paris früher bereits einige Elemente gefunden, die leichter als Uran sein mußten. Noch bevor Lise Meitner Deutschland verlassen hatte, war das von Otto Hahn bestätigt worden. Er hatte festgestellt, daß sich drei dieser Substanzen chemisch wie Radium verhielten. War dies schon reichlich unverständlich gewesen, denn Radium hat eine um vier niedrigere Kernladungszahl als Uran, so schien das Resultat der genaueren chemischen Analysen dieser Substanzen gänzlich mysteriös. Hahn und Straßmann fanden nämlich, daß es sich in Wirklichkeit nicht um Radium, sondern um Isotope des Bariums handelte, und das hat bekanntlich die Kernladungszahl 56. Bislang hatte niemand bei Kernumwandlungsprozessen etwas anderes als Protonen oder Heliumkerne (2 Protonen) gewonnen, und nun sollten Neutronen imstande sein, von einem Kern mit der Ordnungszahl 92 einen Kern mit der Ordnungszahl 56 abzuspalten?!

Das schien so unvorstellbar, daß Frisch zunächst an einen Analysefehler dachte. Der aber mußte nach der festen Überzeugung von Lise Meitner ausgeschlossen werden. Chemiker vom Format Hahn und Straßmann wußten, was sie sagten; jetzt blieb nur noch die Möglichkeit, nach einer theoretischen Erklärung des ungeheuerlichen Vorganges zu suchen. Hier schließlich half das von Gamow vorgeschlagene und von Bohr präzisierte Tröpfchenmodell des Atomkerns. Erste Überschlagsrechnungen zeigten, daß die elektrische Ladung des Urankerns eine Kraft darstellt, die nahezu seine gesamte Oberflächenspannung zu kompensieren vermag. Der Urankern bildet also einen Tropfen, der so instabil ist, daß bereits geringe Störungen ausreichen, um ihn zum Zerplatzen zu bringen. Wie, wenn schon ein einzelnes eindringendes Neutron eine solche Störung darstellt? Wurde das angenommen, so ergaben Überschlagsrechnungen, daß durch die gegenseitige Abstoßung der beiden elektrisch geladenen Teile eine Energie von etwa 200 Millionen Elektronenvolt freigesetzt werden sollte.

Woher kann aber eine solche Energiemenge stammen? Sie muß vorher schon irgendwie im Kern „schlummern". Diese Energiemenge ließ sich über die Einsteinsche Energie-Masse-Relation bestimmen; sie entspricht in etwa der Massendifferenz zwischen den Bruchstücken des Urankerns und dem Urankern selbst. Urankerne können also tatsächlich unter Abgabe ihrer Kernbindungsenergie „bersten". Die in dem schweren Atomkern schlummernden Energien lassen sich mit einem energetisch minimalen Aufwand freisetzen. Das war wirklich mehr, als selbst der kühnste Träumer erwarten konnte. Nunmehr hätte jedes

Schulkind im Prinzip ausrechnen können, welch ungeheure Energiemenge freigesetzt wird, wenn alle Kerne eines makrophysikalischen Uranklumpens zum Platzen gebracht würden.

Bislang hatten Hahn und Straßmann es offenkundig nur mit wenigen solcher Elementarereignisse zu tun. Es stand vor allem die Frage, warum sie eigentlich noch niemand bemerkt hatte, obgleich seit Jahren in mehreren Laboratorien der Welt entsprechende Versuche liefen.

Dies ist beileibe nicht der einzige oder gar erste Fall in der Geschichte der Wissenschaft, wo etwas fundamental Neues nicht bemerkt wurde, weil es so ganz und gar nicht vermutet worden war. Sicher aber handelte es sich hier um den in der Physikgeschichte bis dahin spektakulärsten Fall einer verpaßten Entdeckung. Daß die Kernspaltung experimentell am Vorabend des Zweiten Weltkrieges ausgerechnet in Deutschland entdeckt wurde, gehört zur Tragik der Geschichte unseres Jahrhunderts. Daß diese Entdeckung nicht drei oder vier Jahre früher gemacht wurde, hat möglicherweise weitaus schlimmere Folgen verhindert, als die auf Hahn und Straßmanns Mitteilung folgenden Ereignisse schließlich gezeitigt haben.

Nachdem Frisch klar geworden war, in welche Regionen seine mit Lise Meitner angestellten Gedankenkombinationen geführt hatten, begab er sich umgehend nach Kopenhagen zurück. Höchste Eile war geboten, denn Bohr bereitete sich auf eine längere USA-Reise vor. Mit ihm aber mußte die Sache unbedingt besprochen werden, bevor irgendetwas unternommen wurde. Vielleicht lag in der relativ einfach aussehenden Gedankenkette ein grundsätzlicher Fehler verborgen, und es gab in Wirklichkeit eine gänzlich andere Erklärung für das in Berlin gefundene Barium?

Frisch kam Anfang Januar 1939 noch rechtzeitig vor Bohrs USA-Reise nach Kopenhagen zurück. Langwierige Erklärungen waren nicht erforderlich. Niels Bohr erfaßte die neue Situation schnell. Er soll sich schon nach wenigen Minuten mit der Hand auf die Stirn geschlagen und ausgerufen haben: „Ach, was für Idioten wir doch alle waren! Ach, das ist ja wunderbar! Genauso muß es sein! Haben Sie mit Lise Meitner schon etwas darüber geschrieben?“[5] Da natürlich noch kein Artikel vorlag, mußte der umgehend geschrieben werden. Bohr verabschiedete sich schließlich von Frisch mit dem Versprechen, niemandem etwas zu sagen, bevor dessen mit Lise Meitner angestellte Überlegungen publiziert seien.

Während O. R. Frisch in Kopenhagen und L. Meitner in Stockholm an einer Publikation für die „Nature“ arbeiteten, die sie auch dank mehrerer Ferngespräche relativ schnell abschließen konnten, befand sich Niels Bohr auf der Überfahrt aus dem politisch spannungsgeladenen Europa nach den USA. Im Gegensatz zu manch anderem hatte er kaum die Hoffnung, daß das Münchener Abkommen vom Herbst 1938, welches die Annexion großer Teile der Tschechoslowakei durch Hitlerdeutschland besiegelte, Europa wirklich den Frieden sichern konnte.

Die Appeasement-Politik hatte ersichtlicherweise den Expansionsdrang Hitlers nicht einzuschränken vermocht. Jeder seiner Erklärungen, daß die gerade aktuelle Forderung wirklich die letzte sei, die einem dauerhaften Frieden noch entgegenstehe, war eine weitere, zunehmend unverschämtere gefolgt. Außerhalb Deutschlands mehrten sich die Stimmen, die laut und vernehmlich verlangten, dem totalitären Terrorregime keine weiteren Zugeständnisse mehr zu machen. Niels Bohr sprach auf seiner Reise wiederholt davon, daß es neben der Fortführung diplomatischer Bemühungen um eine starke Antihitlerkoalition nunmehr dringlich geboten scheine, auch unmittelbare Vorbereitungen für mögliche militärische Aktionen gegen weitere Aggressionshandlungen der Achsenmächte zu treffen.

Allzu lange schon waren die ideologischen Ziele der Nationalsozialisten im Ausland unterschätzt worden. Viele konnten oder wollten es einfach nicht glauben, daß die in millionenfacher Verbreitung nachzulesende These von der Notwendigkeit der Schaffung eines „Großdeutschen Reichs" durch das hierfür von der Geschichte „auserkorene Volk" für Hitler und seine Anhänger von Anfang an zum Programm nationalsozialistischer Politik gehörte. Mochte diese Unterschätzung zum Zeitpunkt der Erstveröffentlichung von „Mein Kampf" (1925) vielleicht noch verständlich gewesen sein, die Entwicklungen nach 1933 jedenfalls boten immer neue Anlässe, in den ursprünglich programmatischen Proklamationen mehr als bloße Rhetorik zu sehen.

Die ständig wiederholten Friedensbeteuerungen verloren angesichts der gewaltigen Wiederaufrüstung und des zunehmend aggressiver werdenden Tons in der Außenpolitik des totalitären Führerstaats an Glaubwürdigkeit. Obgleich selbst zu Beginn des Jahres 1939 in Deutschland nicht öffentlich über den für Hitler bereits feststehenden Entschluß zum Einsatz militärischer Gewalt gesprochen wurde, mußte man sich im Ausland nunmehr ernsthaft fragen, worin denn eigentlich mögliche deutsche Kriegsziele bestehen konnten. In diesem Zusammenhang war an der Relevanz der These vom fehlenden Lebensraum nicht mehr länger zu zweifeln.

Was aber hatte der militante Antisemitismus der Nazis hinsichtlich des zu befürchtenden Krieges zu bedeuten? In Deutschland war das Leben der Juden seit Jahren unerträglich geworden. Die Demütigungen und Verfolgungen hatten seit 1933 beständig zugenommen. Die am 9. November 1938 beginnenden Pogrome bildeten einen vorläufigen Gipfelpunkt in der Eskalation von Gewalt, die ideologisch lange vorher schon legitimiert worden war. Die unverhohlene Ermordung jüdischer Bürger in aller Öffentlichkeit ist damals seitens des Staates faktisch strafrechtlich nicht geahndet und seitens der Partei nahezu als Heldentat gefeiert worden. Vor allem Rücksichtnahmen auf das Ausland haben wohl schließlich zunächst die Einstellung dieser brutalen Übergriffe veranlaßt. Wie weit aber würde der deutsche Nationalsozialismus gehen, wenn er dazu erst einmal die uneingeschränkte Macht besäße?

Im Spätsommer 1938 mußte Niels Bohr persönlich erfahren, wie scheinwissenschaftliche Rassentheorien selbst schon das eigenständige Denken mancher deutscher Wissenschaftler verblendet hatten. Er war damals gebeten worden, vor den Teilnehmern des Internationalen Kongresses für Anthropologie und Ethnologie während eines Ausfluges zum Schloß Kronborg in Helsingør einen Vortrag zu halten. Er hatte diese Gelegenheit gern ergriffen, um in einer ihm gemäßen Weise ein Plädoyer für Humanismus und Völkerverständigung abzugeben. Angesichts des nazistischen Rassenwahnsinns wollte er ganz besonders die Gleichberechtigung *aller* menschlichen Rassen betonen.

In den ehrwürdigen Mauern jenes Schlosses, in dem Shakespeare seinen Hamlet die Frage nach Sein oder Nichtsein stellen ließ, konfrontierte Niels Bohr die anwesenden Gäste mit den erkenntnistheoretischen Schlußfolgerungen aus der Physikentwicklung. Er erläuterte die von ihm begründete Komplementaritätsauffassung, um damit dann seinen Standpunkt zur Beziehung zwischen verschiedenen Kulturen zu bestimmen. Dabei verwies er auf den notwendigen Unterschied zwischen der Betrachtung atomphysikalischer Phänomene und menschlicher Gesellschaften. Bohr betonte, daß kaum eine völlig in sich abgeschlossene Kultur existiere und schließlich die Verschmelzung kultureller Traditionen immer wieder zur Entstehung neuer Kulturen führe. Das höchste Ziel *humanistischer* Forschung sah er darin, „durch zunehmende Kenntnis der Entwicklungsgeschichte der Kulturen allmählich Vorurteile zu entfernen und damit dem gemeinsamen Ziel aller Wissenschaft näherzukommen“[6].

Bis zu diesem Gedanken aber hatten es die aus dem „Dritten Reich“ nach Dänemark gereisten „Herrenmenschen“ gar nicht ausgehalten. Für sie, die ein Regime mittrugen, das sich bald schon mit konkreten Plänen zur „Endlösung der Judenfrage“ beschäftigen sollte, war es bereits schon zu viel, „das Adjektiv 'menschlich‘ definitionsgemäß gerade jenen Charakterzügen vorzubehalten, die nicht unmittelbar an körperliche Vererbung gebunden sind"[7]. Bohrs vorsichtig abgefaßte Rede wurde von der Delegation deutscher Anthropologen und Ethnologen als Provokation aufgefaßt; sie verließ unter Protest den Saal. Wenn mit Lehrstuhlinhabern wissenschaftlicher Einrichtungen schon nicht mehr zu reden war, was erst konnte da von Politikern noch alles erwartet werden?

Von den düsteren politischen Entwicklungen dieser Zeit blieben selbst die familiären Treffen der Kopenhagener Physiker nicht unberührt. Zu der letzten Zusammenkunft im Oktober 1938 (wer konnte ahnen, daß es die letzte vor dem Kriege sein würde?) waren aus Deutschland nur Heisenberg und der wegen seiner aufrechten Haltung besonders verehrungswürdige Max von Laue (bis dahin in Kopenhagen ein seltener Gast) gekommen. Viele der anderen prominenten Ausländer fehlten. Enrico Fermi kam aus jenem Land, in dem Mussolini kurz vorher nach deutschem Vorbild ebenfalls eine Rassengesetzgebung durchgepeitscht hatte. Bohr mußte zu einer außergewöhnlichen Maßnahme greifen, um Fermi und seine Familie zu retten. Er, der ansonsten so sorgsam darauf bedacht war, jede eingegangene Verpflichtung peinlich genau einzuhalten, durchbrach im Herbst 1938 in eklatanter Weise die Satzungen der Nobelpreisstiftung. Entgegen diesen Bestimmungen ließ er Fermi wissen, daß er der Nobelpreisträger dieses Jahres sein würde. Damit setzte Bohr ihn in die Lage, alle Vorbereitungen zu treffen, um mit der ganzen Familie Italien für immer zu verlassen. Fermi sollte sich entschieden weigern, die mit dem Nobelpreis verbundene Geldsumme nach Italien transferieren zu lassen; er mußte darauf bestehen, den Preis in Stockholm persönlich in Empfang zu nehmen und seine Familie rechtzeitig außer Landes bringen. Danach konnte er über Kopenhagen nach den USA reisen, wo längst ein lukratives Angebot auf ihn wartete. Genauso war inzwischen alles verlaufen; die Fermis befanden sich in Sicherheit.

Nunmehr nahm Niels Bohr denselben Weg, den kurz zuvor Fermi eingeschlagen hatte. Er reiste mit seiner Frau, seinem Sohn Hans und seinem damaligen Assistenten Leon Rosenfeld. Bohr wußte, daß er um jeden Preis nach Dänemark zurückkehren würde. Wie aber würde er Europa wiedersehen? Wenn er sich auf der langen Schiffsreise nicht mit den düsteren politischen Zukunftsaussichten beschäftigte, dann gab es auf dem Gebiet der Kernphysik höchst erfreuliche Dinge zu überlegen. Dies tat er genau so, wie er immer schon über wissenschaftliche Fragen nachgedacht hatte: im Dialog. In endlos langen Debatten erörterte er mit Rosenfeld das Problem der Urankernspaltung. Er dachte dabei an vieles, was in dieser Hinsicht von Belang sein konnte, nur nicht daran,

Rosenfeld mitzuteilen, daß alles, was er von Frisch gehört hatte, so lange als vertraulich zu gelten habe, bis der entsprechende Artikel in der „Nature“ erschienen sei.

Als sie am 16. Januar 1939 im New Yorker Hafen von Bord des Schiffes gingen, war Niels Bohr so von den faszinierenden kernphysikalischen Ereignissen und den eigenen Überlegungen dazu gefesselt, daß er den ihn empfangenden J. A. Wheeler bereits am Kai beiseite nahm und unter dem Siegel der Verschwiegenheit davon erzählte. Noch am gleichen Abend gab es in einem Klub in Princeton einen Empfang für Rosenfeld, wobei dieser natürlich auch nach den wissenschaftlichen Neuigkeiten aus Europa gefragt wurde. Bohr, der erst am folgenden Tag nach Princeton kam, mußte zu seinem Entsetzen hören, daß Rosenfeld dabei nichtsahnend die sensationelle Nachricht verbreitet hatte. Bohr konnte sich vorstellen, wie sie nunmehr auch als solche weitererzählt und alsbald von Amerikanern publiziert würde. Umgehend mußte ein Telegramm nach Kopenhagen geschickt werden mit dem Hinweis, sofort den Artikel an die „Nature“ zu senden und zusätzliche experimentelle Überprüfungen der neuen Auffassungen vorzunehmen.

Frisch ahnte nichts Böses, denn der Artikel *war* bereits am 16. Januar an die „Nature“ abgeschickt worden. Er konnte nicht wissen, daß er nahezu vier Wochen in der Redaktion liegen würde. Die von Bohr vorgeschlagenen Experimente waren verblüffend einfach, verwunderlich schien es Frisch nur, daß er selber nicht längst daran gedacht hatte. Diese Experimente wurden umgehend in Kopenhagen ausgeführt und ergaben genau die erwarteten Resultate. Die Mitteilung der experimentellen Ergebnisse erschien in der „Nature“ schon eine Woche nach der sehr viel früher eingereichten theoretischen Erklärung der Urankernspaltung. [57] Diese wurde aber erst am 11. Februar 1939 publiziert.

Hahn und Straßmann hatten ihr Resultat in den „Naturwissenschaften“ vom 6. Januar veröffentlicht, was auch die Curies unmittelbar nach Eingang des Heftes veranlaßte, in Paris entsprechende Experimente zu unternehmen. Die Ereignisse überstürzten sich. In den USA wurden in mehreren großen Laboratorien „Fission“-Experimente erfolgreich ausgeführt, die Presse bemächtigte sich der Sensation. Niemand außer Bohr erwähnte je die Namen von Frisch und Meitner. Es kam genau so, wie Bohr es vermutet hatte.

Natürlich ist es heute müßig, darüber zu spekulieren, ob das Nobelpreiskomitee 1945 eine andere Entscheidung hätte treffen müssen, als es sie gefällt hat. Damals wurde der Preis für das Jahr 1944 (und zwar für Chemie!) einzig und allein Otto Hahn für die Entdeckung der Kernspaltung zugesprochen. Es sind weder Straßmann und Meitner, die großen Anteil an den Experimenten hatten (Straßmann sogar bis zum krönenden Abschluß), noch Frisch und Meitner bedacht worden, die als erste diese Entdeckung *physikalisch* erklärt haben. Bohrs Vorschläge blieben ergebnislos, die Ereignisse um den Artikel von Frisch und Meitner aus dem Jahre 1939 waren ihm zeit seines Lebens ein Ärgernis.

Im Jahre 1939 jedoch hatte Bohr nicht allzu viel Zeit über Prioritätsansprüche verehrter Kollegen lange nachzudenken. Sein theoretisches Denken war in Fluß gekommen; er arbeitete gemeinsam mit Wheeler die Grundgedanken, die er sich schon auf dem Schiff zurechtgelegt hatte, zu einer Theorie aus, mit der das Tor ins „Atomzeitalter" aufgestoßen wurde. Die entscheidende Frage dazu lautete zunächst, ob bei der Spaltung eines Kerns Neutronen frei würden, die eine weitere Spaltung einleiten und auf diese Weise eine explosionsartige Kettenreaktion provozieren könnten. Auf den ersten Blick mußte die durch bekannte Tatsachen gestützte Antwort klar „nein" lauten. Wenn solche Kettenreaktionen möglich wären, wie sollte dann erklärt werden, daß es in der Natur überhaupt Uranvorkommen gibt? Da in einer solchen Lagerstätte jederzeit ein spontaner Neutroneneinfang erfolgen konnte, hätte im Laufe der Jahrmillionen irgendwann einmal ein so ausgelöster Elementarprozeß eine Kettenreaktion nach sich ziehen und den entsprechenden Uranvorrat in die Luft sprengen müssen.

Überlegungen dieser Art haben, wie Niels Bohr überzeugend nachwies, einen entscheidenden Fehler. Sie berücksichtigen nicht, daß alle natürlichen Uranvorkommen aus einem Gemisch zweier Isotope bestehen, Uran 235 und Uran 238. Während Uran 235 von langsamen Neutronen gespalten wird, fängt das Uran 238 zwar die Neutronen ein, zerfällt dabei aber *nicht* in zwei Teile. Da das leicht spaltbare Material in der Natur sehr viel seltener vorkommt als Uran 238, ist die Wahrscheinlichkeit des Neutroneneinfanges bei einem natürlichen Uranerz sehr viel höher als die Wahrscheinlichkeit der Kernspaltung. Das ändert sich in dem Maße, wie der Anteil des Uran 235 gesteigert werden kann. Ein ausschließlich aus Uran 235 bestehendes Material müßte vollständig gespalten werden.

An diesem Ergebnis war für Niels Bohr im Gegensatz zu manchen seiner Kollegen zunächst noch nichts Beunruhigendes. Zwar sollte die Abbremsung schneller Neutronen kein allzu großes Problem darstellen. Dafür hatten schließlich die bisherigen kernphysikalischen Experimente genügend Erfahrungen erbracht. Aber wie konnte das Uran 235 vom Uran 238 separiert werden? Wenn dies überhaupt gelingen würde, dann nur um den Preis eines unvertretbar hohen energetischen Aufwandes. Bohr schien es praktisch gänzlich unmöglich, mit einer großtechnischen Isotopentrennung Bombenmaterial zu gewinnen. Außerdem blieb zunächst auch noch unklar, ob eine Kernspaltung wirklich einen solchen Neutronenüberschuß erzeugt, daß diese Teilchen sofort lawinenartig andere Spaltungsprozesse auslösen würden. Selbst wenn das der Fall wäre, so konnte zu Beginn des Jahres 1939 keineswegs vorausgesetzt werden, daß dieser Prozeß in jenen kurzen Zeiträumen abläuft, die für eine explosionsartige Freisetzung der entsprechenden Energiemenge erforderlich wären. Es war nicht auszuschließen, daß ein solcher Prozeß relativ langsam abläuft und gestoppt wird, noch bevor es zur Explosion kommt. Wenn eine explosionsartige Kettenreaktion tatsächlich möglich sein sollte, dann mußte es dafür eine kritische Masse des spaltbaren Materials geben. Je größer die aber wäre, um so unwahrscheinlicher schien es, je eine Atombombe bauen zu können.

Für Niels Bohr gab es wohl zu dem Zeitpunkt, als er die entscheidende Idee hatte, daß das Uran 235 für die Spaltung verantwortlich ist, als auch noch lange danach genügend hinreichend beruhigende Argumente, die waffentechnische Nutzung seiner physikalischen Idee für unmöglich zu halten. Obgleich er sehr wohl wußte, daß sich viele Kernphysiker mit dieser Frage beschäftigten und einige der fähigsten die gegenteilige Auffassung vertraten, blieben die Untersuchungen zum Spaltungsmechanismus für ihn auch in den folgenden Jahren vor allem von akademischem Interesse. Im Augenblick des ersten Triumphs über die physikalisch so einleuchtend erscheinende Idee vermochte daher nichts seine Freude zu trüben. Im Institute for Advanced Study in Princeton erlebten der aus Kopenhagen nachgereiste G. Placzek (er brachte Bohr den Frisch-Meitner-Artikel und die Ergebnisse der Kopenhagener Kontrollexperimente), L. Rosenfeld und J. A. Wheeler mit, wie Bohr zu der Gewißheit kam, daß nunmehr eine *Theorie* der Kernspaltung auszuarbeiten sei. Für Bohr war der Gedanke offensichtlich, daß nur ein Compoundkern mit gerader Neutronenzahl (Uran 235 bildet nach dem Einfang eines Neutrons Uran 236), nicht aber einer mit einer ungeraden Zahl (238 + 1) sich spalten könne. Er wunderte sich darüber, wie Placzek und andere noch Zweifel hegen konnten. Wieder einmal war der Theoretiker imstande, dem Experiment vorzugreifen (die experimentelle Bestätigung der Bohrschen Idee erfolgte ein Jahr später). Bohr zögerte nicht lange, innerhalb zweier Tage stellte er einen etwa tausend Wörter umfassenden Artikel fertig, in welchem er die detaillierte Ausarbeitung seiner Überlegungen in einer Gemeinschaftsarbeit mit Wheeler ankündigte. Trotz aller gedanklichen Vorbereitung während der Schiffsreise und in zahlreichen Diskussionen mit den Kollegen in den USA bleibt die Art und Weise, wie der am 7. Februar 1939 an die „Physical Review“ abgeschickte Artikel entstand, für alle, die Bohrs abwägende und vorsichtige Art des Abfassens wissenschaftlicher Texte kennen, ein schwer verständliches Phänomen. Man ist in diesem Zusammenhang versucht, an den Schaffensrausch des Jahres 1913 zu denken.

Ernest Rutherford war es nicht mehr vergönnt, diese Sternstunde kernphysikalischer Forschung mitzuerleben. Ihm blieben damit aber auch die Sorgen jener Wissenschaftler erspart, die den von ihm gebahnten Weg von der ersten, nunmehr bescheiden anmutenden Kernzertrümmerung bis an die Schwelle explosionsartig verlaufender oder aber gesteuerter Kettenreaktionen gegangen sind. Sein wissenschaftlich so ereignisreiches Leben hatte sich am 19. Oktober 1937 vollendet. Die Nachricht vom plötzlichen Tode Rutherfords hatte dessen bedeutendsten Schüler in Bologna erreicht. Niels Bohr war von dort aus direkt zu den Beisetzungsfeierlichkeiten nach London geeilt. Dort hatte er neben der Witwe an Rutherfords offenem Grab in der Westminsterabtei unweit der Gräber von Newton und Maxwell gestanden. Anderthalb Jahre später erörterte Bohr nun mit seinen Kollegen und Freunden in Princeton die Möglichkeiten, die die Kernspaltung für die Menschheit haben konnte.

Noch als er zusammen mit Wheeler an der Ausarbeitung seiner theoretischen Überlegungen zum Spaltungsmechanismus saß, gingen bei der USA-Regierung erste Hinweise ein, daß die Entwicklung der Kernphysik möglicherweise sehr schnell zur Produktion eines Sprengstoffes von ungeahnter Zerstörungskraft führen könnte und Deutschland wissenschaftlich wie technisch imstande sein mußte, ein derartiges Projekt in die Tat umzusetzen. Über die entsprechenden Kenntnisse verfügten viele Forschungszentren der Welt. In den ersten Wochen nach der Mitteilung von Hahn und Straßmann waren in zwölf(!) Staaten der Erde Publikationen zur Kernspaltung erschienen. Es war davon auszugehen, daß jeder weitere entscheidende Schritt von den sich intensiv mit dem Problem beschäftigenden Physikern in vielen Ländern der Erde getan werden konnte.

Werner Heisenberg, der kurz nach Niels Bohr 1939 die USA besuchte und Anfang August wieder verließ, hat sicher diese Überzeugung der amerikanischen Physiker (unter ihnen viele vom Nationalsozialismus vertriebene europäische Emigranten) noch bestärkt. Vielleicht hat sogar mancher von ihnen aus der Tatsache, daß Heisenberg am Vorabend des unausweichlich scheinenden Weltbrandes in jenes Land zurückging, das nach seiner Überzeugung einen Krieg gegen die Westmächte verlieren mußte, den Schluß gezogen, dieser Deutschland so liebende, exzellente Physiker werde nichts unversucht lassen, seinem Heimatland eine Waffe in die Hand zu geben, mit der es millitärisch unbesiegbar wäre. Wie dem auch sei: Am 2. August 1939 (!) hat Albert Einstein seinen berühmt gewordenen, von Szillard entworfenen Brief an den Präsidenten der USA unterzeichnet, in dem er auf die beunruhigende Tatsache verwies, daß Deutschland die Ausfuhr von Uran aus den in seinem Machtbereich liegenden reichhaltigen tschechischen Lagerstätten verboten hatte. Als Erklärung solchen Vorgehens wurde in diesem Schreiben angeführt, daß der Sohn eines hohen Beamten im deutschen Regierungsapparat, C. F. v. Weizsäcker, an das Kaiser-Wilhelm-Institut nach Berlin gegangen sei und hier die Arbeiten an Uranexperimenten aufgenommen habe, welche möglicherweise den Weg zur Entwicklung einer Waffe mit unvorstellbarer Sprengkraft bahnen könnten. Von der Freundschaft zwischen Weizsäcker und Heisenberg wußten viele.

An den Debatten, die schon im Frühjahr 1939 in Princeton über die Möglichkeit militärischer Nutzung der neuen kernphysikalischen Erkenntnisse geführt wurden, hat Einstein nicht teilgenommen; er hat sich nie ernsthaft mit Kernphysik beschäftigt. Deshalb gab es zunächst weder für Bohr noch für die anderen mit diesen Fragen befaßten Physiker die Notwendigkeit, sich mit Einstein zu beraten. Er wurde eingeschaltet, als es in den USA darum ging, *politische* Entscheidungen mit aller verfügbaren *wissenschaftlichen* Autorität vorzubereiten. Davon aber erfuhr Niels Bohr erst sehr viel später.

Die im Februar 1939 mit Wheeler aufgenommene physikalische Ausarbeitung führte Bohr noch nicht unmittelbar zu jenen Regionen, in denen jeder Schritt der wissenschaftlichen Arbeit zugleich auch eine grundsätzliche politische Entscheidung verlangte. Vorerst war Niels Bohr dabei noch weniger mit den waffentechnischen Perspektiven der physikalischen Entwicklung konfrontiert als vielmehr mit seiner eigenen wissenschaftlichen Vergangenheit. Bei dem in Kopenhagen vor allem mit F. Kalckar und Ch. Møller ausgearbeiteten Kernmodell hatte die Analogie des Kerns mit einem Flüssigkeitstropfen eine große Rolle gespielt. Ausgehend von seiner Theorie des Compoundkerns und dem Tröpfchenmodell des Kerns, mußte sich Bohr nunmehr zwangsläufig auch jener Tage erinnern, in denen er an seiner Preisschrift zur Bestimmung der Oberflächenspannung von Flüssigkeiten gearbeitet hatte, für die ihn einst die Königlich-Dänische Akademie der Wissenschaften und der Literatur eine Goldmedaille zuerkannte. Genau diese Akademie schlug ihm nun im Jahre 1939 telegraphisch vor, die Präsidentschaft zu übernehmen. Als die entsprechende Bitte in Princeton ankam, wurde Bohr vor eine schwerwiegende *politische* Entscheidung gestellt. In dem

Maße, wie sich die aktuelle Bedrohung seines Heimatlands im Gefolge der unverhohlen expansionistischen deutschen Außenpolitik verstärkte, fühlte er sich vor allem als dänischer Patriot.

Als Niels Bohr 1927 nach dem Tode Vilhelm Thomsons – des Freundes seines Vaters – von der dänischen Akademie erstmals ein solcher Vorschlag unterbreitet worden war, hatte er noch dankend abgelehnt, weil er in einer Zeit stürmischster Entwicklung seines Spezialgebietes in den mit dieser Funktion zwangsläufig verbundenen Verpflichtungen eine zu große Belastung gesehen hatte. Auch einem späteren Angebot (1934) hatte er sich vor allem noch aus wissenschaftlichen Gründen entzogen. Jetzt jedoch lag eine gänzlich andere Situation vor. Zwar war die Physik, inzwischen die Kernphysik, wiederum in eine besonders stürmische Entwicklungsphase eingetreten, und Niels Bohr stand immer noch an der vordersten Front des Eindringens in das wissenschaftliche Neuland. Aber angesichts der tödlichen Gefahren, die vom hochgerüsteten und zunehmend aggressiver auftretenden Deutschland sowie dessen Verbündeten ausgingen, kam es nunmehr darauf an, alle Kräfte in die Waagschale zu werfen, die das Schlimmste noch verhüten konnten. Niels Bohr wußte, daß ein Mann von seiner internationalen Anerkennung und Autorität an der Spitze der Akademie der Wissenschaften seines Heimatlandes wenigstens ein Zeichen setzen konnte. Telegraphisch sagte er zu, im Fall seiner Wahl die Präsidentschaft anzunehmen. Er wurde umgehend gewählt und kehrte als Präsident seiner Akademie im Frühjahr nach Kopenhagen zurück (im Reisegepäck den nahezu abgeschlossenen, gemeinsam mit Wheeler verfaßten Artikel für die „Physical Review"). Niels Bohr blieb jenem Weg treu, den er bis dahin ungeachtet aller Hindernisse verfolgt hatte.

Der Kampf gegen den nazistischen Rassenwahn hatte der auf internationale Zusammenarbeit ausgerichteten Wissenschaftsstrategie des Kopenhagener Institutes für theoretische Physik längst eine weit über die naturwissenschaftliche Forschung hinausreichende *politische* Dimension verliehen. Was Niels Bohr seit der Institutsgründung mit der allergrößten Selbstverständlichkeit tat, sollte und mußte in der Auseinandersetzung mit der Politik des „Dritten Reiches" Signalwirkung haben. Angesichts der immer unheilvolleren Bedrohung humanistischer Ideale war es zu einem dringenden Gebot geworden, die antifaschistischen Kräfte der Welt zu einer einheitlichen Koalition zusammenzuschmieden. Dabei konnten auch internationale Forschungszentren wie das Kopenhagener Institut als Wegbereiter nützlich werden.

Auf großen Reisen hatte Niels Bohr praktisch für die völkerverbindende Rolle von Kultur und Wissenschaft geworben. 1934 war er mals einer Einladung in die Sowjetunion gefolgt [45], [50] und hatte sich in diesem Zusammenhang sehr ausführlich mit den Problemen der wirtschaftlichen, wissenschaftlich-technischen und geistig-kulturellen Entwicklung dieses Landes beschäftigt. Dabei hatte er betont, daß, obgleich ihm unklar sei, inwiefern diese Entwicklung auf andere Länder übertragbar wäre, die Sowjetunion jedem zu denken gebe. Ihm erschien es notwendig, daß man auch im Ausland die gewaltigen Anstrengungen ihrer praxisorientierten und auf allen Gebieten nach Erkenntnisfortschritt strebenden Wissenschaftsentwicklung zur Kenntnis nehme. Seine ehrlichen Schilderungen der eigenen Erfahrungen trugen ihm in der konservativen dänischen Presse zugleich heftige Kritiken ein. Niels Bohr aber wurde nicht müde, die wissenschaftliche Zusammenarbeit mit *allen* Ländern zu propagieren. 1937 unternahm er eine Weltreise [54], [55], die ihn nach den USA, Japan, China und auf der Rückreise wiederum in die Sowjetunion führte.

So lange das irgend möglich erschien, sollten auch die deutschen Wissenschaftler nicht von der internationalen Zusammenarbeit ausgeschlossen werden; nach Deutschland selbst aber ist Bohr nur noch höchst ungern gefahren und wenn, dann vor allem, um jenen Männern Tribut zu zollen, denen er selbst wissenschaftlich viel zu verdanken hatte und die mit ihrem persönlichen Verhalten Zivilcourage zeigten. [56] Wenn Bohr in seinen öffentlichen Reaktionen auf den Naziterror lange Zeit Zurückhaltung übte, so hatte dies einen einzigen, höchst einfachen Grund. Er wollte alles vermeiden, was die ohnehin komplizierter werdenden Wissenschaftskontakte noch zusätzlich gefährden mußte.

Die Entwicklungen in Deutschland und das Verhalten jener Physiker, die – aus welchen Gründen auch immer – in diesem Lande blieben, haben tief in die für Bohr so bedeutsamen zwischenmenschlichen Beziehungen eingegriffen und schließlich sogar Freundschaften auf Zerreißproben gestellt, denen sie nicht immer gewachsen waren. Das für beide Beteiligten in diesem Zusammenhang wohl dramatischste Kapitel stellen die über den umfangreichen Briefwechsel und autobiographische Äußerungen relativ einfach zu rekonstruierenden Beziehungen zwischen Niels Bohr und Werner Heisenberg dar.

Abb. 30 Konferenz Ostern 1930 in Kopenhagen. Vordere Reihe v.l.n.r.: O. Klein, N. Bohr, W. Heisenberg, W. Pauli, G. Gamov, L. Landau, H. A. Kramers

Abb. 31 Niels Bohr trägt über Kernphysik vor

Abb. 32 Max Planck zum Gastvortrag am 9. 10. 1930 in Kopenhagen

Abb. 33 Enrico Fermi und Niels Bohr auf der Via Appia 1931

Abb. 34 Albert Einstein und Niels Bohr während der 7. Solvay-Konferenz in Brüssel (20. – 25. 10. 1930)

Abb. 35 Zwei junge Nobelpreisträger – P. A. M. Dirac und W. Heisenberg

Abb. 36 Christian Bohr (Niels Bohrs ältester Sohn) 1931 mit seinem Cousin Ib Norlund

Abb. 37 Paul Ehrenfest und Max Delbrück 1932 in Kopenhagen

Abb. 38 Harald Bohr

Abb. 39 N. Bohr, J. Franck und G. de Hevesy 1934 in Kopenhagen

Abb. 40 N. Bohr, E. Rutherford, R. H. Fowler und C. G. Darwin 1934 im Park der Villa Carlsberg

Abb. 41 Niels Bohr mit George de Hevesey vor der Hochenergieanlage in Bohrs Institut, Ende der dreißiger Jahre

Abb. 42 N. Bohr und A. Joffe 1934 im Physiko-technischen Institut Leningrad

Abb. 43 Zu Gast beim sowjetischen Physiologen I. P. Pavlov, 1934

10. In der Einsamkeit da oben?

Über viele Jahre hinweg hatte Niels Bohr Heisenbergs Leiden an der dramatischen Verschlechterung der Situation im faschistischen Deutschland verständnisvoll und mit der ihm eigenen Güte nachzuempfinden versucht. Als sich schon dunkle Wolken unheilvoll über der untergehenden Weimarer Republik zusammenzogen, war er 1932 als Gast in Heisenbergs Skihütte gewesen; mit ihnen gemeinsam hatten damals auch C. F. v. Weizsäcker und F. Bloch relativ unbeschwerte Stunden in der Schönheit der Bayerischen Alpen verbracht. Natürlich ist dabei schon über die heraufziehenden Gefahren gesprochen worden, aber noch konnte keiner der Physiker das wahre Ausmaß der bevorstehenden Schrecken tatsächlich ermessen. Bereits im Sommer 1933 sah alles ganz anders aus. Heisenberg schrieb in einem Brief an den zu diesem Zeitpunkt in den USA weilenden Bohr:

„Aber seit unserem Zusammensein in den Bergen sind hier so viele ernste Dinge geschehen, die Zeit und Denken in Anspruch nehmen – auch hatte ich oft das Gefühl, ich müßte Dir gegenüber ein schlechtes Gewissen haben für alles das, was jetzt in diesem Lande geschieht... Wie Du wohl weißt, ist auch Bloch nicht nach Leipzig zurückgekehrt... Mit Planck und Laue habe ich öfters gesprochen oder korrespondiert, wir haben versucht, Franck und Born zu halten – Franck möchte nicht mehr zurückkehren, bei Born hab ich noch ein wenig Hoffnung, aber die Zukunft ist völlig unsicher."[1] [41]

Es ist nachgerade ausgeschlossen, daß Bohr Heisenberg für das in Deutschland Geschehene mitverantwortlich gemacht hätte. Angesichts des Flüchtlingsstroms und der beängstigenden Nachrichten aus dem von den Nationalsozialisten totalitär beherrschten Deutschland aber dürfte es den Kopenhagener Physikern zunehmend schwergefallen sein, die Nöte Heisenbergs über die „Unruhe der Gegenwart"[2] nicht mit den existentiellen Problemen der vielen zu vergleichen, die inhaftiert und mißhandelt bzw. in brutalster Weise aus ihrer Heimat vertrieben wurden. Es war wohl nicht allein Vorsicht und berechtigte Furcht vor ungebetenen Mitlesern, wenn die nach 1933 auch weiterhin zwischen Leipzig und Kopenhagen in relativ großer Zahl ausgetauschten Briefe ganz allmählich eine zunehmend zurückhaltendere, ja verschiedentlich sogar kühlere Note erhielten.

Trotzdem spürt der Leser dieser Briefe, wie groß Heisenbergs Sehnsucht damals gewesen sein muß, sich mit Bohr ungestört austauschen zu können. Seine Mitteilung über die im April 1937 bevorstehende Heirat verband er mit der Feststellung: „Nach all den Geschehnissen der vergangenen Jahre ist mir die Beziehung zu Dir und Deiner Familie die wichtigste Beziehung zu andern Menschen, die ich noch habe.“[3] Ein Jahr später hieß es dann: „Auch abgesehen von der Physik gibt es viele Dinge, die ich gern wieder gelegentlich mit Dir besprechen würde. Du sagtest mir damals in Bologna, daß Du wohl nicht so bald nach Deutschland kommen würdest! Trotzdem möchte ich Dich fragen, ob Du nicht Lust hättest, mit Hans auf meine Hütte zu kommen. In der Einsamkeit da oben ist ja der Lärm von unten gar nicht zu hören.“[4]

Zu einer solchen Begegnung in der Einsamkeit der Berge ist es nicht mehr gekommen. Bohr wollte wohl angesichts der sich zuspitzenden Situation auch nicht in die Idylle einer scheinbar von den politischen Realitäten in Deutschland entrückten „heilen Welt“ flüchten. Stattdessen besuchte er im Mai 1938 die in Warschau veranstaltete philosophische Konferenz, zu der die eingeladenen deutschen Wissenschaftler auf Geheiß ihrer Regierung nicht fahren durften, weil es sich um eine vom Völkerbund unterstützte Aktivität handelte. Im Sommer dieses Jahres erfolgte jener schon geschilderte politische Eklat während Bohrs Rede anläßlich des Internationalen Kongresses für Anthropologie und Ethnologie.

Niels Bohr achtete die Motive, die Heisenberg bewogen hatten, im Ausland anderen, Hilfebedürftigen keinen Platz streitig zu machen und in Deutschland mit seinem Eintreten für die Einsteinsche Relativitätstheorie und für gefährdete Kollegen Zeichen zu setzen. Dabei jedoch waren zunehmend Kompromisse erforderlich, die selbst Bohr nur noch schwer tolerieren konnte. Er hatte damals den Eindruck, daß vieles, was in Deutschland geschah, für den außenstehenden Beobachter gar nicht mehr voll erfaßbar und es deshalb auch schwer sein, die Handlungen eines einzelnen noch gerecht zu beurteilen. Bohr wird sich gerade im Falle Heisenbergs recht lange mit der Vorstellung von der Komplementarität zwischen Liebe und Gerechtigkeit beruhigt haben.

Als Heisenberg im Juni 1939 Bohr seine einmonatige USA-Reise ankündigte (1.7.–2.8. 1939!), verband er das noch mit der Hoffnung auf ein Wiedersehen im September in Zürich. Am 1. 9. 1939 aber überschritten deutsche Truppen ohne vorherige Kriegserklärung auf breiter Front die polnische Grenze. Der Zweite Weltkrieg war ausgebrochen; die verhängnisvolle Entwicklung nahm ihren Verlauf. Die deutsche Kriegsmaschinerie konnte nunmehr nur noch militärisch

risch gestoppt werden. Die Aussichten dafür aber schienen zunächst sehr düster. Dänemark hatte eine „Gnadenfrist" bis zum 9. 4. 1940. An diesem Tage drangen deutsche Truppen unter Verletzung der Neutralität dieser Länder gleichzeitig in Norwegen und Dänemark ein. Dem militärisch sehr viel stärkeren Schweden blieb das Schicksal der anderen skandinavischen Staaten erspart.

Während Norwegen dem Aggressor über zwei Monate massiven Widerstand leistete, hatte die dänische Armee den strikten Befehl, lediglich symbolisch zu „kämpfen". Die dänische Regierung nahm protestierend, aber unverzüglich das deutsche Ultimatum an, sich der Aggression nicht zu widersetzen. Die kampflose Okkupation des Landes wurde durch eine Reihe von Abkommen besiegelt, welche Dänemark zunächst noch Sonderbedingungen außerhalb des Kriegsrechts einräumten.

Niels Bohr gehörte zu jenen Repräsentanten der Öffentlichkeit seines Landes, die passiven Widerstand leisteten. Er versuchte, dem von ihm geleiteten Institut so lange wie möglich günstige Arbeitsbedingungen zu erhalten. Dies war der Weg, um eine Anzahl gefährdeter Personen zu schützen. Dazu bedurfte es auch des Kontakts zu den in der Illegalität kämpfenden Widerstandsgruppen. Dieser wurde von Bohr in einer Form aufrecht erhalten, die das Institut möglichst wenig gefährdete. Immer wieder mußte er dabei politische Provokationen abwehren. Im Wissen um die Hilfsbereitschaft des weltberühmten Gelehrten wurde unter anderem ein glücklicherweise rechtzeitig entlarvter Provokateur bei ihm eingeschleust, der vorgab, einen deutschen Soldaten getötet zu haben, und um Fluchthilfe bat.

Der Präsident der Königlich-Dänischen Akademie der Wissenschaften und der Literatur versah im Lichte der Öffentlichkeit sein Amt weiterhin mit der Würde eines untadeligen dänischen Patrioten. Gleich vielen seiner, jede Kollaboration mit den verhaßten deutschen Besatzern ablehnenden Landsleute, strafte er die Eindringlinge, indem er sie so weit wie möglich ignorierte. Gegenüber dänischen Kollaborateuren blieb er zurückhaltend, kritisierte aber keinen von ihnen öffentlich.

Als Bohr gebeten wurde, ein Vorwort zu dem sechsbändigen Werk „Dänemarks Kultur im Jahr 1940" zu verfassen, nahm er sich dieser Aufgabe mit ebensolcher Akribie an wie er sie all seinen fundamentalen Beiträgen angedeihen ließ. Ihm ging es nicht um eine abstrakte kulturtheoretische Bestimmung des Wesens dänischer Nationalkultur; sein Anliegen bestand in Übereinstimmung mit den Herausgebern und dem Verleger des Werkes darin, in *dieser* Zeit so deutlich wie nur irgend möglich seinen eigenen Empfindungen für jene Kultur Ausdruck zu verleihen, mit der er sich fest verwurzelt fühlte. Der Verleger hatte allerdings nicht damit gerechnet, daß Bohr für eine solche Aufgabe ein höchst schwieriger Partner sein würde. Bevor das zehnseitige Manuskript zum Druck gegeben werden konnte, mußte er mehrfach mahnen. Dies nicht, weil der vielbeschäftigte Gelehrte etwa saumselig an die Arbeit gegangen war, sondern deshalb, weil er an seinen vorläufigen Entwürfen immer wieder Verbesserungen anzubringen hatte. Als Bohr sich endlich dazu entschließen konnte, das Manuskript aus der Hand zu geben, war die Sache damit für ihn keinesfalls beendet. Sieben (!) Korrekturen, jede mit zahlreichen Änderungen und nuancenreichen Textverfeinerungen, wurden erforderlich, bis er schließlich das Imprimatur erteilte.

Niels Bohr wählte als Leitmotiv dieses Artikels den Gedanken, daß Dänemark ein kleines Land sei, welches über alte eigenständige kulturelle Traditionen verfüge, jedoch stets für Einflüsse anderer Kulturen offengeblieben war. Mit H. C. Andersen bekannte er sich zu dieser Tradition: „In Dänemark bin ich geboren, hier ist meine Heimat,... von hier beginnt meine Welt." Er zitierte Grundtvig: „Das Recht des Dänen erwirbt man per Geburt, das Recht aller nur durch die Gesetze der Gastfreundschaft." Unter unmißverständlicher Anspielung auf die nazistische Fremdherrschaft sprach er vom Recht des dänischen Volkes, an jener intellektuellen Welt teilzuhaben, die der *ganzen* Menschheit gehört. Bohrs „einführende Beobachtungen" zur dänischen Kultur sind vom tiefen Humanismus eines Weltbürgers dänischer Herkunft getragen, dessen Stolz auf die eigene Nationalkultur auch unter den demütigenden Bedingungen der Besetzung Dänemarks nicht in Nationalismus umschlug. Sein Ruf nach Freiheit, den äußeren Zwängen gehorchend, reduziert auf intellektuelle Freiheit, hatte Gewicht. Er wurde von seinen Landsleuten so aufgefaßt, wie er gemeint war.

Die für 1940 im Kopenhagener Institut für theoretische Physik geplante kleine Konferenz mußte abgesagt werden; selbst die Kontakte zu den Wissenschaftlern in den anderen skandinavischen Ländern waren außerordentlich erschwert. Trotzdem kam das wissenschaftliche Leben dieser Einrichtung auch während der Besetzung Dänemarks nicht zum Erliegen. Niels Bohr setzte die Arbeiten zum Stoffdurchgang geladener Teilchen aus der Zeit seines ersten Englandaufenthaltes fort, publizierte sie aber erst nach dem Kriege. Wegen der großen Massen und Ladungen der Kernbruchstücke gewannen die klassischen Näherungen wieder an Bedeutung. – Yukawas Vorschlag, Austauschteilchen zur theoretischen Erklärung der starken Wechselwirkung einzuführen (Mesonenhypothese – 1935), galt Bohr zunächst als eine allzu vage

Spekulation über die vieldiskutierten Kernbindungskräfte. Nachdem aber Mesonen in der kosmischen Strahlung nachgewiesen werden konnten und Møller und Rosenfeld gemeinsam ihre dann 1943 publizierte Arbeit zur Feldtheorie der Kernbindungskräfte abgeschlossen hatten, wurde den weiterführenden Überlegungen aus der japanischen Theoretikerschule im Sommer des Jahrs 1942 in den physikalischen Kolloquien mehr Aufmerksamkeit geschenkt. Bohr revidierte sich ein weiteres Mal unter dem Druck experimenteller Fakten und theoretischer Argumente.

In Dänemark gab es während des Krieges keine exakten Informationen darüber, ob und in welchem Umfang in Deutschland an Projekten zur militärischen Nutzung der Kernenergie gearbeitet wurde. Die prinzipielle *physikalische* Möglichkeit, bei der Urankernspaltung eine Kettenreaktion auszulösen und auf dieser Basis eine Bombe mit bisher noch nie erreichter Sprengkraft zu entwickeln, mußte keineswegs bedeuten, daß irgendwer auch in der Lage sein würde, alle auf diesem Wege anzutreffenden technischen Probleme zu bewältigen. Bohr hatte zwar im Dezember 1939 in einem öffentlichen (1941 auch publizierten) Vortrag die damals für die führenden Physiker in vielen Ländern überschaubaren militärischen Nutzungsmöglichkeiten der neuen kernphysikalischen Resultate erwähnt, schwankte aber nach wie vor noch bei der Beantwortung der Frage, ob die physikalischen Möglichkeiten schon in absehbarer Zukunft technische Wirklichkeit werden könnten.

Er konnte damals nicht wissen, daß Heisenberg bereits kurz nach Kriegsausbruch eingezogen worden war und mit einer Gruppe deutscher Physiker den Auftrag hatte, der faschistischen Regierung zu berichten, ob die Kernenergie praktisch nutzbar sei, und, wenn ja, Empfehlungen auszuarbeiten, wie man sie schnellstmöglich waffentechnisch umsetzen könne.[5] In den USA liefen die Arbeiten zum Manhattan-Project an, und in Großbritannien wurde einen Tag nach dem Überfall Hitlerdeutschlands auf Skandinavien das Maud-Komitee aus der Taufe gehoben.[6] Der für diese Vorbereitungsgruppe des britischen Atomwaffenprojektes gewählte Deckname war zwar durch Bohr angeregt,[7] er selbst hatte aber bis zum Oktober 1943 keinerlei Kenntnis des britischen bzw. des amerikanischen Kernwaffenprojektes. Der in allen physikalischen Zeitschriften zu beobachtende Publikationsstop für kernphysikalische Arbeiten hätte gut auch andere Ursachen haben können.[8] Für Bohr schien es denkbar, daß die besten Physiker der kriegführenden Staaten in militärisch bedeutsamere Projekte eingeschaltet waren und *deshalb* über Kernphysik nichts mehr publizierten. Denn selbst wenn irgendwo tatsächlich davon ausgegangen würde, daß

Kernwaffenentwicklungen technisch möglich und militärisch sinnvoll seien, schien klar, daß dazu Mittel eingesetzt werden müßten, die ohne jedes Beispiel in der Geschichte wissenschaftlich-technischer Entwicklungen waren. Um genügend spaltbares Material zu gewinnen, hätten riesige Industrieanlagen aus dem Boden gestampft werden müssen. Wie aber sollte das unter Kriegsbedingungen ernsthaft irgendwo versucht werden?

Bohr ging davon aus, daß dazu kein ökonomisch noch so starkes Land in der Lage sei. In der damaligen weltpolitischen Situation mußte das relativ beruhigend sein, vermochte aber andererseits die fortbestehenden ernsthaften Bedenken nicht endgültig zu zerstreuen. Denn wer konnte angesichts der gewaltigen Ressourcen, über die der Aggressor mit der Unterjochung großer Teile Europas inzwischen verfügte, ruhigen Gewissens ausschließen, daß wahnwitzige militärstrategische Planer, ehrgeizige Wissenschaftler und Techniker in einem auf bedingungslosem Gehorsam beruhenden Wirtschaftssystem das schier Unmögliche nicht doch anpacken und schließlich allen Schwierigkeiten zum Trotz die Welt mit einer furchtbaren Bombe überraschen würden? Außerhalb Deutschlands blieb damals weitestgehend unbekannt, daß der totalitäre Staat strenge Regelungen hatte, wie schnell ein wissenschaftlich-technisches Projekt bis zur militärischen Einsatzreife gediehen sein mußte. Danach verdienten nur solche Projekte besondere Förderung, die innerhalb kürzester Frist kriegswichtig werden konnten. Das traf für das Uranprojekt aber nicht zu.

In einer Zeit, in der Bohr selbst noch schwankend in der Beurteilung der praktischen Möglichkeiten zur Entwicklung von Kernwaffen war, hat ausgerechnet ein Gespräch mit Heisenberg dazu beigetragen, die ohnehin vorhandenen Befürchtungen Bohrs weiter zu erhärten. Heisenberg war mit Weizsäcker und drei anderen Wissenschaftlern aus Deutschland in das besetzte Dänemark gekommen, um vom 18. bis 24. 9. 1941 an der vom *deutschen* wissenschaftlichen Institut *in Kopenhagen* organisierten astrophysikalischen Arbeitswoche teilzunehmen. Aus den Briefen, die Weizsäcker in Vorbereitung dieser Reise geschrieben hat, läßt sich ablesen, daß für Heisenberg das wissenschaftliche Unternehmen wohl vor allem als Vorwand diente, um mit Bohr über die im Zusammenhang mit der bevorstehenden Anwendung der Kernspaltung anstehenden Probleme zu sprechen. Die deutschen Physiker waren zu diesem Zeitpunkt zu der Auffassung gelangt, daß die Kernwaffenentwicklung im Prinzip möglich sei, aber einen riesigen Aufwand erforderte.

Heisenberg hat später berichtet, er wollte im September 1941 vorfühlen, welche realen Chancen eine Verständigung unter den international führenden Atomphysikern hätte, sich darauf zu einigen, Atomwaffen nirgends zu entwickeln. Abgesehen davon, daß eine solche Absprache die tatsächlichen Möglichkeiten einer relativ kleinen Wissenschaftlergruppe in politischen Auseinandersetzungen, noch dazu unter den Bedingungen eines mit allen verfügbaren Mitteln geführten Krieges, hoffnungslos überschätzt hätte, kann nach dem Bericht Aage Bohrs keine Rede davon sein, daß Heisenberg im Herbst 1941 mit konkreten Plänen des passiven Widerstandes von Wissenschaftlern nach Kopenhagen gekommen ist. Wer den Heisenbergschen Ehrgeiz bei der Überwindung von Schwierigkeiten so kannte wie Niels Bohr, für den mußte dessen Frage nach der Berechtigung, sich unter den gegebenen Umständen überhaupt noch mit der Kernspaltung zu beschäftigen, eher als Rhetorik denn als ein zu ernsthafter Prüfung vorgelegtes Problem erscheinen.

Daß der um sein Leben besorgte Heisenberg das „heißeste Eisen" seines Gespräches mit Bohr erst bei einem Spaziergang zu zweit anzuschneiden wagte, scheint angesichts der Erfahrungen, die er bis dahin in Deutschland schon reichlich hatte sammeln müssen, wohl begründet. Er konnte sich aber auch dann unter Hinweis auf ihre Freundschaft und Bohrs Verschwiegenheit nicht dazu entschließen, Offenheit zu suchen, sondern erging sich statt dessen in vagen, für Bohr allerdings unmißverständlichen und höchst beunruhigenden Andeutungen über den möglichen Ausgang des Krieges. Bohr entnahm dem Gespräch mit Heisenberg, daß dieser im Begriff stand, seinen Ehrgeiz in die Realisierung eines technischen Projektes zu stecken, dessen Erfolg für die Menschheit verheerende Folgen gezeitigt hätte.

Allein schon die Vorstellung, Hitler *könnte* in den Besitz von Kernwaffen gelangen, mußte zu einem Zeitpunkt, da deutsche Truppen einen Großteil Europas besetzt hielten, inzwischen bereits auf Leningrad und Moskau zumarschierten, englische Städte erbarmungslos bombardierten und auch in Afrika weiter im Vormarsch begriffen waren, jedem Physiker Alpträume verursachen.

Bohr hat von nun an die Möglichkeit deutscher Kernwaffenentwicklung tatsächlich nicht mehr aus den Augen verloren. Als gerüchteweise davon die Rede war, Deutschland erweitere die Produktion von metallischem Uran und schwerem Wasser, hat er diese Information unverzüglich nach Großbritannien weitergeleitet. Das schwere Wasser deutete darauf hin, daß – falls in Deutschland wirklich schon an der Bombe gearbeitet wurde – die Kernreaktionen mit abgebremsten Neutronen angestrebt wurden. Mit seinem nüchtern kalkulierenden Verstand prüfte Niels Bohr diese Möglichkeit vielfach und verwarf sie immer wieder als militärisch wertlos. Ein derartiger Prozeß schien viel zu uneffektiv zu sein, um wirklich den Großteil der physikalisch zu gewinnenden Energie in Form einer Explosion freizusetzen. Zugleich wußte man, daß die Sprengkraft einer Ladung nicht unmaßgeblich von der Effektivität der verfügbaren Zündmechanismen abhängen mußte. Um die entsprechenden technischen Möglichkeiten beurteilen zu können, fehlten Niels Bohr in Dänemark die Voraussetzungen. Er kam wiederholt zu dem Schluß, daß Kernexplosionen zu uneffektiv seien, um waffentechnisches Interesse zu beanspruchen. Dies brachte er schließlich auch in einer geheimen Botschaft zum Ausdruck, mit der er Anfang 1943 die von James Chadwick im Namen der britischen Regierung ergangene Einladung beantwortete, seine wissenschaftliche Arbeit in Großbritannien fortzusetzen.

Zwar war in Chadwicks Botschaft kein Wort über das bereits angelaufene britische Atomwaffenprojekt gesagt worden, doch verstand Bohr sofort, daß seine so dringend erwünschte Mitwirkung an „speziellen Problemen“ nur die militärische Nutzung der Kernenergie meinen konnte. Bohr lehnte es zu diesem Zeitpunkt noch ab, nach England zu kommen, und begründete das damit, daß es ihm in den schwierigen Zeiten besonders dringlich erscheine, in Dänemark zu bleiben, um hier mit allen ihm zu Gebote stehenden Mitteln die Freiheit der eigenen Institutionen zu verteidigen und Flüchtlingen weiterhin Hilfe zu gewähren. Er fügte jedoch gleichzeitig hinzu: „Weder solche Pflichten noch die Gefahr von Übergriffen gegen meine Mitarbeiter und Angehörigen könnten allerdings ein hinreichender Grund sein, mich hier festzuhalten, wenn ich das Gefühl hätte, auf andere Weise tatsächlich helfen zu können. Ich denke jedoch nicht, daß dies der Fall sein dürfte. Vor allem habe ich mich nach reiflicher Überlegung davon überzeugt, daß wohl trotz zukünftiger Aussichten eine unmittelbare Nutzung der letzten erstaunlichen Entdeckungen in der Atomphysik gegenwärtig nicht praktikabel ist.“ [9]

Als Bohr dies schrieb, ahnte er noch nicht, daß in den USA bereits der erste Kernreaktor in Betrieb genommen worden war und die Vorbereitungen zur großtechnischen Isotopentrennung auf Hochtouren liefen.

Zu diesem Zeitpunkt spitzte sich die Situation in Dänemark dramatisch zu. Nachdem sich die dänische Widerstandsbewegung konsolidiert hatte, vermochte sie immer effektivere Schläge gegen die deutsche Wehrmacht zu führen. Sabotageakte wurden in all jenen

Bereichen der dänischen Industrie und des Verkehrswesens ausgeführt, die für die Besatzungsmacht kriegswichtige Bedeutung hatten. Im August 1943 kam es zu Massenstreiks, politischen Demonstrationen und direkten Zusammenstößen mit deutschen Soldaten. Nachdem die dänische Regierung das deutsche Ultimatum abgelehnt hatte, den Ausnahmezustand über das gesamte Land zu verhängen, rief der Befehlshaber der Wehrmacht am 29. August 1943 den Ausnahmezustand aus. Die dänische Armee wurde sofort entwaffnet, die bis dahin zumindest noch eingeschränkt handlungsfähige dänische Regierung erklärte ihren Rücktritt. Von nun an war die Lage Dänemarks in vielem mit der in den anderen okkupierten Ländern vergleichbar. Jetzt galten die deutschen Kriegsgesetze auch in dem Land, das bislang seinen Bürgern noch Rechte garantiert hatte, die anderswo längst mit Füßen getreten wurden.

Die am meisten gefährdeten Mitarbeiter Bohrs konnten sich gerade noch rechtzeitig in Sicherheit bringen. Niels Bohr mußte nun auch für sich das Schlimmste befürchten. Er wußte aus sicherer Quelle, daß die deutsche Besatzungsmacht bis zum Geburtstag des dänischen Königs am 26. 9. kaum großangelegte Aktionen unternehmen würde, die zu einem weiteren Aufwallen der patriotischen Gefühle der Bevölkerung führen konnten. Nach diesem in Dänemark traditionellen Feiertag, dem unter den Bedingungen der nazistischen Okkupation eine ganz besondere Bedeutung zukam, mußte allerdings damit gerechnet werden, daß die Besatzungsmacht zu rigorosen Maßnahmen greifen würde. Der Vorabend dieses Festtages war daher auch für Niels Bohr die letzte Gelegenheit, alle kompromittierenden Dokumente seiner umfangreichen Korrespondenz zu vernichten, sich und seine Familie auf eine alsbaldige Flucht vorzubereiten.

In der Welle des einsetzenden Terrors wurde die Situation für alle dänischen Bürger jüdischer Abstammung von Tag zu Tag gefährlicher.[10] Sie, die in diesem Land wie kaum anderswo in Europa in harmonischer Eintracht mit allen übrigen Landsleuten gelebt hatten, vermochten es kaum zu glauben, daß auch ihnen Deportation, Isolation in Ghettos und physische Vernichtung zugedacht war. Viele von ihnen konnten rechtzeitig gewarnt werden[11] und sich der Arretierung entziehen, indem sie sich zunächst bei hilfsbereiten Bekannten und Freunden versteckten.

Am 29. September 1943 erreichte Niels Bohr die seit Tagen befürchtete Nachricht; seine und seiner Angehörigen Verhaftung stand unmittelbar bevor. Angesichts der internationalen Proteste, die ein solcher, seit langem geplanter Schritt provozieren mußte, hatten die deutschen

Besatzer darauf spekuliert, daß er im Zusammenhang mit den vorbereiteten Massenverhaftungen der dänischen Juden und ihrer Deportation untergehen würde.

Nunmehr mußte Bohr unverzüglich handeln. Innerhalb weniger Stunden waren die Vorbereitungen zu einer Flucht abzuschließen, bei der niemand wissen konnte, wann und unter welchen Bedingungen die Rückkehr nach Dänemark möglich würde. In der Nacht vom 29. zum 30. September 1943 verließ er zusammen mit seiner Frau, seinem Bruder Harald und dessen Familienangehörigen seine Heimat mit einem der von der Widerstandsbewegung organisierten Boote über den Øresund in das neutrale Schweden. Seine Söhne folgten auf diesem Weg. In Schweden mußte sich die Familie trennen. Während Niels Bohr sofort nach Stockholm weiterreiste und von dort zusammen mit seinem Sohn Aage bald nach England aufbrach, verblieb Margrethe Bohr mit den anderen drei Jungen in Südschweden.

Niels Bohrs Interventionen beim schwedischen König und bei Regierungsmitgliedern trugen dazu bei, 7000 dänischen Juden das Leben zu retten. Nachdem am 1. 10. 1943 in Dänemark die ersten Massenverhaftungen stattgefunden hatten und die Verhandlungen der schwedischen Regierung mit dem deutschen Außenministerium nicht bewirken konnten, daß die auf den in dänischen Häfen liegenden Schiffen gefangengehaltenen Juden nach Schweden gebracht wurden, verbreitete der schwedische Rundfunk die Erklärung, den Asyl suchenden dänischen Juden werde in Schweden Schutz gewährt. Die schwedische Polizei wurde angewiesen, alles zu unterlassen, was die Flucht über den Øresund irgendwie behindern konnte. Der Name Niels Bohr wird seitdem in Dänemark auch mit dieser humanitären Hilfsaktion verbunden.

Schweden blieb für Bohr 1943 jedoch nur eine Episode auf einem Weg, der ihn bald schon ins Zentrum jenes Projekts führte, von dem er lange gehofft hatte, daß es nicht realisierbar sei. Nach seinem Eintreffen in Stockholm erneuerte die britische Regierung die Einladung an Niels Bohr, seine wissenschaftliche Arbeit in England forzusetzen. Dem Wunsch, seinen Sohn Aage – seit 1940 Physikstudent an der Kopenhagener Universität – als Assistenten mitbringen zu dürfen, wurde stattgegeben. Die Abreise aus dem damals mit deutschen Agenten überfluteten Stockholm durfte nicht verzögert werden. Es war damit zu rechnen, daß jene Macht, der Niels Bohr in so eindeutiger Weise seinen Dienst versagt hatte, ihm nunmehr nach dem Leben trachtete. Notgedrungen mußte sich der Physiker mit einer zum Schutz seiner Person bestellten Leibwache abfinden. Das und die anderen ergriffenen Sicherheitsmaßnahmen führten in den folgenden Monaten zu vielen

Komplikationen, die oft trotz der damit verbundenen Gefahren der Situationskomik nicht entbehrten. In eine der gefährlichsten Situationen wurde Bohr jedoch nicht durch eigene Nachlässigkeit, sondern durch eine Unachtsamkeit bei der organisatorischen Absicherung seiner Reise von Schweden nach England gebracht.

Für die Ausreise aus Schweden erschien damals nichts sicherer als der Flug mit einer der unbewaffneten britischen Mosquitos, die zwischen London und Stockholm Diplomatenpost und andere Güter beförderten. Im Bombenschacht einer dieser Maschinen konnte auf dem Rückflug nach England auch ein so wichtiger Passagier wie Niels Bohr befördert werden. Das geschah schließlich in der Nacht des 12. Oktober 1943. Da diese Maschinen in großer Höhe flogen, um deutschen Jägern auszuweichen, war das Anlegen einer Sauerstoffmaske dringend erforderlich. Bohr aber hatte das über Kopfhörer gegebene Kommando des Piloten zum Aufdrehen der Sauerstoffzufuhr überhört, weil die ihm ausgehändigten Kopfhörer beim besten Willen nicht auf seinen sehr großen Kopf passen wollten. Daher flog er ohne künstliche Zufuhr von Sauerstoff und verlor das Bewußtsein. Der geistesgegenwärtige Pilot hat, nachdem er von seinem Passagier keine Antworten bekam, nach Erreichen der offenen See die Flughöhe vorschriftswidrig verringert und damit die drohende Katastrophe verhindert. Allen Beteiligten fuhr der Schreck erst in die Glieder, als Niels Bohr das für die Mitnahme von Passagieren ungeeignete Bombenflugzeug wohlbehalten wieder verlassen hatte. Ihm selbst aber standen noch schlimmere Stunden bevor. Die Maschine, mit der sein Sohn angekündigt war, wurde auf dem Überflug nach England abgeschossen. Später erst erfuhr Niels Bohr, Aage sei kurzfristig einem anderen Flug zugeteilt worden.

Das Bangen um das Schicksal der gefährdeten dänischen Juden, die Sorge um die im schwedischen Exil lebenden Familienangehörigen, um die in Dänemark verbliebenen Freunde und Kollegen und schließlich die Stunden des angstvollen Wartens auf Aage mündeten in ein Gefühl äußerster existentieller Bedrohung allen menschlichen Lebens. Daraus aber erwuchs für Niels Bohr zu keinem Zeitpunkt fatalistische Schicksalsergebenheit. In allem, was er tat, dachte er zugleich auch über den schrecklichen Krieg hinaus. So untersagte er beispielsweise die von der dänischen Widerstandsbewegung sorgfältig geplante Sprengung des Instituts. Das Kopenhagener Institut war im Dezember 1943 von der deutschen Wehrmacht besetzt worden. Die dänischen Patrioten wollten unter allen Umständen verhindern, daß Deutschland kriegswichtige Informationen oder Forschungsmittel in die Hände fielen. Bohr wußte, daß dies nicht der Fall sein konnte. Erst nach dem Kriege aber erfuhr er von der Intervention des nach Kopenhagen geeilten Werner Heisenberg, die dazu geführt hatte, daß das Institut am 3. Februar 1944 schließlich von der deutschen Wehrmacht wieder geräumt wurde.

Abb. 44 Mit Werner Heisenberg im Kopenhagener Institut

Abb. 45 Physikalische Konferenz im Juni 1936
1. Reihe (sitzend): Wolfgang Pauli, Pascual Jordan, Werner Heisenberg, Max Born, Lise Meitner, Otto Stern, James Franck, George Hevesy.
2. Reihe (sitzend): Erwin David, Mark Oliphant, P. Kapur, Carl Friedrich von Weizsäcker, Friedrich Hund, ? , Hans Jensen, Fritz London, Otto Robert Frisch, John R. Dunning.
3. Reihe (sitzend): Hans Kopfermann, Owen Richardson, Ugo Fano, ?, Ladislaus Hahn, ?, Erwin Fues, Walter Heitler, Milton S. Plesset.
4. Reihe (sitzend): Ivar Waller, Rudolf Peierls, ?, Hans Euler, Homi Jehangir Bhabha, ?, Llewellyn Hilleth Thomas, Niels Arley, Fritz Kalckar, ?.
5. Reihe (sitzend): Edward Teller, Victor Weisskopf, Max Delbrück, Martin Strauss, Mc Kay, Hendrik Anthony Kramers, H. B. G. Casimir, Eugene Rabinowitch.
6. Reihe (sitzend): Hilde Levi, ?, ?, ?, Torkild Bjerge, Buch Andersen, J. K. Bøggild.
7. Reihe (stehend): Ebbe Rasmussen, George Placzek, Christian Møller, C. H. Manneback, J. C. Jacobsen, K. J. Brostrøm, ?, Johan Ambrosen, ?, ?, Sørensen, Sven Høffer-Jensen, Hugo Asmussen.
Seite (stehend): Niels Bohr, Léon Rosenfeld, Edoardo Amaldi, Gian Carlo Wick, Arthur von Hippel, ?, Jorgen Koch.

Abb. 46 Niels und Margrethe Bohr 1937 in Japan

Abb. 47 Im Gespräch mit Y. Nishina und dessen Studenten, 1937

Abb. 48 Vorlesung in Peking, 1937

Abb. 49 Mit Elisabeth und Werner Heisenberg 1937

Abb. 50 Mit J. C. Jacobsen 1938 am Zyklotron des Instituts für theoretische Physik

Abb. 51 Villa Carlsberg – in der Pompeji-Halle des repräsentativen Ehrenwohnsitzes

11. Die Bombe

Nachdem Niels Bohr und kurze Zeit später auch sein Sohn Aage wohlbehalten in London eingetroffen waren, atmeten viele erleichtert auf. Die große Schar der englischen Freunde des weltberühmten dänischen Atomphysikers hatte lange um dessen Leben bangen müssen; wie ein Lauffeuer sprach es sich unter ihnen nun herum: Die Bohrs sind in Sicherheit. Es gingen ihnen zahlreiche Einladungen zu, die jedoch nur in den seltensten Fällen angenommen wurden. Für diese Zurückhaltung gab es einen sehr einfachen, den meisten Einladern jedoch unbekannten Grund: Niels Bohr war auserkoren, als wissenschaftlicher Konsultant im Rahmen des streng geheimen britischen Atombombenprojektes „Tube Alloys“ mitzuwirken. Aus dem seit Jahrzehnten im Lichte der Öffentlichkeit stehenden Professor wurde über Nacht ein Mann, der sich von nun an in erster Linie den vom „Secret Service“ festgelegten Normen unterzuordnen hatte.

Niels Bohr hat erst im Oktober 1943 in London erfahren, daß sowohl in den USA als auch in Großbritannien intensiv an der Entwicklung einer auf dem Prinzip der Kernspaltung beruhenden Bombe gearbeitet wurde. Diese Projekte waren den Regierungen von führenden Physikern in der wohlbegründeten Sorge nahegelegt worden, daß Deutschland als erste Macht in den Besitz einer solch schrecklichen Waffe gelangen könnte. In beiden Staaten liefen die Forschungs- und Entwicklungsarbeiten auf dem Gebiet der Kernphysik auf Hochtouren.

Als sich Niels Bohr im Herbst des Jahres 1943 mit dem Stand des britischen Atombombenprojekts vertraut machte, erfuhr er auch, daß Franklin D. Roosevelt und Winston Churchill eine politische Grundsatzentscheidung getroffen hatten, die weit über die gemeinsamen wissenschaftlich-technischen Anstrengungen der USA und Großbritanniens bei der Zerschlagung des deutschen Aggressors hinauswies.

Der Präsident der USA und der Premierminister Großbritanniens hatten im August 1943 in Quebec eine Vereinbarung unterzeichnet, welche die wesentlichsten Schwierigkeiten in der Zusammenarbeit beider Staaten am Atomwaffenprojekt beseitigte. Churchill schien es im Interesse des Großmachtanspruches Großbritanniens unabdingbar, daß sein Land weder bei der neuen Waffe noch bei der Entwicklung völlig neuartiger Technologien ins Hintertreffen gerate. Da es angesichts der Kriegsbelastungen durchaus aber auch im Interesse der USA liegen mußte, die enormen Aufwendungen für das in der Geschichte der Menschheit bis dahin einmalige wissenschaftlich-technische Projekt nicht allein zu tragen, waren Großbritannien und Kanada beim Atombombenprojekt der USA zu Juniorpartnern geworden. Man garantierte sich wechselseitig, diese Waffe niemals gegeneinander anzuwenden; alle weiteren politischen Grundsatzentscheidungen sollten zukünftig einvernehmlich zwischen dem Präsidenten der USA und dem Premierminister Großbritanniens vereinbart werden. Den am Projekt beteiligten Staaten wurde die spätere kommerzielle Nutzung der Forschungsresultate zugesichert.

Dieser Vertrag lief langfristig auf die Schaffung einer Monopolstellung der USA und Großbritanniens bei der militärischen und der friedlichen Nutzung der Kernenergie hinaus. Schon bei Vertragsabschluß war klar, daß Deutschland selbst mit allergrößten Anstrengungen nicht mehr imstande sein würde, einen entscheidenden waffentechnischen Vorsprung zu erzielen. Sowohl Roosevelt als auch Churchill rechneten fest damit, daß andere Staaten – eingeschlossen die Sowjetunion – lange Zeit nicht in der Lage wären, jene Monopolstellung, auf die ihre Vereinbarung abzielte, zu durchbrechen.

In den USA gab es damals einflußreiche Kreise, die Roosevelts Absprache mit Churchill scharf kritisierten. Eine Reihe führender Mitarbeiter des unter dem Decknamen „Manhattan-Project" laufenden US-amerikanischen Atombombenprojektes, unter ihnen Berater des Präsidenten, lehnten die Zusammenarbeit mit *jedem* ausländischen Partner ab. Die Gründe dafür reichten von politischen, militärischen und wirtschaftlichen Einwänden (Sicherung einer Monopolstellung allein für die USA) über Sicherheitserwägungen (Geheimhaltung sei nur in den USA zu gewährleisten) bis zu ungerechtfertigten Aussagen über das wissenschaftliche Leistungsvermögen der in Großbritannien tätigen Spezialisten.

Wenn sich Roosevelt und Churchill im Sommer 1943 beim Atombombenprojekt trotzdem auf eine Linie der Zusammenarbeit der USA, Großbritanniens und Kanadas einigen konnten, dann lagen dieser Vereinbarung nicht zuletzt auch jene strategischen Überlegungen zugrunde, die nicht mehr allein mit der Zerschlagung der Achsenmächte zu tun hatten. Sowohl der britische Premierminister als auch der amerikanische Präsident träumten wohl damals bereits von einer Nachkriegsordnung, in der das Atomwaffenmonopol ihrer Staaten keine untergeordnete Rolle spielen sollte.[1]

Churchill hat vermutlich im Bündnis der westlichen Alliierten mit der Sowjetunion zu keinem Zeitpunkt mehr gesehen als ein Abkommen der politischen und militärischen Zweckmäßigkeit im Kampf gegen Hitler und seine Verbündeten. Nichts von alledem, was er je gegen den sowjetischen Staat, seine politische und soziale Ordnung, die ihn seit 1917 beherrschende Partei sowie ihre führenden Repräsentanten gesagt hatte, wollte er zurücknehmen. Das alles sollte lediglich angesichts des brutalen Überfalls durch einen noch schlimmeren Feind zurückgestellt werden. Da mit der Eröffnung der deutschen Ostfront für die britische Insel eine spürbare militärische Entlastung zu verzeichnen war und die unmittelbare Invasionsgefahr erst einmal abgewendet schien, wäre es verhängnisvoll gewesen, den existentiellen Abwehrkampf des sowjetischen Vielvölkerstaates nicht nach Kräften zu unterstützen. Churchill agierte als Realpolitiker.

Spätestens die Vereinbarung von Quebec aus dem Jahre 1943 markierte den Beginn einer Politik, die den USA und ihren Juniorpartnern langfristig faktisch die Rolle atomar bewaffneter Weltgendarmen sichern sollte. Roosevelts Äußerung von der tödlichen Besorgnis über die Atombombe stand in engstem Zusammenhang mit dem Hinweis, daß die sowjetische Regierung vermutlich Kenntnis von den Bemühungen der USA um das Atomwaffenmonopol habe! Wenn diese Waffe vor allem entwickelt worden wäre, um einen gemeinsamen Feind schnellstmöglich und endgültig zu zerschlagen, hätten sie wohl kaum Veranlassung gehabt, schon die *Existenz* des entsprechenden Projektes gegenüber jenem Verbündeten streng geheim zu halten, der die größten Lasten des Krieges tragen mußte.

Niels Bohr ging ebenso wie die übergroße Mehrzahl der am Atombombenprojekt beteiligten Spezialisten davon aus, daß im Kampf gegen das nazistische Terrorregime keine Anstrengung zu groß sein könne. Er sah aber schon sehr früh und wohl auch viel schärfer als die meisten seiner Kollegen, daß das, was sie als Wissenschaftler und Techniker leisteten, Fragen und Probleme aufwarf, denen nicht mehr mit traditionellen Denkschemata der Politiker beizukommen war. Eingedenk des im Spätherbst 1943 erreichten Standes im amerikanisch-britischen Atombombenprojekt und der klaren Selbsteinschätzung seines möglichen Beitrags für dieses Projekt, konzentrierte er seine Aufmerksamkeit von Anfang an vor allem auf die Frage, was *nach* dessen erfolgreichem Abschluß geschehen würde.[2]

Der erste, mit dem Bohr noch in England über die möglichen politischen Folgen des Atomwaffenprojektes und die Perspektiven zur fried lichen Nutzung der Kernenergie sprach, war Sir John Anderson. Die ser hatte als verantwortlicher Minister im Kriegskabinett Churchills die Vereinbarung von Quebec maßgeblich vorbereitet, war aber der Meinung, daß Churchill den Amerikanern zu weit entgegengekommen sei. Anderson sah staunend, wie sein wissenschaftlich so bedeutsamer Gesprächspartner sich innerhalb kürzester Zeit in die Komplexität des vielschichtigen Atombombenprojektes vertieft hatte und mit großer Treffsicherheit auf eine Reihe politischer Kernfragen gestoßen war. Es kam zu freundschaftlichen Diskussionen zwischen Anderson und Bohr, über deren Inhalt vor allem aus den nachfolgenden Ereignissen und späteren Schriftstücken Aufklärung zu erhalten ist. Danach scheint es Anderson gewesen zu sein, der großen Wert darauf legte, daß Bohr zusammen mit den anderen britischen Experten gemäß der Quebecer Vereinbarung nach den USA ging. Über die britische Botschaft in Washington sollte er dort den Kontakt zu ihm halten und nach Möglichkeit den amerikanischen Präsidenten auf die politischen Konsequenzen des Projektes aufmerksam machen.

Von Bohr selbst wissen wir, daß dies für ihn einer der entscheidenden Gründe war, Ende November 1943 die Reise nach den USA anzutreten. Zudem wollte er als Wissenschaftler, der sowohl in den USA als auch in Großbritannien größtes Ansehen genoß, mit dafür Sorge tragen, die nach wie vor bestehenden praktischen Schwierigkeiten in der Zusammenarbeit beider Gruppen weiter abzubauen. Er legte deshalb Wert darauf, organisatorisch nicht allzu fest einem Team zugeordnet zu werden. Schließlich wurde er, den viele der in den amerikanischen Zentren arbeitenden Experten persönlich kannten und gewissermaßen als Vaterfigur in der Atom- und Kernphysik verehrten, in Los Alamos mit der Aufgabe betraut, das Gesamtprojekt daraufhin zu überprüfen, ob wirklich alle wesentlichen Punkte adäquat berücksichtigt waren. Dieser Aufgabe entledigte sich Niels Bohr mit der für ihn so charakteristischen Sorgfalt; in einer Reihe von Konsultationen konnte er den verantwortlichen Mitarbeitern später auch bei der Lösung von Detailproblemen hilfreich sein. In keiner anderen Funktion hätte er jedoch innerhalb kurzer Zeit einen so allumfassenden Überblick über den Stand des Gesamtprojektes bekommen, daß er schon zu Beginn des Jahres 1944 den Optimismus Robert Oppenheimers und der anderen führenden Experten teilen konnte, die Bombe sei in etwa anderthalb bis zwei Jahren spätestens zur militärischen Einsatzreife zu bringen. Insofern wurde es auch höchste Zeit, mit dem nötigen Ernst jene Probleme auf die Tagesordnung zu setzen, die nicht erst bedacht werden durften, wenn sich schließlich der noch über dem Projekt liegende Schleier des Geheimnisses lüften sollte.

Der in Los Alamos, Oak Ridge und den anderen Zentren als Nicholas Baker (von vielen liebevoll, vertraulich einfach „Uncle Nick" genannt) agierende Niels Bohr und sein ihm assistierender Sohn Aage alias James Baker (oder einfach „Jim") kamen mit Genehmigung ihres militärischen Leiters Leslie R. Groves mehrfach nach Washington, um hier die politischen Dimensionen des Atombombenprojektes zu erörtern. In der britischen Botschaft pflegten sie vor allem den Kontakt zu Lord Halifax, dem damaligen Botschafter Großbritanniens in den USA, und dem britischen Diplomaten Sir Ronald Campbell.

Beide Politiker hatten zunächst keine allzu detaillierten Vorstellungen von dem, was in den Bergen von New Mexico allmählich schon konkrete Gestalt annahm. Sicher ist es für sie auch nicht ganz einfach gewesen, Bohrs komplizierten Gedankengängen zu folgen. Denn so, wie er sich 1926/27 durch den Zwang der Ereignisse in die komplizierten erkenntnistheoretischen Probleme der Quantenmechanik allmählich und tastend eingearbeitet hatte, war er nunmehr dabei, sich den schwerwiegenden politischen Fragen zu stellen, welche die Entwicklung der Kernphysik aufgeworfen hatte. Dabei schien sein Anliegen von Anfang an klar, nämlich jeglichen Mißbrauch der Kernenergie auszuschließen und die einzigartige, bislang technisch noch völlig ungenutzte Energiequelle langfristig nur zum Wohle der Menschen auszubeuten. Um so verschwommener aber muteten die von ihm unterbreiteten Vorschläge an, die darauf abzielten, ein Höchstmaß an kollektiver Sicherheit aller souveränen Staaten im sich abzeichnenden „Atomzeitalter" zu garantieren. Hier gab es wirklich sehr viel zu bedenken und sorgfältig abzuwägen. Schließlich wurde diese Frage durch die Entwicklung einer Waffe von historisch beispielloser Vernichtungskraft im Ringen mit einem zum äußersten entschlossenen Feind provoziert.

Daß die Bombe nach der endgültigen Zerschlagung der Achsenmächte keinen anderen Staat mehr bedrohen durfte, klang ebenso vernünftig wie die Feststellung, daß der erfolgreiche Abschluß des Manhattan-Projects zweifelsohne die internationale Position der USA und Großbritanniens nach dem Kriege stärken würde. Wie aber sollte zwischen der *Stärkung* dieser Position und einer sich daraus für andere möglicherweise ergebenden *Drohung* unterschieden werden? War dies nicht wirklich ein Problemkreis, der rechtzeitig auf der obersten politischen Ebene sorgfältig durchdacht werden mußte?

Der Zugang zum Präsidenten der USA eröffnete sich Niels Bohr über Felix Frankfurter, einen persönlichen Freund Roosevelts mit inoffiziellem Beraterstatus. Diesen am Obersten Gericht tätigen Juristen, ehemals Dekan der juristischen Fakultät von Harvard, kannte Bohr bereits von früheren flüchtigen Begegnungen. In Washington traf er ihn bei einem Teegespräch in der dänischen Botschaft wieder. Keiner der dänischen Diplomaten ahnte zu diesem Zeitpunkt, daß Niels Bohr in den USA weit Wichtigeres zu tun hatte, als die wissenschaftlichen Kontakte zwischen Dänemark und den Vereinigten Staaten für die Nachkriegszeit vorzubereiten.

Natürlich konnte Bohr auch Frankfurter nicht einfach von den ihn zutiefst beunruhigenden Problemen erzählen; er durfte nicht einmal fragen, ob er vom Projekt überhaupt Kenntnis habe. Ein glücklicher Umstand kam ihm zugute. Frankfurter deutete während eines Treffens an, daß er im Prinzip eingeweiht sei. Nunmehr gab es für Niels Bohr keinen ersichtlichen Grund mehr, mit seinen weitreichenden Überlegungen noch länger hinter dem Berg zu halten. Er vermied es lediglich, auf irgendwelche Details einzugehen. Frankfurter verstand sehr schnell, daß Bohr Gedanken entwickelte, die auch den Präsidenten der USA interessieren mußten. Dies war tatsächlich der Fall und führte im April 1944 schließlich sogar dazu, daß der Gelehrte in streng geheimer Mission nach England zurückkehrte. Roosevelt hatte über Frankfurter mitteilen lassen, er warte auf eine Initiative Churchills.

In England bemühte sich zu diesem Zeitpunkt Sir John Anderson bereits intensiv darum, seinem Premierminister die politische Tragweite des Atombombenprojekts mit allem Nachdruck zu verdeutlichen. Er wollte diese wichtigen Fragen im Kabinett besprechen. Sein Vorstoß scheiterte aber an Churchills unnachgiebiger Haltung, der den Kreis der über dieses Projekt informierten Politiker unter keinen Umständen erweitert wissen wollte.

Anderson hoffte, daß Bohr Churchill vielleicht umstimmen könne. – Niels Bohr hatte in Übereinstimmung mit dem, was auch Anderson für erforderlich hielt, aus den USA geschrieben: „Je mehr ich über die mögliche Entwicklung dieses neuen Gebietes der Naturwissenschaft und Technik erfahren und nachgedacht habe, desto mehr bin ich überzeugt, daß keinerlei herkömmliche Maßnahmen ausreichen werden und daß ohne ein universelles Abkommen, begründet auf gegenseitigem Vertrauen, wirkliche Sicherheit nicht zu erreichen sein wird.

Eine effektive Kontrolle wird natürlich nicht nur komplizierte technische und administrative Probleme aufwerfen, sondern wird auch von solchen Zugeständnissen bezüglich des Informationsaustausches und der Offenheit gegenüber industriellen Unternehmen einschließlich militärischer Vorbereitungen abhängen, wie sie schwerlich erreichbar sein dürften, wenn nicht gleichzeitig alle Partner durch entsprechende

Garantien gemeinschaftlicher Sicherheit gegenüber Gefahren beispiellosen Ausmaßes geschützt sind."[3]

Ein neues Konzept zur Regelung der internationalen Beziehungen souveräner Staaten war gefragt. Diese sollten vor allem durch gegenseitiges Vertrauen geprägt sein. Dazu aber mußte angestautes Mißtrauen abgetragen werden; es mußte alles getan werden, um Quellen zukünftigen Mißtrauens zu vermeiden. Im Hinblick auf die Notwendigkeit der nach dem Kriege zu vereinbarenden *internationalen* Kontrollmaßnahmen und den dazu erforderlichen freien Informationsfluß sollten die USA und Großbritannien darüber nachdenken, ob es angeraten schien, die Existenz und die Zielstellung des Manhattan-Projects weiterhin gegenüber der UdSSR ebenso streng geheim zu halten wie gegenüber dem gemeinsamen Feind. Mußte sich die Sowjetunion durch die bisherige Handlungsweise ihrer Verbündeten nicht nachgerade herausgefordert fühlen?

Für Bohr bestand kein Zweifel daran, daß die UdSSR wissenschaftlich und technisch in der Lage sei, auch eine solche Herausforderung anzunehmen und bald entsprechend zu beantworten. In einem vermutlich in Vorbereitung auf seinen Englandaufenthalt entworfenen Arbeitspapier vom 2. April 1944 heißt es, daß zwar außerhalb der USA und Großbritanniens bislang nach allen vorliegenden Informationen keine vergleichbaren Fortschritte auf diesem Gebiet erzielt wurden, der Zustand sich aber sehr schnell ändern könne. Insbesondere verfüge die Sowjetunion über alle notwendigen Ressourcen, um ein Projekt derartigen Ausmaßes in Angriff zu nehmen.[4] Diese Einschätzung war richtig.

In der Sowjetunion hatte Fljorov im Mai 1942 in einem Schreiben an das Staatliche Verteidigungskomitee vorgeschlagen, „unverzüglich mit der Herstellung der Uranbombe zu beginnen"[5]. Eine Expertenkommission der führenden sowjetischen Atom- und Kernphysiker schlug aufgrund seiner wissenschaftlichen und organisatorischen Fähigkeiten Kurčatov als Projektleiter vor, der nach seiner Berufung im Februar 1943 die Arbeit aufnahm. Ausschlaggebend für die Entscheidung, die nach dem heimtückischen Überfall Hitlerdeutschlands auf die Sowjetunion unterbrochenen Arbeiten zur Kernphysik wieder aufzunehmen, waren Informationen, daß sowohl in Deutschland als auch in den USA entsprechende Projekte liefen. Die sowjetische Regierung sah aber damals offensichtlich noch keine Veranlassung, der Entwicklung der Atombombe einen solchen Stellenwert beizumessen wie die Regierungen der USA und Großbritanniens.

Die Initiative, die Niels Bohr 1944 in Unkenntnis des tatsächlichen Standes kernphysikalischer Forschungsarbeiten in der Sowjetunion vorschlug, tangierte nicht die Überlegungen amerikanischer und britischer Militärs, Atombomben im Kampf gegen den gemeinsamen Feind noch einzusetzen. Der damalige Kriegsverlauf aber gab der begründeten Hoffnung Raum, *diese* Waffe wäre erst *nach* der endgültigen und vollständigen militärischen Zerschlagung der Achsenmächte einsatzbereit. Bohr gehörte nicht zu jenen Physikern des Manhattan-Projects, die meinten, daß nur der Einsatz der Bombe die Menschheit belehren könne, was es bedeutet, Krieg im „Atomzeitalter" zu führen. Sein humanistischer Standpunkt gebot, die *langfristigen* Wirkungen dieses Projekts auf die Weltpolitik sofort und mit aller Konsequenz auf die Tagesordnung zu setzen und von den *kurzfristigen* militärischen Erwägungen, zu denen er sich nirgends schriftlich äußerte, abzukoppeln.[6] Im Hinblick auf die Nachkriegsordnung galt es nach seiner Meinung vor allem, den Ausbruch von Streitigkeiten zwischen jenen Mächten zu verhindern, von deren Beziehungen das Schicksal der zukünftigen Generationen maßgeblich abhängen werde.

Bohr beanspruchte nicht, daß Wissenschaftler die Aufgaben der verantwortlichen Staatsmänner zu übernehmen hätten, wenn es um die politischen Konsequenzen des wissenschaftlich-technischen Fortschritts geht. Angesichts der beispiellosen Situation aber, die sich im Zusammenhang mit der Entwicklung von Wissenschaft, Technik und Technologie ergeben hatte, sollten die Politiker nunmehr auch aus der weltweiten wissenschaftlichen Zusammenarbeit profitieren können, die zwischen den beiden Weltkriegen so erfolgreich betrieben worden war. Er verwies darauf, daß an der erst durch die heraufziehende Kriegsgefahr unterbrochenen internationalen Kooperation auch führende Wissenschaftler aus der Sowjetunion beteiligt waren. Um die politischen Kontakte vorzubereiten und zu erleichtern, konnten und sollten die vor dem Krieg geknüpften Beziehungen genutzt werden.

Als Niels Bohr im April des Jahres 1944 nach London kam, erwartete ihn dort der Brief eines alten Freundes. [59] Bereits am 28. Oktober 1943 hatte ihm P. Kapitza aus Moskau geschrieben, daß er von seiner Flucht nach Schweden gehört habe und ebenso wie die anderen Kollegen in der Sowjetunion erleichtert sei, die Familie Bohr nunmehr in Sicherheit zu wissen. Unter Hinweis auf die gemeinsamen Erinnerungen an die Zeit bei Rutherford und vor allem Bohrs Besuche in der Sowjetunion lud ihn Kapitza ein, mit seiner ganzen Familie in die UdSSR zu kommen. Er berichtete, daß die sowjetischen Physiker, mit denen er gesprochen habe (alles Kernphysiker), von dieser Idee begeistert seien.

Diesem Brief, der Bohr am 20. April 1944 vom sowjetischen Botschaftsrat Zinchenko in der Botschaft der UdSSR in London überreicht wurde, kam im Hinblick auf die vorher angestellten Überlegungen bezüglich inoffizieller Kontakte zu sowjetischen Wissenschaftlern in der höchst delikaten Angelegenheit besondere Bedeutung zu. Zugleich mußte jedoch alles vermieden werden, was Bohrs politische Mission gefährden konnte. Ein „Bericht unmittelbar nach dem Gespräch (in der sowjetischen Botschaft – U. R.) aufgeschrieben und dem britischen Secret Service zugestellt“, Bohrs sorgfältig abgewogene, alles offenhaltende, jedoch nichts preisgebende Antwort vom 29. April 1944 an Kapitza und die Dokumente aus späteren Tagen, in denen der Gelehrte dann sogar als „Sicherheitsrisiko“ galt, zeugen nachdrücklich davon[7], wie ernst Niels Bohr einerseits seinen politischen Vorschlag gemeint und wie sorgfältig er es andererseits vermieden hat, eigenmächtig vorzupreschen. [60]

Churchill jedoch entsetzte schon allein der Vorschlag Bohrs, die Sowjetunion beim Atombombenprojekt ins Vertrauen zu ziehen. Ein Wissenschaftler, der dazu sogar noch seine guten Dienste anbot, hatte in seinen Augen den ersten Schritt zum „Hochverrat“ bereits getan. Nach der damals unter Politikern in den USA und Großbritannien weit verbreiteten Überzeugung war die Sowjetunion wissenschaftlich und technisch so weit zurückgeblieben, daß nur Verräter sie in die Lage versetzen konnten, das angestrebte Atombombenmonopol ernsthaft zu gefährden. Einen Mann, der dem britischen Premierminister zumutete, die Sowjetunion in das so wohlbehütete Geheimnis einzuweihen, wollte Churchill gar nicht erst empfangen. Wie hätte er wohl reagiert, wäre ihm damals schon bekannt gewesen, daß Niels Bohr weiterhin mit einem sowjetischen Professor in Briefkontakt stand und in der sowjetischen Botschaft auch nach seinem Eindruck von den wissenschaftlich-technischen Arbeiten in den USA gefragt worden war?

Als Mitte Mai ein auf eine halbe Stunde geplantes Gespräch Churchills mit Bohr auf Vermittlung von Anderson, Cherwell, Dale und Smuts schließlich doch noch zustande kam, wurde es ein regelrechtes Debakel. Niels Bohr stellte später lapidar fest, sie beide hätten sich nicht einmal derselben Sprache bedient. Winston Churchill hatte Bohrs abschließende Frage, ob er bereit wäre, einen Brief von ihm zu empfangen, mit der Bemerkung beantwortet, es sei ihm eine Ehre, einen solchen Brief entgegenzunehmen; nur solle derselbe nicht von Politik handeln! Churchill hätte es schwerlich deutlicher sagen können, was er von den Vorschlägen des Gelehrten hielt: Schuster bleib bei deinen Leisten!

Noch bevor Niels und Aage Bohr nach den USA zurückkehrten, schrieb der Professor Winston Churchill am 22. Mai einen Brief, in dem er versuchte, die scheinbaren „Mißverständnisse" aus dem Weg zu räumen. Es sei keineswegs seine Absicht gewesen, die Art und Weise zu kritisieren, in der die Staatsmänner die wissenschaftlich-technische Zusammenarbeit zwischen den USA und Großbritannien beim Manhattan-Project organisiert hatten. Er sei zu *technischen* Konsultationen nach London beordert und durch einen Freund des Präsidenten ausdrücklich befugt worden, dem englischen Premier zu übermitteln, „daß der Präsident zutiefst mit den enormen Konsequenzen des Projektes beschäftigt ist, unter denen er ernste Gefahren, aber auch einzigartige Möglichkeiten sieht, und daß er hofft, zusammen mit Ihnen Wege zu finden, die Situation zum größten Nutzen der ganzen Menschheit zu meistern"[8]. Bohr teilte damals diesen aus Roosevelts Überlegungen sprechenden Optimismus, obgleich ihn die Erfahrung mit Churchill außerordentlich deprimiert hatte.

Als er sich kurze Zeit nach der erfolgreichen Landungsoperation der Alliierten in der Normandie (6. Juni 1944) wieder nach den USA begeben hatte, erlebte er in Washington wahrhaft heiße Tage. In der drückenden Hitze dieser Jahreszeit arbeitete er mit seinem Sohn an einem Memorandum, das Roosevelt in Vorbereitung auf ein in Aussicht gestelltes Gespräch erbeten hatte. Niels Bohr konnte damals nicht ahnen, wieviel er Felix Frankfurter zu verdanken hatte. Dieser soll dem Präsidenten ausführlich von Bohrs Erfahrungen mit Churchill berichtet haben. Wenn sich Roosevelt nunmehr der Sache persönlich stärker annehmen wollte, dann geschah dies einerseits im Hinblick auf das im Herbst wiederum in Quebec geplante Treffen mit dem britischen Premier, aber andererseits wohl auch, weil er persönlich genau wußte, wie schwierig der Umgang mit Churchill sein konnte. Da Bohr tatsächlich einer Bitte des amerikanischen Präsidenten folgend gehandelt hatte, wäre es im höchsten Maße unfair gewesen, die Mission des Gelehrten numehr einfach für beendet zu erklären.

Anhand der erhalten gebliebenen Dokumente läßt sich relativ leicht nachvollziehen, wie Bohr im Sommer 1944 um Formulierungen gerungen hat, die einerseits frei von Sentimentalitäten sein sollten, sich aber andererseits nicht mehr derart weit von den eigenen Erfahrungen entfernten wie jener Text vom 2. April, den Churchill so kühl aufgenommen hatte. In Bohrs für Frankfurter bestimmten Begleitschreiben zu seinem Memorandum vom 3. Juli, das schließlich Roosevelt zugeleitet wurde, heißt es: „Wie Sie sehen werden, sind die Punkte dieselben wie in meinen vorigen Noten, ich habe mich aber überall bemüht, die internationale wissenschaftliche Kooperation als die natürlichste Rechtfertigung für mein Interesse an der Sache hervorzuheben."[9]

Aus dem Gespräch mit Churchill hatte Bohr eine weitere Schlußfolgerung gezogen. Seine persönliche Überzeugung vom Leistungsvermögen sowjetischer Wissenschaftler und Techniker schien die führenden westlichen Politiker wenig zu überzeugen; sie wurden vorwiegend von Wissenschaftlern beraten, die über gar keine oder nur geringe Erfahrungen in der Zusammenarbeit mit sowjetischen Gelehrten verfügten. In seinem Memorandum vom 25. Juni 1944 brachte Bohr ein neues „Argument" vor, warum die *rechtzeitige* Information der Sowjetunion langfristigen politischen Interessen diene.

Allgemein bekannt war, welche Rolle deutsche Physiker bis zum Ausbruch des Krieges in der Kernphysik gespielt hatten. Aus den damals zugänglichen Geheimdienstinformationen wußte man, daß in Deutschland die Vorbereitungen zum Uranprojekt zunächst relativ langsam angelaufen seien, mittlerweile aber verstärkte Anstrengungen zur Gewinnung großer Mengen spaltbaren Materials unternommen wurden. Es konnte kein Zweifel daran bestehen, daß die Ergebnisse dieser Arbeiten nach der endgültigen Zerschlagung des Aggressors *allen* Siegermächten zugänglich würden, also auch der Sowjetunion. Ein solches „Argument" paßte offensichtlich sehr viel besser in die Klischeevorstellungen, von denen sich Leute leiten ließen, die in der Antihitlerkoalition keine dauerhafte Basis sahen, um wechselseitig vorhandenes Mißtrauen langfristig abzubauen.

Bohr betonte, daß die Information des Bündnispartners große Bedeutung im Hinblick auf eine Atmosphäre des Vertrauens hätte und die USA dadurch im Prinzip nichts verlieren konnten, was ihnen ohnehin sehr schnell verlorengehen müßte. Er war keineswegs der Auffassung, daß die USA und Großbritannien die im Kriege gewonnene Monopolstellung auf dem Gebiete der Kernphysik und -technik aufgeben sollten. Sein Vorschlag lief darauf hinaus, diesen technologischen Vorsprung nicht zu einer politischen und militärischen Bedrohung der Sowjetunion zu mißbrauchen. Statt auf *Konfrontation* sollten die Westmächte auf *Kooperation zum gegenseitigen Vorteil* setzen.

Niels Bohr wollte den wissenschaftlich-technischen Fortschritt aus den Auseinandersetzungen zwischen den beiden grundsätzlich verschiedenen Gesellschaftsordnungen heraushalten. Ihm ging es darum, das Ideal einer allein dem Erkenntnisfortschritt verpflichteten Weltwissenschaft – dem sein Institut stets gehuldigt hatte – über die Wirrnisse dieses Krieges in eine friedliche Nachkriegsordnung hinüberzuretten. In der unter allerstrengster militärischer Geheimhaltung weiter entwickelten Kernphysik und -technik sah er sowohl eine Bedrohung dieses Ideals als auch die einmalige Chance, unter neuen Voraussetzungen zu diesem Ideal dauerhaft zurückzukehren.

Zu einem Zeitpunkt, zu dem die Schreckenswaffe noch in der Entwicklungsphase steckte, unternahm Niels Bohr alles, was ihm politisch möglich schien, um zu verhindern, daß die Nachkriegsentwicklung vom atomaren Wettrüsten überschattet würde. Seine damaligen praktischen Vorschläge muteten zunächst illusionär an; sie wiesen aber zweifelsohne in eine Richtung, zu der es bis heute keine vernünftige Alternative gibt. F. Frankfurter schrieb später zu Bohrs politischen Vorschlägen, daß sie häufig nicht praktikabel erscheinen, aber sehr wohl von weitreichender Weisheit getragen seien.[10]

Im Jahre 1950, als Niels Bohr längst nicht mehr an seine Schweigepflicht gebunden war, veröffentlichte er wesentliche Auszüge aus dem Memorandum vom 3. Juli 1944, das der Vorbereitung seines Gespräches mit dem Präsidenten der Vereinigten Staaten gedient hat.[11] Dieses Gespräch fand am 26. August 1944 statt und ließ Bohr damals hoffen, daß seine auf kollektive Sicherheit und Offenheit abzielenden Vorschläge bald Grundlage des Handelns der USA und Großbritanniens gegenüber der Sowjetunion würden. Roosevelt jedenfalls hatte ganz anders als Churchill reagiert und versprochen, den politischen Fragen des Manhattan-Projects bei seinem Treffen mit dem britischen Premier große Aufmerksamkeit zu widmen.[12]

Unmittelbar vor dem Mitte September wiederum in Quebec stattfindenden Gipfeltreffen wandte sich Bohr nochmals an Roosevelt. In seinem Schreiben vom 7. 9. 1944 ging er davon aus, daß die großartigen Möglichkeiten bei der Nutzung der Kernenergie „durch zutiefst unheilvolle Bedrohungen der menschlichen Sicherheit überschattet werden, wenn nicht in gebotener Zeit eine internationale, die effektive Kontrolle der neuen schrecklichen Waffe betreffende Vereinbarung erlangt werden kann.“[13] [61] Angesichts der militärischen Erfolge der Antihitlerkoalition hielt Bohr den Zeitpunkt für besonders günstig, mit der Sowjetunion auch diesbezüglich ins Gespräch zu kommen.

Während er von einer zukünftigen „offenen Welt“ träumte und den Politikern der USA und Großbritanniens Vorschläge zu Schritten unterbreitete, die bereits unter Kriegsbedingungen unternommen werden mußten, um tatsächlich mehr Offenheit in die internationalen Nachkriegsbeziehungen zu bringen, dachten viele Politiker der USA und Großbritanniens längst darüber nach, wie zu verhindern sei, daß die Sowjetunion im internationalen Leben eine ihrem Anteil an der Zerschlagung des Aggressors gemäße Rolle übernehmen würde.

Bei allen Differenzen, die nach wie vor zwischen Roosevelt und Churchill bestanden, ist unverkennbar, daß Roosevelt in bezug auf die bald verfügbare Superwaffe gar nicht so prinzipiell anders dachte als der englische Premierminister. Das berüchtigte Aide-Mémoire über das Gespräch beider Politiker vom 19. September 1944 jedenfalls läßt keinen anderen Schluß zu, als daß wohl auch Roosevelt Bohrs Vorschläge damals höchst unpassend fand. Zu einem Zeitpunkt, als die Bombe *noch nicht* einsatzbereit war, hoben beide Staatsmänner hervor: „Der Vorschlag, die Welt über Tube Alloys zu informieren, um betreffs ihrer Kontrolle und Nutzung eine internationale Vereinbarung anzustreben, ist nicht akzeptiert."[14]

Niels Bohr hatte natürlich mit keinem Wort davon gesprochen, „die Welt zu informieren". Dies wäre 1944 wahnwitzig gewesen. Er wollte, daß die Sowjetunion rechtzeitig und offiziell informiert würde, um auf dieser Basis über die zukünftigen Grundlinien internationaler Kontrolle der Kernenergie zu verhandeln. Das aber paßte so gar nicht ins Kalkül jener Politiker, die schon damals in der Atombombe ein bedeutsames potentielles Instrument der Nachkriegsdiplomatie sahen.

Für Roosevelt und Churchill war spätestens im September 1944 klar, daß sie ihre Absicht kaum wirkungsvoller demonstrieren konnten als durch den militärischen Einsatz der neuen Waffe noch in diesem Krieg. So vereinbarten sie in Quebec, die Bombe weiterhin unter allerstrengster Geheimhaltung zu entwickeln und möglicherweise noch gegen Japan einzusetzen.

Alles, was den langfristigen politischen Zielstellungen Churchills und Roosevelts gefährlich werden konnte, mußte vermieden werden. Dazu zählte sowohl die Information der Sowjetunion über die Existenz des Atombombenprojekts als auch die Mitteilung irgendwelcher technischer Einzelheiten. Zwar hatte auch Bohr davon abgeraten, zu diesem Zeitpunkt schon Details preiszugeben. Wer aber konnte wissen, wie weit der Gelehrte gehen würde, wenn er dazu Gelegenheit hatte? Churchill und Roosevelt vereinbarten jedenfalls, Nachforschungen anzustellen und zu sichern, daß Niels Bohr, der sich in so „verdächtiger" Weise bereit erklärt hatte, seine wissenschaftlichen Kontakte zu sowjetischen Wissenschaftlern zu nutzen, keinerlei Informationen über das Atombombenprojekt in die Sowjetunion übermitteln konnte. Churchill soll damals sogar an eine „Sicherheitsverwahrung" Bohrs gedacht haben. Einflußreiche Freunde in Großbritannien und in den USA mußten dafür sorgen, daß die Resultate dieses Gesprächs der beiden Staatsmänner für Bohr persönlich keine allzu ernsthaften Folgen zeitigten.

Nach dem Treffen in Quebec dauerte es recht lange, ehe Bohr auf Umwegen erfuhr, was dort tatsächlich passiert war. Zwar gab er seine Bemühungen auch danach keineswegs auf; er mußte aber erkennen, daß sein politischer Handlungsspielraum noch weiter eingeschränkt worden war. In dieser Situation erhielt er einen Brief, in dem ihm Albert Einstein vorschlug, international anerkannte Wissenschaftler dazu zu bewegen, den Politikern ihrer Länder das Ausmaß der Gefahren zu verdeutlichen, die eine Fortsetzung der im Kriege begonnenen streng geheimen waffentechnologischen Entwicklungen in der Nachkriegszeit mit sich bringen mußte. [62] Einsteins Überlegungen gingen, obgleich er keinen Einblick in das Manhattan-Project hatte, in dieselbe Richtung wie die Gedanken Bohrs. Aus diesem Brief aber wurde auch deutlich, daß er im Unterschied zu Bohr geneigt schien, eigenmächtig vorzupreschen. Das jedoch hätte der Sache unermeßlichen Schaden zufügen können. Bohr hielt es für seine Pflicht, Einstein vor unbedachten Handlungen zu warnen. Aus einer im Oppenheimer-Nachlaß befindlichen Aktennotiz über ein Gespräch Bohrs und Einsteins vom Dezember 1944 [63] geht hervor, Einstein habe eingesehen, eine Aktivität seinerseits könne die delikate Aufgabe der Staatsmänner nur noch komplizieren. Bohr versicherte Einstein damals, daß die verantwortlichen Politiker der USA und Großbritanniens die Tragweite des umgehend zu bewältigenden Problems erkannt haben. Daraufhin schrieb A. Einstein an O. Stern, von dem der Vorschlag stammte, die wissenschaftlichen Kontakte der Vorkriegszeit zu nutzen, um auf die Notwendigkeit internationaler Kontrolle der Kernenergie aufmerksam zu machen: „Auf meinen Brief an B. hat sich eine Wolke des bleiernen Geheimnisses auf mich heruntergesenkt, so dass ich über die Sache nichts anderes berichten kann, als dass wir nicht die Ersten sind, die ähnliches ins Auge gefasst haben. Ich habe den Eindruck, dass Ernsthaftes angestrebt wird und dass man der Sache am besten dient, wenn man vorläufig nicht davon spricht und überhaupt in keiner Weise dazu beiträgt, dass im gegenwärtigen Moment die Aufmerksamkeit der Oeffentlichkeit darauf gelenkt wird."[15] [64]

Im März des Jahres 1945 reiste Niels Bohr nochmals nach Großbritannien. Churchill aber war diesmal schon nicht mehr zu bewegen, den aus tiefster humanistischer Gesinnung handelnden Gelehrten überhaupt zu empfangen. Zwar hatten die entsprechenden Nachforschungen ergeben, daß Niels Bohr über jeden Verdacht erhaben sei, die ihm dank seiner exponierten wissenschaftlichen Stellung zugänglichen geheimen Informationen unbefugt weitergegeben zu haben. Für Churchill aber blieb er ein Mann, der seinen eigenen politischen Zielstellungen in krasser Weise widersprach. Während Bohr nach Völkerverständigung strebte und dabei den wissenschaftlichen Kontakten eine besondere Rolle zugedacht hatte, ja in den Beziehungen der Atomphysiker zwischen den beiden Weltkriegen sogar den funktionierenden Modellfall für die Regelung harmonischer Beziehungen zwischen Staaten sah, wollte Churchill nichts davon wissen, daß Politiker von Wissenschaftlern lernen könnten.

Nach seiner Rückkehr aus Großbritannien wandte sich Niels Bohr letztmals an Franklin D. Roosevelt. In seinem Memorandum vom 24. 3. 1945 bezog er sich auf die Vorschläge aus dem Jahre 1944 und präzisierte nunmehr seine Vorstellungen über die Grundzüge internationaler Kontrollmaßnahmen für die Kernenergie.[16] Kollektive Sicherheit der Völker und Offenheit in den Beziehungen zwischen allen Staaten waren weiterhin die politischen Grundprinzipien, die er vorzuschlagen hatte.

Dieses Memorandum hat seinen Adressaten nicht mehr erreicht. Roosevelt starb am 12. April 1945. Sein Nachfolger im Präsidentenamt, bis dahin Vizepräsident der USA, H. S. Truman, hatte bis zum Zeitpunkt der Amtsübernahme nicht einmal Kenntnis vom Manhattan-Project. Er wurde in das Atomgeheimnis eingeweiht, als die Entwicklungsarbeiten kurz vor dem Abschluß standen. Es bedurfte keiner großen Anstrengungen der Präsidentenberater, Truman zu erklären, was für eine Waffe bald zu seiner Verfügung stehen würde. Sein Sinnen und Trachten als Präsident richtete sich von Anfang an darauf, aus der waffentechnischen Überlegenheit der USA auch zugleich politisches Kapital zu schlagen. Als sich der Anfang Mai 1945 von Truman berufene Beratungsauschuß mit den Vorschlägen Niels Bohrs und anderer Physiker des Manhattan-Projects beschäftigte, war abzusehen, daß es dabei nicht darum gehen würde, schnellstmöglich Initiativen zur internationalen Kontrolle der Kernenergie zu ergreifen. Erst einmal sollte die Bombe auf dem japanischen Kriegsschauplatz demonstrativ eingesetzt werden; danach konnte dann von ganz anderer Position mit den erst kurz zuvor in San Francisco zu den Vereinten Nationen zusammengeschlossenen Völkern verhandelt werden. Bis dahin hatte die inzwischen testreife Atombombe Staatsgeheimnis Nr. 1 zu bleiben.

Angesichts solcher beängstigender, aber doch wohl definitiver Entscheidungen mußte Niels Bohr seine Mission in den USA für beendet betrachten. Er wartete den auf Mitte Juni angesetzten Test der Atombombe gar nicht mehr ab. In der festen Überzeugung, daß diese Bombe unzweifelhaft explodieren würde, fuhr er Anfang Juni 1945 nach Europa zurück, um in Großbritannien den ersehnten Augenblick zu erwarten, da er endgültig in seine am 4. Mai 1945 befreite Heimat zurückkehren konnte.

In London empfing ihn seine Frau Margrethe, die er seit seinem Aufbruch in Schweden nicht mehr gesehen hatte. Sie wußte nicht, womit er sich in der Zwischenzeit beschäftigt hatte. Zwar gab es zwischen ihnen in all diesen Monaten Briefkontakt. Niels Bohr aber war es ebenso wie den anderen Projektmitarbeitern strengstens untersagt, auch nur andeutungsweise davon zu schreiben, was ihn all diese Zeit so stark belastete. Nun durfte er wenigstens ihr gegenüber wieder offen sprechen.

Die Tage bis zur Rückkehr nach Dänemark vergingen in banger Erwartung. Würde sich die Vernunft doch noch durchsetzen, oder aber würden die führenden Politiker und Militärs der USA die Atombombe gegen den Willen vieler Wissenschaftler auf dem japanischen Kriegsschauplatz einsetzen? Die entsetzliche Nachricht vom 6. August 1945 beantwortete diese Frage in einer Weise, wie sie viele der am Bau der Bombe Beteiligten zunächst nicht glauben konnten. Ohne jegliche Warnung war eine Atombombe auf Hiroshima abgeworfen worden. Zehntausende Einwohner dieser militärisch unbedeutenden japanischen Stadt kamen im atomaren Inferno um; vielen der damals Überlebenden und der Nachgeborenen standen Siechtum und Tod durch Strahlenkrankheit bevor. Die Weltöffentlichkeit erfuhr von der Existenz dieser historisch beispiellosen Waffe durch deren militärischen Einsatz. Nicht genug damit: Am 9. August wurde eine weitere Atombombe durch die USA auf Nagasaki abgeworfen.

Die Menschheit lernte die Möglichkeit der Freisetzung von Kernenergie über hunderttausendfachen Tod und Siechtum unschuldiger japanischer Zivilisten kennen. Die ursprünglich aus Furcht vor deutschen Atomwaffen entwickelten Bomben wurden von Militärplanern nach „wissenschaftlicher“ Beratung über Territorien abgeworfen, wo sie ihre „optimale“ Wirkung zeigen sollten. Dies stellte eine unglaublich brutale Herausforderung der gesamten Zivilisation dar.

Erschüttert und zutiefst betroffen nahmen in jenen Augusttagen des Jahres 1945 auch viele Kernphysiker in der ganzen Welt diese Tatsache zur Kenntnis. Sie mußten sich den Fragen stellen, inwiefern sie selbst mit ihren Forschungsarbeiten den Weg nach Hiroshima und Nagasaki gebahnt hatten. Einer der wissenschaftlich und menschlich betroffensten war Niels Bohr. Er hatte lange geglaubt, daß man unter Kriegsbedingungen vor allem eine Antwort auf die Frage finden mußte, wie *zukünftiges* Unheil verhindert werden könne. Der Kriegsverlauf hatte ihn zunehmend hoffen lassen, alle Befürchtungen, die Bombe könne noch in *diesem* Krieg eingesetzt werden, seien unbegründet. Nunmehr sah er sich mit der grausamen Gewißheit konfrontiert, daß nicht nur seine politischen Bemühungen um die Regelung der harmonischen Nachkriegsbeziehungen der Siegermächte gescheitert waren, sondern auch sein wissenschaftlicher Einsatz einem Projekt gegolten hatte, an dessen Schlußpunkt der weder von ihm noch von vielen anderen gewollte Tod hunderttausender unschuldiger Menschen stand.

Niels Bohr, der sich stets von humanistischen Prinzipien leiten ließ, hat weder damals noch zu einem späteren Zeitpunkt die Entscheidung des USA-Präsidenten verurteilt. In seinen Briefen jener Tage ist lediglich von „dem Ereignis" die Rede. All seine Stellungnahmen vermieden peinlichst jegliche direkte Wertung dieses „Ereignisses". Vielmehr hat er in einer für die leidgeprüften überlebenden Opfer und all jene, die den Einsatz der Atombomben scharf verurteilten, schwer verständlichen Form wenige Tage nach Hiroshima weit in die Zukunft gewiesen. In seinem am 11. August 1945 in der Londoner „Times" veröffentlichten Aufsatz rief er die Wissenschaftler der ganzen Welt auf, in jeder ihnen möglichen Weise einen Beitrag zur Überwindung der gegenwärtigen Krise der Humanität zu leisten, „der jenen Idealen würdig ist, für die die Wissenschaft über Jahrhunderte gestanden hat"[17]. In dieser öffentlichen Erklärung gab Bohr seiner Hoffnung Ausdruck, daß es im Interesse der nachfolgenden Generationen gelingen möge, neuartige Beziehungen zwischen den Staaten zu etablieren, die unter so unsäglichen Opfern schließlich den Sieg über die Barbarei errungen haben. Kurze Zeit später stellte er fest, die Möglichkeit zur Produktion von Massenvernichtungswaffen, gegen die es keine Verteidigung gebe, sei „eine nachdrückliche Mahnung, wie eng das Schicksal der ganzen Menschheit verbunden ist"[18]. [65]

Derartige Feststellungen wurden damals auch in vielen Verlautbarungen US-amerikanischer Politiker getroffen. Während sie bei ihnen aber zugleich als mehr oder minder unverhohlene Drohung verstanden werden konnten, die Völker dieser Erde hätten sich von nun an den Interessen des sich zunehmend als Weltgendarm aufspielenden USA-Imperialismus unterzuordnen, waren sie aus dem Munde des dänischen Gelehrten ein Aufruf, alles Trennende zu überwinden. Angesichts der sich aus der Entwicklung von Wissenschaft und Technik ergebenden Herausforderung der gesamten Zivilisation setzte Niels Bohr viel stärker auf ein Konzept, das Kommunisten später als das der friedlichen Koexistenz zwischen Staaten mit unterschiedlicher Gesellschaftsordnung bezeichnet haben. Im Unterschied zu ihnen sah er darin aber gewiß kein Mittel des Klassenkampfs, sondern eher einen Versuch, das individuelle Streben nach Harmonie auch für die Politik fruchtbar zu machen.

Bohr war 1944/45 mit seinen politischen Vorschlägen am Konfrontationskurs der Spitzenpolitiker in den USA und in Großbritannien gescheitert.[19] Er selbst hielt sich während des Manhattan-Projects aus allen gemeinschaftlichen politischen Aktionen von Wissenschaftlergruppen heraus. Trotzdem hat er, der auch unter diesen Bedingungen stets den Dialog suchte, mit seinen Erfahrungen und seiner Weitsicht vielen Kollegen erst das Gefühl ihrer besonderen politischen Verantwortung vermittelt. Der bürgerlich humanistischen Wertvorstellungen zutiefst verplichtete Physiker ist zu einem Zeitpunkt, als die Antihitlerkoalition im Zusammenhang mit den internen Auseinandersetzungen um die Nachkriegsordnung bereits erheblichen Belastungen ausgesetzt war, dafür eingetreten, die im Kampf gegen die Achsenmächte bewährten Gemeinsamkeiten nicht gefährden zu lassen.

Der Sowjetunion ging es damals angesichts der enormen Kriegsverluste auch um Garantien für die Hilfe beim Wiederaufbau. Sie setzte dabei vor allem auf deutsche Reparationen und eine Ausdehnung ihres Herrschaftsbereichs in Osteuropa, wodurch sie langfristig zugleich eine strategisch wichtige „Pufferzone" zu gewinnen hoffte. Dies mußte mit dem Selbstbestimmungsrecht der Völker des betroffenen geographischen Raumes kollidieren. Die westlichen Verbündeten waren zwar bereit, sowjetische Forderungen nach Sicherheitsgarantien und Reparationen anzuerkennen, wollten aber in den osteuropäischen Staaten mittels freier Wahlen sichergestellt wissen, daß hier demokratische Staatsformen entstehen konnten. Da dies in den von der Sowjetunion befreiten Territorien unter der Voraussetzung militärischer Besetzung wohl nur schwer zu realisieren sein würde, schien der Bruch der Koalition weitestgehend vorprogrammiert.

Nachdem dies auch allmählich vor den Augen der Weltöffentlichkeit sichtbar geworden war, mußten Bohrs ursprüngliche Vorschläge zur internationalen Kontrolle der Kernenergie und dem dafür erforderlichen freien Informationsaustausch in noch höherem Grade illusorisch erscheinen. Die Welt *ist* mit der Atombombe tatsächlich eine andere als ohne diese Waffe. Niemand sollte aber darüber hinwegsehen, *wie* diese Veränderung offenkundig wurde.

Niels Bohr resignierte 1945 selbst nach der jähen Wendung nicht. In tiefer Sorge um den Fortbestand der Zivilisation verfolgte er weiterhin Ziele, deren Ernsthaftigkeit über jeglichen Zweifel erhaben sind. Nachdem aus dem offiziellen Bericht über das Manhattan-Project deutlich geworden war, welche Rolle er persönlich bei dessen Realisierung gespielt hatte, wog seine zwar vorsichtige, jedoch unmißverständliche öffentliche Stellungnahme um so schwerer; sie hat jedoch auch dazu beigetragen, dem illusionären Ruf nach einer Weltregierung Gewicht zu verleihen.

12. Mit der Bombe leben?

Am 25. August 1945 kehrten Margrethe und Niels Bohr gemeinsam in ihre befreite Heimat zurück. Es gab den seit langem herbeigesehnten Empfang durch Freunde und Mitarbeiter. Nach zweijähriger Trennung war die Familie endlich wieder vereint. Niels Bohr schien es wie ein Wunder, daß die meisten seiner dänischen Freunde und Kollegen die furchtbare Zeit gesund überlebt hatten. Wie war es jedoch den vielen mit dem Institut eng verbundenen ausländischen Physikern ergangen? Es dauerte lange, bis auch diesbezüglich Klarheit herrschte. Bohr schaltete sich wiederholt ein, um verzweifelten Angehörigen ehemaliger Gäste des Institutes bei ihren Nachforschungen zu helfen. Jedes Lebenszeichen eines Gesuchten wurde freudig begrüßt.

Bohrs Korrespondenz aus den ersten Nachkriegsmonaten enthält viele Briefe, in denen mit großer Erleichterung Informationen über die durchstandenen Schrecken ausgetauscht werden. [66 – 70] Seine Sympathie galt allen, die sich gegenüber der Barbarei durch aktiven oder passiven Widerstand zur Wehr gesetzt hatten. Mit großem Bedauern mußte er jedoch auch feststellen, daß die Beziehungen zu manchem früheren Freund oder Kollegen durch die Vergangenheit schwer belastet wurden. In keinem einzigen Falle aber wartete er mit direkten Vorwürfen auf.[1] Die schärfste Form seines Protestes gegenüber dem unwürdigen Verhalten eines anderen bestand darin, jeglichen Kontakt zu diesem Manne zu meiden.

Als Präsident der Königlich-Dänischen Akademie der Wissenschaften und der Literatur hat Bohr einem als Kollaborateur mit der deutschen Besatzungsmacht schwer belasteten dänischen Wissenschaftler nahegelegt, fürderhin der Akademie gänzlich fernzubleiben und ihr damit die Peinlichkeit zu ersparen, eines ihrer Mitglieder ausschließen zu müssen. Es läßt sich denken, daß ein solches Verfahren durchaus nicht die ungeteilte Zustimmung aller übrigen Akademiemitglieder und der Öffentlichkeit seines Landes fand. Zwar entsprachen derartige Versuche zur Konfliktbewältigung durchaus den geistig-kulturellen Traditionen Dänemarks, ließen sie sich aber auch nach den Ereignissen dieses Krieges noch akzeptieren? Niels Bohr war über jeden Verdacht erhaben, das persönliche Versagen einzelner in der Zeit der Naziherrschaft zu rechtfertigen. Aber er versuchte selbst bei der Bewältigung dieser furchtbaren Periode im Leben der Völker Toleranz zu üben. Alle, die ihn näher kannten, wußten solches Verhalten mit seinen Charaktereigenschaften in Verbindung zu bringen. Anderen dürfte diese schier grenzenlose Großzügigkeit kaum lösbare Rätsel aufgegeben haben.

Der Kraft seiner wissenschaftlichen und wissenschaftspolitischen Leistungen zu großer gesellschaftlicher Achtung gelangte dänische Gelehrte hatte sich in den Jahren der Besetzung seines Heimatlandes als standhafter Patriot ausgewiesen.

Nach seiner Rückkehr ins befreite Dänemark wurden Niels Bohr Ehrungen zuteil, die vor ihm kein anderer dänischer Wissenschaftler erfahren hatte. Heute ziert sein Bild in Gestalt eines Mosaiks den bislang letzten Band der dänischen Nationalgeschichte, der den Jahren 1939 bis 1965 gewidmet ist. Die dänischen Historiker weisen nachdrücklich darauf hin, daß dieser Mann wie kein anderer dazu beigetragen hat, die progressiven geistig-kulturellen Traditionen seines Volkes zu pflegen, ihnen internationale Achtung und Anerkennung zu verschaffen.

Der 7. Oktober 1945, Niels Bohrs 60. Geburtstag, bot Freunden und Kollegen in nah und fern eine willkommene Gelegenheit, dem Gelehrten ihre Reverenz zu erweisen, ihrer Freude Ausdruck zu verleihen, das Jubiläum im endlich errungenen Frieden feiern zu können. Zwar gab es wenige Monate nach Kriegsende noch keine Möglichkeit, einen dem Anlaß entsprechenden Würdigungsband zu veröffentlichen, trotzdem aber erschien eine Fülle wissenschaftlicher Abhandlungen, die den Jubilar mit Hoffnung erfüllten, bald wieder jenes wissenschaftliche Leben entwickeln zu können, nach dem er sich ebenso wie viele seiner Verehrer seit langem sehnte.

Die Mitarbeiter des Kopenhagener Institutes erfreuten ihn mit dem zweiten Heft der Zeitschrift „Jocular Physics“. Das erste Heft dieser bis heute von den Physikern gern zitierten Festschrift ist anläßlich des 50. Geburtstages mit dem Versprechen zusammengestellt worden, jedes neue Jahrzehnt im Leben Bohrs auf solche Weise zu begrüßen. Wie beglückend mußte es für ihn sein, nunmehr zu sehen, daß die Zeit offensichtlich reif erschien, zu der alten ausgelassenen Fröhlichkeit zurückzufinden. Die Kopenhagener Universität und die Akademie, deren Präsident er geblieben war, ehrten Niels Bohr mit Festgaben in Form von Sonderheften der entsprechenden dänischen Zeitschriften. Die in den USA erscheinende „Reviews of Modern Physics“ brachte einen ihm gewidmeten Band mit Beiträgen ausländischer Schüler. Aus aller Welt gingen Glückwunschschreiben ein. Eine besondere Freude berei tete die studentische Jugend Kopenhagens dem Jubilar. Die Studenten kamen mit einem Fackelzug aus dem Zentrum Kopenhagens nach Carlsberg, wo Bohr tief bewegt vom Balkon seines Ehrenwohnsitzes mit einer Rede dankte. Wie vielen mag dieses Erlebnis gleichsam als Symbol einer verheißungsvollen Zukunft Kraft gegeben haben!

Für Niels Bohr jedoch blieb die Freude über die Rückkehr an sein unzerstörtes, im Prinzip arbeitsfähiges Institut zugleich auch überschattet durch die Sorgen eines schweren Neubeginns. Einfach war die Wiederaufnahme der Arbeit damals für kein wissenschaftliches Institut. Die Physiker mußten sich dieser Situation in dem Bewußtsein stellen, daß die Entwicklung der Atom- und Kernphysik der vergangenen Jahrzehnte endgültig zu einem Punkt geführt hatte, wo es zunehmend verantwortungslos werden konnte, in der Forschung weiterhin in erster Linie der inneren Logik ihrer Wissenschaft zu folgen.

Hiroshima und Nagasaki haben alle Menschen dieser Erde nachhaltig aufgeschreckt. Die Physiker konnten und durften nicht länger davon absehen, daß ihre Wissenschaft im Kriege zu technischen und technologischen Entwicklungen geführt hatte, die unmißverständlich politische Grundsatzentscheidungen verlangten. In der Geschichte der Menschheit ist noch nie zuvor eine Generation in so dramatischer Weise vor die Frage gestellt worden, wie der im (schließlich die Existenz der gesamten Zivilisation bedrohende) Mißbrauch wissenschaftlicher Resultate dauerhaft zu verhindern sei. Zwar hatte es auch bis dahin schon viele Fälle antihumanen Mißbrauchs von Forschungsleistungen gegeben. Mit der technischen Möglichkeit, Kernenergie freizusetzen, aber ist die Frage nach den Bedingungen einer allein dem gesellschaftlichen Fortschritt verpflichteten Wissenschafts- und Technikentwicklung erstmals zu einer wahrhaft existentiellen Fragestellung geworden.

Physiker wie Einstein, die sich nicht intensiv mit der Kernphysik beschäftigt hatten, hegten ursprünglich Zweifel, daß die Menschheit je in die Lage versetzt werden könne, die Existenzbedingungen ihres Lebens auf der Erde selbst ernsthaft zu bedrohen. Sie mußten sich korrigieren. Einstein hat dies außerordentlich schnell getan. Seine Entscheidung, im August 1939 den Brief an Roosevelt zu unterzeichnen, belastete ihn jedoch zeit seines Lebens auf das schwerste. Er verurteilte den demonstrativen Einsatz der Atombombe gegen japanische Zivilisten; für ihn war und blieb das ein Akt einer durch nichts zu rechtfertigenden Barbarei. Mit ähnlichen Begründungen haben auch einige Physiker, die selbst aktiv an der Entwicklung der Bombe teilgenommen hatten, gegen deren Abwurf auf Hiroshima und Nagasaki protestiert. Der größte Teil der am Manhattan-Project beteiligten Wissenschaftler und Techniker äußerte sich in der Öffentlichkeit jedoch nicht. Viele von ihnen gingen davon aus, mit ihren spezifischen Mitteln einen wirkungsvollen Beitrag zum schnellen Ausgang des Krieges geleistet zu haben. Sie wollten nun in ihre Laboratorien zurückkehren und sich Forschungsarbeiten widmen, die nicht darauf abzielten, Massenvernichtungswaffen zu perfektionieren. Es gab allerdings auch nach Hiroshima und Nagasaki Projektmitarbeiter, die die Militärs und Politiker der USA drängten, den einmal erreichten waffentechnischen Vorsprung auszubauen.

Niels Bohr war unter den Bedingungen des mit großen Opfern errungenen Friedens nicht mehr genötigt, sich weiter an irgendwelchen militärischer Geheimhaltung unterliegenden Forschungs- und Entwicklungsarbeiten zu beteiligen. Jetzt warf er seine ganze Autorität in die Waagschale, um zur internationalen wissenschaftlichen Kooperation zurückzukehren, wie sie zwischen den beiden Weltkriegen in Kopenhagen so erfolgreich betrieben wurde. Dabei hatte er keinerlei Illusionen, daß dies ein leichtes Unterfangen sei. Die dazu notwendigen Voraussetzungen zu schaffen, lag nicht allein im Ermessen der Wissenschaftler. Würde es trotz oder gerade wegen der veränderten internationalen Situation gelingen, die durch den Krieg jäh unterbrochenen wissenschaftlichen Kontakte wieder aufzunehmen und auszubauen? Konnte so eine relativ kleine Einrichtung wie das Kopenhagener Institut für theoretische Physik angesichts der neuen Dimensionen atom- und kernphysikalischer Forschungsarbeiten auch nur annähernd noch eine solche Rolle spielen wie zwischen den beiden Weltkriegen? Welches waren die aussichtsreichsten Forschungsstrategien?

Niels Bohr sah, daß ihm eine ganz besondere Verantwortung oblag, in Dänemark die wissenschaftlichen, technischen und personellen Voraussetzungen zu schaffen, baldmöglichst zur friedlichen Nutzung der Kernenergie überzugehen. Dazu reichten offenkundig die dem Institut verfügbaren Kapazitäten nicht aus. Es wurde der Plan geboren, die anstehende Institutserweiterung durch den Ausbau der unter der Erdoberfläche gelegenen Laboratorien zu bewältigen. Wie schon früher wandte er sich an die entsprechenden dänischen Stiftungen zur Förderung der Wissenschaft und an ausländische Geldgeber. Dabei wurde er vor allem von Freunden in den USA und in Großbritannien unterstützt. Trotz der angespannten Lage konnte Bohr schon bald nach dem Kriegsende die notwendigen Mittel erwirken. Erneut begannen intensive Bauarbeiten am Institut. Erste Gäste stellten sich ein. Bohr und einige seiner Mitarbeiter fuhren auch wieder zu wissenschaftlichen Konferenzen ins Ausland, zunächst nach Schweden, Großbritannien und den USA [71], [72].

Abraham Pais, ein junger holländischer Physiker, der sein Studium vor dem Krieg in Amsterdam abgeschlossen und die Schrecken faschistischer Fremdherrschaft in seiner Heimat miterlebt hatte, war einer der ersten ausländischen Mitarbeiter Bohrs nach dem Kriege. In den Erinnerungen an seinen halbjährigen Forschungsaufenthalt in Kopenhagen schildert er etwas für die Physikentwicklung der Nachkriegszeit sehr Typisches.[2]

Pais gehörte schon zu jener Physikergeneration, für die die Quantenmechanik während des Studiums eine Selbstverständlichkeit darstellte. Zwar bietet diese Theorie für jeden, der sie kennenlernt, viele Schwierigkeiten; trotzdem aber vermag sich ein Anfänger kaum vorzustellen, unter welchen Kämpfen die Quantenmechanik eigentlich erst zum festen Bestandteil des Theoriengebäudes der Physik geworden ist.

Als Pais im Januar 1946 nach Kopenhagen kam, beschäftigte er sich mit den Schwierigkeiten, die sich im Rahmen der Quantenfeldtheorie im Zusammenhang mit der unendlichen Eigenenergie von ausdehnungslosen Teilchen ergaben. Es kam zu intensiven Diskussionen mit Bohr, der seinen Standpunkt teilte, daß die fundamentalen Probleme der Elementarteilchentheorie als Quantenprobleme zu behandeln seien. Im Dialog mit Bohr lernte Pais verstehen, daß die Quantenmechanik nicht völlig losgelöst von ihrer eigenen Geschichte betrachtet werden kann. Wer diese Theorie ahistorisch behandelt, vermag zwar durchaus physikalisch-mathematische Probleme zu lösen, ist aber kaum imstande, die physikalischen und erkenntnistheoretischen Konsequenzen in ihrer Tiefe auszuloten. Gerade darauf aber legte Bohr den allergrößten Wert. Er war fest davon überzeugt, daß nur dann wirklich bedeutsame Fortschritte bei der Entwicklung der Quantenfeldtheorie und der Theorie der Elementarteilchen zu erzielen seien, wenn die einmal in der Quantentheorie errungenen Positionen dafür den Ausgangspunkt bildeten. Deshalb kam er auch in den folgenden Jahren immer wieder auf dieses Thema zurück. Dabei ließ er sich stets von der Maxime leiten, daß die Kritik wissenschaftlicher Gegner eine Gelegenheit sei, die eigene Position präziser zu formulieren.

Pais, der Bohr 1946 half, seine Konferenzbeiträge zu den Grundproblemen der Elementarteilchentheorie und zu den Newton-Feierlichkeiten fertigzustellen, hatte später (als Mitarbeiter des Institute for Advanced Study in Princeton) mehrfach Gelegenheit, mitzuerleben, welch einzigartige Herausforderung für Bohr in Einsteins ablehnender Haltung gegenüber der Quantenmechanik lag. Zwar vermochte es Bohr nie recht zu verwinden, daß gerade Einstein in der Quantenmechanik nicht mehr als einen klug ausgedachten und deshalb nur schwer konstruktiv angreifbaren Notbehelf sah. Andererseits hat aber Bohr gerade Einsteins wissenschaftliche Gegnerschaft bis an sein Lebensende angeregt, über die Grundfragen der Quantenmechanik nachzudenken. Der 1949 veröffentlichte Beitrag „Diskussion mit Einstein über erkenntnistheoretische Probleme in der Atomphysik“ gehört zweifelsohne zu seinen wichtigsten Publikationen, stellte jedoch keineswegs das letzte Wort in der Einstein-Bohr-Debatte dar.

Bis heute bleibt zu konstatieren, daß das von Einstein entworfene Weltbild der relativistischen Physik und das von Bohr entworfene Weltbild der Quantenphysik noch nicht zu einem einheitlichen physikalischen Weltbild synthetisiert werden konnten. Bohr schätzte die Geschlossenheit und Harmonie des von Einstein geschaffenen Weltbildes. Er verstand seine eigenen Bemühungen um die erkenntnistheoretischen Fragen der Quantentheorie als Fortführung der Einsteinschen Analysen des Beobachtungsproblems, während Einstein darin ein unzulässiges Abrücken von den realistischen Voraussetzungen der Physik sah. Für Einstein war die Physik ein Versuch, die Wirklichkeit begrifflich zu erfassen. Nach Bohr beschäftigt sich die Physik mit dem, was auf der Grundlage von Beobachtungen, Experimenten und Berechnungen über die Natur ausgesagt werden kann.

Während Albert Einstein in den letzten Jahren seines Lebens viele der neuen physikalischen Entwicklungen nicht mehr aktiv verfolgt hat, blieb Niels Bohr nahezu bis an sein Lebensende ein für den physikalischen Erkenntnisfortschritt außerordentlich aufgeschlossener Denker. Das programmatische Motto zu Heft 2 des „Journal of Jocular Physics“ von 1945 war Bohrs vielgebrauchte Redewendung: „Nicht um zu kritisieren – nur um zu lernen...“. Berühmt geworden ist seine Bemerkung zu Heisenbergs Versuch, der Elementarteilchentheorie in Gestalt einer einheitlichen Feldtheorie eine geschlossene Formulierung zu geben. Nachdem sich Wolfgang Pauli, der ursprünglich diesen Ansatz mitgetragen hatte, in spektakulärer Weise davon distanzierte, erklärte Bohr 1958, daß die Heisenbergsche Idee sicher „verrückt“ wäre, zweifelte aber, ob sie schon „verrückt genug sei“. Vor dem Hintergrund der wissenschaftlichen Lebenserfahrung Bohrs ist selbstverständlich, daß für ihn ernstzunehmende „verrückte Ideen“ trotz des Bruchs mit der Tradition zugleich auch der Fortführung bewährter physikalischer Vorstellungen verpflichtet sein müssen. Niels Bohr war viel zu sehr Dialektiker, um nicht zu sehen, daß jeder qualitative Sprung in einem Entwicklungsprozeß eine Einheit von Kontinuität und Diskontinuität darstellt. [58]

Verständlicherweise ist Niels Bohr bereits unmittelbar nach seiner Rückkehr aus den USA vielfach mit Fragen zur Atombombe bedrängt worden. Obwohl er sich von Anfang an peinlichst genau daran hielt, nur Fakten mitzuteilen, die zum jeweiligen Zeitpunkt bereits in offiziellen Verlautbarungen zu finden waren, und von seinen eigenen Arbeiten prinzipiell nichts erzählte, mußte er bereits in den ersten Wochen in Dänemark eine Erfahrung machen, die dazu beitrug, zukünftig zu diesem Thema nur noch in höchst allgemeinen Wendungen zu sprechen. Er hatte sich bereit erklärt, am 19. Oktober 1945 öffentlich über Atomkernumwandlungen vorzutragen und dabei auch auf die Arbeiten während der Kriegszeit einzugehen. Dieser Vortrag veranlaßte damals eine dänische Tageszeitung, mit der Sensationsmeldung aufzuwarten: „Bohr enthüllt Geheimnis der Atombombe."

Es läßt sich leicht vorstellen, mit welchem Entsetzen die entsprechenden amerikanischen und britischen Dienststellen reagierten. Sie befürchteten ein weiteres Mal, daß Niels Bohr streng geheime Informationen verraten habe. Zwar hatte Bohr nichts anderes „enthüllt" als das, was seit dem 11. August 1945 jeder einigermaßen findige Journalist im Smyth-Report nachlesen konnte. Dies war der vom militärischen Leiter des Manhattan-Projects freigegebene offizielle Bericht, den einer der verantwortlichen Mitarbeiter verfaßt hatte. Er enthielt relativ detaillierte Aussagen über die physikalischen Prinzipien der Bombe und die wesentlichen Tendenzen der Forschungs- und Entwicklungsarbeiten, war aber natürlich so geschrieben, daß die mitgeteilten Informationen in keinem Falle die entsprechenden Arbeiten eines eventuellen Konkurrenzunternehmens abkürzen konnten. Offenkundig reichten Niels Bohr jene Wochen, die vergingen, bis sich auch die Verantwortlichen in Großbritannien und den USA davon überzeugt hatten, daß die genannte Schlagzeile nichts anderes als völlig unbegründete Sensationshascherei einer Zeitung war, um nie wieder in dieser Form zur Bombe Stellung zu nehmen.

Das heißt allerdings keineswegs, daß ihn die gesamte Problematik der Massenvernichtungswaffen nicht mehr beschäftigt hätte. Ungeachtet der deprimierenden Erfahrungen, die er während des Krieges machen mußte, setzte er auch in der Nachkriegszeit seine Bemühungen fort, den Spitzenpolitikern in Großbritannien und den USA Handlungen nahezulegen, die so gar nicht in deren politisches Kalkül passen wollten. Bohr forderte, daß nicht nur in vagen und für die Sowjetunion unannehmbaren Erklärungen über Kontrollmaßnahmen gesprochen würde. Es ging ihm darum, die aus den vorhandenen schrecklichen Destruktivkräften resultierenden Gefahren für die Menschheit zu bannen. Er schlug eine solche internationale Kontrolle der Kernenergie vor, die es *keinem* Staat ermöglichte, einen anderen mit Kernwaffen zu erpressen. Ohne die friedliche Nutzung der Kernenergie in irgendeiner Weise zu behindern, sollten Bedingungen geschaffen werden, die das sich abzeichnende atomare Wettrüsten noch verhindern konnten. Gemäß seiner festen Überzeugung vermochte er diesem Ziel am besten zu dienen, wenn er jegliche öffentliche Stellungnahme unterließ und all seine Autorität in vertraulichen Diskussionen mit Leuten aufbot, die imstande waren, die erforderlichen politischen Entscheidungen vorzubereiten. Die verschiedenen politischen Aktionen der um das „Bulletin of Atomic Scientists" gescharten Gruppen von ehemaligen Mitarbeitern des Manhattan-Projects verfolgte er zwar mit großer Sympathie, beteiligte sich allerdings nicht direkt an ihnen. Den Kontakt zu den Kollegen in den USA pflegte er weiterhin über persönliche Briefe und Begegnungen.[3] [71], [72]

Mit Sorge hat Niels Bohr die Entwicklung der Nachkriegspolitik beobachtet. Er wußte sehr wohl, daß alle Bemühungen um internationale Kontrolle der Kernenergie und Aufhebung der Geheimhaltung wissenschaftlicher Arbeit angesichts des vorhandenen Atomwaffenmonopols der USA und Großbritanniens nur dann Erfolg haben konnten, wenn es gelang, politisch glaubhaft nachzuweisen, daß die neue Schreckenswaffe *niemanden* bedroht. Weitere Tests der Atombombe unter kriegsnahen Bedingungen und Perfektionierung der entsprechenden Systeme sowie die Reden der verantwortlichen Politiker dieser beiden Staaten allerdings schienen in eine andere Richtung zu zielen.

Es begann, kaum daß der Zweite Weltkrieg beendet war, eine neue Phase der Konfrontationen. Interessenkonflikte zwischen den im Kampf gegen die Achsenmächte Vereinten Nationen brachen, nachdem es den gemeinsamen Feind nicht mehr gab, offen aus und bestimmten zunehmend die Weltpolitik. Bis heute sind die wechselseitigen Schuldzuweisungen hinsichtlich der verhängnisvollen und folgenreichen Irritationen der Nachkriegsentwicklung nicht verstummt. Charakteristischerweise wurden bis vor kurzem die Hauptverantwortlichen für den unheilvollen, die Welt mehrfach an den Rand des Abgrunds steuernden Konfrontationskurs meist im anderen Lager gesucht. Unabhängige Denker wie Niels Bohr sollten ein willkommener Anlaß sein, derartige Einseitigkeiten kritisch zu hinterfragen.

Aus dokumentarisch zu belegenden Äußerungen geht nicht klar hervor, wie Bohr als Zeitzeuge die ersten unübersehbaren Zeichen des sich alsbald zuspitzenden Konfrontationskurses gedeutet hat. Anzunehmen ist, daß er geneigt war, sich Ereignissen, die in der Retrospektive dann als markante Umschlagspunkte bewertet wurden, eher verstehend als kritisch distanziert zu nähern.

Ein solches Ereignis war zweifelsohne Churchills Fulton-Rede vom 5. März 1946, in der der ehemalige britische Premierminister, eingeführt vom Präsidenten der USA, Truman, zu den Nachkriegsentwicklungen Stellung nahm. Darin entwarf der konservative Politiker ein Handlungsprogramm, das den wachsenden Einfluß der Sowjetunion und sozialistischer Bewegungen zurückdrängen sollte.

Die Sowjetunion hatte, obgleich im Inneren durch Kriegsverluste und - zerstörungen erheblich geschwächt, mit der endgültigen Zerschlagung der Achsenmächte enorm an internationalem Prestige gewonnen. Zwar waren die totalitären Herrschaftsmethoden und die Repressalien keineswegs vergessen, sie wurden aber mindestens zeitweilig vom Sieg über den Hitlerfaschismus überstrahlt. Die Bewunderer Stalins in Ost und West unterstützten aus diesem Grunde gelegentlich selbst noch Maßnahmen, bei denen mehr oder minder unverhohlen sowjetische Sicherheitsinteressen in expansionistischer Weise wahrgenommen wurden. Die Neugestaltung Osteuropas erschien damals vielen als Konsequenz des zwischen den Alliierten Vereinbarten. Mit dem Erstarken sozialistischer Bewegungen in Westeuropa setzte ein Prestigeverlust konservativer Politiker ein. Damit konnten und wollten diese sich aber natürlich nicht abfinden und suchten nun ihrerseits die Offensive.

Churchills Fulton-Rede wurde von der kommunistischen Weltbewegung, die damals zweifelsohne unter dem Einfluß Stalins stand, als Startschuß zum „kalten Krieg" gedeutet. Dessen Funktion ist darin gesehen worden, die Entscheidungsschlacht zwischen Kapitalismus und Sozialismus ideologisch vorzubereiten, notfalls nahtlos zum „heißen Krieg" überzuleiten. Konservative bürgerliche Theoretiker betonten, daß das von den Kommunisten später favorisierte Konzept der friedlichen Koexistenz von Staaten mit unterschiedlicher Gesellschaftsordnung lediglich eine taktische Finesse sei, das nicht aufgegebene Konzept der Weltrevolution unter den historisch neuen Bedingungen zu verbrämen. Heute ist unschwer zu sehen, daß die Sowjetunion und die damals unter ihrem Einfluß stehenden osteuropäischen Staaten vielfältige Anlässe geliefert haben, diese Sicht zu stützen. Die immer wieder verkündete Gewißheit von der Gesetzmäßigkeit des Sieges des Sozialismus im Weltmaßstab, die gleichzeitig betriebenen Rüstungsanstrengungen und eine Reihe außenpolitischer Schritte lassen verstehen, warum die Gegner des Sozialismus gegenüber dem Konzept der friedlichen Koexistenz von Staaten mit unterschiedlicher Gesellschaftsordnung zunehmend skeptischer wurden. Im Jahre 1946 aber ging es noch um Weichenstellungen.

Churchill behauptete damals in seiner programmatischen Rede, von der Sowjetunion und der internationalen kommunistischen Bewegung gehen Gefahren aus, die den soeben errungenen Frieden schon wieder bedrohen. Er nahm in diesem Zusammenhang das von der Goebbelspropaganda geprägte Wort vom „Eisernen Vorhang" auf, hinter dem sich eine die „freie Welt" bedrohende Tyrannei ausbreite. In unverkennbarer Absicht wurde zum „Bruderbund der englischsprechenden Völker" aufgerufen und verkündet, daß die Doktrin des Kräftegleichgewichts politisch und miltärisch überholt sei: „Wir können es uns nicht leisten, mit einer knappen Überlegenheit an Macht zufrieden zu sein, weil wir auf diese Weise Gefahr laufen, eine andere Macht in Versuchung zu führen, die Kraftprobe bestehen zu wollen."[4] Was Churchill 1946 anzuregen hatte, lief darauf hinaus, an die Sowjetunion und die internationale Arbeiterbewegung ultimative Forderungen zu richten und sie mit der Floskel von der Nichteinmischung in die inneren Angelegenheiten gleich wieder zu verbrämen. Er rief dazu auf, Wissenschaft, Technik und Wirtschaft zu mobilisieren und militärische Überlegenheit über den klar bezeichneten Gegner zu erlangen. Wenn derartiges Denken siegte, war dann auch dem Gedanken an einen militärischen Präventivschlag Tür und Tor geöffnet. Auf jeden Fall aber mußte dies auf lange Sicht das Entstehen wissenschaftlich-technischer Zusammenarbeit zwischen Staaten mit unterschiedlicher Gesellschaftsordnung schwer behindern, wenn nicht gar gänzlich verhindern.

Niels Bohr hatte während des Zweiten Weltkrieges miterlebt, wie die Entwicklung von Wissenschaft, Technik und Technologie immer stärker in die grundsätzliche gesellschaftliche Auseinandersetzung einbezogen worden war. Wenn die Physikentwicklung in den zwanziger und dreißiger Jahren noch nahezu ausschließlich über die Forschungsfinanzierung bzw. die technische und technologische Verwertung ihrer Resultate mit anderen gesellschaftlichen Prozessen verbunden schien, ist während des Krieges selbst der naturwissenschaftliche Erkenntnisfortschritt zu einem für die politischen, militärischen und ökonomischen Auseinandersetzungen bedeutsamen Feld geworden. Die strengste Geheimhaltung von Forschungsresultaten und Forschungsprogrammen bot dafür den augenscheinlichsten Beweis. Deshalb richteten sich zahlreiche Proteste der an der Wiederaufnahme internationaler wissenschaftlicher Kontakte ohne politische Diskriminierung interessierten Wissenschaftler nach 1945 vor allem gegen die militärische Geheimhaltung von Forschungs- und Entwicklungsprojekten.

Niels Bohr wußte, daß keineswegs alle am Manhattan-Project beteiligten Physiker in solche Einrichtungen zurückgekehrt waren, in denen sie ihre neuen Forschungsresultate auch publizieren konnten. Er mußte zur Kenntnis nehmen, daß viele hochtalentierte Forscher neben ihrer Arbeit an amerikanischen Universitäten weiterhin mit Projekten beschäftigt blieben, die der Öffentlichkeit so lange vorenthalten wurden, bis es den Militärs und Politikern „genehm" erschien, die jeweiligen Produkte in unzweideutiger Absicht demonstrativ vorzuführen. Ihn erreichten Briefe von Kollegen, aus denen eine wahrhaft erschütternde Arglosigkeit über die Funktion der Absender in diesem gefährlichen Spiel sprach. Ein im Auftrag des USA-Außenministeriums erstellter Bericht aber ließ Bohr im April 1946 hoffen, daß in der UNO internationale Kontrollmaßnahmen vereinbart werden können, die den Weg zur ausschließlich friedlichen Nutzung der Kernenergie bahnen würden. Begeistert über den Inhalt des Dokumentes schrieb er an Oppenheimer: „Ich war außerdem von der großartigen Gedankenarbeit beeindruckt, die in Vorbereitung des Berichtes geleistet wurde. Von Seite zu Seite habe ich die Weite Deiner Geisteshaltung und die Kraft Deines subtilen Ausdrucks wiedererkannt."[5] Bohr selbst hielt es jedoch für unklug, sich zu Sicherheitsproblemen zu äußern, nachdem er die Entwicklungen nicht mehr aus erster Hand verfolgen konnte.

Wenige Monate später verdeutlichte Truman, daß nunmehr die vom ehemaligen britischen Premierminister entwickelten Gedanken auch zur offiziellen Leitlinie der US-amerikanischen Außenpolitik geworden waren. Die vom Präsidenten der USA im März 1947 vor dem Kongreß abgegebene Erklärung gipfelte in der „Truman-Doktrin", die unverhohlen vom „roll-back" des Sozialismus sprach und in den folgenden Jahren weltweit militärische Übergriffe, Provokationen und die Androhung militärischer Gewalt der USA legitimieren sollte. Innenpolitisch wurde diese Offensivstrategie durch die am 22. März 1947 erlassene Loyality-Order flankiert, die den berüchtigten McCarthy-Ausschuß („Kongreßausschuß zur Untersuchung unamerikanischer Betätigung") beauftragte, alle Staatsangestellten einer Gesinnungsüberprüfung zu unterziehen. In den USA begann daraufhin eine wahre Hexenjagd auf Kommunisten bzw. viele, kommunistischer Gesinnung verdächtige, aufrechte Demokraten. Diese Hysterie wurde schließlich so weit getrieben, daß ihr 1954 selbst J. R. Oppenheimer zum Opfer fiel.

Die ökonomische Situation des kriegszerstörten Europa verlangte nach amerikanischer Hilfe. In den USA wuchs die Bereitschaft, sich in Europa stärker zu engagieren. Es gab vielfältige spontane Aktionen, mit Lebensmitteln, Medikamenten u.a. dringend benötigten Gütern zu helfen. Zugleich aber witterten die großen Konzerne auch die Chancen expansionsistischer Politik. Das führte in Europa zu ausgedehnten Diskussionen über den Preis nationalstaatlicher Unabhängigkeit.

Mit dem in die Geschichte als „Marshall-Plan“ eingegangenen Unternehmen zeichneten sich 1947 in den USA die Konturen eines Programms ab, dessen Realisierung in jenen Staaten, die die angebotene Wirtschaftshilfe angenommen haben, schließlich zur Stabilisierung des kapitalistischen Wirtschaftssystems geführt hat, das besonders nach dem Krieg keinesfalls mehr die uneingeschränkte Akzeptanz der Mehrheit der Bevölkerung besaß. Der eigentliche Initiator der damals vorgeschlagenen Maßnahmen waren jene politischen und wirtschaftlichen Kräfte, die den USA-Präsidenten stützten. Sie legten großen Wert darauf, das ganze Unternehmen ausschließlich als humanitäre Hilfsaktion für das kriegszerstörte Europa darzustellen und vermieden es peinlichst zugleich darauf hinzuweisen, daß es auch ein Moment jener der Truman-Doktrin verpflichteten expansionistischen Außenpolitik des einzigen Staates der Welt bildete, der aus dem Weltkrieg ökonomisch gefestigt hervorgegangen war. Ein hochdekorierter verdienstvoller General, nämlich der inzwischen als Außenminister agierende G. C. Marshall, ergriff öffentlich die Initiative. Den Anlaß dazu gab die am 5. Juni 1947 an der Harvard University erfolgende Ehrenpromotion G. C. Marshalls, bei der J. B. Conant den geehrten General mit dem legendären George Washington verglich.

Niels Bohr lernte G. C. Marshall persönlich kennen. Er gehörte zum Kreis jener Politiker, die Bohr besonders geeignet erschienen, ernsthafte Vorschläge zu einer wirkungsvollen internationalen Kontrolle der Kernenergie aufzugreifen. Als Physiker hatte er die Diskussionen in der UNO mit zunehmender Sorge verfolgt und schaltete sich deshalb 1948 in den USA wieder direkt in die internen Erörterungen der ihn seit seiner Beteiligung am Manhattan-Project beschäftigenden Sicherheitsprobleme ein. In seinen vertraulichen Vorschlägen nahm Bohr jedoch nirgends zu den außenpolitischen Leitlinien der USA-Regierung direkt Stellung. Sein Memorandum vom 17. Mai 1948, das die Gesprächsgrundlage für eine Unterredung mit Marshall (Juni 1948) bildete, enthielt den klaren Hinweis, daß bei der Gestaltung harmonischer internationaler Beziehungen die in den sozialen und politischen Entwicklungen der letzten Jahrzehnte entstandenen Schwierigkeiten und Probleme in Rechnung gestellt werden müssen. Für ihn bildeten die neuen Herausforderungen einen organischen Bestandteil dieser welthistorischen Veränderungen.

Die Erfahrungen zweier Weltkriege besagten, daß nichts wirksamer als die *kollektive* Sicherheit aller Staaten einen neuen Weltbrand auf Dauer verhindern könne. Um eine erneute Spaltung der Welt in feindliche Blöcke zu verhindern, galt es bei allen Vorschlägen zur Neuregelung der internationalen Beziehungen auch die tiefgreifenden sozialökonomischen Unterschiede zwischen verschiedenen Staaten zu respektieren. Jeder Versuch, anderen die eigenen Vorstellungen über die rechtmäßige sozialpolitische Ordnung aufzuzwingen, mußte den Prozeß der Normalisierung dieser Beziehungen stören. Angesichts der mit der Entwicklung gewaltiger Destruktivkräfte verbundenen existentiellen Gefahren für die Menschheit (neben der Kernenergie wies Bohr damals bereits auf die Entwicklung der Bakteriologie und Biochemie hin) sollten die Staaten auf Kooperation zum gegenteiligen Vorteil setzen, Konfrontationen abbauen und schließlich gänzlich beseitigen. Er beharrte auf der Feststellung, daß eine tatsächliche Trendwende zum Besseren nur einzuleiten sei, wenn *weltweit* wirksame Schritte in Richtung auf mehr Offenheit gegangen würden, die letztlich in den „freien Informationsaustausch über alle Aspekte des Lebens in jedem Land" münden sollten.[6] Nur in einer „offenen Welt" kann es verläßliche Sicherheitsgarantien für *alle* Staaten und Völker geben.

Trotz angeblicher Begeisterung Marshalls für Bohrs Argumentation zugunsten einer solchen „offenen Welt" war in der Erklärung des Außenministers der USA gegenüber der Vollversammlung der Vereinten Nationen von dieser Idee dann nichts mehr zu finden. Oppenheimer berichtete, die entsprechenden Passagen seien durch eine Reihe bedauerlicher, im einzelnen nicht mehr aufzuklärender Umstände buchstäblich noch in letzter Minute aus der Rededisposition herausgestrichen worden. Nie zuvor aber wären die Bedingungen für die Verwirklichung ihrer gemeinsamen Träume besser gewesen. Er kündigte an, daß sich die amerikanische Diplomatie alsbald in Richtung auf die Bohrschen Gedanken zubewegen könne.[7] Bohr teilte damals diese Erwartungen[8], wurde aber wiederum bitter enttäuscht.

Am 9. April 1949 kam es zur Gründung der NATO und zu der Erklärung des Präsidenten der USA, daß er bereit sei, die Atombombe für den Frieden in der Welt einzusetzen. Das führte zu machtvollen Demonstrationen all jener Kräfte, die für die *Ächtung* der Atomwaffen eintraten. Vom 20. bis 25. April tagte in Paris der erste Weltfriedenskongreß, bei dem der international bekannte Atomphysiker Frédéric Joliot-Curie den Vorsitz führte. Picassos Friedenstaube wurde zum Symbol dieser Bewegung, der keinesfalls – wie von ihren Gegnern behauptet – nur Kommunisten angehörten.

Die weltweite Forderung nach dem Verbot aller Kernwaffen beunruhigte die Politiker der USA und Großbritanniens in zunehmendem Maße. Mit dem erfolgreichen Test einer sowjetischen Atombombe am 29. August 1949 trat schließlich für sie eine neue Lage ein. Von nun an war das Atombombenmonopol der Westmächte gebrochen. Statt aber jetzt auf das Gebot der Vernunft zu hören, setzten die herrschenden Kreise der USA auch weiterhin auf militärstrategische Überlegenheit, begann die nächste Stufe des sinnlosen und gefährlichen atomaren Wettrüstens. Bereits am 31. Januar 1950 erklärte H. S. Truman, daß er die „Super", eine auf dem Prinzip der Kernsynthese beruhende Bombe von weitaus größerer Zerstörungskraft als die bisherigen Kernspaltungsbomben, in Auftrag gegeben habe.

Die sich weiter verschärfende Konfrontationspolitik wollte und konnte Niels Bohr nicht länger schweigend tolerieren. Er verstand, daß seine seit 1944 unternommenen Versuche, im direkten Kontakt mit amerikanischen und britischen Politikern einer auf Vertrauen und Offenheit setzenden Politik zum Durchbruch zu verhelfen, gescheitert waren. Wenn es Fortschritte in dieser Richtung geben sollte, dann war dazu die Welt*öffentlichkeit* zu mobiliseren. Er entschloß sich daher, seine Gedanken in Form eines „Offenen Briefes" an die Vereinten Nationen in die Diskussion zu bringen.

Während eines längeren Aufenthaltes im Institute for Advanced Study in Princeton schliff er an den Formulierungen jenes Dokumentes, in dem er auch die wesentlichsten Gesichtspunkte seiner vorangegangenen streng vertraulichen Memoranden ausführlich zitierte. Dies nicht, um zu sagen, was er persönlich alles unternommen hatte, sondern um jene Gedanken, die nicht nur von historischem Interesse waren, allen Menschen guten Willens zur Kenntnis zu bringen. Es ist mehrfach betont worden, wie sorgfältig Niels Bohr jeden seiner publizierten Texte durchgearbeitet hat. Auf die Ausgewogenheit der Formulierungen seines „Offenen Briefes" aber hat er ganz besonderen Wert gelegt.

Princeton bot sich für das Nachdenken über die Wortwahl dieses Grundsatzdokumentes als ein in mehrfacher Hinsicht bestens geeigneter Ort an. Im Institut for Advanced Study hatte Einstein seit 1932 seine ständige Wirkungsstätte gefunden. Im selben Institut hatten 1939 Bohr und Wheeler jene Grundsatzarbeit zur Theorie der Kernspaltung ausgeführt, die für alle späteren, strengster militärischer Geheimhaltung unterliegenden physikalisch-technischen Entwicklungen zur Nutzung der Kernenergie die theoretische Basis lieferte. Niels Bohr gehörte mittlerweile zum ständigen Mitarbeiterstab dieses ausschließlich der offenen physikalischen Grundlagenforschung gewidmeten Forschungsinstitutes. Damit konnte er nach persönlichem Ermessen jederzeit zur wissenschaftlichen Arbeit nach Princeton in die nunmehr von Oppenheimer geleitete Einrichtung kommen. Das Institut beherbergte auch andere ehemalige Mitarbeiter des Manhattan-Projects.

Während seines Aufenthaltes im Jahre 1950 kam auch der Philosoph Karl Raimund Popper für einige Tage nach Princeton. Er war damals vor allem an Diskussionen mit Einstein interessiert; Bohr galt ihm als Mystiker. Popper hatte 1944 seine Schrift „Die offene Gesellschaft und ihre Feinde" veröffentlicht, in der er versuchte, den wesentlichen Systemunterschied zwischen Kapitalismus und Sozialismus auf „Offenheit" und „Geschlossenheit" zu bringen. Dazu hatte er philosophiehistorische Linien konstruiert, die für die „offene Gesellschaft" ihren Ausgangspunkt bei Sokrates nehmen und in seiner eigenen, als „kritischer Rationalismus" bezeichneten Philosophie münden sollten, während die „geschlossenen Gesellschaften" ihren ideologischen Ausgangspunkt im Denken Platons nehmen und über das philosophische System Hegels direkt zum Marxismus-Leninismus führen.

Poppers Konzept der „Offenheit" war Bohr fremd. Die von ihm entworfene Vision einer „offenen Welt" verfolgte nicht das Ziel, den System*unterschied* zwischen dem Kapitalismus und dem Sozialismus hervorzukehren. Er ging davon aus, daß alle Staaten in *einer* Welt existieren. Für ihn waren die politischen Herausforderungen der sich weltweit abzeichnenden, soeben erst beginnenden wissenschaftlich-technischen Revolution für *alle* Staaten derart zwingend, daß sie bei Strafe des Unterganges der Menschheit langfristig zu neuartigen Formen des Zusammenlebens der Völker finden mußten.

Beide Konzepte der Offenheit entsprangen einem Denken, für das die Freiheit des Individuums unantastbar ist. Während aber Bohrs Konzept dem marxistischen Denken keineswegs absprach, diese Wertvorstellung prinzipiell akzeptieren zu können (wohl wußte er, daß Kommunisten sich praktisch vielfach über sie hinweggesetzt hatten), lief Poppers Konzept darauf hinaus, unter Hinweis auf Menschenrechtsverletzungen dem marxistischen Denken die Existenzberechtigung überhaupt abzusprechen. Insofern also war Bohrs Konzept der Offenheit ein Angebot zum Dialog, während Poppers Konzept einflußreiche Kräfte von einem solchen Dialog kategorisch ausschloß, also im Gegensatz zur programmatischen Deklaration eigentlich auf Geschlossenheit setzte.

Während Popper sich in dieser Zeit wiederholt unzweideutig antikommunistisch äußerte, war Bohr auch damals sehr viel zurückhaltender. Öffentliche Stellungnahmen oder Verlautbarungen gegen die Sowjetunion, gegen Stalin oder einen anderen sowjetischen Spitzenpolitiker gab es von Bohr nicht. Er bemühte sich, das sowjetische Experiment des Aufbaus einer neuen sozialen Ordnung aus den gegebenen historischen Voraussetzungen zu verstehen, zeigte sich beeindruckt von einigen der dabei erbrachten Leistungen, war aber schließlich weit davon entfernt, in der Sowjetunion die Realisierung eines Gesellschaftsmodells zu sehen, das auch für andere Staaten praktische Vorbildwirkung erlangen könnte. Er wußte die Freiheiten bürgerlicher Demokratien zu schätzen und zeigte wenig Verständnis für Weltverbesserer – gleich welcher ideologischen Einfärbung –, die das eigene Denken anderen aufdrängen wollten.

Die Unterschiede des Bohrschen und des Popperschen Konzepts von Offenheit sind bislang kaum thematisiert worden. Weder 1950 in Princeton noch zu einem späteren Zeitpunkt ist es zwischen Bohr und Popper zu einer ausführlichen Diskussion der beiden Entwürfe gekommen, die jedenfalls in ihrer Wortwahl („offene Gesellschaft" und „offene Welt") weitaus mehr Gemeinsamkeiten vermuten lassen, als sie tatsächlich enthalten.[9]

Bohrs Feststellung, daß die Ideale einer „offenen Welt" in jenen Ländern leichter zu verwirklichen seien, die über „lange Traditionen der staatlichen Organisation und internationale Kontakte" verfügen, als in Ländern, die „eine neue soziale Ordnung in zeitweiliger Isolation aufbauen",[10] stellt keine Reverenz an Popper dar. Sie verdeutlicht, daß sich der Humanist Niels Bohr den Prinzipien der *bürgerlichen* Demokratie verpflichtet fühlte. In seinem Brief an G. C. Marshall hatte er ausdrücklich auf „die noblen Traditionen" verwiesen, die „der Geburt und der Entwicklung der amerikanischen Demokratie inhärent" seien.[11] Die von den USA damals verfolgte Politik der Stärke widersprach jedoch in eklatanter Weise eben jenen Traditionen. [76]

Kurz nachdem Niels Bohr auf einer internationalen Pressekonferenz seinen „Offenen Brief" verlesen hatte (9. Juni 1950), brach der Korea-Krieg aus, begannen die Sorgen der Friedenskräfte in aller Welt, wie dieser Krieg zu lokalisieren und schnellstmöglich zu beenden sei. Bohrs weit in die Zukunft reichende Visionen fanden deshalb wenig öffentliches Echo. Pauli kritisierte Bohr, daß er sich als Wissenschaftler anmaße, einen größeren Einfluß auf die Weltgeschichte zu haben als er ihn in dieser Situation ausüben könne. Das Dilemma von Geist und Macht sei nicht dadurch zu lösen, daß der Geist einen „Willen zur Macht" proklamiere. [77] Außerdem wurden die Diskussionen damals mit der Frage belastet, warum Bohr sich geweigert hatte, den Stockholmer Appell zu unterzeichnen. Der von ihm genannte Grund lautet: „Vom Inhalt des offenen Briefes ist zu verstehen, daß ich mich keinem Appell anschließen kann, wie wohlgemeint er auch sein mag, der nicht die klar ausgedrückte Forderung nach dem Zugang zur Information über die Bedingungen in allen Ländern und den vollständigen freien Austausch von Ideen mit jedem Land und über Ländergrenzen hinweg enthält. Wie in dem offenen Brief wiederholt festgestellt wird, ist diese Forderung nach meiner Überzeugung eine notwendige Grundlage für jenen gegenseitigen Respekt und jenes Vertrauen, welches für eine fruchtbare internationale Kooperation bei der Entwicklung der Zivilisation unerläßlich ist. Wenn eine offene Welt realisiert werden kann, wird das Haupthindernis zu einer Vereinbarung von Maßnahmen, die garantieren, daß der wissenschaftliche Fortschritt ausschließlich dem Wohle der Menschheit dient, beseitigt sein, während ohne Offenheit keine Maßnahmen vorstellbar sind, die zu dem gewünschten Resultat führen."[12]

Nach dieser Erklärung kann also keine Rede davon sein, daß Niels Bohr der wesentlichsten Zielstellung des „Stockholmer Appells" (Verbot der Atomwaffe als einer Waffe zur Massenvernichtung von Menschen) seine Zustimmung versagt habe. Er wollte jedoch klar festgestellt wissen, *wie* zu erreichen sei, daß Wissenschaft und Technik ausschließlich die Humanität befördern. Die von ihm in diesem Zusammenhang aufgestellte Forderung nach Offenheit, nach freiem Austausch von Ideen und Informationen zwischen den Staaten ging weit über das zu diesem Zeitpunkt politisch Erreichbare hinaus.

So wie Niels Bohr bereits früher nicht resigniert hatte, entmutigte ihn auch die Reaktion auf seinen „Offenen Brief" keineswegs. Er verstand, daß die Zeit nicht reif dafür war, dem Kern seines Vorschlages politische Realität zu verleihen, wußte aber auch, daß er als Wissenschaftler mit dafür Sorge tragen konnte, mehr Hoffnung in die Gestaltung harmonischer internationaler Beziehungen zu bringen. Deshalb ließ er nichts unversucht, dem Institut für theoretische Physik in Kopenhagen den alten Ruf einer Stätte zu verschaffen, in dem Wissenschaftler *aller* Länder gemeinsam daran arbeiten, tiefer in die Gesetze der Natur einzudringen und sich dabei ungeachtet aller politischen, weltanschaulichen, religiösen Unterschiede, ungeachtet ihrer Zugehörigkeit zu verschiedenen Staaten, Nationen, Rassen und Kulturen in der Suche nach der wissenschaftlichen Wahrheit begegnen. Die dazu erforderlichen Voraussetzungen sah Bohr darin, die Forschungsergebnisse des Instituts wie früher allen interessierten Wissenschaftlern in geeigneter Form zugänglich zu machen. Dies schloß keineswegs die

Einbindung des Kopenhagener Institutes in die westeuropäische Wissenschaftsintegration aus; es sollte allerdings dafür Sorge getragen werden, daß sich diese Kooperation nicht gegen andere Wissenschaftskontakte richtete.

In Kopenhagen nahm 1952 eine Initiativgruppe der Europäischen Organisation für Kernforschung (CERN) ihre Arbeit auf, die den Auftrag hatte, eine den neuen Bedingungen angepaßte Forschungseinrichtung der experimentellen und theoretischen Hochenergiephysik vorzubereiten. Die für den nächsten Schritt des Vordringens in den Mikrokosmos erforderlichen wissenschaftlichen Einrichtungen und Geräte einschließlich der völlig neuartigen experimentellen Technologien und der Rechentechnik verlangten Aufwendungen, die kleinere Länder allein nicht mehr aufzubringen vermochten. Um die Struktur und Dynamik der Kernbausteine zu ertasten, waren riesige Beschleuniger erforderlich. Fundamentale Fortschritte bei der experimentellen Erforschung der Gesetzmäßigkeiten physikalischer Wechselwirkungen schienen nur noch zu erwarten, wenn die in der kosmischen Strahlung vorkommenden hohen Energien der wechselwirkenden Teilchen auch experimentell erzeugt werden konnten. Eine Theorie der Elementarteilchen und ihrer Wechselwirkungen läßt sich nicht mit einem genialen theoretischen Wurf schaffen.

Wie schon beim Atom und beim Kern bedurften die Theoretiker vielfältiger experimenteller „Fingerzeige“ und eines möglichst engen Kontaktes zu den Experimentatoren. Mit der Erforschung der Elementarteilchen, deren Zahl in den fünfziger Jahren beständig zunahm, aber wurden weder die Kernphysik noch die Atom- und Molekülphysik zu einem wissenschaftlich unbedeutenden „Hinterland“.[13]

Obgleich Niels Bohr in den Jahren nach dem Krieg nicht mehr derjenige war, der die Physikentwicklung mit wegweisenden neuen Ideen zu befruchten vermochte, blieb er bis ins hohe Alter für viele jüngere Wissenschaftler, die mit kreativen Ideen auf sich aufmerksam machten, ein hochgeachteter und viel geforderter Konsultant. Unschätzbar waren seine Lebenserfahrung und sein diplomatisches Geschick in den Diskussionen um die anstehenden wissenschaftsorganisatorischen und wissenschaftspolitischen Entscheidungen. Er hat sich große Verdienste beim Aufbau des CERN und bei der Entwicklung der wissenschaftlichen Zusammenarbeit der skandinavischen Länder erworben. Im ehemaligen mathematischen Institut wurde 1957 das Nordische Institut für theoretische Atomphysik (NORDITA) eingerichtet.

Als 1955 die Dänische Atomenergiekommission berufen wurde, gab es nur einen Kandidaten für deren Vorsitzenden: Niels Bohr. Unter seiner Leitung wurden die ausschließlich auf die friedliche Nutzung der Kernenergie gerichteten Forschungsarbeiten in Dänemark auf eine den neuen wissenschaftlichen und technischen Erfordernissen entsprechende breitere Basis gestellt.[14] Am 6. Juni 1958 konnte in Risø, unweit von Roskilde, ein neues Kernforschungszentrum eingeweiht werden.

In seiner Eigenschaft als Präsident der Königlich-Dänischen Akademie der Wissenschaften und Literatur sowie als Mitglied vieler wissenschaftlicher Gremien hat Bohr wesentlich dazu beigetragen, das geistig-kulturelle Leben seines Heimatlandes zu bereichern. Sein eigenes wissenschaftliches Interesse wandte sich in immer stärkerem Maße den erkenntnistheoretischen Fragen der Physik, der Geschichte der Wissenschaften und den interdisziplinären Problemstellungen zu. Hatte er schon in den dreißiger Jahren dem Zusammenhang von Physik, Chemie und Biologie große Aufmerksamkeit gewidmet, wurde er in den letzten Jahren seines wissenschaftlich so ereignisreichen Lebens noch Zeuge der großartigen Entwicklungen in der Molekularbiologie. Dabei konnte er mit Stolz vermerken, daß er einige der erfolgreichsten Wissenschaftler angeregt hatte, sich dieser Fragen anzunehmen.

Gern erinnerte sich Bohr jener Kontroverse um die Fertigstellung der deutschen Übersetzung eines Artikels, in der L. Rosenfeld 1936 gegenüber M. Delbrück den klassischen Satz prägte, „dass es eben zu den Bohrschen Gedanken keine ‘via regia‘ gibt.“[15] Davon wissen auch Bohrs engste Mitarbeiter der Nachkriegszeit (A. Pais, S. Rozental, L. Rosenfeld, A. Petersen, J. Kalckar, E. Rüdinger u. a.) manches Lied zu singen. Wie mühevoll hat sich Niels Bohr im Dialog mit ihnen jede Formulierung der in dieser Zeit fertiggestellten Publikationen abgerungen! Wie oft wohl haben sie dabei jenen Ausspruch gehört, der einer jeden Publikation über Bohr als Motiv vorangestellt werden könnte: „Letztlich ist jedes Wort eine Improvisation.“ Und welche geistige Herausforderung behalten viele der so entstandenen Texte bis heute!

„Harmonie von Form und Inhalt“ nannte es Bohr, wonach er ein Leben lang in seinen Vorträgen und Publikationen strebte. Dieses Ziel verlangte beständigen Kampf; der aber begann bereits mit der Formulierung des Problems: „Wir wollen versuchen, zusammenzutragen, was wir schon wissen, und es so gut formulieren, wie wir dies nur irgend können.“[16]. Dabei war schon zu beachten, was für jede Äußerung galt: Die Unmöglichkeit, klarer zu sprechen als zu denken. In zahlreichen Neuansätzen entstanden schließlich Texte, deren Botschaften oft nur durch mehrmaliges Lesen zu entschlüsseln sind, weil sie vielfach vermaschten Netzen gleichen. Sie vermitteln kaum noch ein adäquates Bild von den anregenden Dialogen, in denen sie geboren wurden. Die publizierten Texte von frei gehaltenen Vorträgen entsprechen oftmals nicht dem, was die Zuhörer einst aufgenommen haben.

Bohr war kein exzellenter Redner und wußte das. Er sprach zumeist sehr leise und „verschluckte“ so manchen Gedanken, den er selbst während des Redens verfolgte. Deshalb lautete seine erste Frage nach einem Vortrag nicht selten: „War's erträglich?“ Ganz anders kannten ihn alle, die ihn im kleinen Kreis erlebten. Sie haben die Bohrschen Dialoge sehr häufig mit denen Platons verglichen oder davon gesprochen, daß Sokrates wiedererwacht sei. Einen Eindruck davon vermag der späte Briefwechsel Bohrs mit Pauli zu vermitteln, der noch der Publikation harrt.

Niels Bohr hatte in der Nachkriegszeit vielfach Gelegenheit, seine Positionen zu den ihn bewegenden Fragen des wissenschaftlich-technischen Fortschritts darzulegen. Von all den Einladungen zu bedeutsamen internationalen Konferenzen war ihm wohl die, einen Festvortrag auf der im August 1955 abgehaltenen UNO-Konferenz zur friedlichen Nutzung der Atomenergie zu übernehmen, eine der willkommensten. Diese Konferenz fand ein Jahr nach der Inbetriebnahme des ersten Kernkraftwerkes der Welt statt. Die Meldung, daß es gelungen war, Kernenergie zur Stromerzeugung zu nutzen, kam aus Moskau. Die sowjetischen Physiker und Techniker waren die ersten, die den praktischen Nachweis erbrachten, daß die neue Energiequelle nicht nur zur Entwicklung von Destruktivkräften, sondern auch zur Entwicklung der Produktivkräfte zu nutzen sei. Daraufhin hatte eine weltweite Diskussion zur friedlichen Nutzung der Kernenergie begonnen. Es schien Wirklichkeit zu werden, wovon die humanistisch orientierten Gelehrten der ganzen Welt geträumt hatten. Damit zeichneten sich auch völlig neuartige Perspektiven des friedlichen Wettbewerbs, der Kooperation zum gegenseitigen Vorteil ab. Die Einberufung der genannten UNO-Konferenz war dafür ein beredtes Zeugnis. Aus 73 Staaten kamen 1400 Wissenschaftler nach Genf, unter ihnen auch Vertreter der Sowjetunion und der mit ihr verbündeten Staaten.

Niels Bohr ging davon aus, daß dieses Treffen eine einzigartige Gelegenheit bot, ein deutliches Zeichen zur Beendigung der unseligen Konfrontation zu setzen. In die Vorbereitung der Konferenz fielen das Einstein-Manifest und die Mainauer Erklärung der Nobelpreisträger, beides Dokumente führender Wissenschaftler mit der Forderung nach Beendigung des nuklearen Wettrüstens. Diese Dokumente wurden von Bohr nach reiflicher Überlegung (belegt durch eine umfangreiche Korrespondenz mit Einstein, Russell, Born u. a.) [78 – 81] nicht unterzeichnet. Dafür gab es weniger inhaltliche als vor allem taktische

Erwägungen. Niels Bohr wollte alles vermeiden, was den Erfolg der Genfer Konferenz und seines sorgfältig vorbereiteten Referates gefährden konnte.

Mit großer Eindringlichkeit verwies er in Genf auf die besondere Verantwortung der Wissenschaftler. Er rief erneut dazu auf, solche Beziehungen zwischen allen Nationen zu schaffen, daß die sich aus der Wissenschaftsentwicklung unseres Jahrhunderts ergebenden Möglichkeiten ausschließlich zum Wohle der Menschen des gesamten Erdballs genutzt werden. Die Konferenz selbst sollte eine neue Etappe der wissenschaftlich-technischen Zusammenarbeit einleiten, die einen kulturellen Aufschwung begründen könne, wie er in der Geschichte der Menschheit beispiellos sei.

Die Begegnungen in Genf haben in der Tat dazu beigetragen, das dicke Eis des kalten Krieges endlich zu lockern. Nun begann auch eine neue Etappe der wissenschaftlichen Zusammenarbeit mit der Sowjetunion. Wie schon in den zwanziger und dreißiger Jahren kamen wieder junge Physiker dieses Landes nach Kopenhagen. Niemand hatte Illusionen, daß alle wesentlichen politischen Probleme gelöst seien. Ein wichtiger Schritt in die richtige Richtung aber war getan. Davon zeugte auch Kurčatovs international vielbeachteter Vortrag im englischen Atomforschungszentrum Harwell im März 1956. Zu einem Zeitpunkt, als das atomare Wettrüsten beängstigende Formen angenommen hatte, die UdSSR und die USA bereits im Besitz der Wasserstoffbombe waren, teilte der Nestor der sowjetischen Kernphysik der wissenschaftlichen Öffentlichkeit Einzelheiten über die Bemühungen seines Landes zur gesteuerten Kernfusion mit. Das führte schließlich dazu, daß auf Initiative der Sowjetunion die Geheimhaltung dieser für die Energiegewinnung der Zukunft so wichtigen Forschungsarbeiten durchbrochen wurde.

Als sich die weltpolitische Lage erneut zuspitzte, wandte sich Niels Bohr am 9. November 1956 in einem Brief an den Generalsekretär der Vereinten Nationen, in dem er nochmals auf die Gedanken seines „Offenen Briefes“ von 1950 einging und darauf verwies, daß sich nicht zuletzt in Krisenzeiten die Hoffnungen der Menschen auf jene Organisation richten, die berufen sei, den Frieden zu wahren. Dieser Brief stellt die letzte offizielle Verlautbarung Bohrs an führende Politiker dar. Die sich gegen Ende der fünfziger Jahre abzeichnende Wende in den internationalen Beziehungen hat er wärmstens begrüßt. Er wußte, daß sein Konzept einer „offenen Welt“ damals noch weit von den politischen Realitäten entfernt war, wurde jedoch nicht müde, in diese Richtung zu wirken.

In zahlreichen Gesprächen mit Besuchern aus aller Welt (Wissenschaftler, Künstler, Politiker) hat Niels Bohr immer wieder die ihn bewegende Frage erörtert, wie die politischen Konfrontationen in der Welt abzubauen seien. In seinen Dialogen versuchte er dabei gemäß seinem Komplementaritätsverständnis, die Dinge von der Vielfalt der verschiedenen Standpunkte aus zu beleuchten, in die einander widersprechenden Gesichtspunkte tiefer einzudringen und somit zu einem besseren Verständnis der anstehenden Probleme beizutragen. Er präsentierte keine fertigen Lösungen, wußte aber immer wieder die jeweilige Problemsicht zu vertiefen. So wie er seine Ideen anderen nahezubringen vermochte, so war er auch interessiert, die Meinung der anderen zu hören. Dabei wurde niemand zurechtgewiesen; Niels Bohr bemühte sich, selbst die kühnsten Ideen ernst zu nehmen und auf ihre Konsequenzen hin zu verfolgen.

Auf seinen Reisen nahm er gern die Gelegenheit wahr, für wissenschaftliche Zusammenarbeit zu werben. Die dabei gewonnenen Eindrücke und Erfahrungen hat Bohr intensiv wie kaum ein anderer seiner vielreisenden Kollegen verarbeitet. Besonders eng blieben seine Bindungen zu den anderen skandinavischen Ländern. Großbritannien und die USA besuchte er recht häufig. Als Einstein am 18. April 1955 in Princeton starb, ging auch für Bohr etwas Unwiederbringliches zu Ende. Voller Wehmut sprach er davon, wie schmerzlich das Wissen sei, „daß wir niemals mehr von seinem feinen Lächeln begrüßt werden und seinen tiefen Humor nie wieder erleben können“[17]. [82]

Während Einstein die letzten Jahre seines Lebens in der Zurückgezogenheit Princetons gelebt hatte, zog es Bohr immer wieder in die Welt hinaus. Neben zahlreichen europäischen Ländern besuchte er zweimal Israel; er weilte längere Zeit in Indien und nahm schließlich im Mai 1961 eine Einladung in die Sowjetunion an. Diese Reise wurde zu einem triumphalen Erfolg. Dabei kam es zum Wiedersehen mit vielen guten Freunden (P. Kapitza, L. Landau, I. Tamm u. a.).

Nachdem Niels Bohr 1959 in Dänemark die Urkunde eines auswärtigen Mitgliedes der Akademie der Wissenschaften der UdSSR überreicht worden war, [83] zeichnete ihn die Moskauer Staatliche Lomonossow-Universität anläßlich seines dritten Besuches in der Sowjetunion mit der Ehrendoktorwürde aus. Er besuchte das 1956 gegründete Vereinigte Institut für Kernforschung in Dubna bei Moskau[18] und weilte als Gast bei den Physikern in Tbilissi. Bohr beeindruckte die grusinische Gastfreundlichkeit. Sein besonderes Interesse fanden diesmal die Bemühungen des Lehrkörpers der physikalischen Fakultät der Moskauer Universität, den Physikstudenten der riesigen Bildungseinrichtung eine den modernsten Erfordernissen dieser Wissenschaft entsprechende Ausbildung angedeihen zu lassen. [84] Die Bilder von Bohr und Landau inmitten von Studenten und Angehörigen des Lehrkörpers während des alljährlich an der physikalischen Fakultät begangenen Feiertages des Archimedes zeugen davon, daß es eine weltweite Tradition der Physiker gibt, den Ernst dieser Wissenschaft mit der ausgelassenen Fröhlichkeit ihrer Akteure harmonisch zu verbinden.

Aage Bohr berichtet, daß sein Vater die Auffassung vertreten habe, zuversichtlich könne er vor allem dann auf die internationalen Verhandlungen blicken, wenn es gelänge, den tiefen Ernst der Probleme in einem humorvollen Ton anzugehen. Gegen Verbissenheit und übertriebene Ernsthaftigkeit setzte Bohr überall Lockerheit und Humor. Niels Bohr sprach gern von jenen Dingen, die so ernst seien, daß man über sie nur scherzen könne.

Ein fruchtbarer Gegensatz zwischen dem Großen, zu dem man neidlos emporsieht, und dem Kleinen, das man ohne Überheblichkeit belächelt, eine gesunde Mischung aus Ernst und Scherz machen ein Lebensgefühl aus, das der dänische Philosoph Harald Høffding als „großen Humor" bezeichnet hat. Menschen, deren Leben maßgeblich von einem solchen Gefühl getragen wird, bewältigen die auch sie immer wieder treffenden Schwierigkeiten so, daß sie meist als die lächelnden Sieger erscheinen, es aber keineswegs immer sein müssen. Zugleich mit den Problemen und Konflikten wachsen ihnen jene Kräfte zu, die sie zu deren Lösung bzw. zum Leben mit den ungelösten Problemen und Konflikten brauchen. Niels Bohr, der in jungen Jahren von Harald Høffding gelernt und später dem greisen Philosophen manche Anregung vermittelt hat, gehört zu jenen, deren Lebensgefühl für den außenstehenden Beobachter durch den von Høffding so feinsinnig beschriebenen „großen Humor" geprägt scheint.

In seinem Leben hat es nur wenige Ereignisse gegeben, denen er absolut fassungslos gegenüberstand. Aber selbst in solchen Fällen dauerte es nicht lange, bis Bohr wieder zu einer Position kam, die das entsprechende Ereignis als unumstößlichen Fakt akzeptierte und die Frage stellte, wie es nunmehr weiterzugehen habe, was als nächstes zu tun sei. Seine menschliche Größe bestand auch darin, daß er niemanden seine Überlegenheit spüren ließ. Sein Lächeln war Güte, niemals Hohn.

Er blieb bis ins hohe Alter von schweren Krankheiten verschont. Im Alter von 76 Jahren ereilte ihn im Sommer 1962 ein leichter Schlaganfall. Wieder genesen, konnte er im Kreise seiner großen Familie glücklich die goldene Hochzeit feiern.

Am 17. November 1962 gab er den amerikanischen Wissenschaftshistorikern um Th.S. Kuhn, die sich damals mit dem Projekt zur Sicherung der Quellen der Geschichte der Quantenphysik beschäftigten, das letzte von fünf Interviews, das gleichsam auch sein philosophisches Vermächtnis enthält. Komplementarität lautete seine Botschaft. Einen Tag danach, am späten Nachmittag des 18. November 1962, vollendete sich in Carlsberg das Leben Niels Bohrs, dessen Werk in den Annalen der Geschichte der Menschheit verzeichnet bleiben wird. Er hat von einer Welt gleichberechtigter Nationen geträumt, in der die Stellung jeder Nation einzig und allein vom Beitrag zur kulturellen Entwicklung aller sowie der ihr dank eigener Ressourcen und Erfahrungen möglichen Hilfeleistungen für andere Nationen bestimmt wird.[19]

Abb. 52 Im Arbeitszimmer

Abb. 53 Margrethe und Niels Bohr kehren nach Dänemark zurück, 25.8.1945

Abb. 54 Im Gespräch mit K. Adler und Ch. Møller 1946

Abb. 55 Ankunft des Direktors vor seinem Institut

Abb. 56 Niels und Aage Bohr 1948

Abb. 57 Niels Bohr und Wolfgang Pauli 1948 in Brüssel

Abb. 58 Bohr erläutert das Doppelspaltexperiment

Abb. 59 N. Bohr, J. Franck, A. Einstein, I. I. Rabi am 3. 10. 1954 in Princeton

Abb. 60 Niels Bohr und Robert Oppenheimer

Abb. 61 Modellsitzen für Harald Isenstein 1955

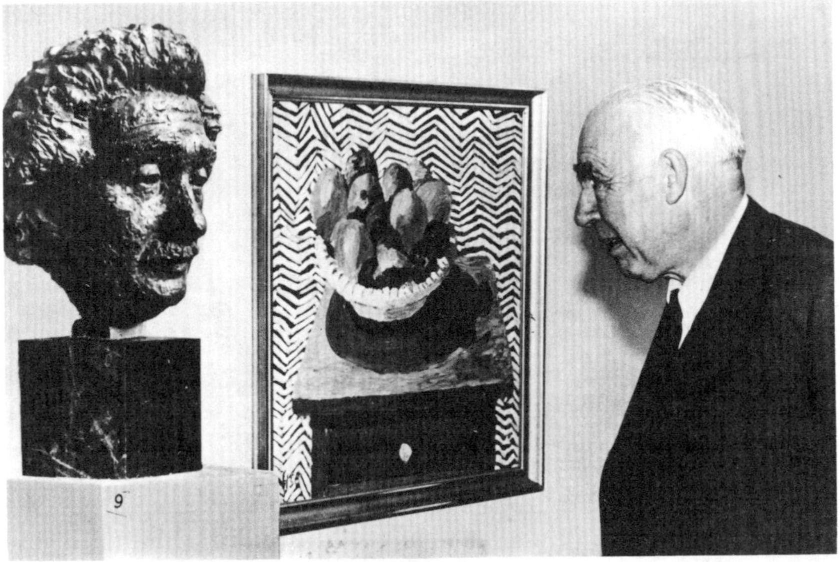

Abb. 62 Kopenhagener Isenstein-Ausstellung 1958

Abb. 63 Margrethe und Niels Bohr 1959 in Risø bei Roskilde

Abb. 64 Begegnung mit Louis Armstrong im Studentenklub der Kopenhagener Universität 1959

Abb. 65 Der Botschafter der UdSSR im Königreich Dänemark überreicht Niels Bohr die Ernennungsurkunde zum Auswärtigen Mitglied der Akademie der Wissenschaften der UdSSR. 18. 9. 1959

Abb. 66 Lev Landau, Niels und Margrethe Bohr. Mai 1961 in Moskau

Abb. 67 „Gegensätze sind nicht kontradiktorisch, sondern komplementär." Niels Bohr am 8. Mai 1961 in der Physikalischen Fakultät der Moskauer Lomonossow-Universität

Abb. 68 L. A. Arcimovič, N. Bohr, I. E. Tamm und A. P. Aleksandrov

Abb. 69 N. Bohr beim Präsidenten der Akademie der Wissenschaften der UdSSR A. N. Nesmejanov

Abb. 70 Mit L. Landau 1961 zu Gast beim traditionellen Archimedes-Fest der Physikstudenten an der Lomonossow-Universität, Moskau

Abb. 71 Arbeitszimmer in der Villa Carlsberg

Abb. 72 Margrethe und Niels Bohr in Tisvilde

Abb. 73 Nach getaner Arbeit

Abb. 74 Luftaufnahme des Niels-Bohr-Institutes Kopenhagen

Abkürzungen

einiger häufig zitierten Quellen

AE:	Albert-Einstein-Archiv, Hebrew University, Jerusalem (unveröffentlicht)
AHQP:	Archive for the History of Quantum Physics, Niels-Bohr-Institut, Kopenhagen (unveröffentlicht)
BGC:	Bohr General Correspondence, Niels-Bohr-Institut, Kopenhagen (unveröffentlicht)
BSC:	Bohr Scientific Correspondence, Niels-Bohr-Institut, Kopenhagen (unveröffentlicht)
JROP:	J. R. Oppenheimer Papers, Library of Congress, Washington D.C. (unveröffentlicht)
NBCW:	Niels Bohr, Collected Works, North-Holland Publishing Company, Amsterdam – New York – Oxford 1972 ff.

Anmerkungen

1. Kapitel

[1] N. Bohr, Die Physik und das Problem des Lebens (1949). In: N. Bohr, Atomphysik und menschliche Erkenntnis I, Braunschweig 1964, S. 97.
[2] Ch. Bohr, Über die pathologische Lungenerweiterung (1910). Zitiert in: N. Bohr, Atomphysik und menschliche Erkenntnis I, Braunschweig 1964, S. 98.

2. Kapitel

[1] M. Bohr im Interview vom 23. 1. 1963, S. 6. In: AHQP.
[2] Zitiert in: S. Rozental (ed.), Niels Bohr. His life an works as seen by his friends and colleagues, Amsterdam 1968, S. 32.
[3] N. Bohr im Brief vom 8. 2. 1907 an F. Johannsen. In: BSC 3.4.
[4] P. K. Prytz (1851 – 1929), ein ehemaliger Assistent von Christiansen, war damals Professor an der Polytechnischen Lehranstalt in Kopenhagen.
[5] Damit war die Auflage verbunden, daß Angehörige der Familie in den folgenden zwei Generationen zum Direktorium des Heimes gehören sollten. Diese angenehme Familienpflicht hat später auch Niels Bohr übernommen.
[6] N. Bohr im Brief vom 1. 7. 1909 an H. Bohr. In: NBCW 1, S. 506.
[7] Christiansens Manuskript für ein Physiklehrbuch ist damals von Niels Bohr mit seinem auf theoretische Tiefe dringenden, kritischen Verstand dem Bruder Harald gegenüber insgesamt günstig eingeschätzt worden: „Es gefällt mir, und die Einführung in die Dynamik enthält viele interessante Dinge.“ Zugleich jedoch hat er kritische Distanz angemeldet: „Es versucht aber nicht im geringsten, den Forderungen zu entsprechen, die Du (und in diesem Fall auch ich) an eine wohlfundierte Bewegungstheorie richten würden.“ N. Bohr im Brief vom 27. 3. 1909 an H. Bohr. In: NBCW 1, S. 498.
[8] N. Bohr, M. Sc. Examination Paper (28. Juni 1909). In: NBCW 1, S. 136.

[9] K. Baedeker im Brief vom 6. 5. 1911 an N. Bohr. In: NBCW 1, S. 398.

[10] N. Bjerrum im Brief vom 27. 4. 1911 an N. Bohr. In: NBCW 1, S. 125.

3. Kapitel

[1] N. Bohr im Brief vom 23. 10. 1911 an H. Bohr. In: NBCW 1, S. 526.

[2] N. Bohr an M. Nørlund. Zitiert in: S. Rozental (ed.), Niels Bohr. His life and work as seen by his friends and colleagues, Amsterdam 1968, S. 43.

[3] Siehe dazu: D. Danin, Rutherford, Moskva 1966, S. 368.

4. Kapitel

[1] G. de Hevesy im Interview vom 25. 5. 1962, S. 3. In: AHQP.

[2] Dieses für die Entstehungsgeschichte der wegweisenden Bohrschen Arbeit „Über die Konstitution von Atomen und Molekülen" von 1913 höchst bedeutsame Dokument ist erstmals vollständig veröffentlicht in: NBCW 2, S. 135 – 158.

[3] Siehe dazu: N. Bohr, Rutherford-Gedenkvorlesung 1958. In: N. Bohr, Atomphysik und menschliche Erkenntnis II, Braunschweig 1966, S. 35.

[4] Dies ist im Vorwort von L. Rosenfeld zu der Neuauflage von N. Bohr, On the Constitution of Atoms and Molecules, Copenhagen, New York 1963, S. XXIXff. ausgeführt und detailliert untersucht bei: J. L. Heilbron, Th. S. Kuhn, The Genesis of the Bohr Atom. In: Historical Studies in the Physical Sciences, Vol. 1, Philadelphia 1969, S. 243ff. Siehe dazu auch den Kommentar U. Hoyers in NBCW 2, S. 104.

[5] Zitiert bei R. Moore, Niels Bohr. Ein Mann und sein Werk verändern die Welt, München 1970, S. 48.

[6] E. Rutherford im Brief vom 11. 11. 1912 an N. Bohr. In: NBCW 2, S. 578.

[7] Heilbron, Kuhn und Rosenfeld haben untersucht (siehe Anmerkung 4), welche Schwierigkeiten sich für Bohr ergaben, die in seiner Auswahlregel für Elektronenringe eingeführte Konstante als Plancksches Wirkungsquantum zu bestimmen. Mit Recht verwei-

sen sie auf eine Vielfalt möglicher Quellen für die Idee Bohrs, im Rutherfordschen Atommodell quantisierte Bahnen vorauszusetzen.

8 Bohrs wissenschaftlicher Redlichkeit entsprach es, daß er in seiner wegweisenden Arbeit von 1913 alle ihm damals bekannt gewordenen Vorläufer der Idee nannte, das Plancksche Wirkungsquantum zur Erklärung des Atommodells heranzuziehen. Siehe dazu N. Bohr, Über die Konstitution von Atomen und Molekülen. In: N. Bohr, Abhandlungen über Atombau aus den Jahren 1913 bis 1916, Braunschweig 1921, S. 6, Anm. 1 (A. E. Haas, A. Schidlof, E. Wertheimer, F. A. Lindemann, F. Haber).

9 Danin erläutert, warum dies zwischen dem 3. und 5. Februar geschehen sein dürfte. Siehe dazu: D. Danin, Nil's Bor, Moskva 1978, S. 113.

10 Siehe dazu: U. Röseberg, Szenarium einer Revolution. Nichtrelativistische Quantenmechanik und philosophische Widerspruchsproblematik, Berlin 1984.

11 Aus Bohrs Berechnungen ergab sich beispielsweise, daß zwei kurz zuvor von E. C. Pickering und A. Fowler gefundene Linienserien nicht, wie diese behauptet hatten, dem Wasserstoffspektrum zuzuordnen waren, sondern vom Helium stammten. In entsprechenden Kontrollexperimenten konnte alsbald die Richtigkeit dieser Behauptung bewiesen werden, was natürlich ein starkes Argument zugunsten der Bohrschen Theorie war.

5. Kapitel

1 Siehe dazu: N. Bohr, Rutherford-Gedenkvorlesung 1958. In: N. Bohr, Atomphysik und menschliche Erkenntnis II, Braunschweig 1966, S. 42.

2 N. Bohr, Über das Wasserstoffspektrum (1913). In: N. Bohr, Drei Aufsätze über Spektren und Atombau, Braunschweig 1922, S. 11.

3 N. Bohr, Über die Konstitution von Atomen und Molekülen. In: N. Bohr, Abhandlungen über Atombau aus den Jahren 1913–1916, Braunschweig 1921, S. 7.

4 Ebenda.

5 Ebenda, S. 14.

6 Ebenda, S. 7.

7 Auf der Ende Oktober 1913 stattfindenden 2. Solvay-Konferenz wurde – obgleich das Thema „Struktur der Materie“ auf der Tagesordnung stand und außer Planck nahezu alle damals führen-

den Physiker anwesend waren – der Bohrsche Theorieansatz nicht einmal erwähnt. Rutherford war der einzige, der in der Diskussion des heute nahezu vergessenen Thomsonschen Atommodells seine eigenen Modellvorstellungen einbrachte; selbst das erfolgte außerordentlich zurückhaltend.

8 A. E. Haas im Brief vom 6. 1. 1914 an N. Bohr. In: NBCW 2, S. 513.

9 N. Bohr im Brief vom 21. 11. 1913 an H. G. J. Moseley. In: NBCW 2, S. 133.

10 N. Bohr, Abhandlungen über Atombau aus den Jahren 1913–1916, Braunschweig 1921, S. V.

6. Kapitel

1 N. Bohr im Brief vom 18. 4. 1917 an die Mathematisch-naturwissenschaftliche Fakultät der Universität Kopenhagen. In: P. Robertson, The Early Years. The Niels Bohr Institute 1921–1930, København 1979, S. 23.

2 N. Bohr, Über den Bau der Atome, Berlin 1924, S. 23.

3 N. Bohr, Über die Quantentheorie der Linienspektren, Braunschweig 1923, S. 3.

4 Ebenda, S. 2.

5 Siehe dazu: H. Kragh, Niels Bohr's Second Atomic Theory. In: Historical Studies in the Physical Sciences, Vol. 10, Baltimore, London 1979, S. 123–186.

6 „Die ganze Zeit ändere ich allmählich meine Auffassungen über dieses furchtbare Rätsel, das die Quantentheorie darstellt", heißt es in einem Brief N. Bohrs vom 15. 8. 1918 an O. W. Richardson (BSC 6.1).

7 N. Bohr, Über den Bau der Atome, Berlin 1924, S. 8.

8 E. Rutherford im Brief vom 9. 12. 1917 an N. Bohr. In: N. Bohr, Atomphysik und menschliche Erkenntnis II, Braunschweig 1966, S. 50, 51.

9 Ebenda.

10 E. Rutherford im Brief vom 17. 12. 1918 an N. Bohr. In: R. Moore, Niels Bohr. Ein Mann und sein Werk verändern die Welt, München 1970, S. 98, 99.

11 P. Ehrenfest im Brief vom 4. 6. 1919 an N. Bohr. In: BSC 2.1.

12 Ebenda.

13 Ebenda.

[14] A. Einstein im Brief vom 9. 11. 1919 an P. Ehrenfest. In: AHQP 1. (Albert-Einstein-Archiv. Dieser Brief unterliegt dem Copyright und wird mit Erlaubnis der Hebrew University of Jerusalem zitiert.)

[15] Im Brief vom 22. 10. 1919 an P. Ehrenfest heißt es dazu bei N. Bohr: „Wir hatten lange Diskussionen über die allgemeinen Prinzipien der Quantentheorie, und ich denke, daß wir bei seiner Abreise mehr übereinstimmten als bei seiner Ankunft." (BSC 2.1) Eine Erfahrung, die bald viele auswärtige Besucher machten.

[16] N. Bohr, Diskussion mit Einstein über erkenntnistheoretische Probleme in der Atomphysik (1949). In: N. Bohr, Atomphysik und menschliche Erkenntnis I, Braunschweig 1964, S. 36.

[17] A. Einstein im Brief vom 20. (?) 12. 1920 an A. Sommerfeld. In: A. Hermann (Hrsg.), Albert Einstein, Arnold Sommerfeld, Briefwechsel, Sechzig Briefe aus dem goldenen Zeitalter der modernen Physik, Stuttgart 1968, S. 75.

[18] A. Einstein im Brief vom 29. 12. 1920 an A. Sommerfeld. In: A. Hermann (Hrsg.), a. a. O., S. 77.

[19] N. Bohr im Brief vom 18. 1. 1921 an E. Rutherford. In: BSC 6.3.

[20] N. Bohr in seiner Rede vom 3. 3. 1921 bei der Einweihungsfeier des Institutes für theoretische Physik. In: P. Robertson, The Early Years, a. a. O., S. 38, (ebenfalls in: NBCW 3, S. 283).

[21] Da Ehrenfest sich bereitfand, die Bohrschen Resultate in Brüssel zu referieren – eine Aufgabe, um die Einstein ihn nicht beneidet hatte, – wurde auch auf dieser Ebene ein wirklicher Durchbruch erzielt.

[22] A. Sommerfeld im Brief vom 25. 4. 1921 an N. Bohr. In: NBCW 4, S. 740–741.

7. Kapitel

[1] A. Sommerfeld auf einer Postkarte vom 7. 3. 1921 an N. Bohr. In: NBCW 4, S. 740.

[2] A. Sommerfeld im Brief vom 25. 4. 1921 an N. Bohr. In: NBCW 4, S. 741.

[3] N. Bohr im Brief vom 16. 9. 1921 an P. Ehrenfest. In: NBCW 3, S. 627.

[4] N. Bohr, Der Bau der Atome und die physikalischen und chemischen Eigenschaften der Elemente (1921). In: N. Bohr, Drei Aufsätze über Spektren und Atombau, Braunschweig 1922, S. 85.

[5] N. Bohr, Der Bau der Atome und die physikalischen und chemischen Eigenschaften der Elemente (1921), a. a. O., S. 100.

[6] A. Sommerfeld im Brief vom 25. 4. 1921 an N. Bohr. In: NBCW 4, S. 741.

[7] N. Bohr, Der Bau der Atome und die physikalischen und chemischen Eigenschaften der Elemente (1921), a. a. O., S. 135.

[8] N. Bohr, Drei Aufsätze über Spektren und Atombau, Braunschweig 1922, S. VI. Im Brief Bohrs vom 16. 9. 1921 an P. Ehrenfest war in diesem Zusammenhang sogar von einem Gebiet der Physik die Rede, „wo nichts feststeht und wo alles sich eigentlich nur um ein Gefühl von Harmonie handelt" (NBCW 3, S. 627).

[9] A. Einstein im Brief vom 23. 3. 1922 an P. Ehrenfest. In: AHQP I. (Albert Einstein Archiv. Dieser Brief unterliegt dem Copyright und wird mit Erlaubnis der Hebrew University of Jerusalem zitiert).

[10] A. Einstein, Wahlvorschlag für Niels Bohr zum Korrespondierenden Mitglied (1922). In: Physiker über Physiker. Wahlvorschläge zur Aufnahme von Physikern in die Berliner Akademie 1870 bis 1929 von Hermann v. Helmholtz bis Erwin Schrödinger, bearbeitet von Ch. Kirsten und H. G. Körber, Berlin 1975, S. 232.

[11] W. Heisenberg, Der Teil und das Ganze, Gespräche im Umkreis der Atomphysik, München 1969, S. 58, 59.

[12] N. Bohr, Sieben Vorträge über die Theorie des Atombaus, 12. – 22. Juni 1922. In: Niels-Bohr-Archiv (Kopenhagen) Scientific Manuscripts 10.5, S. 99.

[13] W. Heisenberg, Der Teil und das Ganze, a. a. O., S. 63.

[14] N. Bohr, Sieben Vorträge über die Theorie des Atombaus, a. a. O., S. 12.

[15] 1923 brachte dieses Element zwar noch manche Aufregung für die Kopenhagener Physiker mit sich, der dänischen Industrie aber auch die ersten Patentanmeldungen! Siehe dazu: P. Robertson, The Early Years, a.a.O. S. 66ff.

[16] Im ersten Jahrzehnt des Bestehens des Kopenhagener Institutes waren mehr als 60 Wissenschaftler aus 17 Ländern für längere Zeit (mindestens einen Monat) zu Gast. Unter ihnen 14 aus den USA (D. M. Dennison, L. Pauling, I. I. Rabi, H. C. Urey u.a.), 10 aus Deutschland (J. Franck, W. Heisenberg, W. Heitler, F. Hund u. a.), 7 aus Japan, je 6 aus den Niederlanden und Großbritannien, je 4 aus Norwegen und Schweden und 3 aus der UdSSR (G. Gamow, L. D. Landau, A. Obručeva). Die vollständige Liste der illustren Namen weist 10 spätere Nobelpreisträger aus. Siehe dazu: P. Robertson, The Early Years, a. a. O., S. 156ff.

[17] Alle Theoretiker, die in den zwanziger Jahren aus England nach Kopenhagen kamen (C. G. Darwin, R. H. Fowler und deren Schüler P. A. M. Dirac, D. R. Hartree, N. F. Mott und L. H. Thomas), stammten aus Cambridge.
[18] Siehe dazu: U. Röseberg, Szenarium einer Revolution, Berlin 1984, sowie die dort angegebene weiterführende Literatur.
[19] N. Bohr, Atomphysik und menschliche Erkenntnis II, Braunschweig 1966, S. 54.
[20] E. Rutherford im Brief vom 21. 4. 1925 an N. Bohr. In: BSC 15.3.
[21] N. Bohr im Brief vom 11. 12. 1924 an W. Pauli. In: W. Pauli, Wissenschaftlicher Briefwechsel mit Bohr, Einstein, Heisenberg u. a., Bd. 1: 1919 – 1929, New York, Heidelberg, Berlin 1979, S. 185.
[22] N. Bohr im Brief vom 22. 12. 1924 an W. Pauli. In: Ebenda, S. 195.
[23] N. Bohr, Über die Wirkung von Atomen bei Stößen. In: Zeitschrift für Physik **34** (1925), S. 154.
[24] Ebenda, S. 155.
[25] N. Bohr im Brief vom 26. 3. 1926 an R. Kronig. In: BSC 13.3.
[26] Siehe dazu: N. Bohr im Brief vom 29. 1. 1926 an C. W. Oseen. In: NBCW 5, S. 405.
[27] In der Retrospektive ist darin ein ungeheurer Vorzug zu sehen, wie sehr leicht dem inzwischen publizierten Briefwechsel zu entnehmen ist. Siehe dazu: W. Pauli, Wissenschaftlicher Briefwechsel mit Bohr, Einstein, Heisenberg u.a., Bd. 1: 1919 – 1929, New York, Heidelberg, Berlin 1979, S. 232ff.

8. Kapitel

[1] M.Planck, Physikalische Gesetzlichkeit im Lichte neuerer Forschung. In: Die Naturwissenschaften **14** (1926), S. 260.
[2] Ebenda, S. 260/261.
[3] Diese waren vor allem im Kreis um P. Lenard und J. Stark („deutsche Physik“) und bei anderen empiristisch kurzschlüssig argumentierenden Physikern zu finden.
[4] Siehe dazu: U. Röseberg, Contraria sunt complementa. Niels Bohr und die Philosophie (in Vorbereitung).
[5] M. Born in einem undatierten Brief aus Cambridge (USA) an N. Bohr. In: BSC 9.2.
[6] A. Einstein auf einer Postkarte vom 20. 9. 1925 an P. Ehrenfest. In: AHQP I. (Albert-Einstein-Archiv. Dieser Brief unterliegt dem

Copyright und wird mit Erlaubnis der Hebrew University of Jerusalem zitiert.)

[7] N. Bohr im Brief vom 14. 10. 1925 an P. Ehrenfest. In: BSC 10.1.

[8] E. Schrödinger, zitiert nach: W. Heisenberg, Der Teil und das Ganze, München 1969, S. 108.

[9] W. Heisenberg im Brief vom 31. 5. 1927 an W. Pauli. In: W. Pauli, Wissenschaftlicher Briefwechsel mit Bohr, Einstein, Heisenberg u.a., Bd. I: 1919 bis 1929, New York, Heidelberg, Berlin 1979, S. 396, 397.

[10] W. Heisenberg hat auf diese Absicht Bohrs bereits im Nachtrag zu seinem am 23. 3. 1927 bei der Redaktion der „Zeitschrift für Physik" eingegangenen Artikel hingewiesen, der die Unbestimmtheitsrelationen in der Bohr nicht befriedigenden Form enthält.

[11] N. Bohr in einem Manuskript vom 10. 7. 1927 (Handschrift O. Klein). Zitiert nach: K. Stolzenburg, Die Entwicklung des Bohrschen Komplementaritätsgedankens in den Jahren 1924 bis 1929, Stuttgart 1977 (Diss.), S. 149.

[12] N. Bohr im Brief vom 13. 8. 1927 an W. Pauli. In: W. Pauli, Wissenschaftlicher Briefwechsel mit Bohr, Einstein, Heisenberg u.a., Bd. I: 1919 – 1929, New York, Heidelberg, Berlin 1979, S. 407.

[13] N. Bohr im Brief vom 24. 8. 1927 an W. Heisenberg. Zitiert nach: K. Stolzenburg, Die Entwicklung des Bohrschen Komplementaritätsgedankens in den Jahren 1924 bis 1929, a. a. O., S. 179, 180.

[14] Diese dem Thema „Elektronen und Photonen" gewidmete Konferenz war die erste Solvay-Konferenz, an der Bohr teilgenommen hat. Die Einladung zur Konferenz von 1924 hatte er wohl vor allem wegen des nach dem Ersten Weltkrieg fortbestehenden Ausschlusses deutscher Physiker nicht angenommen.

[15] P. Ehrenfest im Brief vom 3. 11. 1927 an Goudsmit, Uhlenbeck und Dieke. In: AHQP 61.

[16] A. Einstein im Brief vom 9. 11. 1927 an A. Sommerfeld. In: A. Hermann (Hrsg.), Albert Einstein, Arnold Sommerfeld, Briefwechsel. Sechzig Briefe aus dem goldenen Zeitalter der modernen Physik, Basel, Stuttgart 1968, S. 112.

[17] A. Einstein im Brief vom 31. 5. 1928 an E. Schrödinger. In: K. Przirbram (Hrsg.), Schrödinger, Planck, Einstein, Lorentz, Briefe zur Wellenmechanik, Wien 1963, S. 29.

[18] Siehe dazu: U. Röseberg, Szenarium einer Revolution. Nichtrelativistische Quantenmechanik und philosophische Widerspruchsproblematik, Berlin 1984, S. 210ff.

[19] Supplement to Nature, April 14, 1928, S. 79.

[20] W. Pauli im Brief vom 16. 6. 1928 an N. Bohr. In: W. Pauli, Wissenschaftlicher Briefwechsel mit Bohr, Einstein, Heisenberg u.a., Bd. I: 1919–1929, a. a. O., S. 463.
[21] N. Bohr, Das Quantenpostulat und die neuere Entwicklung der Atomistik (1927/28). In: N. Bohr, Atomtheorie und Naturbeschreibung, Berlin 1931, S. 58.
[22] H. Bohr, My Father. In: S. Rozental (ed.), Niels Bohr. His work and life as seen by his friends and colleagues, Amsterdam 1968, S. 328.
[23] C. F. v. Weizsäcker, Wahrnehmung der Neuzeit, München, Wien 1983, S. 144, 145.

9. Kapitel

[1] O. R. Frisch, Woran ich mich erinnere. Physik und Physiker meiner Zeit, Stuttgart 1981, S. 121, 122.
[2] Siehe dazu: F. Aaserud, Redirecting Science, Cambridge 1990.
[3] F. Bloch im Brief vom 6. 4. 1933 an N. Bohr. In: BSC 17.3.
[4] O. R. Frisch, Woran ich mich erinnere, a. a. O., S. 103.
[5] Ebenda, S. 150.
[6] N. Bohr, Atomphysik und menschliche Erkenntnis I, Braunschweig 1964, S. 31.
[7] Ebenda, S. 29.

10. Kapitel

[1] W. Heisenberg im Brief vom 20. 6. 1933 an N. Bohr. In: BSC 20.2.
[2] W. Heisenberg im Brief vom 17. 6. 1934 an N. Bohr. In: BSC 20.2.
[3] W. Heisenberg im Brief vom 18. 3. 1937 an N. Bohr. In: BSC 20.2.
[4] W. Heisenberg im Brief vom 9. 2. 1938 an N. Bohr. In: BSC 20.2.
[5] Siehe dazu: H. Hörz, Werner Heisenberg und die Philosophie, Berlin 1966, S. 42ff; M. Walker, Die Uranmaschine, Berlin 1990.
[6] Dabei war das Entwicklungstempo der britischen Arbeiten zunächst höher. Erst nach dem Überfall der Japaner auf die amerikanische Pazifik-Flotte in Pearl Harbor am 7. Dezember 1941 beschleunigten die damit in den Zweiten Weltkrieg hineingezogenen USA die

Arbeiten zur Entwicklung der Atombombe drastisch und überflügelten bald Großbritannien.

7 Anlaß dazu war Bohrs Gruß an das aus England stammende Kindermädchen mit dem Vornamen Maud. Mit diesem Gruß hatte er ein Telegramm beschlossen, das am Tage der Besetzung Dänemarks allen Freunden in England anzeigen sollte, sie müßten sich um die Familie Bohr nicht unnötig sorgen. Der durch die Post verstümmelte Telegrammtext hat den britischen Kernphysikern zunächst ein nicht vollständig zu entschlüsselndes Rätsel aufgegeben (sie suchten vergebens nach dem Code der vermuteten geheimen Botschaft) und ihnen schließlich auch eine hinreichend unverfängliche Bezeichnung des streng geheimen Projektes geliefert.

8 J. A. Wheelers Bemerkung vom 28. 6. 1940, daß die Kontrolle der „Physical Review" die Publikation des mit N. Bohr verfaßten Artikels zur Theorie der Kernspaltung behindern könne (BSC 33.3), hatte Bohr erstmals mit einer solchen Problematik konfrontiert.

9 Zitiert nach: A. Bohr, The War Years and the Prospects Raised by the Atomic Weapons. In: S. Rozental (ed.), Niels Bohr. His life and work as seen by his friends and colleagues, Amsterdam 1968, S. 194.

10 Im Auftrag des deutschen Reichsministers für Wissenschaft, Erziehung und Volksbildung waren 1940 in Kopenhagen Nachforschungen angestellt worden, welcher rassischen Abstammung Bohr sei. Siehe dazu: Abschrift eines Schreibens der Deutschen Gesandschaft in Kopenhagen vom 3. 6. 1940 an das Auswärtige Amt, Berlin (AdW Berlin Archiv-Sign.: II – III – 112, Bl. 134). Als Halbjude war Niels Bohr Mitglied der Preußischen Akademie der Wissenschaften geblieben. Siehe dazu: Schreiben des Präsidenten dieser Akademie vom 5. 8. 1941 an den Reichsminister für Wissenschaft, Erziehung und Volksbildung (AdW Berlin Archiv-Sign.: II – III – 112, Bl. 165). Im Spätsommer des Jahres 1943 wurde, wie Aussagen vor dem Nürnberger Tribunal bestätigten, der Befehl erteilt, Niels Bohr zu verhaften und nach Deutschland zu bringen. Hier hätte ihn die Entscheidung erwartet, als Physiker für das verhaßte faschistische Regime zu arbeiten oder aber um sein Leben bangen zu müssen. Auf keinen Fall jedoch sollte er in irgendeiner Weise für die Alliierten arbeiten können.

11 Duckwitz, der Sekretär der deutschen Botschaft in Kopenhagen, hat die dänische Widerstandsbewegung von den bevorstehenden Massenverhaftungen unterrichtet.

11. Kapitel

[1] Siehe dazu: M. J. Sherwin, The Atomic Bomb and the Origin of the Cold War. In: American Historical Review **78** (1973), S. 945–968.

[2] Siehe dazu: M. J. Sherwin, Niels Bohr and the Atomic Bomb: The Scientific Ideal and International Politics, 1943–1944. In: C. Weiner (ed.), History of Twentieth Century Physics. Proceedings of the International School of Physics „Enrico Fermi", Course LVII (1972), New York and London 1977, S. 352–369.

[3] N. Bohr im Brief vom 16. 2. 1944 an J. Anderson. In: JROP, Box 34, TAB 12.

[4] Siehe dazu N. Bohrs Memorandum vom 2. April 1944, in: JROP, Box 34, TAB 12.

[5] Siehe dazu: I. N. Golowin, I. W. Kurtschatow, Leipzig, Jena, Berlin 1976, S. 56.

[6] Das hatte er bereits in seinem Brief vom 16. Februar 1944 an Sir John Anderson betont (JROP, Box 34, TAB 12) und hat es auch später in seinen präzisierten Dokumenten bis zum Kriegsende mehrfach wiederholt.

[7] Siehe dazu: JROP, Box 34, TAB 10.

[8] N. Bohr im Brief vom 22. 5. 1944 an W. Churchill. In: JROP, Box 34, TAB 17.

[9] N. Bohr im Brief vom 5. 7. 1944 an F. Frankfurter. In: JROP, Box 34, TAB 5.

[10] Siehe dazu: F. Frankfurter im Brief vom 25. 6. 1950 an E. Roosevelt. In: Roosevelt and Frankfurter. Their Correspondence 1928–1945, Boston, Toronto 1967, S. 736.

[11] Siehe dazu: N. Bohr, Open Letter to the United Nations (1950). In: S. Rozental (ed.), Niels Bohr. His life and work as seen by his friends and colleagues, Amsterdam 1968, S. 342–343.

[12] Siehe dazu: A. Bohr, The War Years and the Prospects Raised by the Atomic Weapons. In: S. Rozental (ed.), Niels Bohr, a. a. O., S. 206ff.

[13] N. Bohr im Brief vom 7. 9. 1944 an F. D. Roosevelt. In: JROP, Box 34, TAB 8.

[14] Zitiert nach M. Gowing. Britain and Atomic Energy 1939–1945, London, New York 1963, S. 447.

[15] A. Einstein im Brief vom 26. 12. 1944 an O. Stern. (Albert-Einstein-Archiv. Dieser Brief unterliegt dem Copyright und wird mit Erlaubnis der Hebrew University of Jerusalem zitiert.)

[16] Die in diesem Dokument enthaltenen Grundgedanken hat Bohr in seinem „Offenen Brief" an die Vereinten Nationen vom 9. Juni 1950 veröffentlicht. Siehe dazu: S. Rozental (ed.), Niels Bohr, a. a. O., S. 344, 345.

[17] N. Bohr, Science and Civilization. In: The Times 11. 8. 1945.

[18] N. Bohr, A Challenge to Civilization. In: Science **102** (12. 10. 1945), S. 364.

[19] In der Darstellung von R. Moore wird der Eindruck erweckt, Bohr sei es 1944 um ein Haar gelungen, den Lauf der Geschichte entscheidend zu verändern (R. Moore, Niels Bohr. Ein Mann und sein Werk verändern die Welt, München 1970, S. 11). Dies entspricht jedoch weder der zu diesem Zeitpunkt *objektiv* vorhandenen Kräftekonstellation noch der *subjektiven* Möglichkeit *eines* Wissenschaftlers, daran mittels rationaler Argumentation etwas zu ändern. J. Reinert, der in seinem Bohr-Porträt im wesentlichen den Erinnerungen Aage Bohrs gefolgt ist (J. Reinert, Feuer und Wärme. Nordische Porträts, Rostock 1983, S. 96ff.), kommt zu einer Einschätzung, die anhand der hier zitierten Dokumente erhärtet werden kann.

12. Kapitel

[1] Niels Bohr lud im August 1947 Werner Heisenberg nach Tisvilde ein. Die Gespräche während dessen achttägigen Aufenthaltes in Bohrs Landhaus haben dazu beigetragen, die entstandenen Risse wieder zu kitten; die freundschaftlichen Beziehungen der Vorkriegszeit aber konnten niemals wieder vollständig hergestellt werden. Siehe dazu auch: E. Heisenberg, Das politische Leben eines Unpolitischen. Erinnerungen an Werner Heisenberg, München, Zürich 1983, S. 102, 103.

[2] Siehe dazu: A. Pais, Reminiscences from the Post-war Years. In: S. Rozental (ed.), Niels Bohr, a. a. O., S. 214–226.

[3] Niels Bohr fühlte sich R. Courant, J. Franck, den Brüdern Lauritsen, R. Oppenheimer, G. Pegram, I. Rabi, T. Veblen und J. A. Wheeler besonders eng verbunden.

[4] Zitiert nach H. Stoecker (Hrsg.), Handbuch der Verträge, Berlin 1968, S. 396.

[5] N. Bohr im Brief vom 17. 4. 1946 an R. Oppenheimer. In: BSC 30.2.

[6] Zitiert in: N. Bohr, Open Letter to the United Nations (9. 6. 1950). In: S. Rozental (ed.), Niels Bohr, a. a. O., S. 348.

[7] R. Oppenheimer im Brief vom 17. 11. 1948 an N. Bohr. In: BSC 30.2.

[8] N. Bohr im Brief vom 2. 12. 1948 an R. Oppenheimer. In: BSC 30.2. Wenige Tage später, am 9. 12. 1948, schrieb er einen Brief an den japanischen Physiker Nishina, in dem er davon spricht, daß er, seine Frau und sein Sohn Hans die Tage in Nagasaki (1937) nicht vergessen hätten. Weiter heißt es darin: „Ungeachtet aller gegenwärtigen Divergenzen habe ich den Eindruck, daß die gewaltige und furchtbare Lektion, die der ganzen Menschheit erteilt wurde, mit Nachdruck eine solche Kooperation zwischen allen Nationen fordert, von der nicht nur das Glück, sondern selbst das Überleben der Zivilisation abhängt." (BSC 30.2).

[9] Dies bestätigt auch eine persönliche Mitteilung K. R. Poppers vom 23. 2. 1982 an den Autor, in der es unter anderem heißt: „Woran ich glaube, mich zu erinnern, ist Bohrs merkwürdige Überzeugung, daß die Atombombe den Krieg für immer überwunden habe. Nun, ich bin auch ein Optimist, aber das ging mir nicht ein; aber es machte mir jedenfalls (als eine Bohrsche paradoxe These) einen starken Eindruck: vielleicht hat Bohr wirklich recht!? Gleichzeitig fand ich, daß er deprimiert war; und ich fragte mich, ob sein Optimismus vielleicht ein Versuch war, über eine Depression (im Zusammenhang mit der Bombe) hinwegzukommen."

[10] N. Bohr, Open Letter to the United Nations (9. 6. 1950). In: S. Rozental (ed.), Niels Bohr, a. a. O., S. 351.

[11] N. Bohr im Brief vom 10. 6. 1948 an G. C. Marshall. In: JROP, Box 34, TAB 21.

[12] N. Bohr in einer Erklärung vom 14. 6. 1950. In: JROP, Box 21.

[13] In Kopenhagen wurde eine umfangreiche und außerordentlich erfolgreiche Arbeit zur Systematisierung all jener Tatsachen geleistet, die das Tröpfchenmodell des Atomkerns als unzureichendes Modell auswiesen. Auf dem Wege zu einer einheitlichen Kerntheorie trat nunmehr Aage Bohr in die Fußstapfen seines Vaters. Er übernahm 1962 die Leitung des 1965 in „Niels-Bohr-Institut" umbenannten Forschungszentrums und wurde 1975 mit dem Nobelpreis für Physik geehrt.

[14] Der in der dänischen Regierung dafür verantwortliche Minister erinnerte sich später seines Eindrucks, wie Niels Bohr all seine großartigen Erfolge erzielt habe: „Er überließ einfach nichts dem Zufall, sondern probierte in Gedanken alles aus, was ihm einfiel, insbesondere variierte er all das, was andere einfach für gegeben nahmen, im allgemeinen also ohne jegliche Reflexion akzeptier-

ten." (V. Kampmann, Niels Bohr and the Danish Atomic Energy Research Establishment. In: S. Rozental (ed.) Niels Bohr, a. a. O., S. 288.)

15 L. Rosenfeld im Brief vom 24. 3. 1936 an M. Delbrück. In: BSC 18.3.

16 Siehe dazu: L. Rosenfeld, Niels Bohr (1945). In: R. S. Cohen, J. J. Stachel (ed.), Selected Papers of Léon Rosenfeld, Dordrecht 1979, S. 315.

17 N. Bohr im Brief vom 23. 5. 1955 an R. Oppenheimer.

18 Als in diesem Institut später das erste Isotop des Elementes 105 synthetisiert wurde, schlugen die sowjetischen Physiker vor, es „Nielsbohrium" zu nennen.

19 N. Bohr, Open Letter to the United Nations (9. 6. 1950). In: S. Rozental (ed.), Niels Bohr, a. a. O., S. 350.

Dokumente

Die nachfolgenden zumeist im vollen Wortlaut wiedergegebenen Schriftstücke wurden aus der etwa 6000 Dokumente umfassenden wissenschaftlichen Korrespondenz Niels Bohrs ausgewählt. Sie befinden sich sämtlich im Original oder in einer Kopie im Niels Bohr Archiv (Kopenhagen). Sofern sie bislang noch nicht anderswo veröffentlicht wurden, werden sie durch BSC (Bohr Scientific Correspondence) bzw. BGC (Bohr General Correspondence) und eine nachgestellte Ziffer ausgewiesen, die vor dem Punkt die Nummer des Mikrofilms und nach dem Punkt die Nummer der jeweiligen Sektion auf diesem Mikrofilm angibt.

Ich danke Aage Bohr für die freundliche Erlaubnis, in die Korrespondenz seines Vaters einsehen und in so umfangreicher Weise davon Gebrauch machen zu dürfen. Alle Rechte für die bereits an anderer Stelle publizierten Briefe liegen bei den entsprechenden Verlagen, denen ich für die Erlaubnis zum Wiederabdruck zu Dank verpflichtet bin. Die Dokumente [16], [23], [49], [62], [64], [73] und [78] sind urheberrechtlich geschützt (Copyright Albert-Einstein-Archiv, Hebrew University of Jerusalem) und werden mit Genehmigung der Hebrew University of Jerusalem abgedruckt. Ich danke allen Rechtsnachfolgern der jeweiligen Briefschreiber für die Erlaubnis, die nachfolgenden Dokumente im Rahmen dieser Dokumentensammlung benutzen zu dürfen.

Die Schreibweise der Dokumente richtet sich nach den in den angegebenen Archiven vorhandenen Originalen bzw. den literarischen Quellen. Geringfügige Korrekturen sind lediglich bei der Interpunktion vorgenommen worden. Bei nichtsignierten Kopien ist die Unterschrift des Briefschreibers generell in eckige Klammern gesetzt.

Die vorwiegend in zeitlicher Reihenfolge angeordneten Schriftstücke ergänzen in ihrer Gesamtheit das in dieser Biographie entworfene Bild des Lebens und Werkes von Niels Bohr.

Als authentische Zeitdokumente enthalten sie lediglich eine einzige vom Autor abhängige Wertung: ihre Aufnahme in den Dokumentenanhang. Ein möglichst vielseitiges und dabei zugleich repräsentatives Gesamtbild zu entwerfen, war dazu die regulative Idee.

Übersicht über die aufgenommenen Dokumente

Dokument Nr. 1
Brief von N. Bohr an H. Bohr

[Kopenhagen], den 22. April 1911

Quelle: Niels Bohr, Collected Works,
Volume 1, Early Work (1905 – 1911).
North-Holland Publishing Company, Amsterdam, American
Elsevier Publishing Company, Inc., New York 1972, S. 518
Übersetzung aus dem Dänischen

Lieber Harald!
Jetzt gleich eine kleine schriftliche Gratulation von Niels, der sich sehr freut, Dich heute später noch zu sehen; aber ich muß Dir erst zum neuen Lebensjahr gratulieren und Dir für all das danken, was Du für uns alle im letzten Jahr gewesen bist. Ich denke daran, wie unbeschreiblich viel Du für mich allein bedeutet hast, zuerst im letzten Frühjahr und Sommer, dann in diesem Winter, als Du mir geholfen hast, fertig zu werden bevor Vater starb, und nun als Du mir so unglaublich viel geholfen hast, obgleich Du selbst an so sehr, sehr viel anderes zu denken hattest.

Lieber Harald, wenn ich an all das denke, dann weiß ich Dir nicht anders zu danken als zu wünschen, daß vor Dir eine großartige Zukunft liegen möge; ich selbst werde bemüht sein, all das, was Du für mich getan hast, zu rechtfertigen. Was immer geschehen wird, wenn es uns nur gelingen mag, zusammenzukommen und zu versuchen, unser Leben in ähnlicher Weise zu gestalten, wie wir es in der Kindheit und Jugendzeit genossen haben!

Dokument Nr. 2
Brief von N. Bjerrum an N. Bohr

[Berlin], 27. April 1911

Quelle: Niels Bohr, Collected Works,
Volume 1, Early Work (1905 – 1911).
North-Holland Publishing Company, Amsterdam, American
Elsevier Publishing Company, Inc., New York 1972, S. 125
Übersetzung aus dem Dänischen

Lieber Herr Magister Bohr!
Vielen Dank für Ihre Dissertation. Bisher habe ich es nur geschafft, ein wenig darin zu blättern; dennoch habe ich gesehen, daß sie tief in die jetzt so moderne Elektronentheorie der Metalle eindringt. Hier unten in Berlin, mit Planck, Rubens und Nernst, interessiert man sich fast ausschließlich für die Elektronenkonzeptionen. Weil ich aus diesem Grunde letztlich auch mit dieser Konzeption engere Bekanntschaft geschlossen habe, interessiert mich nun Ihre Arbeit besonders. Wenn nur die Elektronen tatsächlich im thermischen Gleichgewicht mit den Metallatomen sind! Denn, falls dies zutrifft, scheint es wegen der geringen spezifischen Wärme der Metalle nur alarmierend wenig von ihnen zu geben. Aber es bleibt zu hoffen, daß die Zukunft diese Schwierigkeit bald aufklärt.

Mit den herzlichsten Glückwünschen zu dem von Ihnen so früh erworbenen Status eines Dr. phil. und mit den freundlichsten Grüßen

Ihr sehr ergebener
Niels Bjerrum

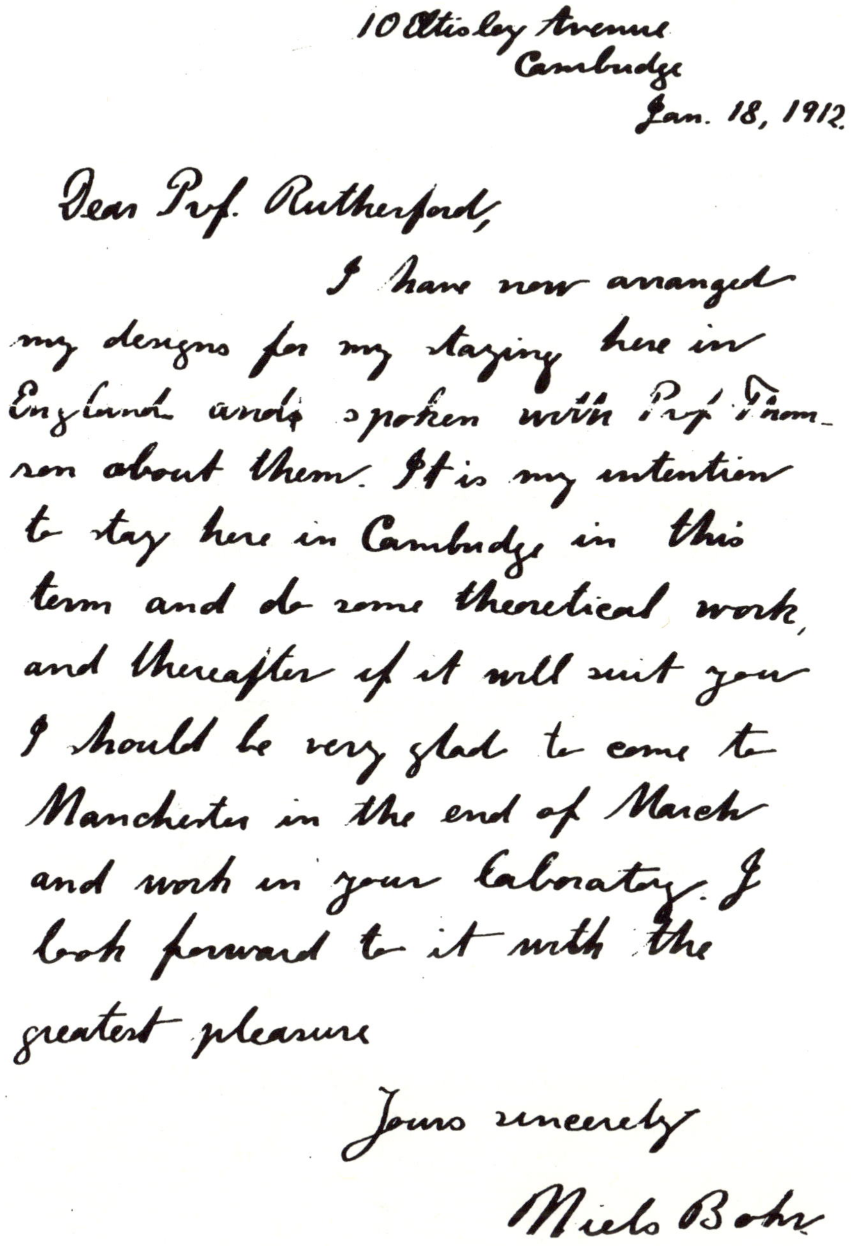
10 Eltisley Avenue
Cambridge
Jan. 18, 1912.

Dear Prof. Rutherford,

I have now arranged my designs for my staying here in England and spoken with Prof. Thomson about them. It is my intention to stay here in Cambridge in this term and do some theoretical work, and thereafter if it will suit you I should be very glad to come to Manchester in the end of March and work in your laboratory. I look forward to it with the greatest pleasure

Yours sincerely
Niels Bohr

Faksimile eines Briefes von N. Bohr an E. Rutherford vom 18.1.1912 (engl.)

PHYSICAL LABORATORIES,
THE UNIVERSITY,
MANCHESTER.

Jan. 27th., 1912.

Dear Dr. Bohr.

I shall be pleased to allow you to work in my Laboratory if you have decided to leave Cambridge. I think it will be best for you to take a holiday at the end of March, for I shall probably be absent myself the greater part of April on a vacation. I could probably arrange, however, for you to do some preliminary work in getting practice in radioactive methods some time in April.

Please let me know about the time you wish to come and I will see if arrangements can be made during my absence.

Yours faithfully,

E Rutherford

Faksimile eines Briefes von E. Rutherford an N. Bohr vom 27.1.1912 (engl.)

Hulme Hall
Manchester
12-6-12.

Kære Harald!

Det kunde være at jeg maaske har fundet ud af en lille Smule om Atomernes Bygning. Du maa ikke tale om det til nogen, for ellers kunde jeg ikke skrive saa tidlig til Dig om det. Skulde jeg have Ret, saa vilde det ikke være en Antydning af Karakteren af en Mulighed(x) (saadan som J. J. Thomsons Theorie) men maaske et lille bitte Stykke af Virkeligheden. Det er altsammen voxet ud af en lille Oplysning jeg fik fra α-Straalernes Absorption (den lille Theorie jeg skrev om sidst). Du forstaar jo at jeg endnu kunde tage fejl, for det er ikke helt arbejdet ud endnu (jeg tror det dog ikke); jeg tror heller ikke, at Rutherford mener, at det er helt vildt; men han er en Mand af den rigtige Slags, og vilde aldrig sige, at han var overbevist om en Ting, der ikke er helt arbejdet ud. Du kan tro, at jeg er ivrig for at gøre det hurtigt helt færdigt, og jeg har taget fri fra Laboratoriet for et Par Dage derfor (det er ogsaa en Hemmelighed). Dette skulde bare være en lille Hilsen fra Din Niels der kunde længes saa meget efter at snakke med Dig.

(x) d.v.s. Umulighed

Faksimile eines Briefes von N. Bohr an H. Bohr vom 12.6.1912 (dänisch)

Dokument Nr. 3
Brief von N. Bohr an H. Bohr

Manchester, 19. Juni 1912

Quelle: Niels Bohr, Collected Works,
Volume 1, Early Work (1905 – 1911),
North-Holland Publishing Company, Amsterdam, American
Elsevier Publishing Company, Inc., New York 1972,
S. 558 – 559
Übersetzung aus dem Dänischen

Lieber Harald!
Wahrscheinlich habe ich etwas Kleines über die Struktur des Atoms herausgefunden. Du darfst darüber mit niemandem sprechen, andernfalls könnte ich Dir darüber nicht wieder so schnell schreiben. Wenn ich recht habe, dann würde es sich nicht um einen Vorschlag über die Natur einer Möglichkeit (d. h. einer Unmöglichkeit, wie J. J. Thomsons Theorie), sondern vielleicht um ein kleines Stück der Realität handeln. Es hat sich aus einer winzigen Information ergeben, die ich bei der Absorption von α-Strahlen erhalten habe (die kleine Theorie, von der ich Dir letztlich geschrieben habe). Du verstehst, daß ich mich noch irren kann; denn es ist bislang nicht richtig ausgearbeitet (aber ich denke das nicht); außerdem glaube ich nicht, daß Rutherford meint, es sei vollständig verrückt; er ist ein Mann vom rechten Schlag, und er würde niemals sagen, daß er von einer Sache überzeugt sei, die noch nicht vollständig ausgearbeitet ist. Glaube mir, ich bin eifrig bemüht, es schnellstmöglich fertigzustellen, und deshalb bin ich dem Laboratorium einige Tage fern geblieben (das ist ebenfalls ein Geheimnis). Dies war lediglich als ein kleiner Gruß von

Deinem Niels

gedacht, der sich sehr darauf freut, mit Dir zu sprechen.

Dokument Nr. 4
Brief von N. Bohr an G. de Hevesy

Kopenhagen, 7. Februar 1913

Quelle: Niels Bohr, Collected Works,
Volume 2, Work on Atomic Physics (1912 – 1917),
North-Holland Publishing Company,
Amsterdam – New York – Oxford, S. 529 – 531
Übersetzung aus dem Englischen

Sehr geehrter Herr v. Hevesy!
Ich danke Ihnen sehr für Ihre Abhandlungen und für Ihren freundlichen Brief.

Ihre Abhandlungen haben mich außerordentlich interessiert; die schönen Ergebnisse waren genau das, was ich entsprechend der Meinung, die ich über den Aufbau der Atome vertrete, erwartet hatte.

Seitdem ich Manchester verlassen habe, bin ich mit der Fortsetzung meiner Arbeit über die Struktur der Atome und Moleküle auf der Grundlage von Professor Rutherfords Atommodell beschäftigt. Ich hoffe, sehr bald eine Abhandlung darüber veröffentlichen zu können.

In Beantwortung Ihrer Fragen werde ich kurz versuchen, die Ideen zu charakterisieren, die ich als Grundlagen meiner Berechnungen benutzt habe.

Wie Sie in Ihrem Brief erwähnen, ist die größte Schwierigkeit die Frage der Stabilität; oder – wie es von einem etwas anderen Standpunkt aus auch ausgedrückt werden kann – die Frage nach den Dimensionen des Elektronensystems, das den Kern umgibt. Im Gegensatz zu solchen Atommodellen wie dem von J. J. Thomson gibt es unter den Größen, die ein Atommodell wie das Rutherfordsche bestimmen, keine, von der wir mit Hilfe der gewöhnlichen Mechanik eine Länge erhalten können, die dieselbe Größenordnung wie die Dimensionen der Atome hat.

Von den theoretischen Erörterungen der Strahlungsphänomene wissen wir jedoch, daß das fragliche Problem auf der Grundlage der gewöhnlichen Mechanik nicht vollständig diskutiert werden kann.

Nun kann gezeigt werden, daß wir unter Berücksichtigung der Planckschen Strahlungstheorie auf einfache Weise eine Antwort auf unsere Fragen bekommen können.

Wenn wir also annehmen, daß die betrachteten Systeme durch eine sukzessive Bindung der Elektronen durch den Kern gebildet werden, bis das ganze System neutral ist (vgl. die Entstehung eines Heliumatoms aus einem α-Teilchen) und weiterhin annehmen, daß die Energie, die bei dieser Bindung als Strahlung emittiert wird, gleich der Planckschen Konstante* multipliziert mit der Rotationsfrequenz des in seiner endgültigen Bahn betrachteten Elektrons ist, dann erhalten wir Ergebnisse, die mit den Experimenten übereinzustimmen scheinen.

Mit Hilfe von solchen Überlegungen können wir nicht nur die Größenordnung der Dimensionen der Atome, sondern auch die Weise erklären, in der die Atomvolumina sich mit der Valenz des betrachteten Elements (d. h. mit der Elektronenzahl im äußeren Ring) verändern. Ich habe außerdem eine sehr gute Übereinstimmung mit Experimenten an charakteristischen Röntgenstrahlen erzielt, die nach der Theorie eine Strahlung darstellen, welche bei der Neugruppierung des Systems ausgesendet wird, nachdem ein Elektron aus einem der inneren Ringe zum Beispiel durch Stoß von Kathodenteilchen herausgeschlagen wurde.

Außer zu einem sehr aufschlußreichen Hinweis für ein Verständnis des Periodischen Systems der Elemente führt die fragliche Überlegung zu einer Theorie der chemischen Bindungen, die es ermöglicht, den Prozeß der Bindung von Atomen im Detail zu verfolgen, und, auf die einfachsten Systeme angewandt, sofort das Ergebnis liefert, daß 2 Wasserstoffatome sich zu einem Molekül vereinigen, wogegen 2 Heliumatome dies nicht tun.

Diese letzten Ergebnisse und die augenscheinliche Übereinstimmung zwischen der Theorie und den Experimenten bei einer Anzahl äußerst verschiedenartiger Phänomene (Dispersion, Magnetismus, Radioaktivität) haben mich in dem Standpunkt bestätigt, den ich schon in Manchester vertreten habe. Wir können wirklich durch einfache Anwendung von Überlegungen wie der obengenannten die Hoffnung haben, Kenntnis von der Struktur der die Kerne von Atomen und Molekülen umgebenden Elektronensysteme zu erlangen, und dadurch auch die Hoffnung auf ein ins einzelne gehendes Verständnis davon, was wir die „chemischen und physikalischen" Eigenschaften der Materie nennen können. Mit der Bezeichnung „chemische und physikalische" schließe ich Gravitation und Radioaktivität aus, die vom chemischen und physikalischen Zustand unabhängig sind und die entsprechend dem hier vertretenen Standpunkt nur von der inneren Struktur der Kerne abhängen. Die anderen Eigenschaften hingegen hängen nur vom System der Elektronen ab, das entsprechend der fraglichen Theorie vollständig durch die gesamte Ladung des Kerns bestimmt wird.

Mit dem Phänomen der Radioaktivität beobachten wir eine Explosion der Kerne. Entsprechend dem Obengesagten werden die chemischen und physikalischen Eigenschaften der neuen Elemente nur von der Ladung der neuen Kerne abhängen, die wiederum wird nur von der Ladung der ausgesandten Strahlen abhängen. Die letztere Reaktion ist gerade diejenige, die Sie in Ihren Experimenten gefunden haben; und deshalb waren Ihre Ergebnisse das, was ich erwartet und gehofft hatte.

Ich bin sicher, daß Sie verstehen werden, daß ich Ihnen genau in dem Sinne schreibe, wie ich in Manchester gesprochen habe, d. h. daß ich nicht von einem Ergebnis spreche, welches ich mit meinen geringen Mitteln erreichen kann, sondern von dem Standpunkt – und von der Hoffnung auf und dem Glauben an eine zukünftige (vielleicht sehr baldige) ungeheure und unerwartete?? Entwicklung unseres Verständnisses –, zu dem ich durch Überlegungen wie der obengenannten geführt worden bin. Ich hoffe, Sie bald zu sehen, und freue mich sehr, all diese Angelegenheiten wieder mit Ihnen zu diskutieren.

Mit den besten Wünschen für das neue Jahr verbleibe ich

Ihr sehr ergebener
Niels Bohr

---

* Die Konstante, die hier in die Rechnungen eingeht, ist nicht exakt die Plancksche Konstante, sondern unterscheidet sich von ihr in Übereinstimmung mit dem, was aus theoretischen Gründen akzeptiert werden muß, durch einen zahlenmäßigen Faktor.

Dokument Nr. 5
Brief von N. Bohr an E. Rutherford

Kopenhagen, 6. März 1913

Quelle: Niels Bohr, Collected Works,
Volume 2, Work on Atomic Physics (1912–1917).
North-Holland Publishing Company,
Amsterdam – New York – Oxford, S. 581–583
Übersetzung aus dem Englischen

Sehr geehrter Prof. Rutherford!
Ich danke Ihnen sehr für Ihren Brief, ich habe mich so gefreut, von all dem zu erfahren, was im Laboratorium vor sich geht. Ich bin an allem außerordentlich interessiert, und besonders an den Ergebnissen Ihrer Arbeit über die γ-Strahlen.

Beiliegend sende ich Ihnen das erste Kapitel meiner Abhandlung zum Atombau. Ich hoffe, die nächsten Kapitel in einigen Wochen folgen zu lassen. In der letzten Zeit habe ich gute Fortschritte mit meiner Arbeit gemacht und hoffe, daß es mir gelungen ist, die entsprechenden Untersuchungen auf eine Anzahl von verschiedenen Phänomenen auszudehnen, wie die Emission von Linienspektren, Magnetismus und möglicherweise einen Ansatz zu einer Theorie des Aufbaus der Kristallstrukturen.

Ich habe allerdings gewisse Schwierigkeiten, all das gleichzeitig zusammenzuhalten, und würde mich sehr freuen, wegen der ständig wachsenden Literatur zu dem Thema etwas davon so bald wie möglich veröffentlichen zu können. Da außerdem der Artikel ziemlich lang für die eine einzige Veröffentlichung in einer Fachzeitschrift wird, habe ich gedacht, es sei wohl das beste, ihn in Teilen zu publizieren. Deshalb wäre ich sehr dankbar, wenn Sie freundlicherweise das vorliegende erste Kapitel dem Phil. Mag. zuleiten könnten.

Wie Sie sehen werden, behandelt das erste Kapitel hauptsächlich das Problem der Emission der Linienspektren von jenem in meinem vorigen Brief an Sie skizzierten Standpunkt aus. Ich habe zu zeigen versucht, daß es mit einem solchen Standpunkt möglich scheint, eine einfache Interpretation für das Gesetz des Wasserstoffspektrums zu geben und daß die Berechnung gute quantitative Übereinstimmung mit den Experimenten liefert. (Ich habe Gründe angeführt, die zeigen, daß, wenn die Grundlage der Theorie vernünftig ist, wir annehmen können, daß

$$\frac{2\pi^2 me^4}{h^3} = 3{,}290 \cdot 10^{15}.$$

Durch Einsetzen Ihres Wertes $e = 4{,}65 \cdot 10^{-10}$ bekomme ich $h = 6{,}26 \cdot 10^{-27}$. Durch Einsetzen des Wertes von Millikan $e = 4{,}87 \cdot 10^{-10}$ bekomme ich $h = 6{,}76 \cdot 10^{-27}$. Leider ist jedoch die Plancksche Konstante keineswegs mit hinreichend großer Genauigkeit bekannt.)

Das zweite Kapitel handelt von den Atomen, das dritte von den Molekülen, und die letzten Kapitel vom Magnetismus und von einigen allgemeinen Überlegungen.

Ich hoffe, Sie finden, daß ich in bezug auf die heikle Frage der gleichzeitigen Anwendung der alten Mechanik und der neuen durch die Plancksche Strahlungstheorie nahegelegten Annahmen einen vernünftigen Standpunkt vertrete. Ich bin begierig zu hören, was Sie von alledem denken.

Wie Sie sehen werden, bin ich durch die Überlegungen in dem ersten Kapitel zu einer von der allgemein angenommenen verschiedenen Interpretation über den Ursprung einiger Serien von Linien gekommen, die in Sternen und vor kurzem auch von Fowler in einer mit einem Gemisch aus Wasserstoff und Helium gefüllten Vakuumröhre beobachtet worden sind. Anstatt sie dem Wasserstoff zuzuschreiben, habe ich versucht, sie dem Helium zuzuschreiben. Dieser letzte Punkt könnte nun experimentell überprüft werden.

In einer Diskussion, in der ich meinen Standpunkt äußerte und zu erklären versuchte (wie ich das in der Arbeit getan habe), daß die Anwesenheit von Wasserstoff in den Experimenten von Fowler indirekt die Ursache für das Auftreten der betreffenden Linien sein könnte, wies mich der Chemiker Dr. Bjerrum darauf hin, daß, falls mein Standpunkt richtig wäre, die Linien auch in einer Röhre auftreten sollten, die mit einem Gemisch von Helium und Chlor (Sauerstoff oder anderen elektrisch negativen Substanzen) gefüllt ist; es ist sogar denkbar, daß die Linien in diesem Fall noch stärker wären. Nun haben wir in Kopenhagen nicht die Möglichkeit, ein solches Experiment befriedigend auszuführen; deshalb möchte ich Sie bitten, ob Sie es möglicherweise in Ihrem Laboratorium ausführen lassen könnten oder vielleicht den Vorschlag an Herrn Fowler weiterleiten würden, der eventuell die benutzte Versuchsanordnung noch stehen hat.

Wenn ich meine Abhandlung beendet habe, hoffe ich, für einen kurzen Besuch nach Manchester kommen zu können, und denke jetzt schon mit dem größten Vergnügen an diese Möglichkeit.

Mit den besten Grüßen an Sie und an Frau Rutherford von meiner Frau und mir, und noch einmal Ihnen für Ihren freundlichen Brief dankend

Ihr sehr ergebener
Niels Bohr

Dokument Nr. 6
Brief von E. Rutherford an N. Bohr

[Manchester], 20. März 1913

Quelle: Niels Bohr, Atomphysik und menschliche Erkenntnis II. Aufsätze und Vorträge aus den Jahren 1958 – 1962. Friedr. Vieweg & Sohn, Braunschweig 1966, S. 41.

Lieber Dr. Bohr!
Ich habe Ihre Abhandlung wohlbehalten empfangen und mit großem Interesse gelesen, möchte sie aber nochmals sorgfältig durchsehen, wenn ich mehr Zeit habe. Ihre Ideen über die Entstehungsweise des Wasserstoffspektrums sind sehr scharfsinnig und scheinen sich gut zu bewähren; aber die Verquickung der alten Mechanik mit Plancks Gedanken macht es sehr schwierig, eine physikalische Vorstellung davon zu bekommen, welches die Grundlagen sind. In Ihrer Hypothese scheint mir eine ernste Schwierigkeit zu liegen, deren Sie sich zweifellos bewußt sind, nämlich: wie entscheidet ein Elektron, mit welcher Frequenz es schwingen soll, wenn es von einem stationären Zustand in einen anderen übergeht? Es scheint mir, daß Sie annehmen müßten, daß das Elektron im voraus wisse, wo es verbleiben wird.

Eine weniger wichtige Kritik möchte ich zur Gliederung der Abhandlung anführen. Ich glaube, daß Sie in dem Bestreben sich klar auszudrücken, geneigt sind, Ihre Abhandlungen viel zu lang zu machen und auch die Neigung haben, Ihre Behauptungen in verschiedenen Abschnitten der Arbeit zu wiederholen. Ich finde wirklich, daß die Abhandlung gekürzt werden sollte, und ich glaube, dieses könnte geschehen, ohne daß sie dadurch an Klarheit einbüßen würde. Ich weiß nicht, ob Sie sich der Tatsache bewußt sind, daß lange Abhandlungen dazu angetan sind, die Leser abzuschrecken – sie fühlen, daß sie keine Zeit haben, sich in sie zu vertiefen.

Ich werde Ihre Abhandlung sehr genau durchsehen und Sie wissen lassen, was ich über die Einzelheiten denke. Ich will sie sehr gern an das Phil. Mag. senden, aber es wäre mir lieber, wenn ihr Umfang um ein erhebliches gekürzt werden könnte. Auf jeden Fall werde ich alle Verbesserungen im Englischen machen, die notwendig sind.

Ich freue mich sehr darauf, Ihre folgenden Abhandlungen zu sehen, aber bitte nehmen Sie meinen Rat zu Herzen und versuchen Sie, dieselben so kurz wie möglich zu machen, soweit es mit der Klarheit vereinbar ist. Es freut mich zu hören, daß Sie später nach England herüberkommen, und es wird uns sehr freuen, Sie zu sehen, wenn Sie in Manchester sind.

Übrigens haben mich Ihre Betrachtungen über Fowlers Spektrum sehr interessiert. Ich habe die Sache Evans gegenüber erwähnt, und er sagte mir, daß er sich dafür interessiert; ich halte es für durchaus möglich, daß er einige diesbezügliche Experimente versucht, wenn er nächstes Semester hierher zurückkommt. Die allgemeine Arbeit geht gut, aber ich bin im Augenblick dadurch aufgehalten, daß wir gefunden haben, daß die Masse des α-Teilchens ziemlich viel größer ist als sie sein sollte. Wenn dies richtig ist, ist das ein so wichtiges Ergebnis, daß ich es nicht veröffentlichen kann, ehe ich meiner Meßgenauigkeit in jeder Hinsicht sicher bin. Die Versuche nehmen viel Zeit in Anspruch und müssen mit großer Genauigkeit gemacht werden.

Ihr sehr ergebener E. Rutherford

P. S. Ich nehme an, Sie haben nichts dagegen, wenn ich nach meinem Gutbefinden aus Ihrer Abhandlung alles herausstreiche, was ich als unnötig ansehe? Bitte antworten Sie.

Dokument Nr. 7
Postkarte von A. Sommerfeld an N. Bohr

[München], 4. September 1913

Quelle: Niels Bohr, Collected Works,
Volume 2, Work on Atomic Physics (1912 – 1917).
North-Holland Publishing Company,
Amsterdam – New York – Oxford 1981, S. 603

Sehr geehrter Herr College!
Ich danke Ihnen vielmals für die Übersendung Ihrer hochinteressanten Arbeit, die ich schon im Phil. Mag. studiert hatte. Das Problem, die Rydberg-Ritz'sche Constante durch das Planck'sche h auszudrücken, hat mir schon lange vorgeschwebt. Ich habe davon vor einigen Jahren zu Debye gesprochen. Wenn ich auch vorläufig noch etwas skeptisch bin gegenüber den Atommodellen überhaupt, so liegt in der Berechnung jener Constanten fraglos eine grosse Leistung vor. Übrigens wird die numerische Übereinstimmung mit dem neuen Planck'schen Wert $h = 6{,}4 \cdot 10^{-27}$ noch besser. – Werden Sie Ihr Atommodell auch auf den Zeeman-Effekt anwenden? Ich wollte mich damit beschäftigen. Von Hn. Rutherford, den ich im Oktober zu sehen hoffe, kann ich vielleicht Näheres über Ihre Pläne erfahren.

Ihr sehr ergebener
A. Sommerfeld

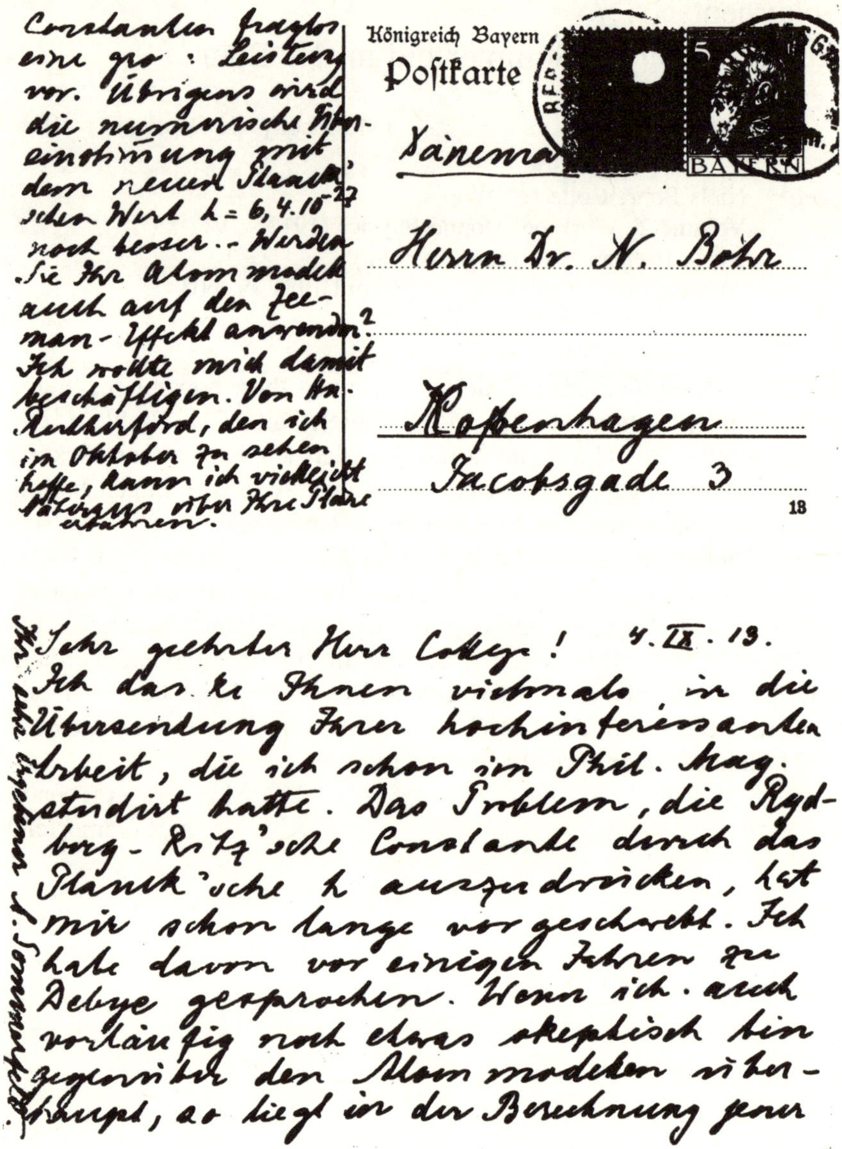
Constanten fraglos eine gro: Leistung vor. Übrigens wird die numerische Übereinstimmung mit dem neuen Planck'schen Wert $h = 6{,}4 \cdot 10^{-27}$ noch besser. – Werden Sie Ihr Atommodell auch auf den Zeeman-Effekt anwenden? Ich wollte mich damit beschäftigen. Von Hn. Rutherford, den ich im Oktober zu sehen hoffe, kann ich vielleicht Näheres über Ihre Pläne erfahren.

Königreich Bayern
Postkarte

Dänemark

Herrn Dr. N. Bohr

Kopenhagen
Jacobsgade 3

18

Sehr geehrter Herr College! 4.IX.13.
Ich danke Ihnen vielmals für die Übersendung Ihrer hochinteressanten Arbeit, die ich schon im Phil. Mag. studirt hatte. Das Problem, die Rydberg-Ritz'sche Constante durch das Planck'sche h auszudrücken, hat mir schon lange vorgeschwebt. Ich habe davon vor einigen Jahren zu Debye gesprochen. Wenn ich auch vorläufig noch etwas skeptisch bin gegenüber den Atommodellen überhaupt, so liegt in der Berechnung jener

Ihr sehr ergebener A. Sommerfeld

Faksimile der Karte von A. Sommerfeld an N. Bohr vom 4.9.1913

Dokument Nr. 8
Brief von G. de Hevesy an N. Bohr

Wien, 23. September 1913

Quelle: Niels Bohr, Collected Works,
Volume 2, Work on Atomic Physics (1912 – 1917),
North-Holland Publishing Company,
Amsterdam – New York – Oxford 1981, S. 532

Übersetzung aus dem Englischen

Mein lieber Bohr!
Ich habe gerade jetzt keine Zeit, Ihnen im einzelnen über meine Erlebnisse hier auf dem Wiener Kongreß zu berichten, aber ich muß Ihnen einige sehr günstige Nachrichten schreiben. Ich habe heute nachmittag Einstein gesprochen. Ich habe ihn zuerst nach seiner Formel gefragt, und er stimmte zu, daß es hoffnungslos ist, Unterschiede durch Diffusion in Wasser zu finden. Dann fragte ich ihn nach seiner Meinung zu Ihrer Theorie. Er sagte mir, es ist eine sehr interessante, wichtige, wenn sie richtig ist, und so weiter, und er hätte vor vielen Jahren sehr ähnliche Ideen gehabt, aber nicht den Mut besessen, sie zu entwickeln. Ich sagte ihm, daß jetzt mit Sicherheit feststeht, daß das Pickering-Fowler Spektrum zum Helium gehört. Als er das hörte, war er außerordentlich erstaunt und erwiderte: „Dann hängt die Frequenz des Lichtes überhaupt nicht von der Frequenz des Elektrons ab“ – (ich verstand ihn so??) Und das ist eine *enorme Errungenschaft*. Die Theorie von Bohr muß dann richtig sein. Ich kann Ihnen kaum sagen, wie zufrieden ich gewesen bin, und in der Tat konnte mir kaum irgendetwas anderes so ein Vergnügen bereiten, wie dieses spontane Urteil von Einstein.

Alle meine besten Grüße an Sie und Frau Bohr.
Dr. Paneth schickt auch einen sehr herzlichen Gruß.

Ihr sehr ergebener
George Hevesy

Dokument Nr. 9
Brief von H. Bohr an N. Bohr

Göttingen, [Herbst 1913]

Quelle: Niels Bohr, Collected Works,
Volume 1, Early Work (1905 – 1911).
North-Holland Publishing Company, Amsterdam, American
Elsevier Publishing Company Inc., New York 1972, S. 566
Übersetzung aus dem Dänischen

Lieber Niels!
...Die Leute hier sind weiterhin außerordentlich an Deinen Artikeln interessiert, aber ich habe den Eindruck, daß die meisten von ihnen – ausgenommen Hilbert – und insbesondere unter den jüngeren Born, Madelung etc., sich nicht wagen zu glauben, sie könnten objektiv richtig sein; sie finden die Annahmen „kühn" und „phantastisch". Wenn die Frage des Wasserstoff-Helium-Spektrums definitiv gelöst werden könnte, dann müßte das einen überwältigenden Eindruck machen: alle Deine Opponenten halten sich an die Feststellung, daß es keinen Grund gibt anzunehmen, es handle sich nicht um Wasserstofflinien. – Ich denke, ich habe Runge korrekt verstanden, er sagte, daß die Abweichung, die Du berechnet hast, zu groß sei, aber ich wage dies nicht definitiv zu behaupten. In bezug auf Nicholson sagte er, daß die Übereinstimmung „wahrhaft glücklich" sei, d. h., zufällig ausgewählte Zahlen wären derart gut in Übereinstimmung zu bringen, aber vielleicht hat er übertrieben. Hier sind viele junge Leute, die mich nach Sonderdrucken Deiner Artikel gefragt haben; wenn Du mir 2 Expemplare des ersten und drei des zweiten (falls Du genug davon hast) schicken könntest, würde ich sie jenen geben, die sie wirklich studieren wollen. Hast Du mittlerweile etwas von Sommerfeld oder anderen gehört?...

Dokument Nr. 10
Brief von C. Christiansen an N. Bohr

Kopenhagen, 12. Mai 1916

Quelle: Niels Bohr, Collected Works,
Volume 2, Work on Atomic Physics (1912 – 1917).
North-Holland Publishing Company,
Amsterdam – New York – Oxford 1981, S. 496
Übersetzung aus dem Dänischen

Lieber Professor Bohr!
Es freut mich außerordentlich, Sie zu Ihrer Berufung als Professor an der Universität beglückwünschen zu können. Ich kenne Sie ja schon aus jungen Jahren; noch nie bin ich einem Menschen begegnet, der so wie Sie einer jeden Sache auf den Grund zu gehen vermag und dabei die Energie besitzt, ein Ziel bis zu Ende zu verfolgen, und der außerdem so vielfältig an allen Sphären des Lebens interessiert ist. Es bleibt nur zu wünschen, daß Sie bei Ihrer Rückkehr so gute Arbeitsbedingungen vorfinden, wie Sie sie benötigen. Denn es ist ja auch eine erfreuliche Folge dieser Berufung, daß wir Sie und Ihre Gattin nunmehr bei uns behalten werden. Ich weiß wohl, daß es seine Vorteile hat, in einer wissenschaftlich anregenden Umgebung zu leben; ich glaube jedoch nicht, daß dies für Sie so viel bedeuten könnte, sie vermögen gut auf den eigenen Füßen zu stehen, und Rosen wachsen nicht nur in großen Ländern.

Von mir und meiner Frau die herzlichsten Grüße an Sie und Ihre Gattin.

Ihr ergebener
C. Christiansen

Uns geht es allen recht gut. Ich arbeite jeden Tag im Laboratorium und habe große Freude daran, alles ist neu und deshalb voller Aufregungen und Überraschungen.

Dokument Nr. 11
Brief von N. Bohr an E. Rutherford

Kopenhagen, 24. November 1918

Entwurf, egh.
BSC 6.3, 3 Seiten
Übersetzung aus dem Englischen

Sehr geehrter Professer Rutherford!
Ich brauche nicht zu sagen, wie oft unsere Gedanken in diesen Tagen zu all unseren Freunden nach England gegangen sind und wie sehr wir an all der Freude und dem Glück teilnehmen, die dort jeder über das große Resultat fühlen muß, mit dem die riesigen Anstrengungen in diesen kritischen Jahren abgeschlossen worden sind. Hier in Dänemark sind wir natürlich sehr dankbar für die Möglichkeit, die die Niederlage des deutschen Militarismus uns eröffnet hat, den alten dänischen Teil von Schleswig zurückzubekommen, und zugleich sind wir jetzt, wo der Krieg zu Ende ist, voller Erleichterung. Alle hier sind überzeugt, daß es niemals mehr einen solchen Krieg in Europa geben kann. Alle Menschen haben so viel aus der furchtbaren Lektion gelernt, und selbst hier in diesen kleinen skandinavischen Ländern, wo es – aus guten Gründen – schon vor dem Krieg sicherlich nicht viel aggressiven militärischen Geist gab, müssen die Menschen ganz anders als vorher auf die politische Seite des Lebens blicken. Aus allem, was wir hören, sind wir auch ganz sicher, daß die Männer, die jetzt in Deutschland an der Macht sind, eine wirklich friedliche Position eingenommen haben, nicht wegen der günstigen Gelegenheit und auch nicht, weil sie das immer schon getan haben, sondern weil alle liberal gesinnten Menschen in der Welt die Unsinnigkeit der Prinzipien verstanden haben, auf die sich die internationale Politik bisher gestützt hat. Wenn es daher wegen der großen Not und Armut im gegenwärtigen Moment nur nicht zur Anarchie kommt, kann man diese Zeit sicher als den Beginn einer neuen Ära in der Geschichte ansehen.

Wie ich mich sehne, jetzt in England zu sein und mit Ihnen über all diese Dinge zu sprechen. Ich erinnere mich so, als ob es gestern war, an zahlreiche Begegnungen, bei denen ich in ihrem Arbeitszimmer saß und Sie mir Ihre Meinung über die verschiedenen Wendungen darlegten, die der Kriegsverlauf nahm, und ich Ihren unerschütterlichen Glauben an einen glücklichen Ausgang bewunderte. Sie waren stets imstande, mich aufzurichten, wie niedergeschlagen ich auch manchmal sein mochte.

Sehr geehrter Professor Rutherford, dieser Brief ist nur als ein Gruß in diesen ereignisreichen Tagen gedacht, aber schon sehr bald werde ich schreiben und über meine Arbeit berichten. Ich fühle, wie glücklich Sie jetzt wieder sein müssen, wie in alten Tagen im Laboratorium arbeiten zu können, nachdem Sie in diesen langen Jahren so viel von Ihrer Zeit für dieses jetzt erreichte große Ergebnis geopfert haben. Ich möchte sehr gern erfahren, wie die wichtigen Untersuchungen vorangehen, von denen Sie mir erzählt haben. Es tut mir sehr leid, so lange nicht geschrieben zu haben, aber ich hatte in den letzten Monaten sehr viel zu tun, und deshalb hat es länger als erwartet gedauert, den zweiten Teil meiner Abhandlung abzuschließen, den ich Ihnen schon vor einiger Zeit angekündigt hatte. Jetzt wird er in einigen Tagen von der Druckerei fertiggestellt, ist aber – ich fürchte Ihre Mißbilligung – reichlich lang geworden (doppelt so lang wie Teil 1). Meine einzige Entschuldigung ist, daß ich wirklich versucht habe, eine Menge Arbeit hineinzustecken. Was die äußeren Bedingungen für meine Arbeit hier anbelangt, muß ich noch sagen, wie sehr ich mich freue, daß die Einrichtung des kleinen Laboratoriums für experimentelle Untersuchungen in Zusammenhang mit den modernen Arbeiten in der theoretischen Physik jetzt durch Bescheid der Regierung gesichert ist, die Arbeit am Gebäude beginnen zu dürfen, sobald die detaillierten Pläne des Architekten fertig sind. Dieses glänzende Ergebnis ist vor allem der außerordentlichen Freundlichkeit und Großzügigkeit eines Schulfreundes von mir zu verdanken, der durch seine und seiner Freunde Spenden eine große Geldsumme (4500 £) zusammengebracht hat, die der Universität als Hilfe bei der Finanzierung des Gebäudes und der Anschaffung der Ausrüstung zur Verfügung gestellt wurde. Das Laboratorium wird am Rande eines schönen Parks unweit des Stadtzentrums gelegen sein, und wir selbst werden auf diesem Gelände wohnen. Natürlich freue ich mich sehr darauf. Wir hoffen schon, daß es Ihnen und Lady Rutherford genehm sein wird, nach Kopenhagen zu kommen und anläßlich der hoffentlich in einem Jahr stattfindenden Feierlichkeiten zur Eröffnung des Laboratoriums bei uns zu wohnen. Wir freuen uns beide sehr, nach England zu kommen, sobald das Reisen wieder möglich ist, und Sie und alle meine Freunde im Laboratorium und anderswo zu sehen.

Mit den besten Grüßen von uns beiden an Sie und Lady Rutherford und Eileen

Ihr sehr ergebener
N. Bohr

Dokument Nr. 12
Brief von N. Bohr an A. Sommerfeld

Kopenhagen, 9. Oktober 1919

Ausfertigung, egh.
BSC 7.3, 3 Seiten

Lieber Professor Sommerfeld
Sie wissen nicht wie grosse Freude Sie uns alle hier mit Ihrem Besuch bereitet haben. Für mich selbst ist es eine unvergeszliche Erlebung gewesen Ihnen näher kennen zu lernen und Gedanken mit Ihnen auszuwechseln. Ich habe natürlich vielfach nachgedacht über was Sie mir von Ihren Anschauen über den Molekülfragen erzählt haben, und entgegensehe mich der grölszten Erwartung von den Resultaten der näheren Berechnung über das neue Modell des Wasserstofmolekül zu hören. Ich sehe deutlich ein das zwei Wasserstofatome im groszen Abstande sich noch stärker anziehen müssen, wenn sie sich einstellen wie Sie angedeutet haben, als in der Einstellung, die Ich ursprünglich angenommen hatte; und Ich zweifle nicht voraus dasz das neue Modell sich als richtig herausstellen wird; im Betracht von alle die Schwierichkeiten, die, wie Sie hervorgehoben, an das alte Modell geknüpft sind, würde es auch zu traurig sein ob man diese verheissene Thür zu dem so lange erwartete Fortschritte im Molekülgebiet verschlossen finden sollte. Lieber Prof. Sommerfeld Ich kann Ihnen nicht sagen wir froh Ich mich mit ihren Freundschafft gemacht haben, und wie grosz eine wissenschaftliche Erfrischung Ihren Besuch für mich gewesen ist. Ich bin jetzt fest beschlossen zu versuchen mich Zeit zu schaffen in die Vollendung der Fortsetzung meiner Abhandlung arbeiten zu können und hoffe bald im Stande zu sein Sie über mehr erfreuliches berichten zu können. Die kürzere Veranleitung zu diesen Zeilen ist übrigens dasz Ich vor einige Tagen einen Brief zurückbekommen habe, die Ich am 30. August zu Ihnen nach München gesandt hatte um Sie auf eine Einladung nach Kopenhagen vorzubereiten. Beim Wiedersehen des Briefes sah Ich mit fürchterliche Klarheit ein, dasz Sie mich ob möglich als noch unpraktischer angesehen haben müssen als Ich schon bin und dasz Sie gar kein Wort von was Ich in Lund und Kopenhagen über die Ordnung Ihren Besuch sprach begreifen haben können.

Mit den besten Grüszen und Wünschen von uns alle

Ihr sehr ergebener
Niels Bohr

Dokument Nr. 13
Brief von A. Sommerfeld an das Comité zur Verwaltung des Carlsbergfonds

München, Oktober 1919

Ausfertigung, egh.
BSC 7.3, 4 Seiten

Sehr geehrte Herren!
Professor Harald Bohr schreibt mir, dass sein Bruder, Professor Niels Bohr, sich um eine Unterstützung seines Institutes durch den grossen dänischen Carlsbergfond bewerbe, und meint, dass meine Füsprache dabei von Einfluss sein könne. Ich nehme mir daher die Freiheit, einige diesbezügliche Betrachtungen niederzuschreiben, welche dem Urtheil der zuständigen Autoritäten nicht vorgreifen wollen und nur dazu dienen soll[en], das allgemeine Interesse der Wissenschaft an den Plänen von Professor Niels Bohr zu betonen.

Die Bohrsche Theorie der Atome und Spektrallinien hat seit ihrer ersten Veröffentlichung im Jahr 1913 die wissenschaftliche Welt in Atem gehalten. Das periodische System der Elemente ist erst durch diese Theorie verständlich geworden, und das ungeheure Material der Spektroskopie, das in nunmehr 60 Jahren aufgesammelt wurde, kann erst jetzt wissenschaftlich ausgewertet werden. Ein besonderes Kennzeichen der Bohrschen Theorie besteht darin, dass sie zu immer neuen Fragestellungen an das Experiment herausfordert. Wer könnte geeigneter sein, diese Fragestellungen einer sicheren Antwort entgegenzuführen, als Herr Bohr selbst? Seine Leitung der Experimente wird die beste Art der Problemstellung und ihre wissenschaftliche Verwertung verbürgen. Es handelt sich dabei grossenteils um Präcissionsmessungen, die feinste Apparate und erhebliche Mittel erfordern. Bei der allgemeinen Teuerung kann es nicht ausbleiben, dass die von Professor Bohr ursprünglich geforderten Summen nicht mehr ausreichen. Ich bin überzeugt, das Urteil aller Sachkundigen wiederzugeben, wenn ich dem gegenüber sage, dass die Probleme, die Professor Bohr behandelt, von umfassender und grundlegender Bedeutung für die physikalische und chemische Wissenschaft sind. Als Zeugen dafür möchte ich insbesondere Professor Arrhenius anführen. Er sagte im Schlusswort zu einem Vortragscyklus, den ich über die Bohrsche Atomtheorie kürzlich in Stockholm gehalten habe, dass es sich hier zweifellos um die interessantesten und fruchtbarsten Probleme der Naturwissenschaft handle. Übrigens lässt Herr Arrhenius in seinem von der Nobelstiftung erbauten Institut zur Zeit Versuche anstellen, die ebenfalls aus der Bohrschen Theorie hervorgegangen sind.

– Ich möchte die Frage aber im Besonderen noch von einem zeitgeschichtlichen Gesichtspunkt aus betrachten. Durch die Kriegslasten und unerträglichen Friedensbedingungen ist es Deutschland, das bisher an seinen zahlreichen Universitäten und Hochschulen experimentelle Forschung mit reichen Mitteln gefördert hat, auf lange Zeit unmöglich gemacht, die Wissenschaft wie bisher zu pflegen. Zugleich mit Deutschland ist fast der ganze europäische Continent verarmt. Das glückliche Dänemark kann hier in die Bresche treten. Es wird dies um so lieber tun als es dabei zugleich sich selbst in dem Namen eines seiner hervorragenden Söhne ehrt. Das Institut des Herrn Bohr sollte nicht nur dem dänischen wissenschaftlichen Nachwuchs dienen, es sollte eine internationale Arbeitsstätte auch für Talente des Auslandes werden, denen die eigene Heimat nicht mehr die goldene Freiheit der wissenschaftlichen Arbeit gewähren kann. Wie früher im Wiener Radium Institut so mögen künftig Forscher aller Länder zu besonderem Studium in Kopenhagen sich treffen und im Bohrschen Institut für Atomphysik gemeinsame Culturideale verfolgen.

Mit vorzüglicher Hochachtung
Prof. A. Sommerfeld

Dokument Nr. 14
Postkarte von M. Planck an N. Bohr

Berlin-Grunewald, 4. Dezember 1919

Ausfertigung, egh.
BSC 5.5, 2 Seiten

Hochverehrter Herr College!
Empfangen Sie meinen aufrichtigen, herzlichen Dank für Ihren freundlichen Glückwunsch zu der mir erwiesenen Auszeichnung. Ich brauche Ihnen nicht zu versichern, dass Ihre gütigen Worte für mich eine besonders wertvolle Bedeutung besitzen; denn ich bin mir wohl bewusst, dass ein großer Teil von dem, was mir zu Gute gerechnet wird, den genialen Männern zu verdanken ist, welche es verstanden haben, aus den aufgetauchten Ideen etwas Grosses und Schönes zu machen. Seit Anbeginn verfolge ich mit lebhaftem Interesse Ihre wunderbare Theorie des Atombaus, wunderbar in gleicher Weise durch ihre Erfolge wie durch ihre Kühnheit. Möge Ihnen noch mancher Schritt auf diesem Wege gelingen.

Ihr aufrichtig ergebener
Planck

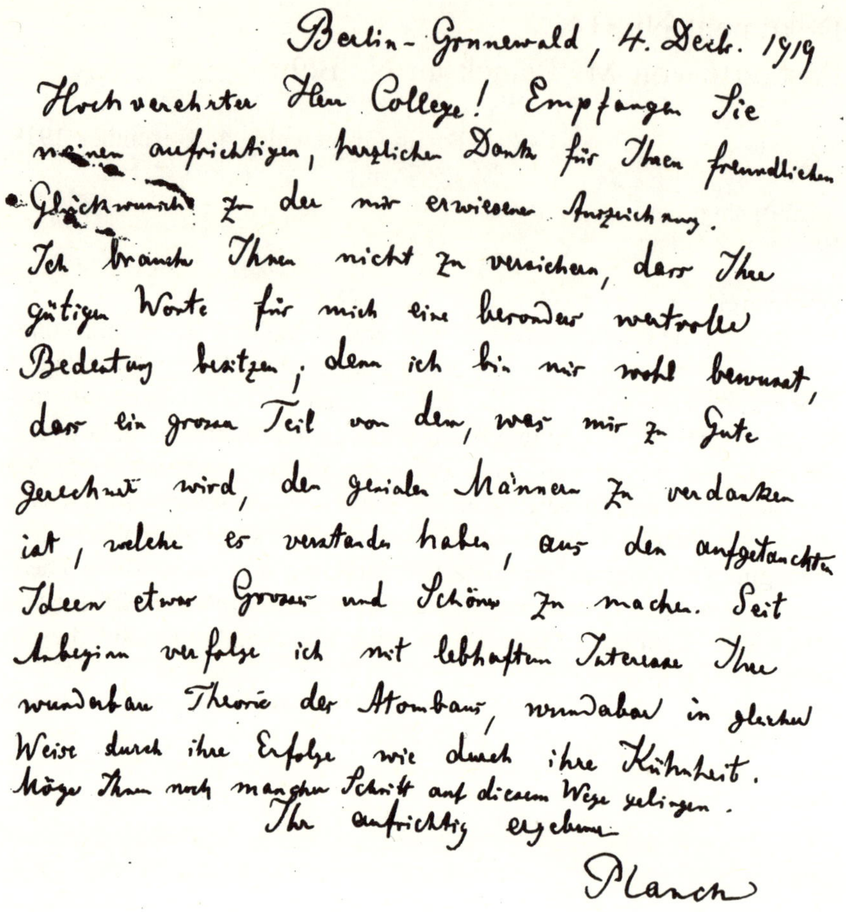

Berlin-Grunewald, 4. Decb. 1919

Hochverehrter Herr College! Empfangen Sie meinen aufrichtigen, herzlichen Dank für Ihren freundlichen Glückwunsch zu der mir erwiesenen Auszeichnung. Ich brauche Ihnen nicht zu versichern, dass Ihre gütigen Worte für mich eine besonders wertvolle Bedeutung besitzen, denn ich bin mir wohl bewusst, dass ein grosser Teil von dem, was mir zu Gute gerechnet wird, den genialen Männern zu verdanken ist, welche es verstanden haben, aus den aufgetauchten Ideen etwas Grosses und Schönes zu machen. Seit Anbeginn verfolge ich mit lebhaftem Interesse Ihre wunderbare Theorie des Atombaus, wunderbar in gleicher Weise durch ihre Erfolge wie durch ihre Kühnheit. Möge Ihnen noch mancher Schritt auf diesem Wege gelingen.

Ihr aufrichtig ergebener

Planck

Faksimile des Briefes von M. Planck an N. Bohr vom 4.12.1919

Dokument Nr. 15
Brief von N. Bohr an M. Planck

Kopenhagen, 1. Mai 1920

Entwurf, hsl.
BSC 5.5, 3 Seiten

Lieber Professor Planck!
Zurückgekommen nach Kopenhagen, sende ich Ihnen und Ihrer Frau meinen herzlichsten Dank für die schönen Tage die ich in Ihrem Heim zugebracht habe, und die mir immer eine unvergessliche Erinnerung sein wird. Ich kann Ihnen nicht sagen, wie gross eine Freude es für mich gewesen ist, diese Gelegenheit zu haben, Ihre persönliche Bekanntschaft zu machen, und wie dankbar ich bin für all die Freundlichkeit und Liebenswürdigkeit, womit Sie und Ihre Frau mich empfangen haben. Der ganze Aufenthalt in Berlin hat sich für mich als eine meiner schönsten Erlebungen gestaltet, und ich habe durch die Gespräche mit Ihnen und den anderen hervorragenden deutschen Gelehrten überaus viele Anregungen für die Fortsetzung meiner Arbeit mitgebracht. Besonders durch die Aufenthalt in Ihrem Hause habe ich aber einen unvergesslichen Eindruck bekommen, wie hoch sich das Menschenleben durch inneren Wert der Persönlichkeit sich über die ausen Verhältnisse erheben kann. Verzeigen Sie, lieber Professor Planck, dass ich hier mit ungeschickten Worten das Gefühl auszudrücken versuche durch die ich während meines ganzen Aufenthaltes in Ihrem Hause durchgedringt war.

Mit den herzlichsten Grüssen an Sie und Ihre Frau

Ihr sehr ergebener
N. Bohr

Dokument Nr. 16
Brief von A. Einstein an N. Bohr

Berlin, 2. Mai 1920

Quelle: Niels Bohr, Collected Works,
Volume 3, The Correspondence Principle (1918 – 1923).
North-Holland Publishing Company,
Amsterdam – New York – Oxford 1976, S. 634

Lieber Herr Bohr!
Das herrliche Geschenk aus dem Neutralien [i. e. Denmark], in dem noch Milch und Honig tröpfelt, gibt mir willkommen(en) Anlass, Ihnen zu schreiben. Nicht oft im Leben hat mir ein Mensch durch seine blosse Gegenwart solche Freude gemacht wie Sie. Ich begreife jetzt, warum Sie Ehrenfest so liebt. Ich studiere jetzt Ihre grossen Arbeiten und habe dabei – wenn ich gerade irgendwo stecken bleibe – das Vergnügen, Ihr freundliches Jungen-Gesicht vor mir zu sehen, lächelnd und erklärend. Ich hab viel von Ihnen gelernt, hauptsächlich auch, wie Sie den wissenschaftlichen Dingen gegenüberstehen.

Bei der Art, wie Sie die Quantenzustände mit Hilfe der Quantenzustände („nach Art der Riemannschen Fläche") aus einander ableiten, ist mir etwas dunkel geblieben. Es scheint mir nämlich, dass die *Umkehrung* des Prozesses, der aus dem Zustand $J_1 = h$ den Zustand $J_2 = 2h$ liefert, aus dem Zustand $J_1 = h$ den Zustand $h/2$ liefert, der doch kein Quantenzustand sein soll. Man geht doch irgendwo durch die diskontinuierliche Aenderung der Integrationszeit hindurch, wenn ich Sie richtig verstanden habe.

Ich freue mich sehr auf unsere Gespräche in Kopenhagen. Einstweilen wünscht Ihnen glückliche Zeit und gesegnete Arbeit

Ihr
A. Einstein

Dokument Nr. 17
Brief von N. Bohr an A. Einstein

Kopenhagen, 24. Juni 1920

Quelle: Niels Bohr, Collected Works,
Volume 3, The Correspondence Principle (1918 – 1923).
North-Holland Publishing Company,
Amsterdam – New York – Oxford 1976, S. 634, 635

Lieber Professor Einstein,
Ich kann ihnen nicht sagen wie gross eine Freude es für mich war zu hören dass Sie nach Kopenhagen kommen, und mit welcher Erwartung wir alle Ihren Vortrag entgegensehe. Es war für mich eine der grössten Erlebnissen die ich gehabt habe Sie zu treffen und mit Ihnen zu sprechen, und ich kann nicht sagen wie dankbar ich bin für all die Freundlichkeit, mit der Sie mir bei meinem Besuch in Berlin entgegengekommen sind, und für Ihren liebenswürdigen Brief auf dem ich mich schäme noch nicht antwortet zu haben. Sie wissen nicht wie gross eine Anregung es für mich war die lang erwünschte Gelegenheit zu haben persöhnlich von Ihren Ansichten über die Fragen womit ich mich beschäftigt habe, zu hören. Nimmer will ich unsere Gespräche auf den Weg von Dalem zu Ihrem Haus vergessen, und ich hoffe sehr dass es unter Ihren Besuch hier eine Gelegenheit sich ergeben werde diese Gespräche aufzunehmen. Leider ist meine Frau, wegen der glücklichen Geburt eines Sohnes, eben in diesen Tagen in einem Klinik, und wir müssen daher auf die Freude Sie in unser Haus zu sehen bis auf Ihre Rückkehr nach Kopenhagen versichten. Wenn Sie aber die Zeit und Lust haben sollte während Ihren jetzigen Aufenthaltes hier mit mir ein Spaziergang in den schönen Umgebungen von Kopenhagen zu machen, und am See mit mir allein oder vielleicht mit einigen nahen Freunde eine Mahlzeit einzunehmen wäre es mir eine auserordentliche Freude.

Mit den herzlichsten Grüssen auch von meiner Frau,

Ihr sehr ergebener
N. Bohr

Dokument Nr. 18
Brief von N. Bohr an P. Ehrenfest

Kopenhagen, 22. November 1920

Quelle: Niels Bohr, Collected Works,
Volume 3, The Correspondence Principle (1918 – 1923).
North-Holland Publishing Company,
Amsterdam – New York – Oxford 1976, S. 611, 612

Lieber Ehrenfest,
Sie können nicht wissen, wie oft ich an Sie denke, and wie dankbar ich für alle Ihre freundliche Interesse bin. Ihre Freundschaft fühle ich als eines der grössten Glücke, das ich im Leben bekommen habe. Die einzige Definition des Glückes, mit dem ich zufrieden bin, und deren Richtigkeit ich in manchen Verhältnissen sehr stark gefühlt habe, ist aber, dass es einem besser geht als er verdiene, und wie gut dass es in diesen Verhältnissen passt, brauche ich nicht näher zu sagen. Damit ist nicht gesagt, dass ich niemals Versuch gemacht habe den Stand der Rechenschaft zu verbessern und habe mehrere Male lange Briefe an Sie angefangen. Heute ist es aber nicht die Meinung, näher auf den Inhalt dieser Briefe einzugehen und zu erklären, warum sie nimmer abgeschickt wurden, aber nur um Sie zu bitten einen Streich über die ganze Rechenschaft zu ziehen. In den letzten Monaten bin ich überaus in Anspruch genommen mit praktischen Sachen in Verbindung mit der Arbeit auf das Einrichtung des neuen Laboratoriums, und habe oft gefühlt, als ob ich darin ganz ertrinken sollte. In dieser Zeit habe ich gar keine Ruhe zur eigene Arbeit gehabt. Morgen gehe ich aber für einige Tage von Kopenhagen weg, um zu versuchen einige neue Gedanken über den Atombau, die mir sehr am Herze liegen, in Ruhe auszuarbeiten, und ich versuche heute Abend so viel wie möglich Ordnung in meinen Sachen zu bringen, und vor allem liegt mein schlechtes Benehmen gegen Sie mir auf dem Sinne. Ich wollte Sie so gern bitten Vertrauen zu haben, dass ich ein neues Leben in Bezug auf meinen Freunden anfangen werde mit Stütze der technischen Hilfsmittel und die Ruhe, die ich hoffe, das Fertigwerden des neuen Laboratoriums mir bringen werden, die Hilfsmittel von denen die aussere Erscheinung diesen Briefes schon Mitteilung bringt. Ich freue mich zum neuen Jahr mehr als ich sagen kann, besonders weil es mir wieder in persönlicher Verbindung mit Ihnen und Einstein bringen wird; erstens werden wir ja uns alle in Brüssel treffen, aber ich hoffe so sehr, dass dieses Jahr

auch Sie nach Kopenhagen führen werde, was eine grössere Freude für meine Frau und mich sein wird, als ich aussagen kann. Eben in diesem Augenblick ist meine Frau mit ihren Eltern in Italien, und ich beabsichtige in einigen Wochen, sobald ich die kleine Arbeit, die ich im Kopfe habe, niedergeschrieben habe, dahin zu gehen und sie zurückzuholen, und wir werden dann beide im Anfang Januar wieder in Kopenhagen sein, eben auf der Zeitpunkt wo das neue Institut vollendet stehen wird. Mit diesem Brief wollte ich ja nur gern meine besten Gedanken an Sie und Ihre Familie gehen lassen und Sie bitten das Vertrauen zu haben, dass ich wirklich ein neues Leben anfangen werde und es damit zu zeigen, dass Sie alle meine Unterlassen in der Vergangenheit vergessen werden und wieder an mich schreiben werden in der Hoffnung Antworte zu bekommen, eine Hoffnung, die ich versuchen werde nicht zu beschämen.

Mit allerfreundlichsten Grüssen an Ihnen allen,

Ihr ganz ergebener

[Niels Bohr]

P. S. Ich habe eben in diesen Tagen Neudrücke von meinen alten Kopenhagener Arbeiten bekommen und schicke mit derselben Post drei Exemplare für Ihre russischen Freunde. Zu gleicher Zeit sende ich einige Exemplare von meinem Berliner Vortrag, der ungefähr denselben Inhalt hatte als meinen Vortrag in Leiden. Bitte schreiben Sie mir, ob ich in irgend einer Weise mit Ihren Bestrebungen, über die Sie vor einiger Zeit Kramers geschrieben haben, die russischen Physiker zu unterstützen behilflich sein kann.

Dokument Nr. 19
Brief von A. Sommerfeld an N. Bohr

München, 25. April 1921

Quelle: Niels Bohr, Collected Works,
Volume 4, The Periodic System (1920 – 1923).
North-Holland Publishing Company,
Amsterdam – New York – Oxford 1977, S. 740, 741

Lieber Bohr!
Vor zehn Jahren schrieb ich an Hilbert, als er sich nach Abschluss der Integralgleichungen gründlich überarbeitet hatte und ein Sanatorium aufsuchen mußte: „Das mathematische Königreich, das Sie errichtet haben, ist schon eine Messe wert". Dasselbe möchte ich Ihnen sagen, da ich von Franck höre, dass Sie mit Ihrer Arbeitsfähigkeit streiken. Ihr mathematisch-physikalisches Königreich wird noch längeren Bestand haben und noch mehr Bürger zählen als das Hilbert'sche Integral-Gleichungs-Reich. Glauben Sie nur nicht, dass Ihre jetzige Arbeitspause etwas Ernstliches oder Besonderes ist. Ich finde es nur natürlich, dass Sie für ihre neuesten Entdeckungen, die gewiss eine ungeheure Gedanken-Concentration erforderten, den Tribut der Menschlichkeit zahlen müssen. Und ich würde ihn, wenn mir so tiefe Einsichten beschert wären, *gerne* zahlen. Ich weiss übrigens von Ihnen weiter nichts, als dass Sie nicht nach Göttingen gehen werden und nicht in Brüssel gewesen sind. Vielleicht wäre es richtiger gewesen, wenn Sie meine ärztliche Vorschrift befolgt hätten und mit uns zum Skilaufen gekommen wären.

In Göttingen hätte ich Sie besucht und hätte Sie über die Atombauten ausgefragt. So werde ich meine dritte Auflage schreiben müssen, ohne Genaueres über diese entscheidende Wendung der Elektronenbahnen zu wissen. In gewisser Weise wird dadurch das Geschäft vereinfacht und beschleunigt.

Ich bin zwar ganz davon durchdrungen, dass Ihr Weg der richtige ist – wenn Sie, wie es scheint, die Periodenzahlen 2, 8, 18,... mathematisch nachkonstruieren können, so ist das ja die Erfüllung der kühnsten Hoffnungen der Atomphysik –. Ich bin aber ketzerisch genug zu denken, dass das eines Tages noch auf einem anderen weniger formalen, einheitlicheren Weg möglich sein wird. Allerdings erst dann, wenn man die kontinuierliche Elektrodynamik durch eine nadelförmige ersetzt haben wird.

Doch ich wollte Ihnen nichts Wissenschaftliches, sondern nur Persönliches schreiben. Das Wissenschaftliche sollten Sie sich für die nächsten Wochen ganz vom Halse halten. Auch die Institutssorgen! Ich fürchte überhaupt, dass Sie sich mit Ihrer Doppelstellung als Institutsdirektor und Direktor der Atomtheorie zu viel übernommen haben. Wenn ich Ihnen raten darf, so überlassen Sie nun die Institutsdirektion möglichst vollständig Hrn Collegen Hansen. Baldige Erholung wünscht Ihnen

Ihr
A. Sommerfeld

Dokument Nr. 20
Brief von N. Bohr an A. Sommerfeld

Kopenhagen, 30. April 1922

Quelle: Niels Bohr, Collected Works,
Volume 3, The Correspondence Principle (1918 – 1923).
North-Holland Publishing Company,
Amsterdam – New York – Oxford 1976, S. 691 – 692

Lieber Sommerfeld,
Ich danke vielmals für die freundliche Zusendung der dritten Ausgabe Ihres Buches, deren so baldiges Erscheinen und so grossen Umfang ja die klarste Kunde gibt von dessen Empfang in der wissenschaftliche Welt und die ausserordentlichen Beiträgen die Sie und Ihre Mitarbeiteren in den letzten Jahren zu den behandelten Fragen gemacht haben. Zu dieses wollte ich gern meine beste Glückwünsche und meine Bewunderung aussprechen. Gleichzeitig wollte ich auch gern meinen Dankbarkeit Ausdruck geben für die freundliche Gesinnung mit denen Sie Stellung zu die Arbeiten von meinen Mitarbeiteren und mir genommen haben. In den letzteren Jahren habe ich mich oft wissenschaftlich sehr einsam gefühlt unter dem Eindruck dass meine Bestrebungen, nach besten Vermögen die Principien der Quantentheorie systematisch zu entwickeln mit sehr wenig Verständnis aufgenommen worden ist. Es handelt sich für mich nicht um didaktische Kleinigkeiten, sondern um einen ernstlichen Versuch, einen derartigen inneren Zusammenhang zu gewinnen, dass man einen sicheren Boden für den weiteren Aufbau zu erschaffen erhoffen konnte. Ich verstehe wohl wie wenig die Sachen noch geklärt sind, und wie unbeholfen ich bin meine Gedanken in leicht zugänglicher Form auszudrücken. Um eine so grössere Freude war es mir deshalb in die Stellungnahme in die neue Ausgabe Ihres Buches eine Änderung fühlen zu glauben. In eine Entwicklungsstufe der Wissenschaft, wo so vieles in Gärung sich befindet, ist es natürlich nicht zu erwarten, dass jeder dieselbe Ansichten über alles haben kann. Z. B. muss ich gestehen, dass mehrere der Annahmen die Sie und Ihre Mitarbeiteren in der vielversprechende Theorie des anomalen Zeemaneffectes bewiest haben, mir mit eine einheitliche Auffassung der Quantentheorie kaum verträglich erscheint. Auf dergleichen Punkten werde ich tiefer eingehen in eine Abhandlung die demnächst in Zeit. f. Physik erscheinen wird und die eine nähere Erörterung die

Ausführungen, die meinen Vortrag über den Atombau unterliegen, erhalten wird.

Mit herzlichen Grüssen an Sie und alle gemeinsamen Freunde in München von uns alle hier

Ihr
N. Bohr

Dokument Nr. 21
Brief von N. Bohr an R. Courant

Kopenhagen, 15. Juli 1922

Durchschrift
BSC 1.4, 1 Seite

Lieber Courant,
Wie ich eben Franck geschrieben habe, kann ich gar nicht sagen, wie schön ein Erlebnis mein ganzer Aufenthalt in Göttingen für mich war. Ich schame mich sehr, dass ich noch nicht alle den Kollegen und Freunden, die so viel für mich getan hatten, geschrieben habe. Seit meinem Zurückkunft nach Kopenhagen habe ich aber mit verschiedenen Sachen sehr viel zu tun gehabt, und gehe Morgen früh mit meiner Frau, der es wie auch dem Kinde sehr gut geht, auf dem Lande um Ferie zusammen mit den Kindern zu halten. Ich habe daher Franck gebeten, meine Grüsse und Dank an allen auszusprechen. Ihnen möchte ich doch selbst ein Paar Worte schreiben um nochmals für all Ihre Hilfe zu danken. Sie wissen nicht, wie viel es für mich war Ihre Freundschaft für Harald zu fühlen, und bei Ihnen eine Zuflucht zu haben ganz wie bei einem Bruder. Es war mir eine sehr grosse Freude, in Ihrem Haus zu kommen und Ihre Frau kennen zu lernen, und ich sende Ihnen beiden meine besten Wünsche und Grüsse. Lieber Courant, dieser ist ja ein ganz dummer Brief, aber ich weiss doch, dass Sie mich nicht ernstlich nehmen, und hoffe auch nur, dass Sie nicht mehr darüber lachen werden, als Sie es in Göttingen pflegten.

Auf baldiges Wiedersehen

Ihr
[Niels Bohr]

P. S. Eben in diesem Augenblick erfahre ich, dass Haralds Frau einen Sohn bekommen hat, und dass beide sich sehr wohl befinden.

Dokument Nr. 22
Brief von N. Bohr an A. Einstein

Kopenhagen, 11. November 1922

Quelle: Niels Bohr, Collected Works,
Volume 4, The Periodic System (1920 – 1923).
North-Holland Publishing Company,
Amsterdam – New York – Oxford 1977, S. 685

Lieber Professor Einstein,
Ich möchte gerne meine herzlichsten Glückwünsche aussprechen zu der Erteilung des Nobelpreises. Die äussere Anerkennung kann ja nichts für Sie bedeuten, aber die zugehörigen Geldmittel dürften vielleicht eine Erleichterung in Ihren Arbeitsverhältnissen bewirken.

Für mich war es die grösste Ehre und Freude, die ich durch äussere Umstände wohl bekommen konnte, dass ich zur selben Zeit wie Sie bei der Preisverteilung in Betracht kommen sollte. Ich weiss, wie wenig ich dies verdient habe, aber ich wollte gern sagen, dass ich es als ein grosses Glück gefühlt habe, dass – ganz unabhängig von Ihrem grossen Einsatz in der menschlichen Gedankenwelt – der von Ihnen gegebene grundlegende Beitrag auf dem spezielleren Gebiet, wo ich arbeite, ebenso wie die Beiträge von Rutherford und Planck auch rein äusserlich anerkannt werden sollte, bevor ich zu einer solchen Ehre in Betracht gezogen wurde.

Mit den herzlichsten Grüssen an Sie und Ihre Frau von meiner Frau und mir

Ihr ergebener
[Niels Bohr]

Dokument Nr. 23
Brief von A. Einstein an N. Bohr

Nahe Singapore, 10. Januar 1923

Quelle: Niels Bohr, Collected Works, Volume 4, The Periodic System (1920 – 1923). North-Holland Publishing Company, Amsterdam – New York – Oxford 1977, S. 686

Lieber oder vielmehr geliebter Bohr!
Ihr herzlicher Brief traf mich kurz vor der Abreise in Japan. Ich kann ohne Übertreibung sagen, daß er mich ebenso freute wie der Nobelpreis. Besonders reizend finde ich Ihre Angst, Sie könnten den Preis vor mir bekommen – das ist ächt bohrisch. Ihre neuen Untersuchungen über das Atom haben mich auf der Reise begleitet und meine Liebe zu Ihrem Geist noch vergrössert. Ich glaube nun endlich den Zusammenhang zwischen Elektrizität und Gravitation begriffen zu haben. Eddington ist der Sache näher gekommen als Weyl.

Die Reise ist herrlich. Von Japan und den Japanern bin ich entzückt und bin sicher, dass Sie es auch wären. Ausserdem ist so eine Seereise eine herrliche Existenz für einen Grübler – wie ein Kloster. Dazu die schmeichelnde Wärme nah am Aequator. Warmes Wasser träufelt nachlässig vom Himmel herunter und verbreitet Ruhe und pflanzenhaftes Dämmern – das Briefchen zeugt davon.

Herzliche Grüsse. Auf frohes Wiedersehen spätestens in Stockholm.

Ihr Sie verehrender
A. Einstein

Nippon Yusen Kaisha

S. S. "HARUNA MARU."

Nahe Singapore 10. Januar 1923

Lieber oder vielmehr geliebter Bohr!

Ihr herzlicher Brief traf mich kurz vor der Abreise in Japan. – Ich kann ohne Übertreibung sagen, dass er mich ebenso freute wie der Nobelpreis. Besonders reizend finde ich Ihre Angst, Sie könnten den Preis vor mir bekommen – das ist ächt bohrisch. Ihre neuen Untersuchungen über das Atom haben mich auf der Reise begleitet und meine Liebe zu Ihrem Geist noch vergrössert. Ich glaube nun endlich den Zusammenhang zwischen Elektrizität und Gravitation begriffen zu haben. Eddington ist der Sache näher gekommen als Weyl.

Die Reise ist herrlich. Von Japan und den Japanern bin ich entzückt und bin sicher, dass Sie es auch wären.

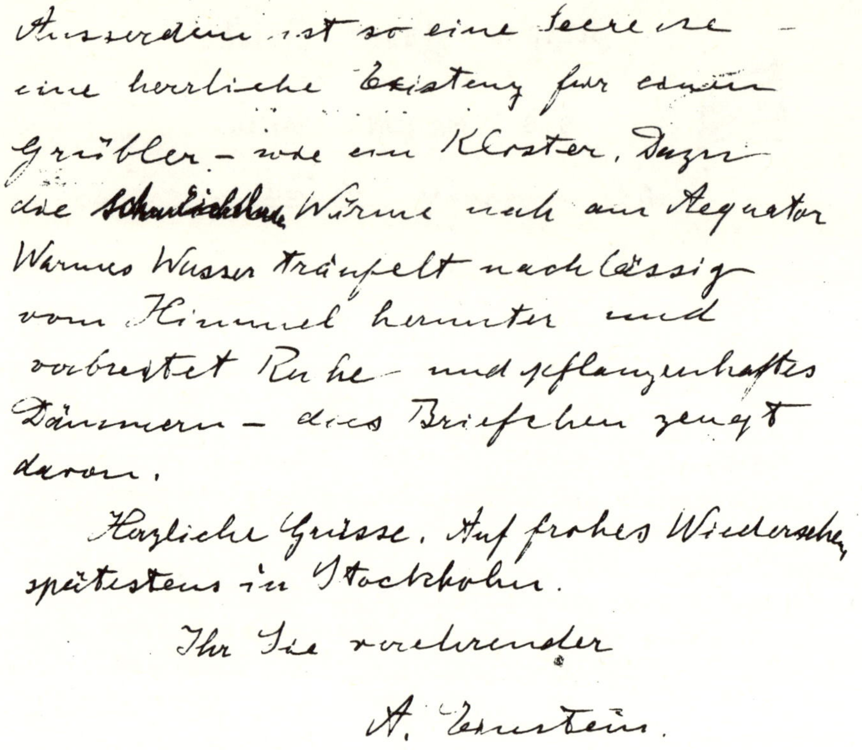
Ausserdem ist so eine Seereise –
eine herrliche Existenz für einen
Grübler – wie ein Kloster. Dazu
die ~~[illegible]~~ Wärme nah am Aequator
Warmes Wasser träufelt nachlässig
vom Himmel herunter und
verbreitet Ruhe- und pflanzenhaftes
Dämmern – dies Briefchen zeugt
davon.

Herzliche Grüsse. Auf frohes Wiedersehen
spätestens in Stockholm.

Ihr Sie verehrender

A. Einstein.

Faksimile des Briefes von A. Einstein an N. Bohr vom 10.1.1923

Dokument Nr. 24
Brief von L. Meitner an N. Bohr

Berlin, 14. November 1922

Ausfertigung, egh.
BSC 5.2, 2 Seiten

Lieber Herr Professor Bohr!
Wenn ich mir vorstelle, wie Sie in diesen Tagen mit Glückwunschbriefen überhäuft werden, scheint es mir beinahe unrecht, auch noch zu schreiben. Aber ich freue mich so ausserordentlich über die Erteilung des Nobelpreises an Sie, dass ich dieser Freude trotz aller Bedenken Ausdruck geben muss. Erlauben Sie mir also, dass ich Ihnen und Ihrer Frau sehr, sehr herzlich gratuliere, und glauben Sie mir, dass selten die Entscheidung des Nobelkommitees mit soviel froher Zustimmung, ja Begeisterung aufgenommen worden ist, wie diese letzte.

Ich denke noch sehr gerne und mit einer Art von Heimweh an die schöne Zeit in Kopenhagen. Hoffentlich kommen Sie doch wieder einmal und natürlich mit Ihrer Frau nach Berlin. Das wäre in jeder Hinsicht sehr schön und gäbe auch die Möglichkeit, ein paar physikalische Fragen, die mir viel Kopfzerbrechen machen, gelöst zu bekommen.

Ihre Frau bitte ich, nicht böse zu sein, dass ich ihren letzten Brief noch nicht beantwortet habe, ich tue es sicher sehr bald.

Mit vielen herzlichen Grüssen an Sie beide

Ihre Lise Meitner

Berlin 14. XI 22

Lieber Herr Professor Bohr!

Wenn ich mir vorstelle, wie Sie in diesen Tagen mit Glückwunschbriefen überhäuft werden, scheint es mir beinahe unrecht, auch noch zu schreiben. Aber ich freue mich so ausserordentlich über die Erteilung des Nobelpreises an Sie, dass ich dieser Freude trotz aller Bedenken Ausdruck geben muss. Erlauben Sie mir also, dass ich Ihnen und Ihrer Frau sehr, sehr herzlich gratuliere und glauben Sie mir, dass selten die Entscheidung des Nobelkommitees mit soviel froher Zustimmung, ja Begeisterung aufgenommen worden ist, wie diese letzte.

Ich denke noch sehr gerne und mit einer Art von Heimweh an die schöne Zeit in Kopenhagen. Hoffentlich kommen Sie doch wieder einmal und natürlich mit Ihrer Frau nach Berlin. Das wäre in jeder Hinsicht sehr schön und gäbe auch die Möglichkeit, ein paar physikalische Fragen, die mir viel Kopfzerbrechen machen, gelöst zu bekommen.

Ihre Frau bitte ich, nicht böse zu sein, dass ich ihren letzten Brief noch nicht beantwortet habe, ich

höre es sicher sehr bald.
Mit vielen herzlichen Grüssen an Sie beide
Ihre Lise Meitner

Faksimile des Briefes von L. Meitner an N. Bohr vom 14.11.1922

Dokument Nr. 25
Brief von N. Bohr an E. Rutherford

Kopenhagen, 20. November 1922

Durchschrift
BSC 6.3, 2 Seiten
Übersetzung aus dem Englischen

Sehr geehrter Sir Ernest!
Es tut mir leid, Ihnen nicht früher für Ihr freundliches Telegramm gedankt zu haben, aber Sie wissen sicher, wie ich in diesen Tagen an Sie gedacht habe. Ich habe so stark gefühlt, wie viel ich Ihnen nicht nur für Ihren direkten Einfluß auf meine Arbeit und für Ihre Inspiration, sondern auch für Ihre Freundschaft in diesen 12 Jahren schulde, seit ich das große Glück hatte, Sie in Manchester kennenzulernen. Ich brauche nicht zu sagen, daß die Verleihung des Nobelpreises, der für meine zukünftigen Arbeits- und Lebensbedingungen von größter Bedeutung sein wird, nicht zuletzt durch die Verleihung des Preises für 1921 an Einstein, eine ganz besondere Freude für mich gewesen ist.

Eine Sache allerdings stimmt mich traurig, nämlich daß ich Ihnen seit so vielen Monaten nicht geschrieben habe, obwohl ich sehr oft an die wunderbare Zeit gedacht habe, die ich letztes Frühjahr in England verbrachte, wo ich Ihren Vorwurf, daß ich zu selten schreibe, nicht als das kleinste Zeichen Ihrer Freundschaft auffassen konnte. In diesen Monaten hat mich nun meine Arbeit ganz überwältigt, weil ich mich um mehrere verschiedene Dinge gleichzeitig kümmern mußte. Was die Atome anbetrifft, hat es in der Zwischenzeit Fortschritte auf verschiedene Art gegeben. Insbesondere ist es möglich gewesen, durch eine genauere Untersuchung des experimentellen Materials, das in der Abhandlung von Coster beschrieben ist, welche Sie für ihn beim Phil. Mag. eingereicht haben, eine sehr starke Unterstützung für eine Reihe von Details zu gewinnen, die die Interpretation des Periodischen Systems betreffen, welche in den letzten drei Aufsätzen gegeben wurde, die bald im Verlag Cambridge Press erscheinen. Die Arbeit an den Korrekturbogen dieser Aufsätze ist jetzt beendet, und ich bin sehr dankbar für Ihre Hilfe und die Sorgfalt, die Sie und Ellis darauf verwendet haben.

Bisher war es mir nicht möglich, Ihren Rat zu befolgen, alles andere zugunsten der Redaktion eines Buches über die Atomtheorie beiseite zu legen. Aber ich habe es für notwendig erachtet, an einigen Punkten zu arbeiten, die mit dem grundlegenden Problem der Quantentheorie zusammenhängen, das den Überlegungen in den erwähnten Aufsätzen zugrunde liegt. Ich hoffe auch, in einigen Tagen einen Bericht für die Physikalische Gesellschaft über die Probleme abzuschließen, die in meiner Guthrie-Vorlesung behandelt wurden, wegen der ich gegenüber der Gesellschaft ein sehr schlechtes Gewissen habe. Im neuen Jahr jedoch, wenn ich meinen Vortrag in Stockholm gehalten und einen dringend benötigten Urlaub mit meiner Frau in Schweden genommen habe, hoffe ich, ernsthaft zur Arbeit an diesem Buch zu kommen.

Sonst kann ich berichten, daß es uns allen sehr gut geht. Wir sind jetzt mit den vier Jungens eine ganz große Familie. Christian ist inzwischen zur Schule gekommen, die ihn sehr beschäftigt. Meine Frau und ich senden unsere besten Wünsche an Sie und Lady Rutherford und auch an die Fowlers, sowie an unsere anderen Freunde in Cambridge.

Immer der Ihre

[Niels Bohr]

der sein Bestes tun wird, sich beim Schreiben zu bessern.

Dokument Nr. 26
Brief von R. Courant an N. Bohr

Göttingen, 8. Dezember 1922

Ausfertigung, masch.schr.
BSC 1.4, 2 Seiten

Lieber Herr Bohr!
Nachdem wahrscheinlich inzwischen die Hochflut der Gratulationen glücklich an Ihnen vorübergezogen ist, werden Sie gewiss einen so verspäteten Gratulationsbrief wie diesen etwas deplaciert finden. Aber ich kann mir nicht helfen, ich habe doch das Bedürfnis, Ihnen auch auf nicht-telegraphischem Wege mit ein paar Worten zu sagen, wie sehr ich mich freute, als ich die Nobelpreisnachricht in der Zeitung las. Ich musste lebhaft an den schönen Tag in Cambridge 1913 denken, als Sie mir im Hofe von Trinity Ihre Ideen auseinandersetzten. Dank der vorangegangenen Suggestion durch Harald, der mir so oft von dem Bruder Wunderdinge erzählt hatte, war ich damals sofort bereit, zu glauben, dass Sie recht haben müssten; als ich dann hier in Göttingen von diesen Dingen berichtete, wurde ich ausgelacht, dass ich solche Phantasien ernst nehmen könnte; ich bin also sozusagen ein Märtyrer des Bohrschen Modells geworden. Sie können sich denken, mit welcher Genugtuung es mich jetzt erfüllen muss, dass trotz Lenard und Stark nunmehr meine Märtyrerlaufbahn zu Ende ist. Die Art, wie Sie den Preis zusammen mit Einstein bekommen haben, hat uns alle hier ganz besonders gefreut.

Hoffentlich werden Sie Ihre Absicht, bald wieder nach Göttingen zu kommen, wirklich wahr machen. Diesmal werden wir sicher für noch bessere Geheimhaltung Ihres Aufenthaltes sorgen. Dafür müssen Sie dann dafür sorgen, dass dann auch Ihre Frau mitkommt, von der wir schon so viel gehört haben, dass der jetzige Zustand mangelnder persönlicher Bekanntschaft zu unstabil ist.

Ich kann an Sie nicht schreiben, ohne Sie mit irgendwelchen Fragen oder Bitten zu behelligen. Also: Erstens möchte ich wissen, was wir Ihnen von Ihren hier noch liegenden Geldern für ein Buch besorgen und senden sollen. Zweitens hat sich Dr. A. Berliner, der Herausgeber der Naturwissenschaften, an uns Göttinger gewandt, wir sollten doch bei Ihnen ein Wort dafür einlegen, dass Ihr Nobel-Vortrag in den „Naturwissenschaften“ abgedruckt wird. Auf Veranlassung von Franck gebe ich diese Bitte an Sie weiter. Wir denken zwar, dass der Vortrag erst im Sommer stattfinden soll, aber wir glauben, dass es an sich wirklich sehr schön wäre, wenn dem guten Dr. Berliner, der sich ungeheure Mühe mit seiner Zeitschrift gibt und der am 26. Dezember 60 Jahre alt wird, dieser Wunsch ohne Unbequemlichkeiten von Ihrer Seite erfüllt werden könnte.

Hier ist jetzt während Sommerfelds Amerikaaufenthalt der junge Heisenberger; der ist wirklich ein in jeder Beziehung hervorragender Junge, auch rein menschlich äusserst angenehm; übrigens nicht nur sehr ideenreich und voller Kenntnisse und Fertigkeiten, sondern versteht auch, die Gedanken zu formulieren, wie glänzende Vorträge in den Colloquia zeigen. Ich schreibe Ihnen das, weil ich Ihnen seinerzeit versprochen hatte, Sie auf Leute aufmerksam zu machen, die meiner Meinung nach vielleicht jetzt oder etwas später als Hilfsarbeiter für Sie in Frage kommen.

– Grüssen Sie Harald und Nörlund. Beiden schreibe ich nächstens. Vor allem aber an Sie selber die herzlichsten Grüsse von meiner Frau und mir

Ihr
R. Courant

Dokument Nr. 27
Brief von H. A. Lorentz an N. Bohr

Haarlem, 10. Dezember 1922

Quelle: Niels Bohr, Collected Works,
Volume 4, The Periodic System (1920 – 1923).
North-Holland Publishing Company,
Amsterdam – New York – Oxford 1977, S. 29
Übersetzung aus dem Englischen

Sehr geehrter Professor Bohr!
Erlauben Sie mir, Ihnen auf das herzlichste zu der hohen Auszeichnung zu gratulieren, die Ihnen heute verliehen worden ist. Sicherlich konnte kein Physiker sie besser verdienen, und ich war sehr froh zu hören, daß indem die Schwedische Akademie der Wissenschaften Ihnen den Nobelpreis zuerkannte, sie der weltweiten Bewunderung für Ihre Arbeit Ausdruck verliehen hat, durch die unser Verständnis der Natur so wunderbar vertieft worden ist.

Mit freundlichen Grüßen
Ihr sehr ergebener
H. A. Lorentz

Haarlem, December 10, 1922

Dear Professor Bohr,

Allow me to congratulate you most heartily on the high distinction that is conferred upon you to day. Surely, no physicist could better deserve it, and I was very glad to hear, that, by awarding you the Nobel prize, the Swedish Academy of sciences has given expression to the universal admiration of your work, by

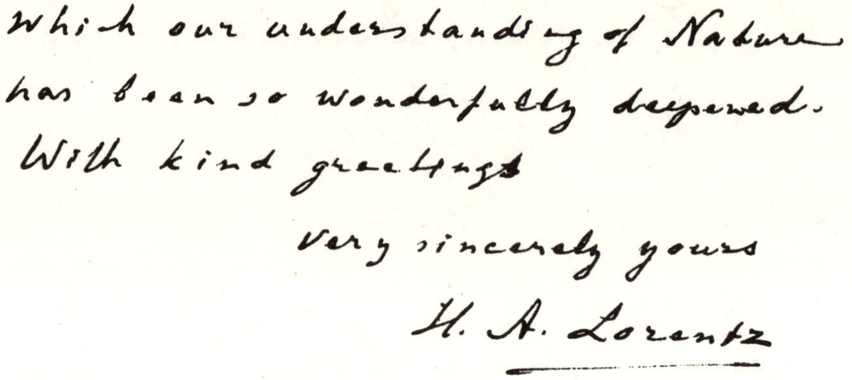
which our understanding of Nature
has been so wonderfully deepened.
With kind greetings
very sincerely yours
H. A. Lorentz

Faksimile des Briefes von H. A. Lorentz an N. Bohr vom 10.12.1922 (engl.)

Dokument Nr. 28
Brief von M. Born an N. Bohr

Göttingen, 3. März 1925

Quelle: Niels Bohr, Collected Works,
Volume 5, The Emergence of Quantum Mechanics
(Mainly 1924 – 1926).
North-Holland Physics Publishing,
Amsterdam – New York – Oxford – Tokyo 1984,
S. 307, 308

Lieber Bohr,
Gestern Abend sind wir daheim angekommen, und nachdem ich den ersten Ansturm der wegen der Reise unerledigt gebliebenen Geschäfte hinter mir habe, muss ich ihnen schreiben und meinen Dank für die schönen Tage in Kopenhagen sagen. Schon als ich vor einigen Monaten ihre Einladung erhielt, habe ich mich sehr gefreut; vor allem darüber, daß meine Denkweise und Arbeitsrichtung Ihre Aufmerksamkeit erregt hat und daß eine engere Berührung mit Ihnen in Aussicht stand. Eigentlich hatten wir uns ja vorher nur wenig gesprochen, und wenn ich mich auch viel bemüht hatte, durch Ihre Arbeiten Ihrem Geiste näher zukommen, so konnte ich doch von ausführlichen Unterhaltungen sehr viel mehr erwarten. Aber alle unsere Erwartungen sind weit übertroffen worden, nicht nur in wissenschaftlicher, sondern auch in menschlicher Richtung. Sie und Ihre Frau haben uns in so unbeschreiblich gütiger, freundschaftlicher Weise aufgenommen, daß Sie unsere Herzen ganz und gar gefangen haben. Wir wissen jetzt, daß wir liebe, gute Freunde an Ihnen beiden haben. Außerdem haben Sie uns schrecklich verwöhnt, materiell und ideell. Die Kopenhagener Gastfreundschaft, von der ich schon viel gehört hatte, ist durch Sie und die andern Kollegen in rührender Weise an uns ausgeübt worden. Außerdem haben Sie und andere Kollegen auch noch Reden auf uns gehalten und meine physikalischen Bestrebungen gelobt; das ist der einzige Punkt, wo ich mit Ihnen nicht zufrieden war. Denn wenn ich auch nicht leugnen kann, daß es dem Menschen schmeichelt, wenn er – zumal zum ersten Male – Gegenstand von Preisreden ist, so kenne ich den Wert meiner eignen Arbeiten im Vergleich zu Ihren und denen andrer Forscher gut genug, um die objektiv nötige Maßstabs-Verkürzung vorzunehmen und alles auf den richtigen Umfang zurückzuführen. Was mir wirklich wertvoll ist, ist das Bewußtsein, in gleicher Richtung mit

Ihnen zu wirken und ein wenig von dem zu haben, was Sie „philosophischen Standpunkt" zu nennen pflegen. Sonst aber weiß ich, daß ich Ihnen nur wenig bringen konnte, dafür aber vieles empfangen habe.

Gestern Abend bis spät in die Nacht und heute den ganzen Tag habe ich mit Franck diskutiert und ihm erzählt, was ich bei Ihnen gehört habe. Am meisten interessierte ihn natürlich Ihre Stellung zu unserer chemischen Arbeit; ich habe ihm Ihren Standpunkt zu erläutern gesucht. Franck hat inzwischen ein Experiment ersonnen, das über die strittige Frage einige Aufklärung bringen kann. Er will aber Ihnen selbst davon schreiben, und darum will ich es jetzt lassen.

Unsere Rückreise war sehr bequem, die Seefahrt bei schönem Wetter erfrischend. Am Sonntag blieben wir in Berlin bei meiner Schwester, wo unsere älteste Tochter zu Besuch ist. Und gestern sind wir nach Hause gefahren. In wenigen Tagen muß ich nun wieder fort in die Schweiz; gern tue ich es nicht, aber es muß wohl sein, denn ich hatte in der letzten Nacht wieder eine asthmatische Störung.

Ich kann nicht an alle Kopenhagener Freunde schreiben und für ihre Gastfreundschaft danken; sagen Sie ihnen bitte meinen Dank, vor allem Ihrem Bruder und seiner Frau, ferner Hevesy, Kramers, Heisenberg, Fowler und allen anderen. Hoffentlich kommen Sie recht bald einmal zu uns, aber diesmal mit Ihrer Frau. Grüßen Sie diese und die Herren Söhne und alle Ihre Mitarbeiter recht herzlich.

Ihr Max Born

Meine Frau will noch an die Ihre schreiben, kommt aber heute nicht dazu.

Göttingen, 3. März 1925.

Lieber Bohr,

Gestern Abend sind wir daheim angekommen, und nachdem ich den ersten Ansturm der wegen der Reise unerledigt gebliebenen Geschäfte hinter mir habe, muss ich Ihnen schreiben und meinen Dank für die schönen Tage in Kopenhagen sagen. Schon als ich vor einigen Monaten Ihre Einladung erhielt, habe ich mich sehr gefreut; vor allem darüber, daß meine Denkweise und Arbeitsrichtung Ihre Aufmerksamkeit erregt hat und daß eine engere Berührung mit Ihnen in Aussicht stand. Eigentlich hatten wir uns ja vorher nur wenig gesprochen, und wenn ich mich auch viel bemüht hatte durch Ihre Arbeiten Ihrem Geiste näher zu kommen, so konnte ich doch von ausführlichen Unterhaltungen sehr viel mehr erwarten. Aber alle unsere Erwartungen sind weit übertroffen worden, nicht nur in wissenschaftlicher, sondern auch in menschlicher Richtung. Sie und Ihre Frau haben uns in so unbeschreiblich gütiger, freundschaftlicher Weise aufgenommen, daß Sie unsere Herzen ganz und gar gefangen haben. Wir wissen jetzt, daß wir liebe, gute Freunde an Ihnen beiden haben. Außerdem haben Sie uns schrecklich verwöhnt materiell und ideell. Die Kopenhagener Gastfreundschaft, von der ich schon viel gehört hatte, ist durch Sie und die andern Kollegen in rührender Weise an uns ausgeübt worden. Außerdem haben Sie und andere Kollegen auch noch Reden auf uns gehalten und meine physikalischen Bestrebungen gelobt: das ist der einzige Punkt, wo ich mit Ihnen nicht zufrieden war. Denn wenn ich auch nicht leugnen kann, daß es dem Menschen schmeichelt, wenn er – zumal zum ersten Male – Gegenstand von Preisreden ist, so kenne ich den Wert meiner eignen Arbeiten im Vergleich zu Ihren und denen andrer Forscher gut genug, um die objektiv nötige Maßstabs-Verkürzung vornehmen und alles auf den richtigen Umfang zurückzuführen. Was mir wirklich wertvoll ist, ist das Bewusstsein in gleicher Richtung mit Ihnen zu wirken und ein wenig von dem zu haben, was Sie „philosophischen Standpunkt" zu nennen pflegen. Sonst aber weiß ich, daß ich Ihnen nur wenig bringen konnte, dafür aber vieles empfangen habe.

Gestern Abend bis spät in die Nacht und heute den ganzen Tag habe ich mit Franck diskutiert und ihm erzählt, was ich bei Ihnen gehört habe. Am meisten interessierte ihn natürlich Ihre Stellung zu unserer chemischen Arbeit; ich habe ihm Ihren Standpunkt zu erläutern gesucht. Franck hat inzwischen ein Experiment ersonnen, das über die strittige Frage einige Aufklärung bringen kann. Er will aber Ihnen selbst davon schreiben, und darum will ich es jetzt lassen.

Unsere Rückreise war sehr bequem, die Seefahrt bei schönem Wetter erfrischend. Am Sonntag blieben wir in Berlin bei meiner Schwester, wo unsere älteste Tochter zu Besuch ist. Und gestern sind wir nach Hause gefahren. In wenigen Tagen muss ich nun wieder fort in die Schweiz; gern tu ich es nicht, aber es muss wohl sein, denn ich hatte in der letzten Nacht wieder eine asthmatische Störung.

Ich kann nicht an alle Kopenhagener Freunde schreiben und für ihre Gastfreundschaft danken: sagen Sie ihnen bitte meinen Dank, vor allem Ihrem Bruder und seiner Frau, ferner Hevesy, Kramers, Heisenberg, Fowler und allen andern. Hoffentlich kommen Sie recht bald einmal zu uns, aber diesmal mit Ihrer Frau. Grüßen Sie diese und die Herren Söhne und alle Ihre Mitarbeiter recht herzlich. Ihr

Max Born.

Meine Frau will noch an die Ihre schreiben, kommt aber heut nicht dazu.

Faksimile des Briefes von M. Born an N. Bohr vom 3.3.1925

Dokument Nr. 29
Brief von N. Bohr an W. Heisenberg

Kopenhagen, 18. April 1925

Quelle: Niels Bohr, Collected Works,
Volume 5, The Emergence of Quantum Mechanics
(Mainly 1924 – 1926).
North-Holland Physics Publishing,
Amsterdam – New York – Oxford – Tokyo 1984, S. 360

Lieber Heisenberg,
Wie verabredet, wurde Ihre Abhandlung vor Ostern an Scheel geschickt, der den Empfang bestätigt hat. Ich habe Ihnen nicht früher geschrieben, da Sie ja doch nicht zu erreichen waren. Übrigens dürfte viel, zum mindesten Negatives, zu erzählen sein, denn ich sehe viele Dinge noch mehr zweifelnd an als damals, wo Sie hier waren. Ich glaube, dass ich meine Arbeit über die Bremsung der α-Teilchen, von der ich eben die Korrektur bekommen habe, überhaupt nicht publiziere. Die Arbeit von Kramers, der noch in Holland ist, wurde gar nicht abgeschickt und wird kaum in dieser Form erscheinen. Bei dieser Sachlage habe ich mir erlaubt, die Einleitung Ihrer Arbeit etwas zu verkürzen und anstatt auf die Stoss- und Strahlungserscheinungen hinzuweisen, nur mit ein Paar Worten den „Zwang“ zu erwähnen. Nun müssen Sie ja selber sehen, ob Sie damit zufrieden sind. Ich wäre überhaupt sehr froh, von Ihnen zu hören, wenn Sie die Korrektur bekommen haben.

Trotz aller Dunkelheit steht es wohl augenblicklich verhältnismässig noch viel besser mit den Geheimnissen der Atome als mit der allgemeinen Beschreibung des raum-zeitlichen Vorkommens der Quantenprozesse. Besonders durch Gespräche mit Pauli angeregt, quäle ich mich in diesen Tagen nach besten Kräften, mich in die Mystik der Natur einzuleben, und versuche, mich auf alle Eventualitäten vorzubereiten, ja sogar auf die Annahme einer Kopplung der Quantenprozesse in entfernten Atomen. Die Kosten dieser Annahme sind allerdings so gross, dass sie sich nicht in der gewöhnlichen, raumzeitlichen Beschreibung ermessen lassen.

Mit der Hoffnung, dass Sie angenehme Ferien gehabt haben, und mit vielen freundlichen Grüßen, auch von Pauli,

Ihr
[Niels Bohr]

Dokument Nr. 30
Brief von W. Heisenberg an N. Bohr

München, 21. April 1925

Ausfertigung, egh.
BSC 11.2, 2 Seiten

Hochverehrter, lieber Herr Professor!
Bevor ich näheres über meine Arbeit schreibe, deren Reinschrift ich gestern bei meiner Ankunft hier vorfand, möcht ich Ihnen noch einmal herzlich danken für die wunderschöne vergangene Zeit, in der ich in Ihrem Institut lernen und arbeiten durfte, und für alle Freundlichkeit, die Sie und Ihre Frau Gemahlin mir in dieser Zeit erwiesen haben. In wissenschaftlicher Beziehung war für mich das vergangene halbe Jahr das schönste in meiner ganzen bisherigen Studienzeit, und fast bin ich traurig darüber, dass ich mir in Zukunft wieder allein armselig weiterhelfen muss. Aber haben Sie für Alles noch einmal den herzlichsten Dank!

Mit den wenigen Veränderungen, die Sie an meiner Arbeit noch angebracht haben, bin ich natürlich völlig einverstanden; aber es würde mich sehr interessieren, zu hören, welche Gründe Sie noch skeptischer gemacht haben in Bezug auf die allgemeinen Fragen von Energie u. Impulssatz u.s.w. und wie Ihre Diskussionen mit Pauli weiter verlaufen sind.

Ich selber hab in den vergangenen zwei Wochen keine Minute mehr über Physik nachgedacht, sondern einen herrlichen Teil von Deutschland wieder einmal angeschaut, im Württembergischen wanderten wir durch alte Städtchen mit Toren und Türmchen und Winkeln u. Gässchen, wo überall der Geist des Mittelalters einen anweht und uns beim Mondenschein von der Vergangenheit, von Landsknechten und Nachtwächtern träumen lässt. Später stiegen wir bei Heidelberg vom Odenwald hinab in die Rheinebene, ein unendliches Meer blühender Obstbäume, und bei dem verwirrenden Glanz und Duft kamen wir uns wie verzaubert vor.

Anfang nächster Woche fahre ich wieder nach Göttingen, wenn ich die Korrekturen bekommen habe, werde ich Ihnen sofort schreiben. Haben Sie noch einmal herzlichen Dank für die schöne Zeit, die ich in Kopenhagen verleben durfte!

Ihr
Werner Heisenberg

Dokument Nr. 31
Brief von von N. Bohr an H. Geiger

Kopenhagen, 21. April 1925

Quelle: Niels Bohr, Collected Works,
Volume 5, The Emergence of Quantum Mechanics
(Mainly 1924 – 1926).
North-Holland Physics Publishing,
Amsterdam – New York – Oxford – Tokyo 1984,
S. 353, 354

Lieber Geiger,
Ich danke Ihnen vielmals für die große Freundlichkeit, mir Ihre wichtigen Resultate mitgeteilt zu haben. Ich war ganz darauf vorbereitet, dass der von uns vorgeschlagene Gesichtspunkt der Unabhängigkeit des Quantenprozesses in entfernten Atomen sich als unrichtig herausstellen sollte. Die ganze Sache war mehr der Ausdruck der Bestrebung, eine möglichst grosse Anwendbarkeit der klassischen Begriffe zu erzielen, als eine abgeschlossene Theorie. Nicht nur waren die Einwände von Einstein sehr beunruhigend, sondern in letzter Zeit habe ich auch gefühlt, dass eine Erklärung der Stosserscheinungen, besonders der Raumsauerschen Resultate der Durchdringung langsamer Elektronen durch Atome, unsere gewöhnlichen raumzeitlichen Naturbeschreibung Schwierigkeiten ähnlicher Art darbieten wie ein gleichzeitiges Verständnis der Interferenzerscheinungen und einer Koppelung der Zustandsänderungen entfernter Atome durch Strahlung. Überhaupt glaube ich, dass diese Schwierigkeiten eine Beibehaltung der gewöhnlichen raumzeitlichen Beschreibung der Phänomene so weit ausschliesst, dass trotz des Bestehens der Koppelung Schlüsse über eine eventuelle korpuskulare Natur der Strahlung einer ausreichenden Grundlage entbehren.

Natürlich wäre ich sehr dankbar, über den weiteren Fortschritt Ihrer Untersuchungen zu hören. Auch bin ich ganz einverstanden mit dem ausschlaggebenden Charakter der neuen in Ihrem Briefe erwähnten Versuchsanordnung.

Mit vielen freundlichen Grüßen,
Ihr sehr ergebener
[Niels Bohr]

Dokument Nr. 32
Brief von W. Heisenberg an N. Bohr

Zell a. Ziller (Tirol), 31. August [1925]

Quelle: Niels Bohr, Collected Works,
Volume 5, The Emergence of Quantum Mechanics
(Mainly 1924 – 1926).
North-Holland Physics Publishing,
Amsterdam – New York – Oxford – Tokyo 1984,
S. 365, 366

Hochverehrter, lieber Herr Professor!
Es tut mir wirklich sehr leid, dass ich Sie nun schon wieder mit einer Bitte belästigen muss – das Dänische Passamt in Berlin verlangt wieder einmal eine Bescheinigung, dass ich in Dänemark Physik studieren und nicht Spionage treiben oder sonst etwas will. Es wäre also sehr freundlich von Ihnen, wenn Sie direkt an das Konsulat (Berlin NW 40, Alsenstr. 3 A) ein paar Zeilen schreiben könnten.

Wenn es Ihnen recht ist, möchte ich etwa Mitte der nächsten Woche (d. h. Do. 10. 9. oder Freitag 11.) nach Kopenhagen kommen. Ich brauch Ihnen nicht zu schreiben, wie sehr ich mich darauf freue, wieder bei Ihnen im Institut arbeiten zu dürfen.

Freilich hab ich im ganzen letzten Monat gar nicht an Physik gedacht u. weiss nicht, ob ich noch etwas davon verstehe. Vorher hatte ich, wie Ihnen Kramers vielleicht erzählt hat, eine Arbeit über Quantenmechanik verbrochen, bei der ich gerne Ihre Ansicht hören möchte; sie wird wohl im nächsten Heft der Zeitschrift erscheinen.

Aber alles andere will ich lieber mündlich erzählen; einstweilen im voraus vielen Dank für Ihre Mühe

Ihr
dankbar ergebener
W. Heisenberg

Dokument Nr. 33
Brief von W. Heisenberg an N. Bohr

Göttingen, 21. Oktober 1925

Quelle: Niels Bohr, Collected Works,
Volume 5, The Emergence of Quantum Mechanics
(Mainly 1924 – 1926).
North-Holland Publishing Company,
Amsterdam – New York – Oxford – Tokyo 1984,
S. 367, 368

Sehr verehrter lieber Herr Professor!
Bevor ich Ihnen von meinen Schicksalen seit der Abreise aus Kopenhagen erzähle, will ich Ihnen noch einmal herzlich danken für alle Freundschaft, die Sie mir auch diesmal wieder in Kopenhagen erwiesen haben. Besonders die Tage unseres Landaufenthaltes in Tibirkelunde waren für mich etwas ganz aussergewöhnlich schönes, ich hab zum ersten Male gelernt, dass das Leben im Wald, isländische Sagen und die Physik sich nicht notwendig zu widersprechen brauchen, und wenn ich das für immer lernen könnte, so wärs schon mehr wert als alle Art Quantenmechanik! Ich würde mich unglaublich freuen, wenn ich einmal eine Arbeit wirklich gemeinsam mit Ihnen machen dürfte.

Von meiner Fahrt im Flugzeug habe ich Ihnen ja auf der Postkarte schon erzählt. Am Anfang war sie zwar durch Pauli-Effekt etwas gestört, die Maschine, mit der ich fahren sollte, versagte den Dienst. So musste ich bis 1/2 10 Uhr warten, dann ging ein kleineres Reserveflugzeug mit 3 Passagieren ab, mit dem ich auch ohne Störung bis Berlin kam. Die Fahrt selbst war wirklich wunderschön, eben dieser Wechsel zwischen Sonnenschein und Schneegestöber liess einem keinen Augenblick langweilig erscheinen. – Hier in Göttingen war alles beim Alten, die Vorlesungen haben glücklicherweise noch nicht angefangen, so dass man genug Zeit zum Arbeiten findet. Wir haben uns nun sehr in die Quantenmechanik hereingearbeitet, und das Manuskript wird immer dicker. Trotzdem bin ich mit vielen Punkten in der Arbeit noch gar nicht so recht zufrieden. Die Behandlung der kontinuierlichen Spektren sieht mathematisch sehr elegant aus, aber irgendeinen physikalischen Sinn kann man noch nicht recht herausfinden, was doch gerade hier wegen des Übergangs zur klassischen Mechanik „besonders notwendig“ wäre. Dagegen hab ich in der Frage der Einwirkung zeit lich veränderlicher äußerer Kräfte auf ein Atom einen kleinen Fortschritt erzielt. Wenn man, analog zur klassischen Theorie, die Bedingungen untersucht, unter denen es einen Sinn hat, von „äusseren Kräften“ zu sprechen, d. h., die Rückwirkung zu vernachlässigen, so findet man, dass auch in der Quantenmechanik immer dann, wenn diese Bedingungen erfüllt sind, für die in den äusseren Kräften auftretenden periodischen Funktionen (die Kräfte seien etwa periodisch in der Zeit, oder in ein Fourierintegral entwickelbar) die Rechenregeln der *klassischen* Theorie in dieser Annäherung gelten. Mir scheint das wieder ein ganz schönes Beispiel für den korrespondenzmässigen Zusammenhang der neuen Theorie mit der klassischen. – Wenn wir die Arbeit richtig zusammengeschrieben haben, hoff ich, Ihnen einen Abdruck davon schicken zu können. In diesem Brief[1] schick ich die Korrekturen von Borns erster Arbeit mit, leider sind keine Verbesserungen darin, ich hoff, man kann es so verstehen. –

Nun dank ich Ihnen noch einmal herzlich für alles, besonders für die wunderschöne Egilsaga, in der ich in den letzten Tagen gelesen hab. Mit vielen Grüssen an das ganze Institut bin ich

Ihr dankbar ergebener
Werner Heisenberg

[1] d. h. in einer Drucksache, die gleichzeitig abgeht.

Dokument Nr. 34
Brief von N. Bohr an M. Born

[Kopenhagen], 25. November 1925

Durchschrift
BSC 9.2, 1 Seite

Lieber Born,
Ich hoffe, dass Sie und Ihre Frau eine gute Reise gehabt haben, und dass Sie eine schöne Zeit in Boston erleben. Es muss ja besonders interessant sein für Sie, eben jetzt in einem neuen Kreise über die Fragen des Atombaus zu erzählen. Ich habe eben von Pauli gehört, dass er mittels der Göttingermetoden schon die Balmerformel errungen hat.

Sie haben wohl schon gehört, dass wir hier in Kopenhagen vor grossen Veränderungen stehen, indem Kramers sich entschlossen hat, einen Ruf nach Utrecht anzunehmen. Für uns in Kopenhagen und besonders für mich persönlich wird es ja eine grosse Verlust sein, ich verstehe aber sehr wohl, dass für Kramers' Zukunft sein Beschluss der einzige richtige ist. Die Frage seines Nachfolgers wird natürlich für uns von grösster Bedeutung sein, besonders weil wir keine dänische junge Leute haben, die daran denken könnten, seinen Platz auszufüllen. Sie werden daher verstehen, dass ich in erster Linie an Heisenberg gedacht habe, der zu seinen anderen Eigenschaften, die ich nicht zu nennen brauche, noch die Beherrschung der dänischen Sprache zählen kann. Vor einigen Tagen habe ich ihm geschrieben und gefragt, ob er Lust haben könnte, hierzukommen; ich verstehe aber, dass er keine endgültige Antwort zu geben wünscht, bevor er Ihre Ansicht über die Sache gehört hat. Falls Heisenberg sich entschliesst, hierzukommen, hoffe ich, dass die Göttinger Kollegen abgesehen von dem augenblicklichen Verlust sich doch mit uns freuen werden, wenn die innige wissenschaftliche Beziehung zwischen Göttingen und Kopenhagen auf dieser Weise bewährt und verstärkt wird. In Deutschland braucht man ja auch nicht zu fürchten, dass er hier allzu lange bleiben wird.

Mit den besten Grüssen von uns allen hier an Sie und Ihre Frau und gemeinsame Freunde in Boston.

Ihr ergebener
[Niels Bohr]

Dokument Nr. 35
Brief von M. Born an N. Bohr

Cambridge, Mass., 1925

Ausfertigung, egh.
BSC 9.2, 4 Seiten

Lieber Bohr,
Schon einige Tage vor Ankunft Ihres Briefes hat Heisenberg mir mitgeteilt, daß Sie ihn als Nachfolger von Kramers nach Kopenhagen haben wollen. Er hat mir auch eine Abschrift Ihres Briefes (besser: Übersetzung ins Deutsche) mitgeschickt. Ich freue mich sehr, daß Heisenberg dieses wundervolle Angebot zu Teil geworden, und ich habe ihm sogleich geschrieben, daß er annehmen muss, sofern ihm nicht eine entsprechende Stellung in Göttingen verschafft werden kann. Letzteres wenigstens zu versuchen, halte ich für meine Pflicht. Ich begreife Ihren Wunsch, Heisenberg bei sich zu haben, nur zu gut. Ihn zu verlieren, ist für mich ein sehr großer Verlust – wir haben so schön zusammengearbeitet, und ich liebe ihn persöhnlich sehr –, aber es ist auch ein schwerer Verlust für unser Institut und die Universität. Ich glaube, diese veranlassen zu müssen, etwas zu tun, um Heisenberg zu halten. In diesem Sinne habe ich Schritte getan, um für Heisenberg eine Stellung ähnlich der von Kramers bei Ihnen zu erwirken. Aber die Aussichten, das durchzusetzen, sind äußerst gering, besonders durch meine Abwesenheit. Wäre ich in Deutschland, so könnte ich mich persönlich für die Sache einsetzen. Jedenfalls muß ich zunächst Heisenberg an Sie abtreten, denn für ihn ist es doch herrlich, so jung anerkannt zu werden und mit Ihnen arbeiten zu dürfen. Eine Schwierigkeit entsteht für mich, wenn er schon im Frühjahr Göttingen verlässt. Denn, wie ich Ihnen schrieb, habe ich gerade ein Rockefeller-Stipendium für Dr. Hund erwirkt, mit dem er im Frühjahr auf ein halbes Jahr nach Kopenhagen gehen soll. Dann wäre ich ohne meine beiden Privatdozenten und müsste wieder den ganzen Lehrbetrieb allein besorgen, was ich gerade durch die Habilitation der beiden verhindern wollte. Auch sehe ich keinen andern, der da aushelfen könnte. Denn Jordan kann wegen seines Sprachfehlers keine Vorlesungen halten. Von hier aus kann ich schwer übersehen, wie sich das regeln lässt. Vielleicht verhandeln Sie darüber mit Hund und Heisenberg unter Zuziehung von Franck. Wie es auch eingerichtet werden mag, so sollen die Beziehun-

gen zwischen Kopenhagen und Göttingen nur immer enger gestaltet werden.

Wir hatten eine zwar stürmische, aber sonst sehr schöne Überfahrt, die wir ohne Seekrankheit überstanden haben. Hier haben wir uns gut eingelebt; ich trage schon über die neue Quantentheorie vor. Auch bin ich, wie ich glaube, darin wesentlich weiter gekommen, und zwar mit Hilfe eines jungen Mathematikers Wiener, der gerade die mathematischen Methoden entwickelt hat, die man für die Theorie der aperiodischen Bewegungen braucht. Man muss dann statt der Matrix $q(n\,m)$ die Funktion zweier Variabler

$$Q(t,\tau) = \sum_{n\,m} q(n\,m)\, \mathbf{e}^{\frac{2\pi i}{h}(\omega_n t - \omega_m \tau)}$$

betrachten. Diese Reihe divergiert zwar meist, trotzdem existiert die Funktion $Q(t, \tau)$ und kann sogar in Fällen behandelt werden, wo die Matrix ganz versagt, z. B. bei der gleichförmig-geradlinigen Bewegung. Und dies $Q(t, \tau)$ hat sogar eine viel schönere physikalische Bedeutung als die Matrix; es ist eng verknüpft mit der Wahrscheinlichkeit, daß die Koordinate q zur Zeit t einen Quantensprung aufwärts und zur Zeit τ einen Sprung abwärts macht. Bei der geradlinig-gleichförmigen Bewegung z. B. ist $Q(t, \tau)$ überall 0 außer für $t = \tau$ (man muss das mathematisch ordentlich fassen, was nicht schwer ist); d.h., wenn ein Sprung aufwärts erfolgt, so folgt ihm unmittelbar der Sprung abwärts, es geschieht also gar kein Sprung. In diesem Falle, und nur in diesem, lässt sich behaupten, daß Q nicht nur eine Sprungwahrscheinlichkeit, sondern eine Koordinate, ein „Ort" im Sinne der Geometrie ist. In allen andern Fällen sind die „Orte" nur approximativ bestimmbar; in den Gebieten, wo die Sprungwahrscheinlichkeiten merklich sind, kann man keinen „Ort" fixieren. Ich glaube hier die Wurzel zu haben für den Anschluss der Quantentheorie an die gewöhnliche Geometrie. Auch wird mir allmählich klarer, was Lichtquanten bedeuten. Vorläufig sind allerdings unsere mathematischen Formeln meist noch klüger als wir; die Formeln entstehen ganz von selbst, die Interpretation aber ist oft schwierig – Pauli hat mir seine Rechnung über das Wasserstoffatom geschickt; ich will sie auch in meiner Vorlesung vortragen. Heisenberg hat mir eine neue Untersuchung über Anregungswahrscheinlichkeiten durch Licht angekündigt, ich habe sie aber noch nicht bekommen.

Vom 23. Jan. an wollen wir etwas im Lande herumreisen, 5 bis 6 Wochen, und Mitte März zurückkehren.

Mit den herzlichsten Grüßen an Ihre Frau, an Kramers und alle andern Freunde, auch von meiner Frau

Ihr

Max Born

Grüßen Sie Ihren Bruder Harald und sagen Sie ihm, daß Wiener und ich Methoden benutzen, die seinen „fast periodischen Funktionen" sehr nahe stehen.

Dokument Nr. 36
Brief von N. Bohr an A. Heisenberg

Kopenhagen, 4. August 1926

Ausfertigung, egh.
BSC 11.2, 3 Seiten

Lieber Herr Kollege!
Sie haben mir mit Ihrem Brief eine grosse Freude gemacht. Besonders ist es mir zum Herzen gegangen, wass Sie mir über Ihren Sohn schrieb. Ich brauche Ihnen nicht zu sagen, wie hoch ich seine wissenschaftliche Gaben und Leistungen schätze. Trotz seiner Jugend ist es ihm ja gelungen Hoffnungen zu verwirklichen, von dem wir früher kaum träumen wagten. Für ein Wissenschaftler gibt es wohl kein grösseres Glück, als die Blüten solcher Gaben beizuwohnen und nach Vermögen zu unterstützen. Überdies macht die frische und harmonische Persönlichkeit Ihres Sohnes es eine tägliche Freude mit ihm zusammenzusein und auf gemeinsamen Ziel zu arbeiten.

Ich hoffe sehr, Gelegenheit zu bekommen, Sie persönlich zu treffen; entweder in München oder hier in Copenhagen. Vielleicht haben Sie Lust, einmal selber die hiesigen Wirkens- und Freundeskreis Ihres Sohnes kennen zu lernen.

Mit freundlichen Grüßen von Haus zu Haus

Ihr sehr ergebener
N. Bohr

BLEGDAMSVEJ 15
KØBENHAVN Ø.

4-8-1926.

Lieber Herr Kollega!

Sie haben mir mit Ihrem Brief eine grosse Freude gemacht. Besonders ist es mir zum Herzen gegangen was Sie mir über Ihren Sohn schrieb. Ich brauche Ihnen nicht zu sagen wie hoch ich seine wissenschaftliche Gaben und Leistungen schätze. Trotz seine

Jugend ist es ihm ja gelungen
Hoffnungen zu verwirklichen von
denen wir früher ~~kaum~~ träumen wagten.
Für ein Wissenschafter gibt es wohl
kein grösseres Glück als die
Blühen solcher Gaben beizuwohnen
und nach Vermögen zu unterstützen.
Überdies macht die frische und
harmonische Persönlichkeit Ihres
Sohnes es eine tägliche Freude
mit ihm zusammenzusein und
auf gemeinsamen Ziel zu arbeiten.

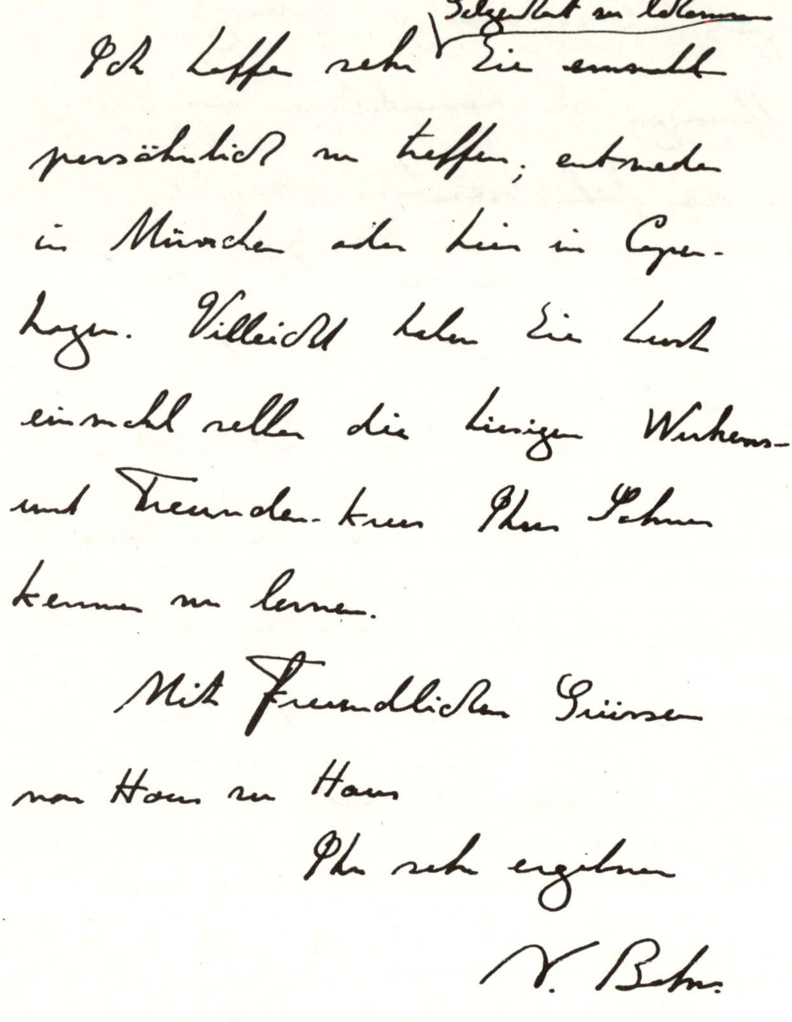
Ich hoffe sehr Gelegenheit zu bekommen Sie einmal persönlich zu treffen, entweder in München oder hier in Kopenhagen. Vielleicht haben Sie Lust einmal selbst die hiesigen Wirkens- und Freundes-kreis Ihres Sohnes kennen zu lernen.

Mit freundlichen Grüssen von Haus zu Haus

Ihr sehr ergebener

N. Bohr.

Faksimile des Briefes von N. Bohr an A. Heisenberg vom 4.8.1926

Dokument Nr. 37
Brief von N. Bohr an C. G. Darwin

[Kopenhagen], 24. November 1926

Durchschrift
BSC 9.4, 2 Seiten
Übersetzung aus dem Englischen

Mein lieber Darwin!
Danke für Ihren freundlichen Brief. Meine Frau und ich senden Ihnen und Frau Darwin unsere herzlichsten Glückwünsche zu Ihrer kleinen Tochter. Wir würden uns freuen, Sie für eine Zeit hier zur gemeinsamen Arbeit zu haben. Das Frühjahrssemester in Kopenhagen beginnt Anfang Februar und endet Mitte Juni, wenn die meisten Leute in Urlaub fahren. Von den Theoretikern weiß ich noch nicht, wer im Frühjahr außer Heisenberg, Klein und Rosseland hier sein wird, doch bin ich sicher, daß wir eine interessante Zeit erleben werden, indem wir die Diskussionen wieder aufnehmen, die wir schon in Manchester über jene Rätsel begonnen haben, welche gerade jetzt auf dem Wege zu einer harmonischen Lösung zu sein scheinen. In diesem Semester ging es sehr lebhaft zu, da sich außer den Erwähnten Dirac und Hund noch hier aufhalten. Vor etwa einem Monat hatten wir einen sehr interessanten Besuch von Schrödinger, der Anlaß zu äußerst hitzigen Diskussionen bot. Niemand von uns war wirklich darauf vorbereitet, ihm in seiner Hoffnung zu folgen, eine konsequente Kontinuitätstheorie zu entwickeln. Natürlich sind die Ergebnisse, die Schrödinger gewonnen hat, so phantastisch, daß wir alle seine hoffnungsvolle Einstellung in dieser Hinsicht zu würdigen wissen, doch gleichzeitig denke ich, daß er die grundlegenden Schwierigkeiten unterschätzt, denen wir uns nunmehr gegenübersehen. Seit kurzem scheint es so, daß ein sehr befriedigender Kompromiß zu schließen ist, da Klein gezeigt hat, wie es möglich ist, von der Wellenmechanik ausgehend, eine vollständige Korrespondenztheorie aufzubauen, die sich auf die gewöhnlichen Quantenpostulate stützt.

Auf diesem Weg läßt sich die Wellenmechanik als eine ebenso konsistente Theorie wie Heisenbergs Matrizenmechanik betrachten, und es ist sehr interessant zu sehen, wie die Vorstellung von einem Korpuskel oder von einer Welle sich als die geeignetere erweist, je nachdem, an welcher Stelle in der Konstruktion das Merkmal der Diskontinuität, das in den Postulaten enthalten ist, explizit eingeführt wird. In der Tat ist dies das einzige, was man erwarten kann, da jede Handlung oder vielmehr jedes Wort, das wir verwenden, auf der Idee der Kontinuität beruht und zweideutig wird, sobald diese Idee fällt. Außerdem haben Dirac und Heisenberg vor kurzem einige sehr schöne und bedeutende Beiträge zur Matrizenmechanik beigesteuert, die jetzt tatsächlich ein wunderbares Instrument ist. Gleichzeitig hat Hund gezeigt, wie die Wellenmechanik erlaubt, auf einem einfachen Weg alle jene Schwierigkeiten zu vermeiden, die bei den alten Methoden die richtige Anwendung der Quantentheorie auf das Problem der Molekülbindungen behinderten. In diesem Punkt scheinen wir jetzt auf dem richtigen Wege zu sein. In diesem Zusammenhang kann ich berichten, daß ein junger Mann, der hier arbeitet, es gerade geschafft hat, durch eine numerische Lösung der Schrödinger-Gleichung eine gute Übereinstimmung in bezug auf das Ionisierungspotential des Wasserstoffmoleküls zu erreichen.

Wie gesagt, werden wir alle Ihren Besuch hier auf das herzlichste willkommen heißen und hoffen, daß er für Sie angenehm verlaufen wird. Meine Frau hofft sehr, daß Frau Darwin sie besuchen wird, und würde sich sehr freuen, ihr hinsichtlich der Wohnungsfrage usw. auf jede Weise behilflich zu sein.

Mit freundlichsten Grüßen von uns beiden
Ihr sehr ergebener
[Niels Bohr]

Dokument Nr. 38
Brief von P. Ehrenfest an N. Bohr

Leiden, 24. Juli 1927

Ausfertigung, masch. schr.
BSC 10.1, 1 Seite

Lieber Bohr!
Ein ganz continuierlicher Strom von Stueck fuer Stueck sehr interessanten Auslaendern hat mich in den letzten Monaten halbtod gemacht. Und so begreife ich wie es Dir oder Einstein ergehen muss. Das war auch der Grund, dass ich trotz der grossen Sehnsucht, Dich wiederzusehen, der Versuchung widerstand, im Juni nach Kopenhagen zu kommen.

Nun moechte ich Dich aber etwas fragen: Uhlenbeck ueberbrachte mir Deinen Gruss und die Nachricht, dass Du hoffst, im Herbst ein paar Tage mit Einstein beisammen zu sein, und dass Du, wenn ich richtig verstanden habe, auch mich dabei haben moechtest. Nun, falls das nicht ein Mißverstaendnis ist, wuerde mich das allerdings enorm freuen. Ich wuerde Dir absolut garantieren koennen, dass ich Euch in Euren Gespraechen *sicher* nicht stoeren wuerde!!!!

Ich habe so ein schreckliches Beduerfnis, Eure Stimmen inmitten des Hexensabbat der neueren Quantenrechnerei zu hoeren. In den letzten Monaten habe ich alle meine Kraefte darauf conzentriert, zunaechst *einigermaassen* diese verteufelte Rechenmaschine zu capieren. Aber jetzt, wo ich es einigermassen kann, sehe ich, dass ich ganz ausser stande bin, die Sache „physikalisch“ zu durchschauen, welche Bedeutung dieses Wort auch immer noch besitzen moege. Auch die „Anschauliche Interpretation“ von Heisenberg hat mir gerade in den wesentlichsten Punkten noch gar nicht darin geholfen.

Es ist natuerlich vor allem der asymptotische Anschluss der Quantenmechanik an die klassische Mechanik, was ich moeglichst vielseitig und klar verstehen moechte. Der Nachtragsparagraph in der Arbeit von Heisenberg laesst mich hoffen, dass Du in diese Beziehung mehr Klarheit verschaffen kannst. Auch bin ich schrecklich begierig, Dich und Einstein ueber die Nichtrelativistische und auch sonstige *Misshandlung* der *Zeit* in der Quantenmechanik sich aeussern zu hoeren.

Nun also: Ich bitte Dich, mich in *ganz wenigen Worten* zu benachrichtigen:

I. Ob Du wirklich noch vor dem Solvaycongress mit Einstein zusammentriffst.
II. So ja, ob es wirklich Deine Idee war, dass ich dabei anwesend sein duerfte. Sage eventuell ganz ruhig *Nein*. Es ist keine Rede davon, dass mich das beleidigen koennte!!
III. Also wenn wirklich. Dann: Wann und wo wollt Ihr zusammenkommen?

Deine Antwort kann in zwanzig Worten bestehen! Wohl waere ich Dir dankbar fuer *baldige* Antwort.

Ich selber koennte, wohin auch immer Du willst, zu beliebiger Zeit zwischen *etwa* 23 August und 10 October kommen!

Ebenso, zwischen jetzt und 15 August.

Die Einladung zur Voltafeier habe ich nicht angenommen. Gehst Du hin? Geht Einstein hin?

Gruesse sehr herzlich Deine Frau, Harald und den lieben Klein von mir!

Und sei selber sehr innig gegrüsst!
Dein
P. Ehrenfest

Dokument Nr. 39
Brief von P. Ehrenfest an N. Bohr

Leiden, 24. Januar 1930

Ausfertigung, masch. schr.
BSC 18.4, 2 Seiten

Lieber, lieber Bohr!
Vor drei Tagen bin ich aus Russland zurueckgekommen, und zwar fuhren wir mit Joffe zusammen ueber Helsingfors, Abo, Stockholm (wo ich mit Borelius und Hulthen sprach) ueber Malmoe, Traelleborg nach Berlin. Es juckte mich schrecklich, von Malmoe doch noch fuer einen Tag nach Kopenhagen zu kommen. Joffe aber hatte kein daenisches Visum, musste moeglichst rasch in Berlin sein, und ich war doch schon so erdrueckt durch die unendlich vielen Eindruecke (ganz besonders aus Russland), dass ich es schliesslich doch nicht mehr unternahm.

Um so froher war ich, hier wenigstens noch Casimier vorzufinden, der mich doch mit Euch verbindet.

Ich freue mich sehr, dass Du bereit bist, ihn mir schon im April zu ueberlassen. Denn erstens moechte ich, dass er seine Examina erledigt und womoeglich auch noch vor 1. Juni bei mir promoviert. Als Doctorarbeit moechte ich, dass er die Kreiselrechnungen von Klein und sich selber darlegt mit einer „Einfuehrung" in die anderen Arbeiten auf diesem Gebiet. Dies *letztere nicht allzu gruendlich*, sondern uebersichtlich und angenehm lesbar.

Ich bitte Dich instaendig, zerstoere nicht mein etwas leichtsinniges Verhalten zu dem Character der Dissertationen. Ich hasse die hochgelehrten unlesbaren Dissertationen, die „eine Kroenung" der Arbeit des betreffende jungen Menschen darstellen muessen. Ich habe gerne, dass eine Dissertation *lustige* ermuthigende (!!!!) Lecture fuer all die juengeren Leute liefert, dass sie zu den Originalabhandlungen anderer Autoren *hinfuehrt*, ohne sie *ersetzen* zu wollen.

Solltest Du in Deinem eigenen Interesse Casimier an irgend eine andere Arbeit setzen, die danach ein ganz anderes Material fuer Dissertation liefern koennte, so finde ich das natuerlich auch vortrefflich, wenn es eben nur dazu fuehrt, dass er vor 1. Juni bei mir promoviert.

Es ist schauderhaft; wo immer man hinkommt; an keiner Stelle wissen die jungen theoretischen Physiker *einigermassen* klar, worueber sie reden. Fortwaehrend berufen sie sich auf halb oder drittelcapierte

Behauptungen irgendwelcher Leute aus irgendwelchen fluechtigen Gespraechen, Briefen oder unpublizierten Abhandlungen. Man hat das Gefuehl, ueber einen von Gelehrtheit giftig schimmernden Sumpf zu gehen. Jeder behandelt jede bescheidene Frage mit ungeheurer Verachtung, ist aber ausserstande, auf selbst die einfachsten Fragen klar und sicher zu antworten.

Leider ist mir auch kein einziges Beispiel der Anwendung der Unsicherheitsrelation auf *Experimente* wirklich voellig klar. Und Gespraeche mit sauber denkenden Altersgenossen von mir hat mich ueberzeugt, dass es uns allen gleich geht. (Zum Beispiel mit Mandelstamm in Moskau).

Wenn jemand wenigstens das „Gammastrahl-Mikroskop" wirklich in allen Details besprechen wollte. Z. B. falls man photographisch protocolliert, was man im Mikroskop sehen soll, wieviele Lichtquanten hat man noetig, um die Photographie herzustellen, und wo wird dieser Umstand bei der Besprechung des Mikroskopes beruecksichtigt. Ferner: Warum fuehrt man gerade die Formel fuer das Aufloesungsvermoegen ein, die sich weniger auf die Feststellung des Mittelpunktes eines Systems von Beugungskreisen bezieht (worum es sich ja handelt) als auf die Scheidung zweier nahebenachbarten Punkte (worum es sich nicht handelt).

Es ist natuerlich moeglich, dass ich einfach zu alt und starr geworden bin, um noch auch nur *einigermaassen* der Entwicklung der theoretischen Physik folgen zu koennen. Aber ich glaube, dass es nicht *allein* daran liegt, sondern wirklich eine (hoffentlich voruebergehende) Entartung in der Arbeits- und besonders Darstellungsweise eingetreten ist. Ich habe mich ueberzeugt, dass, wenn ich nur an einem Ort zwei Wochen bleiben kann, ich die jungen Theoretiker zum Bewusstsein bringen kann, dass sie einander nicht mehr capieren, auch wenn sie mit affenartiger Behendigkeit gemeinsame Taenze auffuehren.

Die Wirkung auf die theoretische Schulung der jungen *Experimentatoren* ist evident sehr unguenstig. Ich hatte mit diesem Problem besonders scharf in Russland zu thun, wo man ja ueberhaupt alle unsere Probleme enorm vergroessert sieht.

Die jungen Physiker in Berlin koennen bei aller Waerme ihrer *persoenlichen* Zuneigung zu Planck, Einstein und Schroedinger ein milde herablassendes Laecheln ueber deren physikalische Minderwertigkeit nicht unterdruecken.

Ich erroethe innerlich bis ueber die Ohren, wenn ich mich meiner verwandten Jugendsuenden erinnere!

Gruesse sehr herzlich alle lieben Leute ringsum Dich! Besonders Deine Frau, Harald und Klein!

Und bitte vergiss mich nicht ganz

Dein

P. Ehrenfest

Keinerlei Antwort noetig und schon keinesfalls eine Antwort von Dir selber!!

Dokument Nr. 40
Brief von M. Planck an N. Bohr

Berlin, 19. Oktober 1930

Ausfertigung, egh.
BSC 24.3, 4 Seiten

Lieber verehrter Herr College!
Nun ist schon eine volle Woche verstrichen, seit wir von Ihnen und dem schönen Kopenhagen Abschied nahmen, und die Tage, die wir bei Ihnen und Ihrer lieben Gattin verbringen durften, liegen wie ein schöner Traum hinter uns, – nein, nicht wie ein Traum, sondern wie ein Stück unseres wirklichen Lebens, das durch ganz besonderen Reichtum und Glück ausgezeichnet ist und das uns stärker und besser gemacht hat. Wir fühlen uns tief in Ihrer Schuld, und mich beschleicht ein Gefühl der Unzulänglichkeit, wenn ich daran denke, wie es mir einmal gelingen könnte, Ihnen unsere tiefe Dankbarkeit durch die Tat zu beweisen.

Einstweilen müssen Sie mit unserer Gesinnung vorlieb nehmen, aber ich hoffe bestimmt, dass Sie auch die Früchte derselben einmal kosten werden.

Alles in Kopenhagen, Ihr Haus, Ihr Familienleben, die Collegen, die Stadt, die Umgebung, haben uns einen so sympathischen, harmonischen Eindruck hinterlassen. Aber am intensivsten hat zunächst bei mir nachgewirkt das, was Sie mir über Ihre Ansichten in Betreff der Grundbegriffe der physikalischen Wissenschaft mitgeteilt haben. Ich freue mich immer mehr darauf, dies in Ihrem geplanten Werke ausführlich dargestellt zu sehen. Einstweilen bleibt mir nichts übrig, als das von Ihnen Gehörte zu vergleichen mit dem, was ich mir selber nach reiflicher Selbstprüfung zurechtgelegt habe. Die höchste Instanz ist doch schliesslich das eigene Gewissen und die eigene Ueberzeugung, – das gilt wie für Sie und wie für Einstein auch für jeden anderen Physiker – und vor aller Wissenschaft kommt zunächst der Glaube. Für mich ist es der Glaube an eine vollkommene Gesetzlichkeit in allem Geschehen, die uns nur deshalb nicht unmittelbar zum Bewusstsein kommt, weil wir erstens nur über mangelhafte Sinnesorgane bez. Messungsinstrumente verfügen, und weil wir zweitens bei der Erforschung eines Vorgangs immer zugleich einen Eingriff in seinen Verlauf machen. Diese beiden Fehlerquellen sind wohl voneinander zu trennen, da sie gänzlich verschieden sind. Die erste lässt sich durch Steigerung der Empfindlichkeit der Messgeräte herabdrücken, die zweite aber liegt tiefer, ja streng genommen verbietet sie uns überhaupt, von einem „Vorgang“ unabhängig von der Methode seiner Erforschung zu reden. Da wir das aber doch gerne tun wollen, so bleibt uns nichts übrig, als uns möglichst weit von ihm zu entfernen, ihn möglichst von aussen zu betrachten. Dann wird seine Gesetzlichkeit immer besser hervortreten. Doch ich will Sie nicht mit solchen Einzelheiten in Anspruch nehmen; ich weiss, wie intensiv Sie durch ihre Arbeit und durch den Verkehr mit Ihren Schülern beschäftigt werden. Ich kann mir denken, ein wie reger Gedankenaustausch sich in Ihrem Kreise vollzieht, und ich möchte wohl gerne manchmal Ihren Gesprächen lauschen, z. B. an dem Vormittag unseres Abschiedstages. Wenn ich noch eine Bitte sagen darf, so ist es die, dass Sie auch den verehrten Collegen, so namentlich Hrn. Hansen und Hrn. Bjerrum meinen und meiner Frau tiefgefühlten Dank für alle ihre Freundlichkeit und Gastlichkeit zum Ausdruck bringen wollen. Ihnen aber und Ihrer lieben reizenden Frau Gemahlin, die mein ganzes Herz gewonnen hat, nochmals tausend Dank und herzliche Grüsse! Treulichst Ihr

M. Planck

Dokument Nr. 41
Brief von W. Heisenberg an N. Bohr

Leipzig, 30. Juni 1933

Ausfertigung, egh.
BSC 20.2, 2 Seiten

Lieber Bohr!
Hab vielen Dank für Deinen netten Brief und Deine Bemühungen um unsere jungen Physiker, deren Wohl uns allen am Herzen liegt. Entschuldige, dass ich Dir so lange nicht geantwortet habe. Aber seit unserem Zusammensein in den Bergen sind hier so viele ernste Dinge geschehen, die Zeit und Denken in Anspruch nehmen – auch hatte ich oft das Gefühl, ich müsse Dir gegenüber ein schlechtes Gewissen haben für alles das, was jetzt in diesem Lande geschieht.

Den Bericht für den Solvaykongress hab ich jetzt ziemlich fertig, er enthält einen sehr kurzen Abschnitt über prinzipielle Fragen, dann einen etwas ausführlicheren über das Gamowsche Tröpfchenmodell u. seine Erweiterung durch die Neutronenhypothese u. schliesslich Anwendungen auf die Massendefektkurve u. ähnliches. Sobald ich den Bericht fertig habe, werde ich Dir einen Abzug schicken. An Gamow hab ich geschrieben, seinen Brief sende ich Dir mit vielem Dank zurück. Gamows Termschema für R*aC'* finde ich sehr hübsch.

Sonst hab ich keine Physik getrieben. Wie Du wohl weisst, ist auch Bloch nicht nach Leipzig zurückgekehrt, obwohl er noch eine Zeit lang hier hätte arbeiten können. Er hält jetzt in Paris Gastvorlesungen. Mit Planck u. Laue hab ich öfters gesprochen oder korrespondiert; wir haben versucht, Franck u. Born zu halten – Franck möchte nicht mehr zurückkehren, bei Born hab ich noch ein wenig Hoffnung, aber die Zukunft ist völlig unsicher.

Wie es im Herbst mit meinen Reiseplänen steht, weiss ich noch nicht. Ich hoffe, dass ich nach Dänemark und Belgien kommen darf, aber irgendetwas sicher vorhersagen kann man nicht. – Weizsäcker freut sich darauf, in Kopenhagen bei Dir zu lernen, er hat sein Examen ausgezeichnet bestanden. – Seit einigen Wochen wohne ich in dem Häuschen, von dem ich Dir erzählte. Ich leg Dir ein Bild bei und hoffe, dass es Dich und Deine Frau veranlassen kann, später einmal auf irgendeiner Reise in Leipzig Station zu machen.

Hoffentlich hast Du einen schönen Sommer in Amerika.

Mit vielen herzlichen Grüssen, auch an Deine Frau

Dein Werner Heisenberg

Dokument Nr. 42
Brief von N. Bohr an P. A. M. Dirac

[Kopenhagen], 22. November 1933

Durchschrift
BSC 18.4, 1 Seite
Übersetzung aus dem Englischen

Lieber Dirac!
Ihr freundlicher Brief hat mir viel Freude bereitet, und wir warten alle schon sehr, Sie im Dezember auf Ihrer Rückreise von Stockholm zu sehen. Zu dieser Zeit erwarten wir auch Besuche von Heisenberg und seiner Mutter und von Professor Morgan mit seiner Familie. Es wird eine große Freude für uns sein, das große Ereignis zusammen mit unseren dänischen Freunden zu feiern. Wenn Ihr alle zusammen kommt, wie es sehr schön wäre, befürchte ich allerdings, daß wir Sie und Heisenberg nicht bei uns in Carlsberg unterbringen können, aber ich habe ihm gerade geschrieben, daß Sie natürlich beide sehr willkommen sind, in Ihren alten Räumen im Institut zu wohnen.

Ich brauche nicht meine herzlichsten Glückwünsche für diese wohlverdiente Würdigung Ihrer außerordentlichen Beiträge zur Atomphysik zu wiederholen, aber ich möchte gerne diesen äußeren Anlaß als eine Möglichkeit nutzen, das tiefe Glück auszudrücken, das ich empfunden habe, als ich mit der Arbeit der jüngeren Generation erleben konnte, wie all jene Träume und Hoffnungen hinsichtlich der Entwicklung der Atomtheorie erfüllt wurden, die ich durch so viele Jahre genährt habe. Nicht zuletzt war es ein außerordentliches Vergnügen für mich, in einen derart engen freundschaftlichen Kontakt zu Ihnen zu kommen, der – wie ich hoffe – sich in den kommenden Jahren noch weiter ausdehnen wird.

Mit den freundlichsten Grüßen und besten Wünschen für die ganze Familie

Ihr
[Niels Bohr]

Dokument Nr. 43
Brief von P. A. M. Dirac an N. Bohr

Cambridge, 28. November 1933

Ausfertigung, egh.
BSC 18.4, 1 Seite
Übersetzung aus dem Englischen

Lieber Bohr!
Vielen Dank für Ihren sehr netten Brief – so nett, daß es mir ein wenig schwer fällt, ihn zu beantworten. Ich fühle, daß alle meine tiefsten Ideen ganz beträchtlich durch die Gespräche, die ich mit Ihnen geführt habe, gefördert worden sind, mehr als durch irgendjemand sonst. Selbst wenn sich dieser Einfluß nicht sehr klar in meinen Schriften äußert, so beherrscht er doch all meine Forschungsvorhaben.

Meine Mutter wird mit mir nach Stockholm kommen und wird wahrscheinlich auch gern auf dem Rückweg für kurze Zeit in Kopenhagen bleiben. In diesem Fall wäre es vielleicht besser, wenn ich mit ihr in einem Hotel wohne.

Ich freue mich schon sehr, Sie zu treffen, und hoffe, ein Gespräch mit Ihnen über einige mich stark beeindruckende neue Ideen zur Mechanik des Atomkerns zu führen.

Mit besten Wünschen an Sie und an Frau Bohr

Ihr ergebener
P. A. M. Dirac

ST JOHN'S COLLEGE,
CAMBRIDGE.

28 - 11 - 33

Dear Bohr,

Many thanks for your very nice letter — so nice that I find it a little difficult to answer. I feel that all my deepest ideas have been very greatly and favourably influenced by the talks I have had with you, more than with anyone else. Even if this influence does not show itself very clearly in my writings, it governs the plan of all my attempts at research.

My mother will be coming with me to Stockholm and will probably also like to stay in Copenhagen a little on the way back. In this case perhaps it would be better if I stayed with her in a hotel.

I am looking forward very much to meeting you and hope to have a talk with you about some new ideas, that have impressed me very strongly, about nuclear mechanics.

With best wishes to you and Mrs Bohr,

Yours sincerely

P. A. M. Dirac.

Faksimile des Briefes von P. A. M. Dirac an N. Bohr vom 28.11.1933 (engl.)

Dokument Nr. 44
Brief von W. Heisenberg an N. Bohr

Leipzig, 27. November 1933

Ausfertigung, egh.
BSC 20.2, 3 Seiten

Lieber Bohr!
Schon lange wollt ich Dir schreiben und Dir für Deinen Glückwunsch danken, nun kommt heute noch Dein lieber Brief mit der Einladung nach Kopenhagen. In den letzten zwei Wochen sind meine Gedanken sehr oft bei Dir, in Deinem Institut und in Deinem Heim gewesen. Ich weiss, dass ich eigentlich von Dir gelernt habe, wie man Wissenschaft treibt, und dass ich die geringen Beiträge, die ich zur Physik hab liefern dürfen, zum allergrössten Teil der Kopenhagener Atmosphäre verdanke, in der ich aufgewachsen und von Dir aufgezogen worden bin. Wahrscheinlich verdanke ich auch die jetzige Anerkennung zum grossen Teil direkt oder indirekt Dir. Also hab für alles, was Du für mich getan hast, den herzlichsten Dank. Ich schäme mich Dir gegenüber oft, dass ich Dir ja eigentlich für Deine Freundschaft gar nichts geben kann, denn es ist immer so, dass ich von Dir lerne und Deine Kraft für meine wissenschaftlichen oder philosophischen Schwierigkeiten in Anspruch nehme. Aber das ist eben so, und solange es Dir recht ist, bin ich glücklich darüber. Ich erinnere mich genau an unsere erste Begegnung in Göttingen im Jahre 1922, bei der Du mir eine falsche Theorie der Zeemaneffekte ausgeredet hast. Ich kannte bis dahin nur die Sommerfeldsche Art, Physik zu treiben, und hatte bei Deinen Vorträgen, ohne alle Einzelheiten zu verstehen, beinahe plötzlich den Eindruck, die eigentlichen Zusammenhänge der Atomphysik zu verstehen. Schon damals fiel mir auf, dass ich, wenn ich Dir zuhörte, mehr auf das achtete, was zwischen den Sätzen stand, als was gesagt wurde. Auch jetzt geht es mir noch manchmal so, dass ich auch dort, wo mir Deine Formulierungen nicht recht sind, an die dahinterstehende Stimmung unbedingt glaube und aus der am meisten lerne. Das ist besonders deswegen merkwürdig, weil Du ja viel sorgfältiger formulierst, als irgendein anderer Physiker. Aber auf jeden Fall danke ich Dir für alles, was ich bei Dir hab lernen dürfen.

Bei dem Nobelpreis hab ich Schrödinger, Dirac und Born gegenüber ein schlechtes Gewissen. Schrödinger und Dirac hätten beide einen ganzen Preis mindestens ebenso verdient wie ich, und mit Born hätte ich gern geteilt, da wir auch zusammen gearbeitet haben. Born muss doch eigentlich ganz ärgerlich auf mich sein.

Auf unser Zusammensein in Kopenhagen freue ich mich sehr, meine Mutter freut sich ebenso wie ich, und wenn wir Dirac und Morgan unter uns haben, dann wird es sicher viel zu lernen geben. Über Diracs neue Resultate hab ich gestern in Zürich, wo ich vorübergehend war, mit Pauli diskutiert. Ich bin sehr gespannt auf die Einzelheiten der Diracschen Rechnung.

Also auf frohes Wiedersehen in Kopenhagen

Dein
Werner Heisenberg

Leipzig 27. 11.

Lieber Bohr!

Schon lange wollte ich Dir schreiben und Dir für Deinen Glückwunsch danken, nun kommt heute noch Dein lieber Brief mit der Einladung nach Kopenhagen. In den letzten zwei Wochen sind meine Gedanken sehr oft bei Dir, in Deinem Institut und in Deinem Heim gewesen. Ich weiss, dass ich eigentlich von Dir gelernt habe, wie man Wissenschaft treibt und dass ich die geringen Beiträge, die ich zur Physik hab liefern dürfen, zum allergrössten Teil der Kopenhagener Atmosphäre verdanke, in der ich aufgewachsen und von Dir aufgezogen worden bin. Wahrscheinlich verdanke ich auch die jetzige Anerkennung zum grossen Teil direkt oder indirekt Dir. Also hab für alles, was Du für mich gegeben hast, den herzlichsten Dank. Ich schäme mich Dir gegenüber oft, dass ich Dir ja eigentlich für Deine Freundschaft garnichts geben kann; denn es ist immer so, dass ich von Dir lerne und Deine Kraft für meine wissenschaftlichen oder philosophischen Schwierigkeiten in Anspruch nehme. Aber das ist eben so, und solange es Dir recht ist, bin ich glücklich darüber. Ich erinnere mich gerne an unsere erste Begegnung in Göttingen im Jahre 1922, ~~wo~~ bei der Du mir eine falsche Theorie der Zeemaneffekte ausgeredet hast. Ich kannte bis dahin nur die Sommerfeldsche Art, Physik zu treiben, und hatte bei Deinen Vorträgen, ohne alle Einzelheiten zu verstehen, beinahe plötzlich den Eindruck, die eigentlichen Zusammenhänge der Atomphysik zu verstehen. Schon damals fiel mir auf, dass ich, wenn ich Dir zuhörte, mehr auf das achtete, was zwischen den Sätzen stand, als was gesagt wurde. Auch jetzt geht es mir noch manchmal so, dass ich auch dort, wo mir Deine Formulierungen nicht recht sind, an die dahinterstehende Stimmung unbedingt glaube und aus der am meisten lerne. Das ist besonders deswegen merkwürdig, weil Du ja viel sorgfältiger formulierst, als irgendein anderer Physiker. Aber auf jeden Fall danke ich Dir für alles, was ich bei Dir hab lernen dürfen.

Bei dem Nobelpreis hab ich Schrödinger, Dirac und Born gegenüber ein schlechtes Gewissen. Schrödinger und Dirac hätten beide einen ganzen Preis mindestens ebenso verdient wie ich, und mit Born hätte ich gern geteilt, da wir auch zusammen gearbeitet haben. Born muss doch eigentlich ganz ärgerlich auf mich sein.

Auf unser Zusammensein in Kopenhagen freu ich mich sehr, meine Mutter freut sich ebenso wie ich und wenn wir Dirac und Morgan unter uns haben, denn wird es sicher viel zu lernen geben. Über Diracs neue Resultate hab ich gestern in Zürich, wo ich vorübergehend war, mit Pauli diskutiert. Ich bin sehr gespannt auf die Einzelheiten der Diracschen Rechnung.

Also auf frohes Wiedersehen in Kopenhagen

Dein Werner Heisenberg.

Faksimile des Briefes von W. Heisenberg an N. Bohr vom 27.11.1933

Dokument Nr. 45
Brief von N. Bohr an A. Joffe

Kopenhagen, 10. März 1934

Durchschrift
BSC 21.3, 1 Seite

Lieber Professor Joffe,
Wie ich Ihnen schon in Brüssel sagte, soll es eine grosse Freude für meine Frau und mich sein, die liebenswürdige Einladung, nach Russland zu kommen, zu folgen. Wenn es Ihnen passt, möchte ich vorschlagen, dass wir Anfang Mai nach Leningrad kommen, wovon wir dachten über Moskau nach Charkow zu reisen, wo Landau uns zu einer kleinen Konferenz etwa Mitte Mai eingeladen hat. Es soll uns beide eine grosse Erlebnis sein, die Verhältnisse in Russland näher kennen zu lernen, und auch mein Mitarbeiter Rosenfeld, der in die russische Entwicklung besonders interessiert ist und sogar russisch versteht, möchte gern mit uns nach Leningrad kommen. Ich selber beherrsche ja leider nicht die russische Sprache; wenn es erwünscht ist, bin ich aber bereit, einen oder zwei Vorträge auf deutsch oder englisch in Leningrad zu geben.

Mit den herzlichsten Grüssen von meiner Frau und mir,

Ihr
[Niels Bohr]

Dokument Nr. 46
Brief von N. Bohr an M. Curie

Kopenhagen, 10. März 1934

Durchschrift
BSC 18.2, 1 Seite
Übersetzung aus dem Englischen

Liebe Madame Curie!
Ich erlaube mir, mit diesen Zeilen Ihnen meinen Freund Professor Aage Friis von der Universität Kopenhagen zu empfehlen. Professor Friis, der vergangenes Jahr Rektor der Universität war, ist der Vertreter Dänemarks im internationalen Komitee für die Unterstützung von intellektuellen Flüchtlingen und Präsident des zu diesem Zweck gegründeten Komitees, dessen Mitglied ich bin. Professor Friis kommt mit dem Auftrag nach Paris, Informationen über die großzügigen Anstrengungen zu sammeln, die in Frankreich unternommen worden sind, angesichts der gegenwärtigen Misere im akademischen Bereich zu helfen. Er wäre sehr dankbar, die Möglichkeit zu bekommen, diese Probleme mit Ihnen und einigen Ihrer Kollegen zu diskutieren.

Es ist eine besonders große Freude, daß gerade jetzt, wo die menschlichen Aspekte in der Wissenschaft so bedauernswert sind, die wissenschaftliche Arbeit selbst so unglaubliche Fortschritte macht. Insbesondere brauche ich nicht zu sagen, mit welcher Freude und mit welchem Interesse wir auch hier von den jüngsten wunderbaren Entdeckungen Ihrer Tochter und Ihres Schwiegersohns erfahren haben, die eine neue und äußerst vielversprechende Epoche der Atomtheorie markieren. Vor einigen Wochen ist Gamow von Cambridge nach Kopenhagen gekommen und hat uns sehr viel von alldem erzählt, was er dort und in Paris erfahren hat. Er hat gerade eine sehr schöne Abhandlung über die Klassifikation normaler und angeregter Zustände der radioaktiven Atome abgeschlossen, die bald in den Proceedings of the Royal Society erscheinen wird.

Meiner Frau und mir hat unser Aufenthalt in Paris sehr gut gefallen; wir möchten Ihnen noch einmal für all die Freundlichkeit danken, die Sie uns erwiesen haben.

Mit unseren herzlichsten Wünschen und freundlichsten Grüßen

Ihr
[Niels Bohr]

Dokument Nr. 47
Brief von N. Bohr an I. Joliot-Curie

Kopenhagen, 22. September 1934

Durchschrift
BSC 21.3, 1 Seite
Übersetzung aus dem Englischen

Liebe Madame Joliot!
Es tut mir sehr leid, daß ich nicht früher geschrieben habe, um Ihnen und Ihrer Familie unser tiefempfundenes Beileid zum Tod Ihrer hochverehrten Mutter auszudrücken. Ich brauche nicht zu sagen, daß meine Frau und ich mit der größten Zuneigung und Bewunderung an sie denken und daß wir uns stets mit Dankbarkeit der großen Freundlichkeit erinnern werden, die sie uns im letzten Herbst bei unserem Besuch in Paris erwiesen hat, der zu unseren glücklichsten Erlebnissen zählt. Es muß in der Tat ein großer Trost für Sie sein, an all die Ermutigung und Freude zu denken, die Madame Curie in den letzten Jahren durch die wunderbaren Entdeckungen erlebte, die Sie und Ihr Mann gemacht haben und die sozusagen ihr großes Lebenswerk gekrönt haben. Der Grund, warum ich nicht vorher geschrieben habe, war, daß wir, wie Sie vielleicht gehört haben, nur einige Tage vor der Nachricht vom Tod Ihrer Mutter, der eine so weltweite Anteilnahme hervorrief, das große Unglück hatten, unseren ältesten Jungen zu verlieren. Er hatte gerade die Schule beendet und wollte mit großen Erwartungen sein Studium an der Universität aufnehmen. Wie Sie verstehen werden, fühle ich mich unter diesen Umständen außerstande an der Tagung der internationalen physikalischen Vereinigung im Oktober in London teilzunehmen. Ich hatte mich schon gefreut, Sie und Ihren Mann wiederzutreffen. Ich ergreife deshalb die Gelegenheit, Ihnen und Ihrer ganzen Familie das wärmste Mitgefühl und die besten Wünsche von meiner Frau und mir selbst auszusprechen.

Ihr sehr ergebener
[Niels Bohr]

Dokument Nr. 48
Brief von N. Bohr an A. Joffe

Kopenhagen, 24. September 1934

Durchschrift
BSC 21.3, 1 Seite
Übersetzung aus dem Englischen

Lieber Joffe!
Wie Sie vielleicht gehört haben, hatten wir den großen Kummer, unseren ältesten Jungen durch einen Segelunfall in diesem Sommer zu verlieren. Er hatte gerade die Schule beendet. Sie waren so freundlich, ihm vorzuschlagen, mit mir einmal nach Rußland zu fahren, eine Aussicht, die ihn mit großer Begeisterung erfüllte. Sie verstehen, daß ich mich unter diesen Umständen nicht imstande fühle, an der Tagung in London teilzunehmen, die sicherlich sehr interessant sein wird. Ich hatte mich darauf gefreut, Sie wiederzusehen. Meine Frau und ich denken oft daran, wie glücklich wir in Rußland waren, wo wir so viel Neues kennengelernt haben und mit so großer Freundlichkeit aufgenommen wurden. Obgleich wir gegenwärtig sehr ruhig leben und Sie nicht in derselben Art werden empfangen können, wie wir es unter glücklicheren Umständen gewünscht hätten, hoffen wir immer noch sehr, daß Sie und Frau Joffe auf Ihrer Rückreise aus London nach Kopenhagen kommen und einige Tage bei uns bleiben werden.

Mit den freundlichsten Grüßen und besten Wünschen von uns beiden

Ihr
[Niels Bohr]

Dokument Nr. 49
Manuskript eines Artikels von A. Einstein

[Princeton], 1935

Durchschrift
Albert Einstein Archiv 08 092
Dänische Übersetzung publiziert in: Politiken 7. Oktober 1935

Zu Niels Bohrs 50. Geburtstag, 1935

Niels Bohrs geniale Erfindungsgabe hat uns neue Erkenntnisse ueber den Bau der Atome und ueber die Wirkungsweise der bei den Umwandlungen der Atome wirkenden Kraefte gebracht, die zum bleibenden Bestande der physikalischen Wissenschaft gehoeren. Er erkannte mit sicherer Intuition, wo die Grenzen der Anwendbarkeit der Newtonschen Mechanik und der Maxwellschen Elektrodynamik liegen. Er fand aber auch die neuen Hypothesen, welche zur Ergaenzung des frueheren gedanklichen Ruestzeugs der Physik noetig waren.

Ohne Bohrs Forschungen ueber den Atombau waere es unmoeglich gewesen, die logisch vollendetere Quantenmechanik zu ersinnen, um deren konsequente Deutung sich Bohr ebenfalls grosse Verdienste erworben hat.

Wir Physiker freuen uns, ihm heute an seinem fuenfzigsten Geburtstage fuer sein erleuchtetes Forschen und Wirken danken zu koennen. Solange uns so originelle und wesentlich vollkommene Forschernaturen wie Niels Bohr beschieden sein werden, brauchen wir nicht zu fuerchten, dass unsere Kultur durch die dunklen Maechte der Verwirrung des Fanatismus vernichtet werde.

Dokument Nr. 50
Brief von N. Bohr an J. Frenkel

[Kopenhagen], 12. März 1936

Durchschrift
BSC 19.3, 1 Seite

Lieber Frenkel,
Meine Gedanken gehen oft an unser Besuch nach Russland zurück, das für meine Frau und mich ein so unvergessliches Erlebnis war. Ich habe auch lange gedacht, an Sie zu schreiben, ob Sie nicht Lust hätten, einmal nach Kopenhagen zu kommen und in einer unserer kleinen jährlichen Konferenzen über Atomphysik teilzunehmen. Dieses Jahr wird sie etwa 10. Juni anfangen, und in direktem Anschluss, etwa 20. Juni, wird auch der zweite internationale Kongress für Einheit der Wissenschaft hier stattfinden, wo besonders das Kausalitätsproblem in der Physik und Biologie diskutiert werden soll. Eine Anzahl von Wissenschaftler von verschiedenen Ländern, sowohl Fachphilosophen wie Spezialforscher, haben schon ihre Teilnahme zugesagt, und man hat mich aufgefordert, in der Organisationkomitee dieses Kongresses einzutreten und einen einleitenden Vortrag zu halten. Eben in diesen Tagen geht eine offizielle Einladung für Sie von der Organisationskomitee ab, und wir hoffen sehr, dass Sie im Stande sein wird, sie anzunehmen. Zu unsere mehr informalen Konferenz, wo diesmal ausser eigentlich atomphysikalischen Fragen auch ihre Beziehungen zur Biologie in unseren Diskussionen eingezogen werden, erwarten wir ausser einer Anzahl der alten Mitarbeiter des Instituts wie Kramers, Heisenberg, Pauli, Dirac und Klein eine Anzahl von Gästen, und wir sollen sehr froh sein, ob Sie und andere russischen Freunden wie Landau, Tamm und Fock, an denen ich gleichzeitig schreibe, teilnehmen könnten. Von Mitteln, die für die Abhandlung der beiden Kongressen zur Verfügung stehen, können wir Ihnen eine Entschädigung Ihrer Ausgaben für die Reise von und nach Russland sowohl für Ihren Aufenthalt in Kopenhagen anbieten.

Mit den herzlichsten Grüssen an Sie und Ihre Familie sowie an alle gemeinsamen russischen Freunden von meiner Frau und mir.

Ihr
[Niels Bohr]

Dokument Nr. 51
Brief von M. Delbrück an N. Bohr

[Berlin], 20. März 1936

Ausfertigung, egh.
BSC 18.3, 1 Seite

Lieber Professor Bohr, über Ihre Korrekturen bin ich sehr erbittert und halte sie für ein Verbrechen am Lesepublikum. Da ich es aber für aussichtslos halte, Sie von der Mangelhaftigkeit Ihres Gebrauchs der deutschen Sprache zu überzeugen, habe ich die Korrektur unverändert weiter gegeben und mich darauf beschränkt, meiner Missbilligung „symbolisch" dadurch Ausdruck zu verleihen, dass ich meinen Namen als Übersetzer gestrichen habe.

Mit besten Grüssen
Ihr
M. Delbrück

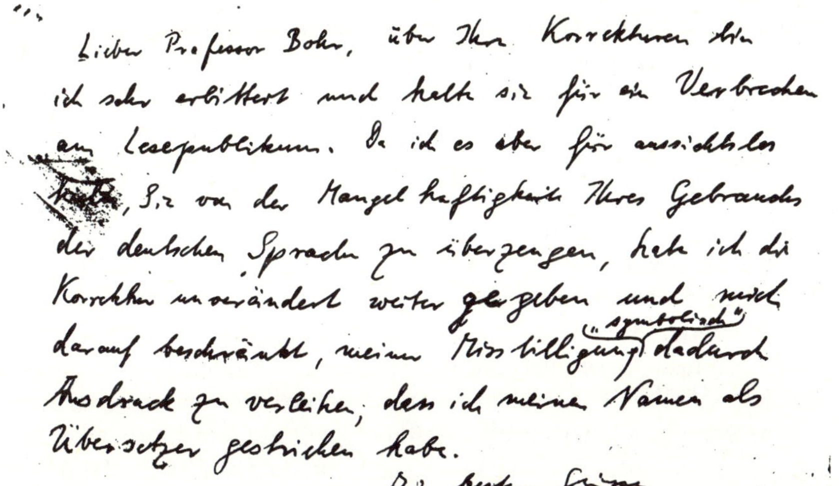

Lieber Professor Bohr, über Ihre Korrekturen bin ich sehr erbittert und halte sie für ein Verbrechen am Lesepublikum. Da ich es aber für aussichtslos halte, Sie von der Mangelhaftigkeit Ihres Gebrauchs der deutschen Sprache zu überzeugen, habe ich die Korrektur unverändert weiter gegeben und mich darauf beschränkt, meiner Missbilligung „symbolisch" dadurch Ausdruck zu verleihen, dass ich meinen Namen als Übersetzer gestrichen habe.

Mit besten Grüssen
Ihr M. Delbrück

Faksimile der Karte von M. Delbrück an N. Bohr vom 20.3.1936

Dokument Nr. 52
Brief von L. Rosenfeld an M. Delbrück

[Kopenhagen], 24. März 1936

Durchschrift
BSC 18.3, 2 Seiten

Lieber Max,
Bohr hat mir Deine Karte gezeigt, und wir beiden beklagen sehr, dass unsere Vorschläge zu Änderungen in Deiner Korrektur Dich so viel erbittert haben, dass Du sogar daran denken konntest, jede Verantwortung für die Übersetzung abzulehnen, was Bohr, der für Dein Interesse für seinen Artikel sehr dankbar war, eine wirkliche Sorge bereiten würde. Was die Änderungsvorschläge betrifft, glauben wir auch, dass Du gewissermassen unsere Absicht missverstanden hast. Als Ausländer könnten wir ja keineswegs daran denken, Deinen Stil kritisieren oder gar verbessern zu wollen, zumal wir alle ihn im Allgemeinen ganz besonders schätzen. Es handelt sich aber vor allem um die Klarstellung des Inhalts einiger Sätze, deren Sinn vielleicht auch nicht ganz deutlich in der englischen Fassung war, wo wir aber fürchteten, dass die von Dir vorgeschlagenen, sicherlich sprachlich bessere Fassung sich zu weit von den gewünschten Nuancierungen entfernte, besonders wo es das Verhältnis zur früheren Literatur, auf welche nach der Art des Artikels nur indirekt berührt werden konnte, betraf.

Alle unsere Änderungen, was Bohr vielleicht in seinem Brief nicht deutlich genug betont hatte, waren natürlich auch nur als Vorschläge zu Dir und Reddemann gemeint, damit Ihr sehen könntet, in welcher Richtung unsere Bedenken lagen. Bohr würde sich selbstverständlich ganz besonders freuen, wenn Du diese Änderungsvorschläge so umarbeiten wolltest, dass auch die entsprechenden Stellen in sprachlicher Hinsicht so schön auszusehen kommen wie der Rest der Übersetzung, welche von uns allen als ganz vorzüglich beurteilt wurde. Es wäre sehr schade, gerade bei diesen schwierigeren Punkten auf Deine Hilfe verzichten zu müssen.

Was die in dieser Hinsicht ganz untergeordneten Punkt der Wiedervereinigung der gespalteten Sätze betrifft, verstehe ich wohl, dass Du denkst, dass wir zu weit gegangen sind. Aber aus persönlicher Erfahrung (mit der französischen Übersetzung des Bohrschen Buches) weiss ich ganz genau, wie man zunächst tapfer darangeht, die Bohrschen Sätze zu zerstückeln, um dann aber bei näherer Überlegung zu finden, dass es nicht leicht gemacht werden kann, ohne deren Sinn abzuschwächen. Ich glaube, es hilft nichts; das Lesepublikum soll sich lieber damit abfinden, dass es eben zu den Bohrschen Gedanken keine „via regia“ gibt.

Vor allem hoffe ich, dass dieser Brief das uns allen unerwartete Missverständnis beseitigen wird und dass Du infolgedessen sowohl Deine direkte Hilfe wie die formale Teilnahme an der Übersetzung nicht mehr verweigern wirst, wodurch Du uns allen und insbesondere Bohr eine grosse Freude bereiten würdest.

Rosenfeld

Dokument Nr. 53
Brief von M. Delbrück an L. Rosenfeld

Grunewald, 25. März 1936

Ausfertigung, egh.
BSC 18.3, 3 Seiten

Lieber Léon,
eben dieses: die Mitarbeit an den Nuancen will ich auf alle Fälle vermeiden. Denn den Sinnunterschied dieser Nuancen vermag ich nicht zu erkennen, ihr künstlerischer Wert ist mir gleichgültig, und unter dem Gesichtspunkt der Klarheit und Eindringlichkeit halte ich sie für abträglich. Es ist natürlich Bohrs gutes Recht, in seiner Manier zu schreiben, aber er kann nicht verlangen, dass ich mich mit ihm über Nuancen streite, wenn ich diese Nuancierung auf Kosten der Eindringlichkeit als solche für verfehlt halte. Ich habe deshalb Eure Fassung, die unfehlbar jeden Leser aufs äusserste ermüdet, unverändert abgeschickt.[1] Da der Grundgedanke der Arbeit so einfach ist, wird es ja wohl auch so den meisten Lesern gelingen, ihn schliesslich herauszufinden. Aus diesem Grunde scheint mir auch der ganze Streit des ernsthaften Streites nicht wert. Ich bin aber gern bereit, ihn nächste Woche (d. h. den Streit über das Prinzip, nicht über die Nuancen) in Kopenhagen fortzusetzen. In den ersten Apriltagen kommt auch die zweite Korrektur, bis dahin kann sowieso nichts geschehen. Friede sei mit Euch!

M. D.

[1] Ihr braucht nicht zu befürchten, dass Euer Deutsch nicht korrekt sei. Die identische Nachahmung der seit zwanzig Jahren bewährten Satzbildungen ist eine sichere Garantie dafür.

P. S. Zu Trauer und Sorge, die aus Deinen rührenden Zeilen spricht, scheint mir kein Anlass. Was kann es Erfreulicheres geben als einen kräftigen Streit. Danach dürste ich schon lange!

Dokument Nr. 54
Brief von N. Bohr an Y. Nishina

Tibirkelunde, 3. August 1937

Durchschrift
BSC 24.1, 2 Seiten
Übersetzung aus dem Englischen

Lieber Nishina!
Nach den Wochen geschäftigen Treibens seit der Rückkehr von unserer langen Reise haben wir uns jetzt hier in Tisvilde zusammen mit den Kindern niedergelassen. Wir waren glücklich, sie alle bei guter Gesundheit wiederzusehen. Jeden Tag sprechen wir von unseren wunderbaren Erlebnissen in Japan; wir widmen Ihnen und all unseren anderen treuen Freunden viele dankbare Gedanken. Niemals werden wir die unglaubliche Schönheit und den Zauber Ihres Landes vergessen. Es ist uns oft so, als ob wir immer noch mit Ihnen und Takamine, Kimura, Sugiura, Fakuda, Hori und Aoyama nach Matsushima, Nikko, Hakone, Miashima und Unzen reisen; wir mit Ihnen die Reinheit und Schönheit der Paläste in Kyoto bewundern oder tief bewegt von der feierlichen Würde der Tempel in Kamakura, Sendai und Nara sind.

Das Ganze fügt sich in unserer Erinnerung zu einem Bild der in Worten schwer auszudrückenden Schönheiten, dem Glücksgefühl, unter wirklichen Freunden zu weilen, und dem Empfinden vollkommener Harmonie. Zu alledem war natürlich Ihre unermüdliche Fürsorge der letzte Schlüssel. Die reizenden Stunden in Ihrem Heim, in denen Ihre Frau so schön auf ihrem alten Instrument spielte und Ihre kleinen Jungens auf Kissen saßen, vor sich die Schüsselchen mit den köstlichen japanischen Speisen, werden für immer zu unseren teuersten Erinnerungen gehören. Wir sehen noch oft unsere Freunde – zu denen wir jetzt auch immer den freundlichen und treuen Kuwaki zählen – am Kai von Nagasaki, wo die Wellen sich allmählich brachen, aber wir zugleich fühlten, daß so viele tiefere Bande uns für immer vereinigen.

Wie freundlich Sie sich immer noch um uns sorgten, spürten wir die ganze Zeit in China aus Ihren Telegrammen und den Vorkehrungen, die für uns in Manchoukuo getroffen waren, wo alle Beamten außerordentlich freundlich zu uns waren und wo wir eine überaus angenehme und bequeme Reise hatten. Auch in China verlebten wir eine höchst interessante und herrliche Zeit. Wir sahen die schönsten Städte wie Peiping und Hangchow voller wunderbarer historischer Bauwerke. Wir wurden überall von den chinesischen Wissenschaftlern sehr freundlich empfangen, die große Anstrengungen unternehmen, um die Bedingungen für eine Forschungsarbeit zu schaffen, und sich außerordentlich interessiert zeigten, die internationale wissenschaftliche Zusammenarbeit aufzunehmen.

Es ist für uns in der Tat ein wunderbares Erlebnis gewesen, die alten, von uns so weit entfernten Länder kennenzulernen. Ich werde vor allem glücklich sein, wenn sich im Ergebnis meiner Reise unsere gute Verbindung mit den Physikern in Japan weiter festigt. Wie versprochen, werde ich mich darum bemühen, daß all unsere Arbeiten und Diskussionen, die in dieser Hinsicht hilfreich sein können, Ihnen geschickt werden. In einigen Tagen wird Ihnen Frau Schultz, die Ihnen freundliche Grüße bestellt, eine Kopie des Manuskripts einer kleinen Notiz schicken, die bald in „Science" erscheinen soll. Die Veröffentlichung in Japanisch in einer halbpopulärwissenschaftlichen Zeitschrift, über die wir gesprochen haben, kann eine Erinnerung an meinen Besuch und die Vorträge in Japan sein, die ich sehr hoch schätzen werde. Außerdem habe ich vor einigen Tagen einen sehr netten Brief von Hori bekommen, der freundlich vorschlägt, zusammen mit seinem Bruder eine japanische Übersetzung meines Büchleins „Atomtheorie und Naturbeschreibung" anzufertigen. Wie ich ihm mit gleicher Post schreibe, würde ich natürlich eine solche Übersetzung freudig begrüßen; aber in dem Sinne, wie wir diese Frage schon berührt hatten, habe ich ihn gebeten, sich mit Ihnen in der ganzen Angelegenheit zu beraten.

Vor allem meine ganze Familie und jeder einzelne im Institut freuen sich schon riesig auf Ihren Besuch hier. Sobald ich die Direktoren der Rockefeller-Stiftung gesehen, ich hoffe im September, und mit ihnen die verschiedenen Probleme diskutiert habe, über die wir gesprochen haben, werde ich Ihnen ausführlich schreiben. Wenn wir in einigen Wochen wieder nach Kopenhagen kommen, werde ich auch Ihnen und all unseren anderen Freunden die versprochenen Photos schicken und die offizielleren Dankesbriefe an den Marquis Maeda und die Präsidenten der Institute und Universitäten schreiben. Ich hoffe, daß zu dieser Zeit auch die Kisten mit den vielen wertvollen Geschenken gut angekommen sind, die wir gern in unserem Haus haben werden und die unsere Kinder sehr herbeisehnen, um sie anzuschauen.

Mit unseren freundlichen Grüßen und den allerbesten Wünschen an Sie selbst, Ihre Frau und die Kinder, sowie an alle anderen gemeinsamen Freunde in Japan.

Immer der Ihre
[Niels Bohr]

Dokument Nr. 55
Brief von N. Bohr an E. O. Lawrence

[Kopenhagen], 20. Dezember 1937

Durchschrift
BSC 23.2, 2 Seiten
Übersetzung aus dem Englischen

Lieber Lawrence!
Mit diesen Zeilen möchte ich Ihnen für all die in diesem Jahr erwiesene Freundlichkeit wärmstens danken und Ihnen meine besten Wünsche für die Zukunft senden. Sie, Mrs. Lawrence und unsere anderen Freunde haben dafür gesorgt, daß unser Aufenthalt für meine Frau, für Hans und für mich selbst zu einer höchst angenehmen und unvergeßlichen Zeit geworden ist. Insbesondere habe ich mich natürlich über die Gelegenheit gefreut, aus nächster Nähe einen Einblick in Ihre und Ihrer enthusiastischen Gruppe wundervolle Arbeit im Strahlenlaboratorium zu gewinnen.

In Japan, wo ich Ihren netten Brief bekam, den ich leider nicht beantwortet habe, waren Nishina und seine Gruppe außerordentlich dankbar für Ihre großzügige Hilfe und Unterstützung. Sie hoffen alle, daß es Ihnen und Mrs. Lawrence bald möglich sein wird, sie zu besuchen; ich bin sicher, daß das für Sie beide ebenfalls ein höchst interessantes Erlebnis wird. Während unserer Japanreise haben wir drei einen nachhaltigen Eindruck von der Schönheit der Natur und Kunst sowie von der Freundlichkeit und Höflichkeit der Japaner bekommen. Das macht es natürlich um so bitterer, jetzt an den fürchterlichen Krieg in China zu denken, wo alles während unseres Aufenthaltes noch so friedlich war, wo wir mit so großer Freundlichkeit und Gastfreundschaft empfangen wurden und wo wir die wundervollsten und herrlichsten historischen Bauwerke gesehen haben, von denen jetzt vermutlich viele schon zerstört sind.

Wegen der Vielzahl liegengebliebener Verpflichtungen hatte ich seit meiner Rückkehr nach Kopenhagen eine sehr hektische Zeit, aber ich kann sagen, daß das gesamte Laboratorium im Zusammenhang mit dem Bau des Zyklotrons dankbar und bewundernd an Sie gedacht hat. Die Arbeit geht gut voran, und wir hoffen, daß das Zyklotron schon in ein paar Monaten in Betrieb genommen werden kann. Hevesy ist außerdem besonders dankbar für die radioaktiven Präparate, die Sie ihm freundlicherweise geschickt haben und die für seine biologischen Untersuchungen, welche endgültig Fortschritte machen, von sehr großer Hilfe sind.

Wenn ich trotz alledem bislang nicht geschrieben habe, dann nicht zuletzt wegen des grausamen plötzlichen Todes von Rutherford, der – wie Sie verstehen – bei seinen Freunden große Bestürzung hervorgerufen hat. Nur wenige Wochen vor seiner feierlichen Beisetzung in der Westminsterabtei habe ich ihn in Cambridge noch besucht, wo er so fröhlich und enthusiastisch wie immer über seine Arbeit war. Einerseits war das ein schönes Ende seines wunderbaren Lebens, andererseits aber läßt dies seinen Verlust noch deutlicher empfinden. Dennoch weiß ich, daß das Andenken an Rutherford für Sie wie für mich zu einer nicht versiegenden Quelle der Ermutigung und Inspiration werden wird und uns alle, die wir ihn bewundert und geliebt haben, noch enger miteinander verbinden wird.

Mit den freundlichen Grüßen und den besten Wünschen für Sie, Mrs. Lawrence und die Kinder von uns allen

Ihr [Niels Bohr]

Dokument Nr. 56
N. Bohr an M. Planck

Kopenhagen, 21. April 1938

Durchschrift
BSC 24.3, 1 Seite

Lieber und hochverehrter Professor Planck,
meine Frau und ich senden Ihnen unsere allerherzlichsten Glückwünsche zu Ihrem achtzigsten Geburtstage, bei dessen Feier die ganze wissenschaftliche Welt in grösster Dankbarkeit Ihrer wunderbaren Leistungen für die Grundlagen der Naturbeschreibung gedenkt. Die warme Freundschaft, die Sie mir als einem der vielen Physiker aus der jüngeren Generation, der das Glück hatte, auf dem von Ihnen bereiteten Boden arbeiten zu können, stets erwiesen haben, ist für mich eine der reichsten Quellen der Freude und Aufmunterung gewesen. Sowohl meine Frau, die sich dankbar all der Freundlichkeit erinnert, die Sie und Frau Planck ihr immer gezeigt haben, wie ich, sind sehr betrübt, dass wir nicht imstande waren, der Einladung der physikalischen Gesellschaft zu folgen und an den Festlichkeiten in Berlin teilzunehmen; wir werden aber beide in Gedanken anwesend sein und vereinen uns mit allen Ihren Freunden und Kollegen in den wärmsten Wünschen für viele weitere glückliche Jahre für Sie und Ihre ganze Familie.

In tiefster Verehrung und
herzlichster Ergebenheit
[Niels Bohr]

Dokument Nr. 57
Brief von N. Bohr an O. Frisch

[Princeton], 3. Februar 1939

Quelle: Niels Bohr, Collected Works,
Volume 9, Nuclear Physics (1929 – 1952),
North-Holland Physics Publishing,
Amsterdam – New York – Oxford – Tokyo 1986, S. 563 – 564
Übersetzung aus dem Englischen

Lieber Frisch!
Ich muß nicht besonders betonen, wie hocherfreut ich über Ihre bedeutsame Entdeckung waren zu der ich Ihnen auf das herzlichste gratuliere. Die beiden Mitteilungen von Ihnen und Ihrer Tante, von denen ich in Ihrem Brief vom 22. Kopien bekommen habe, sind sowohl in der Form als auch im Inhalt wirklich exzellent; ich bin nunmehr natürlich am gesamten, in Ihrem Brief erwähnten experimentellen Programm höchst interessiert. Ich selbst habe über die theoretische Erklärung des Resultates und der zur Aufklärung des „Spaltungs"mechanismus weiterhin erwünschten Experimente gründlich nachgedacht. Der Punkt, der mich, seitdem ich an Bord dafür Zeit gefunden hatte, beim Nachdenken über die ganze Sache besonders beschäftigt hat, war die grundsätzliche Bedeutung von Fluktuationen der statistischen Energieverteilung zwischen den mehr oder minder gekoppelten Vibrationsmoden des Compoundkernes für das Verständnis des Unterschiedes zwischen der Stabilität der schweren Kerne und der leichten, mit denen sie bei relativ geringen Anregungen gespalten werden. Ich habe tatsächlich genau in diesem Punkt so gedacht, wie Sie das über die Art und Weise, in der die speziellen Vibrationsmoden durch direkte Stöße erregt werden können, in ihrem Brief erwähnt und festgestellt haben, daß die auf diesem Weg bestimmte Spaltungswahrscheinlichkeit viel zu klein ist. Ich habe eine Mitteilung geschrieben, um die Aufmerksamkeit auf diesen Punkt zu richten, der für Vorschläge zu weiterer experimenteller Arbeit wichtig werden kann; zugleich wollte ich die Bedeutung der neuen Entdeckung selbst unterstreichen, was – wie die nachfolgenden Experimente gezeigt haben – kaum erforderlich gewesen wäre. Die Experimente von Hahn zusammen mit Ihrer und Ihrer Tante Erklärung sind nicht nur unter Physikern, sondern auch in der Tagespresse Amerikas in den Rang einer Sensation erhoben worden. Wie Sie sicher aus meinen Telegrammen und vielleicht auch, wie ich fürchte, aus der

skandinavischen Presse entnehmen können, hat hier in einigen amerikanischen Laboratorien ein Wettrennen beim Eindringen in das neue Gebiet eingesetzt. Am letzten Tag der Washingtoner Konferenz (26. – 28. Januar), auf der Rosenfeld und ich anwesend waren, wurden von verschiedenen Seiten die ersten Resultate über die Feststellung hochenergetischer Kernbruchstücke gemeldet. Zu meinem größten Bedauern konnte ich nur, in Unkenntnis Ihrer eigenen Entdeckung und noch nicht im Besitz des endgültigen Textes Ihrer und Ihrer Tante Mitteilung für die „Nature“, alle darauf hinweisen (was ich auch auf das energischste getan habe), daß keine öffentliche Mitteilung eines derartigen Resultates legitimiert sei, in der nicht Ihre und Ihrer Tante ursprüngliche Interpretation von Hahns Resultaten erwähnt wird. Nachdem Hahns Artikel erschienen war, konnte eine Information darüber natürlich auch Ihretwegen nicht zurückgehalten werden und wurde nunmehr zur direkten Quelle der Anregung für verschiedene Forscher in diesem Land. Nachdem ich nach Princeton zurückgekommen bin, habe ich durch eine beiläufige Bemerkung in einem Brief von Hans die erste Nachricht vom Erfolg Ihres Experiments erhalten. Ich habe diese Information umgehend nach Washington und New York telephonisch übermittelt und habe eine faire Aussage in einem „Science Service“ Zirkular vom 30. Januar erreicht, von dem ich meiner Frau eine Kopie geschickt habe; ich konnte aber verschiedene Fehlmeldungen in Tageszeitungen nicht verhindern. Dies ist natürlich ärgerlich, aber ohne Belang für das Urteil der wissenschaftlichen Öffentlichkeit, die hier noch weitaus häufiger als in Dänemark mit solchen Ereignissen konfrontiert wird.

Wie Sie aus meinen Telegrammen und Briefen wissen, war ich sehr unsicher, ob es ratsam sei, meine eigene Mitteilung zu veröffentlichen; vor allem aber habe ich natürlich gespürt, daß es unmöglich sei, den endgültigen Text zu verfassen, bevor ich nicht eine Kopie Ihrer und Ihrer Tante Mitteilung erhalten hätte, die, wie ich unserem Gespräch entnahm, unmittelbar nach Erscheinen von Hahns Artikel abgeschickt sein mußte. Nachdem ich die Kopien Ihrer Mitteilungen erhalten hatte, habe ich einige Korrekturen an der letzten Version angebracht, die ich Ihnen schickte. Ich lege diesem Brief nun eine neue Kopie der ganzen Note bei, in der der Klarheit wegen die neuen Formulierungen mit roter Tinte unterstrichen wurden, und ich bitte Sie, möglicherweise mit Hilfe von Fräulein Schulz oder Fräulein Hellmann, freundlichst dafür Sorge zu tragen, daß alle Korrekturen der Originalmitteilung so klar auf dem Korrekturbogen vermerkt werden, daß weitere Korrekturen überflüssig sind. Völlig unabhängig davon, wie viel oder wenig Neues die Mitteilung enthält, denke ich, daß ihr schnellstmögliches Erscheinen sehr hilfreich sein wird, um die Verwirrung bezüglich der Geschichte der Entdeckung und ihrer theoretischen Bedeutung aufzuklären.

Ich muß nicht hinzufügen, wie froh ich über die Nachricht bin, daß Ihr Vater zu Ihrer Mutter nach Wien zurückgekommen ist, und ich hoffe, daß sie unverzüglich oder wenigstens in der nächsten Zukunft nach Schweden kommen werden.

Mit freundlichsten Grüßen an das ganze Institut von Rosenfeld und mir selbst

Ihr
[Niels Bohr]

Dokument Nr. 58
Brief von N. Bohr an A. Sommerfeld

[Kopenhagen], 15. April 1943

Durchschrift
BSC 25.4, 2. Seiten

Lieber Sommerfeld,
herzlichen Dank für die freundliche Uebersendung des ersten Bandes Ihrer Vorlesungen über theoretische Physik. Mit grösster Bewunderung und Dankbarkeit gedenken die Physiker in der ganzen Welt Ihrer grossen und fruchtbaren wissenschaftlichen und pädagogischen Tätigkeit, und die Herausgabe Ihrer Vorlesungen wird von allen mit grösster Freude begrüsst werden.

Auch Ihr Artikel „Zwanzig Jahre spektroskopischer Theorie in München" hat bei mir viele schöne Erinnerungen erweckt. Wie wunderbar griffen doch damals die verschiedenen Bestrebungen befruchtend in einander ein. Dadurch, dass in den Diskussionen der Nachdruck auf die einzelnen Punkte in ganz verschiedener Weise gelegt wurde, war es auch natürlich, dass scheinbare Unterschiede der Auffassungen auftreten konnten. Wenn Sie so schreiben, dass ich die Einführung der radialen Quantenzahl nie recht leiden könnte, dürfte hier jedoch noch ein kleines Missverständnis vorliegen.

Meine Darstellungsweise der Quantisierung rein periodischer und nahezu periodischer Bewegungen unter Beibehaltung der sogenannten Hauptquantenzahl bedeutet ja keineswegs eine Unterschätzung der grossen Fortschritte, die die Aufstellung der Quantisierungsregeln für mehrfach periodische Systeme mit sich führte. Es war vor allem meine Absicht, die mit der Entartung im Zweikörperproblem verbundenen scheinbaren Paradoxien zu beleuchten; und gerade für diesen Zweck zog ich es vor, die durch Störungen bedingten weiteren Quantisierungen unmittelbar in der Abweichung der diesbezüglichen Bewegungen von den rein periodischen zu begründen.

Alle diese Probleme haben ja längst durch die Quantenmechanik ihre Lösung gefunden, wobei auch die Entartungsprobleme ihre Bedeutung bewahrt haben. Wenn ich Ihre Aufmerksamkeit nochmals auf die alten Diskussionsfragen lenken wollte, war es nur, weil ich gern den besonderen Fall betonen möchte, dass das Zweikörperproblem sowohl in der Punktmechanik als auch in der Wellenmechanik eine Entartung desselben Typs aufweist. Ich habe oft daran gedacht, wie sehr dieser Zufall einerseits das erste tastende Angreifen der Spektralprobleme erleichterte, und anderseits wohl der Anlass dafür war, dass trotz aller Paradoxien so lange an den Bahnbildern der stationären Zustände festgehalten wurde.

Mit vielen freundlichen Grüssen und in der Hoffnung, dass es nicht mehr allzu lange dauern möge, bis eine rege Zusammenarbeit zwischen den Wissenschaftlern aller Länder, wie sie in Ihrem Artikel beschrieben ist, wieder möglich sein wird,

Ihr

[Niels Bohr]

Dokument Nr. 59
Brief von P. Kapitza an N. Bohr

Moskau, 28. Oktober 1943

Ausfertigung, masch. schr.
BSC 21.4, 1 Seite
Übersetzung aus dem Englischen

Lieber Bohr!
Wir haben hier erfahren, daß Sie Dänemark verlassen haben und jetzt in Schweden sind. Freilich kennen wir nicht alle Umstände Ihrer Abreise, aber wegen des Schlamassels, in dem sich jetzt ganz Europa befindet, sind wir russischen Wissenschaftler sehr besorgt um Ihr Schicksal. Natürlich wissen Sie am besten, welchen Kurs Sie in diesem Sturm steuern müssen, aber ich möchte Sie wissen lassen, daß Sie in der Sowjetunion willkommen sein werden, wo alles getan würde, um Ihnen und Ihrer Familie einen Zufluchtsort zu geben und wo wir jetzt alle notwendigen Bedingungen haben, um die wissenschaftliche Arbeit fortzusetzen. Sie müssen mich nur Ihre Wünsche und die Ihnen offenstehenden praktischen Mittel wissen lassen, und ich habe die ganz berechtigte Hoffnung, daß wir Ihnen zu jeder Zeit helfen könnten, die Sie für sich selbst und Ihre Familie geeignet finden.

Wie Sie schon wissen, hatten wir zu Beginn des Krieges eine ziemlich schwere Zeit, aber jetzt ist das Schlimmste überstanden. Ich glaube, es ist keineswegs eine Übertreibung zu sagen, daß alle Menschen unseres Landes so eng in ihrem Bestreben vereint sind, sich von der barbarischen Invasion zu befreien, daß es in der Geschichte nahezu unmöglich wäre, einen ähnlichen Fall zu finden. Nunmehr ist unser vollständiger Sieg offenkundig nur noch eine Frage der Zeit. Wir Wissenschaftler haben alles in unseren Kräften stehende getan, um unser Wissen in den Dienst für die Sache dieses Krieges zu stellen. Unsere Lebensbedingungen sind jetzt viel leichter. Wir sind alle nach Moskau zurückgekehrt und finden wieder Zeit für die wissenschaftliche Arbeit. In unserem Institut halten wir jede Woche eine wissenschaftliche Sitzung ab, wo Sie eine Anzahl Ihrer Freunde finden werden. Die Akademie der Wissenschaften hat ihre Tätigkeit in Moskau wieder aufgenommen und hat gerade ihre Tagung abgeschlossen, auf der eine Anzahl neuer Mitglieder gewählt worden sind. Wenn Sie nach Moskau kommen, werden Sie mit uns in unserer wissenschaftlichen Arbeit vereint sein. Allein die vage Hoffnung, daß Sie möglicherweise kommen könnten, um bei uns zu leben, wurde herzlichst begrüßt von all unseren Physikern: Joffe, Mandelshtam, Landau, Vavilov, Tamm, Alihanov, Semenov und viele andere, die mich alle bitten, ihre freundlichsten Grüße und besten Wünsche zu bestellen.

Frau Kapitza und den Jungen geht es gut, die letzteren sind sehr groß geworden. Peter absolviert schon eine technische Schule. Wir sind überaus besorgt, wie es Frau Bohr und Ihren Jungen geht.

Wir haben sehr wenig Informationen über die englischen Physiker. Gelegentlicher Austausch von Telegrammen ist alles, was wir wissen. Sie arbeiten wie wir hart im Kampf für unsere gemeinsame Sache gegen den Nazismus.

Nehmen Sie meine besten Wünsche für die Zukunft entgegen. Die freundlichsten Wünsche von mir und Frau Kapitza an Sie und Ihre Familie. Lassen Sie mich Ihnen noch einmal versichern, daß wir Sie nicht nur als einen großen Wissenschaftler, sondern auch als einen Freund unseres Landes betrachten. Wir würden es für ein großes Privileg halten, unser Äußerstes für Sie und Ihre Familie zu tun. Ich persönlich verbinde Ihren Namen immer mit dem von Rutherford; die tiefe Zuneigung, die wir beide für ihn fühlen, ist eine starke Bindung zwischen uns. Es wird mir die größte Freude sein, Ihnen in jeder Hinsicht zu helfen.

Mit meinen allerbesten Wünschen
bin ich Ihr sehr ergebener
(gez.) Peter Kapitza

PS. Sie können diesen Brief über den Kanal beantworten, über den Sie ihn empfangen.

Dokument Nr. 60
Brief von N. Bohr an P. Kapitza

London, 29. April 1944

Durchschrift
BSC 21.4, 1 Seite
Übersetzung aus dem Englischen

Lieber Kapitza!
Ich weiß nicht, wie ich Ihnen für Ihren Brief vom 28. Oktober danken soll, den ich vor einigen Tagen bei meiner Rückkehr von einem Besuch in Amerika vom sowjetischen Botschaftsrat in London, Herrn Zinchenko, erhalten habe. Ich bin von Ihrer treuen Freundschaft zutiefst bewegt und außerordentlich dankbar für die extreme Großzügigkeit und Gastfreundschaft, die in der Einladung, mit meiner Familie nach Moskau zu kommen, ausgedrückt ist. Sie kennen das tiefe Interesse, mit dem ich die kulturellen Bestrebungen in der Sowjetunion immer verfolgt habe, und ich brauche nicht zu sagen, was für eine Freude es für mich wäre, für eine Zeit mit Ihnen und meinen anderen russischen Freunden an der Arbeit teilzunehmen, die unsere gemeinsamen wissenschaftlichen Interessen betrifft.

Meine Pläne sind jedoch im Augenblick völlig unbestimmt. Meine Frau und drei unserer Jungen sind noch in Schweden, während ich mit unserem vierten Jungen, der in den letzten Jahren mein wissenschaftlicher Assistent war, schon im Oktober nach England gekommen bin. Ich hoffe, daß es für Sie bald möglich sein wird, hierher zu kommen, und daß es nicht lange dauern wird, bevor wir beide nach Moskau reisen und Sie und Ihre Familie wiedersehen können. Wir haben seit unserem letzten Besuch in Rußland ständig an Sie alle gedacht und die Erinnerung an unseren Aufenthalt in Ihrem schönen Institut wie einen Schatz gehütet. Es ist für mich zudem ein großes Vergnügen gewesen zu erfahren, was sicherlich keine Überraschung war, mit welch wunderbarem Erfolg Sie die Einrichtungen, die Sie mit so freigiebiger Unterstützung dort geschaffen haben, für die Wissenschaft, Ihr Land und damit zum Wohle der Menschheit fruchtbar zu machen vermochten.

Auf meinen Reisen in England und Amerika ist es überaus ermutigend gewesen, größere Begeisterung als jemals zuvor für die internationale wissenschaftliche Zusammenarbeit zu finden, in der ich, wie Sie wissen, immer eine der schönsten Hoffnungen für ein wahrhaft universelles Verständnis gesehen habe. Gerade zu diesem Thema hatte ich ein sehr erfreuliches und interessantes Gespräch mit Herrn Zinchenko; wir sprachen besonders über die neuen Aussichten, die, inspiriert durch gegenseitige Sympathie und Respekt unter den Vereinten Nationen, aus der Kameradschaft im Kampf für die Ideale der Freiheit und Menschlichkeit erwachsen sind. Es ist wirklich kaum möglich, die Bewunderung und Dankbarkeit zu beschreiben, die die nahezu unglaublichen Erfolge der Sowjetunion in diesen Jahren überall hervorgerufen haben, nicht zuletzt in jenen Ländern, welche die grausame deutsche Unterdrückung erlebt haben.

Trotz meines dringenden Wunsches, auf irgendeine bescheidene Weise zu versuchen, bei den Kriegsanstrengungen der Vereinten Nationen zu helfen, hielt ich es für meine Pflicht so lange in Dänemark zu bleiben wie ich die Möglichkeit hatte, den geistigen Widerstand gegen die Eindringlinge zu unterstützen und zum Schutz der vielen emigrierten Wissenschaftler beizutragen, die nach 1933 nach Dänemark geflohen waren und dort Arbeit gefunden hatten. Als ich jedoch letzten September erfuhr, daß sie alle und außerdem eine große Anzahl Dänen wie mein Bruder und ich verhaftet und nach Deutschland gebracht werden sollten, hatten meine Familie und ich das große Glück, im letzten Augenblick nach Schweden zu entkommen. Wir gehörten zu den vielen, denen es dank des Zusammenhaltens der ganzen dänischen Bevölkerung gegen die Nazis möglich war, den sorgsam vorbereiteten Maßnahmen der Gestapo zu entgehen.

Ich hoffe aus vielen Gründen wirklich, daß ich bald in der Lage sein werde, Ihre außerordentlich liebenswürdige Einladung anzunehmen und zu einem längeren oder kürzeren Besuch nach Rußland zu kommen. Sobald ich etwas mehr über meine Pläne weiß, werde ich Ihnen wieder schreiben. Heute liegt es mir vor allem am Herzen, Ihnen meinen tiefempfundenen Dank und meine wärmsten Wünsche für Sie, Ihre Familie und unsere gemeinsamen Freunde in Moskau auszudrücken.

Immer Ihr
(gez.) Niels Bohr

Dokument Nr. 61
Brief von N. Bohr an F. D. Roosevelt*

Washington, 7. September 1944

Durchschrift
JRO 34, 3 Seiten
Übersetzung aus dem Englischen

Mein lieber Herr Präsident!
Ich möchte Ihnen auf das herzlichste für die Ehre und das Vertrauen danken, das Sie mir gezeigt haben, indem Sie mich empfangen und mit mir über Ihr Interesse an den großen und dringenden Problemen gesprochen haben, die durch die neue außerordentliche Entwicklung der physikalischen Wissenschaft aufgeworfen worden sind.

Die bevorstehende Realisierung der Aussichten, Atomenergie in großem Maßstab freizusetzen, die durch die großartige Pionierarbeit in diesem Lande ermöglicht wurde, ist sicherlich dazu bestimmt, die Zukunft der Menschheit tief zu beeinflussen. Aber, wie Sie sich so vollständig darüber im klaren sind, können die phantastischen Aussichten, die dieses wunderbare Abenteuer mit sich führt, durch die unheilvollsten Bedrohungen der menschlichen Sicherheit überschattet werden, wenn nicht rechtzeitig eine internationale, die effektive Kontrolle der neuen schrecklichen Waffe betreffende Vereinbarung erlangt werden kann.

Die Erreichung dieses großen Zieles gehört natürlich zu einem Gebiet, auf dem allein die verantwortlichen Staatsmänner die erforderliche Einsicht haben können. Als Physiker, dem das Privileg zuteil geworden ist, die jüngste Entwicklung aus nächster Nähe zu verfolgen, war ich jedoch außerordentlich dankbar für die Gelegenheit, Ihnen einige Überlegungen hinsichtlich der technischen Aspekte des großen Unternehmens mit spezieller Berücksichtigung des Problems der Kontrolle und der Möglichkeit von konkurrierenden Anstrengungen in anderen Ländern vorzutragen.

In der letzten Hinsicht sollte berücksichtigt werden, daß sich als Ergebnis einer fruchtbaren internationalen wissenschaftlichen Zusammenarbeit die Prinzipien, nach denen eine Freisetzung der Atomenergie in großem Maßstab vorgenommen werden kann, mindestens in Umrissen schon vor dem Krieg abgezeichnet haben und so Allgemeinwissen der Physiker in der ganzen Welt sind.

Es ist ebenfalls bekannt, daß Vorbereitungen für die Realisierung der Aussichten in verschiedenen Ländern getroffen wurden. Obwohl es sicher scheint, daß die amerikanische und britische Anstrengung einen entscheidenden Vorsprung erreicht hat, dürfte wahrscheinlich jede noch so karge Information über den Erfolg der Arbeit in diesem Land, die herausgesickert sein könnte, eine Intensivierung ähnlicher Anstrengungen anderswo verursacht haben.

Glücklicherweise hat der Verlauf des Krieges wahrscheinlich jegliche Gefahr einer militärischen Anwendung der in Deutschland unternommenen zielgerichteten Anstrengungen in dieser Richtung beseitigt. Man muß sich jedoch klar machen, daß mit der endgültigen Niederlage Deutschlands vermutlich alles Expertenwissen und alle dort angesammelten technischen Erfahrungen den großen siegreichen Nationen gleichermaßen verfügbar sein werden.

Unter diesen Umständen könnten sich persönliche Beziehungen zwischen den Wissenschaftlern, die aus der Zusammenarbeit vor dem Krieg stammen, als wertvoll erweisen, um unter völliger Berücksichtigung der Sicherheitsinteressen ein Verständnis dafür zu vermitteln, wieviel auf dem Spiel steht, wenn die großen Erwartungen der Atomphysik verwirklicht werden und um die adäquate Verwirklichung des großen Nutzens vorzubereiten, der aus einer völlig ehrlichen Zusammenarbeit hinsichtlich der effektiven Kontrollmaßnahmen erwachsen würde.

Ich bin überaus dankbar für die große Freundlichkeit, die Sie mir erwiesen haben, und für den Wunsch, den Sie ausgedrückt haben, mich bei einer späteren Gelegenheit wiederzusehen. Ich brauche Ihnen nicht zu versichern, daß es mir eine Freude sein wird, auf die Ehre eines Rufes von Ihnen zu antworten.

Mit vorzüglicher Hochachtung
Ihr
Niels Bohr

---

* Nach einer Information von Aage Bohr existiert noch eine andere Version des Briefes mit dem selben Datum [Anm. U. Rösberg].

Dokument Nr. 62
Brief von A. Einstein an N. Bohr

Princeton, 12. Dezember 1944

Durchschrift
AE 8, 1 Seite

Lieber Bohr,
Vor einiger Zeit erschien Stern bei mir, recht alarmiert, und sagte etwa: Wenn der Krieg vorbei ist, dann gibt es in allen Ländern eine Fortsetzung des Geheimrüstens mit technologischen Mitteln, das notwendig zu Präventivkriegen führt, wahren Vernichtungskriegen, schlimmer als der jetzige in Lebensvernichtung. Die Politiker kennen nicht die Möglichkeiten und somit auch nicht das Ausmass der Bedrohung aller. Es muss jede Anstrengung gemacht werden, um solche Entwicklung abzuwenden. – Ich teilte seine Ansicht über die Situation, sah aber keinen Weg, etwas auch nur einigermassen Aussichtsreiches zu machen. –

Gestern war nun Stern wieder da, und es schien uns, dass es doch einen Weg gibt, der – wenn auch geringe – Aussichten auf Erfolg gibt. Es gibt in den hauptsächlichen Ländern Wissenschaftler, die wirklich einflussreich sind und bei den politischen Leitern Gehör finden können. Da sind Sie mit Ihren internationalen Beziehungen. A. Compton hier, Lindemann in England, Kapitza und Joffe in Russland etc. Die Idee ist, diese zu gemeinsamer Aktion auf die Leiter der Politik in ihren Ländern zu bringen, um eine Internationalisierung der Militärmacht zu erreichen – ein Weg, der als zu abenteuerlich schon geraume Zeit fallen gelassen worden ist. Aber dieser radikale Schritt mit all seinen weitgehenden Voraussetzungen betreffend übernationale Regierung scheint die einzige Alternative gegen das technische Geheim-Wettrüsten zu sein.

Wir kamen überein, dass ich Ihnen dies unterbreiten solle. Sagen Sie nicht im ersten Augenblick „Unmöglich“, sondern warten Sie ein paar Tage, bis Sie sich an den sonderbaren Gedanken gewöhnt haben. Wenn Sie aber etwas irgendwie aussichtsvolles (wenn auch nur 0,001 Chance) daran finden, so kommen Sie doch einmal mit Stern (Pittsburgh) und Franck (Chicago) zusammen für gemeinsame Erwägung.

Mit herzlichen Grüssen
Ihr
A. E.

Dokument Nr. 63
Aktennotiz über Gespräch zwischen N. Bohr (B) und A. Einstein (X)

Dezember 1944

JRO, 34, 1 Seite
Übersetzung aus dem Englischen

Nachdem B den Brief vom 12. bekam, suchte er X am 22. Dezember auf und erklärte, daß es ganz illegitim wäre und die beklagenswertesten Folgen hätte, wenn irgend jemand, der in der betreffenden Angelegenheit ins Vertrauen gezogen war, selbständig Schritte von der vorgeschlagenen Art unternehmen sollte. Vertraulich könne B jedoch X informieren, daß die verantwortlichen Staatsmänner in Amerika und England sich des Ausmaßes der technischen Entwicklung voll bewußt seien und daß ihre Aufmerksamkeit auf die Gefahren für die Sicherheit der Welt, ebenso wie auf die einzigartige Möglichkeit gelenkt worden sei, eine harmonische Beziehung zwischen den Nationen zu fördern, die sich aus dem großen wissenschaftlichen Fortschritt ergibt. Daraufhin versicherte X B, daß er die Lage vollauf verstehe und sich selbst nicht nur von jeglicher Handlung fernhalten wolle, sondern auch, ohne jeden Bezug auf sein vertrauliches Gespräch mit B, den Freunden, mit denen er über die Angelegenheit gesprochen hatte, die Unerwünschtheit aller Diskussionen nahelegen würde, die die delikate Aufgabe der Staatsmänner komplizieren könnten.

Dokument Nr. 64
Brief von A. Einstein an O. Stern

Princeton, 26. Dezember 1944

Durchschrift
AE 28, 1 Seite

Professor Otto Stern
Carnegie Institute of Technology
Pittsburgh, Penna

Lieber Stern:
Auf meinen Brief an B. hat sich eine Wolke des bleiernen Geheimnisses auf mich heruntergesenkt, sodass ich über die Sache nichts anderes berichten kann, als dass wir nicht die Ersten sind, die ähnliches ins Auge gefasst haben. Ich habe den Eindruck, dass Ernsthaftes angestrebt wird und dass man der Sache am besten dient, wenn man vorläufig nicht davon spricht und überhaupt in keiner Weise dazu beiträgt, dass im gegenwärtigen Moment die Aufmerksamkeit der Oeffentlichkeit darauf gelenkt wird.

Solche nebulose Redeweise fällt mir schwer, aber ich kanns dieses Mal nicht ändern.

Herzlichst grüsst Sie
Ihr
[A. Einstein]

Dokument Nr. 65
Artikel von Niels Bohr

Quelle: Science **102**, 363–64 (12. 10. 1945)
Übersetzung aus dem Englischen

Eine Herausforderung an die Zivilisation

Der Fortschritt der physikalischen Wissenschaft, der es ermöglicht hat, durch Atomspaltung ungeheure Energiemengen freizusetzen, leitet eine wirkliche Revolution im Bereich der dem Menschen verfügbaren Ressourcen ein, welche für die Zivilisation eine überaus ernste Herausforderung darstellt. Die zunehmende Meisterung der Naturkräfte durch den Menschen, die immer reichere Möglichkeiten des kulturellen Wachstums eröffnet hat, kann nämlich das für das Gedeihen von organisierten Gemeinschaften lebensnotwendige Gleichgewicht stören, wenn sich die menschliche Gesellschaft den Erfordernissen der Lage nicht anzupassen vermag. Die großartigen technischen Entwicklungen des vergangenen Jahrhunderts haben bereits die Sozialstruktur jedes einzelnen Landes tief beeinflußt, offensichtlich aber haben wir jetzt ein Stadium erreicht, das ein neues Herangehen an die Gesamtproblematik internationaler Beziehungen verlangt.

Die schrecklichen, dem Menschen nunmehr verfügbaren Destruktivkräfte werden für die Zivilisation offenbar zu einer tödlichen Bedrohung, wenn nicht rechtzeitig eine allgemeine Übereinkunft hinsichtlich geeigneter Maßnahmen zur Verhinderung unverantwortlichen Gebrauchs der neuen Energiequellen erreicht werden kann. Eine Übereinkunft mit diesem Ziel wird sicherlich die Abschaffung von Barrieren erfordern, die bislang als notwendig erachtet wurden, um nationale Interessen zu schützen, die aber jetzt den Weg zur kollektiven Sicherheit vor nie dagewesenen Gefahren verstellen. In der Tat wird zukünftig nur die internationale Kontrolle aller Unternehmungen, die eine Gefahr für die Sicherheit der Welt darstellen könnten, jeder Nation erlauben, ohne permanente Furcht vor einer Katastrophe nach Wohlstand und kultureller Entwicklung zu streben.

Welchen Verzicht in Hinsicht auf übliche Hoheitsrechte eine solche Regelung auch immer beinhalten wird, sollte dabei allen klar sein, daß wir es hier im Gegensatz zu anderen Problemen, wo Geschichte und Traditionen divergierende Standpunkte gefördert haben können, mit einer Angelegenheit von größtem Interesse für alle Nationen zu tun haben. Darüber hinaus wird der freie und offene Zugang zur Information über jeglichen wissenschaftlichen und technischen Fortschritt, der eine Grundbedingung für die Effektivität der Kontrolle ist, selbst weitgehend dazu beitragen, wechselseitige Kenntnisnahme und Verständnis der kulturellen Aspekte des Lebens in den verschiedenen Ländern zu unterstützen, ohne welche die gegenseitige Achtung und der gute Willen zwischen den Nationen kaum zu erhalten sind.

Unter all diesen Umständen aber scheint es, daß die Möglichkeit zur Produktion von Vernichtungswaffen, gegen die es faktisch keine Verteidigung gibt, nicht nur als eine neuerliche Gefahr in einer ohnehin gefährdeten Welt betrachtet werden sollte, sondern vielmehr als eine nachdrückliche Mahnung, wie eng das Schicksal der ganzen Menschheit verbunden ist.

In der Tat sollte die Krise, mit der sich die Zivilisation gegenwärtig konfrontiert sieht, eine einzigartige Möglichkeit bieten, um Hindernisse für die friedliche Zusammenarbeit zwischen den Nationen zu beseitigen und ein solches gegenseitiges Vertrauen zu schaffen, das sie befähigen wird, gemeinsam Nutzen aus den großen Verheißungen für das Wohlergehen der Menschheit zu ziehen, welche der Fortschritt der Wissenschaft verspricht.

Die Erreichung dieses Zieles, das unserer Generation die schwerste Verantwortung gegenüber der Nachwelt auferlegt, wird natürlich vom Verhalten aller Menschen abhängen. Jedoch können von Wissenschaftlern in der ganzen Welt wertvolle Dienste geleistet werden, indem sie eine tatsächliche Einschätzung dessen zustandebringen, was auf dem Spiel steht, und indem sie verdeutlichen, wie die großartige Entwicklung unserer Ressourcen zum Fortschritt der Menschheit beizutragen vermag. In einer Angelegenheit von derart universeller Bedeutung können auch die engen Verbindungen zwischen den Wissenschaftlern helfen, die durch jene internationale Zusammenarbeit geschaffen wurden, welche sich gerade als so fruchtbar auf einem Forschungsgebiet erwies, das derart überwältigende Konsequenzen gezeitigt hat.

Um die Herausforderung an die Zivilisation im richtigen Geiste aufzunehmen, sollte es als ein besonders glückliches Omen gelten, daß wir es mit Folgen rein wissenschaftlicher Studien zu tun haben, die mit keinem anderen Ziele betrieben wurden als damit, die Grenzen unseres Wissens zu erweitern und unser Verständnis jener Natur zu vertiefen, von der wir selbst ein Teil sind. Laßt uns hoffen, daß die Wissenschaft, die über Jahrhunderte als Symbol des Fortschritts gestanden hat, der durch gemeinsames menschliches Streben zu erreichen ist, mit ihrer neuesten Betonung der Notwendigkeit zur Eintracht, die harmonischen Beziehungen zwischen allen Nationen entscheidend zu fördern vermag.

Dokument Nr. 66
Brief von N. Bohr an P. Kapitza

Kopenhagen, 21. Oktober 1945

Durchschrift
BSC 21.4, 1 Seite
Übersetzung aus dem Englischen

Lieber Kapitza!
Ich danke Ihnen und Ihrer Frau sehr herzlich für Ihren freundlichen Gruß, der mir viel Freude bereitet hat. In diesen Jahren habe ich oft an Sie gedacht und bin sehr dankbar für die freundliche Einladung gewesen, welche Sie mir nach meiner Flucht aus Dänemark geschickt haben, die mich aber so spät erreichte, daß ich keine Möglichkeit hatte, ihr zu folgen. Wie Sie freundlich ausdrückten, bin ich in der Tat glücklich, nach der langen Trennung wieder in meinem Heim zurück und mit meiner ganzen Familie vereint zu sein. Es ist nahezu kaum zu glauben, daß auch die meisten unserer Freunde die furchtbare Zeit gesund überlebt haben.

Jetzt, wo der Krieg mit dem Sieg für die Freiheit zuende gegangen ist, wird die internationale Zusammenarbeit in der Wissenschaft, die für uns beide so viel bedeutet hat, sicherlich nicht nur wieder zum Leben erweckt und ausgedehnt werden, sondern wird, davon bin ich überzeugt, mehr denn je zuvor zu jenem Verständnis zwischen den Nationen beitragen, in das alle Völker ihr Vertrauen setzen und für das bereits so vielversprechende Voraussetzungen durch die Kameradschaft bei der Verteidigung der elementaren Menschenrechte geschaffen worden sind.

Ich muß nicht betonen, daß im Zusammenhang mit den ungeheuren Folgen der Entwicklung der Kernphysik die Erinnerungen an Rutherford ständig in meinem Denken waren und daß ich, wie seine anderen Freunde und Schüler, bedauert habe, daß er selbst nicht mehr die Früchte seiner großen Entdeckungen sehen konnte. Seine Weisheit und Autorität werden vor allem vermißt, wenn es darum geht, die neuen Gefahren für die Zivilisation abzuwenden und den großartigen Fortschritt dauerhaft zum Nutzen der gesamten Menschheit zu werden.

Sie haben vielleicht einen kleinen Artikel gesehen, den ich einige Tage nach den Ereignissen an die „London Times“ schickte, in dem ich versucht habe, eine unter Wissenschaftlern weitgehend geteilte Haltung auszudrücken. Vor einigen Tagen habe ich auf die Bitte von amerikanischen Freunden, die ein tiefes Interesse an der Angelegenheit haben, einen anderen kurzen Artikel geschrieben, der in „Science“ erscheinen soll. Ich füge Kopien von beiden Artikeln bei, und ich wäre froh, wenn Sie sie gemeinsamen Freunden zeigen würden.

Natürlich überlasse ich es Ihrem Urteil, ob Sie es für wünschenswert erachten, würde es aber sehr begrüßen, wenn einer oder beide Artikel übersetzt und in der Sowjetunion veröffentlicht werden könnten. Ich brauche nicht hinzufügen, daß ich sehr daran interessiert bin zu erfahren, was Sie selbst über diese höchst wichtige Angelegenheit denken, die unserer ganzen Generation eine so große Verantwortung auferlegt.

Eine andere Frage, an der wir sicherlich beide gleichermaßen interessiert sein werden, ist das Bestreben, die wissenschaftliche Forschung und Zusammenarbeit in der effektivsten Weise zu organisieren. In diesem Zusammenhang war ich sehr froh bei meiner Rückkehr zu erfahren, daß eine Gruppe dänischer Wissenschaftler, die während der Okkupation aktiv am Widerstand gegen die Deutschen teilgenommen haben, plant, einen Vertreter in die Sowjetunion zu schicken, um dort die Organisation der wissenschaftlichen Arbeit zu studieren. Dr. Holter, ein hervorragender Biochemiker, der speziell für diese Aufgabe auserwählt wurde, ist ein enger Freund von mir, und ich hoffe sehr, daß es möglich sein wird, seine Reise, an der die hiesige sowjetische Gesandtschaft ein freundliches Interesse zeigt, zu arrangieren.

Ich hoffe, daß es Ihnen und Ihrer Familie gut geht. Meine Frau schließt sich meinen freundlichsten Grüßen und guten Wünschen an Sie alle an.

Immer Ihr
[Niels Bohr]

Dokument Nr. 67
Brief von N. Bohr an W. Heisenberg

Kopenhagen, 21. Oktober 1945

Durchschrift
BSC 20.2, 1 Seite
Übersetzung aus dem Englischen

Lieber Heisenberg!
Es war eine große Freude, an meinem Geburtstag Deinen freundlichen Brief und die bedeutsamen Abhandlungen von Dir selbst und Weizsäcker und Laue zu bekommen. Im Augenblick werden diese Abhandlungen in unserem Kreis mit großem Interesse studiert, und ich hoffe selbst, sehr viel aus ihnen zu lernen, sobald ich meinen zahlreichen Verpflichtungen einigermaßen nachgekommen bin, die sich während meiner langen Abwesenheit von Dänemark angesammelt haben.

Ich muß nicht betonen, daß ich in diesen Jahren oft an Euch alle gedacht habe, und jetzt, wo der Frieden wiederhergestellt ist, hoffe ich, daß es nicht lange dauern wird, bevor wir uns wieder treffen und unsere alte Zusammenarbeit wiederaufnehmen können. Ich vertraue darauf, daß wir alle glücklichere Tage sehen werden und daß die über unschuldige Menschen heraufgebrachten Schrecken durch vom Vorurteil verblendete Menschen eine Lehre für die ganze Menschheit sein werden, wie leicht die Kultur entarten kann, wenn die menschlichen Ideale aufgegeben werden.

Ich glaube auch fest, daß die ungeheuren Folgen des Fortschritts der Wissenschaft, in dem sie alle auf die Notwendigkeit einer friedlichen Zusammenarbeit zwischen den Nationen verweisen, harmonische internationale Beziehungen in großem Umfang fördern werden. In welche Richtungen meine Gedanken gehen, wirst Du aus dem beigefügten Sonderdruck eines Artikels in der Times und aus der begleitenden kurzen Erklärung sehen, die zur Veröffentlichung in Science geschrieben wurde.

Mit meinen freundlichsten Grüßen und besten Wünschen an Dich, Deine Familie und alle gemeinsamen Freunde.

Euer
[Niels Bohr]

Dokument Nr. 68
Brief von N. Bohr an F. Joliot

Kopenhagen, 22. Oktober 1945

Durchschrift
BSC 21.3, 1 Seite
Übersetzung aus dem Englischen

Lieber Joliot!
In diesen letzten Jahren habe ich oft an Sie gedacht, und ich war überaus glücklich zu erfahren, daß Sie und Ihre Frau nach all den Gefahren in Frankreich in Sicherheit sind, wo Sie einen so heldenhaften Anteil daran hatten, den Widerstand gegen die Eindringlinge aufrechtzuerhalten. Wie Sie vielleicht gehört haben, entkam ich 1943 aus Dänemark und bin erst in diesem Herbst von einem zweijährigen Aufenthalt in England und Amerika zurückgekehrt, wo die große Arbeit geleistet worden ist, zu deren Grundlagen Sie so viel beigetragen haben. Ich muß nicht betonen, wie sehr mir der Gedanke am Herzen liegt, daß diese Errungenschaft der ganzen Menschheit zum Nutzen gereichen und insbesondere helfen wird, solche Beziehungen zwischen den Nationen herbeizuführen, wie sie sich jedermann wünschen muß.

Sie werden vielleicht einen Artikel gesehen haben, der in der *London Times* kurz nach den Ereignissen veröffentlicht wurde, und in welchem ich versuchte, eine Einstellung auszudrücken, die weitgehend von amerikanischen und britischen Kollegen geteilt wird, welche an dieser Arbeit beteiligt waren. Ich füge einen Sonderdruck dieses Artikels zusammen mit einem Manuskript eines kurzen Artikels bei, den ich gemäß einer Bitte amerikanischer Freunde, vor einigen Wochen an *Science* geschickt habe. Ich hoffe, daß wir uns alle in kurzer Zeit wieder treffen und die Möglichkeit haben werden, wissenschaftliche Angelegenheiten, sowie jene Fragen zu diskutieren, die uns allen eine so große Verantwortung auferlegen.

Meine Frau schließt sich mir an, Ihnen und Ihrer Frau unsere herzlichsten Grüße und allerbesten Wünsche zu senden,

Ihr
[Niels Bohr]

Dokument Nr. 69
Brief von N. Bohr an M. Born

[Kopenhagen], 9. Dezember 1945

Durchschrift
BSC 17.3, 1 Seite
Übersetzung aus dem Englischen

Lieber Max,
ich danke Dir für Deinen liebenswürdigen Brief, der mich zur gleichen Zeit erreichte, zu der ich von Pauli die Nummer der REVIEWS OF MODERN PHYSICS mit so vielen Beiträgen von alten Freunden bekam. Ich war von der großen Freundlichkeit tief bewegt und freue mich, die Artikel und nicht zuletzt Deinen eigenen zu studieren, aus dem ich sehr viel zu lernen hoffe. Ich bin sicher, daß sich das Interesse jetzt wieder wirklich auf solche Probleme des Aufbaus der Materie konzentrieren wird, wo so viele neue Phänomene aufgedeckt worden sind. In diesem Zusammenhang war ich auch sehr interessiert, Deine gegenwärtige Arbeit kennenzulernen, und freue mich schon, Deine künftigen Abhandlungen zu sehen.

Ich füge die Briefe von Jordan bei, die Du mir nach England geschickt hast, und die, wie ich bei der Durchsicht meiner Korrespondenz beschämenderweise feststellen mußte, ich nach Dänemark mitgenommen habe. Ich dachte, sie Dir meiner Absicht entsprechend durch Simon zurückgeschickt zu haben. Die Schwierigkeiten in der Welt sind gegenwärtig sicherlich sehr groß, und selbst die Beziehungen zu früheren Freunden erweisen sich als sehr verzwickte Angelegenheit. Ich vertraue jedoch, daß wir bald eine günstigere Entwicklung der ganzen Situation sehen werden. Als kleinen Gruß schicke ich Dir Sonderdrucke von zwei kurzen Artikeln, die aufzeigen, in welche Richtung meine Gedanken gehen.

Ich hoffe, es dauert nicht mehr lange, bis wir Dich hier wiedersehen. Ich schicke Dir und Deiner Frau und auch den Pryces die herzlichsten Grüße und besten Wünsche von Margrethe und mir

Immer Euer
[Niels Bohr]

Dokument Nr. 70
Brief von N. Bohr an M. v. Laue

Kopenhagen, 3. Juli 1946

Durchschrift
BSC 29.3, 1 Seite

Lieber Laue,
von Frau Rausch v. Traubenberg in England habe ich Ihre Adresse bekommen und möchte Ihnen gern einen herzlichen Gruß schicken. In diesen Jahren haben sowohl wir wie auch alle Ihre Freunde in den verschiedenen Ländern oft an Sie gedacht und uns mit Dankbarkeit der Zeiten erinnert, da Sie sich mit so grossem Mut bestrebten, Kollegen gegen Verfolgung zu schützen.

Alles, was geschehen ist, seitdem wir uns letztes Mal gesehen haben, wird hoffentlich eine – ganz gewiss teuer erkaufte – Belehrung für die ganze Menschheit sein, welche furchtbaren Folgen es haben kann, wenn man sich über die Grundlagen, auf denen unsere ganze Kultur aufgebaut ist, hinwegsetzt. Ich vertraue doch vor allem darauf, dass die grossen Fortschritte unserer Wissenschaft in nächster Zukunft wirklich eine ganz neue Einstellung zu der Frage des Zusammenlebens der Völker mit sich bringen wird. In welcher Richtung meine Gedanken gehen, werden Sie aus zwei kleinen Artikeln ersehen, von denen ich Sonderdrucke beilege.

Ich hoffe, dass Sie wieder leidliche Arbeitsbedingungen gefunden haben und dass es nicht allzu lange dauern wird, bis wir die Freude haben können, Sie wiederzusehen.

Mit den herzlichsten Grüssen von der ganzen Familie,

Ihr
[Niels Bohr]

Dokument Nr. 71
Brief von R. Oppenheimer an N. Bohr

Princeton, 3. September 1947

Ausfertigung, masch.schr.
BSC 30.2, 2 Seiten
Übersetzung aus dem Englischen

Lieber Onkel Nick:
Es wird Zeit, daß ich Dir schreibe. Ich habe viele Nachrichten von gemeinsamen Freunden bekommen, die Kopenhagen besucht haben, und hatte sogar eine kleine Hoffnung, daß ich in der Lage sein würde, im September selbst zu kommen; das aber sieht im Augenblick gar nicht mehr so aus. Es wäre mir eine besondere Freude, mit Euch allen zusammen zu sein und ein bißchen die neuen Entwicklungen in der Physik zu besprechen, die im letzten Jahr stattgefunden haben und die mir recht hoffnungsvoll erscheinen.

Dieser Brief soll offiziell machen, was Du – wie ich sicher bin – schon aus vielen Quellen gehört hast. Als ich erstmalig das Institut in Princeton besucht habe, erfuhr ich, daß die Fakultät einstimmig und mit Begeisterung den Wunsch hegte, Dich für dieses Jahr in das Institut einzuladen; dieser Umstand gehörte zu den Ermutigungen für mein eigenes Kommen. Darf ich Dich also fragen, ob Du bereit bist, offensichtlich zu irgend einer Zeit herzukommen, vorzugsweise aber vielleicht für das Frühjahrssemester (Februar bis April), was sich möglicherweise mit Deinen anderen Plänen am besten vereinbaren läßt? Wir alle würden Dich sehr gern begrüßen. Hier wirst Du eine kleine Gruppe von Männern treffen, die Du kennst. Wir hoffen, daß diese Monate sich auch hinsichtlich der Fragen in der Elektrodynamik und der Mesonentheorie als fruchtbar erweisen werden, wo die Möglichkeit, Fortschritte zu erzielen, gegenwärtig so nah zu sein scheint.

Ich muß Dir nicht sagen, daß eines der Probleme, über das wir alle nachdenken und das mich wohl besonders bewegt, wenn wir Dich zu überzeugen suchen zu kommen, die hier sicherlich wieder aufzunehmende Bewertung der jüngsten Geschichte mit Blick auf die Atomenergie ist, wobei es für all unsere zukünftigen Hoffnungen wichtig zu sein scheint, nicht die falschen Schlußfolgerungen aus den Fehlern des vergangenen Jahrs zu ziehen, sondern im Gegenteil wieder neuen Mut für ein noch grundsätzlicheres Aufgreifen des Problems zu schöpfen.

Du wirst darüber im klaren sein, wie unmöglich es ist, irgendeine präzise Voraussage zu treffen, zu welchem Zeitpunkt und in welchen Weise solche Probleme am dringlichsten und deren Betrachtung am zeitgemäßesten sein können. Auch hier betrachte ich die vor uns liegenden Monate als einmalig hoffnungsvoll.

Du weißt genug von Princeton und dem Institut – wohl sehr viel mehr als ich selbst –, so daß es unnötig ist, auf Einzelheiten einzugehen. Ich weiß, daß der Vorstand, die Mitglieder und die Fakultät eifrig bemüht sein werden, alles zu tun, daß Dein Aufenthalt fruchtbar und ergiebig und zugleich auch angenehm wird. Wenn Du es möglich fändest, für das Frühjahrssemester zu kommen, könnten wir Dir 8000 $ zur Verfügung stellen; aber selbst wenn Du nicht für die ganze Zeit kommen könntest oder wenn Du meinst, daß, falls Du einmal in den Vereinigten Staaten bist, Du einige bestimmte Zeit anderswo verbringen solltest, hoffe ich sehr, daß Du diesen Besuch einrichten wirst. Wir können jederzeit auf die Details zurückkommen; vielleicht bin ich sogar imstande diese Einladung persönlich zu überbringen; aber ich möchte, daß Du ein paar formale Zeilen von mir mit der Bitte hast zu kommen.

Kitty schließt sich mir an, Dir unsere freundlichsten Grüße und unsere besten Wünsche zu schicken, und darin auch Jim einzubeziehen, den wir sehr vermissen und von dem ich hoffe, daß er Dich und Frau Bohr begleiten wird, wenn Du es – wie ich ernsthaft wünsche – möglich findest zu kommen.

Aufrichtig
Euer Robert

Dokument Nr. 72
Brief von N. Bohr an R. Oppenheimer

[Kopenhagen], 5. Oktober 1947

Durchschrift
BSC 30.2, 1 Seite
Übersetzung aus dem Englischen

Lieber Robert.
Ich danke Dir sehr herzlich für Deinen lieben Brief mit der Einladung, nach Princeton zu kommen, um meinen Kontakt mit dem Institut wiederaufzunehmen, an das ich so angenehme Erinnerungen habe, zu denen nun die große Freude hinzugefügt wird, Dich dort zu finden. Tatsächlich ist die Entwicklung in der Physik im Augenblick sehr aufregend und ich würde es außerordentlich begrüßen, Gelegenheit für gründliche Diskussionen mit Dir und anderen amerikanischen Kollegen zu haben. Ich muß nicht besonders betonen, daß mich die Weltlage zutiefst beschäftigt und ebenso wie Du habe ich sehr viel darüber nachgedacht, welche Schritte sich eignen würden, den Weg zu einem wirklichen Fortschritt zu ebnen. Wie Du verstehen wirst, habe ich hier viele Verpflichtungen, aber ich hoffe trotzdem, daß es mir möglich sein wird, Deiner Einladung zu folgen und das Frühjahrssemester oder einen Teil davon, in Princeton zu verbringen. Margrethe, die sich freut, ihre alten Freunde wiederzusehen, wird mit mir mitkommen, und auch für Jim, dessen Mitarbeit für mich immer wertvoller wird, verspricht ein erneuter USA-Besuch sicher zu einer höchst anregenden Erfahrung zu werden. Wir haben es bedauert, daß Du an unseren Diskussionen hier nicht teilnehmen konntest, die sehr lehrreich waren, aber wir hatten die große Freude, so viele unserer amerikanischen Freunde zu sehen. Mit Wheeler hat Margrethe auch darüber gesprochen, wie wir uns am besten in Princeton einrichten könnten.

Mit freundlichen Grüßen und besten Wünschen von uns allen an Kitty und Dich selbst sowie die gemeinsamen Freunde in Princeton

immer Euer
[Niels Bohr]

Dokument Nr. 73
Brief von A. Einstein an N. Bohr

Princeton, 4. April 1949

Ausfertigung, masch. schr.
BSC 28.2, 1 Seite

Lieber Bohr:
Ich danke Ihnen herzlich für alles, was Sie gelegentlich eines an sich so unwesentlichen Anlasses an freundlichen Bemühungen für mich aufgebracht haben. Auch für die freundliche Gratulation seitens der Mitglieder des Kopenhagener Institutes meinen herzlichen Dank.

Jedenfalls ist dies eine der Gelegenheiten, die nicht von der bangen Frage abhängt, ob Gott wirklich würfelt und ob wir an einer der physikalischen Beschreibung zugänglichen Realität festhalten sollen oder nicht. In meiner Antwort auf die im Schilppschen Buche erscheinenden Arbeiten habe ich wieder mein einsames altes Liedchen gesungen, das mich selber an den Refrain jenes alten Büchleins erinnert:

Ueber diese Rede des Kandidaten Jobses
Allgemeines Schütteln des Kopses.

Mit herzlichen Grüssen
Ihr
A. Einstein

Dokument Nr. 74
Brief von N. Bohr an A. Einstein

[Kopenhagen], 11. April 1949

Durchschrift
BSC 28.2, 1 Seite

Lieber Einstein,
vielen Dank für Ihre freundlichen Zeilen. Es war für uns alle eine grosse Freude, anlässlich Ihres Geburtstages unseren Gefühlen Ausdruck zu geben. Um in demselben scherzhaften Tone zu sprechen, kann ich nicht umhin, über die bangen Fragen zu sagen, dass es sich meines Erachtens nicht darum handelt, ob wir an einer der physikalischen Beschreibung zugänglichen Realität festhalten sollen oder nicht, sondern darum, den von Ihnen gewiesenen Weg weiter zu verfolgen und die logischen Voraussetzungen für die Beschreibung der Realitäten zu erkennen. In meiner frechen Weise möchte ich sogar sagen, dass niemand – und nicht mal der liebe Gott selber – wissen kann, was ein Wort wie würfeln in diesem Zusammenhang heissen soll.

Mit herzlichen Grüssen
Ihr
[Niels Bohr]

Dokument Nr. 75
Brief von N. Bohr an A. Einstein

Kopenhagen, 14. 2. 1951

Durchschrift
BSC 28.2, 1 Seite

Lieber Einstein,
Ihre warme Teilnahme und die schönen Worte, die Sie beim Ableben meines Bruders zum Ausdruck brachten, haben mich tief gerührt. Wie Sie wissen, waren mein Bruder und ich von frühester Kindheit an eng miteinander verbunden. In dem schmerzlichen Verluste bin ich jedoch dankbar zu fühlen, wie sehr er in weiten Kreisen geschätzt und beliebt war und wie viele treue Freunde er gewonnen hatte.

Mit herzlichen Grüssen und Wünschen

stets
Ihr
Niels Bohr

Dokument Nr. 76
Brief von N. Bohr an R. Oppenheimer

[Kopenhagen], 15. Mai 1950

Durchschrift
BSC 30.2, 1 Seite
Übersetzung aus dem Englischen

Lieber Robert,
Nach Kopenhagen zurückgekehrt, möchten Margrethe und ich Dir und Kitty vor allem für Eure Freundlichkeit uns gegenüber während der unvergeßlichen Zeit in Princeton danken, die uns – falls das noch möglich war – noch enger mit Euch beiden und den anderen Freunden im Institut verbunden hat. Die Sorgen, mit denen wir abgereist sind, haben sich in den letzten Tagen durch die Lektüre der Kommentare in der amerikanischen Presse zu den Entwicklungen sehr verringert. Vor allem haben wir den Eindruck, daß der Artikel in den „Evening News" vom letzten Freitag, den wir jetzt gerade erhalten haben, allen vernünftig denkenden Menschen als ein höchst emotionaler Beleg Deiner Ehrlichkeit und Loyalität erscheinen muß. Jetzt müssen wir alle unser Vertrauen in die Stärkung der internationalen Zusammenarbeit setzen, für die ja nicht zuletzt das Institut in Princeton so großartige Möglichkeiten auf dem Gebiet der Wissenschaft bietet. Auch hier hoffen wir imstande zu sein, einen diesbezüglichen Beitrag zu leisten, und ich brauche nicht zu sagen wie sehr wir alle auf Deinen Besuch mit Kitty und den Kindern im nächsten Sommer warten.

Mit herzlichsten Grüßen und besten Wünschen von Margrethe und stets Eurem

[Niels Bohr]

Dokument Nr. 77
Brief von W. Pauli an N. Bohr

(Auszug)

Zürich, 3. Oktober 1950

Ausfertigung, egh.
BSC 30.4, 8 Seiten

Lieber Bohr.
Der kommende 7. Oktober, zu dem ich Dir meine herzlichsten Glückwünsche sende (auch im Namen meiner Frau), gibt mir die willkommene Gelegenheit, Dir wieder zu schreiben, was für mich zugleich bedeutet: zu Worte kommen. (Die deutsche Sprache kommt mir diesmal etwas natürlicher, was Dich aber nicht hindern soll, dänisch oder englisch zu antworten.)

Da ich über Physik im engeren Sinne leider nichts zu sagen habe, beginne ich mit erkenntnistheoretischen Fragen (die mit Komplementarität zusammenhängen), um dann zu allgemeineren Gebieten des Lebens überzugehen...

3. Inzwischen finden wir uns von einer lärmenden, ungebildeten, überall hineinredenden, über Menschen und Kanonen gebietenden, proselyten-machenden Ignoranz umgeben – die uns merkwürdiger Weise in einer in zwei Teile geteilten, je durch rote und durch weiße Sterne symbolisierten Form entgegentritt mit dem unverschämten Anspruch, wir hätten zwischen beiden zu wählen.[1)]

Der ersteren mehr direkt gewalttätigeren Form ist es verhältnismäßig leicht entgegenzuhalten, daß bereits im alten Feudalstaat den Leibeigenen für den Preis absoluten Gehorsams ein gewisses wirtschaftliches Existenz-Minimum garantiert war und daß das unterscheidende Merkmal von diesem alten System gar nichts Ethisches, sondern die Industrialisierung, d. h. etwas *Technisches* sei (daher das heutige Sy-

---

[1)] Der einzige von allen Politikern, der versucht, so etwas wie ein geistiges Niveau aufrecht zu erhalten, scheint mir der indische Ministerpräsident Nehru zu sein. Er hat dabei allerdings den unschätzbaren Vorteil, über eine religiöse Tradition zu verfügen, die von derjenigen der besternten Sabbat- und Sonntags-Theologen, sowie auch von der ebenfalls besternten Werktags-Materiologen verschieden ist.

stem als mechanisiertes oder elektrifiziertes Feudalsystem bezeichnet werden kann). Ich kann mich aber nicht dazu entschließen, die zweite Form für wesentlich respektabler zu halten (*ohne* so weit zu gehen die Unterschiede der individuellen Freiheit in den beiden Formen bereits als völlig vernachlässigbar zu erklären – wie dies manche meiner Freunde tun). Es ist dort dieselbe Überbewertung des Technischen und Materiellen vorhanden; in allen praktischen Fragen ist die materialistische Einstellung auch dort die ausschlaggebende, sie ist nur verdeckt durch eine mit Bibelsprüchen um sich werfende, die Weltbrüderschaft in der rechten, A-bomben u. FBI in der linken Hand haltende gigantische Heuchelei. (Schon brauchte man eigentlich Fonds, um Ex-physikern die Gründung von Hühnerfarmen zu ermöglichen, sobald sie der Polizei nicht mehr genehm sind – wobei ich nach Errichtung solcher Fonds gerne zugeben möchte, daß dies ein wesentlich humaneres Verfahren ist als die Gefängnisse der „ersten Form".) Um vom Individuum auszugehen (eine mir allein zugängliche Methode) – *so* erschien mir nämlich H. A. Compton, als er hier in Zürich seine Verbrüderungs-sprüche losließ, und *so* erschien mir auch Wheeler gelegentlich unseres letzten Zusammenseins. Es ist mir schwierig, mit solchen Menschen gesellschaftlich beisammen zu sein, so liebenswürdig und persönlich-wohlwollend sie auch sein mögen. Denn sie sind für mich typische Vertreter des *modernen, protestantischen Tartuffe*, der zwar die Frauen in Ruhe läßt, aber die heimliche Übertretung des 6. Gebotes mit derjenigen des 5. (Du sollst nicht töten) vertauscht hat. „Ce n'est pas pêcher, de pêcher en silence" steht zwar nicht über den Schlafzimmern, aber über ganzen Fabriken u. Laboratorien. Und der Protestantismus, der einst so stark die Individualität betont hat – sogar den Priester als Vermittler zwischen Einzelseele und Gott ablehnend – beruhigt sein Gewissen durch einen ganz oberflächlichen Kollektivismus, der hinter solchen Begriffen wie „country" und „defense" hervorlugt. (Heine konnte in einem Gedicht – zu einem lockeren Mädchen – noch sagen „Wenn wir zu Hause beisammen sind – wird sich schon alles finden", aber der moderne Tartuffe sagt „Wenn nur *recht Viele* beisammen sind, wird sich schon Alles finden".) – Es muß also unbedingt die kritische Frage aufgeworfen werden, ob die Zugehörigkeit zu einer größeren Gemeinschaft, noch mit Anstand und Moral – kurz mit derjenigen Instanz die man Gewissen nennt, verträglich ist! Ich will die Beantwortung der Frage noch offen lassen, ich behaupte aber, daß diese Frage aufgeworfen werden muß.

4. Es scheint mir, daß in einer solchen Situation der geistige Mensch, der an eine unsichtbare Realität jenseits des menschlichen Bewußtseins

glaubt, nichts anderes tun kann und soll, als in einem kleineren Kreis eine andere Bewertung des Lebens und der Dinge zu verbreiten als diejenige der oben beschriebenen lärmenden Ignoranz. Er soll dies mehr oder weniger vorsichtig tun und diejenigen unter der jüngeren Generation erkennen und geistig-moralisch unterstützen, die wie er selbst von einer Sehnsucht nach einer anderen Bewertung als der kollektiven (oder gar der 'besternten') erfüllt sind. Es sind gar nicht so wenige.

Ich bin „darauf vorbereitet", daß Du mit der in dieser Einstellung liegenden Beschränkung nicht einverstanden sein wirst. Es erscheint mir aber Dein Versuch, in den Gang der historischen Ereignisse direkter einzugreifen, das Musterbeispiel eines falschen und von vornherein zum Mißerfolg verurteilten Weges zu sein (so sehr ich es auch begrüße, daß Deine früheren Bemühungen von 1944 nun der Öffentlichkeit bekannt geworden sind). Deine Vorschläge *setzen voraus*, daß das Mißtrauen der 'Besternten' bereits einem Vertrauen gewichen sei, sind aber nicht geeignet bei denjenigen ungeistigen Leuten, die jetzt über solche Schritte zu entscheiden haben, (und bei der jetzigen „öffentlichen" (= kollektiven) Meinung) dieses Vertrauen *herbeizuführen. Wer dem „Willen zur Macht" etwas anderes, Geistiges, entgegensetzen will, darf nicht selbst einem Machtwillen so weit erliegen, daß er sich einen größeren Einfluß auf die Weltgeschichte zurechnet als er der Natur der Sache nach haben kann.* (Es *gibt* Situationen, wo ein kleines Übergewicht den Ausschlag geben kann, aber die heutige ist *nicht* so): Ein chinesisches Sprichwort sagt: „Ist das rechte Mittel in der Hand des verkehrten Mannes, so wirkt das richtige Mittel verkehrt". Daher lege man kein Mittel in die Hand des „verkehrten" Mannes, man wird damit keinen Erfolg haben.

Diese meine Einstellung ist *nicht* gleichbedeutend mit Hoffnungslosigkeit: im Gegenteil sind wir in einer historischen Krise wie der heutigen überhaupt nicht in der Lage, Prophezeihungen zu machen. Auch die verkehrten Männer sind nicht unsterblich, sie wechseln mehr oder weniger rasch und auch die öffentlichen Meinungen sind starken Schwankungen unterworfen. Daher halte ich mich abseits und warte ab.

So bin ich also bei dieser Gelegenheit zu Worte gekommen sogar in einem längeren Brief. Nun kannst Du antworten oder auch schweigen, was Dir angenehmer und müheloser ist! Nochmals alles Gute, Dir u. der ganzen Familie (besonders auch Margrethe, Aage u. seiner Frau) von uns beiden.

Stets Dein alter
W. Pauli

Dokument Nr. 78
Brief von A. Einstein an N. Bohr

Princeton, 2. März 1955

Ausfertigung, masch. schr.
BSC 28.2, 2 Seiten

Lieber Niels Bohr!
Runzeln Sie Ihre Stirne nicht; denn es handelt sich heute nicht um unseren alten physikalischen Streitpunkt, sondern um etwas, in dem wir voellig einer Meinung sind. Bertrand Russell schrieb mir vor kurzem den (in Abschrift) beiliegenden Brief. Er will eine kleine Zahl von international angesehenen Gelehrten zusammenbringen, damit sie eine gemeinsame Warnung an alle Voelker und Regierungen ergehen lassen wegen der durch die Atomwaffen und das Wettruesten geschaffenen bedrohlichen Situation fuer alle Voelker. Diese Aktion soll gleichzeitig mit einer politischen Initiative stattfinden, d. h. einer, die von neutralen Regierungen ausgeht.

Bertrand Russell weiss, dass ich Ihnen schreibe und er wuenschte es. Er weiss natuerlich, dass Sie durch Ihren Einfluss, Ihre Erfahrung, durch Ihre persoenlichen Verbindungen mit Persoenlichkeiten diesem Unternehmen nuetzen koennen, ja dass Ihr Rat und Ihre aktive Betaetigung geradezu unentbehrlich ist fuer das Gelingen.

Die Aktion der Gelehrten soll sich nicht *nur* auf Gelehrte [der] neutralen Laender beschraenken, wenn auch der politisch neutrale Charakter durch die Wahl der Mitwirkenden deutlich hervortreten sollte. Wenn ich Bertrand Russells Absicht recht verstehe, so denkt er, man solle nicht nur die Gefahr ins Licht stellen, sondern von den Regierungen *fordern*, dass sie die Notwendigkeit des Verzichtes auf eine Loesung der Probleme durch militaerische Mittel oeffentlich erklaeren sollen.

Es waere sehr lieb von Ihnen, wenn Sie sich mit Bertrand Russell in Verbindung setzen und ihm Ihre Geneigtheit zur Mitarbeit erklaeren wuerden, wenn Sie die Sache im Prinzip billigen. Sie Beide koennen denn auch entscheiden ueber die Persoenlichkeiten, deren Mitwirkung wuenschbar erscheint. Von den hiesigen habe ich an Urey, Szilard, James Franck gedacht, aber es duerfen wohl nicht zu viele Physiker sein. Ich bin bereit an jeden zu schreiben, den Ihr fuer geeignet haltet, zoegere aber, den ersten, (nicht umkehrbaren) Schritt zu unternehmen, bevor ich nicht Eure Meinung darueber weiss. In Amerika ist es dadurch besonders schwierig, weil die angesehendsten Fachleute, die in offiziellen einflussreichen Stellungen sind, kaum geneigt sein duerften, sich in ein solches „Abenteuer" einzulassen. Wenn ich selber dabei bin, ist es fuer die Wirkung im Ausland guenstig, fuer die im Inland aber nicht guenstig, weil ich (nicht nur in wissenschaftlichen Dingen) als schwarzes Schaf bekannt bin.

Wenn Sie sich mit Bertrand Russell in den Hauptpunkten verstaendigen koennen, ist schon viel gewonnen. Mir brauchen Sie einstweilen gar nicht zu schreiben.

Mit herzlichen Gruessen
Ihr
Albert Einstein

Dokument Nr. 79
Brief von B. Russell an N. Bohr

Richmond, 8. März 1955

Ausfertigung, masch. schr.
BSC 32.2, 3 Seiten
Übersetzung aus dem Englischen

Lieber Herr Dr. Bohr!
Ich habe mit Einstein über ein Projekt in Verbindung gestanden, für das ich sehr gern Ihrer Mitwirkung sicher wäre, und er teilt mir mit, daß er Ihnen darüber geschrieben hat. In Umrissen besteht das Vorhaben darin, eine kleine Anzahl von hervorragenden Wissenschaftlern (etwa zehn) dazu zu bewegen, eine gemeinsame Erklärung bezüglich des Unheils zu unterzeichnen, das von einem Krieg mit Wasserstoffbomben zu erwarten wäre. Ich möchte, daß unter diesen Wissenschaftlern jede der politischen Richtungen von der extremen Rechten bis zu den erklärten Kommunisten vertreten ist, da die ganze Maßnahme, wenn sie Erfolg haben soll, ihren Appell an beide Seiten vom Eisernen Vorhang richten muß. Zum Beispiel stimmt Joliot Curie, mit dem ich im Briefwechsel stehe, offenbar voll und ganz mit dem überein, was ich im Sinne habe, und ich meinerseits möchte ihn daran beteiligen. Doch ist dies eine Angelegenheit der politischen Verfahrensweise, über die wir debattieren könnten. Sobald die Erklärung unterzeichnet ist, sollte sie meiner Meinung nach zur Grundlage eines Appells an Wissenschaftler in der ganzen Welt und schließlich an die allgemeine öffentliche Meinung werden. Ich fühle mich nicht kompetent auszuwählen, an welche Wissenschaftler man sich in erster Linie wenden sollte, außer daß Sie und Einstein sicherlich unter ihnen sein müßten. Ich weiß nicht, wo Sie im Augenblick sind, und sende Ihnen diese Zeilen an Ihre dänische Adresse. Einstein schien zu denken, daß es Ihnen möglich wäre, mich zu besuchen. Wenn dem so wäre, würde ich mich außerordentlich freuen, da ich denke, daß zwei oder drei Tage Diskussion nützlich wären. Ich würde mich auch aus persönlichen Gründen sehr freuen, die angenehmen Erinnerungen an meinen Kontakt mit Ihnen in Kopenhagen kurz vor dem Ausbruch des letzten Krieges zu erneuern.

Ich versuche zu erreichen, daß die indische Regierung eine Initiative ergreift, und es scheint, daß Nehru dem aufgeschlossen gegenübersteht. Ich glaube, daß ein Schritt von hervorragenden Wissenschaftlern, der gleichzeitig unternommen würde, ihn ermutigen und ihm den Rücken stärken könnte.

Wenn Sie in der Lage sind hierher zu kommen, werde ich sehr glücklich sein, Sie in meinem Haus aufzunehmen.

Aufrichtig
Ihr
Bertrand Russell

Dokument Nr. 80
Brief von N. Bohr an B. Russell

[Kopenhagen], 23. März 1955

Durchschrift
BSC 32.2, 1 Seite
Übersetzung aus dem Englischen

Lieber Herr Dr. Russell!
Ich danken Ihnen für Ihren freundlichen Brief und Ihr geistvolles Pamphlet über die ernsten Probleme, die vor der Menschheit stehen. Gerade vor einigen Tagen habe ich einen Brief von Einstein erhalten, der mich informierte, daß Sie an ihn herangetreten sind; dem war eine Abschrift Ihres eigenen Briefes beigefügt. Seit vielen Jahren bin ich, wie Sie wohl wissen, zutiefst besorgt über die Entwicklung, und in einem offenen Brief an die Vereinten Nationen, von dem ich einen Sonderdruck beifüge, habe ich über Bemühungen berichtet, sich der Herausforderung in einem frühen Stadium zu stellen. Wie Sie sehen werden, war meine Meinung, daß nur ein freier Zugang zu jeder für die Beziehungen zwischen den Nationen wichtigen Information eine Einigung über so weitgehende Maßnahmen fördern würde, wie sie jetzt für die gemeinsame Sicherheit und Zusammenarbeit zum Fortschritt der Zivilisation erforderlich sind. Die Hoffnung dabei war, daß eine solche gegenseitige Offenheit von Anfang an zur alles überragenden Norm der internationalen Politik gemacht werden sollte und ungeachtet der unglücklichen Entwicklung des Weltgeschehens klammere ich mich noch immer an Bestrebungen in dieser Richtung. Bis jetzt haben jedoch diese Ideen selbst im Kreise unserer Kollegen noch keine aufrichtige Unterstützung gefunden, und insbesondere habe ich sie in den Friedensappellen vermißt, die fast täglich in beinahe allen Ländern erscheinen. Obwohl ich natürlich individuelle Anstrengungen wie Ihre eigene sehr schätze, ist es mir nicht klar, ob eine gemeinsame Erklärung einer Gruppe von Wissenschaftlern den gewünschten Effekt haben würde. Die Gefahren sind mittlerweilen zum Allgemeinwissen geworden, und viele der kompetentesten Wissenschaftler mit speziellem Zugang zur Information untersuchen sorgfältig die Gefahren der Strahlungseinwirkungen, die in der Öffentlichkeit vielfach besprochen werden. Meine Frage lautet deshalb nicht nur, ob eine Gruppe wie diejenige, die Sie im Sinne haben, sich über ein Herangehen auf genügend

konstruktiver Grundlage einigen könnte, sondern auch, welche relevante neue Information ihre Erklärung enthalten könnte. Eine andere sorgfältig zu prüfende Frage wäre, ob eine solche Initiative gerade in diesem Augenblick nicht den Effekt der Konferenz behindern würde, die diesen Sommer unter der Schirmherrschaft der Vereinten Nationen veranstaltet werden soll, auf der Wissenschaftler aus vielen Teilen der Welt sich zum ersten Male zur offenen Diskussion treffen werden. Dennoch brauche ich nicht zu sagen, daß ich mir Ihren Vorschlag gründlich überlegen will, und sobald ich eine besser durchdachte Meinung habe, werde ich Ihnen wieder schreiben.

Mit freundlichen Grüßen und besten Wünschen

Aufrichtig

Ihr

Niels Bohr

Dokument Nr. 81
Brief von N. Bohr an B. Russell

[Kopenhagen], 20. April 1955

Durchschrift
BSC 32.2, 1 Seite
Übersetzung aus dem Englischen

Lieber Herr Dr. Russell!
Ich danke Ihnen für Ihren freundlichen Brief vom 5. April mit der beigefügten Erklärung, die als Entwurf einer Entschließung dient, welche von einem internationalen wissenschaftlichen Kongreß angenommen werden soll. Es war ein großer Schock für uns alle, daß Einstein, den ich erst vor einigen Monaten in der üblichen guten und freudigen Stimmung angetroffen hatte, so plötzlich sterben mußte; wir werden ihn alle zutiefst vermissen nicht nur als das große wissenschaftliche Genie, sondern auch als den edlen und liebenswerten Charakter. Ich glaube kaum, daß dieses traurige Ereignis eine Änderung Ihrer Pläne bewirken wird, aber meinerseits muß ich zugeben, daß ich immer mehr Zweifel bekommen habe, mich Ihrem Appell anzuschließen. Zu dieser Haltung bin ich nicht nur durch Aufforderungen beeinflußt worden, die ich vor kurzem erhalten habe, mich ähnlichen Appellen von anderen Kollegenkreisen anzuschließen, sondern vor allem dank weiterer Überlegung über die verschiedenen Umstände und Argumente, die in meinem vorigen Brief dargelegt sind. Ich hoffe deshalb, Sie werden verstehen, daß ich ungeachtet meiner aufrichtig hohen Wertschätzung Ihrer Bemühungen und leidenschaftlicher Hoffnungen auf Ihren Erfolg nicht glaube, die Erklärung unterzeichnen zu sollen, sondern vielmehr will ich entsprechend meiner bescheidenen Möglichkeiten weiterhin für die gemeinsame Sache in derselben Weise wie bisher streben.

Mit freundlichen Grüßen und besten Wünschen

Aufrichtig
Ihr
[Niels Bohr]

Dokument Nr. 82
Brief von N. Bohr an R. Oppenheimer

[Kopenhagen], 23. Mai 1955

Durchschrift
BSC 30.2, 1 Seite
Übersetzung aus dem Englischen

Lieber Robert!
Unsere Gedanken gehen oft zu Dir und Kitty sowie zu unseren anderen Freunden in Princeton; wir waren insbesondere bei Euch allen als uns die traurige Kunde von Einsteins Tod erreichte. Es ist schwer vorstellbar, daß ein Leben so reich und erhaben wie wenig andere in der Geschichte der Menschheit sein Ende gefunden hat, und für uns alle, die seine warme Freundschaft genossen haben, ist es schmerzlich zu wissen, daß wir niemals mehr von seinem feinen Lächeln begrüßt werden und seinen tiefen Humor nie wieder erleben können. Für mich, der insbesondere aus der Zeit als Ehrenfest noch lebte solch teure Erinnerungen an unsere Begegnungen mit Einstein bewahrt, ist es, als wenn sich ein Vorhang über eine ganze Epoche meines Lebens senkte und mir das Gefühl vermittelt, wie schnell die Jahre verfliegen.

In Princeton muß der Verlust von Einsteins Persönlichkeit in vielfältiger Weise und besonders schmerzlich zu empfinden sein, aber zugleich werden die Erzählungen über seine Beziehungen zu jung und alt für die kommenden Generationen einen Mythos zum Glanz jenes Ortes hinzufügen, dessen Traditionen als eines Zentrums wissenschaftlicher Forschung und menschlicher Kultur Ihr derart wunderbar erhaltet. Ich habe Deine herrliche Columbia-Vorlesung mit großem Vergnügen und voll Bewunderung gelesen, und wir haben gehört, daß das Fernsehinterview über das Institut ein ebenso großer Erolg war.

In den letzten Monaten bin ich nicht nur damit sehr beschäftigt gewesen, die verschiedenen Überlegungen weiterzutreiben, die ich während meiner Vorträge in Princeton angedeutet hatte, sondern auch mit administrativer Arbeit im Zusammenhang mit den Bemühungen um eine dänische Beteiligung an der friedlichen Nutzung der Atomenergie. Dazu ist eine Regierungskommission gegründet worden, als deren Vorsitzender ich arbeite. In diesen Dingen war der Besuch von Lewis Strauss sehr hilfreich, der uns die Unterstützung der AEC zugesagt hat. Es wird Dich ebenfalls interessieren, daß ich eine Einladung von Hammarskjöld bekommen habe, einen Plenarvortrag auf der UNO-Konferenz in Genf zu übernehmen, in dem ich beabsichtige, über die internationale Zusammenarbeit in der Atomphysik und den Beitrag zur gegenseitigen Verständigung zu sprechen, den die gewonnenen erkenntnistheoretischen Schlußfolgerungen mit sich bringen. Wir erwarten demnächst hier einen Besuch von Placzek und freuen uns sehr, von Euch allen in Princeton zu hören.

Mit wärmsten Grüßen und besten Wünschen von Haus zu Haus

Immer Dein

[Niels Bohr]

Dokument Nr. 83

Rede N. Bohrs anläßlich der Überreichung des Diploms eines Mitglieds der AdW der UdSSR in der Botschaft der UdSSR im Königreich Dänemark

Kopenhagen, 17. September 1959

Mitschrift, masch. schr.
BGC, 1 Seite

Es ist für mich eine große Freude, dieses schöne Dokument der Mitgliedschaft der Akademie der Wissenschaften der UdSSR zu empfangen; ich bin für die freundlichen Worte des Botschafters sehr dankbar. Ich habe es stets als große Ehre und Privileg betrachtet, über so viele Jahre mit Ihrer ehrwürdigen Akademie verbunden zu sein, die in allen Gebieten der Wissenschaften solche ruhmreiche Traditionen aufzuweisen hat. Nicht zuletzt ist jeder, der an der modernen Entwicklung der Atomphysik beteiligt war, immer wieder an Mendeleevs großartige Entdeckung der bemerkenswerten Beziehung zwischen den Eigenschaften der chemischen Elemente erinnert worden, wenn sie, wie wir das jetzt nennen, nach der Ordnungszahl gruppiert werden.

In allen Ländern werden die großen Errungenschaften der sowjetischen Wissenschaftler auf diesem und anderen Gebieten mit Bewunderung und großen Erwartungen verfolgt – und hier in Dänemark sind wir glücklich, daß die Zusammenarbeit mit den sowjetischen Physikern, von der wir in der Vergangenheit so viel profitiert haben, in den letzten Jahren erneuert und im Interesse gegenseitiger Hilfe und Unterstützung weiter entwickelt worden ist.

Wir begrüßen eine solche Zusammenarbeit in der Wissenschaft auf das herzlichste, nicht nur wegen ihrer aktuellen Bedeutung für den Fortschritt in der Arbeit, sondern vor allem als ein höchst wertvolles Mittel, um direkte Bande der Freundschaft zwischen Persönlichkeiten aus verschiedenen Ländern zu knüpfen. In der Tat ist die enge Zusammenarbeit bei der Suche nach Erkenntnissen einer der aussichtsreichsten Wege, um zu jenem gegenseitigen Verständnis beizutragen, das notwendig ist, um das große gemeinsame Ziel der freundschaftlichen Zusammenarbeit zwischen allen Völkern im Interesse des Fortschritts der menschlichen Kultur und zum Wohle der Menschheit zu erreichen.

Dokument Nr. 84
Brief von N. Bohr an I. G. Petrovskij

Kopenhagen, 10. Juni 1961

Durchschrift
BGC, 1 Seite

Sehr geehrter Herr Professor Petrovskij!
Nach Kopenhagen zurückgekehrt, möchte ich Ihnen gegenüber meine hohe Wertschätzung für die Freundlichkeit und Ehre zum Ausdruck bringen, die Sie und Ihre Kollegen mir an der Moskauer Universität anläßlich meines kürzlichen Besuches in der Sowjetunion erwiesen haben. Ich sehe es in der Tat als ein großes Privileg an, Ihre riesige Institution kennengelernt zu haben.

Bei meinem Besuch an der Moskauer Universität haben mich nicht zuletzt die Dimensionen des Denkens und Planens beeindruckt, mit denen man an der Physikalischen Fakultät an die Organisation des Studiums herangeht, insbesondere die Bemühungen um die Einführung moderner Entwicklungen der Experimentiertechnik in die studentischen Praktika. An der Kopenhagener Universität sind wir gegenwärtig gerade dabei, das Physikstudium zu reorganisieren und ich möchte Sie fragen, ob es für eine Gruppe jener damit besonders beschäftigten Mitarbeiter möglich wäre, während des kommenden Studienjahres zu einem noch zu vereinbarenden Zeitpunkt nach Moskau zu kommen, um sich mit den Studienplänen und den physikalischen Praktika an der Moskauer Universität vertraut zu machen. Sie könnten dabei natürlich auch über gegenwärtige Pläne in Kopenhagen erzählen. Wir würden einen solchen Kontakt sehr begrüßen, der, wie wir denken, zu einem wichtigen Ansporn für unsere Bemühungen werden könnte.

Mit vielen freundlichen Grüßen, auch an den Prorektor der Moskauer Universität, an den Dekan der Physikalischen Fakultät sowie an meine Kollegen von der Fakultät

hochachtungsvoll
Ihr
Niels Bohr

Bibliographie

A. Niels Bohrs Veröffentlichungen und Vorträge

I. Niels Bohr, Collected Works (NBCW), Generaleditor L. Rosenfeld (Volume (1 – 3), J. Rud Nielsen (Volume 4), E. Rüdinger (Volume 5 ff.). North-Holland Publishing Company, Amsterdam – New York – Oxford (seit 1984: North-Holland Physics Publishing)

Volume 1: Early Work (1905 – 1911),
ed. by J. Rud Nielsen, 1972, 608 S.,
Volume 2: Work on Atomic Physics (1912 – 1917),
ed. by U. Hoyer, 1981, 647 S.,
Volume 3: The Correspondence Principle (1918 – 1923),
ed. by J. Rud Nielsen, 1976, 702 S.,
Volume 4: The Periodic System (1920 – 1923),
ed. by J. Rud Nielsen 1977, 765 S.,
Volume 5: The Emergence of Quantum Mechanics (Mainly 1924 – 1926),
ed. by K. Stolzenburg, 1984, 528 S.,
Volume 6: Foundations of Quantum Physics I (1926 – 1932),
ed. by J. Kalckar, 1985, 495 S.,
Volume 7: Foundations of Quantum Physics II,
ed. by J. Kalckar (in Vorbereitung),
Volume 8: The Penetration of Charged Particles through Matter (1912 – 1954),
ed. by J. Thorsen, 1987, 838 S.,
Volume 9: Nuclear Physics (1929 – 1952),
ed. by Sir Rudolf Peierls, 1986, 693 S.,
Volume 10 – 11: (in Vorbereitung).

II. Veröffentlichungen

1. Determination of the Surface-Tension of Water by the Method of Jet Vibration, Phil. Trans. Royal Society of London **A 209**, 281 (1909) [NBCW 1]
2. On the Determination of the Tension of a Recently Formed Water-Surface, Proc. Royal Society of London **A 84**, 395 (1910) [NBCW 1]
3. Studier over Metallernes Elektrontheori (Dissertation), Copenhagen 1911 [NBCW 1]
4. Electron Theory of Metals (Lecture: Cambridge Philosophical Society 13. 11. 1911) [NBCW 1]
5. Note on the Electron-Theory of Thermoelectric Phenomena, Phil. Mag. **23**, 984 (1912) [NBCW 1]
6. On the Theory of the Decrease of Velocity of Moving Electrified Particles on Passing Through Matter, Phil. Mag. **25**, 10 – 31 (1913) [NBCW 2]
7. On the Constitution of Atoms and Molecules, Part I, Phil. Mag. **26**, 1 – 25 (1913) [NBCW 2]
8. On the Constitution of Atoms and Molecules. Part II. Systems Containing only a Single Nucleus, Phil. Mag. **26**, 476 – 502 (1913) [NBCW 2]
9. The Spectra of Helium and Hydrogen, Nature **92**, 231 (1913) [NBCW 2]
10. On the Constitution of Atoms and Molecules. Part III Systems Containing Several Nuclei, Phil. Mag. **26**, 857 – 875 (1913) [NBCW 2]
11. Om Brintspektret, Fysisk Tidsskrift **12**, 97 (1914). Vortrag: Physikalische Gesellschaft Kopenhagen 20. 11. 1913 [NBCW 2]
12. Atomic Models and X-ray Spectra, Nature **92**, 553 – 554 (1914) [NBCW 2]
13. On the Effect of Electric and Magnetic Fields on Spectral Lines, Phil. Mag. **27**, 506 – 524 (1914) [NBCW 2]
14. On the Series Spectrum of Hydrogen and the Structure of the Atom, Phil. Mag. **29**, 332 – 335 (1915) [NBCW 2]
15. The Spectra of Hydrogen and Helium, Nature **95**, 6 (1915) [NBCW 2]
16. On the Quantum Theory of Radiation and the Structure of the Atom, Phil. Mag. **30**, 394 – 415 (1915) [NBCW 2]
17. On the Decrease of Velocity of Swiftly Moving Electrified Particles in passing through Matter, Phil. Mag. **30**, 581 – 612 (1915) [NBCW 8]
18. (mit R. Lankester) Henry Gwyn Jeffreys Moseley, Phil. Mag **31**, 173 – 176 (1916) [NBCW 10]
19. Die Anwednung der Quantentheorie auf periodische Systeme (Manuskript 1916. Erstveröffentlichung in 28.) [NBCW 2]
20. On the Quantum Theory of Line Spectra. Part I. On the General Theory, Kgl. Dan. Vid. Selsk. Skr., Nat.-math. Afd. (8) IV.1,1 (27. 4. 1918) [NBCW 3]

21. On the Quantum Theory of Line Spectra. Part II. On the Hydrogen Spectrum Kgl. Dan. Vid. Selsk. Skr., Nat.-math. Afd. (8) IV.1,2 (30. 12. 1918) [NBCW 3]
22. On the Model of a Triatomic Hydrogen Molecule, Medd. K. Vetenskaps-Akad. Nobelinst. **5**, No. 28 (1919) [NBCW 2]
23. Problems of the Atom and the Molecule (Vortrag: Leiden 25. 4. 1919) [NBCW 3]
24. Vekselvirkningen mellem Lys og Stoff (Vortrag: Vid Selsk. 13. 2. 1920) [NBCW 3]
25. Über die Serienspektren der Elemente (Vortrag: Deutsche Physikalische Gesellschaft Berlin 27. 4. 1920), Z. f. Phys. **2**, 423 – 469 (1920) [NBCW 3]
26. Om Virkningen af Sammenstød mellem Atomsystemer og frie elektriske Partikler, Fys. Tidsskr. **19**, 57 – 59 (1920 – 1921) [NBCW 8]
27. Professor Sir Ernest Rutherford og hans Betydning for Fysikans nyere Udvikling, Politikens kronik 18. 9. 1920, 7 – 8 [NBCW 10]
28. Abhandlungen über Atombau aus den Jahren 1913 – 1916, Friedr. Vieweg & Sohn, Braunschweig 1921, 155 S. (7, 8, 9, 10, 12, 13, 14, 15, 16, 19)
29. Lecture Fysisk Forening, Copenhagen 15. 12. 1920 [NBCW 4]
30. Atomic Structure, Nature **107**, 104 – 107 (1921) [NBCW 4]
31. L'application de la théorie de quanta aux problèmes atomiques, (1921) Atomes et électrones, Inst. Int. de Phys. Solvay, Gauthier Villard, Paris 1923, 228 – 247 [NBCW 3]
32. Zur Frage der Polarisation der Strahlung in der Quantentheorie, Z. f. Phys. **6**, 1 – 9 (1921) [NBCW 3]
33. Atomic Structure, Nature **108**, 208 – 209 (1921) [NBCW 4]
34. Unsere heutige Kenntnis vom Atom, Die Umschau **25**, 229 (1921) [NBCW 4]
35. The Effect of Electric and Magnetic Fields on Spectral Lines (Gutherie lecture 24. 3. 1922), Proc. Phys. Soc. **35**, 275 – 302 (1923) [NBCW 3]
36. On the Selection Principle of the Quantum Theory, Phil. Mag **43**, 1112 – 1116 (1922) [NBCW 3]
37. Drei Aufsätze über Spektren und Atombau, Friedr. Vieweg & Sohn, Braunschweig 1922, 148 S. (11, 25, 30, 35)
38. The Difference between the Series Spectra of Isotopes, Nature **109**, 745 (1922) [NBCW 3]
39. Om Forklaringen af det periodiske System, Fys. Tidsskr. **20**, 112 – 114 (1922) [NBCW 4]
40. On the Quantum Theory of Line Spectra. Part III. On the Spectra of Elements of Higher Atomic Number, Kgl. Dan. Vid. Selsk. Skr., Nat.-math. Afd. (8) IV.1,3 [NBCW 3]
41. Über die Quantentheorie der Linienspektren, Friedr. Vieweg & Sohn, Braunschweig 1923, 168 S., (20, 21, 40)

42. (mit D. Coster) Röntgenspektren und periodisches System der Elemente, Z. f. Phys. **12**, 342 – 374 (1923) [NBCW 4]
43. Über die Anwendung der Quantentheorie auf den Atombau, I. Die Grundpostulate der Quantentheorie, Z. f. Phys. **13**, 117 – 165 (1923) [NBCW 3]
44. Über den Bau der Atome (Vortrag bei der Entgegennahme des Nobelpreises am 11. Dezember 1922), Verlag von Julius Springer, Berlin 1924, 60 S. [NBCW 4]
45. Linienspektren und Atombau, Ann. d. Phys. **71**, 228 – 288 (1923) [NBCW 4]
46. The Correspondence Principle, Report of the Brit. Ass. for Advancement of Sc. London 1924, 428 – 429 [NBCW 3]
47. The Spectra of the Ligther Elements, Nature **113**, 223 – 224 (1924) [NBCW 3]
48. (mit H. A. Kramers, J. C. Slater) Über die Quantentheorie der Strahlung, Z. f. Phys. **24**, 69 – 87 (1924) [NBCW 5]
49. Vorwort zur 2. Auflage von (37) 1924 [NBCW 4]
50. Grundlaget for den moderne Atomforskning (1924), Fys. Tid. **23**, 10 – 17 (1925) [NBCW 5]
51. Zur Polarisation des Fluoreszenzlichtes, Naturwiss. **12**, 1115 – 1117 (1924) [NBCW 5]
52. Om Energisætningen (Vortrag: Vid. Selsk. 20. 2. 1925) [NBCW 5]
53. Über die Wirkung von Atomen bei Stößen, Z. f. Phys. **34**, 142 – 157 (1925) [NBCW 5]
54. Atomteori og Mekanik, Mat. Tid. B, 104 – 107 (1925) [NBCW 5]
55. Atomtheorie und Mechanik (1925), Naturwiss. **14**, 1 – 10 (1926) [NBCW 5]
56. (mit H. A. Kramers) Nogle Træk fra Atomteoriens nyere Udvikling (1925), Fys. Tid. **24**, 20 – 21 (1926) [NBCW 5]
57. Spinning Electrons and the Structure of Spectra, Nature **117**, 264 – 265 (1926) [NBCW 5]
58. Julius Thomsens Amskuelser om Grundstoffernes Slægtskabsforhold i Belysning of Atomteoriens seuere Udvikling (Vortrag: Vid. Selsk. 9. 4. 1926) [NBCW 10]
59. Sir J. J. Thomson's Seventieth Birthday, Nature **118**, 879 [NBCW 10]
60. Sir Ernest Rutherford, O. M., P. R. S., Nature **118**, Suppl. 51 – 52 (1926) [NBCW 6]
61. Atom, Encyclopedia Britannica **13**, 262 – 267 (1926) [NBCW 4]
62. Atomteori of Bølgemekanik (Vortrag: Vid. Selsk. 17. 12. 1926) [NBCW 6]
63. Das Quantenpostulat und die neuere Entwicklung der Atomistik (1927), Naturwiss. **16**, 245 – 257 (1928) [NBCW 6]
64. (Discussion, Solvay 1927) Electrons and photons, 5me Conseil de Physique, Gauthier Villars, Paris 1928, 253 – 256, 261 – 265 [NBCW 6]

65. Kvantepostulatet og Atomteoriens seneste udvikling (Lecture: Vid. Selsk. 18. 11. 1927) [NBCW 6]
66. The Quantum Postulate and the Recent Development of Atomic Theory, Nature (Suppl.) **121**, 580 – 590 (1928)
67. Ved Harald Høffdings 85 Aars-Dag, Berlingske Tidende 10. 3. 1928 [NBCW 10]
68. Tale ved Studenterjubilæt 1903 – 1928, Trykt i anledning af 50-aars studenterjubilæt 16. Oktober 1953 [NBCW 10]
69. Kvanteteori og Relativitet (Vortrag: Vid. Selsk. 19. 10. 1928) [NBCW 6]
70. Sommerfeld und die Atomtheorie, Naturwiss. **16**, 1036 (1928) [NBCW 10]
71. Professor Niels Bjerrum fylder 50 år, Berlingske Tidende 9. 3. 1929 [NBCW 10]
72. Wirkungsquantum und Naturbeschreibung, Naturwiss. **17**, 483 – 486 (1929) [NBCW 6]
73. Die Atomtheorie und die Prinzipien der Naturbeschreibung (1929), Naturwiss. **18**, 73 – 78 (1930) [NBCW 6]
74. Atomteori og Naturbeskrivelse, Københavns Universitets Festskrift 1929, 5 – 19 [NBCW 6]
75. Bemærkninger om den nyere Fysiks stilling til aarsagssatningen (Vortrag: Selskabet for Filosofi of Psykologi 28. 11. 1929) [NBCW 6]
76. Chemistry and the Quantum Theory of Atomic Constitution (Faraday Lecture 8. 5. 1930), Journal of the Chemical Society **134**, 349 – 384 (1932) [NBCW 9]
77. Philosophical Aspects of Atomic Theory, Nature **125** (1930) 958 [NBCW 6]
78. The Use of the Concepts of Space and Time in Atomic Theory, Nature **127**, 43 (1931) [NBCW 6]
79. (Discussion, Solvay 1930) Le magnétisme, Rapports et discussions du sixième conseil de Physique, Bruxelles 20. 10. – 25. 10. 1930, Gauthier Villars, Paris 1932, 276 – 280 [NBCW 6]
80. Atomtheorie und Naturbeschreibung, Verlag von Julius Springer, Berlin 1931, 77 S. (55, 63, 72, 73)
81. On Atomic Stability, British Association for the Advancement of Science, Report of the Centenary Meeting, London 1931, Sep. 23 – 30., London 1932, 333 [NBCW 6]
82. Maxwell and Modern Theoretical Physics, Nature **128**, 691 – 692 (1931) [NBCW 6]
83. Atomic Stability and Conservation Laws (1931), Real Academia d'Italia 1932, 119 – 130 [NBCW 9]
84. Harald Høffding, Overs. Dan. Vid. Selsk. 1931 – 1932, 131 [NBCW 10]
85. Om Neutronernes Egenskaber (Vortrag: Vid. Selsk. 29. 4. 1932) [NBCW 9]
86. Licht und Leben (1932), Naturwiss. **21**, 245 (1933) [NBCW 10]

87. (mit L. Rosenfeld) Om den begrænsede Mulighed af elektromagnetiske Kraftfelder (Vortrag: Vid. Selsk. 2. 12. 1932) [NBCW 7]
88. Zur Frage der Supraleitung (unpubl. Manuskript 1932) [NBCW 10]
89. (mit L. Rosenfeld) Zur Frage der Meßbarkeit der elektromagnetischen Feldgrößen, Kgl. Dan. Vid. Selsk. Mat.-Fys. Medd **12**, no 8 (1933) [NBCW 7]
90. Sur la méthode de correspondence dans la théorie de l'electron (1933), Structure et Propriétés de Noyaux Atomiques, Gauthier Villars, Paris 1934, 216 – 228 [NBCW 7]
91. Om Rækkeriddien af den klassiske Fysiks Metoder ved Beskrivelsen af Sammenstøds og Straalingsprocesser indenfer Atomteorien (Vortrag: Vid. Selsk. 2. 11. 1934) [NBCW 7]
92. Mindeord om Christian (1934) [NBCW 10]
93. Zeeman Effect and Theory of Atomic Constitution, Zeeman Verhandelingen, 131 – 134 (1935) [NBCW 10]
94. Quantum Mechanics and Physical Reality, Nature **136**, 65 (1935) [NBCW 7]
95. Can Quantum-Mechanical Description of Physical Reality be Considered Complete? Phys. Rev. **48**, 696 – 702 (1935) [NBCW 7]
96. Samtale med Niels Bohr. Interview by Poul Vinding, Berl. Aftenavis 2. 10. 1935, 9 – 10 [NBCW 7]
97. Friedrich Paschen zum siebzigsten Geburtstag, Naturwiss. **23**, 73 (1935) [NBCW 10]
98. Om Atomkernernes Egenskaber og Opbyning (Vortrag: Vid. Selsk. 24. 1. 1936) [NBCW 9]
99. Neutron Capture and Nuclear Constitution (Vortrag: Vid. Selsk. 27. 1. 1936) [NBCW 9]
100. Conservation Laws in Quantum Theory, Nature **138**, 25 – 26 (1936) [NBCW 5]
101. Kausalität und Komplementarität, Erkenntnis **6**, 293 – 303 (1936) [NBCW 7]
102. Atomkernernes Egenskaber, Fys. Tid. **34**, 186 (1936) [NBCW 9]
103. Transmutations of Atomic Nuclei, Science **86**, 161 – 165 (1937) [NBCW 9]
104. Om Spaltning of Atomkerner (Vortrag: 27. 8. 1937) [NBCW 9]
105. Mécanique nucléaire, Réunion internationale de physique – chemie – biologie, Congrès du Palais de la découverte, Paris 1937, vol. II, 81 – 82 [NBCW 9]
106. On the Transmutation of Atomic Nuclei by Impact of Material Particles. I. General Theoretical Remarks, Kgl. Dan. Vid. Selsk. Mat.-fys. Medd. 14, Nov. 10 (1937) [NBCW 9]
107. Biologie und Atomphysik (Vortrag 19.10.1937) [NBCW 10]
108. The Right Hon. Lord Rutherford of Nelson, O. M., F. R. S., Nature **140**, 752 – 753 (1937) [NBCW 10]

109. Om Atomkernereaktioner (Vortrag: Vid. Selsk. 19. 11. 1937) [NBCW 9]
110. Fritz Kalckar, Politiken 7. 1. 1938 [NBCW 10]
111. Nuclear Photo-Effects, Nature **141**, 326 – 327 (1938) [NBCW 9]
112. Wirkungsquantum und Atomkern, Ann. d. Physik **32**, 5 – 19 (1938) [NBCW 9]
113. Science and its International Significance, Danish Foreign Journal **208**, 61 – 63 (1938) [NBCW 10]
114. Resonance in Nuclear Photo-Effects, Nature **141**, 1096 – 1097 (1938) [NBCW 9]
115. The Causality Problem in Atomic Physics (1938), New Theories in Physics, Paris 1939, 11 – 30 [NBCW 7]
116. Opening Address, Brit. Ass. Adv. Sci., Section A, Symposium on Nuclear Physics 18. 8. 1938, Suppl. Nature **142**, 520 – 521 (1938) [NBCW 9]
117. Erkenntnistheoretische Fragen in der Physik und die menschlichen Kulturen (1938) [NBCW 10]; Natural philosophy and human cultures (1938), Nature **143**, 268 – 272 (1939)
118. Om Atomkernernes Reaktioner (Vortrag: Vid. Selsk. 21. 10. 1938) [NBCW 9]
119. Analysis and Synthesis in Science, Int. Enc. of Unified Science Vol. 1, No. 1 (1938) [NBCW 10]
120. Forord til C. Møller og E. Rasmussen, Atomer og andre Smaeting, Hirschsprung, Copenhagen 1938 [NBCW 10]
121. Structure of Matter, Encyclopedia Britannica **215**, 403 – 404 (1938); **423**, 409 – 410 [NBCW 10]
122. Disintegration of Heavy Nuclei, Nature **143**, 330 (1939) [NBCW 9]
123. Resonance in Uranium and Thorium Disintegrations and the Phenomenon of Nuclear Fission, Phys. Rev. **55**, 418 – 419 (1939) [NBCW 9]
124. (mit J. A. Wheeler) Mechanism of Nuclear Fission, Phys. Rev. **55**, 1124 (1939) [NBCW 9]
125. (mit J. A. Wheeler) The Mechanism of Nuclear Fission, Phys. Rev. **56**, 426 – 450 (1939) [NBCW 9]
126. (mit R. Peierls, G. Placzek) Nuclear Reactions in the Continuous Energy Region, Nature **144**, 200 – 201 (1939) [NBCW 9]
127. S. P. L. Sørensen, Overs. Dan. Vid. Selsk. 1939 – 1940, 25 – 26 [NBCW 10]
128. (mit J. A. Wheeler) The Fission of Protactinium, Phys. Rev. **56**, 1065 – 1066 (1939)
129. Den teoretiske Forklaring af Atomkernernes Fission (Vortrag: Vid. Selsk. 3. 11. 1939) [NBCW 9]
130. Nyere Undersøgelser over Atomkernernes Omdannelser, Fys. Tid **39**, 3 – 32 (1941) [NBCW 9]
131. Digter og Videnskabsmand, Festskrift til Niels Møller pà firsarsdagen 11. 12. 1939, 80 – 81 [NBCW 10]

132. Velkomst til Kongen, Overs. Dan. Selsk. 1939 – 1940, 40 [NBCW 10]
133. Om de ved Urankernernes sønderdeling udslyngede Fragmenter (Vortrag: 10. 5. 1940), Overs. Dan. Vid. Selsk. 1939 – 1940, 49 – 50 [NBCW 8]
134. Scattering and Stopping of Fission Fragments, Phys. Rev. **58**, 654 – 655 (1940) [NBCW 8]
135. Successive Transformations in Nuclear Fission, Phys. Rev. **58**, 864 – 866 (1940) [NBCW 8]
136. (mit J. K. Bøggild, K. J. Brostrøm, T. Lauritsen) Velocity-Range Relation for Fission Fragments, Phys. Rev. **58**, 839 – 840 (1940) [NBCW 8]
137. Velocity-Range Relation for Fission Fragments, Phys. Rev. **59**, 270 – 275 (1941) [NBCW 8]
138. Tunge Atomkerners Sønderdeling (Vortrag: Vid. Selsk. 10. 1. 1941) [NBCW 9]
139. Professor Martin Knudsen, Berlingske Tidende (aften) 14. 2. 1941 [NBCW 10]
140. Tale til Linderstrøm – lang ved add. af Ørsted medaill, Fys. Tidsskr. **39**, 175 – 177 (1941) [NBCW 10]
141. Mechanism of Deuteron-Induced Fission, Phys. Rev. **59**, 1042 (1941); Nature **148**, 229 (1941) [NBCW 9]
142. Universitetet og Forskningen, Politikens kronik 3. 6. (1941) [NBCW 10]
143. Dr. phil. Fru Kristine Meyer død, Berlingske Tidende (aften) 29. 9. 1941 [NBCW 10]
144. Kristine Meyer 80 Aar, Fys. Tid. **39**, 113 – 115 (1941) [NBCW 10]
145. Analyse og syntese indenfor Atomfysikken (Vortrag: Vid. Selsk. 12. 12. 1941) [NBCW 7]
146. Dansk Kultur Nogle indledende Betragtninger. In: Danmarks Kultur ved Aar 1940, Copenhagen 1941 – 1943, vol. I, 9 – 17 [NBCW 10]
147. Velkomst til Kongen, Overs. Dan. Vid. Selsk. 1941 – 1942, 33 [NBCW 10]
148. Forord til Gamow. Mr. Tompkins i Drimmerland, Berlingske Tidende 31. 10. 1942 [NBCW 10]
149. 200-års dagen for Vid. Selsk. Stiftelse, 13. 11. 1942, Overs. Dan. Vid. Selsk. 1942 – 1943, 27 – 48 [NBCW 10]
150. 100-året for Høffdings fødsel, Overs. Dan. Vid. Selsk. 1942 – 1943, 57 – 58 [NBCW 10]
151. Science and Civilization, The Times, Sat. August 11, 1945 [NBCW 10]
152. Oversigt over de tidligere Atomundersøgelser (Vortrag: Vid. Selsk. 5. 10. 1945) [NBCW 10]
153. A Challenge to Civilization, Science **102**, 363 – 364 (1945) [NBCW 10]
154. Om Atomkernernes Omdannelser (Vortrag: Vid. Selsk. 19. 10. 1945) [NBCW 9]
155. Martin Knudsen afgang som sekretær, Overs. Dan. Vid. Selsk. 1945 – 1946, 31 – 32 [NBCW 10]

156. Menneskekedens Valg mellem Katastrofe og lykelligere Kaar (Neujahrsansprache 1946) [NBCW 10]
157. Newton's Principles and Modern Atomic Mechanics. In: The Royal Society Newton Tercentenary Celebrations, 15 – 19 July 1946, Cambridge Univ. Press, 56 – 61 [NBCW 7]
158. En Personligked i dansk Fysik (H. M. Hansen, 60 aar), Politiken 7. 9. 1946 [NBCW 10]
159. Atomic Physics and International Cooperations (1946), Proc. Amer. Phil. Soc. **91**, 137 – 138 (1947) [NBCW 10]
160. Om Malingsproblemet i Atomfysikken, Mat. Tid. B (1946), 163 – 167 [NBCW 7]
161. Problems of Elementary Particle Physics, Phys. Soc. Cambr. Conf. report 1947, 1 – 4 [NBCW 7]
162. Ole Chievitz, Ord och Bild, Stockholm 1947, 49 – 53 [NBCW 10]
163. Mindeord om Kongen, Overs. Dan. Vid. Selsk. 1946 – 1947, 53 – 54 [NBCW 10]
164. Tale til Kongen (og mindeord), Overs. Dan. Vid. Selsk. 1947 – 1948, 26 – 29 [NBCW 10]
165. Hommage à Lord Rutherford (7 – 8 Novembre 1947) [NBCW 10]
166. Tagtagelsesproblemat i Atomfysikken (Vortrag: Vid. Selsk. 6. 2. 1948) [NBCW 7]
167. On the Notions of Causality and Complementarity, Dialectica **2**, 312 – 319 (1948) [NBCW 7]
168. Some General Remarks on the Present Situation in Atomic Physics. Institut Solvay, 8 me Congrès de Physique, Univ. de Bruxelles, 27. 9. – 2. 10. 1948. In: Les particles élémentaires, Bruxelles 1950, 376 – 380 [NBCW 7]
169. Diskussion om grundlaget for den fysiske erkendelse (Vortrag: Vid. Selsk. 10. 12. 1948) [NBCW 7]
170 The Penetration of Atomic Particles through Matter, Kgl. Dan. Vid. Selsk. Mat.-fys. Medd. **18**, No. 8 (1948) [NBCW 8]
171. Physical Science and the Problem of Life (1947) [NBCW 10] Die Physik und das Problem des Lebens. In: 212
172. Niels Bohr hylder Albert Einstein, Politiken 15. 3. 1949 [NBCW 10]
173. Tribute to Einstein, UNESCO world review **4** (1949)
174. Atomerne og vor erkendelse, Berlingske Tidende 2. 4. 1949 [NBCW 10]
175. Niels Bohr om sprøg og alvor i videnskaben, Politiken 17. 4. 1949 [NBCW 10]
176. Diskussion mit Einstein über erkenntnistheoretische Probleme in der Atomphysik (1949). In: Schilpp (Hrsg.), Albert Einstein als Philosoph und Naturforscher, W. Kohlhammer Verlag, Stuttgart 1955, 115 – 150 [NBCW 7]
177. Mindeord on Aage Friis, Politiken 7. Okt. 1949 [NBCW 10]

178. (mit L. Rosenfeld) Field and charge measurements in quantum electrodynamics, Phys. Rev. **78**, 794 – 798 (1950) [NBCW 7]
179. Causality and Complementarity. Gifford lectures 21. 10. – 11. 11. 1949 [NBCW 7]
180. Martin Knudsen 15. 2. 1871 – 27. 5. 1949, Overs. Dan. Vid. Selsk. 1949 – 1950, 61 – 65 [NBCW 10]
181. Open Letter to the United Nations, June 9th, 1950, J. H. Schultz Forlag, Copenhagen [NBCW 10]
182. Naturvidenskabens erkendelsesproblem (Vortrag: Vid. Selsk. 19. 1. 1951) [NBCW 7]
183. H. C. Ørsted, Fys. Tid. **49**, 6 (1951) [NBCW 10]
184. Medical Research and Natural Philosophy (1951). Acta Med. Scand. **142**, Suppl. 266, 967 – 972 (1952) [NBCW 10]
185. (mit J. Lindhard) Elektronindfangning af hurtigt bevægede ioner med hoj kerneladning (Vortrag: Vid. Selsk. 21. 3. 1952) [NBCW 8]
186. Ved Hendrik Anton Kramers' død, Politikens kronik 27. 4. 1952 [NBCW 10]
187. Hendrik Anthony Kramers †, Ned. T. Naturk. **18**, 161 – 166 (1952) [NBCW 10]
188. International Physics Conf., Copenhagen 3. 6. – 17. 6. 1952, Preface to the Report [NBCW 7]
189. Forord „... fra Thrige“ **6**, nr. 1, 3 – 4 (1953) [NBCW 10]
190. Kræftens bekæmpelse, Det. Kgl. Teaters program 17. 10. 1953 [NBCW 10]
191. Physical Science and the Study of Religion, Studia Orientalia Joanni Pedersen Septuagenario a. d. VII id. nov. Anno MCMLIII, Munksgård (1953), 385 – 390 [NBCW 10]
192. (mit J. Lindhard) Electron Capture and Loss by Heavy Ions Penetrating through Matter, Dan. Mat. Fys. Med. **28**, No. 7 (1954) [NBCW 8]
193. Israels genopbygning. Et æventyr af ejendommelig art, Israel årgang 7, no. 2, 14 – 17 (1954) [NBCW 10]
194. Rydberg's Discovery of the Spectral Laws (1954), Proc. of the Rydberg Centennial Conf. on Atomic Spectroscopy, Lund 1955 [NBCW 10]
195. Address Opening Ceremony 7th Int. Congress of Radiology, Acta Radiologica, suppl. 116, 15 – 18 (1954) [NBCW 10]
196. Greater International Cooperation is Needed for Peace and Survival. In: Atomic Energy in Industry, Minuts of 3rd conference, 13. 10. – 15.10.1954 New York City [NBCW 10]
197. Einheit des Wissens (1954). In: 212 [NBCW 7]
198. Mathematics and Natural Philosophy, Scientific Monthly **82**, 85 – 88 (1956) [NBCW 7]
199. Det fysiske grundlag for industriel udnyttelse af atomkernenergien, Tidskr. f. Industri 1955, nr. 7/8, 118 [NBCW 10]

200. Albert Einstein 1879 – 1955, Scientific American **192**, 31 (1955) [NBCW 10]
201. Albert Einstein, Overs. Dan. Vid. Selsk. 1954 – 1955, 61 – 62 [NBCW 10]
202. (mit J. Pedersen) Forord to: Johan Nicolai Madrig. Et mindeskrift Copenhagen 1965 [NBCW 10]
203. Atomerne og samfunded, Det Nordiske Interparlamentariske Møde Copenhagen 29. 6. 1955 [NBCW 10]
204. Physical Science and Man's Position, Proc. Int. Conf. on Peaceful Uses of Atomic Energy, Geneva 1955, 57 – 61, New York 1956 [NBCW 10]
205. Atomerne og den menneskelige erkendelse, Overs. Dan. Vid. Selsk. 1955 – 1956, 112 – 124 [NBCW 7]
206. Ved H. M. Hansen død, Fys. Tid (1956) 97 [NBCW 10]
207. H. M. Hansen, Overs. Dan. Vid. Selsk. 1955 – 1956, 55 – 69 [NBCW 10]
208. Nikola Tesla, Centenary of the Birth of Nikola Tesla 1856 – 1956, Beograd 1959, 46 – 47 [NBCW 10]
209. Letter to UN's Secretary General, Copenhagen, November 9th, 1956 [NBCW 10]
210. Selvbiografi af æresdoktoren, Acta Jutlandica XXVIII 1956, 135 – 138 [NBCW 10]
211. Min Genbo, Halfdan Hendriksen. En dansk Købmand og Politiker i Anledning of hans 75 Aars Føselsdag 12. November 1956, 171 – 172
212. Atomphysik und menschliche Erkenntnis. Aufsätze und Vorträge aus den Jahren 1933 – 1955, Friedr. Vieweg & Sohn, Braunschweig 1958 (86, 107, 117, 176, 197, 205, 171)
213. Address at the Receipt of the 1st „Atoms for peace award", Nature **179**, 698 – 699 (1957) [NBCW 10]
214. Rutherford Memorial Lecture, Proceeding of the Physical Society **78**, 1083 (1961) [NBCW 10]
215. Quantum Physics and Philosophy – Causality and Complementarity. In: R. Klibansky (ed.), Philosophy in the Midcentury, Florence 1958, 308 – 314. Erkenntnisfragen der Quantenphysik. In: Max Planck Festschrift, Berlin 1958, 169 – 175 [NBCW 7]
216. Rudjer Boškovič, Extrait des Actes du Symposium International R. J. Boškovič 1958, Beograd, Zagreb, Ljubljana 1959 [NBCW 10]
217. Forord to: Hanna Adler og Hendes Skole, G. E. C. Gads Forlag, København 1959, 7 – 10 [NBCW 10]
218. Physical Models and Living Organisms, W. D. McElroy (ed.), Light and Life, The Johns Hopkins Press 1961, 1 – 3 [NBCW 10]
219. Ebbe Kjela Rasmussen, Fys. Tid. **58**, 1 – 2 (1960) [NBCW 10]
220. Address delivered at the Second International Germanist Congress. In: Spätzeiten und Spätzeitlichkeit, Francke Verlag Bern 1962, 9 – 11 [NBCW 10]

221. Über die Einheit unseres Wissens, Universitas **16**, 835 (1961). Die Verbindung zwischen den Wissenschaften [NBCW 10]
222. Die Einheit menschlicher Erkenntnis, Europa, August 1961, 45 – 48 [NBCW 7]
223. Foreword to: M. Fierz, V. Weisskopf (eds.), Theoretical Physics in the Twentieth Century. A Memorial Volume to Wolfgang Pauli, Interscience Publ. New York 1960, 1 – 4 [NBCW 10]
224. Atomarna och vår kunskap. In: Knut Lundmark and Man's March into Space, Lund 1960, 11 – 15
225. Quantum Physics and Biology (1960) [NBCW 10]
226. Atomvidenskaben og menneskehedens krise, Politikens kronik 20. 4. 1961 [NBCW 10]
227. The General Significance of the Discovery of the Atomic Nucleus (1961). In: Rutherford at Manchester, London 1962, 43 – 44 [NBCW 10]
228. Die Entstehung der Quantenmechanik. In: Werner Heisenberg und die Physik unserer Zeit, Braunschweig, IX – XII [NBCW 10]
229. Recollections of Prof. Takamine. In: Contribution to Japanese Memorial Volume to T. Takamine 1961, 384 – 386 [NBCW 10]
230. The Solvay Meetings and the Development of Quantum Physics. In: La theorie quantique des changes (Denzième conseil de phys.) Intersc. Pub. Nr. 4, 1962, 13 – 36; 1963, 79 – 100 [NBCW 10]
231. Light and Life revisted. ICSU review **5**, 194 – 199 (1963) [NBCW 10]
232. Atomphysik und menschliche Erkenntnis I (2. Auflage von 212), Friedr. Vieweg & Sohn, Braunschweig 1964, 104 S.
233. Atomphysik und menschliche Erkenntnis II, Aufsätze und Vorträge aus den Jahren 1958 – 1962, Friedr. Vieweg & Sohn, Braunschweig 1966, 104 S. (215, 222, 221, 231, 214, 228, 230)

B. Literatur über Niels Bohr

I. Festschriften, Erinnerungsbände und Konferenzberichte

N. Barfood; Th. Bredsdorff; L. Christensen und O. Nathan, The Challenge of an Open World. Essays dedicated to Niels Bohr, Copenhagen 1989.

J. de Boer; E. Dal; D. Ulfbeck (eds), The Lesson of Quantum Theory. Niels Bohr Centenary Symposium, Oct., 3 – 7, 1985, North Holland for the Royal Danish Academy of Sciences and Letters, 1986.

Bohr et la complémentarité, in: Rev. Hist. Sci., **38** (1985), S. 193 – 363.

A. Boserup; L. Christensen; O. Nathan (eds.), The Challenge of Nuclear Armaments. Essays dedicated to Niels Bohr and his append for an open world, The University of Copenhagen, Rhodos International Publishers 1986.

H. Feshbach; T. Matsui; A. Oleson (eds.), Niels Bohr: Physics and the World. Proceedings of the Niels Bohr Centennial Symposium, Boston, MA, USA, November 12 – 14, 1985, American Academy of Arts and Sciences, Cambridge, MA.

Festskrift til Niels Bohr. På Halvefjerdsårsdagen den 7. Oktober 1955. Sætryk of Fysisk Tidsskrift, Redaktion H. M. Hansen og K. G. Hansen, København 1955.

Festskrift til Niels Bohr. På Hans 70-Års Dag 7. Oktober 1955, Det Kgl. Danske Videnskabernes Selskab, København 1955.

Festskrift udgivet af Københavns Universitet i Anledning af Universitetes Aarsfest November 1929. Niels Bohr, Atomteori og Naturbeskrivelse, København MCM XXXIX, Bianco Lunos Bogtrykkeri.

Fra Fysikkens Verden, Vol. 47 (1985) 4, Norsk Fysisk Selskap Trondheim, 1985.

A. P. French; P. J. Kennedy (eds.), Niels Bohr. A Centenary Volume, Cambridge, Mass. und London: Harvard University Press, 1985.

Gamma, Okt. Tidsskrift for fysik, (1985).

H. M. Hansen; K. G. Hansen (eds.) Festskrift til Niels Bohr, Copenhagen 1955.

Matematisk – Fysiske Meddelelser Udgivet a Det Kgl. Danske Videnskabernes Selskab Bind XXIII, Til Professor Niels Bohr Paa Hans 60 Åars Fodselsdag den 7. Oktober 1945, København 1945.

K. von Meyenn; K. Stolzenburg; R. Sexl (Hrsg.), Niels Bohr. 1885 – 1962. Der Kopenhagener Geist in der Physik, Braunschweig: Vieweg 1985.

Naturens Verden, in: special issue, (1985) 10.

Niels Bohr, in: Dänische Rundschau, 1963.

Niels Bohr Og Den Modertne Atomfysik. Fem øffentlige føredrag i Videnskabernes Selskab heldt i 100-åred for Niels Bohrs fødsed, Kopenhagen: Rhodos, 1985.
Niels Bohr. Et Mindeskrift, in: Fysisk Tidsskrift, København 1963.
Niels Bohr Centennial, in: Physics Today, (1985) Oct.
Niels Bohr 100 År. Vitenskapsmann og Verdensborger, Bergen 1985.
niels bohr and the infinitely small, in: impact of science and society, unesco, **35** (1985) 1 (No. 137).
Niels Bohr, in: Ingeniøren, 8. Oktober 1955.
Niels Henrik David Bohr (1885 – 1962), in: Physics Today, **16** (1963) 10, S. 21 – 64.
Nil's Bor. Žizn i tvorčestvo. Sbornik statej, otv. red. B. G.Kusnezov, Moskva: Nauka, 1967.
Nil's Bor i fisikata na XX. vek, Sofia 1986.
Nil's Bor i atomnata fizika. Nauka i iskustvo, sos. A. Polikarov, Sofia 1987.
Nil's Bor i rasvitie fiziki. Sbornik, Moskva 1958.
Pamjati Nil'sa Bora, Uspechi Fisičeskich Nauk, Moskva, **80** (1963) 2.
W. Pauli, Niels Bohr on his 60th Birthday, in: Rev. Mod. Phys., (1945) 17, (Pauli II, p. 1048).
W. Pauli (Ed.), Niels Bohr and the Development of Physics, London: Pergamon Press LTD, 1955.
Philosophical Lessons from Quantum Theory, Symposium at Notre Dame University, Oct. 1987.
Physikalische Blätter, **41** (1985) 9.
Physics Bulletin (VR China), Nr. 4, 1985.
Praxis der Naturwissenschaften. Physik, Atomphysik und Erkenntnis, **34** (1985) 6.
The Presentation of the first Atoms for Peace Award to Niels Henrik David Bohr, October 24, 1957.
Proceedings of the International Symposium on Niels Bohr, 25 – 27. 2. 1985,
Rom, E. Amaldi, Introduction, in: Rivista di storia della scienza **2** (1985) 3.
S. Rozental, Niels Bohr. His life and work as seen by his friends and colleagues, Amsterdam: North Holland Publishing Company, 1961.
University Physics (China), Special issue, October 1985.
Uspechi fisičeskich nauk, **147** (1985) 209.
Woprosi Istorii Estestwosnanija i Techniki, (1986) 1, S. 49 – 76.

II. Zur Person

F. Aaserud, Redirecting Science: Niels Bohr, Philanthropy, and the Rise of Nuclear Physics, Cambridge 1990.

L. L. Albertsen, Niels Bohr und Goethe. Zur nicht-literarischen Goethe-Rezeption in Dänemark, in: Goethe-Jahrbuch, Bd. 104, Weimar 1987, S. 357–359.

I. S. Alekseyev, Deux exposés de Niels Bohr à Moscow, in: La Pensée, Nr. 100 (1961), S. 18–23.

I. S. Alekseev, Dva vystuplenija N. Bora, in: Vopr. filos., Nr. 8 (1961).

A. I. Alichanov; L. A. Arcimovič; N. N. Bogoljubov u. a., Nil's Bor (1885–1962), in: Vestnik AN SSSR, Moskva, Nr. 12 (1962).

A. J. Alinin, Sčastlivye sudby, Kiev 1979.

E. Amaldi, Niels Bohr and the Early History of CERN, in: Rivista di storia della scienza, **2** (1985) 3, S. 511–526.

M. Andersen, An Impression, in: S. Rozental (ed.), Niels Bohr. His life and work as seen by his friends and colleagues, Amsterdam 1967, S. 321–324

E. Andronikašvili, Tri dnja s Nil'som Borom, in: Literaturnaja Gruzija, Nr. 2–4 (1969); auch in: Chimija i Žizn', Nr. 9 (1975), S. 22–30.

Anon, Niels Bohr, symbol of international science, in: Physics Today, **25** (1972) Sept., S. 30–31.

L. Badash; J. O. Hirschfelder; H. P. Broida (eds.), Reminiscences of Los Alamos 1943–1945, Dordrecht 1981.

L. Baker, Felix Frankfurter, New York 1969, S. 271–280.

G. Beck, Niels Bohr. En el 60° aniversario de su nacimiento, in: Ciencia e Investigación, **1** (1945) 10, S. 443–446.

V. A. Belokon', Krupnejšij fizik našego vremini Nil's Bor – naš gost', in: Priroda, Nr. 8 (1961).

V. Belokon', Nil's Bor v gostjach u sovetskich učenych, in: Uspechi fizičeskich nauk, **76** (1962), S. 185–189.

P. Bergsoe, Niels Bohr, in: Politikens Billed-Samling, (1947) Juni, S. 323–326.

D. R. Bes, Niels Bohr (1885–1962), in: Ciencia e Investigación, **19** (1963) 5, S. 173–178.

T. Bjerge, Niels Bohr og den Danske Atomenergikommission, in: Fysisk tidsskrift, **60** (1962), S. 173–178.

N. Blædel, Niels Bohr, Nekrolog, in: Politiken, 19. 11. 1962.

N. Blædel, Harmoni og enhed. Niels Bohr – en biografi, København 1985. 384 S.

N. Blædel, Harmony and Unity. The Life of Niels Bohr, Madison, Berlin 1988. 323 S.

F. Bloch, Reminiscences of Niels Bohr, in: Physics Today, **16** (1963) 10, S. 32–34.

J. K. Bøggild, Tilbageblik ved Niels Bohr's 80 år, København 1965, 11 S.

J. Bohme, Niels Bohr zu seinem 50. Geburtstag, in: Z. phys. und chem. Unterricht, **49** (1936), S. 39 – 40.

A. Bohr, Remarks at Niels Bohr Memorial Session, in: Physics Today, **16** (1963) 10, S. 33 – 34.

A. Bohr, The war years and the prospects raised by the atomic weapons, in: S. Rozental (ed.) Niels Bohr. His life and work as seen by his friends and colleagues, Amsterdam 1967, S. 191 – 214.

H. Bohr, My Father, in: S. Rozental (ed.), Niels Bohr. His life and work as seen by his friends and colleagues, Amsterdam 1967, S. 325 – 339.

J. Bomholt, Zum Tode von Niels Bohr,in:DänischeRundschau,(1963),21S.

W. Bragg, Awards of Medals 1938. Prof. Bohr is awarded the Copley Medal, in: Proc. Roy. Soc., (1938/1939) A 169, S. 19 – 20.

W. Braunbeck, Vor 50 Jahren: Das Bohrsche Atommodell, in: Kosmos. Handweiser für Naturfreunde, Stuttgart, **59** (1963) Nr. 7.

L. de Broglie, La vie et l'œuvre de Niels Bohr, in: Ann. phys., **8** (1963) 1 – 2, S. 117 – 120.

H. B. G. Casimir, Levensbericht van Niels Bohr, in: Jaarbock Konikl. Nederl. Acad. Wet., 1962/1963, Amsterdam 1963, S. 376 – 379.

H. B. G. Casimir, Niels Bohr. Herinneringen aan een leermeester, in: Natur en Techniek, **53** (1985) 10, S. 742 – 747.

H. B. G. Casimir, Recollections from the Years 1929 – 1931, in: S. Rozental (ed.), Niels Bohr. His life and work as seen by his friends and colleagues, Amsterdam 1967, S. 109 – 113.

H. Casimir, Haphazard Reality. Half Century of Science, New York 1983.

W. Christmas-Møller, Niels Bohr og atomvåbnet, København 1985, 247 S.

B. L. Cline, Men Who Made a New Physics: Physicists and the Quantum Theory, Toronto 1969.

J. Cockroft, Prof. Niels Bohr, in: Nature, Nr. 196 (1962), S. 1037 – 1038.

J. D. Cockcroft, Niels Bohr, in: Biographical Memoirs of Fellows of the Royal Society, London, **9** (1963), S. 37 – 53.

A. M. da Costa, Mendeleiev, Bohr e Madame Curie. Tres nomes, tres efemrides, in: Colejo Militar, no. 147, Lisboa 1985, pp. 18 – 22.

R. Courant, Fifty Years of Friendship, in: S. Rozental (ed.), Niels Bohr. His life and work as seen by his friends and colleagues, Amsterdam 1967, S. 301 – 305.

P. Dam, Niels Bohr (1885 – 1962). Atomic Theorist, Inspirator, Rallying Point, Royal Danish Ministry of Foreign Affairs 1985.

D. S. Danin, Razerford i Bor, in: Priroda, 1966, Nr.4.

D. S. Danin, Nil's Bor (1885 – 1962), in: Nauka i Žizn', 1970, Nr. 12.

D. S. Danin, Nil's Bor, Moskva 1978, 557 S.

D. S. Danin, Trudy i dni Nil'sa Bora, Moskva 1985, 80 S.

P. A. M. Dirac, The Versality of Niels Bohr, in: S. Rozental (ed.), Niels Bohr. His life and work as seen by his friends and colleagues, Amsterdam 1967, S. 306 – 309.

M. Eberhardt, Bohr, cet inconnu, in: Science & vie, no. 819 (Dec.) 1985, pp. 12–37.
C. Engstrøm, Bohrs bog, Hovedland, Judland 1985.
I. B. Fajnboim, Nil's Bor, in: Fizika v škole, 1965, Nr.6, S. 17–20.
D. Favrholdt, Bohr og fædrelandet, in: Epoke, 1985, Nr. 4, pp. 2–8.
D. Favrholdt, The Cultural Background of the Young Niels Bohr, in: Rivista di storia della scienza, **2** (1985) 3, S. 445–461.
E. L. Fejnberg, Žizn i dejatel'nost' Nil'sa Bora, in: Uspechi fizičeskich nauk, **80** (1963), S. 197–205.
E. L. Fejnberg, Naučnoe tvorčestvo Bora, in: Razvitija sovremennoj fiziki, Moskva 1964, S. 50–63.
E. P. Fischer, Niels Bohr. Der gute Mensch von Kopenhagen, in: Bild der Wissenschaft, (1985) 10, S. 38–43.
E. P. Fischer, Niels Bohr. Die Lektion der Atome, München, Zürich 1987, 131 S.
L. Flamm, Nachruf auf Niels Bohr, in: Almanach der Österreichischen Akademie der Wissenschaften, Wien, **112** (1962), S. 451–458.
H. Flender, The Compassionate Genius. The untold story of Niels Bohr and the rescue of the Jews of Denmark, in: Rescue in Denmark.
P. J. Ford, Niels Bohr. 1885–1962, in: South African Journal of Science, Nr. 82 (April 1986), S. 179–189.
J. Frank, Niels Bohrs Persönlichkeit, in: Die Naturwissenschaften, **50** (1963), S. 341–343.
O. R. Frisch, Woran ich mich erinnere, Stuttgart 1981.
K. Fuchs, Zum 100. Geburtstag von Niels Bohr, in: Aus der Arbeit von Plenum und Klassen der Akademie der Wissenschaften der DDR, Berlin, **10** (1985), S. 15–26.
G. Gamow, Der junge Niels Bohr, in: Physikalische Blätter, **16** (1960), S. 525–527.
G. Gamow, Niels Bohr – The Man who explained the Atom, in: Science Digest, Mai 1963.
G. Gamow, Thirty Years that Shook Physics, New York 1966.
Ge Ge, Niels Bohr. His Life, Work and Thoughts, Shanghai 1985, 479 S. (chinesisch).
Ge Ge, Some Historical Observations about Niels Bohr's Thought (Manuskript).
Ge Ge, On a Lecture of Niels Bohr, 1985, Berkeley Paper (The 17th International Congress in History of Science)
V. L. Ginzburg, Pamjati Nil'sa Bora, in: Uspechi fizičeskich nauk, **80** (1963), S. 207–214.
K. Gjøtterud, Niels Bohr: Fysikeren og naturfilosofen, in: Fysikkens Verden, **27** (1965) 4, S. 85–92.
M. Gowing, Britain and Atomic Energy 1939–1945, London/New York 1964.

J. Gribbin, Niels Bohr, a pragmatic genius, in: The Courier, April 1985, S. 20 – 22.

J. Gribbin, Bohr, Heisenberg and the (German) bomb, in: New Scientist vom 24. Oktober 1985, S. 56.

A. T. Grigorjan, Nil's Bor, in: Fizika v škole, Nr. 6 (1960), S. 28 – 29.

A. T. Grigorjan; O. B. Kuznecova, Nil's Bor i nauka XX. veka (simposium v Puschkino), In: Voprosy Istorii Estestvoznanija i Technika, (1986) 1, S. 69 – 76.

L. R. Groves, Now It Can Be Told. The Story of the Manhattan Project, New York 1962.

R. Grüneberg, Niels Bohr, in: Chemie in der Schule, Nr. 7 (1960), S. 385 – 386.

J. P. Guibbert, Niels Bohr, un pragmatiste de génie, in: Le Courier (1985) April.

T. Gustafson, Niels Bohr. 1885 – 1962, in: Nordita publications, Nr. 154; Kosmos, **41** (1963), S. 12 – 42.

G. Györgyi, N. Bohr – fele atommodelltöl a kvantummechanikaly, in: Fis. szemle, **12** (1962) 11, S. 331 – 337.

H. M. Hansen, Bohr Niels, in: Dansk biografisk Leksikon, Bd. 3, København 1934, S. 376 – 385.

V. Hansen, Niels Bohr – humanist og filosof, in: Nord. tidsk. vet., konst och ind., **34** (1958), S. 333 – 335.

H. Hartmann, Niels Bohr zum 70. Geburtstag, in: Haustechnische Rundschau, Berlin, **8** (1955) 10, S. 412 – 413.

W. Haste, Da „Atombomben" sprang paa Blegdamsvej, in: Jydlandsposten, 27. 12. 1964.

E. H. Hause, Prof. Dr. Niels Bohr, in: Jahrbuch Bayer. Ak. der Wiss., München, **15** (1968), S. 165 – 167.

N. H. Heathcote, Nobel prize winners in physics, New York 1953, S. 198 – 205.

W. Heisenberg, Niels Bohr zum 50. Geburtstag, in: Die Naturwissenschaften, 23 (1935), S. 679.

W. Heisenberg, Niels Bohr 7. 10. 1885 – 18. 11. 1962, in: Jahrbuch der Bayer. Ak. der Wiss., München 1963, S. 204 – 207.

W. Heisenberg, Der Teil und das Ganze. Gespräche im Umkreis der Atomphysik, München 1969, 334 S.

W. Heisenberg, Erinnerungen an Niels Bohr aus den Jahren 1922 – 1927, in: ders., Schritte über Grenzen. Gesammelte Reden und Aufsätze, München 1971, S. 52 – 72.

Heisenberg im Urteil seiner Schüler: „... viel Sinn für eine leise, gottgesegnete Schlamperei", in: Bild der Wissenschaft, Nr. 3 (1985), S. 138 – 147.

A. Hermann, Die Jahrhundertwissenschaft. Werner Heisenberg und die Physik seiner Zeit, Stuttgart 1977.

F. Herneck, Niels Bohr und Werner Heisenberg. Atomtheorie und Unschärfebeziehung, in: F. Herneck, Bahnbrecher des Atomzeitalters, Berlin 1970, S. 327–376.

G. Hertz, Niels Bohr, in: Jahrbuch DAW 1963, S. 214.

E. Hiebert, The Impact of Atomic Energy. A History of Responses by Governments, Scientists and Religious Groups, Newton/Kansas 1961.

H. Hörz, Niels Bohr – ein hervorragender Naturwissenschaftler und Humanist, in: Mathematik und Physik in der Schule, Nr. 3 (1963), S. 268–276.

D. Hoffmannn, Zur Teilnahme deutscher Physiker an den Kopenhagener Physikerkonferenzen nach 1933 sowie am 2. Kongreß für Einheit der Wissenschaft, Kopenhagen 1936, in: NTM-Schriftenreihe für Geschichte der Naturwissenschaften, Technik und Medizin, **25** (1988) 1, S. 49–55.

P. Holst, Niels Bohr, atomfysikkens organisator, København 1972, 24 S.

G. Holton, Niels Bohr and the Integrity of Science, in: American Scientist, **74** (1986) May-June, S. 237–243.

J. Honner, S.J., Unity-in-Difference: Karl Rahner and Niels Bohr, in: Theological Studies, **46** (1985), S. 480–506.

E. A. Hylleras, Professor Dr. Niels Bohr Til Hans 60-årsdag 7. Okt. 1945, in: Fra Fysikkens Verden, 1945, S. 129–131.

E. A. Hylleras, Niels Bohr: Nobelprisen i fysikk 1922, in: Fra Fysikkens Verden, 1947, S. 65–77.

L. Infeld, Nil's Bor v Prinstone, in: Razvitie sovremennoj fiziki, Moskva 1964, S. 37–40.

Z. Jankovic, Niels Bohr, in: Glasnik matematicni, fizicki i astronomski, Zagreb, **13** (1958), S. 215–216.

W. Jankulin, Ein erstaunlicher Mensch!, in: Presse der Sowjetunion, Nr. A 104 (9. 9. 1970), S. 10.

A. F. Joffe, Begegnungen mit Physikern, Leipzig 1967, S. 96–98.

R. V. Jones, Most Secret War. British Scientific Intelligence 1939–1945, London 1983, S. 593 ff.

P. Jordan, Gedenken an Niels Bohr, in: Physikalische Blätter, **19** (1963), S. 60–63.

P. Jordan, Niels Bohrs Lebensleistung, in: ders., Begegnungen, Oldenburg, Hamburg 1971, S. 73–78.

J. Kalckar, Niels Bohr and His Youngest Disciples, in: S. Rozental (ed.), Niels Bohr. His life and work as seen by his friends and colleagues, Amsterdam 1967, S. 227–239.

J. Kalckar, Videnskab og menneskelig kultur (anledning af Niels Bohrs 90-årsdag), in: Politikens Kronik, 7. 10. 1975.

J. Kalckar, Det inkommensurable, København 1985.

V. Kampmann, Niels Bohr and the Danish atomic energy research establishment, in: S. Rozental (ed.), Niels Bohr. His life and work as seen by his friends and colleagues, Amsterdam 1967, S. 281–289.

P. L. Kapica, Pamjati Nil'sa Bora, in: Priroda, Nr. 1 (1963) S. 67.

W. Karaiwanow, Niels Bohr, in: Priroda (bulg.), **12** (1963) 1, S. 109 – 113.

B. Karlskov, Niels Bohr, in: Carlsbergbladet, Nr. 3, Copenhagen August 1985, S. 6-7.

T. v. Karman, Niels Bohr und sein Atommodell, in: Chemie – für Labor und Betrieb, Frankfurt/M., **14** (1963), S. 1 – 9.

T. v. Karman, Niels Hendrik David Bohr (1885 – 1962), in: Astronautica acta, Wien, Nr. 9 (1963), S. 47 – 48.

F. Károlyházy, Niels Bohr (1885 – 1962), in: Fiz. szemle, **13** (1963) 1.

R. Keating, Niels Bohr: The Man of Science, pp. 16 – 20; Niels Bohr: The Humanitarian, pp 20.., in: UNESCO-Features, (1986) 816, Paris 1986.

P. Kemp, Military Technology and Ethics of Research, in: Peace and the Future, Aarhus 1986, S. 99 – 112.

O. Klein, Blaise Pascal och Niels Bohr, Några reflexioner, in: Lychnos, (1942), S. 65 – 72.

O. Klein, Från Predikaren till Niels Bohr, in: Dagens Nyheter, 27. 1. 1943.

O. Klein, Om Niels Bohrs videnskabelinge gerning, in: Fysisk Tidsskrift, **60** (1962), S. 3 – 25.

O. Klein, Glimpses of Niels Bohr as Scientist and Thinker, in: S. Rozental (ed.), Niels Bohr. His life and work as seen by his friends and colleagues, Amsterdam 1967, S. 74 – 93.

E. M. Kljaus; U. I. Frankfurt; A. M. Frenk, Nil's Bor, Moskva 1977, 384 S.

H. H. Koch, Science and Administration, in: S. Rozental (ed.), Niels Bohr. His life and work as seen by his friends and colleagues, Amsterdam 1967, S. 310 – 314.

G. Koursanov, Niels Bohr et la théorie de la connaissance, in: Revue de synthèse, 93 (1972), S. 233 – 244.

H. A. Kramers, Physiker als Stilisten, in: Die Naturwissenschaften, **23** (1935), S. 297 – 301.

W. Kuhn, Niels Bohr, 1885 – 1962, in: Praxis der Naturwissenschaften: Physik, **34** (1985) 7, S. 2 – 4.

B. G. Kuznecov, Fundamental'naja fizičeskaja ideja Bora, in: Nil's Bor. Žizni tvorčestvo, Moskva 1967.

R. Ladenburg, Niels Bohr, Nobelpreisträger für Physik für das Jahr 1922, in: Chem. Ztg., 84 (1960), S. 645 – 646.

H. Laitko, Niels Bohr – kurze Darstellung seiner wissenschaftlichen Entwicklung, Thesen, 12. 12. 1972.

L. D. Landau, Slovo o Nil'se Bore, in: Komsomol'skaja pravda, 6. 10. 1965.

P. Lazarev; A. Belopol'ckij; M. Kurnakov u. a., Zapiska ob učenych trudach Nil'sa Bora, in: Izv. Ross. Akad., **18** (1924) 12 – 14, S. 458 – 459.

M. Lebedenko, Nil's Bor o naučnom sotrudničestve s sovetskim učenymi, in: Uspechi fizičeskich nauk, **80** (1963) 2, S. 251 – 254.

R. Lepsius, Niels Bohr – Ritter der Friedensklasse des Ordens „Pour le Merité“, Nobelpreisträger 1922, in: Chem. Ztg., **79** (1955), S. 697 – 698.

R. Lepsius, Niels Henrik David Bohr zum 75. Geburtstag, in: Chem. Ztg., **84** (1960), S. 645 – 646.

R. Lepsius, Dem Begründer der modernen Atomtheorie Niels Bohr 7. X. 1885 – 18. XI. 1962 Kopenhagen zum Gedächtnis, in: Chemie-Ingenieur-Technik, 86 (1962), S. 895 – 896.

H. Levi, George de Hevesy, Copenhagen 1985, S. 24ff.

A. Liwanowa, Lew Landau, Moskau und Leipzig 1982, S. 24ff.

H. Lund, Tre notater vedr. Niels Bohr og studierne ved København, in: Niels Bohr Institutet København (maschinenschr.).

H. Mar, S Nil'som Borom v Gruzii, in: Literaturnaja Grusija (1962) 6, S. 53 – 60.

A. Mercier, Niels Bohr 1885 – 1962, in: Industries Atomiques (1962) 11 – 12.

K. von Meyenn, Die Pauli-Bohr-Kontroverse über wissenschaftliche Verantwortlichkeit, in: 50 Years of Nuclear Fission. Wissenschaftskolleg zu Berlin, 30./31. 3. 1989.

B. Michelsen, Niels Bohr. Atomteoretiker, inspirator, samlingspunkt, København 1963, 11 S.

A. Mitra, L. S. Kothai, V. Singh, S. K. Trehan, Niels Bohr A Profile, New Delhi 1985

L. Mitrani, Niels Bohr, in: Fis.- mat. opisanija, **6** (1936) 1, S. 61 – 64.

C. Møller, Professor Niels Bohr, in: Ingeniøren, **65** (1955), S. 794 – 797.

C. Møller, Niels Bohr, in: Danske Videnskabernes Selskab. Oversigt, 1962/63, S. 73 – 89.

C. Møller, Niels Bohr i historiens lys, in: Politikens Kronik, 18. 11. 1972.

Ch. Møller; M. Pihl, Review of Niels Bohr's Research Work, in: S. Rozental (ed.), Niels Bohr. His life and work as seen by his friends and colleagues, Amsterdam 1967, S. 240 – 260.

R. Moore, Ein Mann und sein Werk verändern die Welt, München 1970, 429 S.

V. Mortensen (ed.), Kontrast og Harmoni. Niels Bohr som fysiken og tænker, Århus 1985.

N. Mott, Working with Bohr, in: The Scientist, October 20, 1986, p. 15.

N. Mott, A Life in Science, London, Philadelphia: Taylor & Francis, 1986.

F. R. Moulton, Autobiography of science, 1945, S. 540 – 542.

L. Münchow, Niels Bohr und die moderne Physik, in: Wissenschaft und Fortschritt, **35** (1985) 9, S. 228 – 230.

R. Nicoletta, Gli archivi Bohr a Copenhagen, in: Scientia, 110 (1973), S. 251 – 258.

J. R. Nielsen, Memories of Niels Bohr, in: Physics today, **16** (1963) 10, S. 22 – 30.

I. Nørlund, Om Niels Bohr, in: Land og folk, 5./6. 1. 1965.

T. Nørretranders, Niels Bohrs aktualitet, Gutenberghus 1985, Egmont H. Petersen A/S, Copenhagen 1985, S. 30 – 33.

T. Nørretranders, „We were naive.“ A report from the nuclear conference in Copenhagen, in: Made in Denmark. The Danish Export Magazine, S. 11 – 14. Copenhagen, Nov. 1985.
T. Nørretranders, Det udelelige – Niels Bohr aktualitet i fysik, mystik og politik, København 1985, 480 S.
O. I. Novik, Nil's Bor i nauka XX. v., in: Voprosy filosofii, (1986) 5, S. 148 – 150.
K. Novobatzky, Niels Bohr emlékbeszéd, in: Fiz. szemle, **13** (1963) 4, S. 99 – 101.
J. R. Oppenheimer, Niels Henrik David Bohr, in: American Philosophical Society, Yearbook, 1963, S. 107 – 117.
J. R. Oppenheimer, Three Lectures on Niels Bohr and his Times, Brookhaven 1963.
J. R. Oppenheimer, Niels Bohr and Atomic Weapons, in: The New York Review of Books, **3** (1966) (December 17.), S. 6.
A. Pais, Reminiscences from the Post-war Years, in: S. Rozental (ed.), Niels Bohr. His life and work as seen by his friends and colleagues, Amsterdam 1967, S. 215 – 226.
A. Pais, Niels Bohr and the development of Physics, in: CERN (1985) 17, vom 13. November 1985.
A. Pais, Niels Bohr's Times, In Physics, Philosophy, and Polity, Oxford 1991, 565 S.
V. D. Parkadze, K vizitu N. Bora v SSSR, in: Voprosy istorii estestvoznanija i techniki, **47/48** (1974), S. 133 – 134.
V. D. Parkadze, Učenny i borec (grusinisch), Tbilissi 1965.
V. D. Parkadze, Nil's Bor, in: Sbornik trudov sovjeta istorikov estestvoznanija i techniki, Tbilissi, **1/2** (1970), S. 215 – 229.
S. Petrucciol, Atomi metafore paradossi Niels Bohr e la construcione di una nuova fisica, Roma – Napoli: Theoria, 1988, 327 S.
Pauli, Niels Bohr on his 60th Birthday, in: Rev. Mod. Physics, **17** (1945), S. 97 – 101.
W. Pauli (ed.), Niels Bohr and the Development of Physics, London 1955.
J. Pedersen, Niels Bohr and the Royal Danish Academy of Sciences and Letters, in: S. Rozental (ed.), Niels Bohr. His life and work as seen by his friends and colleagues, Amsterdam 1967, S. 266 – 280.
R. E. Peierls, An appreciation of Niels Bohr, in: Physical Society of London, Proceedings, **81** (1963), S. 793 – 799.
M. F. Perrin, Notice nékrologique sur Niels Bohr, in: Academie des Sciences, 2. 1. 1963, S. 30 – 33.
M. Pihl, Niels Bohr and the Danish Community, in: S. Rozental (ed.), Niels Bohr. His life and work as seen by his friends and colleagues, Amsterdam 1967, S. 290 – 300.
M. Pihl, Niels Bohr og hans forskning, in: Nord. Tidskr. vet., konst och ind., **39** (1963), S. 81 – 96.

A. Püllmann, Das Porträt eines Denkers, in: Meridian, Nr. 9 (1956), S. 60 – 65.

J. A. del Regato, Niels Bohr, in: Int. J. Radiation Oncology Biol. Phys. **7** (1981), S. 509 – 529.

J. Reinert, Flucht über den Öresund (Niels Bohr), in: J. Reinert, Feuer und Wärme. Nordische Porträts, Rostock 1983, S. 96 – 116.

S. R. Riedmann, Man and Woman behind the atom, 1958, S. 116 – 129.

P. Robertson, The Early Years. The Niels Bohr Institute 1921 – 1930, København 1979.

D. Robinson, The 100 most important people in the world today, Boston/Toronto, S. 250 – 253.

N. Robotti, La genesi del modello di Bohr sulla constituzione dell' atoma: generalizzazione teoretica e base empirica, in: Physis, **18** (1976) 3 – 4, S. 319 – 341.

U. Röseberg, Niels Bohr. Leben und Werk eines Atomphysikers 1885 – 1962, Berlin 1985, 435 S.; Stuttgart 1985, 345 S.

U. Röseberg, Niels Bohr im Spannungsfeld von Atomphysik, Philosophie und Politik, in: Urania, (1985) 9, S. 2 – 7.

U. Rezeberg; Ju. V. Sačkov, Na šare atomnogo veka, in: Priroda, (1985) 10, S. 82 – 92.

L. Rosenfeld, Niels Bohr: An Essay Dedicated to Him on the Occasion of His sixtieth Birthday, Oct. 7., 1945, Amsterdam 1945. Wiederabdruck in: Selected Papers of Léon Rosenfeld (1979), S. 313 – 326.

L. Rosenfeld, Nogle minder om Niels Bohr, in: Fysisk Tidsskrift, **60** (1962), S. 65 – 75.

L. Rosenfeld, Niels Bohr, in: Nuclear Physics, **41** (1963), S. 1 – 12.

L. Rosenfeld, Niels Bohr (Nachruf), in: Wissenschaftliche Welt, **7** (1963) 2.

L. Rosenfeld; E. Rüdinger, The Decisive Years 1911 – 1918, in: S. Rozental (ed.), Niels Bohr. His life and work as seen by his friends and colleagues, Amsterdam 1967, S. 38 – 73.

L. Rosenfeld, Niels Bohr, in: Dictionary of Scientific Biography, Vol. II, New York 1970, S. 239 – 255.

L. Rosenfeld, Niels Bohr in the Thirties. Consolidation and extension of the conception of complementarity, in: S. Rozental (ed.), Niels Bohr. His life and work as seen by his friends and colleagues, Amsterdam 1967, S. 114 – 136.

L. Rosenfeld, Niels Bohr. Biographical Sketch, in: N. Bohr, Collected Works, Vol. 1, Amsterdam 1972.

A. Rothenberg, Janusian Process and Scientific Creativity: The Case of Niels Bohr, in: Niels Bohr Library New York (maschinenschr.).

P. Rousseau, Niels Bohr ou l'âge héroique de l'atome, in: Revue, Paris, **70** (1963), S. 105 – 115.

E. D. Rožanskij, Nil's Bor v Sovetskom Sojuze, in: Vestnik AN SSSR, 31 (1961) 8, S. 107 – 109.

S. Rozental, Niels Bohr 1885 – 1962, in: Videnskabsmanden Nr. 1, **17** (1963), 15. 1. 1963, S. 1 – 2.

S. Rozental, Niels Bohr at Work, in: Nordita Publikations, Nr. 100/101 (1963), auch in: Nuclear physics, **41** (1963), S. 13 – 16.

S. Rozental, Niels Bohr, in: American Scandinavian Review, **57** (1967 – 70), S. 352 – 360.

S. Rozental, The Fortieth und the Fiftieth, in: S. Rozental (ed.), Niels Bohr. His life and work as seen by his friends and colleagues, Amsterdam 1967, S. 149 – 190.

S. Rozental, Berlingske Tidende 7. 8. 1983.

S. Rozental, Schicksalsjahre mit Niels Bohr, Stuttgart 1991, 161 S.

W. Rubinowicz, Kwantowa teoria atomu i jej tworga. Niels Bohr: jego dzieto, in: Problemy naukowy miesiecznik popularny, Nr. 4 (1962), S. 238 – 250.

W. Rubinowicz, Niels Bohr, in: Poslepy fiz., **14** (1963), S. 273 – 279.

W. Scharff, Memories of Tisvilde, in: S. Rozental (ed.), Niels Bohr. His life and work as seen by his friends and colleagues, Amsterdam 1967, S. 315 – 320.

R. Schmid, Bohrs Atomtheorie. Zum 100. Geburtstag von Niels Bohr, in: Naturwiss. Rundschau, (1985) 10, S. 423 – 426.

E. Schneider, Niels Bohr, in: Von Röntgen zu Einstein, von Planck zu Heisenberg, Berlin 1953, S. 119 – 138.

B. Schultz, Niels Bohrs publikationer, in: Fysisk Tidsskrift, **60** (1962), S. 179 – 184.

E. Segré, Die großen Physiker und ihre Entdeckungen. Von den Röntgenstrahlen zu den Quarks, München/Zürich 1981, S. 129 ff.

M. J. Sherwin, A world destroyed: The atomic bomb and the grand alliance, New York 1975.

L. Simons, Niels Bohr och atomforskningen, in: Arsbook Soc. scient. fennica, **41** (1962 – 63) C2, S. 1 – 7.

P. Skov, Aarenes Høst. Erindringer fra mange Land i urolige Tider, København 1961.

L. A. Sliv, Tri vstreči s Nil'som Borom, in: Razvitie sovremennoj fiziki, Moskva 1964, S. 41 – 49.

V. Sloman, Minder om samvœr med Niels Bohr, in: Politikens kronik, 7. 10. 1955.

E. A. Smorodinskij, Pamjati Nil'sa Bora, in: Nauka i Žizn', Nr. 2 (1963), S. 42 – 43.

H. de W. Smyth, Atomic Energy for Military Purposes. The Official Report on the Development of the Atomic Bomb under the Auspices of the United States Government 1940 – 1945, Princeton 1945.

I. Supek, Niels Bohr. Osnivač atomske Mechanike, in: Predaranya Odrzam u Jugoslavenskoj Akademiji Znanost i umjetnosti, Svezak 28, Zagreb 1962, S. 5 – 28.

I. J. Tamm, Niels Bohr und die moderne Physik, in: Wissenschaft und Fortschritt, Nr. 11 (1963), S. 498 – 502.

I. E. Tamm, Nil's Bor – velikij fizik XX. veka, in: Uspechi fizičeskich nauk, **80** (1963), S. 191 – 195.

I. E. Tamm, Pamjati Nil'sa Bora, in: Nauka i Žizn, Nr. 2 (1963), S. 42 – 43, sowie in: Uspechi fizičeskich nauk, **80** (1963), S. 191 – 215, 251 – 254.

G. P. Thomson, Niels Bohr memorial lecture, in: Chemical Society, Proceedings 1964, S. 351 – 354.

J. Thorsen, Udviklingen af Niels Bohrs stødteori i perioden 1912 til 1927, Århus 1978, 301 S.

J. Torgersen, Atomet, livet og bevisstheten, in: Aftenpostens kronik 26. 3. 1960.

R. F. Trimble, Niels Bohr's flight to Great Britain, in: Journal of chemical education, **54** (1977), S. 157 – 158.

J. S. Vaagen, Niels Bohr, Vitenskapsmann og Verdensborger Et 100 års Jubileum, in: Fra Fysikkens Verden, (1985) 4, S. 73 – 76.

V. P. Vizgin; A. T. Grigor'jan, M. A. El'jancev, O. V. Kuznecova, Simpozium „Nil's Bor i Nauki XX. veka", in: Uspechi fizičeskich nauk, **151** (1987) 3, S. 541 – 546.

H. Weigeland, Niels Bohr (1885 – 1962), in: Kgl. norske vid. selskabs. forhandl., **63** (1963) 15, S. 64 – 68.

V. F. Weisskopf, Niels Bohr. A Memorial Tribute, in: Physics Today, **16** (1963) 10, S. 58 – 64.

V. F. Weisskopf, Niels Bohr and International Scientific Collaboration, in: S. Rozental (ed.), Niels Bohr. His life and work as seen by his friends and colleagues, Amsterdam 1967, S. 261 – 265.

C. F. v. Weizsäcker, Niels Bohr, der Schöpfer des Atommodells, in: H. Schwerte; W. Spengler, Forscher und Wissenschaftler im heutigen Europa. Weltall und Erde. Physiker, Chemiker, Erforscher des Weltalls, Erforscher der Erde, Mathematiker, Oldenburg 1955, S. 71 – 78.

C. F. v. Weizsäcker, Gedenkworte für Arthur H. Compton und Niels Bohr, in: Orden Pour le mérite für Wissenschaften und Künste, Reden und Gedenkworte. Bd. 5, 1962, S. 113 – 120.

C. F. v. Weizsäcker,Bohr und Heisenberg. Eine Erinnerung aus dem Jahr 1932,in: ders., Wahrnehmung der Neuzeit, München/Wien 1983, S. 134 – 146.

C. F. von Weizsäcker, Niels Bohr, in: Physikalische Blätter, **41** (1985) 9, S. 308 – 313.

C. F. von Weizsäcker, Der Sokrates unter den Physikern. Niels Bohr – Philosoph der Quantentheorie, vor hundert Jahren geboren (Manuskript-Kopie)

C. F. von Weizsäcker, Das Projekt Bombe. Zu einem Gespräch zwischen Niels Bohr und Werner Heisenberg im Jahr 1941, in: Süddeutsche Zeitung, Nr. 54 vom 5./6. März 1988.

C. F. von Weizsäcker, Bewußtseinswandel, München/Wien 1988, S. 377–383.

S. Werner, Niels Bohr, 1885–1955. En billedbiografi, København 1955, 67 S.

J. A. Wheeler, Zum Andenken Niels Bohr, in: Physikalische Blätter, **29** (1973), S. 531–534.

J. A. Wheeler, Fission in 1939: The Puzzle and Promise, in: Annual Review of Nuclear and Particle Science, 39 (1989) Dec.

Xian Ding-Chang, Tribute to Niels Bohr, in: Nature Journal, **8** (1985) 10, S. 100–103 (chinesisch).

Yue Guang-Yao, The Propagation of Niels Bohr's Academic Thoughts in China, Presented to XVIIIth. International Congress of History of Science 1th–9th August 1989–Hamburg and Munich.

III. Atomphysik

Die ersten 10 Jahre der Theorie von Niels Bohr über den Bau der Atome, in: Die Naturwissenschaften, **27**(1923), S. 533–605.

Die moderne Atomtheorie (Schrödinger, Heisenberg, Dirac, Nobelpreisreden 1933), Leipzig 1934.

A. Bents; W. Kuhn; J. Seibert, Bohrs Ablehnung der Lichtquantenhypothese auch um den Preis der Nichterhaltung der Energie – Die BKS-Theorie, in: Praxis der Naturwissenschaften: Physik, **34** (1985) 7, S. 13–22.

N. Bjerrum, Nyere undersøgelser over atomernes bevægelser med særligt henblik på kvantehypothesen, in: Fysisk Tidsskrift (1915/16), S. 49.

S. G. Brush, Statistical Physics and the Atomic Theory of Matter, from Boyle and Newton to Landau and Onsager, Princeton 1983, 356 S.

W. Bothe; H. Geiger, Ein Weg zur experimentellen Nachprüfung der Theorie von Bohr, Kramers und Slater, in: Z. f. Physik, **26** (1924), S. 44.

H. B. G. Casimir, Als Demokrits Ideen Realität wurden: Die Entwicklung der Physik in den ersten Dezennien unseres Jahrhunderts, in: Physikalische Blätter, **35** (1979), S. 291–299.

C. G. Darwin, The discovery of atomic number, in: W. Pauli (ed.), Niels Bohr and the Development of Physics, 1955, S. 1–11.

P. Ehrenfest, Adiabatische Transformationen in der Quantentheorie und ihre Behandlung durch Niels Bohr, in: Die Naturwissenschaften, **11** (1923), S. 543–550.

M. A. El'jaschowic: G. S. Prot'ko, Elektronika teorija metallov v rabotach G. A. Lorenca i N. Bora, in: Voprosy Istorii Estestvoznanija i technika, (1986) 1, S. 49–61.

R. Erb; W. Kuhn; J. Seibert, Bohrsches Atommodell und Franck-Hertz-Versuch, in: Praxis der Naturwissenschaften: Physik, **34** (1985) 7, S. 10 – 12.

P. Forman, The Doublet Riddle and Atomic Physics circa 1924, in: Isis, **59** (1968), S. 156 – 174.

W. Gerlach, Die experimentellen Grundlagen der Quantentheorie, Braunschweig 1921.

W. Gerlach, Atomabbau und Atombau, Braunschweig 1923.

J. M. Hansteen; L. Kobach, Niels Bohr and Semiclassical Collision Physics, in: Niels Bohr 100 År, Bergen 1985, S. 31 – 50.

H. Hartmann, Das Modell des Atoms, in: H. Hartmann, Schöpfer des neuen Weltbildes, S. 241 – 266.

J. L. Heilbron, A History of the Problem of Atomic Structure from the Discovery of the Electron to the Beginning of Quantum Mechanics, University of California, Berkeley 1964, PhD.

J. L. Heilbron, The Kossel-Sommerfeld theory and the ring atom, in: Isis, **58** (1967), S. 451 – 485.

J. L. Heilbron; Th. S. Kuhn, The genesis of the Bohr Atom, in: Historical studies in the physical sciences, Vol I, Philadelphia 1969, S. 211 – 290.

J. L. Heilbron, The Origin of the Exclusion Principle, in: Hist. Stud. Phys. Sci., **13** (1983), S. 261 – 310.

J. L. Heilbron, Historical Studies in the Theory of Atomic Structure, New York 1981.

J. Hendry, Bohr-Kramers-Slater: A Virtual Theory of Virtual oscillators and Its Role in the History of Quantum Mechanics, in: Centaurus, **25** (1981), S. 189 – 221.

J. Hendry, The Creation of Quantum Mechanics and the Bohr-Pauli Dialogue, Dordrecht: Reidel, 1984.

G. v. Hevesy, Bohrsche Theorie und Radioaktivität, in: Die Naturwissenschaften, **11** (1923), S. 604 – 605.

T. Hirosige; S. Nisio, Formation of Bohr's theory of atomic constitution, in: Japanese Studies in the History of Science, Nr. 3 (1964), S. 6 – 28.

T. Hirosige; S. Nisio, The genesis of the Bohr atom model and Planck's theory of radiation, in: Japanese Studies in the History of Science, Nr. 9 (1970), S. 35 – 47.

History of the Atom. Symposium (from the Greeks to Bohr), in: American Journal of Physics, **49** (1981), S. 205 – 231. (Beiträge: G. Holton, D. Roller, R. Schofield, D. Wilson, J. L. Heilbron)

U. Hoyer, Die Geschichte der Bohrschen Atomtheorie, Weinheim 1974.

F. Hund, Geschichte der Quantentheorie, Mannheim/Wien/Zürich 1975.

B. E. Javelov, N. Bor i problema sverchprovodimosti, in: Voprosy Istorii Estestvoznanija i Techniki (1986) 1, S. 62 – 68.

K. A. Jensen, Niels Bohr og Det Periodske System, in: danske kemi, (1985) 10, S. 275 – 280.

S. P. Kapiza; A. B. Kurelin, Meschdunarodnyj seminar „Poluklassičeskoe opisanie atomnych i jadernych stolkow .... “ (Institut im. N. Bora, Kopenhagen, 24 – 31 mart 1985 g.), in: Uspechi fizičeskich nauk, **148** (1985) 2, S. 381 – 383.

F. Kistner, Der Feinaufbau der Materie, 1923.

I. Koppel, Der Bau der Atome und das periodische System, 1927.

H. Kragh, Bohrs teorie for det periodiske system og opdagelsen, København 1970.

H. Kragh, Niels Bohr's Second Atomic Theory, in: Historical Studies in the Physical Sciences, 10 (1979), S. 123 – 186.

H. A. Kramers, Über das Modell des Heliumatoms, in: Zeitschrift für Physik, **13** (1923), S. 312 – 342.

H. A. Kramers; H. Holst, Das Atom und die Bohrsche Theorie seines Baues, Berlin 1925.

J. Lindhard; M. Scharff, Energy Loss in Matter by Fast Particles of Law Charge, in: Kgl. Danske Selskab, Mat.-Fys. Medd., **27** (1953) 15.

J. Lindhard; M. Scharff, On the Properties of a Gas of charged Particles, in: Kgl. Danske Selskab, Mat.-Fys. Medd., **28** (1954) 8.

R. McCormmach, The Atomic Theory of John William Nicholson, in: Arch. Hist. Exact. Sci., **3** (1966), S. 160 – 184.

R. McCormmach, Henri Poincaré and the Quantum Theory, in: Isis, **58** (1967), S. 37 – 55.

E. Mac Kinnon, The Discovery of a New Quantum Theory, in: T. Nickles (ed.), Scientific Discovery: case Studies, 1980, S. 261 – 272.

E. M. Mac Kinnon, Scientific Explanation and Atomic Physics, Chicago/London 1982.

M. Malley, The Discovery of Atomic Transmutation. Scientific Styles and Philosophies in France and Britain, in: Isis, **70** (1979), S. 213 – 223.

J. Mehra; H. Rechenberg, The Historical Development of Quantum Theory. Vol. 1 The Quantum Theory of Planck, Einstein, Bohr and Sommerfeld: Its Foundation and the Rise of Its Difficulties 1900 – 1925, New York, Heidelberg, Berlin 1982.

L. Meitner, Atomvorgänge und ihre Sichtbarmachung, 1926.

K. von Meyenn, Paulis Weg zum Ausschließungsprinzip I und II, in: Phys. Bl., **36** (1980), S. 293 – 298; **37** (1981), S. 13 – 19.

A. L. Parson, in: Smithsonian Inst. Publ., **65** (1915), S. 2371.

W. Pauli, Exclusion principle, Lorentz group and reflexion of Space-time and charge, in: W. Pauli (ed.), Niels Bohr and the Development of Physics, 1955, S. 30 – 51.

J. Perrin, Die Atome, Dresden 1913.

S. Petruccioli, Quantum Discontinuity and Space Time Description in Bohr's Early Atomic Theory, in: Rivista di Storia della scienza, **2** (1985) 3, S. 409 – 443.

M. Planck, Die Bohrsche Atomtheorie, in: Die Naturwissenschaften, **11** (1923), S. 535 – 537.

L. S. Polak, Die Entstehung der Quantentheorie des Atoms (Das Rutherford-Bohrsche Atommodell), in: Sowjetische Beiträge zur Geschichte der Naturwissenschaft, Berlin 1960, S. 226 – 242.

A. Polikarow, Niels Bohr und die Atomphysik, Sofia 1987, S. 5 – 28.

A. P. Pozner, Atomnaja model' Bora i ee filosofskoe značenie, in: Naučn. doklady vyš. školy filosof. nauki, Nr. 5 (1963), S. 75 – 80.

H. Radder, Between Bohr's Atomic Theory and Heisenberg's Matrix Mechanics. A Study of the Role of the Dutch Physicist H. A. Kramers, in: Janus, **69** (1982) 3-4, S. 223 – 252.

H. Radder, An Immanent Criticism of Lakatos' Account of 'Degenerating Phase' of Bohr's Atomic Theory, in: Zeitschr. für allgemeine Wissenschaftstheorie, **13** (1982) 1, S. 99 – 109.

H. Radder, Kramers and the Forman Theses, in: Hist. Sci., **21** (1983), S. 165 – 182.

L. Rosenfeld, Men and Ideas in the History of Atomic Theory, in: Archive for History of the Exact Sciences, **7** (1971), S. 70 – 90; auch in: Selected Papers of Léon Rosenfeld, S. 266 – 296.

L. Rosenfeld, Introduction, in: N. Bohr, On the Constitution of Atoms and Molecules, Copenhagen 1963, S. 11 – 53.

L. Rosenfeld; E. Rüdinger, The Decisive Years 1911 – 1918, in: S. Rozental (ed.), Niels Bohr. His life and work as seen by his friends and colleagues, Amsterdam 1967, S. 38 – 73.

E. Rutherford, The structure of the atom, in: Nature, **92** (1913), S. 423.

E. Rutherford, Die elektrische Struktur der Materie, in: Die Naturwissenschaften, **12** (1924), S. 1 – 14.

E. Rutherford, The Transmutation of the Atom, in: The Listener, 18. 10. 1933, **10** (1933) 249, S. 561 – 564, 595 – 596.

G. Schmid, Das Atom – ein räumliches Planetensystem, 1925.

H.-G. Schöpf, Zur Geschichte der Bohr-Sommerfeldschen Quantentheorie, in: Annalen der Physik, 7. Folge, Bd. 45 (1988), Heft 8.

E. Schrödinger, Bohrs neue Strahlungshypothese und der Energiesatz, in: Die Naturwissenschaften, **12**(1924),S. 720 – 724.

D. Server, Unmechanischer Zwang: Pauli, Heisenberg, and the Rejection of the Mechanical Atom, 1923 – 1925, in: Hist. Stud. Phys. Sci., 8 (1977), S. 189 – 256.

A. Sommerfeld, Grundlagen der Quantentheorie und das Bohrsche Atommodell, in: Die Naturwissenschaften, **12** (1924), S. 1047 – 1049.

J. Stachel, Bohr and the Photon, Ms. 1985.

J. Stark, Atomstruktur und Atombindung, 1928.

J. Stark, Fortschritte und Probleme der Atomforschung, 1931.

J. J. Thomson, On the structure of the atom, in: Phil. Mag., **26** (1913) 6, S. 792 – 799.

J. J. Thomson, ... in: Phil. Mag., **27** (1914), S. 757.

T. J. Trenn, Rutherford and Recoil Atoms: The Metamorphosis and Success of a One Stillborn Theory, in: Historical Studies in the Physical Sciences, **6** (1976), S. 513 – 548.

B. Wheaton, The Tiger and the Stark, empirical roots of wave-particle dualism, Cambridge/London/New York 1983.

E. Whittaker, A History of the Theories of Aether and Electricity, New York 1960, Vol. II, S. 106 ff.

IV. Kernphysik

F. Aaserud, Redirecting Science: Niels Bohr, Philanthropy, and the Rise of Nuclear Physics, Cambridge 1990.

H. H. Barschall, Reminiscences of the early days of fission, in: Physics today, June 1987, S. 27 – 32.

P. Brix, Die folgenschwere Entdeckung der Urankernspaltung – und wie es dazu kam, in: Phys. B., **45** (1989), S. 2 – 5.

M. Bunge; W. Shea (eds.), Rutherford and physics at the turn of the century, New York and Folkestone, 1979

N. A. Dobrotin, Sovečanie po fizike atomnogo jadra, in: Pod znamenem marksizma, Nr. 2 (1941), S. 127 – 140.

S. Flügge, Kann der Energieinhalt der Atomkerne technisch nutzbar gemacht werden? in: Die Naturwissenschaften, **27**(1939), S. 402 – 410.

F. L. Friedman; V. F. Weisskopf, The compound nucleus, in: W. Pauli (ed.), Niels Bohr and the Development of Physics, 1955, S. 134 – 162.

O. R. Frisch, The Interest is focussing on the Atomic Nucleus, in: S. Rozental (ed.), Niels Bohr. His life and work as seen by his friends and colleagues, Amsterdam 1967, S. 137 – 148.

G. Gamow, Der Bau des Atomkerns und die Radioaktivität, Leipzig 1932, 142 S.

D. Hans, Zur Geschichte der Theorie des Atomkerns, in: Angewandte Chemie, **76** (1964) 2, S. 69 – 75.

R. Henriksen, Niels Bohr und die praktische Anwendung der Kernenergie, in: Ingeniøren, Nr. 64 (1955), S. 798.

W. Heisenberg, Der Durchgang sehr energiereicher Korpuskeln durch den Atomkern, in: Die Naturwissenschaften, **25** (1937), S. 749 – 750.

B. V. Il'in, Stroenie atomnogo jadra i novyj tip jadernoj reakcii, in: Pod znamenem marksizma, Nr. 5 (1940), S. 143 – 152.

P. Jordan, Fortschritte der Theorie der Atomkerne, in: Die Naturwissenschaften, **24** (1936), S. 209 – 216.

P. Jordan, Kernkräfte, in: Die Naturwissenschaften, **25** (1937), S. 273 – 279.

C. Keller, Der Weg zur Kernspaltung, in: Die Naturwissenschaften, **31** (1978) 12, S. 489–499.

F. Krafft, Im Schatten der Sensation: Leben und Wirken von Fritz Straßmann, dargestellt nach Dokumenten und Aufzeichnungen, Weinheim 1981.

F. Krafft, An der Schwelle zum Atomzeitalter: Die Vorgeschichte der Entdeckung der Kernspaltung im Dezember 1938, in: Berichte zur Wissenschaftsgeschichte, **11** (1988), S. 219–225.

J. Lindhard, On the passage through matter of swift charged particles, in: W. Pauli (ed.), Niels Bohr and the Development of Physics, 1955, S. 185–195.

L. Meitner; M. Delbrück, Der Aufbau der Atomkerne, Berlin 1935.

K. v. Meyenn, Pauli, das Neutrino und die Entdeckung des Neutrons vor 50 Jahren, in: Die Naturwissenschaften, **69** (1982), S. 564–573.

V. Mukherji, A History of the Meson Theory of Nuclear forces from 1935 to 1952, in: Archive Hist. Exact Sci., **13** (1974), S. 27–102.

H. Rechenberg, 50 Jahre Kernspaltung: Transurane, Uranspaltung und das deutsche Uranprojekt, in: Physikalische Blätter, **44** (1988), S. 453–459.

L. Rosenfeld, Nuclear Forces, Amsterdam 1948.

Lord Rutherford, Radioaktivität und Atomtheorie, in: Die Naturwissenschaften, **24** (1936), S. 673–680.

W. R. Shea (ed.), Otto Hahn and the Rise of Nuclear Physics, Dordrecht 1983.

K. J. Stschelkin, Aus der Geschichte des Atomkerns, in: Wissenschaft und Fortschritt, Nr. 5 (1963), S. 209–211.

R. H. Stuewer (ed.), Nuclear Physics in Retrospect. Proceedings of a Symposium on the 1930's, Minneapolis 1979.

T. Trenn, The Self-Splitting Atom, London 1977.

L. Turner, Nuclear fission, in: Review of Modern Physics, **12** (1940), S. 1–29.

S. R. Weart, The discovery of fission and a nuclear physics paradigma, in: W. R. Shea (ed.), Otto Hahn and the Rise of Nuclear Physics, Dordrecht 1983, S. 91–133.

C. F. v. Weizsäcker, Die Atomkerne. Grundlagen und Anwendungen ihrer Theorie, Leipzig 1937.

J. A. Wheeler, Nuclear fission and nuclear stability, in: W. Pauli (ed.), Niels Bohr and the Development of Physics, 1955, S. 163–184.

J. A. Wheeler, Niels Bohr and Nuclear Physics, in: Physics Today, **16** (1963) 10, S. 36–45.

Ch. Weiner (ed.), Exploring the History of Nuclear Physics, American Institution of Physics, New York 1972

V. Quantenfeldtheorien und Elementarteilchen

L. de Broglie, Die Elementarteilchen. Individualität und Wechselwirkung, Hamburg 1943.

J. Bromberg, Dirac's quantum electrodynamics and the wave-particle-dualism, in: Ch. Weiner (ed.), History of the Twentieth Century Physics, Proc. of the Intern. School of Physics, 1977, S. 147 – 157.

H. R. Brown; R. Harré (eds.), Philosophical Foundations of Quantum Field Theory, Oxford 1988.

D. C. Cassidy, Cosmic Ray Showers, High Energy Physics and Quantum Field Theories: Programmatic Interactions in the 1930s, in: Historical Studies in the Physical Sciences, 12, part 1, 1981.

N. R. Hanson, The Concept of Positron – a Philosophical Analysis, Cambridge 1963.

W. Heisenberg, Bohrs Interpretation der Quantentheorie und die Physik der Elementarteilchen, in: Fysisk Tidsskrift **60** (1962), S. 47 – 53.

J. Kalckar, Measurability Problems on the Quantum Theory of Fields, in: B. d'Espagnat (ed.), Foundations of Quantum Mechanics, 1971, S. 127 – 169.

O. Klein, Quantum Theory and Relativity, in: W. Pauli (ed.), Niels Bohr and the Development of Physics, 1955, S. 96 – 117.

L. Landau; R. Peierls, Erweiterung des Unbestimmtheitsprinzips für die relativistische Quantentheorie, in: Zs. f. Physik, (1931), S. 56 – 69.

L. D. Landau, On the quantum theory of fields, in: W. Pauli (ed.), Niels Bohr and the Development of Physics, 1955, S. 52 – 69.

L. Rosenfeld, On quantum electrodynamics, in: W. Pauli (ed.), Niels Bohr and the Development of Physics, 1955, S. 70 – 95.

M. Stöckler, Philosophische Probleme der relativistischen Quantenmechanik, Berlin 1984, 255 S.

Th. R. Talbot, Bohr and Rosenfeld's foundations for quantum electrodynamics, in: Diss. Abstr. Int., **39** (1979) 4985 A, Nr. 79 – 04128.

S. Weinberg, The Search for Unity: Notes for a History of Quantum Field Theory, in: Daedalus (Fall 1977), S. 17 – 36.

V. F. Weisskopf, The Development of Field Theory in the last 50 Years, in: Physics Today, **34** (1981) 11.

VI. Chemie

N. Bjerrum, Selected Papers, Copenhagen 1949.

M. Born, Das Atom, in: Die Naturwissenschaften, **8** (1920), S. 213–226.

M. Born, Die Brücke zwischen Chemie und Physik, in: Die Naturwissenschaften, **8** (1920), S. 373–382.

M. Born, Die chemische Bindung als dynamisches Problem, in: Die Naturwissenschaften, **12** (1924), S. 1199–1207

K. Buttker, Philosophische Aspekte der Theorienentwicklung in der Chemie – eine Untersuchung am Beispiel der Herausbildung der Quantentheorie der chemischen Bindung, Phil. Diss., Berlin 1983.

K. Buttker, Niels Bohr und die Herausbildung der Quantenchemie, in: Chemie in der Schule, **32** (1985), S. 378–384.

K. Buttker, Widersprüche der Entwicklung – Entwicklung der Widersprüche. Die Herausbildung der Quantenchemie im Blickfeld philosophischer Analyse, Berlin 1988.

H. Falkenhagen (Hrsg.), Quantentheorie und Chemie, Leipziger Vorträge 1928, Leipzig 1928.

J. Franck, Atome und Molekülstöße und ihre chemische Bedeutung, in: Die Naturwissenschaften, **12** (1924), S. 1063–1068.

E. Gey, Der Zusammenhang von interdisziplinären Forschungssituationen und Kooperationsverhalten bei Bildung und Entwicklung neuer Spezialgebiete, dargestellt am Beispiel der Quantenchemie, in: H. Parthey; K. Schreiber (Hrsg.), Interdisziplinarität in der Forschung. Analysen und Fallstudien, Berlin 1983, S. 151–176.

E. Gey; H. Parthey, Quantenchemie – eine interdisziplinäre Entwicklung, in: wissenschaft und fortschritt, Nr. 11 (1984), S. 282–285.

J. L. Heilbron, The Kossel-Sommerfeld Theory and the Ring Atom, in: Isis, **58** (1967), S. 451–485.

G. v. Hevesy, Die Valenz der Radioelemente, in: Phys. Zs., **14** (1913), S. 49–62.

A. J. Ihde, The Development of Modern Chemistry, New York 1964.

W. Kossel, Valenzkräfte und Röntgenspektren, Berlin 1921.

W. Kossel, Die Beziehungen der Bohrschen Atomtheorie zur Deutung chemischer Vorgänge, in: Die Naturwissenschaften, **11** (1923), S. 598–603.

H. Kragh, Bohr's Atomic Theory and the Chemists. 1913–1925, in: Rivista di Storia della Scienca, **2** (1985) 3, S. 463–486.

W. G. Palmer, A History of the Concept of Valency to 1930, Cambridge 1965.

L. Pauling, Fifty Years of Progress in Structural Chemistry and Molecular Biology, in: Daedalus, **99** (1970), S. 988–1014.

L. Pauling, Die Natur der chemischen Bindung, Weinheim 1976.

A. A. Pečenkin, Metodologičeskie problemy razvitija kvantovoj chimii, Moskva 1976.

W. G. Penney, The quantum theory of valency, London 1935.
H. Primas, Chemistry, Quantum Mechanics and Reductionism. Perspectives in Theoretical Chemistry, Berlin/Heidelberg/New York 1981.
H. Primas, Chemistry and Complementarity, in: Chimia, **36** (1982), S. 293 – 300.
H. Primas; U. Müller-Herold, Elementare Quantenchemie, Stuttgart 1984.
C. A. Russell, The History of Valence, Leicester 1971.
R. Simon; U. Niedersen; G. Kertscher, Philosophische Probleme der Chemie, Berlin 1982.
J. Stark, Prinzipien der Atomdynamik, III. Die Elektrizität im chemischen Atom, Leipzig 1915.
J. Stark, Natur der chemischen Valenzkräfte, Leipzig 1922.
H. Zollinger, Chemie – Teil eines Ganzen, in: Swiss. chem., **9** (1087), 4.

VII. Biologie

L. v. Bertalanffy, Über die Bedeutung der Umwälzung in der Physik für die Biologie, in: Biologisches Zentralblatt, **47** (1927), S. 653 – 662.
L. v. Bertalanffy, Der Organismus als physikalisches System behandelt, in: Die Naturwissenschaften, **28** (1940), S. 521 – 531.
Ch. Bohr, Über die Verbindung des Hämoglobins mit Kohlensäure, in: Beiträge zur Physiologie. Carl Ludwig zu seinem 70. Geburtstage gewidmet von seinen Schülern, Leipzig 1887, S. 164 – 172.
Ch. Bohr, Die funktionelle Bedeutung des Lungenvolumens in normalen und pathologischen Zuständen, in: Verhandlungen der Versammlung Deutscher Naturforscher und Ärzte, 79. Versammlung, Dresden 1907, T. 1, S. 243 – 259.
J. Cairns; G. S. Stent; J. D. Watson (Hrsg.), Phagen und die Entwicklung der Molekularbiologie, Berlin 1972.
Ch. A. Culotta, German Biophysics. Objective Knowledge and Romanticism, in: Historical Studies in the Physical Sciences, **4** (1974), S. 3 – 38.
M. Delbrück; Timofeeff-Ressovsky; Zimmer, Über die Natur der Genmutation und der Genstruktur, in: Nachr. Ges. Wiss., Göttingen, Math.-Phys. Kl., Fachgruppe 6, Nr. 13 (1935), S. 190 – 245.
M. Delbrück, Problems of the Modern Biology in Relation to Atomic Physics, in: A Serie of Lecture Notes April and May 1944, Vanderbilt University School of Medicine.
M. Delbrück, Ein Physiker betrachtet erneut die Biologie – zwanzig Jahre später (Nobelvortrag 1969), in: Wissenschaftliche Welt, Nr. 6 (1970).
Wir sprachen mit Max Delbrück (Interview), in: Therapeutische Berichte, Nr. 2 (1971).

F. Dessauer, Quantenbiologie. Einführung in einen neuen Wissenszweig, Berlin 1954

W. M. Elsasser, The Physical Foundation of Biology, London/New York 1958, 219 S.

W. M. Elsasser, Atom and Organism. A new Approach to Theoretical Biology, Princeton/New Jersey 1966.

W. M. Elsasser, The Role of Individuality in Biological Theory, in: C. H. Waddington (ed.), Towards a Theoretical Biology, Vol. 3, Chicago 1970.

Ch. P. Enz, Bohr, Delbrück, Pauli and biology, in: Essays in honour of Kalvere Viktori Laurikainen ... (Annales Academiae Scientiarum Fennicae, Series A, VI, Physica, 431), Helsinki: Suomalainen Tiedeakademia 1986, S. 23 – 32.

E. P. Fischer, Komplementarität und Biologie, in Philosophia Naturalis, (1983), S. 474 – 491.

H. Folse, Complementarity and the Description of Nature in Biological Science, in: Dialogy and Philosophy **6** (1990), S. 211 – 224.

K. Fuchs-Kittowski, Zum Verständnis von Physik und Biologie, in: Deutsche Zeitschrift für Philosophie, (1966), S. 77 – 98.

U. Geißler; K. Lüdtke; V. Lüdtke; J. Tripoczky, Die Herausbildung der Phagengenetik – Thesen zur Entwicklung eines wissenschaftlichen Spezialgebietes, in: Rostocker wissenschaftshistorische Manuskripte, **10** (1984), S. 15 – 27.

V. Henriques, Chr. Bohrs Videnskabelige Gerning, in: Oversigt over det Kgl. danske Videnskabernes Selskabs, Forhandlingen 1911, Nr. 5, S. 395 – 405.

P. Jordan, Quantenphysikalische Bemerkungen zur Biologie und Psychologie, in: Erkenntnis, **4** (1934), S. 215 – 252.

P. Jordan, Die Physik und das Geheimnis des organischen Lebens, Braunschweig 1941, 183 S.

H. F. Judson, The Eight Day of Creation. Makers of Revolution in Biology, New York 1974.

S. Kaufmann; W. M. Elsasser, Generalized Complementarity and finite classes: a critique of his antireductionism, in: K. F. Schaffner; R. S. Cohen (ed.), PSA 1972, Dordrecht 1974, S. 57 – 65.

L. E. Kay, The Secret of Life: Niels Bohr's Influence on the Biology Program of Max Delbrück, in: Rivista di Storia della Scienca, **2** (1985) 3, S. 487 – 510.

S. E. Luria, Leben – das unvollendete Experiment, München/Zürich 1974.

T. Nørretranders, Niels Bohr og bioteknologien, in: Gamma, (1985) Oktober.

H. Plessner, Die Stufen des Organischen und der Mensch, Frankfurt/M. 1981.

F.H. Portugal; J.S. Cohen, A Century of DNA, Berkeley 1977.

H. Primas; W. Gans, Quantenmechanik, Biologie und Theoriereduktion, in: B. Kanitscheider (Hrsg.), Materie – Leben – Geist. Zum Problem der Reduktion der Wissenschaft, Berlin 1979, S. 15–42.

O. Rieppel, Muster und Prozeß: Komplementarität im biologischen Denken, in: Naturwissenschaft, **72** (1985), S. 337–342.

S. Rosenthal; K. Fuchs-Kittowski; H.-A. Rosenthal; S. M. Rapoport; Überlegungen zu den molekularbiologischen Grund-Lagen der Widerspiegelung, in: Deutsche Zeitschrift für Philosophie, (1976), S. 674–685.

W. F. Sershantow, Einführung in die Methodologie der modernen Biologie, Jena 1978.

G. S. Stent, Light and Life: Niels Bohr's Legacy to Contemporary Biology (Manuskript), Presented at the Niels Bohr Centenary Symposion of the American Academy of Arts und Sciences, November 12, 1985.

E. Warburg, Om Bohr og biologi, in: Politikenskronik, 11. 8. 1963.

M. W. Wolkenstein, Moleküle und Leben, Leipzig 1969.

H. Wußing (Hrsg.), Molekulargenetik – Beiträge zu ihrer Entwicklung, Leipzig 1975.

VIII. Philosophie

J. Bang, Niels Bohrs Gedanken zu philosophischen und allgemeinen Problemen, in: Physikalische Blätter, **41** (1985) 9, S. 313–317.

K. Breysig, Naturgeschichte und Menschheitsgeschichte (N. Bohr gewidmet), Breslau 1933, 475 S.

F. Capra, Der kosmische Reigen. Physik und östliche Mystik – ein zeitgenössisches Weltbild, 1982.

D. Favrholdt, Hvad blev der egentlig af Filosoffen Niels Bohr?, in: Information. Fyns Venstreblad, 12. 12. 1964.

D. Favrholdt, Niels Bohr and Danish Philosophy, in: Danish Yearbook of Philosophy, **13** (1976), S. 206–220.

D. Favrholdt, On Høffding and Bohr. A Reply to Jan Faye, in: Danish Yearbook of Philosophy, **16** (1979), S. 73–77.

J. Faye, Harald Høffdings inflydelse på Niels Bohrs Erkendelsesteori, in: Filosofiske Studier 1 (1978) S. 67–89.

J. Faye, The influence of Harald Høffding's philosophy on Niels Bohr's interpretation of quantum mechanics, in: Danish Yearbook of Philosophy, **16** (1979), S. 37–72.

J. Faye, The Bohr-Høffding Relationship Rediscovered, in: Studies in History and Philosophy of Science, **19** (1988), S. 103–118, **19** (1988) 3, S. 321–346.

J. Faye, Niels Bohr: His Heritage and Legacy. An anti-realist view of quantum mechanics, Dordrecht 1991, 263 S.

L. S. Feuer, Einstein and the Generation of Science, New York 1974.
P. K. Feyerabend, Probleme des Empirismus. Schriften zur Theorie der Erklärung, der Quantentheorie und der Wissenschaftsgeschichte. Ausgewählte Schriften, Band 2, Braunschweig/Wiesbaden 1981.
B. Fogarasi, Philosophische Fragen der modernen Physik, in: Deutsche Zeitschrift für Philosophie, (1956) 1.
H. J. Folse, The Philosophy of Niels Bohr. The Framework of Complementarity, Dordrecht 1985.
H.J. Folse, Niels Bohr's Concept of Reality, in: P. Lahti, P. Mittelstaedt (eds.), Symposion on the Foundations of Modern Physics 1987: The Copenhagen Interpretation 60 Years After the Como Lecture-Joensuu, Finnland, August 6-8, 1987, Singapore 1987, S. 161 – 179.
Ge Ge, A tentative Critique of Niels Bohr's Philosophical Viewpoints, in: Journal of Dialectics of Nature, (1963) 3, S. 6 – 10. (chinesisch)
Ge Ge, A Brief Account of Niels Bohr's Thoughts, in: Journal of Dialectics of Nature, (1981) 4, S. 71 – 76 (chinesisch).
K. Gjøtterud, Niels Bohr: fysikeren og naturfilosofen, in: Fra. Fys. Verden, **27** (1965) 4, S. 85 – 97.
V. Grønbeck, Harald Høffding (11. Marth 1943 – 2. Juli 1931), in: Oversight over Det Kongelige Danske Videnskabernes Selskabs 1931/32, S. 57 – 136.
J. B. S. Haldane, Quantum Mechanics as a Basis for Philosophy, in: Philosophy of Science, **1** (1934) 1, S. 78 – 99.
R. J. Hall, Philosophical Basis of Bohr's Interpretation of Quantum Mechanics, in: American Journal of Physics, **33** (1965) 8, S. 634 – 627.
V. Hansen, Om Niels Bohrs filosofi, in: Nord. tidskr. vet., konst och ind., **34** (1958), S. 333 – 335.
V. Hansen, Niels Bohr – humanist og filosof, in: Nord. tidskr. vet., konst och ind., **39** (1963), S. 97 – 100.
R. Harré, Theories and Things, London 1961, S. 93 – 106.
R. Havemann, Philosophische Fragen der modernen Physik, in: Deutsche Zeitschrift für Philosophie, (1953) 2.
B. Henningsen, Poul Martin Møller oder Die dänische Erziehung des Søren Kierkegaard, Frankfurt/M. 1973.
G. Hermann, Die naturphilosophischen Grundlagen der Quantenmechanik, in: Abh. Friessche Schule, Neue Folge, **6** (1937), S. 69 – 152; auch in: Die Naturwissenschaften, **23** (1935), S. 718 – 721.
G. Hermann, E. May, Th. Vogel, Die Bedeutung der modernen Physik für die Theorie der Erkenntnis, Leipzig 1937.
H. Höffding, Psychologie, Leipzig 1887.
H. Höffding, Sören Kierkegaard als Philosoph, Stuttgart 1896.
H. Höffding, Die Geschichte der neueren Philosophie, 2 Bde., Leipzig 1895 (Dän. 1895)

H. Höffding, Moderne Philosophen. Vorlesungen, gehalten an der Universität in Kopenhagen im Herbst 1902. Leipzig 1905.
H. Höffding, Mindre Arbejder, København 1905.
H. Höffding, Lehrbuch der Geschichte der neueren Philosophie, Leipzig 1907.
H. Höffding, Der menschliche Gedanke, seine Formen und Aufgaben, Leipzig 1910.
H. Höffding, Humor als Lebensgefühl (Der große Humor), Leipzig/Berlin 1918.
H. Höffding, in: Die Philosophie der Gegenwart in Selbstdarstellungen, hrsg. von Raymund Schmidt, Bd. IV, Leipzig 1923.
H. Höffding, Erkenntnistheorie und Lebensauffassung, Leipzig 1926.
H. Høffding, Erindringer, København 1928.
Correspondence entre Harald Høffding et Emile Meyerson, Kopenhagen 1939.
Harald Høffding in Memoriam. Fire Taler hddt paa Københavns Universitet paa Harald Høffdings 89 Åars Dag 11. Marts 1932, Frithiof Brandt (1892 – 1968), Edgar Rubin (1886 – 1951), Jørgen Jørgensen, Victor Kuhr.
E. Rindom, Samtaler med Harald Høffding 1909 – 1918.
G. Holton, Zur Genesis des Komplementaritätsprinzips (1970), in: G. Holton, Thematische Analysen der Wissenschaft. Die Physik Einsteins und seiner Zeit, Frankfurt/M. 1981, S. 144 – 202.
J. Honner, The Transcendental Philosophy of Niels Bohr, in: Studies in the History and Philosophy of Science, **13** (1982), S. 1 – 29.
J. Honner, On the Term 'Transcendental', in: Milltown Studies, 11 (1983), S. 1 – 24.
J. Honner, The Description of Nature. Niels Bohr and the Philosophy of Quantum Physics, Oxford 1987, 235 S.
G. Howe, Zu den Äußerungen von Niels Bohr über religiöse Fragen, in: Kerygma und Dogma, **4** (1958)1, S. 20 – 46.
K. Hübner, Beiträge zur Philosophie der Physik, Tübingen 1963, S. 89 – 92.
K. Hübner, Über die Philosophie der Wirklichkeit in der Quantenmechanik, in: Philosophia Naturalis, (1973), S. 3 – 24.
W. James, The Principles of Psychology, New York 1890.
W. James, Psychologie, Leipzig 1909.
W. James, Pragmatism, a New Name for Some Old Ways of Thinking, 1907 (deutsch Leipzig 1908).
W. James, A Pluralistic Universe, 1908 (deutsch Leipzig 1908).
H. James (ed.), The Letters of William James in two Volumes, London 1920.
M. Jammer, The conceptual Development of Quantum Mechanics, New York 1966.
M. Jammer, The philosophy of quantum mechanics, New York 1974.

P. Jordan, Philosophical Foundations of Quantum Theory, in: Nature, **119** (1927), S. 566 – 569.
P. Jordan, Über den positivistischen Begriff der Wirklichkeit, in: Die Naturwissenschaften, **22** (1934), S. 485 – 490.
P. Jordan, Das Bild der modernen Physik, Berlin 1947.
P. Jordan, Die weltanschauliche Bedeutung der modernen Physik, Frankfurt/M. 1950.
P. Jordan, Begegnungen, Stalling 1971.
P. Jordan, Erkenntnis und Besinnung, Oldenburg und Hamburg 1972.
C. Jørgensen, Niels Bohr og filosofien, in: GADS danske magasin, S. 17 – 27.
S. Kierkegaard, Stadien auf dem Lebensweg, Jena 1922.
A. Landé, Quantum Physics and Philosophy, in: R. Klibansky (ed.), Contemporary Philosophy, II. Philosophy of Science, Firenze 1968, S. 268 – 297.
E. Mach, Erkenntnis und Irrtum. Skizzen zur Psychologie der Forschung, Leipzig 1917.
E. Mach, Die Ähnlichkeit und die Analogie als Leitmotiv der Forschung, Erster Band, Leipzig 1902, S. 5 – 14.
C. Maxwell, On Faraday's Lines of Force, The Scientific Papers, Vol. I, Cambridge 1890, S. 155 – 229.
Ch. Markert, Yin Yang. Harmonie von Sinnlichkeit und Vernunft, München 1984.
K. Meyer-Abich, Korrespondenz, Individualität und Komplementarität. Eine Studie zur Geistesgeschichte der Quantentheorie in den Beiträgen Niels Bohrs, Wiesbaden 1965.
K. M. Meyer-Abich, Die Sprache in der Philosophie Niels Bohrs, in: H. G. Gadamer (Hrsg.), Das Problem der Sprache, München 1967, S. 97 – 105.
R. von Mises, Kleines Lehrbuch des Positivismus, Frankfurt/M. 1990.
I. K. Moustgaard, Niels Bohrs tanker om psykologiens observationsbegreb, in: Nordisk Psykolog, **38** (1986), S. 27 – 40.
R. Müller-Freienfels, Philosophie der Individualität, 1922.
D. Murdoch, Niels Bohr's Philosophy of Physics, Cambridge 1987, 294 S.
P. M. Møller, En Dansk Students Eventyr, Copenhagen, 1. Aufl. 1893, 4. Aufl. 1946.
N. E. Nørlund, Videnskabelige Causerier, København 1923
T. Nørretranders, Niels Bohr, subjekt og objekt, in: Nordisk Psykologi, **38** (1986), S. 65 – 69.
A. Petersen, The Philosophy of Niels Bohr, in: Bull. of the Atomic Scientists, (1963) Sept., S. 8 – 14.
A. Petersen, Quantum Physics and the Philosophical Tradition, Cambridge (Mass.) 1968.

A. Petersen, Bohr and Philosophy of Science, in: R. Klibansky (ed.), Contemporary Philosophy, III. Philosophy of Science, Firence 1968, S. 277–285.

S. Petroccioli, Niels Bohr: gli atomi e la conoscenza versus un nuovo di 'pensare' la realta, in: Scientia, **113** (1978), S. 1042–1052.

M. Planck, Physikalische Gesetzlichkeit im Lichte neuerer Forschung, in: Die Naturwissenschaften, **14** (1926), S. 249–261.

H. Radder, Niels Bohr (1885–1962). Fysicus i filosoof, in: Natuur en Techniek, **53** (1985) 10, S. 728–741.

H. Reichenbach, Atom und Kosmos, 1930.

H. Reichenbach, Philosophic Foundations of Quantum Mechanics, Berkeley und Los Angeles 1944

H. Reichenbach, Philosophische Grundlagen der Quantenmechanik und Wahrscheinlichkeit. Gesammelte Werke Bd. 5, Braunschweig 1989.

K. Rietzler, Physics and Reality. Lectures on Aristoteles on Modern Physics, New Haven 1940.

F. Ritter, Dialektičeskij materializm i novaja atomnaja fizika, in: PSN, (1929) 9, S. 191–207.

U. Röseberg, Niels Bohr und die Philosophie, in: Wissenschaftliche Beiträge, Heft 34. Sektion Wissenschaftstheorie und -organisation der Humboldt-Universität Berlin 1984, S. 131–137.

U. Röseberg, Niels Bohr und die Philosophie, in: Deutsche Zeitschrift für Philosophie, (1985) 10, S. 909–917.

L. Rosenfeld, Niels Bohrs Contribution to Epistemology, in: Selected Papers of Leon Rosenfeld, Dordrecht 1979, S. 522–535.

B. Russell, Autobiographie, Frankfurt/M. 1971.

M. Schlick, Positivismus und Realismus, 1930.

M. Schlick, Gesetz, Kausalität und Wahrscheinlichkeit, Wien 1948.

M. Schlick, Quantentheorie und Erkennbarkeit der Natur, in: Erkenntnis, **6** (1936), S. 317–326.

A. Shimony, Reflections on the Philosophy of Bohr, Heisenberg and Schrödinger, in: R. S. Cohen et. al. (eds.), Philosophy, Physics, Psychoanalysis, Dordrecht 1983, S. 209–221.

S. L. Stebbing, Philosophy and the Physicists, London 1937, New York 1958.

V. Stern, Erkenntnistheoretische Probleme der modernen Physik, Berlin 1952.

A. Suddaty; M., Cornforth, Philosophical Problems of Quantum Physics, in: The Marxist Quarterly, **1** (1954) 3, S. 154–168.

K. Sundfeld; O. Jespersen; H. Høffding; E. N. Setälá , Vilhelm Thomsen (25. Januar 1842–12. Maj 1927), in: Oversight over Det Kgl. Dansk Videnskabernes Selskabs. Juni 1926–Maj 1927, S. 87–135.

J. Tørgersen, Atomet, livet og bevisstheten, in: Aftenpostens Kronik, 26. 3. 1960.

J. Witt-Hansen, Philosophy of Science (Wissenschaftstheorie) in Denmark, in: Zeitschrift für allgemeine Wissenschaftstheorie, **1** (1970), S. 264 – 283.

J. Witt-Hansen, The Impact of Niels Bohr's Thought on Danish Philosophy, in: Contemporary Philosophy in Scandinavia, 1972, S. 491 – 508.

J. Witt-Hansen, Vorlesungen über dänische Philosophie. Von Tycho Brahe bis Niels Bohr, København 1977.

J. Witt-Hansen, Leibniz, Høffding and the „Ekliptika" Circle, in: Danish Yearbook of Philosophy, **17** (1980), S. 31 – 58.

J. Witt-Hansen, Niels Bohrs Erkendelsesteori, in: Gamma, (1985) Oktober.

Zhou Lin-Dong, On Bohr's Philosophical Trend, in: Studies in Dialectics of Nature, **2** (1986) 4, S. 23 – 25 (chinesisch).

P. Zinkernagel, Conditions for Description, London 1962.

IX. Korrespondenzprinzip

S. D'Agostino, The Problem of the Link between Correspondence and Complementarity in Niels Bohr's Papers 1925 – 1927, in: Rivista di storia della scienza, **2** (1985) 3, S. 369 – 390.

E. Buchwald, Das Korrespondenzprinzip, Braunschweig 1923.

W. Ebeling, Die Gesetze der Makrophysik und ihr Verhältnis zur Quantenmechanik, in: Wiss. ZS Humboldt-Univ. Berlin, Math.-nat. R., **14** (1965) 4/5, S. 593 – 595.

Ge Ge, Niels Bohr and The Correspondence Principle (Manuskript)

G. R. Gruber, Comments on the Correspondence Principles of Quantum Mechanical Operators, in: Foundations of Physics, **4** (1974) 1, S. 19 – 22.

F. Hund, Korrespondenz und Komplementarität – Bohrs Weg zur Atomdynamik, in: Physikalische Blätter, **41** (1985) 9, S. 303 – 307.

O. Klein, Elektrodynamik und Wellenmechanik vom Standpunkt des Korrespondenzprinzips, in: Zs. f. Physik, **41** (1927), S. 407 – 442.

A. Komar, The Quantitative Epistemological Content of Bohr's Correspondence Principle, in: Synthese, **21** (1970), S. 83 – 92.

W. Krajewski, Correspondence Principle and Growth of Science, Dordrecht 1977.

H. A. Kramers, Das Korrespondenzprinzip und der Schalenbau des Atoms, in: Die Naturwissenschaften, **11** (1923), S. 550 – 559.

Ju. A. Krjutkov, Princip analogii Bora i teorii kvantov, in: Uspechi fizičeskich nauk, **1** (1921)2, S. 272 – 276.

W. Kuhn; J. Seibert, Das Bohrsche Atommodell: Stabilitätsproblem, Korrespondenzprinzip, in: Praxis der Naturwissenschaften, Physik, **34** (1985) 7, S. 5 – 9.

I. V. Kuznecov, Princip sootvetstvija v sovremennoj fizike i ego filosofskoe značenie, Moskva/Leningrad 1948.

I. V. Kuznecov, Princip sootvetstvija, in: Filosofskaja enciklopedija, Bd. 5, Moskva 1970.

H. Laitko, Das Korrespondenzprinzip als Methode der theoretischen Erkenntnis, in: H. Laitko; R. Bellmann (Hrsg.), Wege des Erkennens, Berlin 1969, S. 127–161.

R. L. Liboff, The correspondence principle revisted, in: Physics Today, **37** (1984), S. 50–55.

V. T. Mescerjakov, Sootvestvie kak otnošenie i princip, Leningrad 1975.

K. M. Meyer-Abich, Korrespondenz, Individualität und Komplementarität, Wiesbaden 1965.

I. Nowak; L. Nowak, W sprawie zasady korrespondencji v fizyce, in: Kwartalnik histori naukii techniki, **18** (1973), S. 33–43.

K. S. Oganezov, Princip sootvetstvija i ego mesto v logičeskoj strukture fizičeskoj teorii, in: Filos. Nauki, (1975) 1.

A. Petersen, On the Genesis of the Correspondence Argument. Paper delivered at the annual meeting of the History of Science Society, December 18. 1963, in: Niels Bohr Institutet København (maschinenschr.).

H. R. Post, Correspondence, Invariance and Heuristics: In Praise of Conservative Induction, in: Studies in the History and Philosophy of Science, **2** (1971), S. 213–225.

U. Röseberg, Szenarium einer Revolution. Nichtrelativistische Quantenmechanik und philosophische Widerspruchsproblematik, Berlin 1984, 266 S.

N. Rosen, The Relation between Classical und Quantum Mechanics, in: Amer. J. Phys., **32** (1964), S. 597–600.

N. Rosen, Identical Motion in Quantum and Classical Mechanics, in: Amer. J. Phys., **32** (1964), S. 377–379.

E. Rüdinger, The Correspondence Principle as a Guiding Principle, in: Rivista di storia della scienza, **2** (1985) 3, S. 357–367.

C. S. Sarangov; B. I. Spasskij, Prinzip sootvetstvija kak analogija (K osnovam kvantovoj mechaniki), in: Istorija i metodologija estestv. nauk, **15** (1974), S. 45–56.

M. I. Schachparonov, O knige I. V. Kuznecova, Princip sootvetstvija v sovremennoj fizike i ego filosofskoe značenie, in: Vestnik MGU (1951) 3, S. 99–114.

R. Schiller, Relations of Quantum to Classical Physics, in: M. Bunge (ed.), Delaware Seminar in the Foundations of Physics, 1967, S. 149–160.

H.-J. Treder, Das Korrespondenzprinip und die Bedeutung von Quanten- und Relativitätstheorie, in: H.-J. Treder, Große Physiker und ihre Probleme, Berlin 1983, S. 226–229.

X. Komplementarität

J. Agassi, A Hegelian View of Complementarity, in: Brit. Journ. for the Philosophy of Science, **9** (1958/59), S. 57–63.

I. S. Alekseev, Nekotorye teoretiko-poznovatel'nye problemy dopolnitel'nosti, in: Nauč. trudy (Novosib. un-t.) filosof. ser., **1** (1965), S. 296–308.

I. S. Alekseev, Koncepcija dopolnitel'nosti. Istoriko-metodolgičeskij analiz, Moskva 1978.

V. L. Altuchov, O sootnošenii dialektičeskogo protivorečija i dopolnitel'nosti, in: Princip dopolnitel'nosti i materialističeskaja dialektika, Moskva 1976, S. 102–121.

L. B. Bazenov, Dopolnitel'nost' i edinstvo protivopoložnostej, in: Princip dopolnitel'nosti i materialističeskaja dialektika, Moskva 1976, S. 5–15.

H. Bedau; P. Oppenheim, Complementarity in QM: A logical Analysis, in: Synthese, **13** (1961), S. 201–232.

B. Bensaude-Vincent, L'évolution de la complémentarité dans les textes de Bohr, in: Revue d' histoire des sciences et des leurs application, **38** (1985) 3/4, S. 231–250.

T. Bergstein, Complementarity and Philosophy, in: Nature, **222** (1969), S. 1033–1035.

P. Bernays, Über die Ausdehnung des Begriffs der Komplementarität, in: Synthese, **7** (1948/49), S. 66–70.

Bibliographie se rapportant au concept de complémentarité et à ses prolongements, in: Revue d' histoire des sciences et de leurs application, **38** (1985) 3/4, S. 352–363.

T. A. Brugjan, Metodologičeskie aspekty prinzipa dopolnitel'nosti, in: Naučn. Dokl. vyš. školy, Filos. nauki, (1974) 5, S. 31–38.

T. A. Brugjan, Methodological aspects of the principle of complementarity, Erevan 1974.

W. Buchheim (Hrsg.), Beiträge zur Komplementarität, Berlin 1983.

W. Buchheim, Komplementarität nach Niels Bohr – Physikgeschichtliche Episode oder universelle Kategorie von Ergänzung?, in: Sitzungsber. der Sächs. Akad. der Wiss. zu Leipzig, Math.-naturwiss. Klasse, Bd. 117, H. 6, Berlin 1984, 30 S.

W. Buchheim, Die Komplementarität nach Niels Bohr: Physikgeschichtliche Episode oder universelles Wahrnehmungsprinzip?, in: Leopoldina, (R. 3), **31** (1985/86), S. 181–194.

M. Bunge, Strife about complementarity, in: Brit. Journ. Philos. Sci., **6** (1955/56), S. 1–12, 141–154.

C. Chevalley, Complémentarité et longage dans l' interprétation de Copenhagen, in: Revue d' historie des sciences et de leurs application, **38** (1985) 3/4, S. 251–292.

V. P. Chjutt, Koncepcija dopolnitel'nosti v interpretacii kvantovoj mechanike, in: Princip dopolnitel'nosti i materialističeskaja dialektika, Moskva 1976, S. 138–158.

V. P. Chjutt, Koncepcija dopolnitel'nosti i problema ob'ektivnosti fizičeskogo znanija, Tallin 1977.

J. L. Destouches, Quelques aspects théoretique de la notion de complémentarité, in: Dialectica, **2** (1948), S. 351–382.

P. Destouches-Ferrier, Manifestations et sens de la notion de complémentarité, in: Dialectica, **2** (1948), S. 383–412.

P. Destouches-Ferrier, Contradiction et complémentarité, in: Synthese, **7** (1948/49), S. 173–182.

G. Edlin, Dialektik und Komplementarität, Basel 1964.

P. K. Feyerabend, Complementarity, in: Proceedings of the Arist. Soc., Suppl., **32** (1958), S. 75–104.

P. K. Feyerabend, On a Recent Critique of Complementarity, in: Philosophy of Science, **35** (1968), S. 309–331; **36** (1969), S. 82–105.

E. P. Fischer, Sowohl als auch: Denkerfahrungen der Naturwissenschaften, Hamburg/Zürich 1987.

H. Folse, Kantian aspects of complementarity, in: Kantstudien, **69** (1978) 1.

H. Folse, Complementarity and scientific realism, in: VIIth International Congress of Logic, Methodology and Philosophy of Science, Salzburg 1983, Abstracts, Vol. 4.

H. Folse, The Philosophy of Niels Bohr. The Framework of Complementarity, Amsterdam 1985.

H. Folse, Complementarity and Scientific Realism, in: Foundations of Physics, ed. by P. Weingartner, G. Dorn, Vienna 1986, S. 93–101.

H. J. Folse, Niels Bohr, Complementarity, and Realism, in: A. Fine, P. Machamer (eds.), PSA 1986. Proceedings of the Biennial Meeting of the Philosophy of Science Association, East Lansing 1986, S. 96–104.

H. J. Folse, Complementarity and our Knowledge of Nature, in: M. Caravallo (ed.), Nature, Cognition, and System, Vol. 2, Dordrecht 1990.

Ge Ge, Niels Bohr and His Complementary Principle, in: Dialectics of Nature, **9** (1987) 5, S. 1–8 (chinesisch).

A. Grünbaum, Complementarity in quantum physics and its philosophical generalizations, in: J. Philos., **54** (1957), S. 713–727.

W. Gründler, Komplementarität und Kompetition naturwissenschaftlicher Theorien, Halle/Saale 1985.

W. Gründler, Die gebändigte Vielfalt, Berlin 1990.

R. Havemann, Bemerkungen zur quantenmechanischen Komplementarität, in: Phys. Bl., **13** (1957) 7, S. 289–296.

P. A. Heelan, The Logic of Framework Transpositions, in: Internat. Philos. Quarterly, **11** (1971) 3, S. 314–334.

W. Heitler, Über die Komplementarität von lebloser und lebender Materie, Wiesbaden 1976, 21 S.
J. Hendry, The History of Complementarity: Niels Bohr and the Problem of Visualization, in: Rivista di storia della scienza, **2** (1985) 3, S. 391 – 407.
G. Holton, The Roots of Complementarity, in: Daedalus, **99** (1970), S. 1015 – 1055.
D. A. Howard, Complementarity and ontology: Niels Bohr and the problem of scientific realism in quantum physics, in: Diss. Abstr. Int., **39** (1979), 7379-A.
M. Jammer, The Philosophy of Quantum Mechanics, New York 1974.
P. Jordan, Verdrängung und Komplementarität. Eine philosophische Untersuchung, Hamburg-Bergedorf 1947, 157 S.
P. Jordan, Kausalität und Komplementarität, in: P. Jordan, Erkenntnis und Besinnung, Oldenburg/Hamburg 1972, S. 22 – 34.
B. Kanitscheider, Der semantische Status von Naturgesetzen, in: Conceptus, **7** (1973) 21/22, S. 27 – 43.
E. Katz, A „non atomic" example of complementarity, in: Physica, **9** (1942) 10, S. 954 – 956.
G. Kropp, Zum Begriff der Komplementarität, in: Philosophia Naturalis, **1** (1950/51), S. 446 – 462.
W. Kuyk, Complementarity in Mathematics. An Introduction to the Foundations of Mathematics and its History, Dordrecht 1977.
B. Kuznetsov, Einstein et Bohr, in: Organon, Warsaw, **2** (1965), S. 105 – 121.
B. G. Kuznecov, Fundamental'naja fizičeskaja ideja Bora, in: Nil's Bor. Žizn i tvorčestvo, Moskva 1967.
B. G. Kuznecov, Princip dopolnitel'nosti, Moskva 1968.
H. Lange, Der Begriff der Einheit in transzendental-logischer Bestimmung. Identität und Komplementarität, in: Kant-Studien, **63** (1972), S. 399 – 425.
S. Lindenberg; P. Oppenheim, Generalization of Complementarity, in: Synthese, **28** (1974), S. 117 – 139.
P. M. Mackay, Complementarity description, in: Mind, **66** (1957), S. 390 – 394.
P. M. Mackay, Complementarity, in: Proceedings of the Aristotelian Society, Suppl., **32** (1958), S. 105 – 122.
H. Marcus, Das Einzelne, in: Philosophia Naturalis, **3** (1955), S. 252 – 261.
F. de Martini, The Concept of Photon and The Paradoxes of Complementarity in Optics, in: Rivista di storia della scienza, **2** (1985) 3, S. 557 – 577.
Materialističeskaja dialektika i koncepcija dopolnitel'nosti, Kiev 1975.
V. S. Mes'kov; S. N. Gonsorek, Logika kvantovoj mechaniki i dopolnitel'nost', in: Naučn. dokl. vyš. školy, filos. nauki, (1971) 5, S. 67 – 73.

K. M. Meyer-Abich, Korrespondenz, Individualität und Komplementarität. Eine Studie zur Geistesgeschichte der Quantentheorie in den Beiträgen Niels Bohrs, Wiesbaden 1965, 207 S.

K. M. Meyer-Abich, Komplementarität, in: J. Ritter; K. Gründer (Hrsg.), Historisches Wörterbuch der Philosophie, Bd. 4, Basel 1976, S. 933.

V. Mortensen, Contraria sunt complementa. Om komplementaritetsbegrebet som model for forholdet mellem teologi og naturvidenskab, in: Kontrast og Harmoni, ed. by V. Mortensen, Århus 1985, S. 78 – 97.

S. Müller-Markus, Niels Bohr in the darkness and light of soviet philosophy, in: Inquiry, **9** (1966), S. 73 – 93.

D. R. Murdoch, Complementarity: A Study of Bohr's Philosophy of Quantum Physics (Phil. thesis) Oxford.

D. R. Murdoch, Niels Bohr's Philosophy of Physics, Cambridge 1987.

I. Nørlund, Om Videnskabens Ansvar. Bemerkinger til diskussionen om komplementaritet og dialektisk materialisme, in: Dialog, (1955) 2, S. 10 – 25.

I. Nørlund, Videnskab i Krise Om „komplementaritetsteorierne" i den moderne fysik – og andre steder, in: Dialog, (1954) 2, S. 1 – 15.

M. E. Omelyanowsky, Dialectics in Modern Physics, Moskow 1979, V.: Dialectical Contradictories in Modern Physics, S. 119 – 141.

N. I. Pankratov, Dialektičeskoe protivorečie i princip dopolnitel'nosti (Phil. Diss.), Leningrad 1973.

W. Pauli, Die philosophische Bedeutung der Idee der Komplementarität,in: Experimentia, 6 (1950), S. 73 – 75, auch in: W. Pauli, Aufsätze und Vorträge über Physik und Erkenntnistheorie, Braunschweig 1961, S. 10 – 17.

A. Pawlak, Dzieje zasady komplementarnosci Nielsa H. D. Bohra, in: Studia i materialy z dziejow nauki polskiej, ser. C, **23** (1979), S. 131 – 145.

M. I. Podgorezkij, Postojannaja Planka i princip dopolnitelnosti v kvantovoj mechanike, Dubna 1974.

H.-D. Pöltz, Bemerkungen zur quantenmechanischen Komplementarität, in: Wiss. ZS Päd. Inst. Erfurt, Math.-nat. R., 1965.

A. P. Polikarov, On the Formulation of Complementarity, in: Doklady bolgarskoj akademii nauk, Tome 39, No. 8, 1986.

O. Portigol, L complémentarité comme argument d' autorité (1927 – 1934), in: Revue d' histoire des science et der leurs applications, **38** (1985) 3/4, S. 308 – 323.

A. P. Pozner, Metod dopolnitel'nosti: problemy soderžanija i sfery dejstvija, Moskva 1981.

H. Primas, Verschränkte Systeme und Komplementarität, in: B. Kanitscheider (Hrsg.), Moderne Naturphilosophie, Würzburg 1983, S. 243 – 260.

Princip dopolnitel'nosti i materialističeskaja dialektika (Materialy teoretičeskoj konferencii), Obninsk 1972.

Princip dopolnitel'nosti i materialističeskaja dialektika, Moskva 1976.

U. A. Radzabov, O vzaimosvjazi principov dopolnitel'nosti i sootvetstvija, in: Princip dopolnitel'nosti i materialističeskaja dialektika, Moskva 1976, S. 234 – 252.

Chr. P. Raven, Über die Idee einer mehrfachen Komplementarität und die Anwendung auf die Wissenschaftstheorie, in: Synthese, **7** (1948/49), S. 321 – 333.

M. L. G. Redhead, Whither Complementarity?, in: Proceedings of the 1985 Bohr Centenary Symposium, University of Pittsburgh.

L. Rosenfeld, Strife about Complementarity, in: Science Progress, **163** (1953), S. 393 – 410.

L. Rosenfeld, Foundations of quantum theory and complementarity, in: Nature, **190** (1961), S. 384 – 388.

L. Rosenfeld, Niels Bohr's contribution to epistemology, in: Physics Today, **16** (1963) 10, S. 47 – 54; auch in: Selected Papers of Leon Rosenfeld, Dordrecht 1979, S. 522 – 535.

L. Rosenfeld, Niels Bohr in the Thirties. Consolidation and extension of the conception of complementarity, in: S. Rozental (ed.), Niels Bohr. His life and work as seen by his friends and colleagues, Amsterdam 1967, S. 114 – 136.

H. Rossteutscher, Über Kausalität und Komplementarität, in: Filosofskie voprosy sovremennoj fiziki, Kiev 1964.

N. N. Roženko, Dopolnitel'nost'i kvantovaja logika, in: Filosofskie voprosy sovremennoj fiziki, Kiev 1964.

E. Rudolph, Komplementarität als Problem der Erkenntnistheorie, Berlin 1981 (maschinenschr.).

J. V. Sačkov, Predstavlenija o material'nom obekte v strukture dopolnitel'nosti, in: Princip dopolnitel'nosti i materialističeskaja dialektika, Moskva 1976, S. 158 – 169.

K. Schmid, Die komplementäre Wirklichkeit des Wissenschaftlers, in: K. Schmid, Fortschritt und Dauer. Aufsätze und Reden, Band III, Zürich: Artemis, 1975, S. 145 – 163.

H. G. Schöpf, Das Bohrsche Komplementaritätskonzept im historischen Kontext der physikalischen Ideen, in: Abh. Sächs. Akad. Wiss., Math.-nat. Klasse, Leipzig, Bd. 55, (1983), S. 10 – 21.

F. Selleri, Bohr's Complementarity in the Light of modern Researches in the Foundation of Quantum Theory, in: Rivista di storia della scienza, **2** (1985) 3, S. 545 – 556.

E. D. Schukurov, Koncepcija dopolnitel'nosti i nekotorye problemy intersubjektivnosti, in: Izv. AN Krigis. SSR, (1970) 4, S. 81 – 85.

E. D. Schukurov, Koncepcija dopolnital'nosti i problema genezisa obščenija, in: Vopr. fil., (1972)4, S. 35 – 39.

E. D. Schukurov, Dialektičeskie čerty prinzipa dopolnitel'nosti, in: Izv. AN Kirgis. SSR, (1975) 5, S. 60 – 65.

K. Stolzenburg, Die Entwicklung des Bohrschen Komplementaritätsgedankens in den Jahren 1924 bis 1929, Diss., Stuttgart 1977.

M. Strauß, Komplementarität und Kausalität im Lichte der logischen Syntax, in: Erkenntnis, **6** (1936), S. 335–339.

V. Strauß; L. Torney, Zum Problem der Komplementarität, in: Phys. Bl., **11** (1955), S. 534–540.

V. Strauß; L. von Torney, Das Komplementaritätsprinzip der Physik in philosophischer Analyse, in: Zeitschrift für philosophische Forschung, (1956) 10, S. 109–129.

K. Sundaram, Kant oder Cassirer: Study in Complementarity, in: Zeitschrift für allgemeine Wissenschaftstheorie, **3** (1972), S. 40–48.

A. A. Tjapkin, Koncepcija dopolnitel'nosti i problema filosofskogo statusa fizičeskoj realnosti.

M. A. Tuve, Physics and the Humanity – The Verification of Complementarity, in: C. P. Haskins (ed.), The Search for Understanding, Washington D. D. 1967.

A. Unsöld, Evolution kosmischer, biologischer und geistiger Strukturen, Stuttgart 1981.

M. Usmanov, Metodologičeskoe značenie principa dopolnitel'nosti Bora v kvantovoj mechanike, in: Obščestv, nauki v Uzbekistane (1968) 2, S. 32–38.

M. V. Volkenštejn, Dopolnitel'nost', fizika i biologija, UFN, **30** (1987), S. 140–150.

C. F. v. Weizsäcker, Komplementarität und Logik. Niels Bohr zum 70. Geburtstag am 7. 10. 1955, in: Die Naturwissenschaften, **42** (1955), S. 521–555.

C. F. v. Weizsäcker, Die Quantentheorie der einfachen Alternative (Komplementarität und Logik II), in: Zeitschrift für Naturforschung, **13a** (1958), S. 245–253.

C. F. v. Weizsäcker; E. Scheibe; G. Süßmann, Mehrfache Quantelung (Komplementarität und Logik III), in: Zeitschrift für Naturforschung, **13a** (1958), S. 705–721.

C. F. v. Weizsäcker, Gestaltkreis und Komplementarität, in: C. F. v. Weizsäcker, Zum Weltbild der Physik, Stuttgart 1970, S. 332–366.

B. Wenzlaff, Der dialektische Materialismus und die Komplementaritätstheorie, Phil. Diss., Berlin 1959.

M. H. F. Wilkins, Complementarity and the union of opposites, in: Quantum Implications. Essays in honour of David Bohm, ed. by B. J. Hiley; F. D. Peat, London/New York 1987, S. 338–360.

XI. Zur Kopenhagener Deutung der Quantenmechanik

A. D. Aleksandrov, Protiv idealiszma i putanicy v ponimanii kvantovoj mechaniki, in: Vestnik Leningradskogo universiteta (1949) 4, S. 48 – 68.

I. S. Alekseev, O ponjatii nekontroliruemogo vzaimodejstvija, in: Vopr. filos., (1984) 6, S. 82 – 88.

H. S. Allen, The quantum and its interpretation, London 1928.

V. Aršinov, Problema interpretacii kvantovoj mechaniki i teorema Bella, in: Teoretičeskoe i empiričeskoe v sovremennom naučnom poznanii, Moskva 1984.

A. Achiezer; R. Polovin, Počemu nevozmožno vvesti v kvantovuju mechaniku skrytye parametry, in: Uspechi fizičeskich nauk, **107** (1972) 3.

L. E. Ballentine, The statistical interpretation of quantum mechanics, in: Review of modern Physics, **42** (1970) 4, S. 358 – 381.

V. S. Barašenkov, K voprosy o gnoseologičeskoj interpretacii kvantovoj mechaniki, in: Vopr. filos., (1983) 12, S. 63 – 70.

T. Bastin (ed.), Quantum Theory and Beyond, Cambridge 1971.

K. Baumann; R. U. Sexl, Die Deutungen der Quantentheorie, Braunschweig/Wiesbaden 1984, 232 S.

J. S. Bell, Speakable and unspeakable in quantum mechanics, Cambridge 1987.

D. I. Blochinzew, Kritik der philosophischen Auffassungen der sogenannten „Kopenhagener Schule“ in der Physik, in: Sowjetwissenschaft, Naturwiss. Abt., (1953) 4, S. 545 – 574.

D. I. Blochincev, Principalnye voprosy kvantovoj mechaniki, Moskva 1966.

A. J. Bohm, Polarity, Dialectic and Organicity, Springfield 1970.

D. Bohm, Hidden Variables in the Quantum Theory, 1962.

D. Bohm, On Bohr's views concerning the quantum theory, in: T. Bastin (ed.), Quantum Theory and Beyond, Cambridge 1971.

D. Bohm, Quantum Theory, New York 1951.

M. Born, Continuity, Determinism and Reality, in: Kgl. Dansk Videnskabernes Selskab, Matematisch-fysiske Meddelelsen, **30** (1955) 2, S. 1ff.

Scientific Papers Presented to Max Born. On his retirement from the Tait Chair of Natural Philosophy in the University of Edinburgh, Edinburgh 1953.

L. de Broglie, El problema de la interpretation causal y objectiva de la fisica cuantica, Mexico 1956.

L. de Broglie, Une tentative d'interprétation causale et non lineaire de la mechanique ondulatoire (La theorie de la double solution), Paris 1956.

L. de Broglie, Non-linear wave mechanics. A causal interpretation, Amsterdam 1960.

L. de Broglie, The Current Interpretation of Wave Mechanics. A critical study, New York 1964.

S. G. Brush, The Chimerical Cat: Philosophy of Quantum Mechanics in Historical Perspective, in: Social Studies of Science, **10** (1980), S. 393–447.
J. Bub, Hidden Variables and the Copenhagen Interpretation. A Reconciliation, in: Brit. J. Phil. Sci., **19** (1968), S. 185–210.
J. Bub, What is a Hidden Variable Theory of Quantum Phenomena?, Minnesota 1968.
J. Bub, Under the spell of Bohr, in: Brit. J. Phil. Sci., **24** (1973) 1, S. 78–90.
L. Bub, The Interpretation of Quantum Mechanics, Dordrecht/Boston 1974.
J. Bub, The Measurement Problem of Quantum Mechanics, Internat. School of „Enrico Fermi", New York/London 1977.
W. Büchel, Philosophische Probleme der Physik, Freiburg 1965.
M. Bunge (ed.), Quantum Theory and Reality, Berlin/Heidelberg/New York 1967.
M. Bunge, A Ghost-Free Axiomatization of Quantum Mechanics, in: M. Bunge (ed.), Quantum Theory and Reality, Berlin/Heidelberg/New York 1967, S. 105–117.
M. Bunge, Analogy in Quantum Theory: From Insight to Nonsense, in: Brit. J. Phil. Sci., **18** (1967), S. 265–286.
M. Bunge, A philosophical obstacle to the rise of new theories in microphysics, in: T. Bastin (ed.), Quantum Theory and Beyond, Cambridge 1971, S. 263–274.
P. Caldirola, Physics and philosophy in Italy. The measurement process in quantum theory, in: La philosophie contemporaine. Cronique. 2. Philosophie des sciences, Firenze 1968, S. 223–231.
N. R. Campbell, Philosophical Foundations of Quantum Theory, in: Nature, **119** (1927), S. 779.
R. Carnap, Philosophical Foundations of Physics, New York/London 1966.
E. Cassirer, Zur modernen Physik, Darmstadt 1957.
M. Cini, The Measurement of Quantum Properties with Classical Instruments: Was Bohr Right?, in: Rivista di storia della scienza, **2** (1985) 3, S. 527–543.
J.F. Clauser; M.A. Horne; A. Shimony; Holt, Proposed experiment to test local hidden-variable theories, in: Phys. Rev. Letters, **23** (1969), S. 880–884.
J. F. Clauser; A. Shimony, Bell's Theorem: Experimental Tests and Implications, in: Reports on Progress in Physics, **41** (1978), S. 1881–1927.
R. G. Colodny (ed.), Paradigms and Paradoxes: The Philosophical Challenge of the Quantum Domain, Pittsburgh 1972.
K. Ch. Delokarev, Metodologičeskie problemy kvantovoj mechaniki v sovetskoj filosofskoj nauke, Moskva 1982.
P. A. M. Dirac, The physical interpretation of quantum mechanics, in: Proc. Roy. Soc., London, Ser. A, **113** (1926), S. 621–641.

M. Drieschner, Voraussagen – Wahrscheinlichkeit – Objekt. Über die begrifflichen Grundlagen der Quantenmechanik, Berlin/Heidelberg/New York 1979.
W. M. Elsasser, A Natural Philosophy of Quantum Mechanics Based on Induction, in: Foundations of Physics, **3** (1973) 1, S. 117–137.
B. d'Espagnat (ed.), Foundations of Quantum Mechanics, Proceedings of the International School of Physics „Enrico Fermi", New York/London 1971.
B. d'Espagnat, Conceptual Foundations of Quantum Mechanics, Benjamin Reading, Mass. 1976.
B. d'Espagnat, Auf der Suche nach dem Wirklichen. Aus der Sicht eines Physikers, Berlin/Heidelberg/New York 1983.
H. Everett, The many worlds interpretation of quantum mechanics, ed. by B. S. De Witt; N. Graham, Princeton 1973, 252 S.
J. K. Feibleman, Die Unbestimmtheitsrelationen in neuer Sicht, in: Ratio, **3** (1960) 3, S. 119–134.
P. K. Feyerabend, Zur Quantentheorie der Messung, in: Zeitschr. f. Physik, **148** (1957), S. 551–559.
P. K. Feyerabend, Niels Bohr's interpretation of the quantum theory, in: H. Feigl; G. Maxwell (eds.), Current issues in the philosophy of science, New York 1961, S. 371–390, 398–400.
P. K. Feyerabend, Problems of Microphysics, in: R. Colodny (ed.), Frontiers of Science and Philosophy, Pittsburgh 1962.
V.A. Fok, Načalo kvantovoj mechaniki, Leningrad 1932.
V. Fok, K diskussii po voprosam fiziki, in: PZM (1938) 1, S. 149–159.
V. A. Fok, Osnovnye zakony fiziki v svete dialektičeskogo materializma, in: Vestnik Leningradskogo Universiteta, (1949) 4, S. 34–47.
V. A. Fok, Kritik der Anschauungen Bohrs über die Quantenmechanik, in: Sowjetwissenschaft, **5** (1952), S. 123–132.
V. A. Fok, Protiv nevešestvennoj kritiki sovremennych fizičeskich teorii, in: Vopr. fil., (1953)1, S. 168–174.
V. A. Fok, Poezdka v Kopenhagen, in: Vestnik Akademii Nauk SSSR, **27** (1957) 7, S. 54–57.
V. Fok, Über die Deutung der Quantenmechanik, in: Max-Planck-Festschrift, 1958, S. 177 ff.
V. A. Fok, Kritika vzgljadov Bora na kvantovuju mechaniku, in: Filosofskie voprosy sovremennoj fiziki, Moskva 1958, S. 61–78.
V.A Fok, Zemečanie k stat'e Bora o ego diskussiajach s Ejnstejnom, in: Uspechi fizičeskich nauk, **66** (1958), S. 599–602.
V. A. Fok, Diskussija s Nil'som Borom, in: Vopr. fil., (1964) 7, S. 49–53.
V. A. Fok, Quantenphysik und Struktur der Materie, in: Struktur und Formen der Materie, Berlin 1969, S. 147–174.
V. A. Fok, Quantenphysik und philosophische Probleme, in: Dialektik in der modernen Naturwissenschaft, Berlin 1973, S. 124–141.

H. J. Folse jr., The Copenhagen interpretation of quantum theory and Whitehead's philosophy of organisms, in: Studies in process philosophy 1., New Orleans/The Hague 1974, S. 32–37.
H. J. Folse, Causality and Reality in Quantum Physics (Manuskript).
H. J. Folse, What Does Quantum Theory Tell Us about the World? (Manuskript).
H. J. Folse, Bohr on Bell (Manuskript).
P. Forman, The Reception of an Acaused Quantum Mechanics in Germany and Britain, in: S. H. Mauskopf (ed.), The Reception of unconventional Science, Boulder 1979.
Ph. Frank, Das Kausalgesetz und seine Grenzen, Wien 1932.
Ph. Frank, Positivistische oder metaphysische Auffassung der Physik?, in: Scientia, 1935.
Ph. Frank, Das Ende der mechanistischen Physik, in: Einheitswissenschaft 5, Wien 1935.
Ph. Frank, Philosophische Deutungen und Mißdeutungen der Quantentheorie, in: Erkenntnis, **6** (1936), S. 303–317.
Ph. Frank, Physik und logischer Empirismus, in: Erkenntnis, **7** (1937/38), S. 297–301.
Ph. Frank, Why do scientists and Philosophers so often disagree about the merits of a new theory?, in: Rev. Mod. Phys., **13** (1941), S. 171–175.
Ph. Frank, Foundations of Physics, International Encyclopedia of Unified Science, Vol. I, Nr. 7, Chicago 1946.
Ph. Frank, Logical Empiricism I: The Problem of Physical Reality, in: Synthese, **7** (1948), S. 457–466.
Ph. Frank, Modern Science and Its Philosophy, Cambridge (Mass.) 1949.
B. C. van Fraasen; C. A. Hooker, A Semantic Analysis of Niels Bohr's Philosophy of Quantum Theory, in: Harper; Hooker (eds.), Foundation of Prob. Theory, 1976, S. 221–241.
Y. Freundlich, Copenhagenism and Popperism, in: Brit. J. Phil. Sci., **29** (1978), S. 145–177.
M. R. Gardner, Two Deviant Logics for Quantum Theory: Bohr and Reichenbach, in: Brit. J. Phil. Sci., **23** (1972), S. 89–109.
Ge Ge, The Rise of Quantum Physics and the Copenhagen School, in: Journal of East China Petroleum Institute, **8** (1984), Supplement Issue, S. 46–80 (chinesisch).
C. George; I. Prigogine; L. Rosenfeld, The Macroscopic Level of Quantum Mechanics, in: Mat.-fys. Medd. Vid. Selsk. **38** (1972) 12, S. 1–44.
G. C. Ghirardi; A. Rimini; T. Weber, Classical Behaviour of Macroscopic Bodies and Quantum Measurement, in: Rivista di storia della scienza, **2** (1985) 3, S. 579–590.

L. R. Graham, Quantum mechanics and dialectical materialism; V. A. Fok, Comments; P. K. Feyerabend, Dialectical materialism and the quantum theory; L. R. Graham, Reply, in: „Slavic review", Baltimore, **25** (1966) 3, S. 381 – 420.
A. Grib, Neravenstva Bella i eksperimental'naja proverka kvantovych korreljacii na makroskopičeskich rastojenijach, in: Uspechi Fizičeskich Nauk, **142** (1984) 4, S. 619 – 635.
J. Gribbin, The quantum cookbook, in: New Scientist, 10 October 1985, S. 33 – 36.
G. Gropp, Das Außenweltproblem der modernen Atomphysik, Berlin 1948, 72 S.
N. R. Hanson, Five cautions for the Copenhagen interpretations critics, in: Phil. of Sci., **26** (1959) 4, S. 325 – 337.
N. R. Hanson, The Copenhagen Interpretation of Quantum Theory, in: American Journal of Physics, **27** (1959), S. 1 – 15.
N. R. Hanson, Comments on Feyerabend's „Niels Bohr's interpretation of the Quantum Theory" or „Die Feierabendglocke für Copenhagen", in: H. Feigl; G. Maxwell (eds.), Current Issues in the Philosophy of Science, New York 1961, S. 390 – 398.
N. R. Hanson, Are wave mechanics and matrix mechanics equivalent theories?, in: Czechoslovak. Journ. of Physics, **11** (1961), S. 693 – 708; auch in: N. R. Hanson, The concept of Positron, Kap. 8, S. 113 – 134.
N. R. Hanson, The Concept of the Positron, Cambridge 1963.
R. Havemann, Zur Interpretation der Quantenmechanik, in: Wissenschaft und Fortschritt, (1958) 7, S. 245 – 247.
P. A. Heelan, Quantum Mechanics and Objectivity, The Hague 1965.
P. A. Heelan, Heisenberg and Radical Theoretical Change, in: Zeitschrift für Allgemeine Wissenschaftstheorie, **6** (1975), S. 112 – 136.
J. L. Heilbron, The earliest missionaries of the Copenhagen spirit, in: Revue d' histoire des sciences et de leurs applications, **38** (1985) 3/4, S. 195 – 230.
W. Heisenberg, The development of the interpretation of the quantum theory, in: W. Pauli (ed.), Niels Bohr and the development of physics, 1955, S. 12 – 29.
W. Heisenberg, Physik und Philosophie, Frankfurt/M., 1959, S. 28 – 40, 104 – 118.
W. Heisenberg, Bohrs Interpretation der Quantentheorie und die Physik der Elementarteilchen, in: Fysisk tidsskrift, **60** (1962), S. 47 – 53.
W. Heisenberg, Quantum Theory and Its Interpretation, in: S. Rozental (ed.), Niels Bohr. His life and work as seen by his friends and colleagues, Amsterdam 1967, S. 94 – 108.
J. Hendry, The Development of Attitudes to the Wave-Particle Duality of Light and Quantum Theory, 1900 – 1920, in: Ann. Sci, **37** (1983), S. 59 – 79.

A. Hermann, Die Kopenhagener Deutung der Quantentheorie. Wissenschaftsgeschichtliche Anmerkungen, in: Dokumente der Naturwissenschaft, Abt. Physik, Bd. 4, Stuttgart 1963.

T. Hey; P. Walters, The Quantum Universe, Cambridge 1987.

D. Hockney, The Significance of a Hidden Variable Proof and the Logical Interpretation of Quantum Mechanics, in: International Journal of Theoretical Physics, **17** (1978) 9, S. 685 – 707.

H. Hörz, Bemerkungen zum Begriff des Faktischen in der Kopenhagener Deutung der Quantenmechanik, in: DZfPh, (1962) 1, S. 75 – 84.

H. Hörz, Atome – Kausalität – Quantensprünge, Berlin 1964.

C. A. Hooker, The Nature of Quantum Mechanical Reality, in: R. G. Golodny (ed.), Paradigms and Paradoxes, Pittsburgh 1972, S. 168 ff.

C. A. Hooker (ed.), Contemporary Research in the Foundation and Philosophy of Quantum Theory, Dordrecht/Boston 1973.

C. A. Hooker (ed.), The Logico-Algebraic Approach of Quantum Mechanics, Vol. I: Historical Evolution, Dordrecht 1975.

K. Hübner, Kritik der wissenschaftlichen Vernunft, Freiburg 1978.

R. I. G. Hughes, The Structure and Interpretation of Quantum Mechanics, Cambridge 1989.

L. Janossy, Die physikalische Problematik des Teilchen-Welle-Problems in der Quantenmechanik, in: Annalen der Physik, Leipzig, **11** (1953) 4 – 7, S. 323 – 361.

L. Janossy, The Physical Interpretation of Wave Mechanics, in: Foundations of Physics, **3** (1973) 2, S. 185 – 202.

J. M. Jauch, Foundations of Quantum Mechanics, Reading, Mass., 1968.

J. M. Jauch, Die Wirklichkeit der Quanten, München 1973.

P. Jordan, Über den positivistischen Begriff der Wirklichkeit, in: Die Naturwissenschaften, **22** (1934), S. 485 – 490.

P. Jordan, Die Physik des 20. Jahrhunderts. Einführung in den Gedankeninhalt der modernen Physik, Braunschweig 1936.

E. Kaila, Zur Metatheorie der Quantenmechanik, in: Acta Philosophica Fennica, **5** (1950).

B. Kanitscheider, Philosophie und moderne Physik. Systeme, Strukturen, Synthesen, Darmstadt 1979, S. 238 – 336.

F. Kaschluhn, Interpretation und Meßprozeß in der Quantenmechanik, in: 75 Jahre Quantentheorie, Berlin 1977, S. 69 – 80.

F. Kaschluhn, Korrelationszustände und statistisches Gesetz in der Quantenmechanik, in: PHE 76 – 6, Inst. f. Hochenergiephysik der AdW der DDR.

E. C. Kemble, The Fundamental Principles of Quantum Mechanics, New York 1937.

P. A. Komesaroff, Objectivity, Science and Society. Interpreting nature in the age of the crisis of science, London/New York, 1986.

S. Körner (ed.), Observation and Interpretation. A Symposium of Philosophers und Physicists, London 1957.

H. Krips, The Metaphysics of Quantum Theory, Oxford 1987.

P. Lahti, P. Mittelstaedt (eds.), Symposium on the Foundations of Modern Physics 1987: The Copenhagen Interpretation 60 Years After the Como Lecture-Joensuu, Finnland, August 6-8, 1987, Singapore 1987.

A. Lande, Ist die Dualität in der Quantentheorie ein Erkenntnisproblem?, in: Philosophia Naturalis, **5** (1959) 4, S. 498 – 502.

A. Lande, From dualism to unity in quantum physics, Cambridge 1960.

A. Lande, Dualismus, Wissenschaft und Hypothese, in: Bopp (Hrsg.) Werner Heisenberg und die Physik unserer Zeit, Braunschweig 1961, S. 119 – 127.

A. Lande, New foundations of quantum mechanics, Cambridge 1965, 171 S.

A. Lande, Non-Quantal Foundations of Quantum Mechanics, in: dialectica, **19** (1965) 3 – 4, S. 349 – 357.

A. Lande, Einheit in der Quantenwelt, in: dialectica, **26** (1972) 2, S. 115 – 130.

A. Lande, Quantum Mechanics in a New Key, New York 1973.

M. von Laue, Zur Erörterung über Kausalität, in: Die Naturwissenschaften, **20** (1932), S. 915 – 916.

M. von Laue, Über Heisenbergs Ungenauigkeitsbeziehungen und ihre erkenntnistheoretische Bedeutung, in: Die Naturwissenschaften, **22** (1934), S. 439 – 441.

H. Lenk, Philosophische Kritik an Begründungen der Quantenlogik, in: Philosophia Naturalis, (1969) 11, S. 413 – 425.

F. London; E. Bauer, La Théorie de l'Observation en Mechanique Quantique, Paris 1939.

G. Ludwig, Gelöste und ungelöste Probleme des Meßprozesses in der Quantenmechanik, in: Bopp (Hrsg.), Werner Heisenberg und die Physik unserer Zeit, Braunschweig 1961, S. 150 – 181.

G. Ludwig, Versuch einer axiomatischen Grundlegung der Quantenmechanik und allgemeiner physikalischer Theorien, in: Zs. f. Physik, **181** (1964), S. 233 – 260.

G. Ludwig, Hauptsätze über das Messen als Grundlage der Hilbertraumstruktur der Quantenmechanik, in: Zs. f. Naturforschung, **22a** (1967), S. 1303 – 1323.

G. Ludwig, Ein weiterer Hauptsatz über das Messen als Grundlage der Hilbertraumstruktur, in: Zs. f. Naturforschung, **22a** (1967), S. 1324 – 1327.

G. Ludwig, Deutung des Begriffs „physikalische Theorie" und axiomatische Grundlegung der Hilbertraumstruktur der Quantenmechanik durch Hauptsätze des Messens, Berlin/Heidelberg/New York 1970, XII, 469 S.

G. Ludwig, Grundlegung physikalischer Theorien, speziell der Quantenmechanik, Marburg 1970.

G. Ludwig, The Measuring Process and an Axiomatic Foundation of Quantum Mechanics, in: Foundations of Quantum Mechanics, 1971, S. 287 – 315.

G. Ludwig, A Theoretical Description of single Microsystems, in: W. C. Price; S. S. Chiswick, The Uncertainty Principle and Foundation of Quantum Mechanics, London 1977.

G. Ludwig, Theory of Quantum Mechanical Measurements, in: Metrologia, **22** (1986).

E. MacKinnon, Ontic Commitments of Quantum Mechanics, in: Boston Studies in the Philosophy of Science, XIII (1974), S. 255 – 308.

H. Margenau; I. Compton, Report on recent developments in the philosophy of quantum mechanics, in: Synthese, **1** (1950/1951) 6 – 7, S. 260 – 271.

H. Margenau, The Nature of Physical Reality. A Philosophy of Modern Physics, New York/Toronto/London 1950.

H. Margenau, Physics and Philosophy: Selected Essays, Dordrecht 1978.

J. Mehra, The Quantum Principle, Dordrecht/Boston 1974.

van der Merwe; F. Selleri; G. Tarozzi (eds.), Microphysical Reality and Quantum Formalism. Proceedings of the Conference 'Microphysical Reality and Quantum Formalism' Urbino, Italy, Sept. 25 – Oct. 3, 1985, Dordrecht, 1988, 992 S.

P. Mittelstaedt, Philosophische Probleme der modernen Physik, Mannheim 1972, S. 99 ff.

J. Mudry, Philosophy of Atomic Physics, New York 1958.

A. Müller, Quantum mechanics: A physical world picture, Budapest 1974.

S. Müller-Markus, Niels Bohr in the darkness and light of soviet philosophy, in: Inquiry, **9** (1966), S. 73 – 93.

K. V. Nikol'skij, Principy kvantovoj mechaniki, in: Uspechi Fizičeskich Nauk, **16** (1936) 5, S. 537 – 565.

K. Nikol'skij, Osnovnye principy sovremennogo atomizma, in: Pod znamenjem marksizma, (1941) 2, S. 113 – 126.

I. Nørlund, Om dialektisk materialisme og videnskaben, in: Tiden Nr. 10, 1954, S. 576 – 596.

M. E. Omel'janovskij, Protiv subjektivizma v kvantovoj mechanike, Kiev 1953.

M. E. Omeljanowski, Philosophische Probleme der Quantenmechanik, Berlin 1962.

M. E. Omel'janovskij, Filosofskaja evoljucija kopengagenskoj školy fizikow, in: Vestnik AN SSSR, (1962) 9.

A. I. Pančenko, Problema izmerenija v kvantovoj fizike, in: Vopr. filos., (1982) 3, S. 54 – 62.

J. L. Park, H. Margenau, Simultaneous Measurability in Quantum Theory, in: Internat. Journal of Theoret. Phys., **1** (1968).

W. Pauli, Die Allgemeinen Prinzipien der Wellenmechanik, in: H. Geiger, K. Scheel (Hrsg.), Handbuch der Physik, Berlin 1933 (2. Aufl.), Vol. 24, auch in: W. Pauli, Collected Papers, New York 1964, Vol. I.

A. Petersen, Quantum Physics and the philosophical tradition, Cambridge (Mass.)/London 1968.

M. Planck, Naturwissenschaft und reale Außenwelt, in: Die Naturwissenschaften, **28** (1940), S. 778–779.
A. Polikarow, Über die Deutung der Quantenmechanik, in: Wiss. Zs. HU., Math.-naturwiss. R., **11** (1962) 1, S. 1–24.
A. Polikarov, Otnositel'nost i kvanty, Moskva 1966.
K. R. Popper, Zur Kritik der Ungenauigkeitsrelationen, in: Die Naturwissenschaften, **22** (1934), S. 807–808.
K. R. Popper, Quantum Mechanics without „The Observer", in: M. Bunge, Quantum Theory and Reality, Berlin/Heidelberg/New York 1967, S. 7–44.
K. R. Popper, Quantum Theory and the schism in Physics, in: W. W. Bartley (ed.), From the Postscript to the Logic of Scientific Discovery, III, Totowa/Littlefield 1982.
W. C. Price; S. S. Chiswick (eds.), The Uncertainty Principle and the Foundations of Quantum Mechanics, New York 1977.
R. Puligandla, An examination of the Copenhagen Interpretation of quantum theory, Ph. D. thesis, Rice Univ. 1966.
Quanta and Reality, London 1962 (Preface D. Edge, hist. Introduction S. Toulmin).
D. Raina, Quantum Logic, Copenhagen Interpretation and Instrumentalism, in: Journal of Indian Council of Philosophical Resarch, **5** (1988) 3, S. 79–89.
M. L. G. Redhead, Wave – Particle – Duality (Review Article), in: Brit. J. Phil. Sci., **28** (1977), S. 65–74.
M. L. G. Redhead, Incompleteness, Nonlocality, and Realism. A Prologomenon to the Philosophy of Quantum Mechnics, Oxford 1987.
M. Redhead, The Nature of Reality, in: Brit. J. Phil. Sci, **40** (1989), S. 429–441.
H. Reichenbach, Philosophische Grundlagen der Quantenmechanik, 1949.
K. Riezler, Physics and Reality, New Haven 1940.
U. Röseberg, Quantenmechanik und Philosophie, Berlin und Braunschweig 1978.
U. Röseberg, Szenarium einer Revolution. Nichtrelativistische Quantenmechanik und philosophische Widerspruchsproblematik, Berlin 1984.
R. Rompe; H. J. Treder, Quantenpostulate, Atommodell und Meßprozeß, in: Wissenschaft und Fortschritt, (1985) 9, S. 226–227.
L. Rosenfeld, Quantum theory in 1929: Recollections from the first Copenhagen Conference, in: Boston Studies in Philosophy of Science, **21** (1979), S. 302–312.
L. Rosenfeld, Misunderstanding about the foundations of quantum theory, in: S. Körner (ed.), Observation and interpretation, London 1957, S. 1–5.
L. Rosenfeld, Physics and Metaphysics, in: Nature, **181** (1958), S. 658.
L. Rosenfeld, The Wave-Particle Dilemma, in: J. Mehra (ed.), The Physicist's Conception of Nature, Dordrecht 1973.

S. Sakata, K voprosu ob istolkovanii kvantovo-mechaničeskoj teorii, in: Vopr. filos., (1962) 9, S. 132 – 142.

S. Sakata; M. Takatani, Philosophische und methodologische Probleme der Physik, Berlin 1982, 204 S.

A. Salam; E. P. Wigner (eds.), Aspects of Quantum Theory, Cambridge (Mass.) 1972.

E. Scheibe, The logical Analysis of Quantum Mechanics, Oxford 1973.

Scientific Papers. Presented to Max Born on his retirement from the Tait Chair of Natural Philosophy in the University of Edinburgh, Edinburgh 1953.

R. Schlegel, Statistical explanation in Physics: the Copenhagen interpretation, in: Synthese, **21** (1970), S. 65 – 82.

E. Schrödinger, Über die Unanwendbarkeit der Geometrie im Kleinen, in: Die Naturwissenschaften, **22** (1934), S. 518 – 520.

E. Schrödinger, Die gegenwärtige Situation in der Quantenmechanik, in: Die Naturwissenschaften, **23** (1935), S. 807 – 812, 823 – 828, 844 – 849.

F. Selleri, Realism and the Wave-Function of Quantum Mechanics, in: Foundations of Quantum Mechanics, 1971, S. 398 – 406.

F. Selleri, Die Debatte um die Quantentheorie, Braunschweig 1983.

A. Shimony, Role of the Observer in Quantum Theory, in: Am. J. of Physics, **31** (1963) 10, S. 755 – 773.

A. Shimony, Experimental Test of Local Hidden-Variable Theories, in: Foundations of Quantum Mechanics, 1971, S. 182 – 194.

A. Shimony, Metaphysical Problems in the Foundations of Quantum Mechanics, in: Internat. Philosoph. Quarterly, (1978) 18, 3.

H. P. Stapp, The Copenhagen Interpretation, in: Am J. of Physics, **40** (1972), S. 1098 – 1116.

H. P. Stapp, The Copenhagen Interpretation and the Nature of Space-Time, in: Lawrence Radiation Laboratory Report UCRL 20294.

H. P. Stapp, Whitheadian Approach to Quantum Theory and the Generalized Bell's Theorem, in: Foundations of Physics, Febr. 1979.

M. Strauss, Zur Begründung der statistischen Transformationstheorie der Quantenphysik, in: Sitzungsber. d. Preuß. Akad. d. Wiss., phys.-math. Klasse, 1936.

M. Strauss, Komplementarität und Kausalität im Lichte der logischen Syntax, in: Erkenntnis, **6** (1936), S. 335 – 339.

M. Strauss, Ungenauigkeit, Wahrscheinlichkeit und Unbestimmtheit, in: Erkenntnis, **6** (1936) 2, S. 90 – 113.

M. Strauss, Mathematics as Logical Syntax – A Method to Formalize the Language of a Physical Theory, in: Erkenntnis, **7** (1937/38), S. 147 – 153.

M. Strauss, Modern Physics and its Philosophy. Selected Papers in the logic, history and philosophy of science, Dordrecht 1972. 297 S.

P. Suppes, The Role of Probability in Quantum Mechanics, in: Philosophy of Science. The Delaware Seminar, Vol. 2, 1962/63, S. 319 – 337.

P. Suppes (ed.), Logic and Probability in Quantum Mechanics, Dordrecht 1976.

P. Suppes (ed.), Studies in the Foundation of Quantum Mechanics, East Lansing (Mich.) 1980.

H. Tetens, „Ist die Quantenphysik vollständig?" Ein Plädoyer, die Kopenhagener Deutung der Quantenmechanik nicht realistisch-ontologisch zu interpretieren, in: Zeitschrift für allgemeine Wissenschaftstheorie, (1986) 1, S. 96 – 118.

A. A. Tjapkin, K razvitiju statističeskoj interpretacii kvantovoj mechaniki na osnove sovmestnogo koordinatno-impulsnogo predstavlenija, in: Filosofskie voprosy kvantovoj fiziki, Moskva 1970, S. 139 – 180.

W. Yourgrau; A. van der Merwe (eds.), Perspectives in Quantum Theory. Essays in Honor of Alfred Lande, Cambridge (Mass.)/London 1971.

J. Ullmo, La crise de la quantique, Paris 1955.

J. P. Vigier, Possible internal subquantum motions of elementary particles, in: W. Yourgrau; A. D. Breck (eds.), Physics, Logic and History, New York/London 1970, S. 191 – 202.

A. Vinnai, N. Bohr es W. Heisenberg filozofiai nezete es a kvantummechanika filozofiai teatalma (Die philosophischen Ansichten von N. Bohr und W. Heisenberg und der philosophische Inhalt der Quantenmechanik), in: Magyar Filos. Szemle, Budapest, (1970) 5, S. 820 – 835.

K. Wegener, Zum Vergleich verschiedener Interpretationen der Quantenmechanik: Klärung einiger Begriffe, in: Philosophia Naturalis, **20** (1983), S. 31 – 44.

W. Weidlich, Zur Interpretation der Quantenmechanik, in: Zeitschr. für Naturforschung, **15a** (1960) 8.

D. Weingarten, Two Interpretations of QM, in: IL Nuovo Cimento, **22B** (1974), S. 293 – 327.

C. F. von Weizsäcker, Anwort auf Popper, in: Die Naturwissenschaften **22** (1934), S. 808.

C. F. von Weizsäcker, Zur Deutung der Quantenmechanik, in: Z. Phys., **118** (1941), S. 489 – 509.

C. F. von Weizsäcker, Die Physik der Gegenwart und das physikalische Weltbild, in: Die Naturwissenschaften, **29** (1941), S. 185 – 194.

C. F. von Weizsäcker, Beitrag zur Diskussion über Kausalität, in: Studium Generale, **2** (1949), S. 126 – 129.

C. F. von Weizsäcker, Die Einheit der Natur, München 1971, S. 224 ff.

C. F. von Weizsäcker, Probability and quantum mechanics, in: Brit. Journal for the Philosophy of Science, **24** (1973) 4, S. 321 – 337.

C. F. von Weizsäcker, The Copenhagen Interpretation, in: T. Bastin (ed.), Quantum Theory and Beyond, Cambridge 1971.

C. F. von Weizsäcker, Die philosophische Interpretation der modernen Physik, Leipzig 1972, 39 S.

J. A. Wheeler; W. H. Zurek (eds.), Quantum Theory and Measurement, Princeton 1983.

E. Whittaker, Are there quantum jumps?, in: Brit. Journ. for the Phil. of Science, **3** (1953) 12, S. 348–349.

N. Wiener; A. Siegel, A New Form for the Statistical Postulate of Quantum Mechanics, in: The Phys. Rev., **91** (1953) 6, S. 1551–1560.

N. Wiener; A. Siegel, The Differential-Space Theory of Quantum Systems, in: Nuovo Cimento, **2** (1955), Serie X, Nr. 4, S. 982–1003.

N. Wiener, Differential Space, Quantum Systems and Prediction, in: N. Wiener, Selected Papers, Cambridge (Mass.) 1966.

E. Wigner, The Problem of Measurement, in: Am. J. Physics, **31** (1963) 6.

E. P. Wigner, On hidden variables and quantum mechanical probabilities, in: Am. J. Physics, **38** (1970) 8, S. 1005–1009.

E. Wigner, The Subject of our Discussions, in: Foundations of Quantum Mechanics, 1971, S. 1–19.

E. P. Wigner, Epistemological Perspectives on Quantum Theory, in: Hooker (ed.), Contemporary Research in the Foundations and Philosophy of Quantum Theory, Dordrecht/Boston 1973, S. 369–385.

B. S. de Witt, Quantum Mechanics and Reality, in: Physics Today, (1970), S. 30–35.

B. S. de Witt, The Many Universes Interpretation of Quantum Mechanics, in: Foundations of Quantum Mechanics, 1971, S. 211–262.

Ju. Ždanov, Preodelen li krisis estestvoznanija v kopengagenskich stranach?, in: E. Kol'man, Lenin i novejšaja fizika, 1959, Nr. 11, S. 117–122.

K. Zweiling, Die Kopenhagener Schule, in: Die deutsche Philosophie von 1917–1945 (18), 1961, S. 51–69.

XII. Einstein-Bohr-Debatte

R. A. Aronow; B. A. Pachomow, Filosofija i fizika v diskussijach N. Bora i A. Ejnstejna, in: Voprosy filosofii, (1985) 10, S. 59–73.

L. E. Ballentine, Einstein's Interpretation of QM, in: Am. J. of Physics, **40** (1972), S. 1763–1771.

F. Balibar, Bohr entre Einstein et Dirac, in: Revue d' histoire des sciences et des leurs applications, **38** (1985) 3/4, S. 293–307.

V. A. Bažanov, Problema polnoty kvantovoj teorii, in: Poisk novych podchodov, Izd. Kazanskogo Univ., 1983.

J. S. Bell, On the Einstein Podolsky Rosen paradox, in: Physics, **1** (1964), S. 195–200.

D. Bohm; Y. Aharonov, Discussion of experimental proof for the paradox of Einstein, Rosen and Podolsky, in: Phys. Rev., **108** (1957), S. 1070 – 1078.
D. Bohm; Y. Aharonov, Further discussion of possible experimental tests for the paradox of Einstein, Podolsky and Rosen, in: Nuovo Cimento, Ser. X, **17** (1960), S. 964 – 976.
D. Bohm; D. L. Schuhmacher, On the Failure of Communication between Bohr and Einstein (unpubl.).
H. H. von Borzeskowski; R. Wahsner, Physikalische Erkenntnismittel und physikalische Realität. Zur Diskussion zwischen Niels Bohr und Albert Einstein um den Status der Quantenmechanik, in: DZfPh, (1986) 12, S. 1098 – 1108.
M. Bunge, The Einstein-Bohr Debate over Quantum Mechanics: Who was Right about what?, in: Einstein-Symposium Berlin 1979, S. 204 – 219.
I. S. Cechmistro, Paradoks Ejnštejna-Podol'skogo-Rosena i konzep- cija celostnosti, in: Vopr. filos., (1985) 4, S. 84 – 94.
A. Einstein; B. Podolsky; R. C. Tolman, Knowledge of past and future in quantum mechanics, in: Phys. Rev., 37 (1931).
A. Einstein; B. Podolsky; N. Rosen, Can quantum mechanical description of physical reality be considered complete?, in: Phys. Rev., **47** (1935), S. 777 – 780.
A. Einstein, Physik und Realität, in: J. Franklin Inst., **221** (1936), S. 313 – 344.
A. Einstein, Quanten-Mechanik und Wirklichkeit, in: Dialectica, **2** (1948), S. 320 – 321.
A. Einstein, Elementare Überlegungen zur Interpretation der Grundlagen der Quantenmechanik, in: Scientific papers presented to Max Born, Edinburgh 1953, S. 33 – 40.
A. Einstein, Einleitende Bemerkungen über Grundbegriffe, in: Louis de Broglie: Physicien et Penseur, Paris 1953, S. 4 – 15.
A. Fine, The Shaky Game: Einstein, Reality, und the Quantum Theory, Chicago/London: University of Chicago Press, 1986.
V. A. Fok, Zamečanie k stat'e Bora o ego diskussijach s Ejnštejnom, in: Uspechi fizičeskich nauk, **66** (1958), S. 599 – 602.
K. Fuchs, Reflections Concerning Niels Bohr's Reflection of the Einstein-Podolsky-Rosen-Paradox, in: Annalen der Physik, 7. Folge, Bd. 42, 1985, Heft 1, S. 73 – 81.
O. Halperin, On the Einstein-Bohr ideal measurement, in: Acta Phys. Austria, **24** (1966), S. 274 – 279.
C. A. Hooker, Sharp and the Refutation of the Einstein, Podolsky, Rosen Paradox', in: Phil. Sci., **38** (1971) 2.
C. A. Hooker, The Nature of Quantum Mechanical Reality: Einstein versus Bohr, in: R. Colodny (ed.), Paradigms and Paradoxes. The Philosophical Challenge of the Quantum Domain, Pittsburgh 1972.

D. Howard, „Nicht sein kann was nicht sein darf.“ Or the Prehistory of EPR, 1909 – 1935: Einsteins early worries about the Quantum Mechanics of Composite Systems, in: Sixty-two Years of Uncertainity: Historical, Philosophical, Physics Inquiries into the Foundation of Quantum Physics, ed. by A. Miller, New York 1990

S. V. Illarionov, Diskussija Ejnštejna i Born, in: Ejnštejn i filosofskie problemy fiziki XX. veka, Moskva 1979, S. 465 – 483.

L. Infeld, Nil's Bor v Prinstone, in: Razvitie sovremennoj fiziki, Moskva 1964, S. 37 – 40.

L. Infeld, Leben mit Einstein, Kontur einer Erinnerung, Wien, Frankfurt, Zürich 1969.

M. J. Klein, The First Phase of the Bohr-Einstein-Dialogue, in: Historical Studies in Physical Sciences, **2** (1970), S. 1 – 49.

M. J. Klein, Einstein and the Wave-Particle-Duality, in: Phil. Nat., **3** (1964), S. 3 – 49.

B. G. Kusnetzow, Einstein et Bohr, in: Organon, **2** (1965), S. 105 – 121.

B. G. Kuznecov, Bor i Ejnštejn, in: Razvitie sovremennoj fiziki, Moskva 1964, S. 69 – 108, auch in: Etjudy ob Ejnštejne, Moskva 1970, S. 309 – 348.

B. G. Kuznecov, Einstein. Leben – Tod – Unsterblichkeit, Berlin 1977, S. 359 – 385.

G. Ludwig, Das EPR-Paradoxon als makroskopisches Experiment und seine Auswirkungen auf unsere Vorstellungen von Physik, in: Annalen der Physik, **42** (1985), S. 150 – 168.

H. Naumann, Zur erkenntnistheoretischen Bedeutung der Diskussion zwischen Albert Einstein und Niels Bohr, in: DZfPh, (1959) 3, S. 389 – 411.

R. H. Nielsen, Her forklarer Niels Bohr sine terrier for Einstein, in: Illusteret Videskab, (1985) 9, S. 42.

A. Pais, Reminiscences from the Post-war Years, in: S. Rozental (ed.), Niels Bohr. His life and work as seen by his friends and colleagues, Amsterdam 1967, S. 215 ff.

A. Pais, Einstein and the Quantum Theory, in: Rev. Mod. Phys., **51** (1979), S. 861.

A. Pais, „Raffiniert ist der Herrgott...“ Albert Einstein. Eine wissenschaftliche Biographie, Wiesbaden 1986, 602 S.

A. I. Pančenko, Filosofskie perspektivy sovremennoj kvantovoj teorii, in: Vorposy filosofii, (1976) 6, S. 149 – 156.

M. Paty, Einstein et la complémentarité au sens de Bohr: du retrait dans le tumulte aux arguments d' incompletude, in: Revue d' histoire des sciences et de leurs application, **38** (1985) 3/4, S. 324 – 351.

H. Paul, The Einstein-Podolsky-Rosen-Paradox and Local Hidden-Variables Theories, in: Fortschritte der Physik, **28** (1980), S. 633 – 657.

K. R. Popper, Intellectual Autobiography, in: P. A. Schilpp (ed.), The Philosophy of Karl Popper, S. 101 – 105.

U. Röseberg, Objektive Gesetze und Subjekt-Objekt-Dialektik. Zum philosophischen Gehalt der Einstein-Bohr-Debatte, in: DZfPh, (1979) 2, S. 180 – 190.

U. Röseberg, Einstein und Bohr auf dem Wege zum theoretischen Physiker, in: Beiträge von Wissenschaftshistorikern zum XVII. Internationalen Kongreß für Geschichte der Wissenschaften in Berkeley (USA), Berlin 1985, S. 219 – 226.

R. Rompe; H.-J. Treder, Ringen um die Wahrheit. Die Diskussion über Grundfragen der Physik zwischen Albert Einstein und Niels Bohr, in: Spectrum, (1979) 2, S. 26 – 30.

R. Rompe; H.-J. Treder, Grundfragen der Physik, Berlin 1980.

G. Rosen, Formulations of Classical and Quantum Mechanical Dynamical Theory, New York/London 1969, 151 S.

L. Rosenfeld, The epistemological conflict between Einstein and Bohr, in: Boston Studies in Philosophy of Science, **21** (1979), S. 517 – 521.

L. Rosenfeld, Le conflict epistemologique entre Einstein et Bohr, in: Rev. Met. Mor., **67** (1962), S. 147 – 151.

M. Sachs, Einstein versus Bohr: The Continuing Controverse in Physics, Foreword by J. Agassi, Open Court 1988, 332 S.

V. Samuel, Essays in Physics, Oxford 1951.

K. Schäfer; W. Kuhn, Niels Bohr und Albert Einstein: das Streitgespräch dauert an, in: Praxis der Naturwissenschaften, Physik **34** (1985) 7, S. 23 – 29.

D. H. Sharp, The Einstein-Podolsky-Rosen paradox reexamined, in: Phil. Sci., **28** (1961), S. 225 – 233.

A. Shimony, Physical and Philosophical Issues in the Bohr-Einstein-Debate, in: H. Feshbach, T. Matsai, A. Oleson (eds.), Niels Bohr: Physics and the World, Boston 1985.

J. Stachel, Einstein and the Quantum (Manuskript).

H.-J. Treder, Das Einstein-Bohrsche Kasten-Experiment, in: Monatsberichte der DAW, **12** (1970) 2 – 3, S. 178 – 184.

H.-J. Treder, The Einstein lift in Einstein's Box Experiment, in: Foundations of Physics, **5** (1975) 1, S. 135 – 142.

C. F. von Weizsäcker, Antwort auf Popper, in: Die Naturwissenschaften, **22** (1934), S. 808.

C. F. von Weizsäcker, Einstein und Bohr, in: C. F. von Weizsäcker, Zum Weltbild der Physik, Stuttgart 1970, S. 200 – 210.

Schüler und Mitarbeiter Bohrs (Auswahl)

	Zeitdauer der Anwesenheit am Institut für theoretische Physik in Kopenhagen	
Bohr A. (1922)	seit 1940 (1943 – 1945: USA)	Nobelpreis 1975
Casimir, H. B. G. (1909)	April – Dezember 1929, September – Dezember 1930	
Coster, D. (1889 – 1950)	September 1922 – September 1923	
Darwin, C. G. (1887 – 1962)	März – Juni 1927	
Delbrück, M. (1906 – 1981)	1931, 1936	Nobelpreis 1969
Dennison, D. M. (1900 – 1976)	Oktober 1924 – Juni 1926, März – April 1927	
Dirac, P. A. M. (1902 – 1984)	September 1926 – Februar 1927	Nobelpreis 1933
Franck, J. (1882 – 1964)	Januar – März 1921, 1934 – 1935	Nobelpreis 1925
Frisch, O. R. (1904 – 1979)	1934 – 1939	
Gamow, G. (1904 – 1968)	September 1928 – Mai 1929, September 1930 – Mai 1931	
Goudsmit, S. A. (1902 – 1979)	Februar 1926, April – Juni 1927	
Hansen, H. M. (1886 – 1956)	1921 – 1928	
Heisenberg, W. (1901 – 1976)	März 1924, Mai 1926 – Juni 1927	Nobelpreis 1933 (für 1932)
Heitler, W. (1904)	April 1929 – April 1930	
de Hevesy, G. (1885 – 1966)	1920 – 1926, 1935 – 1943	Nobelpreis 1944 (Chemie für 1943)
Hund, F. (1896)	September 1926 – März 1927	
Jakobsen, J. C. (1895 – 1965)	seit 1921	
Jordan, P. (1902 – 1980)	Mai – Oktober 1927	
Kalckar, F. (1910 – 1938)	1933 – 1938	
Klein, O. (1894 – 1977)	1918 – 1922, März 1926 – Januar 1931	

Kramers, H. A. (1894 – 1952)	1916 – 1926	
Kronig, R. (1904)	Januar – November 1925, Juni – Dezember 1927	
Landau, L. D. (1908 – 1968)	April 1930, September – Dezember 1930	Nobelpreis 1962
Lauritsen, C. C. (1892 – 1968)	1937	
Meitner, L. (1878 – 1968)	1938	
Møller, Ch. (1904 – 1980)	1933 – 1975	
Nishina, Y. (1890 – 1951)	1923 – 1928	
Pais, A. (1918)	Januar 1946 – Juni 1946	
Pauli, W. (1900 – 1959)	Oktober 1922 – September 1923	Nobelpreis 1945
Pauling, L. (1901)	Mai – Juni 1927	Nobelpreis für Chemie 1954 Friedensnobelpreis 1962
Peierls, R. (1907)	1930	
Placzek, G. (1905 – 1955)	1932 – 1938	
Proca, A. (1897 – 1955)	1934 – 1935	
Rabi, I. I. (1898)	September – Oktober 1927	Nobelpreis 1944
Rosenfeld, L. (1904 – 1974)	September 1930 1931 – 1940, 1958 – 1974	
Rozental, S. (1903)	seit 1938 (1943 – 1945: Schweden)	
Rubinowicz, A. W. (1889 – 1974)	März – August 1920, Mai 1922	
Scharff, M. (1926 – 1961)	1951 – 1961	
Slater, J. C. (1900 – 1976)	Dezember 1923 – April 1924	
Teller, E. (1908)	1933 – 1934	
Weisskopf, V. (1908)	1932 – 1933, 1935 – 1937	
v. Weizsäcker, C. F. (1912)	1933 – 1934	
Wheeler, J. A. (1911)	1933 – 1935	

Bohrs Vorschläge an das Nobelpreiskomitee

Nobelpreisvorschlag		*des Jahres*	*Nobelpreis erhalten*		
Physik.	A. Einstein	1920	1921	1922	
Physik.	J. Franck	1923			
Physik.	J. Franck	1924			
Physik.	J. Franck	1925			
Physik.	J. Franck	1926	1925	1926	mit G. Hertz
		(für 1925)			
Physik.	O. W. Richardson	1926			
Physik.	O. W. Richardson	1929	1928	1929	
	und I. Langmuir	(für 1928)	1932	1932	(Chemie)
Physik.	R. W. Wood und	1929			
	C. V. Raman				
Physik.	R. W. Wood und	1930	–	–	
	C. V. Raman		1930	1930	
Physik.	W. Heisenberg und(?)	1931			
	E. Schrödinger				
Physik.	W. Heisenberg und(?)	1932			
	E. Schrödinger				
Physik.	W. Heisenberg	1933	1932	1933	
		(für 1932)			
Physik.	E. Schrödinger	1933	1933	1933	mit P. A. M. Dirac
Physik.	O. Stern	1934			
Physik.	O. Stern	1935	1943	1944	
		(für 1934)			
Physik.	F. und	1935	1935	1935	(Chemie)
	I. Joliot-Curie		1935	1935	(Chemie)
Physik.	E. O. Lawrence	1939	1939	1939	
Chemie.	G. de Hevesy	1939	1943	1944	
Physik.	L. Meitner und	1946			
	R. Frisch				
Physik.	P. Kapitza	1947			
Chemie.	L. Meitner und	1947			
	R. Frisch				
Physik.	P. Kapitza	1948			
Chemie.	L. Meitner und	1948	–	–	
	R. Frisch		–	–	

Physik.	M. Born und	1950		
	H. A. Kramers			
Physik.	M. Born und	1951	1954	1954 mit W. Bothe
	H. A. Kramers		–	–
Physik.	J. R. Oppenheimer	1955	–	–
	G. Gamov		–	–
	C. F. v. Weizsäcker		–	–
	und H. Bethe		1967	1967
Physik.	P. Kapitza und	1956		
	L. Landau			
Physik.	P. Kapitza	1960	1978	1978
	L. Landau			
Physik.	L. Landau	1962	1962	1962

Lebenslauf in Stichworten

1885 7. Oktober: Niels Bohr in Kopenhagen geboren (Vater: Christian Bohr [1855–1911], Mutter: Ellen Bohr, geb. Adler [1860–1930]; Geburtshaus Ved Stranden 14

1887 22. April: Geburt des Bruders Harald

1903 Abitur an der Gammelholm Latein- und Realschule. Aufnahme des Studiums an der Kopenhagener Universität (Studienfächer: Physik, Mathematik, Astronomie, Chemie, Philosophie; Hochschullehrer: Christian Christiansen, T. N. Thiele, Niels Bjerrum, Harald Høffding)

1905 Gründung des studentischen Diskussionskreises „Ekliptika" (E. Rubin, N. und H. Bohr, N. E. und P. Nørlund, V. Brøndal, E. Cohn, K. Henriksen, L. Jacobsen, A. Lund, P. Skov, V. Sloman)

1907 Goldmedaille der Königlich-Dänischen Akademie der Wissenschaften und der Literatur für eine 1906 eingereichte Arbeit zur Bestimmung der Oberflächenspannung von Flüssigkeiten

1909 Magisterexamen bei Christiansen

1911 3. Februar: Tod des Vaters
13. Mai: Verteidigung der Dissertationsschrift zur Elektronentheorie der Metalle
September: Beginn eines Forschungsaufenthaltes im Cavendish Laboratory in Cambridge bei J. J. Thomson;
November: Bekanntschaft mit E. Rutherford

1912 März: Wechsel von Cambridge nach Manchester. Praktikum in Rutherfords Laboratorium. Diskussionen mit Hevesy
Juni/Juli: „Rutherford-Memorandum"
1. August: Ehe mit Margrethe Nørlund, geb. 7. 3. 1890 in Slagelse
September: Assistentenstelle bei M. Knudsen an der Kopenhagener Universität

1913 Februar: H. M. Hansen weist auf Balmer-Serie des Wasserstoffspektrums hin. Bohr gibt dem Rutherfordschen Atommodell eine quantentheoretische Grundlage; er schreibt seine Arbeit „Über die Konstitution der Atome und Moleküle" (Trilogie)
Juli: Teil 1 der Trilogie erscheint im „Philosophical Magazine"
September: Teil 2 der Trilogie erscheint. Erste Diskussion des Bohrschen Theorieansatzes in Birmingham
November: Teil 3 der Trilogie erscheint

1914 Dozentenstelle an der Kopenhagener Universität
1. August: Ausbruch des Ersten Weltkrieges
Oktober: Beginn von Bohrs zweitem Englandaufenthalt bei Rutherford

1915 Sommerfeldsche Quantisierungsbedingung und Aufklärung der Feinstruktur der Wasserstofflinien als relativistischer Effekt durch Sommerfeld

1916 September: Bohr Professor der Kopenhagener Universität
21. November: Geburt des ersten Sohnes Christian Alfred

1917 Mitglied der Königlich-Dänischen Akademie der Wissenschaften und der Literatur

1917 Formulierung des Korrespondenzprinzips („Über die Quantentheorie der Linienspektren")

1918 Geburt des zweiten Sohnes Hans

1919 Erste künstliche Kernumwandlung durch Rutherford
April: Bekanntschaft Bohrs mit P. und T. Ehrenfest
September: Besuch Sommerfelds in Kopenhagen

1920 27. April: Vortrag Bohrs im Berliner Mittwochs-Kolloquium.
Bekanntschaft mit Einstein und Planck
23. Juni: Geburt des dritten Sohnes Erik

1921 3. März: Einweihung des Institutes für theoretische Physik der Kopenhagener Universität (Blegdamsvej)
Bohrs Aufbauprinzip des periodischen Systems der chemischen Elemente

1922 Auszeichnung mit der Hughes-Medaille der Royal Society
Juni: Göttinger „Bohr-Festspiele"
19. Juni: Geburt des vierten Sohnes Aage
November: Nobelpreis für Physik
Hevesy und Coster weisen in Kopenhagen das Element 72 nach (Hafnium)

1923 Oktober/November: Bohrs erste Amerika-Reise (Vorlesungen: Harvard, Yale, Toronto u. a.)

1924 Erwerb von „Lynghuset" in Tisvilde
Geburt des fünften Sohnes Ernest
Strahlungstheorie Bohr-Kramers-Slater

1925 Matrizenmechanik (Heisenberg, Born, Jordan)
Transformationstheorie (Jordan, Dirac)

1926 Wellenmechanik (Schrödinger)
Erwerb der Segelyacht „Chita" (Bjerrum, Bohr, Chievitz, Hendriksen)
Oktober: Besuch Schrödingers in Kopenhagen

1927 Heisenbergsche Unbestimmtheitsrelation
Bohrsches Komplementaritätsargument
September: Physikerkongreß in Como
Oktober: 5. Solvay-Konferenz in Brüssel (Einstein-Bohr-Debatte)

1929 April: Erste Konferenz im Institut für Theoretische Physik

1930 Auszeichnung mit der Planck-Medaille der Deutschen Physikalischen Gesellschaft in Berlin und der Faraday-Medaille der Chemical Society of London
Oktober: 6. Solvay-Konferenz
30. November: Tod der Mutter

1931 Nach dem Tode Høffdings wird Bohr die Villa Carlsberg als Ehrenwohnsitz zugesprochen

1932 Entdeckung des Neutrons (Chadwick)
Prinzip des Zyklotrons (Lawrence, Livingston)
Entdeckung des Deuteriums (Urey)
Entdeckung des Positrons (Anderson)

1933 Analyse des Meßproblems der Quantenelektrodynamik (Bohr und Rosenfeld)
Gründung eines dänischen Hilfskomitees für emigrierte Intellektuelle, dem Niels und Harald Bohr angehören
USA-Reise Bohrs
Dezember: Fermi entwickelt auf der Grundlage der 1930 von Pauli formulierten Neutrino-Hypothese Theorie des Betazerfalls

1934 Januar: Entdeckung der künstlichen Radioaktivität durch I. und F. Joliot-Curie
Fermi benutzt Neutronen zum Beschuß von Atomkernen
Niels Bohrs Bruder Harald bezieht als Direktor des Mathematischen Institutes der Kopenhagener Universität das neue Gebäude am Blegdamsvej
Mai: Erster Besuch in der Sowjetunion (Leningrad, Moskau, Charkov)
2. Juli: Tod des Sohnes Christian bei einem Segelunfall

1935 Idee des Compoundkernes
Oktober: Durch eine von Hevesy angeregte Sammlung wird der Ankauf von 0,6 g Radium im Institut für theoretische Physik möglich. Dies ist ein Geschenk zu Bohrs 50. Geburtstag. Den Kopenhagener Physikern steht damit eine Neutronenquelle zur Verfügung. Einrichtung eines Hochspannungslaboratoriums
Yukawas Mesonenhypothese zur Erklärung der Kernbindungskräfte

1936 Juni: Im Anschluß an das jährliche Physikertreffen findet in Kopenhagen der II. Internationale Kongreß für Einheit der Wissenschaft statt

1937 Sechsmonatige Weltreise Bohrs (USA, Japan, China, Sowjetunion)
Bau eines Zyklotrons in Kopenhagen
19. Oktober: Tod Rutherfords

1938 Dezember: Entdeckung der Urankernspaltung durch Hahn und Straßmann

1939 Januar: Physikalische Erklärung der Hahn-Straßmann-Experimente durch Frisch und Meitner. Kontrollexperimente am Kopenhagener Institut.
Reise in die USA. Theorie der Kernspaltung (Bohr und Wheeler)
März: Wahl zum Präsidenten der Königlich-Dänischen Akademie der Wissenschaften und der Literatur
Zweiten September: Ausbruch des II. Weltkrieges

1940 9. April: Besetzung Dänemarks durch deutsche Truppen

1941 22. Juni: Überfall Hitler-Deutschlands auf die Sowjetunion
September: Heisenberg besucht Bohr

1943 29. August: Erklärung des Ausnahmezustandes in Dänemark
29. September: Bohrs Flucht über den Øresund nach Schweden
12. Oktober: Flug nach Großbritannien
November: Gemeinsam mit Sohn Aage Reise in die USA als Konsultant des amerikanisch-britisch-kanadischen Atombombenprojektes
6. Dezember: Besetzung des Institutes für theoretische Physik durch die deutsche Wehrmacht

1944 3. Februar: Rückgabe des Instituts an die Kopenhagener Universität (auf Betreiben Heisenbergs)
16. Mai: Gespräch Bohrs mit Churchill
26. August: Gespräch Bohrs mit Roosevelt

1945 4. Mai: Befreiung Dänemarks
Juni: Rückkehr Bohrs nach Großbritannien
6. August: USA-Atombombenabwurf auf Hiroshima
9. August: USA-Atombombenabwurf auf Nagasaki
25. August: Rückkehr Bohrs nach Dänemark

1948 Juni: Gespräch Bohrs mit Marshall

1950 Mehrmonatiger Aufenthalt am Institute for Advanced Study in Princeton
9. Juni: Offener Brief an die Vereinten Nationen

1951 22. Januar: Tod des Bruders Harald

1952 Theoretische Studiengruppe des CERN nimmt Arbeit in Kopenhagen auf

1953 Bohrs Besuch in Israel

1955 18. April: Tod Einsteins
Bohr Vorsitzender der Dänischen Atomenergiekommission
August: Vortrag auf der internationalen Konferenz zur friedlichen Nutzung der Atomenergie in Genf

1957 CERN-Gruppe übersiedelt nach Genf
NORDITA nimmt die Arbeit am Blegdamsvej auf
Niels Bohr erster Preisträger des „Atoms for Peace Award“ (USA)

1958 6. Juni: Einweihung des Kernforschungszentrums Risø

1960 Januar: Bohrs Besuch in Indien

1961 Mai: Dritte Reise in die Sowjetunion (Moskau, Tbilissi)

1962 18. November: Niels Bohr in Kopenhagen gestorben
Er war zu diesem Zeitpunkt dreißigfacher Ehrendoktor und Mitglied von 24 Akademien bzw. ihnen gleichgestellten wissenschaftlichen Gesellschaften

1965 Umbenennung des Institutes für theoretische Physik in „Niels-Bohr-Institut“

Bildnachweis

Aerodan Luftfoto Kopenhagen (74)
AIP Niels Bohr Library New York (24, 29, 34, 56)
Archiv Akademie der Wissenschaften der UdSSR (68)
Archiv zur Geschichte der Max-Planck-Gesellschaft Berlin (12)
Autor (1, 5, 25)
CERN (57)
Department of Physics, University of Manchester (14)
Königliche Bibliothek Kopenhagen (2, 3, 23, 26, 38, 54, 61, 62, 63)
Land og Folk (Frontispiz, 53, 65, 66, 69, 70)
Leningrader Staatliches Archiv für Kinofotodokumente (42)
Medizinhistorisches Museum Kopenhagen (6)
Niels-Bohr-Archiv Kopenhagen (Titelbild, 4, 7, 8, 9, 10, 11, 13, 15, 16, 17, 18, 19, 20, 21, 22, 27, 28, 30, 31, 32, 33, 35, 36, 37, 39, 40, 41, 43, 44, 45, 46, 47, 48, 49, 50, 51, 52, 55, 58, 59, 60, 64, 67, 71, 72, 73, Faksimiles)

Namensverzeichnis

Kursive Seitenzahlen verweisen auf Abbildungen.

Sachverzeichnis

Q

R

S

T

U

V

W

Z